셀프트래블

동유럽

KB025516

상상출판

셀프트래블

동유럽

개정 1쇄 | 2022년 7월 5일
개정 3쇄 | 2023년 7월 4일

글과 사진 | 박정은, 장은주

발행인 | 유철상
편집 | 홍은선, 정유진, 김정민
디자인 | 노세희, 주인지
마케팅 | 조종삼, 김소희
콘텐츠 | 강한나

펴낸 곳 | 상상출판
주소 | 서울특별시 성동구 뚝섬로17가길 48, 성수에이원센터 1205호(성수동 2가)
구입 · 내용 문의 | **전화** 02-963-9891(편집), 070-7727-6853(마케팅)
팩스 02-963-9892 **이메일** sangsang9892@gmail.com
등록 | 2009년 9월 22일(제305-2010-02호)
찍은 곳 | 다라니
종이 | ㈜월드페이퍼

※ 가격은 뒤표지에 있습니다.

ISBN 979-11-6782-005-1 (14980)
ISBN 979-11-86517-10-9 (SET)

www.esangsang.co.kr

셀프트래블

동유럽
Eastern Europe

박정은 · 장은주 지음

상상출판

Prologue

여행은 삶에 지친 우리를 구원한다. 오래전 떠난 세계여행 중에 가장 인상적인 이동으로 동유럽 지역을 손에 꼽는다. 서유럽의 가톨릭 성당에서 정교회와 이슬람 사원으로 바뀌는 과정이, 또 사람들의 변해가는 머리 색깔과 얼굴이 마치 일곱 색깔 스펙트럼을 보는 것처럼 신비롭게 다가왔다. 나라와 나라를 이동할 때 두 나라간의 교집합이 나열되고 또 나열되면서 이웃 간에는 비슷한데 몇 나라를 건너뛰면 전혀 다른 색을 내는 모습이 얼마나 흥미로웠는지 모른다.

동유럽으로 떠나는 여행자들이 꽤나 늘어 이제는 유럽 여행의 중요한 축이 되었다. 2015년에 『동유럽 셀프트래블』을 첫 발간한 이후 꾸준한 독자들의 반응에 감사하고 또 뿌듯했다. 그에 대한 보답으로 이번 개정판은 초판을 쓸 때만큼이나 에너지를 듬뿍 쏟았다. 기본적인 최신 정보 수정은 물론이고 여행자들의 평판을 포괄해 식당과 카페, 숙소 정보를 대폭 보강했다. 무엇보다 다양해진 여행자들의 취향을 반영해 기획 코너를 대폭 확대했다. 동유럽의 유네스코 선정 지역, 놓치지 말아야 할 체험, 소원 빌기 핫 스폿, 영화와 드라마의 핫 스폿 등에 많은 공을 들였다. 뒷부분에는 스마트해진 여행자들에 발맞춰 유용한 앱들을 소개하고, 늘어난 사건사고와 대처법도 업그레이드했다. 그런데 코로나19로 책이 나오지 못했다. 편집까지 끝난 책을 인쇄하지 못한다는 건 충격이었다. 그 후 긴 2년이 지나고 다시 수정 작업을 했다. 사라진 한국인 민박집들을 들어낼 때면 코로나의 파급이 느껴졌다. 이전의 상황으로 회복되길 기원한다. 노력한 만큼 책 한 권이 오롯이 유용했고 도움이 되었다는 말을 듣고 싶다. 책을 읽는 분들은 부족한 부분이 있다면 언제든지 지적해주면 좋겠다. 좋은 평가는 즐겁고, 까다로운 지적은 더 나은 책을 만드는 데 훌륭한 밑거름이 된다. 부족한 부분은 수정과 개정을 통해 계속해서 보완해나갈 것이다.

『동유럽 셀프트래블』은 은주와 함께 만들고 있다. 젊은 날 운영했던 '떠나볼까' 여행 커뮤니티에서 발간한 유럽 팁 북의 인연이 지금까지 이어졌다. 나는 체코, 크로아티아(보스니아 헤르체고비나), 슬로베니아, 오스트리아 서부(잘츠부르크, 인스브루크)를 맡았다. 기존에 쓴 『프라하 셀프트래블』과 『크로아티아 셀프트래블』에서 하이라이트 장소들만을 뽑아 이곳에 담았다. 보다 오랫동안 체코와 크로아티아를 여행한다면 국가별 책도 추천한다.

책 수정을 끝내면 항상 이런 상상을 하곤 한다. 어느 날 유럽에 갔을 때 한국인 여행자들이 우리가 만든 책을 들고 있는 모습을 동유럽의 여러 도시에서 보게 되는 상상. 나도 모르게 웃음 짓게 되는 그 뿌듯하고 보람찬 느낌이 각인되어 나는 그렇게 여행작가라는 직업이 좋다.

박정은

지금으로부터 10년도 더 넘은, 스마트폰 같은 건 세상에 없던 때의 일이다. 동유럽에 처음 발을 딛게 된 것은 그저 우연이었다. 폴란드 북쪽에서 열렸던 페스티벌에 갔다가 며칠 후 튀르키예 이스탄불에서 친구를 만나기로 약속하면서 이 땅덩이를 어떻게 횡단할까를 고민하게 됐다. '적당한 비행기를 찾아 날아가면 되겠지' 하는 안일한 생각은 수 시간의 검색에도 마땅한 비행편을 찾을 수 없어 산산조각이 났다. '그렇다면 육로로 가면 되지' 하고 호기롭게 실행에 옮겼다가 무려 스물두 시간을 기차에 갇혀 있는 신세가 되기도 했다. 동유럽이라는 미지의 세계가 그렇게 드넓은 면적을 가졌다는 걸 가늠하지 못했던 나의 불찰이었다. 어떻게든 이스탄불에 닿고야 말리라는 강행군 속에서 햇살이 바삭바삭하게 내려앉은 바르샤바의 구시가지나 흐린 잿빛이 깔린 부다페스트의 다뉴브 강변, 머리 위로 트램선이 어지럽게 이어지던 소피아의 모습이 담겼다. 사람 일은 모르는 것이라지만 그때 지나온 그 도시들을 몇 년이 지나 다시 가게 되고, 그걸 기반으로 책을 만들게 됐다는 사실이 참 신기하다. 폴란드 북쪽에서 시작해 불가리아의 남쪽까지 내려왔던, 앙상한 뼈대만 있던 당시의 루트는 이제 여기저기 피와 살이 붙어 훨씬 풍성해졌다.

개정 작업을 할 때마다 항상 느끼는 점은 현지 정보가 매일 변한다는 것이다. 특히 교통이나 가격 등 움직이는 정보들은 개정 때마다 꼼꼼히 살펴 반영한다. 하지만 책이라는 매체의 특성상, 변경 사항을 곧바로 수정하기 어렵다. 책 안에 지나간 정보가 보인다면, 이런 어려움이 있다는 걸 감안해주셨으면 좋겠다.

필자는 오스트리아의 빈, 헝가리, 폴란드, 루마니아, 불가리아 파트를 썼는데, 초판이 나왔던 2015년 이후로 헝가리와 폴란드 직항이 생길 정도로 동유럽에 대한 관심과 수요가 늘었다. 이에 따라 책의 구성을 완전히 새로 짜고 내용을 한껏 보강했다. 개정판과 함께 독자분들의 동유럽 여행이 좀 더 풍부해졌으면 한다.

함께 고생한 공저자 박정은 작가님, 이유나, 홍은선 에디터께 깊은 감사의 말씀을 드린다. 어지러운 활자를 멋진 그림으로 만들어주신 주인지, 노세희 디자이너, 어려운 환경 속에서도 꾸준히 노력해주시는 유철상 대표님 이하 상상출판 직원들께도 감사드린다. 몇몇 사진을 보태준 이상린, 임은지 님과 가족에게도 고맙다.

코로나19가 발생한 이후 사람, 여행과의 거리 두기가 조금씩 끝나가는 것 같다. 모두가 평범한 일상을 보내고, 설레는 마음으로 여행길에 오를 수 있기를 기원한다.

장 은 주

Contents
목차

Mission in Eastern Europe

동유럽에서 꼭 해봐야 할 모든 것 • 38

ONE WAY
←
OBAVEZAN SMJER

**Enjoy
Eastern
Europe**

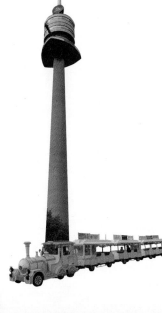

Step to Eastern Europe

Self Travel Eastern Europe
일러두기

❶ 주요 지역 소개

『동유럽 셀프트래블』은 동유럽의 체코, 오스트리아, 헝가리, 크로아티아, 슬로베니아, 폴란드, 루마니아, 불가리아 등 크게 8개국을 다룹니다. 또한, 인접한 근교 관광지까지 다양하게 다루고 있습니다. 지역별 주요 스폿은 관광명소, 식당, 쇼핑, 숙소 순으로 소개하고 있습니다.

❷ 철저한 여행 준비

Mission in Eastern Europe 동유럽에서 놓치면 100% 후회할 볼거리, 음식, 쇼핑 아이템 등 재미난 정보를 테마별로 한눈에 보여줍니다. 여행의 설렘을 높이고, 필요한 정보만 쏙쏙! 골라보세요.

Step to Eastern Europe 동유럽 여행 계획 짜는 법부터 짐 싸는 법 등 동유럽으로 떠나기 전 알아두면 유용한 여행 정보를 모두 모았습니다. 출입국수속부터 차근차근 설명해 동유럽에 처음 가는 사람도 어렵지 않게 여행할 수 있습니다.

❸ 알차디알찬 여행 핵심 정보

Enjoy Eastern Europe 본격적인 스폿 소개에 앞서 동유럽의 각 나라별 역사를 소개하고, 환율, 물가, 유용한 현지어 등을 제시합니다. 이후 주요 지역 지도와 구체적인 이동 동선을 한눈에 알 수 있도록 배치했습니다. 다음으로 주요 명소와 음식점, 숙소 등을 주소, 위치, 홈페이지 등 상세정보와 함께 수록했습니다. 알아두면 좋은 Tip도 가득합니다.

❹ 원어 표기 및 상세정보

최대한 외래법을 기준으로 표기했으나 몇몇 지역명, 관광명소와 업소의 경우 현지에서 사용 중인 한국어 안내와 여행자에게 익숙한 단어를 택했습니다. 또한 도서 내 모든 내용은 '만 나이'를 기준으로 했습니다.

❺ 정보 업데이트

이 책에 실린 모든 정보는 2023년 1월까지 취재한 내용을 기준으로 하고 있습니다. 현지 사정에 따라 요금과 운영시간 등이 변동될 수 있으니 여행 전 한 번 더 확인하시길 바랍니다.

❻ 지도 활용법

이 책의 지도에는 아래와 같은 부호를 사용하고 있습니다.

주요 아이콘
- 관광명소, 기타 명소
- ℝ 레스토랑, 카페 등 식사할 수 있는 곳
- Ⓢ 쇼핑몰 등 쇼핑 장소
- Ⓗ 호텔, 호스텔, 게스트하우스 등 숙소
- Ⓜ 지하철역
- 🚌 버스정류장
- *i* 관광안내소
- ✉ 우체국
- 🚓 경찰서

동유럽 전도 & 국가별 소요시간

*시기 및 요일에 따라 다를 수 있으며
현지 사정에 따라 오차 발생 가능

N

암스테르담
Amsterdam
네덜란드
Netherlands

브뤼셀
Brussels
벨기에
Belgium

기차 2:40

기차 1:45

쾰른
Köln

기차 6:20

기차 4:20

독일
Germany

베를린
Berlin

야간버스 9:40

야간버스 8:00

기차 2:00

드레스덴
Dresden

기차 4:20

기차 2:25

룩셈부르크
Luxembourg

룩셈부르크
Luxembourg

프랑크푸르트
Frankfurt

버스 6:15~8:30

뉘른베르크
Nurnberg

버스 3:35

프라하
Praha

체코
Czech
(p.80)

기차 3:20

파리
Paris

프랑스
France

기차 5:35
버스 5:00

뮌헨
München

취리히
Zürich

기차 3:30

베른
Bern

스위스
Switzerland

제네바
Genève

기차 1:45
버스 2:25

기차 1:30
버스 2:10

잘츠부르크
Salzburg

인스브루크
Innsbruck

오스트리아
Austria
(p.150)

기차 4:30
버스 4:15

①

브라티슬라바
Bratislav

기차 4:00

빈
Wien

기차 6:00 버스 4:50

②

야간버스 8:40

기차 6:00

류블랴나
Ljubljana

피란
Piran

자그레브
Zagreb

밀라노
Milano

베네치아
Venezia

페리 2:30

슬로베니아
Slovenia
(p.374)

이탈리아
Italy

피렌체
Firenze

앙코나
Ancona

페리 9:00

자다르
Zadar

페리 11:15

버스 3:30

스플리트
Split

보스니아
헤르체고비나
Bosnia and
Herzegovina

코르시카
Corsica

로마
Rome

나폴리
Napoli

바리
Bari

사르데냐
Sardegna

유용한 항공 루트(소요시간)

런던–바르샤바 2:20	런던–그단스크 2:10
런던–프라하 2:00	런던–빈 2:20
런던–뮌헨 1:30	헬싱키–그단스크 2:00
파리–바르샤바 2:15~2:25	파리–프라하 1:45
파리–빈 2:00	파리–뮌헨 1:30
로마–프라하 1:50	로마–빈 1:55
로마–스플리트 1:10	로마–두브로브니크 1:10
빈–사라예보 1:10	바르샤바–키예프 1:30
이스탄불–두브로브니크 1:50	부다페스트–부쿠레슈티 1:15
프랑크푸르트–프라하 1:00	프랑크푸르트–두브로브니크 1:50

편도 시간표

① 프라하 ▶ 부다페스트 기차 7:10, 야간기차 9:50, 버스 7:00
　부다페스트 ▶ 프라하 기차 6:40, 야간기차 12:50, 버스 7:00
② 빈 ▶ 자그레브 기차 6:30, 버스 4:50
　자그레브 ▶ 빈 기차 7:00, 야간기차 7:50, 버스 5:15
③ 프라하 ▶ 바르샤바 기차 8:15, 야간기차 11:20, 야간버스 10:00
　바르샤바 ▶ 프라하
　야간기차 12:20, 야간버스 10:00
④ 자그레브 ▶ 베오그라드 버스 6:05
　베오그라드 ▶ 자그레브 기차 8:10, 버스 6:05

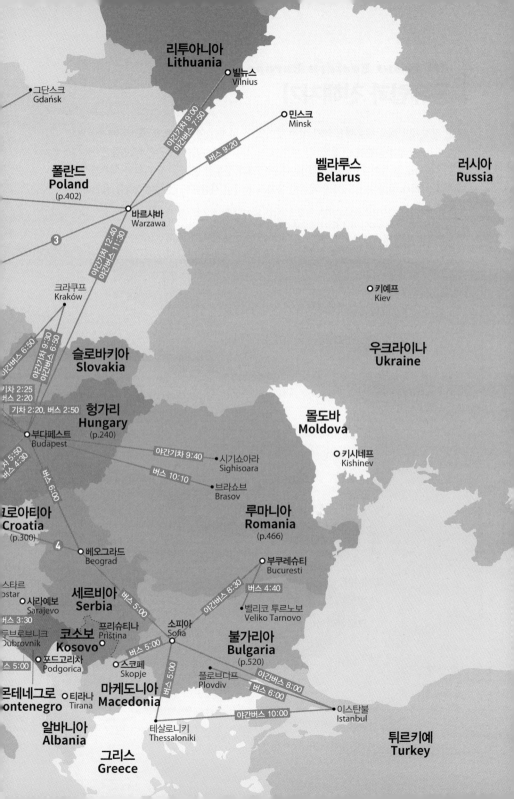

그단스크
Gdańsk

리투아니아
Lithuania

빌뉴스
Vilnius

민스크
Minsk

벨라루스
Belarus

러시아
Russia

폴란드
Poland
(p.402)

야간기차 9:00
야간버스 7:50

버스 9:20

③

바르샤바
Warszawa

키예프
Kiev

야간기차 12:40
야간버스 11:30

크라쿠프
Kraków

우크라이나
Ukraine

슬로바키아
Slovakia

야간버스 6:50
야간기차 9:30
야간버스 6:50

몰도바
Moldova

기차 2:25
버스 2:20

헝가리
Hungary
(p.240)

기차 2:20, 버스 2:50

부다페스트
Budapest

키시네프
Kishinev

야간기차 9:40

시기쇼아라
Sighisoara

버스 10:10

서 5:50
버스 4:30

브라쇼브
Brasov

버스 6:00

루마니아
Romania
(p.466)

로아티아
Croatia
(p.300)

④

베오그라드
Beograd

부쿠레슈티
Bucuresti

스타르
ostar

사라예보
Sarajevo

세르비아
Serbia

버스 5:00

야간버스 8:30

버스 4:40

벨리코 투르노보
Veliko Tarnovo

버스 3:30

두브로브니크
Dubrovnik

코소보
Kosovo

프리슈티나
Priština

소피아
Sofia

불가리아
Bulgaria
(p.520)

스 5:00

포드고리차
Podgorica

버스 5:00

스코페
Skopje

플로브디프
Plovdiv

야간버스 8:00

콘테네그로
ontenegro

티라나
Tirana

마케도니아
Macedonia

버스 5:00

버스 6:00

이스탄불
Istanbul

알바니아
Albania

야간버스 10:00

테살로니키
Thessaloniki

튀르키예
Turkey

그리스
Greece

All about Eastern Europe
동유럽과 친해지기

수 년 전까지만 해도 동유럽은 약간 낯선 곳이었다. 하지만 여행 수요가 증가하며 동유럽으로 향하는 여러 항공편이 생겼고, 그 매력이 서서히 알려지면서 누구나 한 번쯤은 가보고 싶은 여행지로 변신했다. 동유럽엔 아름다운 풍경과 풍부한 문화유산, 다양한 체험과 볼거리, 먹을거리가 즐비하다. 게다가 저렴한 물가와 친절한 사람들이 늘 여행객들을 반긴다.

*유럽 현지에서는 일반적으로 독일, 스위스, 리히텐슈타인, 오스트리아, 슬로베니아, 체코, 슬로바키아, 폴란드, 헝가리를 동·서유럽이 아닌 중앙유럽으로 분류한다.
*한국 : 면적 100,412㎢ | 인구 5,162만 명 | 1인당 GDP 34,758$, 25위(World Bank 2021년 기준)

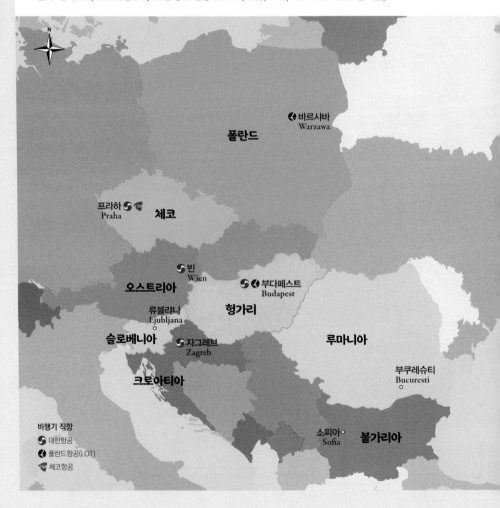

체코 *Republic of Czech*

누구나 꿈꾸는 낭만의 여행지로 체코의 역사가 담긴 프라하의 구시가지가 백미다.

수도 프라하(*Praha*)
면적 78,870㎢
인구 약 1,049만 명
1인당 GDP 26,379$, 33위
언어 체코어
종교 무교 34.5%
통화 코루나 Koruna
1회 교통권 30Kč(약 1,680원)

오스트리아 *Republic of Austria*

문화·지리적으로 유럽여행의 중심이 되는 중요한 나라. 풍부한 문화유산을 자랑한다.

수도 빈(*Wien*)
면적 83,879㎢
인구 약 893만 명
1인당 GDP 53,268$, 14위
언어 독일어
종교 가톨릭 64%
통화 유로 €
1회 교통권 €2.4(약 3,260원)

헝가리 *Hungary*

수도 부다페스트를 가로지르는 다뉴브 강의 아름다운 야경과 온천으로 유명하다.

수도 부다페스트(*Budapest*)
면적 93,030㎢
인구 약 996만 명
1인당 GDP 18,773$, 41위
언어 헝가리어
종교 가톨릭 37.2%
통화 포린트 Forint
1회 교통권 350Ft(약 1,200원)

크로아티아 *Republic of Croatia*

아기자기한 도시와 깨끗하고 아름다운 자연환경이 수많은 이들을 사로잡는다.

수도 자그레브(*Zagreb*)
면적 88,073㎢
인구 약 403만 명
1인당 GDP 17,399$, 44위
언어 크로아티아어
종교 가톨릭 86.3%
통화 유로 €(23년 1월 1일부터)
1회 교통권 €0.53(약 720원)

슬로베니아 *Republic of Slovenia*

수도 류블랴나의 저렴한 물가와 류블랴니차 강변의 낭만적인 분위기가 빼어나다.

수도 류블랴나(*Ljubljana*)
면적 20,480㎢
인구 약 212만 명
1인당 GDP 29,201$, 30위
언어 슬로베니아어
종교 가톨릭 57.8%
통화 유로 €
1회 교통권 €1.3(약 1,770원)

폴란드 *Republic of Poland*

전쟁으로 파괴된 도시를 벽돌 하나까지 그대로 재현해낸 강인한 사람들의 나라다.

수도 바르샤바(*Warsow*)
면적 312,690㎢
인구 약 3,985만 명
1인당 GDP 17,841$, 43위
언어 폴란드어
종교 가톨릭 95%
통화 즈워티 złoty
1회 교통권 3.4zł(약 1,000원)

루마니아 *Romania*

흡혈귀 드라큘라가 아닌 순수하게 보존된 자연과 순박하고 친절한 사람들이 기다린다.

수도 부쿠레슈티(*Bucharest*)
면적 238,400㎢
인구 약 1,965만 명
1인당 GDP 14,862$, 51위
언어 루마니아어
종교 루마니아 정교 86%
통화 레우 Leu
1회 교통권 3Lei(약 830원)

불가리아 *Republic of Bulgaria*

저렴한 물가와 맛있는 음식, 친절한 사람들과 함께 소박하고 느린 여행이 가능하다.

수도 소피아(*Sofia*)
면적 111,000㎢
인구 약 678만 명
1인당 GDP 11,635$, 59위
언어 불가리아어
종교 불가리아 정교 83%
통화 레프 Lev
1회 교통권 1.6LV(약 1,110원)

Q&A Eastern Europe
동유럽에 가기 전 자주 묻는 질문 10가지

Q1 동유럽 여행 가기에
좋은 때는 언제인가요?

7~8월 여름 성수기를 기준으로 이전(5~6월)과 이후(9~10월)가 좋습니다. 기후적으로 너무 덥지도 춥지도 않고 숙소 요금도 적당한 편입니다. 여행 최성수기인 7~8월도 여행하기 좋은 때이나 인파에 휩쓸릴 정도로 여행자가 많고 1년 중 숙소 요금도 가장 비쌉니다. 많은 관광객들로 식당이나 카페의 서비스 질 역시 떨어집니다.

Q2 겨울에 여행한다면
어떤 것들을 할 수 있을까요?

겨울시즌 여행은 겨울만의 특별한 경험을 누릴 수 있습니다. 크리스마스 마켓은 오스트리아 빈과 잘츠부르크, 체코 프라하, 폴란드 바르샤바를 꼽을 수 있습니다. 또 빈 시청사 앞과 부다페스트 시민공원 호수에 만들어진 스케이트장에서 스케이트를 타는 색다른 경험을 할 수도 있지요. 스키와 스노보드 마니아라면 인스부르크와 루마니아 부체지의 아름다운 설산에서 스키와 스노보드 등의 레포츠를 즐길 수 있습니다.

Q3 동유럽은 안전한가요?

유럽 여행 시에는 소매치기만 요주의하면 됩니다. 전체 유럽의 소매치기 빈발 지역 중에서 동유럽에 속하는 곳은 6위인 프라하 정도입니다. 다만 서유럽과 상대적인 안전일 뿐이니 경계를 늦춰서는 안 됩니다. 상세한 대비법(p.598)을 참고하세요.

Q4 동유럽의 물가는 한국과
비교해 어떤가요?

국가에 따라 물가 편차가 크며 대체로 서유럽의 2분의 1에서 3분의 2 정도로 한국과 비슷하거나 저렴한 편입니다. 국가별 물가 비교(p.25 참고)를 통해 체감해보세요.

Q5 동유럽에서 무료 WiFi를
사용할 수 있는 곳이 있나요?

공항, 숙소, 식당, 카페에서 무료 WiFi 제공은 기본이며 국가에 따라 광장에서도 공공 WiFi 사용이 가능합니다. 맥도날드는 매장 앞에서도 비밀번호 없이 접속이 가능해 급하게 WiFi를 잡아야 할 때 유용합니다.

Q6 유심 구매는 어디서 하는 것이 좋을까요?

가장 저렴하게 다양한 가격대의 유심을 직접 구입할 수 있는 곳은 여행지 시내의 이동통신사입니다. 공항에서 유심을 구입하기도 하는데 공항은 도심에 비해 종류가 적고 약간 비싼 편입니다. 요즘은 국내에서도 해외여행지의 유심 판매가 보편화되어 사전에 구매해 가는 경우도 많습니다.

Q8 동유럽에서 유로화를 사용할 수 있나요?

책에 소개된 동유럽 국가 중에서 유로화를 사용하는 나라는 오스트리아와 슬로베니아, 슬로바키아뿐입니다. 대부분의 국가들은 자국 화폐를 사용하나 체코의 프라하, 헝가리의 부다페스트 등 주요 관광도시의 숙소와 식당에서 유로화 사용이 가능합니다.

Q7 서유럽과 동유럽의 차이점은 무엇인가요?

서유럽과 동유럽은 지리적으로 유럽 대륙 중앙에 있는 오스트리아를 중심으로 서쪽에 있는 국가를 서유럽, 오스트리아의 동쪽에 있는 국가를 동유럽이라 말합니다. 오스트리아는 지리적으로 동유럽에 넣기도 하나 과거 정치적으로 소련의 영향을 받았던 국가를 기준으로 할 때는 서유럽으로 구분하기도 합니다.

Q9 유레일 철도패스가 꼭 필요가요?

동유럽은 서유럽에 비해 기차 요금이 저렴합니다. 또한 철도에 비해 버스 운행편수가 더 많고 가격 면에서도 저렴하며 소요시간도 짧아 서유럽처럼 철도패스의 중요성이 높지 않습니다. 단, 오스트리아의 경우 철도요금이 비싼 편이기 때문에 오스트리아에서 중장거리 기차를 3번 이상 이용할 경우 패스 구입을 고려하는 것도 좋습니다.

Q10 영어로 의사소통이 가능한가요?

대체로 여러분들이 여행하는 도시들은 관광지이기 때문에 영어 사용에 불편함이 없습니다. 그래도 현지어로 '안녕하세요', '실례합니다', '감사합니다', '안녕히 계세요' 정도는 익히고 가시면 좋습니다. 실시간 번역 앱으로는 '파파고(영어, 독일어, 스페인어, 프랑스어, 이탈리아어 가능)'와 '구글 번역기'를 추천합니다. 구글 번역기는 특히 메뉴판이나 안내문구 등을 읽을 때 많은 도움을 줍니다.

Try Eastern Europe
동유럽 추천 루트

다음은 『동유럽 셀프트래블』의 추천 루트다. 효율적인 동선
과 합리적인 비용을 고려해 만든 루트로 짧은 일정에는 직항
편을 소개했다. 자신의 상황에 따라 일정을 줄이거나 늘릴 수 있는 팁도
실었다. 여유 있는 일정이라면 항공 선택의 폭이 넓어지기 때문에 1회 경유하는 항공을 추
천한다. 경유 항공을 이용할 때 자신이 여행하고 싶은 도시를 선택하면 보다 폭넓은 여행
이 가능해진다. 예를 들어, 이스탄불을 추가로 여행하고 싶으면 터키항공, 북유럽 지역을
여행하고 싶으면 핀에어, 독일 지역을 여행하고 싶으면 루프트한자를 선택하는 것이다.

*아래 루트 관련 항공 스케줄은 코로나19 여파가 남은 상황을 기준으로 하여 현재 상황과 다를 수 있다(2023년 6
월 기준 대한항공의 자그레브 직항은 중단된 상태다). 순차적으로 항공 스케줄이 정상화될 때까지 Tip 부분의 대
체 항공 정보를 참고하자. 비행기 출·입국 시간이 변경될 수 있음을 염두에 두고 아래의 예시를 참고해 계획을 세
우면 된다.

7박 8일 체코 + 오스트리아

동유럽 최고의 하이라이트 도시인 체코 프라하와 오스트리아 빈을 대한항공을 이용해 여행하는 가
장 짧은 일정이다. 신혼여행이나 직장인의 여름 휴가 루트로 추천한다. 프라하에서 당일치기로 체스
키 크룸로프나 체스케 부데요비체를 다녀오는데, 6박 7일 여행자라면 이들 근교를 빼고 주요 도시
인 체코 프라하와 오스트리아 빈만으로 구성된 루트를 만들 수도 있다.

일수	도시	일정
1일	인천 출발 → 프라하 도착	야경+휴식
2일	**프라하**	프라하 성+구시가지
3일	**프라하**	구시가지+쇼핑
4일	**체스키 크룸로프 당일치기**	근교 : 체스키 크룸로프(+체스케 부데요비체)
5일	**프라하 → 빈**	오전 플릭스 버스 또는 레지오젯 버스(5시간) 또는 기차(4시간)로 빈으로 이동, 구시가지 구경
6일	**빈**	쇤브룬 궁전+구시가지(또는 판도르프 아웃렛+구시가지)
7일	**빈 출발**	벨베데레 궁전+구시가지+시내 쇼핑
8일	인천 도착	여행 끝, 휴식

체코, 프라하

체코, 체스키 크룸로프

오스트리아, 빈

--- 당일치기

독일

폴란드

프라하 IN
• 크라쿠프

체코

체스케
부데요비체
체스키
크룸로프

슬로바키아

뮌헨 •

질츠부르크

빈 OUT
•브라티슬라바

오스트리아

•부다페스트

•인스브루크

헝가리

Tip

❶ 프라하와 빈으로 향하는 최단 시간 항공사는 대한항공으로 각각 12시간 35분, 12시간 20분이 걸린다. 대한항공을 이용한 프라하 In/빈 Out 루트가 가장 효율적이다.

❷ 6박 7일, 일주일 일정을 원한다면 프라하 일정에서 1박을 빼면 된다. 근교인 체스키 크룸로프 일정이 힘들다면 이를 빼고 프라하만 돌아봐도 좋다.

❸ 체스키 크룸로프로 가는 길은 체스케 부데요비체를 경유한다. 체스케 부데요비체에서 내려 2시간 정도 구시가지를 구경하며 맥주를 즐긴 후 체스키 크룸로프로 이동하는 것도 좋다.

❹ 신혼여행자나 아웃렛을 좋아하는 여행자라면 6일 일정에 판도르프 아웃렛(p.196 참고)에 다녀오는 것도 좋다. 대신 6일의 쇤브룬 궁전을 7일 벨베데레 궁전과 함께 묶어 돌아본다든가 둘 중 하나만 보는 일정으로 수정하면 된다. 베르사유 궁전에 비견되는 궁전을 보고 싶다면 쇤브룬 궁전을, 클림트와 에곤 실레를 좋아한다면 벨베데레 궁전을 선택하면 된다.

❺ 직항이 아닌 경유하는 항공사로 추천할 만한 것은 폴란드항공, 루프트한자다. 폴란드항공은 바르샤바를 경유하는 일정으로 가격이 저렴하며 소요시간도 짧다. 루프트한자 이용 시 뮌헨 또는 프랑크푸르트에서 경유해 같은 일정이 가능하다.

❻ 체코 + 오스트리아 + 파리 10일 루트
대한항공을 이용해 오스트리아 빈 In, 위의 루트의 역방향으로 여행한 후 체코 프라하에서 저가항공인 트랜사비아Transavia, 스마트윙스Smart Wings, 이지젯Easyjet을 이용해 파리로 이동한 후(빈 → 파리보다 프라하 → 파리가 더 저렴) 2박 3일 후에 파리 Out 루트도 추천한다. 9박 10일 일정이 나온다.

❼ 체코 + 오스트리아 + 이스탄불 10일 루트
이스탄불을 함께 여행하고 싶다면 터키항공을 이용하는 것도 좋다. 가격도 대한항공보다 저렴하다. 인천 출발 시간은 12:15이고 프라하에는 다음날 08:55에 도착한다. 돌아오는 비행기는 빈에서 오전에 출발하며 이스탄불에서 2박 3일 후 이스탄불 Out 스케줄도 나쁘지 않다. 9박 10일 일정이 나온다.

9박 10일 체코 + 헝가리 + 오스트리아

7박 8일 일정에서 좀 더 여유가 있는 여행자들을 위해 헝가리를 추가한 루트다. 이들 세 나라의 수도와 근교를 돌아본다면 동유럽 역사와 문화의 핵심 지역을 여행했다고 할 수 있다.

일수	도시	일정
1일	인천 출발 → 프라하 도착	야경+휴식
2일	**프라하**	프라하 성+구시가지
3일	**체스키 크롬로프 당일치기**	근교 : 체스키 크롬로프(+체스케 부데요비체)
4일	**프라하→빈**	오전 중 기차로(4시간) 빈 이동, 빈 링 주변
5일	**빈**	쇤브룬 궁전+교외(또는 판도르프 아웃렛+링 주변)
6일	**빈**	근교: 슬로바키아 브라티슬라바 또는 멜크 수도원 당일치기
7일	**빈→부다페스트**	링 주변+벨베데레 궁전, 오후 기차(2시간 20분)나 버스(3시간)로 부다페스트 이동, 야경
8일	**부다페스트**	페스트 지구+온천
9일	**부다페스트 출발**	부다 지구
10일	인천 도착	여행 끝, 휴식

Plan, Check to go! 일정 짤 때 알아두면 좋은 팁

동유럽은 나라도 많고 면적이 넓어서 어떻게 이동할지 결정하는 것이 중요하다. 여행에서 가장 먼저 떠올리게 되는 이동 수단은 기차지만, 동유럽의 많은 지역에서는 버스 이용이 더 활발하다. 원거리 이동 시에는 저가항공을 타는 것도 큰 도움이 된다.

버스(p.581 참고)

서유럽과 다르게 동유럽에서는 기차보다 버스가 더 유용할 때가 많다. 특히 몇몇 나라는 기차 시설이 미비하기 때문에 버스가 훨씬 편리하고 빠르다. 기차 시설이 잘 갖춰져 있는 나라들도 있지만 버스의 월등히 저렴한 요금은 무시하기 힘든 강점이다. 또한 기차가 커버하지 못하는 곳까지 가기도 하고, 국내선과 국제선 모두 운행하는 등 노선 역시 다양하다. 대개 인터넷이나 스마트폰 앱으로 예매할 수 있으니 버스를 적절히 이용하면 경비도 아끼고 편리하게 여행일정을 세울 수 있다.

저가항공(p.582 참고)

저가항공은 이름 그대로 서비스를 줄이거나 유료화하고 항공권 가격을 낮춘 노선이다. 예약은 해당 항공사의 인터넷 사이트나 스마트폰 앱에서 가능하다. 종이 탑승권 발급, 좌석 지정, 수하물 부치기, 우선탑승, 기내식 등 항공권을 제외한 모든 사항에 추가요금이 붙는데, 이 또한 공항에서 신청하면 요금이 훨씬 비싸진다. 그러나 단거리 비행이고, 일찍 예매할수록 요금이 저렴한 특성상 굉장히 유용한 수단이기도 하다. 유럽의 대표적인 저가항공사는 라이언에어, 이지젯, 위즈에어, 부엘링, 유로윙스 등이 있다.

플릭스 버스

라이언에어

- - - 당일치기
↻ 야간기차
— 연장루트

폴란드

IN
프라하

•크라쿠프

체코

독일

체스케
부데요비체
체스키
크룸로프

슬로바키아

뮌헨•
잘츠부르크• - - - •할슈타트
인스부르크•

빈 - - - •브라티슬라바

오스트리아

•부다페스트
OUT

헝가리

류블랴나•
슬로베니아   •자그레브

크로아티아

보스니아
헤르체고비나

Tip

❶ 프라하행 최단 시간 항공사는 대한항공이고, 부다페스트행 최단 시간 항공사는 대한항공과 폴란드항공이 있다.

❷ 신혼여행자나 아웃렛을 좋아하는 여행자라면 5일 일정을 판도르프 아웃렛(p.196 참고)에 다녀오는 것도 좋다. 대신 5일의 쇤브룬 궁전을 7일 벨베데레 궁전과 함께 묶어 돌아본다든가 아니면 둘 중 하나를 보는 일정으로 수정하면 된다. 베르사유 궁전에 비견되는 궁전을 보고 싶다면 쇤브룬 궁전을, 클림트와 에곤 실레를 좋아한다면 벨베데레 궁전을 선택하면 된다.

❸ 루프트한자를 이용해 프라하 일정 앞에 뮌헨과 잘츠부르크를 추가할 수도 있다. 뮌헨 In → 잘츠부르크(→할슈타트) → 체스키 크룸로프 → 프라하

❹ 폴란드항공을 이용한 스케줄도 추천할 만하다. 부다페스트 직항은 인천에서 매일 출발한다. 프라하는 폴란드 바르샤바에서 1회 경유하며, 만약 바르샤바 구경을 하고 싶다면 스톱오버로 1박을 추천한다. 부다페스트에서 인천으로 돌아오는 비행기도 매일 있다. 이외의 요일엔 바르샤바 1회 경유편을 이용할 수 있다.

`14박 15일` 체코 + 헝가리 + 오스트리아 + 크로아티아

대한항공의 프라하 · 자그레브 직항을 이용한 14박 15일, 4개국 여행 일정이다. 자그레브의 대한항공 스케줄은 매주 화 · 목 · 토요일 운항하기 때문에 여행 계획을 잘 세워야 한다. Tip의 ❷❸번처럼 여행지를 추가한다면 루프트한자가 유용하다. 다음은 기존의 9박 10일 루트에 크로아티아 주요 여행지를 추가한 것이다.

일수	도시	일정
1일	인천 출발 → 프라하 도착	야경+휴식
2일	**프라하**	구시가지
3일	**프라하**	프라하 성+구시가지
4일	**체스키 크룸로프** 당일치기	근교 : 체스키 크룸로프(+체스케 부데요비체)
5일	**프라하 → 빈**	프라하 구시가지, 오전 중 기차로(4시간) 빈 이동, 빈 구시가지
6일	**빈**	쇤브룬 궁전 또는 벨베데레 궁전 중 택 1+구시가지
7일	**빈 → 부다페스트**	빈에서 오전 중 기차로(2시간 20분 소요) 이동, 부다 지구+야경
8일	**부다페스트**	페스트 지구+온천
9일	**부다페스트 → 자그레브**	부다페스트에서 오전 중 버스로(4시간 30분 소요) 이동, 자그레브 도착, 구시가지 구경
10일	**자그레브 → 플리트비체 → 스플리트**	자그레브에서 첫 버스(2시간 15분 소요)로 플리트비체 이동, 플리트비체에서 스플리트행 오후 버스(4~5시간 소요)로 이동
11일	**스플리트 → 두브로브니크**	오전에 버스(4~5시간 소요)로 두브로브니크로 이동
12일	**두브로브니크**	구시가지
13일	**두브로브니크**	구시가지 또는 모스타르 당일치기
14일	**두브로브니크 → 자그레브** 출발	두브로브니크에서 크로아티아항공(1시간 소요)을 이용해 오전에 자그레브 공항에 도착
15일	인천 도착	여행 끝, 휴식

*코로나19 여파로 대한항공의 자그레브 직항이 중단 중인 관계로 현재(2023년 6월 기준)는 어려운 루트이나 대안으로 터키항공을 이용해 프라하 In/두브로브니크 Out이 가능하다. 일정상 여유가 있다면 경유하는 이스탄불을 스톱오버로 여행할 수도 있다.

헝가리, 부다페스트

크로아티아, 플리트비체

범례:
- --- 당일치기
- — 연장루트

지도 라벨:
독일, 프라하 IN, 폴란드, 체코, 체스케 부데요비체, 체스키 크룸로프, 슬로바키아, 뮌헨, 빈, 잘츠부르크, 할슈타트, 인스부르크, 오스트리아, 부다페스트, 헝가리, 블레드, 슬로베니아, 류블라나, 자그레브 OUT, 크로아티아, 플리트비체 호수 국립 공원, 이탈리아, 보스니아 헤르체고비나, 사라예보, 스플리트, 모스타르, 두브로브니크

Tip

❶ 두브로브니크 → 자그레브 구간은 크로아티아 국내선 항공권을 별도로 구입해야 한다. 항공요금은 시기에 따라 €45~100 정도다. 두브로브니크에서 자그레브로 가는 당일 자그레브 공항에서 한국행 비행기를 탄다면, 두브로브니크 공항에서 체크인할 때 인천으로 가는 항공 스케줄을 알려주면 위탁수하물을 자그레브에서 찾았다가 다시 맡기는 번거로움 없이 곧바로 인천공항에서 받을 수 있다.
❷ 위의 일정 중 자그레브에 머물 때 1~2일 정도 슬로베니아 여행을 추가할 수도 있다. 자그레브에서 기차나 버스(약 2시간 20분 소요)로 류블라나로 이동한 후 블레드 호수 등을 돌아보면 된다. 류블라나에서 Out하고 싶다면 루프트한자를 이용하는 것이 효율적이다.
❸ 잘츠부르크와 할슈타트 일정을 추가하고 싶다면 위의 일정 앞쪽에 2~3일 루트를 추가할 수 있

다. 단, 터키항공(이스탄불 경유)이나 루프트한자(프랑크푸르트 경유)를 이용해야 한다. 이후에는 버스를 이용해(3시간 소요) 체스키 크룸로프로 들어간 뒤 프라하로 이동해 위의 루트를 소화하면 된다. 뮌헨으로 들어가 기차나 버스를 이용해(약 2시간 소요) 잘츠부르크로 들어갈 수 있다. 이후에는 잘츠부르크에서 버스를 이용해(3시간 소요) 체스키 크룸로프로 들어간 뒤 프라하로 이동해 위의 루트를 소화하면 된다.
❹ 다른 도시로의 루트를 확장할 경우, 두브로브니크에서 출발하는 저가항공권을 고민해보자. 두브로브니크에서 출발하는 항공권 중 가장 저렴한 유럽의 국가는 오스트리아, 이탈리아, 프랑스다. 또는 두브로브니크에서 페리를 타고 바리Bari로 넘어가 이탈리아를 여행할 수 있다.

19박 20일 체코 + 폴란드 + 헝가리 + 오스트리아 + 슬로베니아 + 크로아티아

대한항공의 프라하 · 자그레브 직항을 이용한 20일 6개국 루트다. 기존의 14박 15일 루트에 폴란드
와 슬로베니아를 추가한 일정이다. 다른 유럽행 항공사와 저가항공을 이용할 경우 항공사의 일정에
따라 ±1~2일을 조정하면 된다.

일수	도시	일정
1일	인천 출발 → 프라하 도착	야경+휴식
2일	프라하	구시가지
3일	프라하	프라하 성+구시가지
4일	체스키 크룸로프 당일치기	근교 : 체스키 크룸로프(+체스케 부데요비체)
5일	프라하 → 바르샤바	프라하 구시가지, 프라하에서 야간버스(10시간 소요)
6일	바르샤바	오전 도착. 구시가지+문화과학궁전
7일	바르샤바 → 크라쿠프	오전 중 기차 2시간 45분, 비엘리치카 소금광산
8일	크라쿠프 → 부다페스트	오슈비엥침+구시가지+바벨 성. 크라쿠프에서 야간기차(9시간 35분 소요)
9일	부다페스트	오전 도착. 부다 지구+페스트 지구+온천+야경
10일	부다페스트 → 빈	근교 또는 시내관광, 오후 중 기차 2시간 30분, 버스 3시간
11일	빈	구시가지+쇤브룬 궁전
12일	빈 → 류블랴나	벨베데레 궁전, 오후에 빈에서 기차로(6시간 소요) 류블랴나 도착, 휴식
13일	류블랴나	구시가지
14일	류블랴나 → 자그레브	오전 중 버스 2시간 20분, 자그레브 구시가지
15일	자그레브 → 플리트비체 → 스플리트	자그레브에서 첫 버스(2시간 15분 소요)로 플리트비체 이동, 플리트비체에서 스플리트행 오후 버스(4~5시간 소요)로 이동
16일	스플리트 → 두브로브니크	오전에 버스(4~5시간)로 두브로브니크로 이동
17일	두브로브니크	두브로브니크 구시가지
18일	두브로브니크	두브로브니크 구시가지 또는 모스타르 당일치기
19일	두브로브니크 → 자그레브 출발	두브로브니크에서 크로아티아항공(1시간)을 이용해 오전에 자그레브 공항에 도착
20일	인천 도착	여행 끝, 휴식

*코로나19로 인해 대한항공의 자그레브 직항 노선이 잠정 중단 상태다. Tip ❷번 루트로 대체 가능하니 참고하자.

체코, 프라하

폴란드, 바르샤바

크로아티아, 두브로브니크

Tip

❶ 두브로브니크 → 자그레브 구간은 크로아티아 국내선 항공권을 별도로 구입해야 한다. 항공요금은 시기에 따라 €45~100 정도다.

❷ 루프트한자와 터키항공을 이용할 경우, 프라하 In/ 두브로브니크 Out이나 자그레브 Out이 가능하다. 루트트한자를 이용할 경우 뮌헨까지 직항이 가능하다는 이점이 있고, 터키항공을 이용할 경우 두브로브니크에서 이스탄불을 경유해 한국으로 오기 편리하다.

❸ 잘츠부르크와 할슈타트 일정을 추가하고 싶다면 위의 일정 앞쪽에 2~3일 루트를 추가할 수 있다. 단, 터키항공(이스탄불 경유)이나 루프트한자(뮌헨 직항)를 이용해야 한다. 이후에는 버스를 이용해(3시간 소요) 체스키 크룸로프로 들어간 뒤 프

라하로 이동해 위의 루트를 소화하면 된다. 뮌헨으로 들어가 기차나 버스를 이용해(약 2시간 소요) 잘츠부르크로 들어갈 수 있다. 이후에는 잘츠부르크에서 버스를 이용해(3시간 소요) 체스키 크룸로프로 들어간 뒤 프라하로 이동해 위의 루트를 소화하면 된다.

❹ 부다페스트에서는 당일치기로 근교에 다녀오는 것을 추천한다. 두나카냐르의 세 도시(센텐드레, 비셰그라드, 에스테르곰)는 부다페스트와 시외버스, 교외전철 Hév 등으로 연결되어 편하게 다녀올 수 있다. 하루에 두 도시 정도가 적당하다. 좀 더 여유가 있다면 발라톤 호수를 감상할 수 있는 티하니에 다녀와도 좋다. 기차로 아침에 출발하면 저녁에 부다페스트에 도착해 야경을 즐길 수 있다.

34박 35일

폴란드 + 체코 + 헝가리 + 루마니아 + 불가리아
+ 세르비아 + 보스니아 헤르체고비나 + 크로아티아
+ 슬로베니아 + 오스트리아 (+ 슬로바키아)

대한항공 직항을 이용한 34박 35일 루트다. 대한항공을 이용해 프라하 In/Out 또는 부다페스트 In/
Out으로 동유럽을 한 바퀴 돌 수 있는 루트다. 저렴하게는 바르샤바나 부다페스트 직항의 폴란드항
공을 추천한다. 폴란드항공으로 바르샤바 In, 아래 루트대로 여행한 후 프라하에서 야간열차 · 버스
를 이용해 바르샤바에서 Out하면 된다. 또는 Tip ❶~❹ 바르샤바 In/부다페스트 Out 루트가 효율
적이다. 『동유럽 셀프트래블』에 나오는 대부분의 도시를 돌아볼 수 있는 루트로, 동유럽을 꼼꼼히 돌
아보고 싶은 여행자에게 추천한다. 장거리는 주로 야간기차를 이용해 힘든 구간이니 여유가 된다면
40일 정도의 일정으로 천천히 이동하면 좀 더 편해진다.

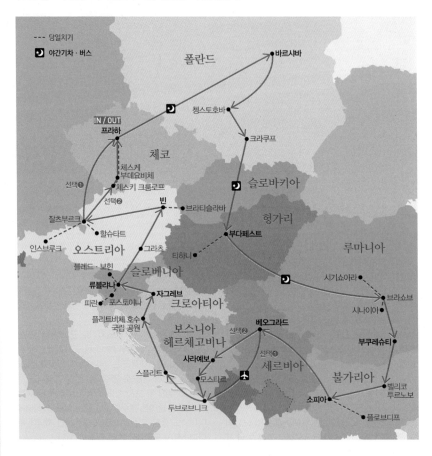

일수	도시	일정
1일	인천 출발 → 프라하 도착	야경+휴식
2일	프라하(야간버스) → 바르샤바	프라하 성+구시가지, 야간버스 이용
3일	바르샤바(오전 도착)	구시가지+문화과학궁전
4일	바르샤바 → 쳉스토호바 → 크라쿠프	기차 이동 중간에 쳉스토호바 야스나고라 수도원+휴식
5일	크라쿠프	오슈비엥침+구시가지
6일	크라쿠프(야간기차) → 부다페스트	비엘리치카 소금광산+바벨 성
7일	부다페스트(아침 도착)	페스트 지구+온천+휴식
8일	부다페스트	티하니 근교여행+야경
9일	부다페스트(야간기차) → 시기쇼아라	부다 지구+두나카냐르 근교여행
10일	시기쇼아라(오전 도착) → 브라쇼브	오후 기차 이동(3시간 소요)+휴식
11일	브라쇼브	브란 성+구시가지
12일	브라쇼브 → 시나이아 → 부쿠레슈티	오전 기차 이동 중간에 시나이아 수도원+펠레슈 성
13일	부쿠레슈티	구시가지+인민 궁전
14일	부쿠레슈티 → 벨리코 투르노보	미하이 1세 공원+개선문, 오전 버스로 이동, 5~6시간 소요
15일	벨리코 투르노보	구시가지+차르베츠 성채
16일	벨리코 투르노보 → 소피아	오전 버스 이동(3시간 15분 소요), 소피아 구시가지+ 성 알렉산더 네프스키 대성당+비토샤 거리
17일	소피아(← 플로브디프 또는 릴라 수도원)	오전 버스 이동(2시간 20분 소요), 플로브디프 구시가지 또는 릴라 수도원
18일	소피아 → 베오그라드	오전 버스로 5시간 소요+베오그라드 시내 관광
19일	베오그라드 → 두브로브니크	오전 이동(p.39 3번 참고)+두브로브니크 구시가지
20일	두브로브니크	구시가지
21일	두브로브니크 → 스플리트	오후 버스(4~5시간 소요)로 스플리트로 출발
22일	스플리트 → 플리트비체	오후 버스(4~5시간 소요)로 플리트비체로 출발
23일	플리트비체 → 자그레브	오전 플리트비체를 천천히 돌아보고 오후에 버스(2시간~2시간 30분)로 자그레브로 이동
24일	자그레브 → 류블랴나	오후 류블랴나, 기차와 버스로 2시간 20분 소요
25일	류블랴나 근교여행	근교 : 포스토니아 동굴 또는 블레드 호수 또는 보힌 호수
26일	류블랴나 → 빈	오후 버스(5시간) 또는 기차(6시간)로 이동 후 휴식
27일	빈	쇤브룬 궁전+링 주변
28일	빈(←브라티슬라바 또는 멜크 수도원)	근교 : 브라티슬라바 또는 멜크 수도원+구시가지
29일	빈 → 잘츠부르크	판도르프 아웃렛+벨베데레 궁전, 기차(2시간 30분 소요)로 잘츠부르크로 이동, 구시가지
30일	잘츠부르크	구시가지
31일	잘츠부르크	근교 : 사운드 오브 뮤직 투어 또는 할슈타트 당일치기
32일	잘츠부르크(← 인스브루크)	기차로 2시간 소요
33일	잘츠부르크 → 프라하	❶ 잘츠부르크 → 프라하 Flix Bus로 6시간 소요. ❷ 잘츠부르크 → 체스키 크룸로프 : Bean Shuttle, Flix Bus로 3시간 소요. 체스키 크룸로프 → 프라하 : 버스로 2시간 40분 소요
34일	프라하 출발	프라하 구시가지+쇼핑
35일	인천 도착	여행 끝. 휴식

Tip

1. 루트는 추가로 방문하고 싶은 도시를 추가하거나 서렴한 항공권을 고려할 때 다양해진다. 다음은 파리 In/Out, 런던 In/Out, 런던 In/파리 Out, 핀에어, 폴란드항공을 이용한 루트를 소개한다.

폴란드, 그단스크

프랑스, 파리

❶ <u>프랑스 파리</u> 쇼핑의 천국, 파리를 여행지로 넣는다면 파리 In/Out 항공권을 끊은 후 파리에서 위즈에어나 에어프랑스, 폴란드항공(2시간 15분 소요)을 이용해 바르샤바로 들어간 후 위의 루트대로 동유럽 일주를 하고, 자그레브 → 류블랴나 → 잘츠부르크(←할슈타트) → 인스브루크 → 뮌헨에서 저가항공을 타는 방법이 있다. 뮌헨에서는 에어프랑스·루프트한자(1시간 40분 소요)를 이용해 파리로 들어가 원하는 만큼의 시간을 보낸 후 한국으로 돌아오는 일정이다.

유용한 위즈에어

폴란드의 북쪽에 있는 그단스크에서 동유럽 일주를 시작하고 싶다면 파리 보베공항에서 출발하는 위즈에어나 라이언에어를 이용할 수 있다. 위즈에어와 라이언에어 모두 주 2회 운항하며, 2시간 10분이 소요된다.
독일 베를린을 일정에 넣고 싶다면 파리 샤를드골공항에서 이지젯, 오를리공항에서는 이지젯과 트랜스아비아를 이용해(1시간 50분 소요) 베를린을 여행할 수 있다. 베를린에서 야간버스(9시간 소요)를 타고 그단스크로 들어가면 시간과 비용 절약이 가능하다.

❷ **영국 런던** 런던 왕복 항공권을 끊었을 경우 런던에서 저가항공을 이용해 폴란드의 그단스크로 가서 여행을 시작할 수 있다. 위즈에어는 런던 루톤공항에서, 라이언에어는 런던 스탠스테드공항에서 운항한다. 모두 2시간이 소요된다.

영국, 런던

루트는 그단스크 → 바르샤바 → 쳉스토호바 → 크라쿠프 → 프라하[←체스키 크룸로프(+체스케부데요비체)] → 부다페스트 → (시기쇼아라) → 브라쇼브 → 부쿠레슈티 → 벨리코 투르노보 → 소피아 → (플로브디프) → 베오그라드 → (에어세르비아 이용, 1시간 10분 소요) → 두브로브니크 → 스플리트 → 플리트비체 → 자그레브 → 류블랴나 → (그라츠) → 빈(←브라티슬라바) → 잘츠부르크(←할슈타트, ←인스브루크)가 된다. 잘츠부르크에서 라이언에어와 영국항공을 이용해 런던 개트윅, 스탠스테드로 들어갈 수 있다. 요일별로 시간대가 다르니 원하는 시간과 공항에 맞춰 예약하면 된다. 약 2시간이 소요된다. 항공권 가격이 런던 In/Out과 런던 In/파리 Out이 차이가 없다면 런던 In/파리 Out 스케줄도 좋다.

오스트리아, 할슈타트

❸ 한국에서 유럽까지 짧은 시간이 걸리는 핀에어
도 추천할 만하다. 헬싱키에서 다른 유럽 도시로
가는 항공권 가격도 적당한 편이다. 핀에어의 스
케줄은 인천 23:05 출발, 헬싱키 다음 날 06:05
도착/헬싱키 17:30 출발, 인천 다음 날 12:15에 도
착한다. 동유럽 여행의 출발지는 핀에어나 노르웨
이항공을 이용해 폴란드의 그단스크로 들어가는
것을 추천한다. €35~150 정도. 페리를 타고 탈
린으로 가 발트 3국(에스토니아, 라트비아, 리투아
니아)을 거쳐 폴란드로 들어가는 방법도 있다.

핀에어

루트는 그단스크 → 바르샤바 → 쳉스토호바 →
크라쿠프 → 부다페스트 → (시기쇼아라) → 브라
쇼브 → 부쿠레슈티 → 벨리코 투르노보 → 소피
아 → (플로브디프) → 베오그라드 → (에어세르
비아 이용, 1시간 10분 소요) → 두브로브니크 →
스플리트 → 플리트비체 → 자그레브 → 류블랴나
→ (그라츠) → 빈(↔브라티슬라바) → 잘츠부르크
(↔할슈타트, ↔인스부르크) → 체스키 크룸로프
(+체스케 부데요비체) → 프라하, 프라하에서 Out
할 때는 체코항공, 핀에어, 스마트윙스를 이용하
면 된다.

❹ 폴란드항공의 인천~바르샤바 직항이 있다. 대
한항공보다 가격도 저렴하고 항공도 매일 운항해
편리하다. 바르샤바에서 환승 또는 스톱오버 후 유
럽 내 다른 도시로 이동할 수도 있는데, 프라하 In/

부다페스트 Out 추천. 이 경우 바르샤바에서 스톱
오버를 해 바르샤바, 크라쿠프, 그단스크 등 폴란
드의 도시를 먼저 둘러보면 편하다.
루트는 바르샤바 → (크라쿠프 또는 그단스크) →
프라하[↔ 체스키 크룸로프(+체스케 부데요비체)]
→ 잘츠부르크(↔할슈타트, ↔인스부르크) → 빈
→ (그라츠) → 류블랴나 → 자그레브 → 플리트비
체 → 스플리트 → 두브로브니크 → 모스타르 →
사라예보 → 베오그라드 → 소피아(↔플로브디프)
→ 벨리코 투르노보 → 부쿠레슈티 → 시나이아 →
브라쇼브(↔시기쇼아라) → 부다페스트가 된다.

2. 14일 부쿠레슈티–벨리코 투르노보 구간은 벨
리코 투르노보역이 아닌 고르나 오랴호비차Gorna
Oryahovitsa역에 정차한다. 이곳에서 벨리코 투르노
보행 기차를 갈아타거나 버스를 타고 시내로 들어
갈 수 있다.

불가리아, 고르나 오랴호비차역 가는 길

3. 베오그라드–두브로브니크 구간은 육로 이동
이 가능하다. 베오그라드 → 사라예보 → 모스
타르 → 두브로브니크 루트에서 베오그라드 →
사라예보 구간은 현재 직행기차가 중단된 상태
다. 항공과 버스가 있는데 보통 버스를 이용한다.
5시간 정도가 걸리는 루트는 베오그라드에서 즈
보미크Zvomik로 이동한 후 사라예보행으로 갈아
타야한다. 좀 더 편수가 많은 직행은 버스회사에
따라 6시 45분~8시간이 소요된다. 시간표와 요
금은 이곳을 참고하자(홈피 Bstours bstours.rs,
Transprodukt transprodukt.rs). 전체적으로 이
동시간이 많이 걸려 힘든 루트다. 정세가 달라지
면 직행기차가 운행될 수 있으니 현지의 관광안내
소, 버스터미널에 문의해보자.

Mission in
Eastern Europe

동유럽에서 꼭 해봐야 할 모든 것

Sightseeing 1
동유럽의 놓치지 말아야 할 자연

동유럽에는 여러 매체에 자주 등장할 정도로 아름다운 강과 산, 호수, 동굴을 만날 수 있다. 서유럽과 또 다른 아름다움으로 여행자들을 사로잡는 동유럽의 대표적인 자연 명소를 소개한다.

크로아티아

플리트비체 호수 국립 공원
Plitvice Lakes National Park

크로아티아 여행의 하이라이트 중 한 곳으로 영롱한 에메랄드 물빛이 신비로움을 더한다. 트레킹을 좋아하는 사람이라면 국립 공원에서 안내하는 다양한 루트를 걸어보자.

잘츠카머구트 *Salzkammergut*

잘츠부르크 동쪽에 위치한 지역으로 여러 개의 크고 작은 호수와 호수 주변의 마을들이 그림처럼 아름다운 지역이다. 여러 마을 중 할슈타트 Hallstatt는 그중에서도 손꼽힌다.

블레드 호수 *Bled Lake*

아름다운 호수 주변에 작은 마을들이 형성되어 있고, 절벽 높은 곳에는 1011년에 지어진, 슬로베니아에서 가장 오래된 성이 우뚝 세워져 있다. 호수 가운데의 블레드 섬은 성모 승천 교회가 신비로움을 더하는 슬로베니아 최대의 휴양 마을이다.

포스토이나 동굴 공원
Postojna Cave Park

길이 5km, 폭 3.2km의 거대 석회암 동굴로 1819년부터 현재까지 39만 명이 방문한 세계적인 동굴 공원이다. 내부에는 거대 석주부터 스파게티처럼 가느다란 종유석까지! 동굴이 빚어낸 다양한 신비를 엿볼 수 있다.

발라톤 호수 *Balatonfüred*

내륙국인 헝가리에서 '헝가리의 바다'라 불릴 정도로 넓은 호수로, 중부 유럽에서 가장 크다. 호수를 따라 여러 마을이 형성돼 있는데, 특히 호수 안쪽으로 튀어나온 지형인 티하니 반도에서 보는 호수의 풍경은 더없이 아름답다.

부체지 산 *Munţii Bucegi*

수도원과 펠레슈 성으로 유명한, 시나이아에 있는 산으로 동유럽의
알프스라는 별명으로 불리기도 한다. 2,505m 높이이며 트레킹 및 스
키 코스로 유명하고, 케이블카로도 편리하게 오르내릴 수 있다. 이 지
대는 부체지 자연공원으로 지정돼 관리된다.

동유럽 전반

다뉴브 강 *Danube*

길이 2,860km에 달하는 유럽에서 두 번째로 긴
강으로 동유럽을 여행한다면 나도 모르는 사이 몇
번이고 마주하게 된다. 독일 서남부에서 시작해 동
쪽으로 흘러 오스트리아의 빈, 슬로바키아의 브라
티슬라바, 헝가리의 부다페스트를 지나고, 세르비
아의 베오그라드, 루마니아의 부쿠레슈티를 거쳐
우크라이나에 가서야 흑해에 이른다. 나라의 수도
를 지날 때는 넉넉한 품으로 안아주는 풍요로움을,
작은 마을을 지날 때는 고즈넉한 아름다움을 선사
한다. 요한 슈트라우스 2세의 '아름답고 푸른 도나
우(An der schönen, blauen Donau)' 왈츠를 들
으며 다뉴브 강을 감상해보자.

Tip

독일과 오스트리아에서는 도나우Donau, 슬로바키아에서는 두나이Dunaj, 헝가리에서는 두너Duna, 세르비아
에서는 두나브Дунав(Dunav), 루마니아에서는 두너레Dunăre, 우크라이나에서는 두나이Дунай라고 부른다.

Sightseeing 2
동유럽에서만 볼 수 있는 명물

여행지에서 무심코 지나쳐버리기 쉬운 특별한 그 무엇. 세상 어디에도 없고 딱 이곳에서만
볼 수 있는 특별한 동유럽의 다양한 명물을 소개한다.

오스트리아, 빈

슈피텔라우
쓰레기 소각장

이곳은 세상에서 가장 독특한 쓰레기 소
각장이 아닐까 싶다. 오스트리아의 유명
건축가이자 환경운동가인 훈데르트바서
가 설계한 곳으로, 그 누구도 쓰레기 소각
장 건물이라고 생각할 수 없을 만큼 다채
로운 색감과 재미난 외형이 눈길을 끈다.

오스트리아, 잘츠부르크

개성 넘치는 간판의 거리
게트라이데

화려한 장식의 개성 넘치는 간판이 300m에
걸쳐 이어진다. 주물로 제작한 것 외엔 형식
과 크기에 제한이 없어 레스토랑 · 카페 · 상
점 등 심지어 맥도날드와 스타벅스까지 이곳
에서만큼은 독특한 간판을 선보이고 있다.

46

체코, 프라하

다비드 체르니의 작품들

다비드 체르니는 프라하 태생의 유명한 조각가로 프라하 곳곳에서 그의 조각을 만날 수 있다. TV 타워를 기어 올라가는 아기나 후소바 거리의 건물 꼭대기에서 봉을 잡고 아슬아슬하게 매달려 있는 지그문트 프로이트를 눈으로 확인해 보자.

헝가리, 부다페스트

동유럽에서 가장 오래된
지하철

부다페스트의 메트로 1호선은 1896년 헝가리 건국 천년을 기념해 개통한 것으로, 유럽에서 런던 지하철 다음으로 오래된 지하철이다. 따라서 역이 그리 깊지 않고 기차의 규모도 작은 편이다. 역은 총 10개이며 언드라시 거리를 따라 도열해 있다.

슬로바키아, 브라티슬라바

거리의 동상들

브라티슬라바의 구시가지에선 독특한 동상들을 찾는 재미가 있다. 맨홀에 걸쳐진 채로 사람들의 다리를 쳐다보고 있는 추밀, 모자를 손에 들고 익살스러운 포즈를 취하고 있는 슈네 나치, 벤치에 앉아 있는 사람들의 이야기를 엿듣는 듯한 나폴레옹의 군인, 위베르의 동상 등이 있다.

슬로베니아, 류블랴나

정육업자의 다리에 세워진
그로테스크한 동상

슬로베니아의 조각가인 야코브 브르다르는 그로테스크한 작품을 조각한 것으로 유명하다. 프로메테우스, 반인반수의 사티로스와 개구리나 조개 등의 조각을 볼 수 있는데 흡사 에일리언을 보는 것처럼 으스스한 느낌이다.

크로아티아, 두브로브니크

전등 간판

이렇게 귀여운 간판을 만들 아이
디어는 누가 낸 것일까! 똑같은
모양의 전등에 상점들마다 나름
대로 개성 있는 디자인으로 간판
을 꾸며 놓았다. 밤이면 간판이
눈에 더 잘 들어온다.

크로아티아, 자그레브

세계에서 가장 짧은
푸니쿨라

자그레브의 구시가지와 신시가
지를 잇는 푸니쿨라로 1890년에
만들어졌다. 66m 길이로 세계에
서 가장 짧다. 최대 탑승 인원은
성인 28명이다.

폴란드, 바르샤바

쇼팽 벤치

세계적인 음악가 쇼팽은 폴란드가 낳
은 최고의 자랑 중 하나이다. 바르샤
바 구시가지엔 일명 '쇼팽 벤치'가 있
다. 옆면엔 '바르샤바의 쇼팽, 쇼팽의
바르샤바'라 적혀 있고 벤치에 있는
동그란 버튼을 누르면 쇼팽의 음악이
흘러 나온다.

폴란드, 소풋

비뚤어진 집

폴란드어로 크시비 도메크 Krzywy Domek라고 한다. 동화 책 속 일러스트를 보고 영감을 받아 만든 건물로 내부엔 카페와 상점 등이 있다. 소풋을 알린 유명한 건축물이다.

루마니아, 브라쇼브

스포리 거리

브라쇼브 구시가지 슈케이 지구엔 동유럽에서 폭이 가장 좁은 길이 있다. 원래 화재 진압용으로 만들어진 길인데, 다른 길들은 다 없어지고 스포리 거리 하나만 남았다. 관광객은 물론 현지인들에게도 특별한 사진촬영 장소가 되었다.

불가리아, 소피아

한잔하고 싶어지는
온천수

바냐 바시 모스크 근처엔 온천수 터(?)가 있어 우리나라 사람들이 약수를 떠가듯 온천수를 떠가는 사람들이 보인다. 불가리아 사람들은 온천수를 마시면 병이 낫는다고 믿는다.

Sightseeing 3
동유럽의 유네스코 핫 스폿 🏛️ ◉

동유럽에는 역사 문화적으로 뛰어난 세계 유산이 산재해 있다. 여행 중 만날 수 있는 세계문화유산들 중 엄선한 16곳을 소개한다.

오스트리아

1 쉰브룬 궁전과 정원
Palace and Gardens of Schönbrunn

오스트리아에서 가장 오래된 궁전이자 합스부르크 왕가의 여름 별궁으로 대표적인 바로크 양식의 건물이다. 궁전 건물뿐 아니라 세계 최초의 동물원과 식물원, 숲과 미로, 분수 등이 있는 정원은 건축을 종합예술의 경지로 이끌어낸다.

2 바하우 문화경관 *Wachau Cultural Landscape*
바하우는 다뉴브 강 하류의 멜크Melk와 크렘스Krems 사이로 뻗어 있는 지역으로, 멜크 수도원, 폐허가 된 성, 포도밭 등 소중한 문화유산과 아름다운 풍경을 보여준다.

오스트리아

3 잘츠부르크 역사 지구
Historic Centre of the City of Salzburg

잘츠부르크는 중세시대 군림 대주교가 통치한 도시국가로 이 시기에 만들어진 고딕, 바로크 양식으로 지은 대성당, 궁전 등이 잘 보존되어 있고, 모차르트의 고향으로 유명하다.

오스트리아

4 할슈타트-다흐슈타인 문화경관
Hallstatt-Dachstein Salzkammergut Cultural Landscape

잘츠카머구트 지방은 BC 2000년경부터 소금 침전물 채취를 시작해 중세시대에 큰 번영을 누렸던 곳이다. 소금광산 아래 조성된 마을은 과거 번영의 시대를 대변해주고 있다.

오스트리아

체코

5 프라하 역사 지구
Historic Centre of Prague

14세기 신성로마제국의 카를 4세 황제 시대에 만들어진 프라하 성, 성 비투스 성당, 카를교 등 당시 번영을 누렸던 모습이 현재까지 잘 보존되어 있다.

체코

6 체스키 크룸로프 역사 지구
Historic Centre of Český Krumlov

13세기에 조성된 중세도시로 블타바 강을 끼고 발전해왔다. 고딕, 르네상스, 바로크 양식이 혼재되어 있는 건축물들이 그대로 남아 있다.

7 다뉴브 강 연안과 부다 성 지구, 언드라시 거리
Budapest-including the Banks of the Donau, the Buda Castle Quarter and Andrássy Avenue

부다페스트엔 로마제국의 도시였던 아쿠인쿰 유적이 있는데, 이는 로마시대 건축양식을 보급하는 데 중요한 역할을 했다. 또 부다 성 주변은 주변국의 침략과 전쟁을 거치며 파손되었지만 끊임없이 재건되어 헝가리 예술과 문화의 중심지로 남았다. 도시계획을 통해 1872년 완성된 언드라시 거리는 부다페스트의 발전을 상징한다.

헝가리

크로아티아

8 디오클레티아누스 궁전과 역사 건축물
Historical Complex of Split with the Palace of Diocletian

3세기 말과 4세기 초 사이에 건설된 디오클레티아누스의 유적은 스플리트 도시 곳곳에 남아 있다. 12세기와 13세기에 지어진 로마네스크 양식 교회와 중세 요새, 15세기의 고딕 양식 궁전, 르네상스와 바로크 양식의 궁전들이 유산 지역 내에 있다.

크로아티아

9 두브로브니크 구시가지
Old City of Dubrovnik

중세시대 지중해 무역의 요충지로 발전한 도시다. 단단한 성벽으로 둘러싸인 구시가지는 로마네스크, 고딕, 르네상스, 바로크 양식의 성당과 수도원, 궁전과 분수 등이 지진과 전쟁의 아픔을 딛고 잘 보존되어 있다.

10 모스타르 구시가지와 다리 (스타리 모스트)
Old Bridge Area of the Old City of Mostar

보스니아 헤르체고비나

모스타르는 15세기에 건설된 마을로 오스만 제국의 전설적인 건축가 시난이 만든 아름다운 다리와 오스만 제국의 주거양식을 볼 수 있었던 곳이다. 1990년대 전쟁으로 파괴되었지만 유네스코의 기부로 복원되었다.

폴란드

11 바르샤바 역사 지구
Historic Centre of Warsaw

1944년, 나치에 대항한 바르샤바 봉기로 인해 바르샤바 구시가지는 대부분 파괴되었다. 그러나 전쟁이 끝난 후 폴란드인들은 힘을 합쳐 도시를 옛 모습 그대로 복원해냈다. 이는 세계적으로 전무후무한 일이다.

12 크라쿠프 역사 지구
Cracow's Historic Centre

크라쿠프는 바르샤바로 천도하기 전 폴란드의 수도로, 정치·문화·경제의 중심지였다. 아이러니하게도 나치의 주둔지였던 바람에 파괴되지 않았다. 직물회관과 성모 마리아 성당 등이 있는 유럽 최대 규모의 시장 광장, 성벽인 바르바칸이 그대로 남아 있다.

폴란드

13 비엘리치카 소금광산
Wieliczka Salt Mine

13세기부터 700여 년 동안 암염이 채굴된 엄청난 규모의 소금광산으로 독특한 채굴 기술과 장비 등의 발전상을 그대로 보여준다. 암염조각상과 예배당은 관람객에게 놀라움을 선사한다.

폴란드

14 오슈비엥침 비르케나우
Auschwitz Birkenau

나치의 유대인 강제 수용소이자 집단 학살의 현장이다. 약 150만 명의 유대인, 폴란드인, 집시 등이 목숨을 잃었다. 다시는 이러한 비극이 일어나면 안 된다는 엄중한 메시지를 던져준다.

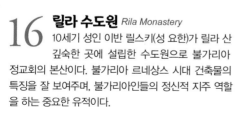

폴란드

15 시기쇼아라 역사 지구
Historic Centre of Sighişoara

시기쇼아라는 트란실바니아 지방에 있는 요새 도시로, 12세기 헝가리 통치 시절 국경 방어 차 독일의 장인과 상인들을 초빙한 것이 도시 건립의 시초가 되었다.

루마니아

16 릴라 수도원 *Rila Monastery*

10세기 성인 이반 릴스키(성 요한)가 릴라 산 깊숙한 곳에 설립한 수도원으로 불가리아 정교회의 본산이다. 불가리아 르네상스 시대 건축물의 특징을 잘 보여주며, 불가리아인들의 정신적 지주 역할을 하는 중요한 유적이다.

불가리아

Sightseeing 4
동유럽 최고의 뷰포인트

동유럽 최고의 경관을 한눈에 보고 싶다면? 각 도시별로 가장 아름다운 전망을 볼 수 있는 장소들을 꼽았다.

오스트리아, 빈

도나우 타워에서 바라보는 빈 시내

도나우 공원 안에 있는 251.76m 높이의 도나우 타워에 오르면 빈의 중심가와 외곽 지역, 다뉴브 강과 빈 숲까지 보인다. 낮에는 도시의 구석구석을 들여다볼 수 있어 좋고, 밤에는 야경을 볼 수 있어 좋다.

오스트리아, 빈

칼렌베르크 전망대

해발 484m의 칼렌베르크 언덕에 있는 전망대로 초록의 빈 숲과 포도밭이 발 아래 펼쳐진다. 야외 전망대이기 때문에 유리창 등 거칠 것이 없어 탁 트인 풍경이 시원하다.

오스트리아, 잘츠부르크

현대 박물관에서 바라보는 잘츠부르크 성과 구시가지

많은 사람들이 잘츠부르크 성에서의 전망을 즐기지만 잘츠부르크 성을 포함한 구시
가지의 전망을 볼 수 있는 곳이 있다. 바로 현대 박물관이다. 꼭대기 층의 레스토랑
에서 바라보는 전망이 가장 멋지다.

체코, 프라하

올드타운 브리지 타워의
타워 전망대

카를교를 걷는 사람들과 프라하 성의
전망은 올드타운 브리지 타워의 타워
전망대가 가장 아름답다. 전망대는 유
료이며 4~9월에는 22:00까지 운영하
므로 낮, 해 질 녘, 야경 찍기에 이곳만
한 장소도 없다.

체코, 프라하

페트르진 타워

파리 에펠탑을 본떠 만든 타워로 페트르진
언덕 위에 세워져 있어 프라하 성과 카를교
구시가지 전체의 모습을 한눈에 조망할 수
있다. 날씨가 좋은 날 그 진가를 발휘한다.

어부의 요새

부다 지구 성채의 언덕에 오르면 페스트 지구가 한눈에 내려다보인다. 특히 어부의 요새 쪽으로 가면 아름답고 위엄 있는 건축물인 국회의사당을 감상할 수 있다. 밤이 되면 다뉴브 강과 세체니 다리, 국회의사당이 조화를 이뤄 그 유명한 부다페스트의 야경을 볼 수 있다.

헝가리, 에스테르곰

대성당의 쿠폴라

대성당의 돔을 둘러싼 야외 전망대에 오르면 400여 개의 계단을 올라가는 수고가 아깝지 않은 풍경이 펼쳐진다. 에스테르곰 시내는 물론 다뉴브 강 건너편으로 슬로바키아의 슈트로보까지 보인다. 강을 사이에 두고 사뭇 다른 두 나라의 분위기를 느낄 수 있다.

크로아티아, 두브로브니크

스르지 언덕에서 바라보는
두브로브니크 구시가지

낮과 해 질 녘 그리고 야경까지 모든 전망이 그야말로 환상적이다. 걸어 올라갈 수도 있지만 햇볕이 따갑고 그늘이 없으므로 케이블카를 이용하는 것을 추천한다.

슬로베니아, 블레드

블레드 성에서 바라보는
블레드 호수

블레드는 류블랴나에서 1시간 거리의 휴양 마을
로 블레드 성에 오르면 블레드 호수와 섬, 블레
드 마을을 한눈에 조망할 수 있다. 멋진 전망을
바라보며 차 한잔을 마실 수 있는 카페도 있다.

폴란드, 크라쿠프

구시청사 탑

크라쿠프 구시가지 중앙시장 광장에 있
는 탑으로, 내부엔 아담한 크라쿠프 역
사박물관 전시실이 있으며 위로는 전망
대가 있다. 탑 꼭대기에 오르면 크라쿠
프 구시가지와 바벨 성의 풍경이 펼쳐
진다.

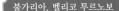

루마니아, 브라쇼브

탐파 산

브라쇼브 구시가지와 이어져 있는 약
960m 높이의 산으로 트레킹 또는 케
이블카로 올라가면 된다. 케이블카 정
류장에서 능선을 따라가면 브라쇼브 사
인이 있는 전망대에 이른다. 붉은색 지
붕으로 가득한 구시가지와 멀리 신시가
지까지 조망할 수 있다.

불가리아, 벨리코 투르노보

차르베츠 성채

불가리아의 옛 수도였던 벨리코 투르노
보의 차르베츠 성채에 오르면 요새를
에워싼 얀트라 강과 오밀조밀한 집들이
모여 있는 구시가지의 풍경이 한눈에
들어온다. 주변에 높은 건물이 없이 시
야가 탁 트여 시원한 느낌을 준다.

Culture 1
동유럽에서 놓쳐서는 안 될 체험

동유럽 여행을 가면 무엇을 해야 할까? 각 나라의 현지에서만 경험할 수 있는 독특한 체험들은 여행을 한층 더 풍부하게 만들어주고, 여행을 마친 후에도 두고두고 곱씹을 수 있는 추억으로 남는다. 시기나 날씨에 영향을 받는 곳도 있고 준비물이 필요한 경우도 있으니, 대략적인 일정이 정해졌다면 각자의 취향에 따라 미리 계획을 세워 보기를 권한다.

오스트리아, 빈/잘츠부르크

오페라 감상
오스트리아는 클래식 음악의 중심지로 정평이 나 있다. 그렇기에 전 세계의 유명한 작품과 내로라하는 성악가들이 오스트리아의 국립 오페라 극장으로 모여든다. 수백 년의 역사가 깃든 아름다운 오페라 극장에서 최고의 성악가들이 열연하는 오페라는 뜨거운 감동을 선사한다.

오스트리아 | 체코 | 헝가리 | 폴란드

클래식 공연 감상
오스트리아에서는 언제나 귀가 즐겁다. 소년 특유의 청아하고 깨끗한 목소리로 천상의 아름다움을 구현하는 빈 소년 합창단, 클래식 음악의 문외한일지라도 그 이름은 익히 알 법한 빈 필하모닉 오케스트라를 만날 수 있기 때문이다. 체코 필 역시 명성에 걸맞은 훌륭한 연주를 선보인다. 헝가리 오페라 하우스나 리스트 박물관에서의 공연 역시 저렴한 가격에 수준급의 연주를 들려준다. 폴란드의 자랑 쇼팽의 콘서트는 다양한 공연장에서 즐길 수 있는데, 바르샤바 와지엔키 공원에서 매해 여름 열리는 무료 야외 콘서트가 매우 인기가 있다.

인형극 즐기기

1991년, 프라하에서 모차르트의 〈돈 조반니〉가 인형극으로 각색되어 초연된 이후, 수십 년째 같은 공연이 이어지고 있다. 아담한 국립 마리오네트 극장에 들어서면, 인형에 불과했던 물체가 피와 살을 얻어 살아 숨 쉬는 마술을 경험하게 될 것이다.

형가리, 부다페스트

온천 여행

한국인이라면 뜨끈한 물에 몸을 담갔을 때의 느낌을 잘 안다. 구석구석에 쌓여 있던 피로가 풀리면서 몸과 마음까지 나른해지는 '시원한 기분' 말이다. 그 어느 때보다 바쁘고 그만큼 지치기 쉬운 여행 중에 온천을 만난다면 그만큼 반가운 것이 또 있을까.

체코, 까를로비바리 | 불가리아, 소피아

온천물 마시기

온천은 몸을 담그는 곳이 아닌가? 여기 마실 수 있는 온천수가 있다. 우리가 뒷산에 올라 약수를 떠 마시는 것이 익숙한 일이듯 온천 지역의 사람들은 온천수를 마시기도 한다. 장이 약한 사람이 아니라면 현지 온천수를 마셔보는 것도 즐거운 체험이 된다.

59

소금광산 체험

소금이란 흔히 바다에서 나는 것이라고 생각하게 된다. 하지만 탄광이나 금광처럼 소금을 생산해내던 광산도 있다. 소금이 귀하던 과거에 마치 금을 채취하듯 소금을 캐내며 만들어진 지하세계를 탐험해보자.

크로아티아, 두브로브니크

성벽 투어

두브로브니크는 햇빛이 부서지는 아드리아해와 주홍빛 지붕이 오밀조밀 모여 있는 구시가지의 모습이 천상의 조화를 이루는 곳이다. 성벽 길을 따라 느긋하게 걷다 보면왜 이곳이 아드리아 해의 진주라는 별명을 얻게 되었는지 비로소 이해하게 된다.

<사운드 오브 뮤직> 투어

언제 봐도 좋은 뮤지컬 영화 <사운드 오브 뮤직>의 아름다운 배경은 잘츠부르크를 비롯한 오스트리아 서쪽 지역이다. 가이드의 설명을 들으며 전용 버스를 타고 촬영지 곳곳을 누비다 보면 트랩 가족의 노랫소리가 귓가에 들려온다.

오스트리아, 인스브루크 |
루마니아, 부체지 산

스키 타기

스키 마니아라면 겨울의 동유럽이 더없이 매력적일 수 있다. 서유럽에 비해 훨씬 저렴하게 스키를 탈 수 있기 때문이다. 산 위로 눈꽃이 내려앉으면 유럽 동계스포츠의 메카인 인스브루크나 루마니아의 부체지 산으로 스키어들이 몰려든다.

Culture 2
영화와 드라마 속 동유럽

좋아하는 드라마나 영화에 나온 장소를 여행하는 기분은 어떨까? 주인공이 걷던 길을 따라 걷고, 주인공이 앉았던 바로 그 장소에서 똑같은 포즈로 사진을 찍어놓으면 여행에서 돌아와서도 두고두고 기억에 남는 소중한 추억이 된다. 여행을 떠나기 전 사전 답사하듯 영화와 드라마를 섭렵해보자.

체코 **프라하**

프라하는 영화와 드라마의 영원한 단골 촬영지다. 스타보브스케 극장이 주요 촬영지였던 고전 중의 고전 〈아마데우스〉(1984)부터 프라하에 살고 있는 체코인들의 모습이 담긴 〈프라하의 봄〉(1989), 카를교와 국립박물관의 화려한 내부가 인상적이었던 〈미션 임파서블 1〉(1996) 등이 있다.

국내 영화로는 프라하 성이 보이는 산책로에서 엔딩장면을 찍은 〈뷰티인사이드〉(2015)가 돋보인다.

뭐니 뭐니 해도 프라하를 배경으로 한 최고의 작품은 〈프라하의 연인〉(2005)이다. 오래된 드라마지만 프라하 여행을 준비한다면 다시 보기를 추천한다.

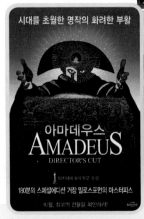

시대를 초월한 명작의 화려한 부활
아마데우스
AMADEUS
DIRECTOR'S CUT
아카데미 최다 부문 수상
180분의 스페셜에디션 거장 밀로스포먼의 마스터피스
10월, 최고의 선물을 확인하라!

체스키 크룸로프는 에곤 실레가 살았던 마을로 〈에곤 실레〉(2016) 영화 촬영지이며, 영혼을 부르는 마술사의 이야기 〈일루셔니스트〉(2006)가 이곳에서 촬영됐다.

오스트리아 **빈**

〈비포 선라이즈〉(1995)는 미국에서 여행 온 남자와 프랑스 여자가 기차에서 우연히 만나 오스트리아 빈에서 하루 동안 같이 여행하는 로맨틱한 이야기다.

한때 유럽여행을 떠나기 전 꼭 봐야할 영화로 손꼽혔고 영화에 나왔던 스폿들은 마니아층이 순례하듯 찾기도 했다. 〈비포 선라이즈〉 이후에 9년씩 텀을 두고 파리를 배경으로 한 〈비포 선셋〉(2004), 그리스가 배경인 〈비포 미드나잇〉(2013)을 끝으로 마무리됐다.

슬로베니아 **블레드**

김래원 · 신세경 주연으로 주목을 받았던 로맨틱 판타지 드라마 〈흑기사〉(2017)의 촬영지. 이 드라마의 영향으로 크로아티아에 비해 덜 알려졌던 슬로베니아가 여행지로 급부상했다. 드라마는 초반 흥행에 비해 시시하게 끝이 났지만 슬로베니아 블레드의 아름다움을 제대로 보여준다.

모토분

미야자키 하야오 감독의 애니메
이션 〈천공의 성 라퓨타〉(2004)
에는 하늘을 날아다니는 성이
나온다. 라퓨타는 세계 여러 나
라의 장소들을 참고해 창작되었
는데 그중에 슬로베니아의 모토
분도 있다.

로빈 & 피란

노희경 작가의 드라마 〈디어 마이 프렌
즈〉(2016)에서 고현정과 조인성이 서로
사랑할 때를 회상하며 나오는 장소다.
두 곳 다 작지만 빼어나게 로맨틱한 장
소로 크로아티아와 슬로베니아에서 여
기만 한 곳이 없다. 특히 피란의 석양은
잊지 못할 여행을 선사한다.

두브로브니크

2011년부터 인기리에 방영된 미국 드라마
〈왕좌의 게임〉의 촬영지는 북아일랜드, 스페
인, 크로아티아, 아이슬란드 등 유럽 전역에
걸쳐 있는데 그중 주요 촬영지가 크로아티
아의 두브로브니크, 시베니크, 스플리트였
다. 특히, 두브로브니크는 왕좌의 게임 워킹
투어가 인기리에 진행되고 있으니 마니아라
면 투어에 참여해보자.

플리트비체

크로아티아를 여행하는 사람
이라면 반드시 방문하는 플
리트비체는 영화 〈아바타〉
(2009) 속 배경의 모티브가 된
곳이다.

헝가리 **부다페스트**

부다페스트는 영화 〈글루미 선데이〉(1999)를 빼놓을 수 없다. 제2차 세계대전을 배경으로 한 여성과
두 남자에 관한 이야기로, 영화를 본 사람들은 그 짙은 인상을 지울 수 없을 것이다. 독일인 한스가
열광했던 헝가리안 비프롤 메뉴는 무슨 맛일까 궁금해진다. 영화 속 자보Szabo 레스토랑은 부다페스
트의 고급 레스토랑 군델Gundel을 모델로 삼아 영화 마니아라면 꼭 들르는 곳이다. 한국의 첩보 액션
드라마 〈아이리스 1/아이리스 2〉(2009/2013) 모두 부다페스트에서 촬영했다. 특히 부다페스트가
나오는 하이라이트 신은 부다 왕궁에서 촬영했다.

Culture 3
동유럽의 소원 빌기 핫 스폿

동유럽에 다시 오고 싶거나 꼭 이루어야 할 소원이 있다면 집중해보자. 동유럽의 소원을 비는 장소들을 한곳에 모았다.

1 성 요한 네포무크 동상(체코)

2 그레고리우스 동상 (크로아티아)

3 프란체스코 수도원(크로아티아)

1 프라하의 성 요한 네포무크 동상

카를교 중간에 프라하의 수호성인인 성 요한 네포무크 동상이 있다. 소원을 빌면 이루어진다고 해서 줄을 설 정도다. 소원 비는 방법은 여러 가지가 있는데 그중 하나를 소개한다. ❶ 네포무크 동상 왼쪽 난간의 조형물 앞에 서서 난간의 다섯 개의 별에 왼손 손가락을 하나씩 올려놓고, 오른손으로 누워있는 네포무크 동상을 만지며 소원을 빈다. ❷ 말하지 않고 머릿속으로 소원을 생각하며 오른쪽의 네포무크 동상으로 이동한다. ❸ 같은 소원을 빌며 동상 아래 오른쪽 부조 조각에서 강에서 떨어지는 네포무크를 왼손으로 만지고, 왼쪽 부조 조각의 개를 왼손으로 만지면 소원이 이루어진다. 사람들이 너무 많이 만져 반짝이고 있어 만질 곳을 헛갈릴 리는 없다. 다만 순서를 생각하느라 정작 소원 비는 것을 잊지는 말자.

2 스플리트의 그레고리우스 동상

소원과는 조금은 다른, 행운이 오는 동상이다. 스플리트 북문 바깥쪽에 세워진 거대한 그레고리우스 동상의 발가락을 만지면 행운이 온다. 발가락만 반질반질 금색으로 반짝인다.

3 두브로브니크의 프란체스코 수도원

크로아티아의 프란체스코 수도원 외벽에 새겨진 작은 가고일을 만지면 진정한 사랑이 이루어진다고 한다. 사람들이 몰려 있어 찾기 쉽다.

4 블레드 섬의 성모승천교회

슬로베니아의 블레드 호수 한가운데의 작은 섬에는 성모승천교회가 있다. 성모승천교회 내부에는 일반 사람들이 직접 울릴 수 있는 종이 있는데 종을 3번 울리며 소원을 빌면 성모 마리아가 소원을 들어준다고 한다.

5 부다페스트의 경찰 동상

헝가리 성 이슈트반 대성당 근처엔 배불뚝이 경찰 아저씨가 서 있다. 헝가리의 기름진 음식 덕에 뱃살이 두둑해진 모습으로, 동상의 배를 만지며 소원을 빌면 이루어진다고 한다. 덕분에 불룩 나온 배 부분만 반들반들하게 색깔이 벗겨져 빛난다.

6 바르샤바의 카노니아 종

폴란드 바르샤바 구시가에는 소원을 빌 수 있는 종이 있다. 성인 가슴 정도까지 오는 크기로, 특이하게 공중에 매달려 있지 않고 바닥에 앉아 있다. 종의 윗부분에 손을 대고 세 바퀴를 돌거나 종을 만지며 소원을 빌면 이루어진다.

7 플로브디프의 밀로 동상

불가리아 플로브디프의 번화가인 크냐즈 알렉산다르 거리에는 귀를 기울이고 앉아 있는 동상 밀로가 있다. 실존 인물인 밀로는 귀가 어둡고 정신이 좀 이상한 사람이었으나 늘 사람들에게 말을 걸고 대화하기를 즐겼다. 그의 사후에 밀로를 기리는 동상이 세워졌는데 밀로의 다리를 만지며 귀에 소원을 이야기하면 소원을 들어준다고 한다.

4 성모승천교회
(슬로베니아)

5 경찰 동상(헝가리)

6 카노니아 종(폴란드)

7 밀로 동상(불가리아)

Food 1
동유럽에서 맛볼 수 있는 음식

금강산도 식후경이라는 속담이 있듯이, 여행을 떠났을 때 절대 빼놓을 수 없는 부분이 바로 먹는 즐거움이다. 한국과 동유럽의 거리만큼 한국인에겐 낯선 음식도 있고, 의외로 우리 입맛에 딱인 음식도 있으니 마음껏 즐겨보자. 동유럽의 여러 나라들은 역사적, 지리적으로 서로 얽혀 있기 때문에 음식문화 역시 공유하는 경우가 많다. 같은 메뉴일지라도 나라별로 이름이나 형태, 맛이 조금씩 다르므로 서로 비교해보는 것도 재미있다.

1 비너 슈니첼(오스트리아)
3 베프로 크네들로 젤로(체코)
5 꼴레뇨(체코)
2 타펠슈피츠(오스트리아)
4 스비치코바(체코)

1 비너 슈니첼 *Wiener Schnitzel*
송아지고기를 얇게 펴서 튀김옷을 입혀 튀긴 음식으로 돈가스와 비슷하다. 돼지고기나 닭고기로 만든 슈니첼도 있다. 레몬즙을 뿌려 먹으며 양이 많은 편이다.

2 타펠슈피츠 *Tafelspitz*
18세기 후반 빈에서 유래한 음식으로 소의 엉덩잇살을 삶아 저민 것에 구운 감자를 곁들여 홀스래디쉬와 사과를 섞은 아펠크렌Apfelkren 소스를 부어 먹는다. 프란츠 요제프 황제가 즐겨 먹었던 음식으로 유명하다.

3 베프로 크네들로 젤로 *Vepřo-Knedlo-Zelo*
체코를 대표하는 국민 음식으로 돼지고기를 구워

체코식 만두(찐빵), 소금과 식초에 절인 양배추 절임을 함께 낸다. 짭짜래한 고기에 찐빵, 상큼한 양배추 절임이 잘 어울린다.

4 스비치코바 *Svíčková*
쇠고기 등심을 부드럽게 삶아 크림소스와 크랜베리나 라즈베리 잼과 휘핑크림을 얹어 내는 요리로 체코를 대표하는 요리다. 달콤한 잼이 음식과 잘 어울린다.

5 꼴레뇨 *Koleno*
돼지 정강이 부분을 양파, 고추, 후추 등을 넣은 소금물에 푹 삶은 뒤 오븐에 구운 요리다. 겉은 바삭하고 속은 부드러워 한국인들이 가장 좋아하는 메뉴다. 폴란드의 골롱카Golonka와 비슷하다.

6 굴라시(헝가리)

7 문어 샐러드(크로아티아)

8 송로버섯 요리(크로아티아)

9 피에로기(폴란드)

10 사르말레 & 마말리가(루마니아)

11 미치(루마니아)

12 사츠(불가리아)

6 굴라시 *Gulyás*

고기와 콩, 감자 등을 넣고 끓인 걸쭉한 수프로 파프리카 가루가 들어가 약간 매콤한 육개장 맛이 난다. 빵과 함께 나와 한 끼 식사로 충분하다. 체코의 굴라시는 국물이 자작한 장조림에 가깝다.

7 문어 샐러드 *Salata od Hobotnice*

한국인들의 입맛에도 잘 맞아 인기 있는 음식이다. 부드러울 때까지 삶은 문어에 올리브 오일과 식초, 고춧가루, 다진 양파, 마늘, 파슬리를 넣어 만드는 샐러드다. 크로아티아를 여행하면 꼭 먹어보자.

8 송로버섯 요리 *Tartufi*

송로버섯은 파스타, 오믈렛, 스테이크, 샐러드 등 다양한 요리에 사용된다. 이스트리아 지방의 세계적인 품질을 자랑하는 특산물이다. 흰색과 검은색 송로버섯이 있다. 요리의 마지막에 송로버섯을 갈아 올려준다.

9 피에로기 *Pierógi*

밀가루 반죽 안에 간 고기나 감자, 곡물 등을 넣고 익힌 음식으로 폴란드식 만두라고 생각하면 된다. 그냥 먹기도 하지만 과일잼이나 갈릭소스 등을 찍어 먹기도 한다.

10 사르말레 & 마말리가 *Sarmale & Mamaliga*

간 고기와 쌀을 양배추 잎에 싸서 찐 사르말레는 옥수수 가루를 쪄서 만든 마말리가와 함께 나온다. 원래는 특별한 날에만 먹는 귀한 요리였다.

11 미치 *Mici*

루마니아어로 '작은 것'이라는 뜻으로 다진 돼지고기에 향신료를 넣고 손가락 크기의 롤 모양으로 만들어 구운 음식이다. 익숙한 고기 완자 맛이 나며, 감자튀김과 겨자소스, 피클이 함께 나온다.

12 사츠 *Cач*

닭고기나 소고기, 양고기 등의 육류에 감자, 양파, 피망, 버섯 등 다양한 채소를 큼직하게 썰어 넣고 철판에 구운 요리다. 치즈나 크림을 얹기도 하며, 기름지고 양이 많아 일행과 나눠 먹는 게 좋다.

Food 2
동유럽의 빵과 디저트

바쁘게 돌아다니게 되는 여행 중엔 밥을 든든히 먹었어도 금세 입이 궁금해지기 마련이다. 동유럽에는 메인 요리 외에도 우리의 구미를 당기는 먹을거리가 많다. 일정 중 간단하고 빠르게 사 먹을 수 있는 길거리 음식이나 끼니 사이의 허기를 채워주는 빵과 간식, 달콤하게 식사를 마무리해주는 디저트 등이다. 특정 지역에서만 맛볼 수 있는 것도 있고, 비슷한 형태인데 다른 이름으로 널리 퍼져 있는 것도 있다.

1 식사용 빵

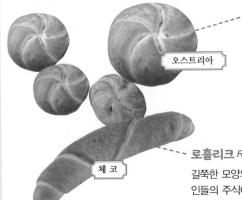

오스트리아

체코

젬멜 *Semmel*

오스트리아의 담백한 식사 빵으로 독일에서는 카이저 젬멜Kaiser Semmel이라고 부른다. 이스트로 발효시킨 밀가루 반죽을 구워 만들며, 동그란 모양에 바람개비 같은 다섯 줄의 홈이 파여 있다. 검은 깨가 붙어 있기도 하다.

로흘리크 *Rohlík*

길쭉한 모양의 작은 빵으로 약간 푸석한 느낌이다. 체코인들의 주식에서 빼놓을 수 없는 빵으로 대부분의 음식과 함께한다.

체코

크네들리키 *Knedliky*

체코식 찐만두로 돼지나 닭, 소고기 등의 요리와 함께 나온다. 폭신폭신하고 부드러운 식감으로 한국인 입맛에도 맞다. 슈퍼마켓에서 흔하게 볼 수 있다.

불가리아

바니차 *Баница*

불가리아의 국민 빵으로 아침 식사 대용으로 자주 먹는다. 달걀 반죽에 치즈나 채소 등을 넣어 구운 페이스트리의 일종이다. 거리의 빵가게에서 살 수 있다.

2 길거리 음식

뜨르들로 *Trdlo, Trdelník*

철봉에 반죽을 감아 구운 후 설탕과 시나몬 가루를 뿌린 빵으로 길거리를 구경하면서 먹기에 좋은 간식이다. 한국 여행자들은 '굴뚝빵'이라고 부른다. 헝가리나 루마니아에서도 맛볼 수 있다.

체코

코브리지 *Covrigi*

루마니아식 프레첼로 밀가루 반죽에 깨를 뿌려 구운 빵이다. 길거리에서 쉽게 볼 수 있으며, 가격도 굉장히 저렴하다.

루마니아

오빠자넥 *Obwarzanek*

폴란드 크라쿠프의 길거리 수레에서도 비슷한 간식인 오빠자넥을 판다. 손바닥만 한 프레첼 모양으로 소금과 깨, 양귀비 씨앗 등이 뿌려져 있다. 쫄깃하고 담백한 맛이다.

폴란드

헝가리

랑고시 *Lángos*

밀가루 반죽을 튀겨 갈릭소스, 사워크림, 간 치즈를 뿌린 음식이다. 간식으로 먹기엔 양이 많을 수 있으니 일행과 나눠 먹으면 좋다. 햄이나 채소 등 다양한 토핑을 추가하면 식사 대용으로 먹어도 된다.

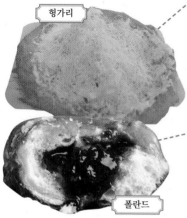

퐁첵 *Pączek*

폭신한 도넛 안에 잼이나 크림치즈 등의 필링을 넣고 설탕으로 겉면을 코팅한다. 장미맛이 인기 품목 중 하나다. 폴란드에는 사순절이 되기 전의 목요일(2월 중)을 기름진 목요일이라 하여 퐁첵을 먹는 풍습이 있다.

폴란드

3 디저트

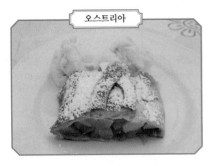

오스트리아

아펠슈트루델 *Apfelstrudel*

오스트리아의 사과파이로 얇은 파이지에 설탕
과 계피에 졸인 사과를 넣고 오븐에 구워낸 디
저트다. 크로아티아(Štrudla s Jabukama), 슬
로베니아(Jabolčni Zavitek), 헝가리(Almás
rétes) 등 다른 여러 나라에서도 맛볼 수 있다.

오스트리아

자허토르테 *Sachertorte*

자허 가문에서 만든 케이크로 초콜릿 시트에 살
구 잼을 바르고 초콜릿을 코팅해 만든다. 많이
달지 않고 쌉싸래한 맛이 특징이다. 한때 재정
난을 겪은 자허는 데멜로부터 자금 지원을 받아
자허토르테 비법과 판매권을 넘겼는데, 이후 여
러 해의 소송을 거쳐 두 회사 모두 자허토르테
라는 이름을 쓸 수 있게 되었다.

슬로베니아 | 크로아티아

포티차 *Potica* & 오라비아차 *Orahnjača*

발칸 지역에서 부활절, 성탄절, 결혼식 등 축일
에 자주 먹는 롤 케이크다. 반죽을 얇게 밀어 호
두와 흑설탕, 계피 등의 필링을 넣고 말아 굽는
다. 양귀비 씨앗을 넣은 케이크는 마코비아차
Makovnjaca다.

체코

말렌카 *Marlenka*(메도빅*Medovnik*)

모양이 시루떡처럼 생겨 시루떡 케이크라고도
부른다. 19세기 러시아 황후를 위해 만들어졌으
나 체코에 들어와 체코를 대표하는 케이크가 되
었다. 꿀이 듬뿍 들어간 얇은 시트 사이사이에
크림과 곱게 갈린 견과류가 들어가 고소하고 쫀
득한 식감으로 은은하게 퍼지는 단맛을 느낄 수
있다. 우리 입맛에도 잘 맞는다.

슬로베니아

크레무슈니타 *Kremšnita*

휘핑크림과 커스터드크림을 듬뿍 넣고 만든 사각형 크림케이크다. 오스트리아(Creme schnitte), 크로아티아(Kremšnita) 등 다른 나라에서도 볼 수 있지만 슬로베니아 블레드의 특산품으로 유명하다. 케이크 크기에 비해 크림이 많이 들어 있어 좀 느끼한 편이므로 커피나 차를 곁들이거나 일행과 나눠 먹으면 좋다.

헝가리

펄러친타 *Palacsinta*

묽은 반죽을 얇게 구워 토핑을 곁들여 먹는 팬케이크로 크레페와 비슷하다. 잼, 초콜릿, 크림, 과일 등의 필링을 넣은 달콤한 디저트 형태가 가장 잘 알려져 있지만 고기나 치즈, 채소를 넣어 식사용으로 먹기도 한다. 체코(Palačinky), 오스트리아(Palatschinken) 등에서도 볼 수 있다.

루마니아

파파나시 *Papanași*

루마니아식 도넛으로, 두께가 두꺼운 편이다. 큰 도넛 위에 작고 동그란 도넛을 얹고, 사워크림과 잼을 뿌려 먹는데, 베리류의 과일을 추가하기도 한다. 음식명은 라틴어로 아이들을 위한 음식이라는 뜻에서 유래했다.

불가리아

요구르트 *Кисело мляко*

불가리아의 국민 음료로 다양한 크기와 종류의 요구르트를 판매한다. 식당에서는 묽은 요구르트에 간 마늘과 다진 오이, 허브를 넣은 냉 수프인 타라토Таратор(Tarator)를 판매한다. 불가리아의 유산균은 국영 기업에서 관리해 품질이 뛰어나다.

기분 좋게 마시자! 동유럽의 술

동유럽에서는 식당에서 식사할 때 대부분 음료도 함께 주문한다. 이럴 때 각 나라의 현지 술을 주문해보자. 동유럽은 내륙지방이 많고 가을과 겨울이 쌀쌀한 편이라 고기 요리가 많은데, 여기에 맥주나 와인 등 주류 한잔을 곁들이면 요리의 맛이 배가된다. 하루 일정이 끝난 후 슈퍼마켓에서 산 현지 맥주 한잔을 들이키면 피로가 싹 풀리기도 한다. 세계적으로 유명한 와인이나 약의 용도로 마시는 술도 있다.

1 와인

오스트리아

호이리게 *Heuriger*

호이리게는 당해 수확한 포도로 만든 햇 포도주라는 뜻인데, 호이리게를 파는 술집이라는 의미로 쓰이기도 한다. 호이리게는 주로 화이트 와인으로 청량하고 가벼운 맛이 나서 기름진 고기 요리와 잘 어울린다. 호이리게는 대개 성 마틴의 날인 11월 11일 이전까지 생산되고, 호이리게 앞에 소나무 가지가 걸려 있다면 햇포도주가 들어왔다는 뜻이다. 빈의 그린칭이 호이리게 마을로 유명하며, 다양한 맛의 호이리게와 오스트리아 전통 음식을 즐길 수 있다.

헝가리

토카이 아수 *Tokaji Aszu*

토카이 지방에서 나는 디저트 와인으로 루이 15세가 '왕들의 와인, 와인들의 왕'이라 극찬했다. 썩기 직전의 귀부포도로 만들며 귀부포도의 함량에 따라 등급(3~6)을 매기는데 숫자가 높을수록 당도가 높다. 화이트 와인이 가장 유명하다.

크로아티아

딩가츠 & 포십 *Dingač & Posip*

크로아티아 와인 품질은 높은 수준으로 현지에서 저렴하게 즐길 수 있으며 또 선물용으로도 좋다. 마르코 폴로의 고향인 코르출라 섬에는 포십이라는 화이트 와인이, 레드 와인은 펠리샤츠Pelješac에서 생산되는 딩가츠가 크로아티아 최고의 와인으로 손꼽힌다.

루마니아

무르파틀라 *Murfatlar*

루마니아에서 처음 와인을 만든 것은 BC 7세기경으로 상당히 오랜 역사를 지니고 있다. 잘 알려져 있지 않지만 루마니아는 세계 10위권 안에 드는 와인 생산국이다. 루마니아의 와인은 품질이 좋고 값이 저렴해 인기가 많다. 슈퍼마켓에서 2~30Lei 정도면 깊고 풍부한 맛의 훌륭한 와인을 즐길 수 있다. 무르파틀라 사의 와인이 가장 대중적이다.

2 증류주

불가리아, 세르비아 등 발칸 반도 남쪽 지역에서는 포도나 자두 등의 과일로 만든 증류주를 즐긴다. 대표적인 증류주는 불가리아의 라키아Ракия로 40도 이상의 술이라 주로 입맛을 돋우기 위한 식전주로 마신다. 루마니아의 추이커Tuică, 체코나 폴란드의 팔링커Pálenka가 비슷한 술이다.

3 약초주

카를로비 바리가 고향인 베케로브카Becherovka는 38도나 되는 약초주로 소화 촉진과 위장에 좋다고 한다. 체코인들은 식전에 마신다.
헝가리의 모든 집에는 유니쿰Unicum이 한 병씩 있다고 한다. 도수는 40도로 소화에 도움을 주며, 특유의 쓴맛이 있어 식전이나 식후에 마신다.

4 맥주

체코

체코는 세계에서 1인당 맥주 소비량이 가장 많은 나라로 1842
년 황금빛 청량감 있는 라거 맥주를 세계 최초로 생산한 맥
주의 원조국가다. **필스너 우르켈**Pilsner Urquell은 맥주 역사
의 신화라 할 수 있다. 물보다 맥주가 싸고 도시 안에 소규
모 양조장을 운영하는 식당도 흔하다. 대중적인 브랜드로
는 필스너 우르켈과 **스타로프라멘**Staropramen, **감브리너스**
Gambrinus, **벨코포포니츠키 코젤**Velkopopovický Kozel, **라데가스**
트Radegast로 국내에도 수입되어 맛볼 수 있다. 체코 전역을
놓고 보면 프라하에서는 **필스너**Pilsner, 서부에서는 **크루쇼비체**
Krušovice, 동부에서는 **라데가스트**Radegast가 인기다.

오스트리아

오스트리아는 1인당 맥주 소비량이 손에 꼽힐 정도로 맥주
를 즐기는 나라다. 150여 년 전에 오스트리아 전역에 양조
장들이 생겼는데, 그 양조장들이 대형 맥주 회사가 됐다. **괴**
서Gösser, **오타크링거**Ottakringer, **스티글**Stiegl 등이 어디서든 만
날 수 있는 브랜드다.

헝가리

보르소디Borsodi 브랜드에서는 여러 맥주가 나오는데, 가장
사랑받는 것은 라거인 빌라고슈Világos다. 특유의 녹색병으
로 유명한 맥주 **소프로니**Soproni 역시 4.5도
의 라거가 가장 잘 팔리는 품목이다.

폴란드

폴란드는 유럽에서 손꼽히는 맥주 생산/소비국이다. **즈비에**
츠Żywiec, **티스키에**Tyskie, **오코침**Okocim이라는 세 브랜드의 맥
주는 폴란드 어디서나 볼 수 있는 가장 유명한 맥주들로 폴
란드 맥주 생산량의 약 80%를 차지한다.

루마니아

라틴어로 곰을 뜻하는 **우르서스**Ursus는 루마니아에서 가장 유명한 맥주이자 제일 큰 양조장을 갖고 있는 브랜드이기도 하다. 트란실바니아 지방에서 생산되는 **치우크**Ciuc 맥주 역시 인기 있다.

불가리아

자고르카Zagorka는 불가리아 중남부의 스타라 자고라에서 생산되는 맥주로 불가리아 국민 맥주라 해도 과언이 아니다. 플로브디프의 양조장에서 생산되는 **카메니차**Kamenitza 역시 140여 년의 전통을 자랑하는 유명 맥주다.

슬로베니아

원래 **라스코**Laško와 **유니온**Union 맥주가 슬로베니아 시장을 양분하고 있었는데, 현재는 같은 모회사로 들어가 형제가 됐다. 두 브랜드의 라거 맛은 비슷한데, 라스코 맥주가 약간 쓴맛이 난다.

크로아티아

오쥬스코Ožujsko는 시장점유율 40% 이상을 차지하는 부동의 1위 브랜드다. 〈꽃보다 누나〉에 나와 인기를 끈 '레몬 맥주'가 바로 오쥬스코 라들러다. 시장 2위는 **카를로바츠코** Karlovačko 맥주다.

Tip 라들러 *Radler*

라거 맥주에 과일 음료를 혼합한 탄산주를 라들러라 부른다. 주로 레몬, 라임, 오렌지, 자몽 등 감귤류의 음료를 사용해 새콤달콤한 맛과 향이 나는 것이 특징이다. 2~3도로 도수가 낮고 달달한 맛이 나 많은 여성들이 선호한다. 대부분의 맥주 회사에서 라들러를 만들기 때문에 브랜드는 달라도 어느 나라에서든 맛볼 수 있다.

Shopping 1
동유럽의 기념품 쇼핑

여행을 갈 때마다 늘 무엇을 사야 하나 행복한 고민에 빠지게 된다. 동유럽엔 각 나라마다 독특한 문화상품이나 식품류, 유명한 화장품, 장신구와 명품 등 여러 가지의 살거리들이 있다. 1~2유로 정도의 저렴한 물건에서부터 값비싼 품목까지 가격대가 다양하니 예산의 많고 적음에 상관없이 쇼핑의 즐거움을 누려보자.

오스트리아

스와로브스키 *Swarovski*

오스트리아 서쪽, 알프스를 접한 티롤 지방은 스와로브스키의 탄생지다. 반짝이는 액세서리를 좋아하는 여성들이라면 스와로브스키 100주년을 기념해 오픈한 '크리스털 월드'를 구경하고 최대 규모의 상점에서 쇼핑하는 것을 추천한다.

모차르트쿠겔 *Mozartkugel*

오스트리아를 다녀오는 여행자라면 빼놓을 수 없는 쇼핑 아이템이다. 가장 대중적으로 구입하는 브랜드는 미라벨Mirabell 사의 것이지만 원조는 퓌르스트Fürst 사의 '오리지널 잘츠부르크 모차르트쿠겔Original Salzburg Mozartkugeln이다.

클림트 & 에곤 실레 관련 기념품

오스트리아를 대표하는 화가인 클림트와 에곤 실레의 화집이나 관련 물품은 오스트리아에서 살 수 있는 의미 있는 품목이다. 빈의 케른트너 거리에 클림트 전문 상점이 있고, 레오폴드 미술관 숍에서도 양질의 기념품을 구입할 수 있다.

체코

주석 잔 & 맥주 상표가 적힌 유리잔

체코의 특산품인 주석은 남성에게 인기 있다. 중세에는 오크 통에 보관한 와인을 차가운 주석 잔에 부어 온도를 낮춘 후 다시 와인 잔에 옮겨 마셨다고 한다. 주석 잔 외에 유명 맥주 상표가 찍힌 유리잔도 좋은 쇼핑품목이다.

마리오네트

체코는 마리오네트 인형으로 유명하다. 저렴한 가격의 중국산 마리오네트부터 섬세하고 아름다운 마리오네트 장인이 만든 것까지 다양한 가격대의 마리오네트를 구입할 수 있다.

송로버섯 *Truffle*

이스트리아 지방의 송로버섯은 세계적인 품질을 자랑하는 특산물이다. 송로버섯을 넣은 치즈나 올리브 오일이 인기다. 국내에서는 백화점에서나 볼 수 있는 고가의 식료품이다.

프란치스코 수도원의 약국, 말라 브라차 화장품 *Mala Braća*

유럽에서 세 번째로 오래된 약국으로 현재까지 운영되는 약국 중에서는 가장 오래됐다. 수도원 내의 약국에서는 장미크림, 라벤더 크림, 오렌지크림, 장미비누 등을 판다.

허브 오일 & 올리브 오일

크로아티아의 흐바르는 라벤더 등의 허브 식물과 올리브의 주산지다. 크로아티아에서는 로즈마리나 라벤더 에센셜 오일이나 화장품, 방향제 등을 저렴하게 구입할 수 있으며 신선한 올리브 오일도 좋은 쇼핑품목이다.

헤렌드 도자기 *Herend*

1926년 헤렌드에서 탄생했으며 합스부르크 왕가는 물론 유럽의 귀족, 왕족들이 애용한 명품 도자기다. 현재까지도 전통을 고수하여 장인들이 수작업으로 꽃과 나비 등 아름다운 문양을 그려 넣는 것으로 유명하다.

지아자(자야) 화장품 *Ziaja*

천연성분으로 만든 화장품으로 화장수, 로션, 크림 등 다양한 라인이 나와 있다. 시내의 드러그스토어나 대형 마트, 독립매장 등에서 쉽게 볼 수 있으며, 가격이 저렴해 부담 없이 고를 수 있다.

제로비탈 H3 화장품 *Gerovital H3*

테라피 요법에서 파생된 화장품으로 주름개선과 피부재생 등 노화 방지에 효과가 좋기로 유명하다. 드러그스토어나 대형 마트, 약국 등에서 판매하며 값이 저렴하다. 부피가 작은 아이크림이나 크림류를 추천한다.

장미 제품

불가리아의 장미는 국가에서 관리할 정도로 그 품질에 정평이 나 있다. 특히 장미유를 함유한 향수나 장미 화장품이 인기가 좋으며, 장미 제품 전문점이나 드러그스토어에서 쉽게 볼 수 있다. 값이 아주 저렴해 선물용으로도 제격이다.

Enjoy
Eastern Europe

동유럽을 즐기는 가장 완벽한 방법

체코
Česká
Republika
(Republic of Czech)

체코인들은 자신의 뿌리를 리부쉬 신화에서 찾는다. 영험한 능력을 지닌 리부쉬Libuši 공주가 프라하의 번영을 예언하고 농부인 프르제미슬Přemysl을 남편으로 맞아 프르제미슬 왕조가 시작되면서 번영의 시대를 누렸다. 중세시대 이후 여러 민족과 국가에 의해 지배를 받던 체코는 1989년에서야 꿈에 그리던 독립을 이루었다. 체코에는 유네스코에서 지정한 총 12개의 세계유산이 있으며 그중 프라하의 구시가지 전체가 프라하 역사지구로 세계유산에 등재되어 있다. 오늘날 체코는 맥주와 로맨틱을 꿈꾸는 여행자들의 꿈의 여행지로 중부 유럽 최대의 관광대국이다.

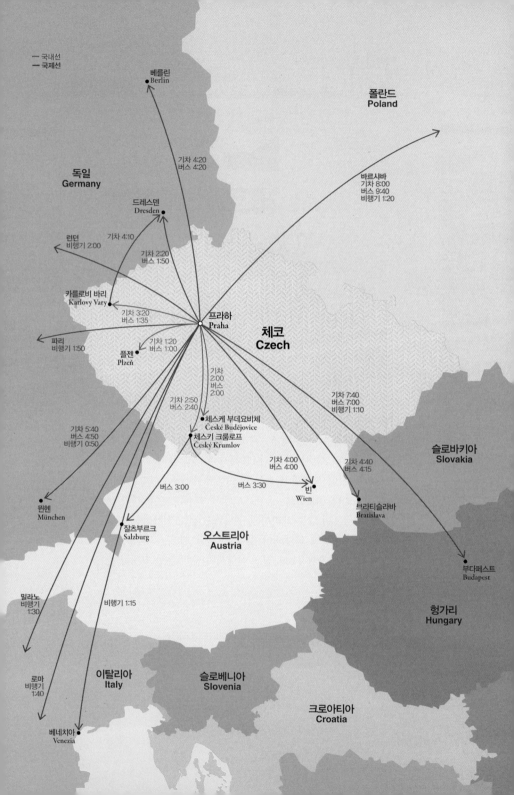

국내선
국제선

베를린
Berlin

폴란드
Poland

독일
Germany

바르샤바
기차 8:00
버스 9:40
비행기 1:20

기차 4:20
버스 4:20

드레스덴
Dresden

런던
비행기 2:00

기차 4:10

기차 2:20
버스 1:50

카를로비 바리
Karlovy Vary

기차 3:20
버스 1:35

프라하
Praha

체코
Czech

파리
비행기 1:50

기차 1:20
버스 1:00

플젠
Plzeň

기차 2:00
버스 2:00

기차 7:40
버스 7:00
비행기 1:10

기차 2:50
버스 2:40

기차 5:40
버스 4:50
비행기 0:50

체스케 부데요비체
České Budějovice

체스키 크룸로프
Český Krumlov

슬로바키아
Slovakia

기차 4:00
버스 4:00

기차 4:40
버스 4:15

버스 3:00

버스 3:30

빈
Wien

브라티슬라바
Bratislava

뮌헨
München

잘츠부르크
Salzburg

오스트리아
Austria

부다페스트
Budapest

밀라노
비행기
1:30

비행기 1:15

헝가리
Hungary

로마
비행기
1:40

이탈리아
Italy

슬로베니아
Slovenia

크로아티아
Croatia

베네치아
Venezia

1. 체코의 역사

오늘날 체코인인 슬라브족이 정착한 때는 4세기 말부터다. 이때 생겨난 프르제미슬 왕조는 프라하를 중심으로 발전하기 시작했다. 프르제미슬 왕조 이후 룩셈부르크의 얀이 바츨라프 3세의 딸과 결혼해 왕위를 이었는데 얀의 아들이 바로 체코인들이 가장 존경하는 신성로마제국의 황제 카를 4세^{Karel IV}다. 지금의 구시가지 대부분의 고딕 양식 건물은 이 시기에 지어졌다. 15세기에는 얀 후스^{Jana Husa}가 이끈 종교개혁 운동이 일어났는데 그가 화형당한 후 이 사건은 민족주의와 결합되어 가톨릭에 대한 반발로 이어졌다. 가톨릭과 개신교의 대립으로 1419년 후스파가 가톨릭 의원들을 창밖으로 던져버리는 '제1차 프라하 창문 투척 사건'과 1618년 개신교도들이 장관과 비서관을 왕궁 창문에서 던져버리는 '제2차 프라하 창문 투척 사건'이 일어난다. 이 사건으로 30년 전쟁이 시작되고 신구교간의 전쟁이 전 유럽으로 확대된다. 전쟁은 1620년 개신교도들의 참패로 끝이 난다. 이후 합스부르크 제국의 지배가 강화되고

1627년에는 속령으로 전락한다. 합스부르크 제국이 수도를 빈으로 옮기면서 프라하는 급격한 쇠락의 길로 들어선다.

독립을 갈망해오던 체코는 제1차 세계대전 이후 1918년 잠시 독립국가가 되었으나 1939년에 나치에게 점령당했다. 1945년 다시 독립국가가 되었으나 스탈린의 지원을 받은 체코슬로바키아 공산당의 쿠데타로 공산주의 국가가 된다. 1960년 알렉산데르 둡체크의 민주화 정책으로 소련군이 침공해 올 때까지 8개월간의 짧은 '프라하의 봄'을 맞는다. 1989년 극작가였던 바츨라프 하벨^{Václav Havel}은 국민들의 지지를 등에 업고 공산당 정부와 협상 끝에 무혈, 비폭력 혁명을 이끌어낸다. 이를 '벨벳 혁명'이라 부른다. 하벨은 의원들에 의해 대통령으로 선출됐고, 1990년 국민투표로 대통령에 당선됐다. 1993년에는 체코와 슬로바키아의 분리 독립이 이루어졌다. 2004년에는 유럽연합^{EU} 국가로 가입했으며 현재는 중부 유럽 최대의 관광대국으로 성장했다.

↳ 체코의 수호성인 성 바츨라프

↳ 바츨라프 광장

2. 기본 정보

수도 프라하 Praha(Prague)
면적 78,870㎢(한국 100,412㎢)
인구 약 1,049만 명(한국 5,162만 명)
정치 대통령제(밀로시 제만Miloš Zeman 대통령)
1인당 GDP 26,379$, 33위(한국 25위)
언어 체코어
종교 무교 34%, 가톨릭 10%, 기타 56%

3. 유용한 정보

국가번호 420
통화(2023년 1월 기준)
– 코루나 Koruna
1Kč ≒ 56원, €1 ≒ 24~27Kč
(*사용 시에는 코룬Korun이라 말하고, Kč 또는 CZK로 표시)
지폐 100Kč, 200Kč, 500Kč, 1,000Kč, 2,000Kč, 5,000Kč
동전 1Kč, 2Kč, 5Kč, 10Kč, 20Kč, 50Kč
환전 국내에서 코루나 환전은 서울역 국민은행 지점에서만 가능하다. 일반적으로 유로화로 환전해서 체코의 환전소에서 코루나로 환전한다. 국내에서 사용하는 현금카드를 가져가 체코의 ATM에서 코루나로 인출하는 것도 편리하다(p.587 환전 참고). 현금보다는 환율이 떨어지지만 환전하는 데 시간을 소비할 필요가 없어 좋다. 프라하의 경우, 숙박료나 쇼핑을 계산할 때 유로화가 코루나보다 약간 더 이익이므로 환율을 잘 따져 유로화로 지불하는 것도 좋다. 환율은 은행보다 사설환전소가 좋으나 수수료를 많이 떼거나 속이는 곳도 많으니, 지도에 표시된 환전소를 이용하자. 속이지 않고 환율이 좋기로 유명해

체코인들도 많이 이용한다. 코루나는 한국에서 재환진이 어려우니 남겨오지 않는 것이 좋다.
주요기관 운영시간
– 은행 월~금 09:00~17:00
– 우체국 월~금 08:00~17:00/18:00
– 약국 월~금 08:00~17:00
– 상점 09:00~21:00
전력과 전압 230V, 50Hz(한국은 220V, 60Hz) 한국 전자제품의 사용이 가능하며 플러그도 대체로 동일하다. 납작한 형태의 플러그는 사용 가능하나 동그란 형태의 플러그는 뿔 달린 형태가 있어 맞지 않는다.
시차 한국보다 8시간 느리다.
서머타임 기간(매년 3월 마지막 일요일~10월 마지막 일요일)일 경우는 7시간이 느리다.
예) 프라하 09:00=한국 17:00
　　(서머타임 기간에는 16:00)
체코 현지에서 전화 거는 법
도시 안에서 또는 밖에서 전화할 때 모두 지역번호를 누르고 전화한다.
예) 프라하 → 프라하 234 090 411
　　체스키 크룸로프 → 프라하 234 090 411
스마트폰 이용자와 인터넷 숙소와 식당, 카페, 맥도날드, 코스타 커피 등에서 무료 WiFi 이용 가능.
물가 1회용 교통권(메트로·트램·버스 공용) 30Kč, 물 1.5L 15Kč~, 맥주 30Kč~, 에스프레소 50Kč~, 베이글 12Kč~, 베이커리의 파니니 샌드위치 75Kč~, 식당에서 점심+음료 200Kč~, 레스토랑에서의 저녁 대중음식점 꼴레뇨+맥주 300Kč~, 격식 있는 레스토랑 1,000Kč~.
팁 문화 체코에는 팁 문화가 없다. 그러나 여행자가 많은 프라하와 같은 주요관광지에서는 다르다. 프라하의 관광지 식당들은 영수증에 10~15% 정도의 봉사료가 포함되어 나오는 경우가 많다. 그럴 경우에는 팁을 줄 필요가 없다. 일반 식당이라면 식사비용을 지불하고 남은 잔돈이나 식사비용의 5~10%를 내고 나오면 된다. 프라하 구시가지의 관광객들이 많이 가는 식당은 10~15%의 팁을 강요한다. 호텔에서 머문다면 침대 정리를 해주는 메이

드를 위해 매일 20~30Kč 팁을 잊지 말자.

슈퍼마켓 체코에는 다양한 브랜드의 슈퍼마켓이 있다. 가장 이용하기 쉬운 슈퍼마켓은 테스코Tesco와 빌라Billa, 알베르트 슈퍼마켓Albert Supermarket으로 주말에도 쉬지 않고 운영하며(프라하 기준) 운영시간은 07:00/08:00~21:00 정도다.

물 수돗물은 마시거나 요리에 사용할 수 있다.

화장실 체코의 공공화장실은 모두 유료다. 구시가지 곳곳에서(주로 관광지) 화장실 마크(WC)를 볼 수 있는데 10Kč의 돈을 낸다. 유료 화장실을 이용하기 싫다면 박물관이나 미술관을 구경할 때, 레스토랑이나 카페를 이용할 때 들르는 것이 좋다.

치안 동유럽에서 여행자들을 대상으로 가장 많은 사건사고가 일어나는 곳이 바로 프라하다. 그중 소매치기가 가장 많다. 관광객들로 번잡한 프라하 성과 카를교, 구시가지 광장, 메트로와 기차역, 버스터미널은 조심해야 한다. 때로는 경찰을 사칭해 지갑을 보여 달라고 하면서 돈을 빼가거나, 몸에 샴푸나 케첩 같은 오물을 묻혀 그것에 신경을 쓰는 동안 지갑을 훔쳐가는 경우도 있다.

응급상황 경찰 158, 응급 의료 155, 응급 전화 112

세금 환급 'Tax Free'라고 쓰인 단일 상점에서 같은 날 최소 2,000Kč 초과하는 물건을 샀을 경우 10~21%의 세금을 환급받을 수 있다. 물건을 산 매장에서 여권을 지참해 택스 리펀드 서류를 작성하고 30일 이내에 세관에 신고해야 한다.

최대 3,000Kc까지 벌금

여권소지의무: 불법체류자의 증가로 여권을 수시로 검사한다. 현지경찰이 여권 제시 요구 시, 이를 어기면 벌금이 부과되니 여권을 항상 가지고 다녀야 한다(복사본이나 운전면허증 불가).

여행자보험증: 여행 중 사고 시, 보험처리가 가능함을 입증하는 의료보험증을 항상 소지하고 다녀야 한다(보험 가입 시 영문으로 발급 가능). 제시하지 못할 경우 벌금이 부과된다.

4. 공휴일과 축제(2023년 기준)

※ 체코 공휴일

1월 1일 새해

4월 9일 부활절*

4월 10일 부활절 월요일*

5월 1일 노동절

5월 8일 해방기념일

7월 5일 기독교 선교기념일

7월 6일 얀 후스 순교일

9월 28일 국가기념일

10월 28일 독립기념일

11월 17일 자유와 민주의 날

12월 24~26일 성탄절 연휴

(*매년 변동되는 날짜)

※ 체코 축제

5월 14~15일

성 요한 네포무크 축제 Navalis Saint John's Celebrations

프라하의 수호성인인 성 요한 네포무크를 기리는 축제로 성 비투스 성당에서 미사를 시작으로, 기념 행렬, 블타바 강을 배경으로 한 불꽃놀이, 수상콘서트 등 다채로운 문화공연이 펼쳐진다.

홈피 www.navalis.cz

5월 12일~6월 3일

프라하 봄 국제 음악 축제

Prague Spring International Music Festival

1949년부터 시작된 세계적인 클래식 음악 축제다. 축제의 시작을 알리는 첫 곡은 항상 스메타나의 〈나의 조국〉이다. 스메타나의 서거일인 5월 12일을 기리기 위한 것이다. 클래식 마니아라면 놓치지 말자.

홈피 www.festival.cz

5월 15~21일

오픈 하우스 프라하 Open House Prague

평상시 들어갈 수 없었던 역사적인 건축에서 중요

한 현대 건축물까지 내부를 무료로 볼 수 있는 재미
난 이벤트다. 방문 시간은 10:00~18:00이며 예약
이 필요 없다. 방문할 수 있는 101개의 건축물은 홈
페이지를 통해 확인하자.
홈피 www.openhousepraha.cz

7월 10 · 11일
보헤미아 재즈 축제 Bohemia Jazz Fest
유럽에서 가장 큰 야외 재즈 페스티벌로 프라하 구
시가지 광장에서 펼쳐지며 무료로 즐길 수 있다.
홈피 www.bohemiajazzfest.cz

8월 7~13일
프라하 프라이드 Prague Pride
세계 곳곳에서 펼쳐지는 게이 페스티벌로 그중 프
라하 게이 축제다. 구시가지에서 화려한 퍼레이드
와 각종 문화 행사가 펼쳐진다.
홈피 www.praguepride.com

9월 7~25일
드보르작 프라하–국제 음악 축제
Dvořákova Praha-International Music Festival
클래식 음악의 도시, 프라하에서 펼쳐지는 국제 음
악 축제다. 드보르작의 음악뿐만 아니라 다양한 작
곡가의 클래식 음악 공연이 펼쳐진다.
홈피 www.dvorakovapraha.cz

10월 12~15일
프라하 빛의 축제 Signal Festival in Prague
프라하의 주요 명소가 빛의 축제장으로 탈바꿈한
다. 구시가지 광장, 캄파, 댄싱 하우스, 카를교 등이
아름다운 빛으로 수놓이며 관람료가 무료다.
홈피 www.signalfestival.com

11월 마지막 주 토요일~1월 첫째 주 금요일
프라하 크리스마스 마켓 Prague Christmas Markets
프라하 성과 구시가지 광장에서 크리스마스 마켓이
열린다.

5. 한국 대사관

주소 Slavickova 5, Praha 6–Bubenec

위치 메트로 A선 Hradčanská역,
      트램 Hradčanská역 1 · 5 · 8 · 12 · 18 ·
      20 · 25 · 26 · 51 · 56 · 57번 메트로 A선
      Hradcanska역에서 내려 철길을 건너면
      오른쪽에 캐나다 대사관 국기가 보인다.
      캐나다 대사관을 지나 300~400m를
      걸으면 오른쪽에 흰색 건물 앞
      한국 대사관 태극기가 보인다.
운영 월~금 08:00~12:00, 13:00~17:00
      (토 · 일요일, 신정, 3월 1일, 부활절 연휴,
      5월 1 · 8일, 7월 5 · 6일, 8월 15일,
      9월 28일, 10월 3 · 9 · 28일, 11월 17일,
      12월 24~26일 휴무)
전화 체코 내 234 090 411,
      업무시간 외 긴급 연락처 725 352 420
홈피 overseas.mofa.go.kr/cz-ko/index.do

6. 출입국

비행기 · 기차 · 버스로 체코의 입국이 가능하다. 프
라하로 가는 직항은 대한항공과 체코항공이 있다.
최근 체코항공이 대한항공과 공동운항을 하고 있
어 체코항공의 항공권을 구입해 프라하로 갈 때 일
부는 대한항공을 이용할 수 있는 매력이 생겼다. 경
유하는 항공 중 추천할 만한 항공은 루프트한자,
KLM, 폴란드항공, 터키항공, 에미레이트항공, 카타
르항공, 에티하드항공, 핀에어이다.

7. 추천 음식

체코는 서유럽에 비해 저렴한 가격으로 식사와 높
은 품질의 맥주를 즐길 수 있다. 추천 음식은 돼지
정강이 부분을 양파, 고추, 후추 등의 향신료를 넣
은 소금물에 넣고 푹 삶아낸 후 오븐에 구워낸 **꼴레**
노Pečené Ovarové Koleno(Roast Pork Knuckle)와 돼지고기
구이를 체코식 김치인 양배추 절임과 체코식 찐빵

과 함께 먹는 체코의 국민요리 **베프로 크네들로 젤로**Vepřo-Knedlo-Zelo(Roast Pork, Cabbage, Dumplings), **소고기** 등심을 삶아 썬 후 크림소스와 라즈베리잼과 함께 내는 **스비치코바**Svíčková(Svíčková Na Smetaně)(Sirloin of Beef in Cream Sauce, Cranberries, Cream), 체코식 돈가스인 **스마제니 리젝**Smažený řízek, 길거리 대표 간식 **뜨르들로**Trdlo(Trdelník) 등이다.

꿀레뇨

베프로 크네들로 젤로

스마제너 리젝

뜨르들로

체코 맥주, 피보 Pivo
체코는 전 세계에서 1인당 맥주 소비량이 가장 많은 나라로 1년에 143.3L의 맥주를 마신다(2017년 기준). 물보다 맥주가 더 저렴한 라거 원조국가인 체코다. 맥주를 좋아하는 사람이라면 맥주순례만으로도 체코에 여행 온 보람을 느낄 수 있다. 체코의 대표적인 맥주는 다음과 같다.
1842년 맥주 장인인 요셉 그롤에 의해 개발된 **필스너 우르켈**Pilsner Urquell, 1895년 부데요비체에서 생산되기 시작한 **부데요비츠키 부드바**Budějovický Budvar, 체코에서 두 번째로 많이 팔리는 맥주인 **벨코포포니츠키 코젤**Velkopopovický Kozel, 1869년에 만들어졌으며 체코에서 가장 많이 판매되는 맥주인 **감브리너스**Gambrinus 등이다.

필스너 우르켈

감브리너스

8. 유용한 현지어

안녕 Ahoj[아호이]
안녕하세요 Dobrý Den[도브리 덴]
안녕히 가세요 Na Shledanou[나 쉬레다노]
감사합니다 Děkuji[데쿠이]
미안합니다 Prominťe[프로민테]
실례합니다 Prosím[프로심]
천만에요 Rádo Se Stalo[라도 세 스탈로]
도와주세요! Pomoc![포모츠!]
얼마입니까? Kolik To Stoji?[콜릭 토 스토이?]
반갑습니다 Těší Mě[테시 메]
예 Ano[아노]
아니오 Ne[네]
남성 Muži[무지] / Páni[파니]
여성 Ženy[제니] / Dámy[다미]
은행 Banka[방카]
화장실 Toalety[토아레티]
경찰 Policie[폴리치에]
약국 Lékárna[레카르나]
입구 Vchod[브호드]
출구 Východ[비호드]
도착 Příjezd[프리예스드]
출발 Odjezd[오디예스드]
기차역 Vlakové Nádraží[블라코베 나드라지]
버스터미널 Autobusové Nádraží
[오우토부소베 나드라지]
공항 Letiště[레티시테]
표 Jízdenka[이스덴카]
환승 Přestup[프레스투프]
무료 Zdarma[즈다르마]
월요일 Pondělí[폰데리]
화요일 Úterý[우테리]
수요일 Středa[스트르제다]
목요일 Čtvrtek[츠트브르텍]
금요일 Pátek[파텍]
토요일 Sobota[소보타]
일요일 Neděle[네데레]

1

한 잔의 맥주와 낭만
프라하
Praha (Prague)

프라하는 '동유럽의 파리'라 불리는 아름다운 도시다. 프라하 시
민들은 카를교에서 바라보는 프라하 성의 야경을 그 무엇과도
바꿀 수 없는 소중한 보물로 생각한다. 서유럽에 비해 저렴한
물가와 아름다운 구시가지와 수준 높은 음악 공연, 그리고 맥
주까지 즐길 수 있어 세계인들의 사랑을 한몸에 받고 있는 낭
만의 도시다.

루트는 총 3개로 구성된다. START 1은 성 바츨라프 기마상에서 시작해 아르누보 미술의 대가, 알퐁스 무하의 박물관을 관람하고 시민회관과 화약탑을 거쳐 구시가지 광장으로 가는 1.6km 도보 루트다. START 2는 천문학 시계탑이 있는 구시청사에서 시작해 카를교를 돌아보고 하벨 시장에서 마무리하는 하이라이트 루트로 총 2.6km다. START 1 START 2를 묶어 하루에 돌아볼 수도 있으나 하벨 시장은 오후 6시에 문을 닫으니 참고하자. START 3은 총 6km의 도보 루트로 내부 관람을 하는 프라하 성이 있어 부지런히 움직여야 한다. 프라하 성이 문을 여는 오전 9시에 입장하는 것이 좋다. 꽤 많이 걷기 때문에 관심이 덜한 곳은 뛰어넘거나 트램을 이용하는 것도 좋은 방법이다. 시간적 여유가 있다면 START 3을 카프카 박물관을 기준으로 두 개로 나누고 페트르진 언덕에 다녀오는 것을 추천한다.

N

프라하 성

발렌슈타인 궁전과 정원

네루도바 거리

START 3

성 니콜라스 교회

카프카 박물관

구시가지 광장 STOP

시민회관

화약탑

START 2

카를교

캄파

STOP 하벨 시장

무하 박물관

트르진

명사수의 섬

국립 극장

바츨라프 광장

STOP

슬라브 섬

START 1

국립 박물관

댄싱 하우스

more info & 관광안내소
홈피
www.prague.eu
www.czechtourism.com

관광안내소(중앙) 구시청사 내
주소   Staroměstské
        Náměstí 1, Praha 1
운영   1~3월 10:00~19:00,
        4~12월 09:00~19:00

나 무스트쿠Na Můstku
주소   Rytířská 12, Praha 1
운영   09:00~19:00

프라하 1

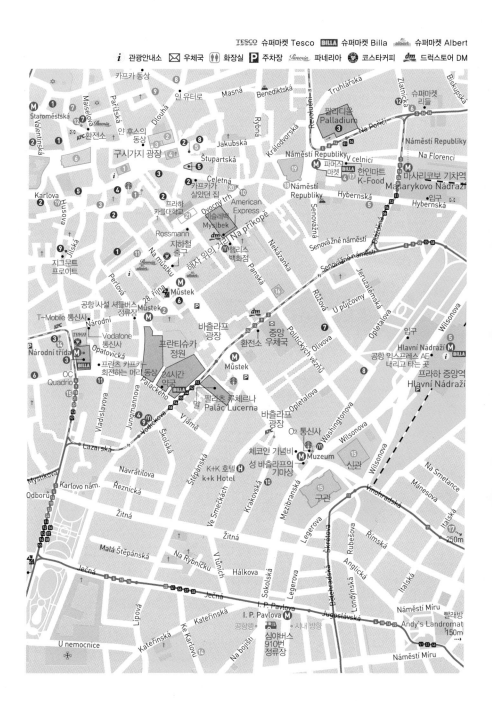

프라하 2

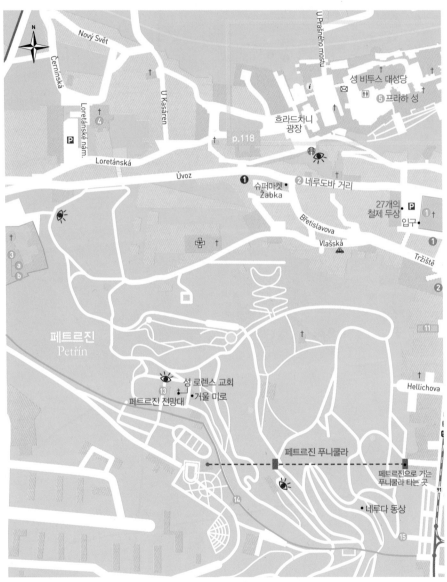

Nový Svět
Černínská
U Kasáren
Loretánské nám.
Loretánská
Úvoz
U Prašného mostu
성 비투스 대성당
⑤ 프라하 성
흐라드차니 광장
p.118
슈퍼마켓 Žabka
❶
❷ 네루도바 거리
Břetislavova
Vlašská
27개의 철제 무상
입구 ❶
❶
Tržiště
❷
11
페트르진 Petřín
성 로렌스 교회
⑬ • 거울 미로
페트르진 전망대
Hellichova
페트르진 푸니쿨라
페트르진으로 가는 푸니쿨라 타는 곳
⑭
91
• 네루다 동상
⑮

i 관광안내소　✉ 우체국　🚻 화장실　🅿 주차장　*Paneria* 파네리아　★ 스타벅스

관광명소

① 성 니콜라스 교회 Kostel Svatého Mikuláše
② 네루도바 거리 Nerudova Ulice
③ 스트라호프 수도원 Strahovský Klášter
  ⓐ 성모 승천 성당
  Basilika Nanebevzetí Panny Marie
  ⓑ 스트라호프 도서관 Strahovské Knihovny
④ 로레타 성당 Loreto Prague
⑤ 프라하 성 Pražský Hrad
⑥ 발렌슈타인 궁전과 정원
  Valdštejnský Palác & Zahrada
⑦ 프란츠 카프카 박물관 Franz Kafka Museum
⑧ 레서 타운 브리지 타워
  Malostranská Mostecká Věž
⑨ 존 레논 벽 John Lennon Wall
⑩ 캄파 미술관 Museum Kampa
⑪ 승리의 성모 마리아 교회(아기 예수 교회)
  Kostel Panna Marie Vítězná
⑫ 체코 음악 박물관 České Muzeum Hudby
⑬ 페트르진 타워 Petřínská Rozhledna
⑭ 배고픈 자의 벽 Hladová Zeď
⑮ 공산주의 희생자 추모비
  Památník Obětem Komunismu

레스토랑

① 우 글라우비추 U Glaubiců
② 우 말레호 글레나 재즈 & 블루스 클럽
  U Malého Glena Jazz & Blues Club
③ 안젤라토 Angelto(아이스크림)
④ 벨라 비다 카페 Bella Vida Café
⑤ 콜코브나 올림피아 Kolkovna Olympia
⑥ 카페 사보이 Café Savoy

쇼핑

① 룩트키 푸펫 Loutky Puppets
② 마뉴팍투라 Manufaktura

숙소

① 호텔 포드 베지 Hotel Pod Věží
② 카를 브리지 이코노믹 호스텔
  Charles Bridge Economic Hostel
③ 말로스트란스카 레지던스
  Malostranská Residence

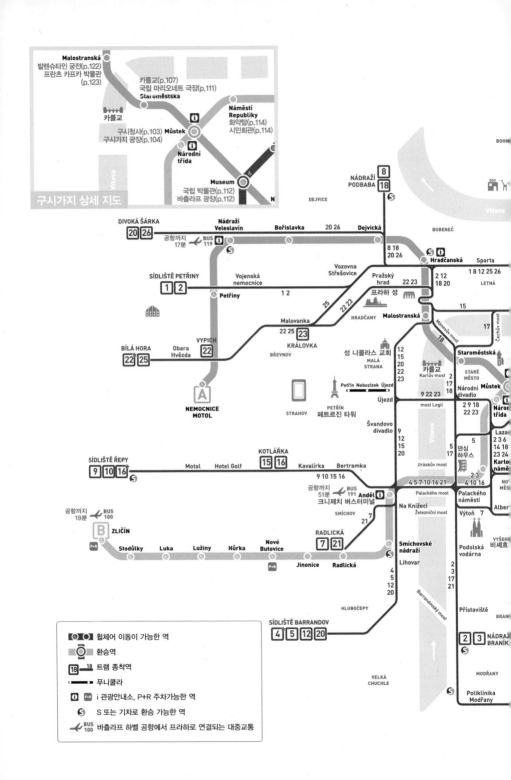

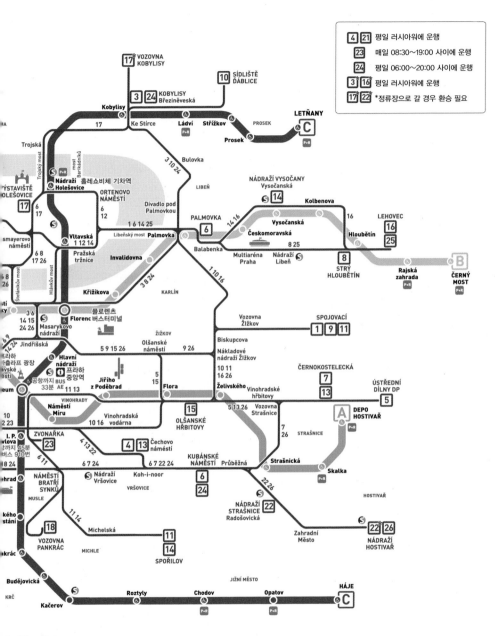

프라하 노선도
(메트로·트램)

프라하 들어가기

한국에서 직항 또는 경유편을 이용하거나 유럽의 주요 국가에서 저가항공을 통해 쉽게 들어갈 수 있다. 기차는 독일의 드레스덴·베를린·뮌헨, 오스트리아의 빈에서 직행이 있으며 야간기차로는 헝가리의 부다페스트와 연결된다. 유럽의 주요 국가에서 유로라인과 플릭스 버스를 이용해 프라하로 들어갈 수 있는데 보통 뮌헨에서 버스를 많이 이용한다.

❖ 비행기

모든 국제항공과 체코의 국내선 항공 모두가 바츨라프 하벨 공항으로 들어온다. 공항은 터미널 1·2로 나뉘는데 터미널 1은 쉥겐 비조약국(우리나라, 영국 등)이 목적지인 항공이, 터미널 2는 대부분의 유럽에 해당되는 쉥겐 조약국으로 향하는 항공이 드나든다. 터미널 간의 이동은 공항 자체가 크지 않아 도보로 가능하다.

바츨라프 하벨 공항 프라하 또는 프라하 루지니에 공항
Václav Havel Airport Prague or Prague-Ruzyně Airport (LHR)

프라하 시내에서 동북쪽으로 약 10km 떨어져 있다. 공항은 한국어 안내가 많아 편리하며 Travelex 환전소, ATM, 렌터카, 호텔예약처, 짐 보관소, 우체국, 관광안내소(터미널 1·2 운영시간 07:00~21:00), Billa 슈퍼마켓 등이 있다. 공항 안에서는 무료 WiFi를 사용할 수 있다.

주소 Letiště Praha, a. s., K Letišti 6/1019, Praha 6
전화 220 111 888
홈피 www.prg.aero/en

※ 구시가지 들어가기

공항에서 시내로 들어갈 때는 터미널 1·2 도착층에 있는 Public Transport Information이 유용하다. 이곳에서 시내로 들어가는 안내를 받거나 교통권을 구입할 수 있다. 버스 승차권은 자동발매기나 버스 운전사에게 직접 구입할 수도 있다. 운영시간은 07:00~22:00이다.

프라하 시내로 들어오는 방법은 공항버스+메트로, 공항 익스프레스 버스Bus AE(Airport Express), 사설 셔틀버스Shuttle Bus, 택시Taxi가 있다. 다음에는 이들 중 가장 대중적인 방법으로 ❶ 공항버스+메트로, ❷ 공항 익스프레스 버스(AE), ❸ 택시를 소개한다.

❶ 공항버스+메트로

공항버스는 119번, 100번, 191번 버스가 있다. 세 버스는 모두 메트로와 연결되어 시내로 들어올 수 있으나 소요시간이 각각 다르다. 이 중 가장 빠르고 배차 간격이 짧은 버스는 119번이다. 나머지 버스들은 메트로 파업과 같은 운행중단 사태가 벌어졌을 때 이용하면 편리하다. 버스+메트로를 포함한 요금은 90분 환승 가능한 티켓으로 40Kč이다.

홈피 www.dpp.cz

*119번 버스 이용 시

운영　터미널 1·2·3 → 버스 119번(17분 소요) → 메트로 A선
　　　Nádraží Veleslavín역 → 메트로 A선 Mŭstek역
시간　터미널 1에서 평일 기준 첫차 04:23, 막차 23:32
　　　(평일 3~20분 간격, 토·일 10분 간격)
　　　Nádraží Veleslavín역에서 첫차 05:13, 막차 00:22
　　　(평일 5~10분 간격, 토·일 10분 간격)
　　　터미널에서 총 소요시간 Muzeum역까지 40분

❷ 공항 익스프레스 버스
Bus AE (Airport Express)

버스+메트로보다는 비싸지만 같은 시민회관으로 가는 사설 셔틀버스보다는 저렴하다. 시민회관 근처가 숙소라면 갈아타는 번거로움이 없어 편리하다. 승차권은 운전사에게 살 수 있다.

운영　터미널 1 → 터미널 2 → 프라하 중앙역 Hlavní Nádraží
시간　05:30~22:00(30분 간격) 소요시간 40분
요금　일반 100Kč, 6~15세 50Kč, 6세 미만 무료
홈피　www.cd.cz

❸ 택시Taxi 📶

공항에서 택시를 이용한다면 도착 층의 AAA Taxi 안내 부스를 추천한다. 바가지요금으로 유명한 프라하에서 신뢰받는 회사다. 택시에서 내릴 때 자투리 돈은 팁으로 주는데 "킵 더 체인지 Keep the Change"라고 말하면 된다. 요즘 여행자들은 택시보다 저렴한 우버Uber나 볼트Bolt를 이용한다. 한국에서 미리 앱을 깔고 가면 더욱 편리하다. 소요시간 약 30분.

요금　예) AAA 택시 450Kč ,
　　　우버 380Kč , 볼트 320Kč

Tip 심야버스 910

공항에 늦게 도착하거나 또는 새벽시간 비행기를 타러 가야 한다면 심야버스를 이용할 수 있다. 구시가지와 가장 가까운 정류장은 아래 밑줄 친 곳이다. 다른 사람들과 함께 이동하지 않는다면 조금 비싸더라도 택시를 타거나 대부분의 호스텔에서 운영하는 사설 서비스를 이용하는 것을 추천한다.

운영　터미널 2 → 터미널 1 → (…)
　　　→ Palackého Náměstí →
　　　Karlovo Náměstí(메트로 B선
　　　Karlovo Náměstí역) → I. P.
　　　Pavlova(메트로 A선 Muzeum
　　　역 600m 떨어진 곳) → 이후
　　　루트는 구시가지와 멀어진다.
시간　터미널 2에서 평일 기준
　　　첫차 23:50, 막차 03:54(30분 간격)
　　　I. P. Pavlova에서 첫차 00:31,
　　　막차 04:31(30분 간격)
　　　소요시간 45분
요금　40Kč(75분 유효)

❖ 기차

유럽에서 프라하 직행기차는 주변국인 독일, 오스트리아, 헝가리, 폴란드를 통해 가능하다. 이 중 야간기차를 이용하기 좋은 곳은 헝가리다. 체코는 유레일패스가 통용되는 지역이나 유레일패스 없이 여행하기에도 좋다. 기차 요금이 그리 비싸지 않고, 만 26세 미만의 ISIC 학생증 소지자 학생이라면 학생할인을 받을 수 있으며 6~15세는 성인의 50%, 6세 미만은 무료다.

※ 기차역과 버스터미널에서 구시가지 들어가기
중앙역에서 구시가지로의 이동은 도보 또는 메트로를 이용해 들어갈 수 있다. 짐이 무겁지 않다면 걸어서(구시가지 초입까지 1.3km), 짐이 무겁다면 메트로 C선 Hlavní Nádraží역에서 지하철을 타자. 각 버스터미널은 메트로로 연결되며 메트로를 이용해 A선 Můstek역에 내리면 된다.

프라하 중앙역(프라하 흘라브니역Praha Hlavní Nádraží 또는 Prague Main Railway Station)

프라하에는 여러 개의 기차역이 있는데 중앙역에서 대부분의 기차들이 출발 · 도착한다. 기차역 내에는 국제 · 국내 매표소(03:20~00:30, 토 · 일 02:30~03:20 휴무)은 환전소, 짐 보관소, ATM, 화장실, 레이오젯Regiojet, 카페, 식당, 버거킹과 Billa 슈퍼마켓 등의 편의시설이 있으며 메트로 C선 Hlavní Nádraží역과 연결된다. 중앙역 정문 입구에는 AE 공항버스정류장이 있다.

홈피 체코 기차의 예약과 조회 www.cd.cz

> **Praha hlavní nádraží** 🚇 Ⓢ ⤴

> ### 바이에른 뵈멘 티켓
> ### Bayern-Böhmen-Ticket
>
> 독일의 바이에른 지역(뮌헨, 레겐스부르크, 뉘른베르크 등)을 여행하며 기차를 이용해 체코 지역으로 넘어갈 때 고려해보자. 참고로 주요 도시에서 나 홀로 이용 시 버스가 더 효율적이며, 바이에른 뵈멘 티켓은 이동하는 인원수가 많을수록(6~15세 미만 자녀, 손자 무료), 유용하다. 바이에른 지역의 모든 기차, EX, R, ČD에 적용된다.
>
> 운영 평일 09:00~다음 날 15:00,
>   주말 · 공휴일 00:00~
>   다음 날 15:00
> 요금 1인 €30(1인 추가 시 +€9.6,
>   최대 5인(€68.4)까지 사용 가능)

❖ 버스

유로라인과 레지오젯 버스, 플릭스 버스 등을 통해 주변 국가에서 프라하로 들어올 수 있다. 프라하 내에서의 이동은 기차보다 버스가 소요시간이 짧고 요금도 저렴하다. 프라하에는 플로렌츠Florenc 나 크니제치Na Knížecí, 홀레쇼비체Holešovice, 로스트를리Roztyly, 체르니 모스트Černý Most 버스터미널 역이 있다. 그중 여행자들에게 가장 유용한 주요 버스터미널은 플로렌츠 버스터미널로 국제선과 국내선 버스의 대부분이 이곳에서 출발 · 도착한다. 체스키 크룸로프로 가는 나 크니제치 버스터미널도 알아두면 편리하다. 만 26세 미만의 ISIC 국제학생증 소지자는 할인혜택이 있다.

스튜던트 에이전시 여행사가 있어 편리하다.

구시가지 방향 출구

플로렌츠 버스터미널
Autobusové Nádraží Florenc (ÚAN Florenc)

프라하에 출발 · 도착하는 모든 버스 회사들이 이곳에 모여 있다. 국제노선을 운행하는 유로라인과 플릭스 버스 FlixBus는 독일, 슬로바키아, 헝가리, 오스트리아와 체스키 크룸로프 등의 국내 여행에 유용한 레이오젯 등이 이곳에 있다. 티켓을 이곳에서 사더라도 출발하는 버스터미널이 다른 곳에 있기도 하니 안내를 잘 들어야 한다. 국제선과 국내선 버스의 대부분이 이곳에서 출발 · 도착한다.

주소 Křižíkova 2110/2b, Praha 8
운영 03:00~24:00
위치 메트로 B · C선 Florenc역(C선 출구로 나오는 것이 가깝다)

나 크니제치 버스터미널
Autobusové Nádraží Na Knížecí

체스키 크룸로프에 간다면 이곳 버스터미널이 유용하다. 1~2시간에 1대꼴이고 버스도 좋다. 항상 예약으로 자리가 없는 편이니 버스터미널보다는 앱을 통해 왕복으로 예매하는 것이 좋다.

주소 Na Knížecí, Praha 5
위치 메트로 B선 Anděl역

유로라인

시내교통 이용하기

프라하의 시내 교통수단으로는 메트로, 트램, 버스, 푸니쿨라가 있으며 여행자들이 많이 이용하게 되는 것은 메트로와 트램 두 가지다. 교통권은 한 종류로 모든 교통수단에 사용할 수 있어 편리하다. 교통권은 자동발매기(벤딩 머신Vending Machines), 신문가판대, 관광안내소에서 구입이 가능하다. 교통권을 이용할 때 주의할 점이 있다면 메트로로 들어가는 입구에 있는 펀칭기, 트램의 경우 내부에 있는 펀칭기에 티켓을 찍는 것이다. 찍지 않은 교통권은 인정받지 못하고 무임승차로 간주된다. 자율적으로 개찰하는 시스템이기 때문에 무임승차의 유혹이 많이 느껴지기도 하나 관광객들은 집중단속의 대상이 되므로 반드시 펀칭하자. 또 하나 주의할 점이 있다면 바로 시간이다. 30분간 유효한 티켓과 90분간 유효한 티켓이다. 시간이 초과돼도 무임승차로 간주되니 소요시간을 유의해야 한다. 무임승차는 1,000Kč의 벌금을 내야 한다.

운영 메트로 05:00~24:00(피크타임 2~4분 간격, 이 외 시간 4~10분 간격)
　　 트램 24시간 운행(단, 00:30~04:30 야간트램은 30분 간격)
　　 버스 24시간 운행(단, 00:30~04:30 야간버스는 30분 또는 60분 간격 운행)
　　 푸니쿨라 09:00~23:30(여름철은 10분 간격, 겨울철은 15분 간격)
홈피 www.dpp.cz

펀칭하지 않은
티켓은 무임승차로
간주된다.

Tip 프라하 교통 앱 PID Lítačka

프라하와 주변 지역을 여행하는 데 유용한 교통 앱이다. 출발지와 목적지를 넣으면 가장 빠른 교통편과 출·도착시간을 안내한다. 무엇보다 공항이나 기차역에 도착해 체코 화폐가 없을 경우 신용카드로 결제할 수 있어 편리하다. 한 사람의 앱으로 최대 10명까지 교통권을 구입·사용할 수 있으며 사용법은 대중교통을 타기 전 구입한 티켓의 '활성화Activate' 버튼을 누르면 된다(단, 공항에서 출발하는 AE버스 제외).

티켓Jízdenky (메트로 · 트램 · 버스 공용)

종류	성인(15세~), 학생(15~26세 미만) 60~70세 미만(외국인)	6~15세 미만	비고
Základní 환승 불가능한 1회권(Short-term)	30Kč	12Kč	30분간 유효
Krátkodobá 환승 가능한 1회권(Basic)	40Kč	16Kč	90분간 유효
1den 1일권(24시간)	120Kč	55Kč	
3den 3일권(72시간)	330Kč		6~15세 1명 무료 혜택

* 6세 미만 · 70세 이상 무료 / 25×45×70cm 이상 짐 가방 16Kč
* 1일권 이상을 끊을 경우 짐 가방에 대한 티켓은 사지 않아도 된다. / 60~70세 미만 외국인인 경우 할인혜택 없음
* 유모차 · 자전거 · 케이지에 든 애완동물(프라하 시내) · 스키 · 25×45×70cm 미만 짐 가방은 무료

자동발매기 이용법

프라하 시내에서 이용할 경우,

❶ 노란색 자동발매기를 보고 위의 교통권 종류를 참고해 자신에게 맞는 가격의 버튼을 누른다. 30분 내에 환승 없이 이동한다면 30Kč를, 30분을 초과(90분 이내)하거나 또는 환승한다면 40Kč를, 24시간권이라면 120Kč를, 72시간권이라면 330Kč를 선택하면 된다. 이때 아이나 가방, 애완동물 요금을 선택하기 위해서는 미리 Discounted 버튼을 누른다.

❷ 원하는 매수가 1장이라면 상관없지만 2매 이상이라면 ❶번의 버튼을 원하는 매수만큼 누른다.

❸ 현지 화폐를 넣은 후 티켓을 받고 잔돈을 받는다.

※ 문제가 생기면 취소Storno 버튼을 누르면 된다.

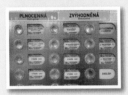

Tip 여행자들을 위한 특별한 교통수단

1. 꼬마기차Sightseeing Tour Ekoexpres

구시가지 광장에서 출발해 레서 타운-로레타 성당-프라하 성-유대인 지구-구시가지 광장으로 돌아오는 1시간짜리 관광 기차다. 짧은 일정으로 프라하를 한 바퀴 돌아보고 싶은 여행자나 노약자에게 알맞다. 첫 기차는 10시에 출발한다.

운영 3~11월 10:30~17:00
요금 일반 300Kč, 학생 250Kč, 12세 미만 무료

2. 블타바 강 보트 투어Boat Trip

카를교 근처의 선착장에서 출발해 블타바 강의 다리 4곳을 한 바퀴 돌아보고 오는 50분짜리 투어다. 영어 안내방송이 나온다. 보트 투어 회사는 여러 곳이 있으니 시간에 맞거나 가까운 곳의 투어를 신청하면 된다. 다음은 EVD사의 보트 투어 정보다.

위치 카를교 오른쪽 선착장
운영 4~10월 10:00~21:00
(6~9월은~22:00까지), 30분~1시간 간격
요금 일반 €14, 3~11세 €8

구시청사와 천문학 시계

Staroměstská Radnice & Pražský Orloj
(Old Town Hall & Astronomical Clock)

관광
명소

1338년 마을 의회를 지은 후 여러 고딕 양식의 건물이
덧붙여져 하나가 된 형태다. 1381년에는 카를교를 세운
페트르 파를레르시Petr Parléř가 예배당을, 1410년에는 천
문학 시계가 설치되었으며, 1458년에는 이르지 즈 포데
브라트Jiří z Poděbrad가 보헤미아의 왕으로 선출된 장소다.
천문학 시계탑은 매일 09:00~23:00 정각에 시작되는
천문학 시계 세리머니를 보기 위해 몰려든 관광객들로
프라하에서 가장 번잡한 곳이다. 때문에 소매치기를 조
심해야 한다.

주소 Staroměstské Náměstí 1/3, Praha 1
위치 메트로 A선 Staroměstská역,
　　　 A·B선 Můstek역
운영 **시계탑**
　　　 1~3월 월 11:00~20:00, 화~일 10:00~20:00,
　　　 4~12월 월 11:00~21:00,
　　　 화~일 09:00~21:00
　　　 (마지막 입장 폐관 40분 전)
　　　 시계탑 이외 구역
　　　 1~3월 월 11:00~19:00, 화~일 10:00~19:00,
　　　 4~12월 월 11:00~19:00,
　　　 화~일 09:00~19:00
　　　 (마지막 입장 폐관 20분 전)
요금 **구시청사+시계탑 통합 티켓**
　　　 일반 250Kč, 6~15세·26세 미만 학생·
　　　 65세 초과 150Kč, 가족(성인 2명+15세 미만
　　　 4명) 600Kč, 5세 이하 무료
　　　 *개관 1시간 이내 얼리버드 할인 50%
　　　 *온라인 구입 시 10% 할인
　　　 *엘리베이터 일반 100Kč, 65세 초과 50Kč,
　　　 5세 미만 무료
전화 775 400 052, 236 002 629
홈피 구시청사
　　　 www.staromestskaradnicepraha.cz

2차 세계대전 당시 파괴된 모습

천문학 시계
Pražský Orloj (Astronomical Clock)

1410년 시계 장인인 미쿨라시Mikuláš z Kadaně(1350~1419)가 만들고, 프라하 대학의 학장이자 수학자이며 천문학자인 얀 신델Jan Šindel, Jan Ondřejův(1375~1456)이 디자인했다. 15세기 당시 유럽인들은 천동설을 믿어 지구를 중심으로 달과 태양 행성들이 도는 형태다. 단순히 시간을 알려주는 기능뿐 아니라 날짜, 요일, 해가 뜨고 지는 시간, 농사의 시기 및 12궁도와 태양계의 행성의 관계까지 보여준다.

Tip

RuExp 한국어 팁 투어

구시청사 앞에서는 빨갛고 노란 우산을 든 사람들이 무료 시내 투어를 진행한다. 이 투어는 투어가 끝난 뒤 받는 팁으로만 운영되는데 한국어 팁 투어도 있다. 별도로 예약할 필요 없이 시간에 맞춰 미팅 장소에 나가면 돼서 편리하다. 자세한 내용은 홈페이지(cafe.naver.com/ruexp)를 참고하자.

오전 투어 시민회관Obecni Dům 정문 앞
월~금 09:30~12:30
오후 투어 루돌피눔Rudolfinum 정문 앞 계단
월~금 13:30~16:30

구시가지 광장

관광명소 로컬명소

Staroměstské Náměstí (Old Town Square)

11세기부터 오늘날까지 프라하 시민의 삶의 중심이 된 광장이다. 광장 한쪽에는 부패한 가톨릭을 비판하며 종교개혁을 주장하다 화형당한 얀 후스Jana Husa의 동상이 세워져 있다. 광장 주변으로는 구시청사에서 시계 방향으로 성 니콜라스 교회Chrám Svatého Mikuláše, 로코코 양식의 골즈 킨스키 궁전Palác Golz-Kinských(현재 국립 미술관), 14세기에 지어져 15~19세기에 리모델링된 석종의 집Dům U Kamenného Zvonu(현재 시립 미술관), 1450년에 세워진 틴 성모 교회Kostela Matky Boží Před Týnem(Church of Our Lady before Týn) 그리고 17번지에는 아인슈타인이 살던 집이 있다. 틴 성모 교회 뒤편으로는 바와 식당, 기념품점으로 둘러싸인 틴 안뜰Týnský dvůr 또는 운겔트Ungelt가 있다. 운겔트는 무역 상인이 외국에서 들여온 물건을 보관하고 거래를 했던 장소로 12세기에 만들어졌다. 광장에는 14°25'17" 자오선 표시가 되어 있으니 찾아보도록 하자.

틴 성모 교회

석종의 집 건물 모서리에 돌종이 조각되어 있다.

얀 후스의 동상

골즈 킨스키 궁전 석종의 집

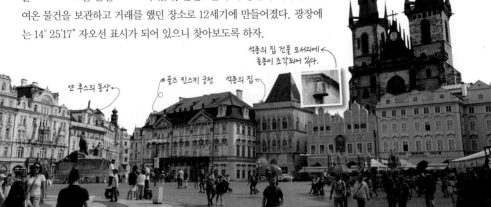

프라하 시청 (Prague City Hall)
Magistrát Hlavního Města Prahy

로컬
명소

1911년에 지은 프라하의 시청이다. 건물에는 흥미로운 조각상들이 세워져 있는데 프라하의 전설을 엿볼 수 있다. 건물의 왼쪽에 '저주받은 철의 기사 동상'이, 오른쪽에는 '랍비 뢰브의 동상'이 그것이다. 이들에 대한 이야기는 아래 내용을 참고하자.

주소 Mariánské Náměstí 2, Praha 1
위치 메트로 A선 Staroměstská역

& 시청사에 세워져 있는 두 청동상에 대한 전설

저주받은 철의 기사의 전설

철의 기사가 전쟁에서 승리한 뒤 기쁜 마음으로 고향으로 돌아온다. 그러나 그토록 보고 싶었던 약혼녀가 전쟁터에 나간 동안 바람을 피웠고, 이 사실을 알게 된 철의 기사는 파혼을 선언한다. 이 때문에 약혼녀와 그의 아버지는 자살하는데 이들의 저주로 철의 기사 역시 죽게 되고, 죽은 뒤에도 백 년마다 살아나 1시간을 함께할 여인을 찾을 때까지 길을 돌아다닌다는 전설이다. 정숙한 여자들은 밤늦게 돌아다니지 말라는 경고였지 싶다.

골렘을 창조한 랍비 뢰브의 동상

프라하 유대인 공동묘지에는 랍비 뢰브Judah Loew ben Bezalel(1520~1609) 무덤이 있다. 중세시대에는 유대인들에 대한 차별로 유대인들의 공동묘지 확장을 금했다. 묘지로 들어오는 사람들은 늘어나고 묘지는 그대로니 무덤 위에 무덤을 쓰고 비석들은 조밀하게 세워졌다. 좁은 무덤을 깊게 파고 10~12명의 시신을 겹쳐 매장했다고 생각해보라. 이에 분노한 랍비 뢰브는 유대인의 원수를 갚기 위해 블타바 강 인근의 진흙을 빚어 골렘Golem을 창조한다. 골렘은 진흙으로 만들어진 인간인데 랍비의 의식에 의해 소생하는 괴물이다. 골렘은 복수를 위해 인간들을 무차별하게 죽이는데 그 속에 유대인들도 포함되어 있었다. 랍비 뢰브는 골렘을 다시 진흙으로 돌리고 골렘을 유대인 지구의 한 시나고그 Synagogue(유대인 회당)의 다락에 보관했는데 지금도 그 자리에 있다고 한다. 프라하에는 골렘을 형상화한 기념품들이 많은데 특히 유대인 지구가 그렇다.

철의 기사 동상
랍비 뢰브 동상

클레멘티눔 Klementinum

관광명소 로컬명소

예수회이 성당과 학교, 노서관 등의 복합단지로 초기는 도미니크회 수도원이었다가 17세기 예수회가 수도원을 인수하면서 현재의 규모로 확장됐다. 내부를 보려면 가이드 투어를 이용해야 한다. 투어에서 볼 수 있는 곳은 거울 예배당과 바로크 도서관, 천문학 타워로 투어는 약 50분이 소요된다. 1722년에 완공된 바로크 양식의 도서관이 있는데 너무나 아름답다. 천문학 타워는 케플러가 별 관측을 했던 곳으로 1930년대까지 관측 장소로 사용됐다. 1720년에 만들어진 거울 예배당은 벽과 바닥이 거울로 되어 있으며 잘 보존된 프레스코화를 볼 수 있다. 예배당에서는 매일 17:00에 연주회가 열린다.

주소 Mariánské Náměstí 5, Praha 1
위치 메트로 A선 Staroměstská역
운영 5월~12월 11일 10:00~17:30
(금·토 ~18:00),
4월·12월 12~21일 10:00~17:00
(금·토 ~18:00),
12월 22일~1월 8일 09:30~17:00
(금·토 ~18:00),
클레멘티눔 가이드 투어 50분(30분 간격)
요금 **클레멘티눔 가이드 투어**(천문학 타워+
거울 예배당+바로크 도서관 홀)
일반 300Kč, 8~18세·26세 미만 학생·65세
이상 200Kč, 가족(성인 2명+15세 미만 3명)
900Kč, 7세 미만 무료,
클레멘티눔 가이드 투어+콘서트 650Kč
전화 222 220 879
홈피 www.klementinum.com

성 프란체스코 성당
Kostel Svatého Františka z Assisi
(Church of St. Francis of Assisi)

관광명소 로컬명소

카를교 동문에 위치한 타워(구시가지 쪽) 오른쪽에 있는 작은 성당이다. 최초의 교회는 1252년에 지어졌으며 이후 같은 자리에 1679년 바로크 양식으로 지어진 것이 현재의 모습이다. 성당 앞에는 체코인들이 가장 존경하는 체코인인 카를 4세Karolo Quarto(Charles IV)의 동상이 세워져 있다. 카를대학교 설립 500주년을 기념하여 1848년에 세운 것이다.

카를교 Karlův Most (Charles Bridge)

프라하에서 가장 오래된 다리다. 카를 4세^{Karolo Quarto}(Charles IV)의 명으로 오토^{Otto}가 1357년에 만들기 시작해 페트르 파를레르시로 이어져 1402년에 완공되었다. 오늘날까지 여러 번의 대홍수로 인해 교체된 것이다. 공사 직후에는 그냥 돌다리^{Kamenný Most} 또는 프라하 다리^{Pražský Most}로 불리다가 1870년에 카를 4세의 이름을 따 카를교라 지어졌다. 총길이는 515.8m, 폭은 9.5m다. 카를교로 들어가는 입구에는 1679년에 지은 성 프란체스코 성당^{Kostel Svatého Františka z Assisi}(Church of St. Francis of Assisi)이 있으며, 카를 4세의 동상이 세워져 있다.

타워 전망대

프라하 시내의 타워 중 단 한 곳만을 올라볼 계획이라면 올드 타운 브리지 타워의 전망대를 추천한다. 구시가지와 카를교, 프라하 성의 모든 전망이 아름답다.

운영 1~3·10·11월 10:00~18:00,
4·5·9월 10:00~19:00,
6~8월 09:00~21:00,
12월 10:00~20:00

요금 일반 150Kč, 7~26세 학생(ISIC 국제학생증 소지자)·65세 이상 100Kč, 6세 미만 무료, 가족(성인 2명+아이 4명) 350Kč
*얼리버드 할인(오픈 후 1시간) 50%
*온라인 예매 시 10% 할인

전화 775 400 052

홈피 www.prague.eu/staromestska-mosteckavez

카를교 하이라이트

❶ 레서 타운 브리지 타워
Malostranská Mostecká Věž (Lesser Town Bridge Towers)

로마네스크 양식의 타워로 12세기에 유디틴 다리보다 앞서 만
들어졌다. 동쪽의 타워가 구시가지로 들어가는 입구의 역할로
화려하게 꾸며져 있다면 이곳은 구시가지로 들어오는 관문으로
요새의 성격을 띤다. 통행세를 징수하기도 했고 15세기에는 흉
악범들을 가두던 감옥으로, 이후에는 사무실로 사용되다 1893
년 여러 주인을 거쳐 시의 소유가 됐다.

❸ 성 요한 네포무크 동상

캄파
Kampa

롤란드 동상
Roland

❷ 수난의 예수 십자가상 Sousoší Kříže s Kalvárií

예수의 몸은 드레스덴에서 1657년에 가져온 것으로 1659년에
나무십자가에 올려졌다. 십자가 뒤편으로 황금색으로 칠한 히브리
어 장식은 1696년 십자가를 모독한 유대인에게 물린 벌금으로
만든 것으로 '거룩한, 거룩한, 거룩한, 주님Holy Holy Holy God'이
란 뜻이다. 십자가 왼편의 성모 마리아와 오른쪽의 사도 요한은
1861년에 만들어진 것이다.

❸ 성 요한 네포무크 Sv. Jan Nepomucký 동상

성 요한 네포무크 Svatý Jan Nepomucký(1345∼1393)는 프라하의 수호성인이다. 보헤미아와 로마의 왕이었던 바츨라프 Václav (1361∼1419)는 자신의 아내에게 정부가 있을 것이라 의심했다. 왕비가 네포무크에게 고해성사를 하러 간다는 걸 알고 그를 불러 어떤 말을 했는지 묻자, 네포무크는 고해성사 내용은 신이 금하는 일이라 대답했다고 한다. 그로 인해 네포무크는 고문을 당하다 혀를 잘리고 카를교 다리 위에서 몸을 결박당한 채 블타바 강에 던져져 익사했다. 그다음 날 시신이 떠올랐는데 다섯 개의 별과 같은 광채가 머리를 감싸고 있었다고 한다. 동상들 중 별 다섯 개가 머리를 감싸고 있는 동상을 찾으면 된다. 손에는 순교자를 상징하는 종려나무와 수난의 예수 십자가상을 들고 있으며 1683년에 세워졌다. 동상 아래쪽에 청동부조가 있는데 이곳에 손을 대면 소원이 이루어진다고 한다.

❹ 올드 타운 브리지 타워
Staroměstská Mostecká Věž (Old Town Bridge Tower)

고딕 양식의 타워로 성 비투스 대성당 Katedrála Sv. Víta과 카를교를 만든 독일 건축가, 페트르 파를레르시가 1380년에 만들었다. 수호성인인 성 비투스가 다리 위 중간에 서 있고, 그의 왼쪽에는 로마 제국의 문장(황금색 바탕에 검은 독수리)과 카를 4세, 오른쪽에는 체코 국가의 문장(붉은 바탕에 흰색 사자)과 함께 바츨라프 4세가 앉아 있다. 그 위에는 프라하의 주교였던 성 보이테흐 St. Vojtěch와 성 지그문트 St. Zikmund의 동상이 있다.

❷ 수난의 예수 십자가상

카를 4세 동상

성 프란체스코 성당

❹ 올드 타운 브리지 타워

블타바 강
Vltava

베드리히 스메타나 박물관

스메타나 동상

베드리히 스메타나 박물관

Bedřich Smetana Museum

관광명소 로컬명소 박물관

체코의 국민 작곡가 베드리히 스메타나의 박물관이다. 베드리히 스메타나Bedřich Smetana(1824~1884)는 체코의 음악가로 기존의 독일 사조에서 벗어나 보헤미아의 정체성을 띤 민족음악을 작곡했다. 베드리히 스메타나의 대표작으로는 체코의 아름다운 자연과 전설, 역사를 표현한 연작 교향시 〈나의 조국Má Vlast〉(1872)이 있다. 프라하에서는 매년 그의 기일인 5월 12일 전후로 '프라하의 봄'이라는 음악회가 열린다. 박물관에는 그의 일생과 그가 남긴 물품, 그리고 작품들을 소개하고 있다. 박물관바로 앞의 작은 공원은 프라하 성과 카를교가 잘 보이는 핫 스폿이다.

주소 Novotného lávka 1, Praha 1
위치 메트로 A선 Staroměstská역, 트램 17번
운영 월·수~일 10:00~17:00(화요일 휴무)
요금 일반 50Kč, 15~18세·ISIC 등
　　 학생증 소지자·65세 이상 30Kč,
　　 15세 미만 무료
전화 222 220 082
홈피 www.nm.cz

하벨 시장

Havelské Tržiště (Havel's Market)

쇼핑 관광명소 로컬명소

프라하를 기억할 만한 인형, 손거울, 그림, 액자 등 다양한 종류의 기념품과 신선한 채소, 과일, 꽃 등을 함께 파는 상설 시장이다.

주소 Havelska Ulice, Praha 1
위치 메트로 A·B선 Můstek역
운영 월~토 07:00~19:00, 일 08:00~18:30

프라하에서 즐기는 **마리오네트 공연과 클래식 음악**

프라하는 '동유럽의 파리'라 불리며 저렴한 비용으로 수준 높은 음악 공연을 감상할 수 있는 도시다. 프라하를 여행하는 여행자들 대부분은 마리오네트 공연을 꼭 보고 오는데 시기가 맞는다면(봄·가을) 세계 최고 수준인 체코 필하모닉 오케스트라의 연주를 감상하기를 추천한다. 국립 마리오네트 극장의 〈돈 조반니〉 인형극은 1년 내내 관람할 수 있으며 대부분의 한인숙소에서 학생요금에 추가로 40Kč 할인된 티켓을 구입할 수 있다.

1. 국립 마리오네트 극장 Theatre Národní Divadlo Marionet (National Marionette Theatre)

모차르트가 〈돈 조반니〉를 프라하의 스타보브스케 극장에서 초
연한 것을 기념하며 이를 인형극으로 각색해 1991년부터 공연
하고 있다. 총 2막으로 구성되어 있으며 모차르트의 오페라를
미리 알고 가면 공연을 보다 재밌게 즐길 수 있다. 카를로바 거
리의 마리오네트 극장과 많이 헷갈리는데 주의하자. 최근에는
마리오네트 만들기 코너도 생겼다.

주소 Žatecká 1, Praha 1
위치 메트로 A선 Staroměstská역,
　　 트램 17·18번, 버스 207번
운영 매표소 10:00~20:00
　　 〈돈 조반니〉 공연 20:00
　　 (30분 전 입장)
요금 일반 590Kč,
　　 ISIC 국제학생증 소지자 490Kč
전화 224 819 322

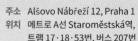

2. 루돌피눔 Rudolfinum

네오르네상스 양식의 루돌피눔은 1885년에 지어진 음악당으로 합스부르크의 루돌프 왕자의 이름을 기념한 것이다. 1896년에 설립된 체코 필하모닉 오케스트라 Česká Filharmonie(Czech Philharmonic Orchestra)가 활동하는 음악당이다. 첫 번째 연주회는 1896년 1월 4일에 열렸는데 안토니 드보르작이 지휘를 맡았다. 루돌피눔 상단부에는 빙 돌아가며 작곡가들의 조각상이, 건물 정면에는 드보르작의 조각상이 있다. 5월 프라하의 봄 국제음악 축제와 9월 드보르작 프라하-국제 음악 축제 때 시민회관과 주요 연주회가 열린다.

주소 Alšovo Nábřeží 12, Praha 1
위치 메트로 A선 Staroměstská역,
　　 트램 17·18·53번, 버스 207번
운영 박스오피스 10:00~18:00
　　 (7~8월 ~15:00)
전화 227 059 227
홈피 www.ceskafilharmonie.cz

작곡가들의 동상

바츨라프 광장
Václavské Náměstí (Wenceslas Square)

1348년 카를 4세가 신시가지를 조성하면서 만든 길이 750m, 폭 60m의 광장이다. 원래는 말 시장이었다. 국립 박물관 앞의 성 바츨라프Sv. Václav(907~935)의 동상에서 시작해 경사 길로 구시가지로 들어가는 입구까지 이어진다. 성 바츨라프는 체코를 지키는 수호성인으로 구시가지를 내려다보고 있다. 동상에서 조금 아래쪽에는 1969년 체코슬로바키아 침공에 저항하며 21살의 나이에 분신한 얀 팔라흐Jan Palach와 얀 자이츠Jan Zajíc의 얼굴이 새겨진 기념비가 있다. 광장 주변은 유서 깊은 건물들에 상점, 식당, 서점, 호텔, 호스텔, 클럽 등이 있어 항상 관광객들과 체코 시민들로 북적인다.

주소 Václavské Náměstí, Praha 1
위치 메트로 A·C선 Muzeum역, A·B선
Můstek역, 트램 Můstek역
3·9·14·24·51·52·54·
55·56·58번

국립 박물관
Národní Muzeum (National Museum)

체코에서 가장 큰 국립 박물관으로 구관과 신관으로 나뉜다. 구관은 오랜 보수공사 후 새로 문을 열었으나 아직 모든 전시실이 정상적으로 운영되지는 못하고 있다. 구관은 선사시대, 고고학, 민족학, 문화인류학, 광물학, 동물학 등을 총망라하고 있다. 아름다운 르네상스 양식의 구관은 영화 〈미션 임파서블〉(1996)에서 파티가 열리는 대사관으로 나오기도 했다. 신관은 구관을 바라보고 왼쪽에 있는데 보헤미안 시대의 유물과 의복이 전시되어 있고, 체코가 슬로바키아와 분리 독립된 시기의 체코 현대사를 소개하고 있다.

주소 Václavské Náměstí 68, Praha 1
신관 Vinohradská 1, Praha 1
위치 메트로 A·C선 Muzeum역
운영 10:00~18:00(신정 휴무)
요금 일반 350Kč, 15~18세·ISIC 등
학생증 소지자·65세 초과 220Kč,
15세 미만 무료
전화 224 497 111
홈피 www.nm.cz

무하 박물관
Muchově Muzeum (Mucha Museum)

관광
명소   박물관

아르누보 양식의 대가인 알퐁스 무하Alfons Mucha(1860~
1939)의 박물관으로 그의 그림을 좋아하는 사람이라면
놓치지 말아야 할 장소다. 세계 최초의 무하 박물관으로
그의 일생과 그가 그린 작품들을 전시해 놓았다. 큰 규모
는 아니나 작은 작품들이 빼곡한데 100여 장이 넘는 그
림, 사진, 목탄, 파스텔, 석판화를 비롯해 알퐁스 무하의
개인 용품도 함께 있다. 실내에서는 사진촬영이 금지되
어 있다.

주소   Kaunický Palác, Panská 7, Praha 1
위치   메트로 A선 Můstek역, 트램 3·9·14·24번
운영   10:00~18:00
요금   일반 280Kč,
      6~15세·학생증 소지자·65세 이상 190Kč,
      가족(성인 2명 +아이 2명) 700Kč
전화   224 216 415
홈피   www.mucha.cz

> 무하 박물관 티켓

알퐁스 무하

알퐁스 무하는 아르누보 양식의 대
표적인 화가다. 체코에서 태어나 파
리에서 활동하던 중 1894년 당시
최고의 여배우였던 사라 베르나르
Sarah Bernhardt(1844~1923)의 포
스터 계약을 하게 된다. 그렇게 탄생
하게 된 〈지스몬다Gismonda〉(1894)
는 베르나르와 파리 시민들의 열렬
한 사랑을 받고 알퐁스 무하는 단박에 스타가 된다. 포스터뿐
만 아니라 잡지, 책 표지, 주얼리, 가구까지 그의 예술성이 반
영된다. 무하는 1910년 체코슬로바키아로 돌아와 슬라브 민
족의 역사를 담은 20장의 서사시Slovanská Epopej를 1928년
에 완성했고, 1931년에는 프라하 성의 성 비투스 대성당 스
테인드글라스를 디자인했다. 알퐁스 무하 박물관 근처에서
도 그의 작품을 만날 수 있는데 바로 체코 중앙 우체국(p.93
지도)이다. 잠시 들러 아름다운 우체국 내부를 보도록 하자.

알퐁스 무하를 유명하게 만든 지스몬다 포스터

화약탑 Prašná Brána (Powder Tower)

관광
명소

프라하로 들어오는 13개의 문 중 하나로 동부 보헤미아에서 들어오는 관문 역할을 했다. 이곳에서부터 프라하성의 성 비투스 대성당까지 보헤미아 왕의 대관식 행렬이 이뤄졌다. 탑은 1475년에 블라디슬라브 2세$^{Vladislav II}$ (1110~1174)가 만든 것으로 블라디슬라브 2세가 잠시 살았다. 17세기 말부터 화약저장고로 사용되어 화약탑이라 부르게 됐다. 높이 65m로 186개의 계단을 올라가면 44m 지점에 위치한 전망대로 올라갈 수 있다. 화약탑에서 구시가지 광장까지 이어지는 첼레트나^{Celetná}는 중세 시대부터 프라하의 주요 쇼핑 거리다.

주소 Náměstí Republiky 5, Praha 1
위치 메트로 B선 Náměstí Republiky역,
트램 Náměstí Republiky역
8·15·26번
운영 1~3·10·11월 10:00~18:00,
4·5·9월 10:00~19:00,
6~8월 09:00~21:00, 12월 10:00~20:00
요금 일반 150Kč, 6~26세·학생증 소지자·
65세 이상 100Kč, 5세 미만 무료,
가족(성인 2명+15세 미만 아이 4명) 350Kč
*얼리버드 할인(오픈 후 1시간) 50%
*온라인 예매 시 10% 할인
전화 775 400 052
홈피 www.prague.eu/prasnabrana

시민회관 Obecní Dům (Municipal House)

관광
명소   로컬
명소

프라하 성이 완공되기 전까지 1383~1484년 보헤미아의 왕이 살던 궁전이었다. 시간이 흐른 뒤 기존 궁전을 헐고 1901년에 화려한 아르누보 양식으로 지은 것이 지금의 시민회관이다. 내부는 당대의 유명한 예술가들이 꾸몄는데 알퐁스 무하가 스테인드글라스 작업을 했다. 1918년 10월 28일 체코슬로바키아 민주 공화국이 선포된 장소다. 현재는 콘서트, 전시회, 시민회관 투어, 패션쇼, 갤러리 등의 다채로운 행사가 열린다.

주소 Náměstí Republiky 1090/5, Praha 1
위치 메트로 B선 Náměstí Republiky역,
트램 Náměstí Republiky역 5·8·24번
전화 222 002 101
홈피 www.obecni-dum.cz

파머스 마켓
Farmářské Trhy (Farmers Market)

로컬 명소

프라하 도심에 서는 직거래 장터로 매주 월요일부터 금요일까지 리퍼블리키 광장Náměstí Republiky에서 열린다. 제철 과일과 채소, 꽃, 꿀과 잼, 도자기 컵이나 그릇, 기념품, 수공예품 등을 판매한다. 무엇보다 바비큐나 소시지 등의 간단한 점심이나 뜨르들로와 같은 간식을 맛볼 수 있어 좋다.

주소 Náměstí Republiky, Praha 1
위치 메트로 B선 Náměstí Republiky역,
 트램 Náměstí Republiky역
 5·8·14·51·54번
운영 월~금 09:00~20:00(토·일요일 휴무)
홈피 www.farmarsketrhyprahy1.cz

스타보브스케 극장
Stavovské Divadlo (Estates Theatre)

관광 명소 로컬 명소

프라하에서 가장 오래된 신고전주의 양식의 극장으로 1787년 10월 29일 모차르트가 처음으로 오페라 〈돈 조반니〉를 공연했던 극장이다. 모차르트는 프라하 시민이야말로 자신의 작품을 알아준다고 칭찬했었다. 때문에 〈돈 조반니〉를 이곳에서 초연했다. 체코어로 된 공연은 1785년에 처음 있었다. 1920년부터는 국립 극장의 분관으로 드라마, 발레, 오페라 공연 용도로 사용되고 있다. 극장 뒤편에는 체코 출신의 유명한 화가이자 조각가인 안나 크로미 Anna Chromy(1940~)의 대표작인 〈빈 코트 Il Commendatore〉 조각이 있다. 모차르트의 〈돈 조반니〉를 초연한 것을 기념으로 세워졌다.

주소 Železná Ulice/Ovocný Trh, Praha 1
위치 메트로 A·B선 Můstek역
운영 티켓 오피스 10:00~18:00
전화 224 901 448

성 니콜라스 교회
Kostel Svatého Mikuláše (St. Nicholas Church)

1287년 성 니콜라스를 위해 지어진 성당이 불에 타자 같은 자리에 지금의 교회가 지어졌다. 독일 출신의 건축가인 크리스토프 디엔첸호퍼가 짓기 시작해 그의 아들을 거쳐 사위에 의해 1755년에 완공되었으며 돔의 높이는 70m, 첨탑의 높이는 80m다. 바로크 양식의 아름다운 성당으로 종탑은 로코코 양식으로 화려하다. 성당 내부에는 오스트리아의 화가인 얀 루카스 크라커가 그린 유럽 최대 규모의 화려하고 웅장한 프레스코화가 있다. 1787년 모차르트가 이 교회의 오르간으로 연주했다.

주소 Malostranské Náměstí, Praha 1
위치 메트로 A선 Malostranská역,
트램 Malostranské Náměstí역
12·20·22번
운영 **1월 1~9일** 09:00~17:00,
1월 10~30일 09:00~16:00(토·일 ~17:00),
2월 월~금 09:00~16:00,
토·일 09:00~17:00,
3·4·6~8·10~12월 09:00~17:00,
5월 09:00~17:00(3일 ~13:30),
9월 09:00~18:00
요금 **교회** 일반 100Kč, 10~26세 60Kč,
10세 이하 무료
콘서트 일반 490Kč, 10~15세·26세 이하
학생 300Kč, 10세 이하 무료
전화 257 534 215
홈피 www.stnicholas.cz

성 니콜라스 교회

네루도바 거리

네루도바 거리
Nerudova Ulice (Nerudova Street)

네루도바 거리는 성 니콜라스 교회에서 프라하 성으로 이어지는 길로 과거에는 '왕의 길'이라고 불렸다. 현재의 길 이름은 체코의 작가이자 시인인 얀 네루도바가 47/233번지에 살았던 것을 기념하며 붙여진 것이다. 대부분의 건물은 바로크 양식으로 지어졌는데 대화재 이후 르네상스 스타일로 리모델링됐다. 주로 귀족과 같은 부유한 사람들이 살았다. 과거에는 현재의 번지수와 같은 주소체계가 없어 문 앞의 문장으로 집을 구분했는데 거주자에 따라 자신의 직업과 연관된 문장을 그려놓기도 했다.

스트라호프 수도원
Strahovský Klášter (Strahov Monastery)

관광
명소

1149년 프라하의 주교 인드리히 즈딕^{Jindřich Zdik}(1083~
1150)과 블라디슬라브 2세가 세운 수도원이다. 로마네스
크 양식으로 지었는데 후에 르네상스와 바로크 양식으로
개축되었다. 스트라호프 수도원 구역으로 들어가면 광장이
있고 전방에는 성모 승천 성당^{Basilika Nanebevzetí Panny Marie}
과 수도원 구역이 보인다. 구역 내에는 스트라호프 수도
원 양조장 겸 식당이 있다. 수도원의 하이라이트는 33만
여 권의 책이 소장된 스트라호프 도서관으로 철학의 방과
아름다운 프레스코화가 그려진 신학의 방으로 나뉜다.

주소 Strahovské Nádvoří 1/132, Praha 1
위치 트램 Pohořelec역 22번
운영 **스트라호프 도서관**
　　09:00~12:00, 13:00~17:00
　　(부활절, 12월 24·25일 휴무)
요금 **스트라호프 도서관** 일반 150Kč,
　　학생 80Kč, 가족(성인 2명+15세 미만 아이
　　3명) 500Kč, 6세 미만 무료, 사진촬영 50Kč
전화 233 107 711
홈피 www.strahovskyklaster.cz

철학의 방

스트라호프 도서관 입구

로레타 성당 Loreto Prague (Loreta Praha)

관광
명소
로컬
명소

1626년에 짓기 시작해 1724년에 완공된 바로크 양식의
성당이다. 성당에서 가장 중요한 장소는 성모 마리아가
살았던 집을 복제한 '거룩한 집, 산타 까사'다. 천사가 나
사렛의 산타 까사를 이탈리아 중부에 있는 로레토로 옮겨
왔다는 전설 때문에 끊임없이 순례자들이 방문하고 있다.
매시간마다 아름다운 멜로디를 연주하는 27개의 종을 가
진 탑이 있다. 보물 전시실에는 6,222개의 다이아몬드로
장식된 성체안치기
가 있는데 1669년
에 만들어진 세계
에 단 하나밖에 없
는 보물이다.

주소 Loretánské Nám.7, Praha 1
위치 트램 Pohořelec역 22·91번
운영 10:00~17:00
요금 일반 180Kč, 학생 120Kč, 6~15세 90Kč,
　　70세 이상 140Kč, 가족(성인 2명+15세
　　미만 아이 2명) 370Kč, 6세 미만 무료
전화 220 516 740
홈피 www.loreta.cz

프라하 성 Pražský Hrad (Prague Castle)

9세기 요새로 지어져 카를 4세부터 역대 보헤미아의 왕이 살았던 성이다. 1918년부터는 대통령이 거주하며 직무실로 사용되고 있다. 체코슬로바키아의 초대 대통령 니콜로 파카시 때인 1921년부터 일반인들에 의해 개방됐다. 체코와 프라하의 상징으로 언제나 관광객들로 붐빈다. 특히 야경이 아름다우며 프라하 성에서 보는 구시가지의 모습도 일품이다. 성의 각 장소들의 운영시간이 짧은 편이며 하루 만에 꼼꼼히 보고 싶다면 스케줄을 잘 짜야 한다. 입구에서 소지품 검사를 하며 입장권은 이틀간 유효하다.

관광
명소

Ⅰ 구왕궁 Starý Královský Palác
Ⅱ 프라하 성의 역사 전시관 The Story of Prague Castle
Ⅲ 성 이르지 성당과 수도원 Bazilika a Klášter Sv. Jiří
Ⅳ 성 비투스 대성당 보물관
   Treasury of St. Vitus Cathedral
Ⅴ 황금 소로 Zlatá Ulička
Ⅵ 프라하 성 회화 갤러리
   Prague Castle Picture Gallery
Ⅶ 화약탑 Powder Tower
Ⅷ 성 비투스 대성당 Katedrála Sv. Víta
Ⅸ 로젠베르크 궁전 Rožmberský Palác
Ⅹ 성 비투스 대성당 남쪽 탑 전망대
   Great South Tower of St. Vitus Cathedral

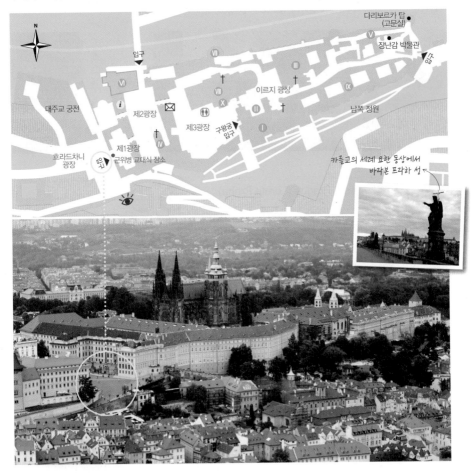

프라하 성 정보

주소 Pražský Hrad 119 08, Praha 1
위치 **1. 트램 22·23번** 추천★
❶ 여름 궁전과 정원을 보고 성으로 가려면 Královský letohrádek역에(트램 역에서 프라하 성까지는 약 800m 떨어져 있다)
❷ 언덕의 정상에서 350m 떨어진 프라하 성의 전망을 보며 성으로 가고 싶다면 Pražský Hrad역에
❸ 스트라호프 수도원을 보고 프라하 성으로 가고 싶다면 Pohořelec역에 내린다. 트램 역에서 프라하 성까지는 약 950m 떨어져 있다.
2. 메트로 Hradčanská역
역에서 프라하 성까지는 약 1.3km로 여름 궁전과 정원을 거쳐 프라하 성으로 들어올 수 있다.
3. 네루도바 거리를 통해 걸어서
카를교 근처에 머물고 있다면 걸어서 가는 것을 추천한다. 프라하의 도보 루트 3번(p.91)으로 성 니콜라스 교회에서 출발해 완만한 경사의 네루도바 거리를 구경하며 프라하 성으로 오르는 루트. 트램은 12·20·22번이 성 니콜라스 교회 앞에 서고, 메트로는 A선 Malostranská역이 가깝다.

운영 **프라하 성 구역** 06:00~22:00
구왕궁·프라하 성의 역사 전시관·성 이르지 성당·황금 소로·프라하 성 회화 갤러리·화약탑·로젠베르크 궁전 4~10월 09:00~17:00, 11~3월 09:00~16:00
성 비투스 대성당(20분 전 입장 마감)
4~10월 월~토 09:00~17:00, 일 12:00~17:00, 11~3월 월~토 09:00~16:00, 일 12:00~16:00
성 비투스 대성당 보물관
4~10월 10:00~18:00, 11~3월 10:00~17:00
성 비투스 대성당 남쪽 탑(30분 전 입장 마감)
4~10월 10:00~18:00, 11~3월 10:00~17:00
국립 갤러리(프라하 성 기마 학교, 제국의 마구간, 테레지안 날개) 10:00~18:00
프라하 성 정원 4~10월 10:00~18:00 (11~3월 휴무)
전화 224 373 368(4~10월 09:00~17:00, 11~3월 09:00~16:00)
홈피 www.hrad.cz

※ 입장권은 입장 당일과 다음 날까지 유효하다(단, 각각의 장소는 1회만 입장 가능).

티켓 종류	요금	6~16세·26세 이하 학생·65세 이상	가족(성인 2명+ 16세 미만 1~5명)
Ⓜ 성 비투스 대성당 + ❶ 구왕궁 + Ⓜ 성 이르지 성당 + Ⓥ 황금 소로	250Kč	125Kč	500Kč
ⓘ 프라하 성의 역사 전시관 The Story of Prague Castle	150Kč	80Kč	300Kč
Ⓧ 성 비투스 대성당 남쪽 탑 전망대 Great South Tower of St. Vitus Cathedral	150Kč	80Kč	300Kč

* 6세 미만 무료, 오디오 가이드(한국어) 3시간 350Kč, 대여 보증금 500Kč
* 사진 촬영 허가 티켓 50Kč(플래시와 삼각대 사용 불가. ⓘ, Ⓜ에서 촬영 불가)

크라드차니 광장

근위병 교대식

관광안내소

지하감옥

& 프라하 성 하이라이트

1. 성 비투스 대성당 Katedrála Sv. Víta (Cathedral of St. Vitus)

925년 바츨라프 1세Vaclav I 때에 로마네스크 양식으로 짓기 시작해 1344년 페트르 파를레르시에 의해 고딕 양식으로, 500여 년의 공백 기간을 거친 후 1929년에 완공됐다. 제작 기간만 약 1,000년에 이른다. 길이 124m, 폭 60m, 높이 97.5m의 규모로 내부에는 카를 4세와 루돌프 2세 등 역대 보헤미아 왕과 성자들의 무덤이 있다. 4~10월에는 287개의 계단을 걸어 종탑으로 올라갈 수 있는데 이곳에서 프라하 전역을 볼 수 있다. 화려하게 꾸며진 성 바츨라프 예배당Kaple Sv. Václav, 성 요한 네포무크Sv. Jan Nepomucký(1345~1393)의 유해가 안치된 순은으로 만든 무덤과 알퐁스 무하의 스테인드글라스를 놓치지 말자. 밖으로 나와 성당의 뒤편으로 가면 성 비투스 대성당 남쪽 탑 전망대Great South Tower of St. Vitus Cathedral로 올라가는 입구가 보인다.

2. 구왕궁 Starý Královský Palác (Old Royal Palace)

9세기 목조건물로 지어졌던 왕궁을 12세기에 소베슬라프 1세Soběslav I 왕자가 로마네스크 양식으로 새로 건설한 것이다. 이후 카를 4세가 궁전을 고딕 양식으로 리모델링했다. 때문에 왕궁은 로마네스크와 고딕 양식이 혼용된 형태를 띤다. 왕궁 내부는 서유럽 국가의 왕궁에 비하면 텅 비어 있는 분위기여서 아쉽다. 구왕궁의 하이라이트는 16세기에 만든 블라디슬라브 홀Vladislavský Sál(ladislav Hall)로 축제와 연회, 그리고 왕의 대관식 등의 행사가 열렸던 장소다. 1918년 이후에는 이곳에서 대통령이 선출되고 있다. 길이 67.5m, 폭 11m의 홀로 고딕 양식의 천장이 아름다운데 당시 중부 유럽에서는 가장 큰 규모였다. 또한 당시 기둥 없이 지은 건물로는 최대 규모의 홀이다. 또 다른 하이라이트는 모든 성자의 예배당Kostel Všech svatých(All Saint's Chapel)으로 페트르 파를레르시가 1185년에 만든 것이다. 아쉽게도 1303년과 1541년의 대화재로 대부분 소실되고 현재는 벽면만 남아 있다. 구왕궁에는 보헤미아 왕관과 왕홀(王笏), 왕권의 표장인 구체에 십자가가 올려 진 형태의 보주(寶珠) 복제품이 전시되어 있고, 보헤미아 왕국의 각 지방의 세금과 토지를 기록한 토지 대장의 방Místnost Zemských Desk이 있다. 방의 벽면과 천장에는 왕의 관리 아래 문서관리를 맡았던 귀족의 문장이 그려져 있다.

성 비투스 대성당 내부와 성 요한 네포무크의 무덤

구왕궁 토지 대장의 방

블라디슬라브 홀

3. 이르지 광장Namesti Sv. Jiří (Square of St. George)

성 비투스 대성당 뒤에 있는 광장이다. 광장에서 보이는 성당은 920년에 세워진 로마네스크 양식의 성당으로 이르지 성당과 수도원Bazilika a Klášter Sv. Jiři(Church and Convent of St. George)이다. 이르지 성당을 바라보고 오른쪽에 있는 로젠베르크 궁전Rožmberský Palác(Rosenberg Palace)은 1753년 마리아 테레지아 때에 합스부르크 가의 결혼하지 않은 가난한 귀족 여성이 지내는 거주지로 사용됐다. 광장 한쪽에는 다양한 전시회가 열리는 작은 국립 갤러리National Art Gallery가 있다.

성당 내부

4. 황금 소로Zlatá Ulička (Golden Lane)

프라하 성의 북쪽 담을 쌓은 후 형성된 작은 주거 지구다. 아담한 규모의 집들이 나란히 붙어 있고 알록달록한 색깔로 칠해져 있어 난쟁이가 사는 동화 속 풍경을 연출한다. 이곳에는 성에서 일하는 하인들과 병사, 금 세공인들이 살았다. 황금 소로라는 이름은 16세기부터 문서에 나오기 시작하는데 금 세공인들이 살았던 데에서 유래한다. 1층에는 마뉴팍투라Manufaktura 등의 숍과 16세기 당시의 거주지를 재현해 놓은 집을 볼 수 있다. 2층에는 기사들의 갑옷과 무기, 당시 사람들이 입던 의상이 전시되어 있으며 중세풍의 핸드메이드 액세서리를 살 수 있다. 파란색으로 칠해진 22번지는 카프카가 1616~1617년 동안 살았던 건물로 카프카의 책과 기념품을 판매한다.

황금 소로, 22번지는 카프카가 살았던 집이다.

2층은 중세시대의 유물을 전시하고 있다.

남쪽 정원
Jižní Zahrady (Southern Gardens)

로컬
명소

황금 소로를 지나 프라하 성문을 통과해 나오면 정면에 스타레메스토 지하철역까지 이어지는 내리막길이 있다 (대부분의 사람들이 이 길로 걸어간다). 성문을 나와 오른쪽에 공원 분위기의 문이 하나 있는데 이곳으로 들어가면 성벽 위의 정원이다. 멋진 전망을 보고 싶다면 가보자.

주소 Zahrad Na Valech, Praha 1
위치 메트로 A선 Malostranská역,
　　　트램 Malostranská역 1·8·12·18·20·22·57번
운영 4~10월 10:00~18:00
　　　(11~3월 휴무)
요금 무료

발렌슈타인 궁전 Valdštejnský Palác (Wallenstein Palace)

관광
명소

군인이자 정치가였던 알브레히트 폰 발렌슈타인Albrecht z Valdštejna(1583~1634)이 만든 궁전이다. 궁전의 크기처럼 왕의 권위에 필적했던 인물로 반란을 준비하다 결국 부하에게 살해당했다. 궁전 안에는 프라하 성의 정원을 능가하는 14,000㎡ 크기의 아름다운 발렌슈타인 정원이 있다. 1623~1630년 궁전을 짓는 일에는 여러 명의 이탈리아 건축가와 예술가가 참여했다. 한쪽에는 종유석처럼 생긴 특이한 형태의 벽과 동물원이 있는데 벽은 물이 흐르면 시원하게 해주는 천연 에어컨이다. 현재 궁전은 체코 의회와 갤러리로 사용되고 있다.

주소 Senát Parlamentu České Republiky,
　　　Valdštejnské Náměstí, Praha 12
위치 메트로 A선 Malostranská역,
　　　트램 Malostranská역
　　　8·12·17·18·20·22·57·91번
운영 발렌슈타인 궁전Valdštejnský Palác
　　　4~10월 주말·공휴일 10:00~17:00
　　　(6~9월은 10:00~18:00)
　　　11~3월 매월 첫 번째 주말·공휴일
　　　10:00~16:00
　　　*오픈 도어 데이 : 5월 8일·10월 28일
　　　09:00~16:00
　　　※ 현재 홍수 피해로 입장 금지
　　　정원 월~금 07:00~19:00
　　　토·일·공휴일 09:00~19:00
요금 무료　　　전화 257 075 707
홈피 www.senat.cz

프란츠 카프카 박물관
Franz Kafka Museum

프라하 태생으로 세계적인 실존주의 문학의 선구자인 프
란츠 카프카Franz Kafka(1883~1924)의 일생과 그가 남긴
작품에 대해 소개한 박물관이다. 카프카의 연인들에 대
한 자세한 소개가 흥미롭다. 박물관 입구에는 다비드 체
르니David Černý(1967~)의 〈오줌 누는 사람Čurající Fontána〉
이 세워져 있다. 박물관에서는 프라하에서 카프카의 흔
적을 표시한 한국어 지도를 60Kč에 판매한다.

주소 Cihelná 2b, Praha 1
위치 메트로 A선 Malostranská역,
　　　트램 Malostranská역
　　　1·8·12·18·20·22·57번
운영 10:00~18:00
요금 일반 240Kč, 6~15세·학생증
　　　소지자·65세 이상 160Kč,
　　　가족(성인 2명+아이 2명) 620Kč,
　　　사진·동영상촬영 시 추가 요금 30Kč
전화 257 535 373
홈피 www.kafkamuseum.cz

존 레논 벽
John Lennon Wall

영국의 유명한 록 밴드 '비틀스'의 멤버인 존 레논John
Lennon(1940~1980)은 1980년 12월 8일 뉴욕에서 과
격 팬인 마크 채프먼의 총에 암살당했다. 존 레논의 죽
음을 기리는 프라하 시민들이 캄파 섬 근처의 벽면에 존
레논의 그라피티와 가사들을 써 놓은 것이 존 레논 벽
의 시작이다. 프라하 시에서는 이 벽을 새로 칠하기도 했
는데 그다음 날이면 다시 그라피티와 추모 글이 쓰여 있
곤 했다고. 평화를 기리는 세계인들의 글과 그림이 그
려졌다 프라하 시에 의해 지워졌다를 반복한다. 위치는
Velkopřevorské Náměstí로 찾기 힘든 편이니 정확한
위치는 지도를 참고하자.

주소 Velkopřevorské Náměstí, Praha 1
위치 메트로 A선 Malostranská역,
　　　트램 Malostranská역
　　　1·8·12·18·20·22·57번

캄파 Kampa

카를교를 걸어 프라하 성이 있는 말라 스트라나 시역Malá
Strana 쪽에 거의 다다랐을 때 아래쪽으로 내려가는 계단
이 있다. 얼핏 보기엔 섬이라 느껴지지 않지만 캄파 섬
이다. 캄파 섬과 말라 스트라나 지역 사이로 체르토브카
Čertovka('악마의 수로'란 뜻)란 이름의 좁은 수로가 흐른
다. 수로 주변으로 아름다운 색의 집들이 이어져 프라하
의 작은 베니스Little Venice라고도 불린다. 캄파 섬 안에는
캄파 미술관과 주거지, 호텔, 식당, 카페가 있지만 대부분
의 지역은 공원으로 사용된다. 공원에는 현대 예술가들의
작품도 볼 수 있어 산책하기에 그만이다. 이곳에서 바라
보는 카를교와 구시가지도 아름다우며 산책하는 연인들,
가족 등 프라하 시민들의 일상을 엿볼 수 있는 장소다.

프라하의 작은 베니스라고도 불리는 캄파 섬

캄파 미술관 Museum Kampa

캄파 지구에 있는 현대 미술관으로 체코 태생의 추상화
가인 프란티셰크 쿠프카František Kupka(1871~1957)와 조
각가로 체코 큐비즘 조형운동에 앞장선 오토 구트프로인
트Otto Gutfreund(1889~1927) 등의 작품을 소장하고 있고
체코와 중부 유럽 지역의 현대 예술 작품을 소장한 미술
관이다. 시기마다 특별전이 있으며 추가 입장료가 있다.
미술관 밖에서는 다비드 체르니의 〈기어가는 아기〉를 볼
수 있다.

주소 U Sovových Mlýnů 2, Praha 1
위치 트램 Hellichova역 12·20·22·57번
운영 10:00~18:00
요금 **기본 관람** 일반 190Kč,
　　　학생·65세 이상 100Kč,
　　　가족(성인 2명+15세 미만 3명) 350Kč,
　　　6세 미만 무료
전화 257 286 147
홈피 www.museumkampa.com

다비드 체르니

다비드 체르니(1967~)는 프라하 태생의 세계적인 조각가로 인상적인 작품을 만드는 것으로 유명하다. 프라하 시내에서는 다비드 체르니의 다양한 작품을 만날 수 있는데 다음과 같다.

홈피 www.davidcerny.cz

1. 팔라츠 루체르나 Palác Lucerna(p.93 지도)
말Kůň : 바츨라프 광장의 성 바츨라프 기마상을 패러디해 만든 작품이다. 거꾸로 된 죽은 말을 탄 성 바츨라프 동상이다.

2. Dlouhá 거리(p.93 지도)
인 유터로 In Utero : 6m 높이의 누드 여성으로 스테인리스로 만든 작품이다. 〈In Utero〉는 '자궁 안에서'라는 뜻이다.

3. Husova 거리(p.93 지도)
지그문트 프로이트 Sigmund Freud : 아슬아슬하게 건물에 연결된 봉을 잡고 매달려 있는 지그문트 프로이트. 지나가던 사람들이 자살하려는 사람으로 착각해 종종 놀라곤 한다.

4. 지즈코프 TV 타워Žižkov TV Tower
TV 타워를 기어 올라가는 아기 Miminka : 기어가는 아기는 다비드 체르니의 대표작 중 하나다.

5. 프란츠 카프카 박물관 Franz Kafka Museum(p.95 지도)
오줌 누는 사람Čurající Fontána(Manneken Fountain) : 카프카 박물관에 온 사람들의 시선을 사로잡는다.

6. 캄파 미술관 Museum Kampa(p.95 지도)
기어가는 아기 Mimi Kampa : 귀여운 아기의 몸과는 달리 얼굴에 반전이 있다.

7. OC Quadrio 쇼핑몰 옆(p.93 지도)
프란츠 카프카-회전하는 머리 Franz Kafka-Otočná hlava : 2014년에 설치한 작품으로 낮과 밤의 모습 모두 볼 만하다.

말

인 유터로

기어가는 아기

오줌 누는 사람

페트르진 Petřín (Petrin)

프라하 서쪽에 있는 327m의 언덕으로 설어서 또는 푸니
쿨라를 타고 올라갈 수 있다. 올라갈 때에는 푸니쿨라로,
내려올 때는 주변 볼거리를 구경하며 걸어 내려오는 것
을 추천한다. 정상에는 장미와 라벤더 등으로 꾸며진 정
원, 천문대Štefánikova Hvězdárna, 페트르진 전망 탑Petřínská
Rozhledna(Petrin Tower)이 있다. 65m의 탑은 에펠탑을 본뜬
것으로 1891년 프라하 박람회 때 만들었다. 프라하 성
과 구시가지의 전망이 아름답게 펼쳐진다. 내려오는 길
에는 거울 미로Zrcadlové Bludiště와 성 로렌스 교회Kostel Sv.
Vavřince, 배고픈 자의 벽Hladová Zed을 볼 수 있다.

주소 Petřínské Sady, Praha 1
위치 트램 Újezd역 12·20·22번
      +페트르진 푸니쿨라Petřín Funicular
운영 1~3월 10:00~18:00, 4·5월 09:00~20:00,
      6~9월 09:00~21:00,
      10~12월 10:00~20:00
요금 **페트르진 타워** 일반 150Kč, 7~26세·ISIC
      국제학생증소지자·65세 이상 100Kč,
      가족(성인 2명+15세 미만 4명) 350Kč
      페트르진 타워 엘리베이터 일반 150Kč,
      65세 이상 50Kč, 6세 미만 무료

페트르진에서 바라본 전망

푸니쿨라

공산주의 희생자 추모비
Památník Obětem Komunismu
(Memorial to the Victims of Communism)

1948년부터 1989년 사이에 희생당한 사람들을 추모하
는 기념비다. 이 기간 동안, 처형 248명, 감옥에서 사망
4,500명, 국경에서 사망 327명을 포함해 총 205,486
명의 사람들이 희생됐다. 찢어지고 부서진 사람들이 페
트르진 언덕에서 시작된 계단
에서 내려오는 듯한 모습이
다. 추모비는 2002년에 만들
어졌다.

위치 트램 Újezd역 12·20·22번

국립 극장
Národní Divadlo (National Theatre)

1881년에 개관했으나 2개월 뒤 화재로 돔이 주저앉아버리자 체코 국민들은 충격에 빠졌다. 이후 단 47일 만에 국민성금이 모였고 1883년에 재개관했다. 말 그대로 '국민' 극장이다. 국립 극장에서는 체코와 세계 유명 오페라, 발레 등의 공연이 열린다. 티켓 가격은 공연시간과 특별공연, 좌석 위치에 따라 200~1,400Kč까지 선택의 폭이 넓다.

주소 Národní 2, Praha 1
위치 트램 Národní Divadlo역 6·9·17·18·21·22·53·57번, 메트로 B선 Můstek역에서 내려 트램 6·9·18·21·22·53·57번을 타고 Národní Divadlo역, 메트로 A선 Staroměstská역에서 내려 트램 17·21번을 타고 Národní Divadlo역
운영 박스오피스(Národní 4, Praha 1) 월~금 09:00~18:00, 토·일 10:00~18:00
요금 **국립 극장 투어**Tours of the National Theatre 일반 260Kč, 6~15세·학생·65세 이상 160Kč(투어 소요시간 50분)
전화 224 901 448
홈피 www.narodni-divadlo.cz

댄싱 하우스 Tančící Dům (Dancing House)

세계적인 건축가인 프랭크 게리가 1996년에 지었다. 배우이자 댄서인 프레드 아스테어와 그의 파트너였던 진저 로저스가 함께 춤추는 모습에서 영감을 얻었다고 한다. 이 때문에 프레드 앤드 진저라 부르기도 하고, 마치 춤을 추는 듯한 모습이어서 댄싱 하우스라고도 부른다. 건물 내부와 멋진 전망을 보고 싶다면 8층의 Glass Bar에 올라가 음료 한 잔을 시키면 된다.

주소 Rašínovo Nábřeží 80, Praha 2
위치 트램 Jiráskovo Náměstí역 17·21번, 메트로 B선 Karlovo Náměstí역에서 도보 350m

※ **Glass bar**(8층)
운영 10:00~23:00
전화 703 651 330
홈피 www.glassbar.cz

프랭크 게리가 만든 스페인 빌바오의 구겐하임 미술관

명사수의 섬과 슬라브 섬
Střelecký Ostrov & Slovanský Ostrov
(Shooter's Island & Slav Island)

'명사수의 섬' 이름은 카를 4세 때 사격연습과 대회를 연 것에서 시작됐다. 명사수의 섬을 가로지르는 레기교는 1898~1901년에 건설된 다리로 이곳에서 바라보는 프라하 성과 카를교의 전망이 좋다. 섬은 공원으로 이용되고 있는데 레기교 중간에서 돌계단 또는 엘리베이터로 내려가면 된다. 섬 안에는 잔디 공원과 벤치, 놀이터와 레스토랑이 있어 한가로운 시간을 보낼 수 있다. 섬 끝의 모래사장에서 바라보는 카를교의 전망도 멋지다. 슬라브 섬은 어린아이들과 함께하는 여행자들에게 추천하고 싶은 곳이다. 잔디밭이라 아이들이 뛰어놀기에 좋고 재미난 놀이기구가 있는 놀이터와 오리배 선착장이 있다.

위치 트램 6·9·17·18·21·22번
운영 **명사수의 섬**
4~10월 06:00~23:00,
11~3월 06:00~20:00

드보르작 박물관 Muzeum Antonína
Dvořáka (Antonín Dvořák Museum)

안토닌 드보르작(1841~1904)이 살던 집을 1932년부터 박물관화했다. 1720년에 지은 바로크 양식의 저택으로 작지만 아름다운 정원도 인상적이다. 내부에는 드보르작이 실제 사용하던 피아노와 책상이 있고 드보르작이 남긴 작품과 작곡을 위해 사용하던 도구 등도 전시되어 있다.

주소 Ke Karlovu 20, Praha 2
위치 메트로 C선 I.P. Pavlova역,
트램 I.P. Pavlova역 또는
Štěpánská역 4·6·10·22·23번
운영 화~일 10:00~17:00(월요일 휴무)
요금 일반 50Kč, 6~15세·
학생증 소지자·65세 이상 30Kč
전화 774 845 823
홈피 www.nm.cz

비셰흐라드 Vyšehrad

브라티슬라브 2세Vratislava II(1061~1092)가 1085년 보헤미아와 폴란드의 왕이 된 후 자신의 거주지 겸 요새로 비셰흐라드에 성을 지어 살기 시작했다. 비셰흐라드는 '높은 성채'라는 뜻이다. 1140년까지 이어지다 흐라드차니로 이주하며 쇠락했다. 현재는 여러 상설 전시관과 비셰흐라드의 역사를 보여주는 박물관, 공원, 브라티슬라브 2세가 지은 성 베드로와 바울 성당Kapitulní Chrám Sv. Petra a Pavla[운영 11~3월 10:00~17:00(토 11:00~), 4~10월 월~토 10:00~18:00(목 ~17:30), 일 11:00~18:00, 요금 일반 90Kč]과 프라하에서 가장 오래된 예배당 성 마르티나 로툰다Rotunda Sv. Martina, 그리고 비셰흐라드 공동묘지Vyšehradský Hřbitov가 있다. 비셰흐라드 공동묘지는 1870년에 만들어진 것으로 체코를 대표하는 국민영웅인 베드리히 스메타나, 안토닌 드보르작, 예술가인 알퐁스 무하, 소설가 카렐 차페크, 시인이자 소설가로 국민문학의 창시자인 얀 네루다 등이 묻혀 있다. 블타바 강과 프라하 시내를 조망하기에 가장 좋은 장소로, 노을 지는 풍경이 아름답다.

주소 Národní Kulturní Památka Vyšehrad V Pevnosti 159/5b, Praha 2
위치 트램 Výtoň역 2·3·7·17·21·52번, 트램 Albertov역 7·14·18·24·54·55번
운영 관광 안내소·내부 전시 10:00~18:00
요금 무료
전화 241 410 348
홈피 www.praha-vysehrad.cz

고즈넉한 산책로

전설이 깃든 **비셰흐라드**

1. 악마의 기둥 Čertův Sloup (Devil's Column) 전설

160cm, 240cm 길이의 기둥으로 신기한 형태로 묻혀 있다. 이 기둥과 관련된 전설은 여러 버전이 전해 내려오는데 그중 한 가지를 소개한다. 어느 가난한 사제가 비셰흐라드에 성당을 짓기 위해 악마에게 영혼을 팔고 그 대가로 로마의 성당에서 기둥을 가져다주기로 약속한다. 악마는 곧바로 로마로 날아가 성 베드로 성당의 기둥을 뽑아 옮겼지만 베드로의 공격을 받고 사제와 약속한 시간 안에 기둥을 모두 나를 수 없었다. 화가 난 악마는 기둥을 성당 지붕으로 집어 던졌고 기둥은 세 조각으로 나뉘어 떨어졌다고 한다. 그 조각이 바로 악마의 기둥이다. 1888년에 현재의 자리로 옮겼다고 한다. 성 베드로와 바울 성당 내부에 이 이야기를 다룬 벽화가 있다.

2. 조각공원

비셰흐라드 전망대 부근의 공원에는 4개의 커다란 조각상이 있다. 체코 조각가인 요셉 바츨라프 미슬벡 Josef Václav Myslbek(1881~1890)의 작품으로 체코의 신화에 나오는 인물들을 묘사했다.

– 리부쉬와 프르제미슬 Libuše a Přemysl

체코의 전설에 의하면 크록 왕의 세 딸 중 막내딸인 리부쉬 공주는 총명하고 예지력이 뛰어났다. 크록 왕이 죽고 왕위를 계승받은 공주는 농부인 프르제미슬에게 마법의 말을 보내 자신의 남편으로 삼았다. 이들은 프르제미슬로비치 Přemyslovci 왕조의 창시자가 되었고 비셰흐라드에서 블타바 강 주변을 바라보며 훗날 프라하에 위대한 영광이 있을 것이라고 예언했다. 프라하의 이름 또한 리부쉬가 지었는데 프라 Prah는 '문지방'이란 뜻으로 그 어떤 위대한 사람도 문지방을 드나들 때는 고개를 숙일 수밖에 없는 것처럼, 프라하도 모든 사람들이 고개를 숙일 만큼 번영하게 될 것이라는 뜻이다. 이들은 세 아들을 낳았으며 프르제미슬 왕조는 바츨라프 3세 Václav III(1289~1306)까지 이어졌다.

– 자보이와 슬라보이 Záboj a Slavoj

805년 프랑크 군대가 기독교화를 시키겠다는 이유로 보헤미아를 침공했을 때 체코 국민들은 자보이와 슬라보이의 지도 아래 프랑크 군대를 격퇴한다. 체코를 지킨 국민영웅이다.

– 샤르카와 치티라트 Šárka a Ctirad

연인에게 버림받은 샤르카는 모든 남성들에게 복수를 결심하고 다른 여전사들과 함께 숲으로 들어간다. 스스로 미끼가 되어 나무에 묶이고 이를 발견한 치티라트 왕자가 그녀를 풀어준다. 샤르카와 다른 여전사들은 남자들을 대접하며 경계를 푼다. 남자들이 약이 섞인 술에 취해 잠이 든 것을 확인한 샤르카가 나팔을 불자 여전사들이 이들을 모두 죽인다는 이야기다. 샤르카는 스메타나의 〈나의 조국〉 중 제3곡이다.

– 루미르와 노래 Lumír a Píseň

뛰어난 예술적 재능을 지녔던 슬라브 지역의 음유시인으로 비셰흐라드에 대한 노래를 불렀다. 스메타나의 〈나의 조국〉에서 제6곡은 하프 연주로 시작되는데 음유시인, 루미르가 비셰흐라드에서 시작한 조국의 신화, 전쟁, 몰락 등을 노래한 것을 묘사했다.

리부쉬와 프르제미슬
자보이와 슬라보이
샤르카와 치티라트
루미르와 노래

프라하의 레스토랑 & 카페

체코 음식점에서 우리나라와 같은 신속하고 친절한 서비스는 기대하기 힘들다. 서비스는 느리고 계산을 하려면 인내심의 한계를 느껴야 한다. 불친절하더라도 제때 와서 주문받고, 제때 음식을 가져다주고, 제때 계산할 수 있게 도와준다면 그 정도로 OK. 결제 시, 내 테이블 담당 종업원을 눈빛신호(?)로 불러야 한다. 손을 번쩍 들거나 소리 내어 부르는 것은 예의에 어긋난다. 서비스는 기대에 못 미치지만 관광객에게 10~15% 팁을 의무적으로 요구하는 경우가 대부분이다.

요금(1인 기준, 음료 불포함)
100Kč 미만 € | 100~300Kč 미만 €€ | 300~500Kč 이상 €€€

레스토랑 믈레니체
Restaurace Mlejnice

`레스토랑`

저렴한 가격에 체코 전통 음식을 즐길 수 있는 식당으로 항상 사람이 많기 때문에 조금은 이른 식사 시간이나 예약을 하고 가야 발걸음을 돌리지 않을 수 있다. 현금만 가능하며 팁 10%를 요구한다.

주소 Kožná 488/14, Praha 1
위치 메트로 A선 Staroměstská역, 트램 17·18·53번, 버스 194번
운영 11:00~23:00   요금 예산 €€
전화 224 228 635

우 핀카수
U Pinkasů

`비어홀` `레스토랑`

플젠에 1842년 맥주 회사가 설립되고, 하면발효 방식의 라거 맥주가 생산되기 시작했을 때 맥주에 매료된 재단사 핀카수가 바를 열면서 현재의 레스토랑 역사가 시작됐다. 최초의 라거 맥주를 팔기 시작한 식당으로 체코 전통 음식도 함께 판매하고 있다. 1층은 맥주를 마시는 바, 식사를 하려면 2층으로 올라가면 된다.

주소 Jungmannovo nám. 15/16, Praha 1
위치 메트로 A·B호선 Můstek역 100m
운영 10:00~22:00
요금 예산 €€   전화 221 111 152
홈피 upinkasu.cz

콜코브나 첼니체
Kolkovna Celnice

한국인들에게 잘 알려진 화약 탑 근처의 식당이다. 체인 식당으로 관광객들이 많이 찾아서인지 서비스가 좋지 않다. 10% 팁을 요구하지만 그럼에도 합리적인 가격에 편하게 음식을 먹을 수 있다.

주소 V Celnici 1031/4, Praha 1
위치 메트로 Náměstí Republiky역,
　　　트램 5·8·24·26·51·53·54·56·91번
운영 11:00~24:00
요금 예산 €€
전화 224 212 240
홈피 www.kolkovna.cz

브 치푸 미할스카
V Cípu Michalská

스타로프라멘 맥주를 파는 레스토랑으로 맥주와 안주, 식사 모두 가능하다. 현지인들 위주의 식당으로 음식도 맛있다.

주소 ichtrův dům Michalská 25, Praha 1
위치 메트로 A선 Staroměstská역,
　　　트램 17·18·53번, 버스 194번
운영 월·화 11:00~22:00, 수·목·일 11:00~23:00,
　　　금·토 11:00~24:00,
요금 예산 €€　　　　　전화 775 007 107

스트라호프 수도원 양조장
Klášterní Pivovar Strahov
(Strahov Monastic Brewery)

블라디슬라브 2세(1110~1174) 때에 스트라호프 수도원이 생기면서 만들어졌다. 그 역사는 1142년으로 거슬러 올라가는데 양조장에 대한 첫 번째 언급은 13~14세기에 나왔다. 오늘날의 양조장 겸 식당은 1628년 아봇 카스파르 쿠스텐베르크Abbot Kaspar Questenberg가 만들었는데 1907년에 문을 닫았다가 2000년부터 다시 운영되기 시작했다. 스트라호프 수도원 양조장의 시그니처는 성 노르베르트Sv. Norbert 흑맥주다. 꼭 방문해보길 바란다.

주소 Strahovské Nádvoří 301, Praha 1
위치 트램 Pohořelec역 22번
운영 10:00~22:00
요금 예산 €€
전화 233 353 155
홈피 www.klasterni-pivovar.cz

재즈클럽 운겔트 Jazz Club Ungelt

구시가지 광장 근처의 재즈클럽으로 재즈와 블루스 공연
을 한다. 미리 홈페이지를 통해 월별 프로그램을 보고 방
문 날짜를 잡는 것이 좋다. 공연 시간은 20:00부터다.

주소 Týn 2/640-Týnská Ulička, Praha 1
위치 메트로 A선 Staroměstská역
운영 **식당** 14:00~24:00
      재즈클럽 19:30~24:00
요금 예산 €€€
전화 224 895 748
홈피 www.jazzungelt.cz

우 말레호 글레나 재즈 & 블루스 클럽
U Malého Glena Jazz & Blues Club

한국어 메뉴가 갖춰져 있어 메뉴 주문 시 편리하다. 우리
나라 사람들이 주로 시키는 메뉴는 부드러운 벨벳 맥주
와 꼴레뇨다. 저녁 시간에는 재즈 & 블루스 공연도 함께
즐길 수 있다. 계산 시 팁을 5% 또는 10% 중에서 선택하
라고 요구한다.

주소 Karmelitská 23, Praha 1
위치 트램 Malostranské Náměstí역
      12 · 20 · 22번,
      메트로 A선 Malostranská역
운영 식당 11:00~24:00, 공연 20:00~24:00
요금 예산 €€
전화 257 531 717
홈피 malyglen.cz

카페 에벨 Cafe Ebel

작지만 숨겨진 보석 같은 카페다. 커피 가격도 착하고
맛도 훌륭하다. 파니니와 베이글 샌드위치 같은 간단
한 식사도 가능하며 아침 식사 메뉴도 있다. 본점이었던
Řetězová 거리의 카페 에벨은 문을 닫았다.

카페 **스낵**

주소   Kaprová 11, Praha 1
위치   메트로 A선 Staroměstská역,
       트램 1·2·17·18·22·23·32·93·
       97·98번, 버스 194번
운영   월~금 08:30~17:00, 토·일 10:00~17:00
요금   예산 €
전화   604 265 125

베이크 숍 Bake Shop

1998년에 문을 연 베이커리 숍으로 식사용 빵과 디저트
를 판다. 치즈 케이크 종류가 이곳의 가장 핫한 아이템.
뉴욕 치즈 케이크, 초콜릿 치즈 케이크와 당근 케이크 등
을 판다. 샌드위치 등의 간단한 점심 메뉴나 파이와 페이
스트리, 케이크 등의 디저트를 즐길 수 있어 좋다.

베이커리 **디저트**

주소   Kozí 1, Praha 1
위치   메트로 A선 Staroměstská역
운영   07:00~20:00
요금   예산 €
전화   222 316 823
홈피   www.bakeshop.cz

안젤라토 Angelato

구시가지에서 가장 맛있는 고급 아이스크림 가게다. 우
유를 듬뿍 넣은 아이스크림과 셔
벗류, 라벤더, 아보카도, 엘더플라
워, 생강과 같은 독특한 재료로 아
이스크림을 만든다. 이곳 외에도 페
트르진 근처에 지점이 있다(주소
Újezd 425/24, 운영시간은 동일).

디저트

주소   Rytířská 27, Praha 1
위치   하벨 시장 근처
운영   3·4·10~12월 11:00~20:00,
       5~9월 11:00~22:00(1·2월 휴무)
요금   예산 €
전화   777 787 622
홈피   angelato.eu

벨라 비다 카페 Bella Vida Café

서재 분위기의 카페에서 카푸치노 한 잔을 마시며 조용히 여행을 정리해 보는 건 어떨까? 테라스에서 바라보는 블타바 강과 카를교의 풍경도 일품이다.

주소 Malostranské Nábřeží 3, Praha 1
위치 트램 Hellichova역 12·20·22·57번,
　　　트램 Újezd역(레기교 쪽) 6·9·22·23·57번
운영 08:30~19:00
요금 예산 €
전화 221 710 494
홈피 www.bvcafe.cz

카바르나 슬라비아
Kavárna Slavia

1884년에 문을 연 카페로 국립 극장 바로 맞은편에 있어 체코의 하벨 대통령 같은 정치인이나 스메타나 등의 예술가들이 드나들던 유서 깊은 곳이다. 아르데코 양식으로 꾸며져 있다. 17:00~23:00에는 피아노 연주가 있어 프라하의 낭만적인 분위기를 즐길 수 있다. 단, 실내에서 흡연이 가능해 공기가 탁하다.

주소 Národní 1012/2, Praha 1
위치 트램 Národní Bivadlo역 69·18·21·22·53번
운영 09:00~22:00　　요금 예산 €€
전화 224 218 493　　홈피 www.cafeslavia.cz

카페 루브르
Café Louvre

1902년부터 운영된 유서 깊은 카페로 카프카, 체코의 국민들이 사랑하는 카렐 차페크 같은 작가 등 체코의 많은 예술가들이 드나들던 곳이다. 1925년에는 38명의 작가들이 속한 체코슬로바키아 펜 클럽Pen Club 모임이 이곳에서 열렸고 초대 회장으로 카렐 차페크가 선출되었다.

주소 Národní 22, Praha 1
위치 메트로 A·B선 Můstek역
운영 월~금 08:00~23:30, 토·일 09:00~23:30
요금 예산 €€　　　　전화 224 930 949
홈피 www.cafelouvre.cz

카페 사보이 Café Savoy

카 페 / 레스토랑

1893년에 문을 연 카페로 이름처럼 실내 인테리어도 우아하다. 네오르네상스 양식으로 꾸며진 천장이 돋보이는 복층 형태로 천장이 높은 것도 특징이다. 오후에 간다면 차나 커피와 함께 디저트류를 추천한다.

주소 Vítězná 5, Praha 1
위치 트램 Újezd역 6·9·12·20·22번
운영 월~금 08:00~22:00, 토·일 09:00~22:00
요금 예산 €€
전화 731 136 144
홈피 cafesavoy.ambi.cz

카페 사보이

카페 임페리얼 Café Imperial

카 페 / 레스토랑

1913~1914년에 만들어진 아르데코 양식의 우아한 카페다. 실내 장식을 보기 위해서라도 반드시 들러보는 것을 추천한다. 카프카 등의 작가, 레오시 야나체크Leoš Janáček(1854~1928)와 같은 작곡가가 이곳을 찾았다. 호텔의 조식 식당으로도 운영하기 때문에 아침 일찍부터 문을 연다.

주소 Na Poříčí 15, Praha 1
위치 메트로 B선 Náměstí Republiky역,
    트램 Náměstí Republiky역 5·6·8·26번
운영 07:00~23:00
요금 예산 €€
전화 246 011 440
홈피 www.cafe-imperial.cz

후사 HUSA (Platnéřská 지점)

비어홀 / 레스토랑

체코의 대표적인 맥주 회사 중 하나인 스타로프라멘Staropramen 사에서 직영으로 운영하는 비어홀 겸 레스토랑이다. 맥주를 즐기며 식사하기에도 좋고, 맥주와 술안주로 닭 날개나 립을 시켜 함께해도 좋다. 화약탑 근처에 Hybernská 지점(주소 Dlážděná 7)도 있다.

주소 Platnéřská 88/9, Praha 1
위치 메트로 A선 Staroměstská역,
    트램 Staroměstská역 17·18·53번
운영 월~금 11:00~23:00, 토·일 12:00~23:00
요금 예산 €€
전화 266 311 497
홈피 staropramen.cz/hospody/
    restaurace-praha-platnerska

우 즐라테호 티그라 U Zlatého Tygra

'황금 사자'라는 뜻의 체코 전통 펍이다. 프라하에서 가장 맛있는 필스너 우르켈을 맛볼 수 있다고 해서 오픈 시간 전부터 줄 서서 기다리는 사람들을 볼 수 있다. 살균 처리하지 않은 신선한 맥주를 맥주 장인이 컵에 담아준다. 혼자 갈 경우 합석은 기본이다.

주소   Husova 228/17, Praha 1
위치   메트로 A선 Staroměstská역,
       트램 Staroměstská역 2·17·18번
운영   15:00~23:00
요금   예산 €
전화   222 221 111
홈피   uzlatehotygra.cz

우 플레쿠 U Fleků

프라하의 유서 깊은 양조장 중 하나로 최초 기록은 1499년이나 그 이전부터 운영된 곳이다. 510년 이상의 역사를 지닌(중부 유럽에서는 유일) 맥주를 맛봐야 할 곳 중 하나이며 박물관도 운영하고 있다. 그러나 단체 관광객이 많아 와자지껄하고 담배연기 또한 자욱하다. 한가한 시간에 찾는 것이 좋다.

주소   Křemencova 11, Praha 1
위치   트램 Myslíkova역 21번
운영   10:00~23:00(12월 24일 휴무)
요금   예산 €€
전화   224 934 019
홈피   ufleku.cz

프라하의 한국 식당과 식료품점

기름진 체코 음식을 먹다 보면 한국 음식이 생각날 때가 많다. 프라하에 다양한 한국 음식을 파는 한식당이 많이 생겼다. 한식을 기본으로 삼겹살, 비빔국수, 치킨, 짜장면과 짬뽕, 떡볶이까지 아래는 여행자들이 가기 편한 위치의 식당 위주로 한국 식료품점과 함께 소개한다. 위치는 프라하 지도를 참고하자.

프라하 맛집 Praha Matzip

주소 Dušní 1082/6, Praha 1
위치 버스 194번(구시가지 광장 근처)
운영 화~일 11:00~22:00(월요일 휴무)
전화 608 889 501
홈피 www.prahamatzip.com

© 프라하 맛집

주방 Zubang

주소 Žatecká 53/10, Praha 1
위치 메트로 A선 Staroměstská역
운영 화~일 11:45~22:00(월요일 휴무)
전화 725 882 956
홈피 zubang.business.site

프라하꼬기 Prahaggogi

주소 Spálená 98/31, Praha 1
위치 메트로 B선 Národní třída역
운영 화~금 11:00~15:00, 17:00~23:00,
     토·일 12:00~23:00(월요일 휴무)
전화 702 139 411
홈피 www.pocha.store/ggogi

© 프라하꼬기

© 프라하꼬기

밥리제 Bab rýže

주소 Náplavní 1501/8, Praha 1
위치 트램 5·9·17·99 Jiráskovo náměstí역
운영 월~토 11:00~22:00(일요일 휴무)
전화 774 770 305
홈피 www.facebook.com/babryze1

토모 Tomo

주소 Mánesova 35, Praha 2
위치 트램 5·11·13·14 Italská역
운영 11:00~21:00
전화 222 233 695
홈피 www.restauracetomo.com

한국식료품점 K-Food

주소 V Celnici 1031/4, Praha 1
위치 메트로 B선 Náměstí Republiky역
운영 월~토 10:30~20:30(일요일 휴무)
전화 230 234 646

© 밥리제

© 밥리제

에르펫 보헤미아 크리스털
Erpet Bohemia Crystal

쇼핑

크리스털 제품은 스와로브스키가 가장 잘 알려져 있지만 체코의 크리스털 제품 또한 품질이 좋기로 유명하다. 에르펫 보헤미아 크리스털은 1900년부터 운영된 매장으로 프라하에서 가장 크고 신뢰할만하다. 프라하공항 제2터미널에서도 만날 수 있다.

주소 Staroměstské Nám. 27, Praha 1
위치 메트로 A·B선 Můstek역
전화 224 229 755
운영 10:00~19:00
홈피 www.erpetcrystal.cz

아포테카
Havlíkova Apotéka

쇼핑

체코의 약사 카렐 하블릭이 1928년에 만든 유기농 화장품 가게다. 3분 마스크와 수분크림의 인기가 높다. 한국인이라고 하면 한국어 안내 책자를 보여준다. 팔라디움 쇼핑몰에도 입점해 있다.

주소 Jilská 361/1, Praha 1
위치 메트로 B선 Národní třída역에서 4분
운영 09:00~21:00
전화 775 154 055
홈피 havlikova apoteka.cz

바타 Bať a

쇼핑

1894년에 문을 연 신발 매장으로 체코를 대표하는 가장 세계적인 브랜드다. 프라하에만 8개의 매장이 있는데 이 중 바츨라프 광장의 지점은 프라하에서 가장 큰 매장이다. 신발만 파는 다른 매장과는 달리 신발, 가죽 의류, 가방 등의 제품을 저렴하게 구입할 수 있다.

주소 Václavské Nám. 6, Praha 1
위치 메트로 A·B선 Můstek역
운영 10:00~21:00
전화 731 618 781
홈피 www.bata.cz

지아자 Ziaja pro Tebe

쇼핑

체코를 여행하는 한국인들이 선물용으로 가장 선호하는 브랜드다. 산양유로 만든 화장품으로 자극이 없고 은은한 향과 보습력이 좋아 인기다. 가격 또한 부담이 없다. 인기 있는 제품은 데이크림, 나이트크림, 아이크림, 핸드크림이다. 한국에도 수입 판매되고 있으나 현지의 3~4배 가격이라 선물용으로 안 사올 이유가 없다.

주소 Růžová 10, Praha 1
위치 메트로 C선 Hlavní nádraží역
운영 월~금 10:00~13:30, 14:00~18:00
전화 778 004 921
홈피 www.ziajaprotebe.cz

팔라디움 Palladium

쇼핑

200여 개의 상점이 입점해 있는 쇼핑몰로 다양한 브랜드의 제품을 일정액 이상 구입했을 때 택스 프리를 받을 수 있는 것이 장점이다. 지하 2층에는 DM과 슈퍼마켓이 있고 2층에는 식당가가 있어 편리하다.

주소　Náměstí Republiky 1, Praha 1
위치　메트로 B선 Náměstí Republiky역, 트램 6·8·
　　　15·26·91·94·96번, 버스 207·H1·905·
　　　907·909·911번 Náměstí Republiky 정류장
운영　07:00~22:00　　전화 225 770 250
홈피　www.palladiumpraha.cz

보타니쿠스 Botanicus

쇼핑

유기농 제품 판매점으로 '전지현 오일'로 유명해졌다. 장미오일, 마스크, 비누, 립밤, 크림 등을 판다. 운겔트 내에 두 개의 매장이 있으며 한국인 직원이 있고 한국어 안내 책자가 있어 쇼핑하기에 편리하다. 중국인 단체 관광객들이 몰릴 때를 피해 오전에 가는 것이 좋다.

주소　Týn 2/640, Týn 3/1049, Praha 1
운영　10:00~19:00
전화　702 207 096
홈피　botanicus.cz

마뉴팍투라

마뉴팍투라 Manufaktura

쇼핑

천연 바디용품, 수공예품 전문점으로 체코 각 지역에서 생산되는 재료를 이용한 바디용품 제조와 체코 내 공예장인들의 기술을 이어가는 목적으로 만든 국영기업이다. 매장에는 매력 넘치는 아이템이 가득한데 특히 맥주와 와인으로 만든 샴푸나 바디용품을 많이 산다. 구시가지에 여러 매장이 있는데 매장에 따라 주방, 원예용품 등도 판다.

주소　Melantrichova 17, Praha 1
위치　메트로 A·B선 Můstek역
운영　10:00~19:00
전화　601 310 611
홈피　www.manu
　　　faktura.cz

맥주샴푸　맥주
　　　　　바디샴푸

1. 한인숙소

프라하에는 수십 개의 한인숙소가 있다. 모두 저마다의 장점이 있지만 이곳에는 구시가지와 가까운
곳만 소개한다. 프라하에서의 일정이 길다면 구시가지에 위치한 숙소가 좋고, 1박 정도로 짧다면 기
차역 근처가 다음 도시나 국가로 이동하기에 편하다. 모두 무료 WiFi가 가능하고, 한식 아침 식사와
(숙소에 따라) 저녁도 제공하며, 유료 빨래, 근교일일투어, 스냅촬영, 스카이다이빙, 〈돈 조반니〉 티
켓 할인, 화장품 할인쿠폰, 공항에서의 유료 픽업서비스를 제공한다.

프라하 또 하루
Praha Tooharoo

올해 새로 오픈한 숙소로 여성 4인실과 5
인실 도미토리, 4인실 남성 도미토리, 1~2
인 개인실을 운영한다. 지하철역과 가까워
공항이나 기차역으로 이동하기에 좋고, 카
를교도 지척이다. 예약은 '인스타 DM'이나
'민박다나와'에서 할 수 있다.

주소 Valentinská 10/20, Praha 1
위치 메트로 A선 Staroměstská 역에서 40m
요금 예산 €€
홈피 www.instagram.com/ttoharoo_
     praha

햇살가득 프라하
Praha Sunshine

카를교, 천문학 시계탑 등이 가까운 구시가지 내의 위
치 좋은 한인 민박집이다. 2~4인실과 5인실 도미토리를
운영한다. 4인실 남성 도미토리, 4인실 여성 도미토리,
3~4인 가족실, 2~3인 커플실을 운영한다.

주소 Valentinská 92/3, Praha 1
위치 메트로 A선 Staroměstská 역에서 120m
요금 예산 €€
전화 휴대전화 (+420) 770 606 177,
     카카오톡ID prahasunshine
홈피 prahasunshine.com

리멤버 프라하
Remember Praha

Quadrio 쇼핑몰 맞은편에 위치한 숙소로 구시
가지와도 가깝다. 여성 6인실 도미토리, 남성 4
인실 도미토리, 1·2·3인 개인실과 4~7인이
함께 머물 수 있는 가족실을 운영한다. 바로 근
처에 '프란츠 카프카-회전하는 머리'가 있다.
(p.125 다비드 체르니 참고)

주소 Spálená 106/47, Praha 1
위치 메트로 B선 Národní třída역에서 30m
요금 예산 €€
전화 휴대전화 (+420) 773 928 410,
　　　카카오톡ID rememberpraha
홈피 www.rememberpraha.com

예스 프라하
Yes Praha

여성 3인실 도미토리와 남성 3인실 도미토리, 2
인실을 운영하는 한인 민박이다.

주소 Jungmannova 736/12, Praha
위치 메트로 A·B선 Můstek역에서 500m
요금 예산 €€
전화 인터넷 전화 070 4110 1703,
　　　휴대전화 (+420) 722 651 935,
　　　카카오톡ID yespraha76
홈피 cafe.naver.com/yespraha

1박 2일 프라하민박
12praha

독채 임대 형태로 운영하는 1호점과 민박집으로
운영하는 2호점이 있다. 1호점은 카를교 2분 거리
이며 4~8인이 머물 수 있다. 2호점은 성 바츨라
프 동상 근처로 도미토리와 개인룸을 운영한다.

주소 1호점 Anenská 5, Praha 1
　　　2호점 Krakovská 1352/20, Praha 1
위치 1호점 카를교에서 2분
　　　2호점 성 바츨라프 동상에서 2분
요금 예산 €€
전화 휴대전화 (+420) 776 601 934,
　　　카카오톡ID taewook25
홈피 www.12praha.com

꽃보다 프라하
Flower Praha

여성 5인실 도미토리와 남성 4인실 도미토리,
1·2·3·4·5인 개인실을 운영한다. 맥도날드
가 있는 건물이라 찾기 쉽다. 월·수·금 무료
야경 투어를 진행한다.

주소 Vodičkova 15, Praha 1
위치 메트로 A·B선 Můstek역에서 600m
요금 예산 €€
전화 인터넷 전화 070 7644 5969,
　　　휴대전화 (+420) 774 299 446,
　　　카카오톡ID flowerpraha
홈피 innpraha.com

2. 호스텔

나 홀로 여행자라면 호스텔이 가장 저렴하다. 자신의 기준에 맞는 숙소를 선택하면 되는데 트렁크족이라면 엘레베이터 유무에 신경 쓰자. 다음에 소개하는 호스텔들은 구시가지 광장과 카를교를 중심으로 가까운 곳 순으로 나열했다. 요금 지불은 코룬도 가능하지만 유로화 지불도 가능하다. 호스텔 내에서 무료 WiFi가 가능하며 공항에서 유료 픽업서비스도 제공한다. 호스텔에 따라 공용주방, 빨래방, 아침식사가 제공된다.

더 로드하우스 프라하
The Roadhouse Prague

매드 하우스 프라하 호스텔Madhouse Prague(주소 Spálená 102/39)의 성공 이후 새로 운영하기 시작한 호스텔로 소개하는 호스텔 중에서 카를교와 가장 가깝다. 4·8인실 도미토리를 운영한다.

주소 Náprstkova 275/4, Praha 1
위치 메트로 A선 Staroměstská역에서 550m
요금 예산 €
전화 220 514 225
홈피 theroadhouseprague.com

세이프스테이 프라하
카를 브리지 호스텔
Safestay Prague Charles Bridge Hostel

유럽 여러 지역에 체인을 두고 있는 체인 호스텔로 구시가지와 가깝고 테스코 슈퍼마켓과 Quadrio 쇼핑몰과 지하철과도 가까워 여러모로 편리하다. 4~8인실 도미토리와 1·2인실 숙소를 제공한다.

주소 Ostrovní 131/15, Praha 1
위치 메트로 B호선 Národní třída역에서 140m
요금 예산 €
전화 222 540 012
홈피 www.safestay.com/prague-charles-bridge

호스텔
프란츠 카프카
Hostel Franz Kafka

구시가지에서 가장 가깝고 가장 깨끗하게 관리되는 호스텔이다. 4·6인실 도미토리와 1·2인실 숙소를 제공한다.

주소 Kaprova 14/13, Praha 1
위치 메트로 A호선 Staroměstská역에서 140m
요금 예산 €
전화 776 790 049
홈피 hostelfranzkafka.com

미트미23
MeetMe23

중앙역 근처의 감각적인 디자인 호스텔로 다른 호스텔보다는 비싸지만 그만큼 시설이 최신식이다. 1~4인실과 아파트먼트, 4~6인실 도미토리를 운영한다. 체코 맥주를 즐길 수 있는 식당도 함께 운영한다.

주소 Washingtonova 1568/23, Praha 1
위치 중앙역 정문에서
     300m
요금 예산 €€
전화 601 023 023
홈피 meetme23.
     com

3. 호텔

프라하의 호텔은 가격 대비 시설이 좋은 곳이 많아 선택의 폭이 넓어 호텔 선택에 꽤 시간이 걸린다. 이때는 위치, 전망, 숙면, 시설, 교통 등 자신의 기준을 명확히 하는 것이 도움이 된다. 구시가지 내에 관광객들이 많이 다니는 길은 소음에 취약할 수도 있으며 구시가지의 길은 트렁크를 끌기 힘든 돌바닥임을 염두해 두어야 한다.

포시즌 호텔 프라하
Four Seasons Hotel Prague

 호텔

5성급 호텔로 블타바 강과 카를교 바로 옆 최고의 위치에 멋진 전망을 선사한다. 최고의 전망이 있는 방은 가격 또한 최고 수준이라 그만큼 투자가 필요하다. 럭셔리한 여행자에게 알맞다.

주소   Veleslavínova 1098/2a, Praha 1
위치   메트로 A선 Staroměstská역에서 카를교 방향으로 180m
요금   예산 €€€€€   전화 221 427 000
홈피   fourseasons.com

호텔 포드 베지 Hotel Pod Věží

 호텔

카를교 3분 거리에 위치한 4성급 호텔로 가성비 최고의 호텔로 손꼽힌다. 큰 호텔은 아니지만 서비스와 조식 등 한국인들의 만족도가 높다.

주소   Mostecká 1/58/2, Praha 1
위치   메트로 A선 Malostranská역에서 650m
요금   예산 €€€€   전화 257 532 041
홈피   podvezi.com

아우레아 레전드 Áurea Legends

 호텔

2019년 9월에 리노베이션한 호텔로 객실 상태가 매우 좋다. 4성급 호텔 중 가격이 저렴하며 Quadrio 쇼핑몰 바로 옆에 위치해 있고 구시가지도 가깝다.

주소   Vladislavova 52-19, Praha 1
위치   메트로 B선 Národní třída역에서 150m
요금   예산 €€€€   전화 224 244 100
홈피   eurostarslegends.com

코스모폴리탄 호텔 프라하
Cosmopolitan Hotel Prague

 호텔

화약탑 근처에 위치한 호텔로 팔라디움 쇼핑몰과 한국 식료품점과도 가깝다. 주변의 호텔 중에서 다양한 면에서 한국인들의 점수를 많이 얻은 호텔이다.

주소   Zlatnická 1126, Praha 1
위치   메트로 B선 Náměstí Republiky역에서 200m
요금   예산 €€€€
전화   295 563 000
홈피   hotel-cosmopolitan.cz

Theme 1 동화 마을 체스키 크룸로프 🏛

동화책에서 튀어나온 것 같은 아름다운 작은 도시다. 중세시대부터 5세기 동안 평화롭게 발전하여 고딕 · 르네상스 · 바로크 건축 양식이 모두 담겨 있다. 이에 1992년 도시 전체가 유네스코 문화유산에 선정됐다. 굴곡지게 흐르는 강 주변에는 파스텔 톤의 집들이 아기자기 모여 있고, 언덕 위에는 프라하 다음으로 큰 아름다운 성이 자리 잡고 있다. 프라하에서 당일치기로 다녀오려면 이른 아침 버스를 이용해야 여유롭게 둘러볼 수 있으며 성수기라면 사전에 왕복 티켓을 미리 끊는 것이 좋다. 여유 있는 여행자라면 체스케부데요비체와 묶어서 1박 2일 또는 체스키 크룸로프만 1박 2일로 다녀오는 것도 좋다. 밤의 체스키 크룸로프는 관광객이 모두 빠져나가 고즈넉한 분위기를 풍긴다.

위치 기차보다는 버스가 빠르고 버스터미널이 구시가지와 가깝다.
❶ 기차 프라하 중앙역에서 Český Krumlov역까지 2시간 50분~3시간 소요
❷ 버스 플로렌츠Florenc 터미널 (플릭스 버스)과 나 크니제치Na Knížecí 터미널(레이오젯 버스)에서 2시간 45분 소요
요금 기차 314Kč~, 버스 €6~
홈피 www.ckrumlov.info

관광명소

1 체스키 크룸로프 성 Státní Hrad a Zámek Český Krumlov
- **ⓐ** 성 박물관 Hradní Muzeum
- **ⓑ** 성 타워 Zámecká Věž
- **ⓒ** 성 정원 Zámecká Zahrada

2 에곤 실레 아트 센트룸 Egon Schiele Art Centrum

레스토랑

1 볼레로 레스토랑 Bolero Restaurant
2 슈베이크 레스토랑 Švejk Restaurant
3 피제리아 라트란 Pizzeria Latrán
4 라이본(채식식당) Laibon
5 옴네스 카페 알레타 Omnes Caffe Arleta
6 에곤 카페 Egon Café

숙소

1 트래블 호스텔 Travel Hostel
2 호스텔 멀린 Hostel Merlin
3 호텔 루제 Hotel Růže
4 펜션 아달베르트 Pension Adalbert(한인숙소)

기타

1 버스터미널 Autobusové Nádraží
(Leo Express/Regiojet)
2 버스정류장 Špičák(Flixbus)
3 슈퍼마켓 쿠프 Coop

여행 Tip

1. 체스키 크룸로프의 구시가지는 울퉁불퉁한 돌로 이루어진 길로 트렁크를 끌기엔 적합하지 않다. 1박 후 다시 프라하로 돌아갈 예정이라면 큰 짐은 맡겨두고 오는 것이 좋다. 경유지라면 구시가지보다는 버스정류장 근처에 숙소를 잡는 것이 요령이다.
2. 버스터미널과 Špičák 버스정류장이 있으며 버스회사에 따라 내리는 곳이 다르다. 아래 지도를 참고하자.

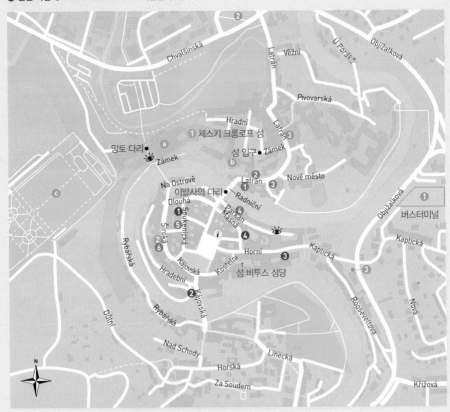

관광명소

❶ 체스키 크룸로프 성
Státní Hrad a Zámek Český Krumlov (State Castle Český Krumlov)

귀족이었던 크룸로프Krumlov 경에 의해 1250년에 지어진 성으로 그의 사후에는 로젠베르크Rosenberg 가로 소유가 넘어갔다. 1602년 이후에는 합스부르크 왕가의 루돌프 2세가 구입해 왕가의 소유가 됐다. 체스키 크룸로프 성은 크게 성Castle과 성 박물관Castle Museum과 탑Tower, 정원Garden 세 구역으로 나뉜다. 박물관 운영시간이 짧기 때문에 성 내부를 볼 생각이라면 버스에서 내리자마자 가장 먼저 성으로 달려가야 한다. 모든 장소는 투어(55분 소요)로만 운영되며 시기에 따라 투어 시간과 입장료가 다르다. 늦게 도착했거나 성 내부를 볼 계획이 없다면 무료 개방되는 정원을 돌아볼 수도 있다.

주소   Zámek 59, Český Krumlov
운영   **성** 4·5·9·10월 09:00~16:00 **6~8월** 09:00~17:00(월요일·11~3월 휴무)
       탑과 성 박물관 1월 4일~3월·11~12월 20일 화~일 09:00~16:00, **4·5·9·10월** 09:00~17:00, **6~8월** 09:00~18:00
       정원 4·10월 08:00~17:00, **5~9월** 08:00~19:00(11~3월 휴무)
요금   **성(1·2루트에 따라)** 일반 270/220Kč, 18~24세·ISIC 국제학생증 소지자·65세 이상 190/170Kč, 6세 미만 무료
       탑과 성 박물관 일반 180Kč, 18~24세·ISIC 국제학생증 소지자·65세 이상 140Kč, 6~17세 70Kč, 6세 미만 무료
전화   380 704 712
홈피   www.zamek-ceskykrumlov.cz

❷ 에곤 실레 아트 센트룸Egon Schiele Art Centrum
체스키 크룸로프는 오스트리아의 천재 화가, 에곤 실레Egon Schiele (1890~1918) 어머니의 고향이다. 1911년, 에곤 실레가 그의 모델이자 여자 친구였던 발리 노이질Wally Neuzil과 잠시 머물며 많은 그림을 그렸다. 자유분방한 생활로 인해 에곤 실레와 발리 노이질은 얼마 지나지 못하고 마을에서 쫓겨나 다시 빈으로 돌아갔다. 에곤 실레 아트 센트룸에는 에곤 실레의 일부 드로잉 작품(에곤 실레의 작품을 보고 싶다면 빈으로, 기념품은 빈보다 이곳이 저렴하다)과 현대 작가들의 전시회가 열린다.

주소   Široká 71, Český Krumlov
운영   화~일 10:00~18:00(월요일 휴무)
요금   일반 200Kč, 학생 100Kč, 6~15세 50Kč, 65세 이상 150Kč, 6세 미만 무료
전화   380 704 011
홈피   www.esac.cz/en

에곤 실레 아트 센트룸 내 그림

마시는 온천 카를로비 바리

카를 4세에 의해 건설된 체코의 3대 온천 마을 중 하나
다. 여행자들은 카를로비 바리만의 독특한 전통 도자기 컵
을 구입해 온천수를 마시며 마을을 돌아본다. 온천수는 용
출 장소에 따라 온도와 맛이 조금씩 다르나 기본적으로는
비릿한 쇠 맛이며 짜다. 온천수가 나오는 곳을 콜로나다
Kolonáda(Colonnade)라 하는데 아름다운 형태로 만들어져 있
다. 프라하에서 당일치기로 다녀오기에 좋다.

위치 ❶ **기차** 프라하 중앙역에서 Karlovy
Vary역까지 3시간 20분 소요
❷ **버스** 플로렌츠 터미널에서
플릭스 버스로 1시간 35분 소요
(바츨라프 하벨 공항에서 갈 경우
1시간 30분 소요)
요금 **기차** 185Kč~, 버스 €9~
홈피 www.karlovyvary.cz

카를로비 바리 특산물

Tip 베케로브카Becherovka 약초주
와 카를로발스키 오플라트키Karlovarské
Oplatky 전병 과자가 카를로비 바리의 특산
물이니 맛보도록 하자.

12m 높이로 온천수가 솟아나는 장관. 보자렐니 콜로나다

트르주니 콜로나다의 사도바 콜로나다

1881년에 르네상스 양식으로 만들어진 밀린스카 콜로나다

Theme 3 신선한 맥주를 즐기자! 필스너 우르켈 맥주공장 투어

세계적인 체코 맥주 필스너 우르켈의 제조 과정을 돌아볼 수 있다. 양조장에서는 가장 신선한 미숙성 맥주Young Beer(여과와 살균 과정을 거치지 않은 맥주)를 맛볼 수 있는 특권이 주어진다. 맥주 관련 상품 및 맥주를 저렴하게 판매하는 기념품숍과 비어하우스 겸 식당인 레스토랑 나 스필체Restaurant Na Spilce를 늦은 시간까지 운영한다. 투어 후 맥주와 식사를 겸하는 여유 있는 하루 일정을 계획해보자. 맥주공장의 온도는 평균 8도 정도로 쌀쌀한 편이니 따뜻한 옷을 준비해야 한다. 또한 영어 투어 시간대가 정해져 있으므로 미리 홈페이지를 통해 투어를 예약한 후 교통편 등의 일정을 정하는 것이 좋다.

주소 U Prazdroje 7, Plzeň
위치 ❶ 기차 프라하 중앙역에서 플젠 중앙역Plzeň hl.n.까지 1시간 20분 소요
❷ 버스 플로렌츠 터미널에서 플릭스 버스로 1시간 소요, 플젠 중앙역에서 북쪽으로 400~500m 걸어가면 맥주공장 입구가 보인다.
기차 115Kč~, 버스 €4~
운영 1~6·9~12월 10:00~18:00, 7~8월 09:30~18:00
※ 투어 가능한 요일과 시간은 투어 언어별로 차이가 나니 홈페이지 확인 (소요시간 110분)
요금 맥주공장 투어 일반 300Kč, 6~26세 학생(ISIC 국제학생증 소지자)·70세 이상 200Kč, 6세 미만 무료
전화 377 062 888
홈피 www.prazdrojvisit.cz/en

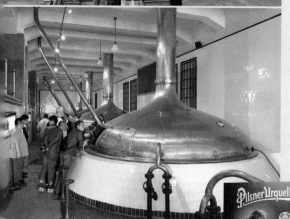

149

오스트리아
Republik Österreich
(Republic of Austria)

오스트리아는 서유럽과 동유럽의 관문에 있어 유럽 여행 루트에 빠지지 않는 나라다. 이는 지리적 이점 때문만은 아니다. 오스트리아는 유럽 정치사에서 빠질 수 없는 합스부르크 왕가의 터전이었고, 영광과 부침 속에서도 문화와 예술, 학문을 적극적으로 장려해 후세에 헤아릴 수 없이 많은 문화유산을 남겼다. 내로라하는 음악가들이 남긴 클래식 선율, 아름답고 독특한 건축물들과 당대의 화가들이 선사한 위대한 작품들, 유서 깊은 전통 카페까지 오스트리아엔 보고 즐기고 느낄 것들이 무궁무진하다. 여기에 알프스 산맥과 숲, 호수가 빚어내는 대자연의 아름다운 풍경이 더해지니 오스트리아의 매력이 과연 어디까지인지 가늠하기 어렵다.

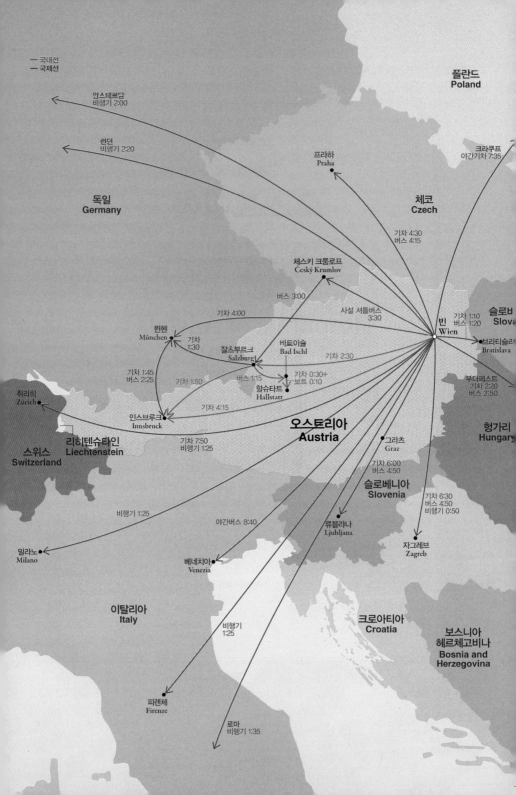

국내선
국제선

폴란드
Poland

암스테르담
비행기 2:00

런던
비행기 2:20

프라하
Praha

크라쿠프
야간기차 7:35

독일
Germany

체코
Czech

기차 4:30
버스 4:15

체스키 크룸로프
Cesky Krumlov

버스 3:00

사설 셔틀버스
3:30

빈
Wien

기차 1:10
버스 1:20

슬로바
Slova

기차 4:00

뮌헨
München

기차
1:30

잘츠부르크
Salzburg

바트이슐
Bad Ischl

기차 2:30

브라티슬라
Bratislava

기차 1:45
버스 2:25

기차 1:50

버스 1:15

기차 0:30+
보트 0:10

취리히
Zürich

할슈타트
Hallstatt

부다페스트
기차 2:20
버스 2:50

기차 4:15

인스브루크
Innsbruck

오스트리아
Austria

헝가리
Hungary

스위스
Switzerland

리히텐슈타인
Liechtenstein

기차 7:50
비행기 1:25

그라츠
Graz

기차 6:00
버스 4:50

슬로베니아
Slovenia

기차 6:30
버스 4:50
비행기 0:50

비행기 1:25

야간버스 8:40

류블랴나
Ljubljana

자그레브
Zagreb

밀라노
Milano

베네치아
Venezia

이탈리아
Italy

크로아티아
Croatia

보스니아
헤르체고비나
Bosnia and
Herzegovina

비행기
1:25

피렌체
Firenze

로마
비행기 1:35

1. 오스트리아의 역사

6세기 초 바이에른인이 일대를 지배한 것이 나라의 시초로 여겨지며 800년경 동쪽의 나라라는 뜻의 오스타리치Ostarrichi라는 이름이 등장하기 시작했다. 962년 신성로마제국의 탄생 이후, 오토 1세가 972년에 바벤베르크Babenberg 가에 오스트리아 영토를 하사함으로써 오스트리아 최초의 왕조가 시작된다. 이후 300여 년간 정치·경제·사회적으로 융성하며 나라의 기틀을 다졌지만 1278년, 왕가의 대가 끊겨 바벤베르크 왕조는 막을 내린다.

강력한 왕가의 출현을 꺼린 주변국들의 이해관계가 맞아떨어져 변방인 스위스의 군소가문 출신인 루돌프 1세가 왕으로 추대되는데, 이는 650여 년 동안 유럽의 패권을 장악하며 수많은 신성로마제국의 황제를 배출한 합스부르크 왕가의 포문을 여는 계기가 된다. 가문의 본거지를 오스트리아로 옮긴 합스부르크 왕가는 정략결혼을 통한 동맹으로 세력을 넓혀 갔고, 1437년 신성로마제국의 황제이자 보헤미아와 헝가리 국왕이었던 룩셈부르크 가의 지기스문트 왕이 후사 없이 사망한 것을 계기로 가문의 전성기에 돌입한다. 지기스문트 왕의 사위였던 오스트리아 공작 알브레히트에게 모든 왕위가 계승되었기에 신성로마제국의 제위가 합스부르크 왕가로 넘어간 것이다. 에스파냐의 왕 페르난도가 아들 없이 사망한 후 사위인 카를에게 에스파냐의 왕위가 계승되며 합스부르크 왕가는 현재의 네덜란드·벨기에·룩셈부르크·이탈리아·오스트리아·체코·슬로바키아·헝가리·스페인 지역에까지 이르는 방대한 영토를 거느리게 된다. 그러나 왕위의 분할 양위, 에스파냐 합스부르크의 종말, 크고 작은

→ 합스부르크 가문의 문장

전쟁 등으로 합스부르크 왕조는 쇠약해지기 시작했고, 신성로마제국은 멸망하고 만다. 결국 주변 여러 민족들의 요구대로 1867년 오스트리아-헝가리 제국이 출범했다.

그러나 1914년 프란츠 페르디난드 대공 부부가 세르비아 독립주의자에게 암살된 사라예보 사건을 계기로 제1차 세계대전이 발발했고, 1918년 패전 후 오스트리아-헝가리 연합왕국은 와해된다. 동시에 카를 1세를 마지막으로 군주국을 폐지하고 공화국이 되었으며, 이듬해인 1919년, 헝가리와 체코슬로바키아가 오스트리아로부터 독립한다. 경제 대공황과 정치적인 혼란기를 맞이한 오스트리아는 1938년 민족통합의 기치를 내건 나치 독일에 합병됐고, 독일과 참전한 제2차 세계대전에서 또다시 패전국이 된다. 이후 미국·영국·프랑스·소련에 의해 분할 점령되었다가 1955년 중립국이 된다는 조건으로 독립국의 지위를 되찾는다. 같은 해 12월 UN에, 1995년엔 유럽연합에 가입했으며, 제1·2차 세계대전에서 두 번이나 패전한 나라이지만 빠르게 사회를 안정시켜 선진국으로 거듭났다. 오스트리아는 수도 빈에 UN 사무국, 국제원자력기구(IAEA), 석유수출국기구(OPEC) 등의 국제기구를 유치했으며, 음악·건축·미술 등의 예술문화유산과 알프스를 비롯한 빼어난 자연환경을 바탕으로 오늘날 전 세계인들이 방문하는 관광대국으로 성장했다.

마리아 테레지아 여제

프란츠 페르디난드 대공

2. 기본 정보

수도 빈 WIen(Vienna)
면적 83,879㎢(한국 100,412㎢)
인구 약 893만 명(한국 5,162만 명)
정치 의원내각제
(알렉산더 반 데 벨렌Alexander Van der Bellen 대통령, 카를 네함머Karl Nehammer 총리)
1인당 GDP 53,268$, 14위(한국 25위)
언어 독일어
종교 가톨릭 64%, 개신교 5%, 기타 31%

3. 유용한 정보

국가번호 43
통화(2023년 1월 기준)
– 유로 Euro(€) 1€≒1,360원
보조통화 100Cent(c)=1€
지폐 5 · 10 · 20 · 50 · 100 · 200€
동전 1 · 2 · 5 · 10 · 20 · 50cent / 1 · 2€
환전 유로화는 유럽에서 바로 사용하거나 유로를 쓰지 않는 나라의 현지 화폐로 환전이 쉬워 편리하다. 한국의 주거래은행이나 인터넷 환전, 환율 우대 쿠폰 등을 이용하면 출국 전에 좀 더 저렴하게 환전할 수 있다. 현지에서는 환전소보다 은행에서 환전하는 것이 유리하며, ATM 이용도 쉽다.
주요기관 운영시간
– 은행 월~금 08:30~16:30
– 우체국 월~금 08:00~18:00
– 약국 월~금 08:00~18:00,
　　토 08:00~12:00(24시간 약국도 있다)
– 상점 월~토 10:00~19:00
　　(지역과 시기에 따라 탄력적으로 바뀐다)
전력과 전압 220V, 50Hz
(한국과 Hz만 다름—한국 60Hz) 한국 전자제품의 사용이 가능하며 플러그도 동일하다.
시차 한국보다 8시간 느리다.

서머타임 기간(매년 3월 마지막 일요일~10월 마지막 일요일)일 경우는 7시간이 느리다.
예) 빈 09:00=한국 17:00(서머타임 기간에는 16:00)
오스트리아 현지에서 전화 거는 법
한국에서 전화 거는 법과 같다.
예) 빈→빈 123 4567, 잘츠부르크→빈 01 123 4567
스마트폰 이용자와 인터넷 숙소와 식당, 카페, 맥도날드, 기차, 번화가 등에서 WiFi 이용이 가능하다.
물가 물 €1, 24시간 교통권 €8, 커피 €4, 간단한 식사 €15~, 레스토랑 €30~.
팁 문화 계산서에 팁이 포함되어 있지 않으니 레스토랑이나 카페에서 총금액의 10% 정도로 팁을 주는 것이 일반적인 관례다.
슈퍼마켓 Billa, Lidl, Spar 등의 슈퍼마켓을 쉽게 찾을 수 있다. 영업시간은 대개 07:30~20:00이며 일요일은 휴무. 위치에 따라 늦게까지 열거나 휴일에 영업하는 곳도 있다.
물 알프스 물을 끌어다 수돗물로 쓰기 때문에 식수로 사용할 수 있다. 단 북동쪽의 니더외스터라이히 Niederösterreich 주, 동남쪽의 부르겐란트Burgenland 주의 물은 석회수여서 생수를 사 마시는 게 좋다.
화장실 공중화장실은 유료(€0.5~1)이므로 식당이나 카페, 박물관 등에 갔을 때 화장실에 미리미리 가 두는 게 좋다. H는 남자(Herren), D는 여자(Damen) 화장실이다.
치안 비교적 안전한 편이지만 해진 후 외진 곳이나 공원 등을 배회하는 일은 삼가야 한다. 사복경찰이라며 접근해 여권을 보여 달라는 사기단이 종종 있다. 당황하지 말고 경찰서로 함께 가자고 하면 사라진다. 빈, 잘츠부르크 등 유명 도시의 관광지나 야간기차(특히 이탈리아 발착)에서는 소매치기에 주의하자. 최근 들어 기차 선반에 둔 가방이나 짐칸에 둔 캐리어 도난 사건이 종종 일어난다. 휴대용 짐은 메고, 캐리어는 보이는 곳에 두거나 묶어 두면 좋다.
응급상황 경찰 133, 구급차 144, 소방서 122
세금 환급 Tax Refund/Tax Free가 가능한 매장에서 하루에 €75.01 초과로 구입했다면 최대 20%까지 세금을 환급받을 수 있다. 구입한 물건은 3개월 이내에 EU 외의 국가로 반출해야 한다.

※ 빈 공항에서의 세금 환급

쇼핑 시 직원에게 환급 신청서를 받아 작성 → 공항의 eValidation 카운터에 구입한 상품, 신청서, 영수증, 여권, 탑승권 등을 제시 후 QR코드 수령 → InterChange 카운터에서 현금(수수료 발생하며 €가 유리)이나 본인 명의 신용 카드(몇 주 소요)로 환급 → 관련 서류를 해당 업체 우편함에 넣기(DEV 모바일이나 공항 DEV 키오스크를 이용해도 된다. 구입한 상품을 수하물로 부친다면 출국장에서만, 들고 탄다면 면세 구역에서도 환급 신청 가능)

홈피 **Global Blue** www.globalblue.com

4. 공휴일과 축제(2023년 기준)

※ 오스트리아 공휴일

1월 1일 새해

1월 6일 예수공현 대축일

4월 10일 부활절 연휴*

5월 1일 노동절

5월 18일 예수승천 대축일*

5월 29일 성령강림절*

6월 18일 성체축일*

8월 15일 성모승천일

10월 26일 오스트리아 국경일

11월 1일 성자의 날

12월 8일 성모수태일

12월 25일 성탄절

12월 26일 성 슈테판의 날

(*매년 변동되는 날짜)

※ 오스트리아 축제

1·2월 **모차르트 주간**Mozart Woche

홈피 www.mozarteum.at

5·6월 **빈 종합 예술 페스티벌**Wiener Festwochen

홈피 www.festwochen.at

7·8월 **잘츠부르크 음악 축제**Salzburger Festspiele

홈피 www.salzburgerfestspiele.at

7~9월 **빈 시청사 필름 페스티벌**
Sommerkino am Wiener Rathausplatz

홈피 www.filmfestival-rathausplatz.at

5. 한국 대사관

주소 Gregor Mendel Strasse 25,
       A-1180, Wien, Austria

위치 40A번 버스를 타고 Gregor Mendel
       Strasse 정류장 하차, 도보 2분

운영 월~금 09:00~16:00
       [점심시간 12:00~14:00,
       오스트리아 공휴일 및 한국 국경일
       (삼일절, 광복절, 개천절, 한글날) 휴무]

전화 +43 1 478 1991

홈피 aut.mofa.go.kr

추천 웹사이트

오스트리아 관광청 www.austria.info

오스트리아 철도청 www.oebb.at

오스트리아 고속버스 www.postbus.at

6. 출입국

대한항공이 빈 직항을 운행한다. 주 3회 인천공항에서 출발한다.

기차로 입국한다면 빈 중앙역이 유럽 철도망의 허브 역할을 해 동·서유럽 전역과 연결된다. 잘츠부르크 등 서쪽 지방은 독일에서 입국하기 좋다.

버스는 유로라인의 국제선 장거리 노선이 운영 중이며, 플릭스 버스, 레지오젯 등을 이용할 수 있다. 빈-부다페스트, 빈-프라히 구간이 가장 인기 있다.

7. 추천 음식

오스트리아 음식은 같은 언어를 쓰는 이웃나라 독일과 한때 연합왕국이었던 헝가리의 식문화에 영향을 많이 받아 소시지나 굴라시 등을 즐겨 먹는다. 영토에 바다가 없어 주로 육류 요리를 즐기는 편이며, 각 지방을 대표하는 빵이 있을 정도로 빵의 종류가 다양하다. 또한 카페 문화가 발달해 오스트리아식 커피와 케이크 등도 유명하며, 11월부터 나오는 햇포도주인 **호이리게**Heuriger 역시 빼놓을 수 없다.

슈니첼/애플 슈트루

슈니첼Schnitzel
여행자들에게 가장 널리 알려진 음식으로, 비너 슈니첼Wiener Schnitzel이라고도 한다. 송아지고기나 돼지고기를 얇게 두들겨 빵가루를 묻혀 튀긴 것으로, 돈가스와 비슷하다. 소스는 따로 없으며, 레몬즙을 뿌려 먹는다.

립Rib
빈에는 립 요리 전문점들이 많다. 갓 구워낸 엄청난 크기의 립을 통째로 서비스하

며, 대개 소스 몇 가지와 감자튀김이 함께 나온다. 한국인들에게 굉장히 익숙한 맛이다.

타펠슈피츠Tafelspitz
18세기 후반, 프란츠 요제프 1세를 위해 빈에서 만들어진 음식. 소의 엉덩잇살과 당근, 샐러리 등을 삶아 얇게 썰고, 홀스래디시Horseradish와 사과를 섞은 아펠크렌Apfelkren 소스를 뿌린 후 감자를 곁들여 먹는다.

케이크Kuchen
오스트리아 왕실과 카페 문화의 영향으로 제과류가 발달했다. 초콜릿 케이크인 자허 토르테Sacher Torte, 애플 파이인 아펠 슈트루델Apfel Strudel 등이 가장 유명하다.

커피Kaffee
일명 '비엔나 커피'인 아인슈페너Einspänner 등 다양한 커피가 있다. 오스트리아의 카페에서는 커피를 주문하면 물 한 잔을 같이 준다(p.192 참고).

8. 쇼핑

초콜릿의 일종인 **모차르트쿠겔**Mozartkugel은 오스트리아를 대표하는 선물용 제품이다. 카페 자허, 데멜 등 유명 카페에서 만든 제과 종류 역시 품질이 좋다. 헤이즐넛 맛이 가장 유명한 웨하스 **마너**Manner도 맛이 좋고 패키지가 다양해 인기다.

마너 웨하스

클림트, 에곤 실레 등 오스트리아 화가들의 **화집과 기념품** 등도 매력적이다. 번화가의 미술 상점이나 미술관 기념품점에 양질의 제품들이 나와 있다. 오스트리아 크리스털 브랜드인 **스와로브스키** 매장에서는 한국에서보다 훨씬 더 다양한 디자인의 제품들을 만나볼 수 있다.

빈에는 고가의 물품을 취급하는 케른트너 거리, 중저가 중심의 마리아힐퍼 거리 등 다양한 가격대의 쇼핑가가 있고, 근교엔 판도르프 아웃렛이 있다. 잘만 고르면 질 좋은 옷과 명품을 저렴하게 구입할 수 있다.

클림트 기념품

에곤 실레 화집

9. 유용한 현지어

안녕 Hallo[할로]

안녕하세요 Guten Tag[구텐 탁]

안녕히 가세요 Auf Wiedersehen[아우프 비더제엔]

감사합니다 Danke[단케]

미안합니다 Es Tut Mir Leid[에스 투 메 라이트]

실례합니다 Entschuldigung[엔슐디궁]

천만에요 Bitte[비터]

도와주세요! Hilf Mir![힐프 미아!]

얼마입니까? Wie Viel?[비 피엘?]

반갑습니다 Nett, Dich Zu Treffen [네트, 디히 추 트레픈]

예 Ja[야]

아니오 Nein[나인]

남성 Herren[헤렌]

여성 Damen[다멘]

은행 Bank[반크]

화장실 Toilette[토일레트]

경찰 Polizei[폴리차이]

약국 Apotheke[아포테케]

입구 Eingang[아인강]

출구 Ausgang[아우스강]

도착 Ankunft[앙쿤프트]

출발 Anfang[안팡]

기차역 Bahnhof[반호프]

버스터미널 Bushaltestelle[부스할테스텔레]

공항 Flughafen[프루그하펜]

표 Ticket[티켓]

환승 Transfer[트란스페르]

무료 Kostenlos[코스텐로스]

월요일 Montag[몬탁]

화요일 Dienstag[디엔스탁]

수요일 Mittwoch[미트보흐]

목요일 Donnerstag[도너스탁]

금요일 Freitag[프라이탁]

토요일 Samstag[잠스탁]

일요일 Sonntag[존탁]

1

아름다운 선율이 흐르는 예술의 도시

빈

Wien (Vienna)

'비엔나'라는 영어 이름으로 우리에게 더욱 익숙한 도시다. 오스트리아는 유로 존인 서유럽에 속하지만 빈은 오스트리아 영토의 동쪽 끝부분에 있어 동유럽과 더 가깝다. 따라서 오랜 시간 빈은 서유럽과 동유럽을 연결 짓는 가교 역할을 해왔으며, 자연스레 정치·경제의 중심지로 발전했다. 뿐만 아니라 빈은 유럽사에서 절대 빼놓을 수 없는 합스부르크 왕가의 본거지였던 덕에 음악과 미술, 과학, 건축 등의 다양한 문화가 융성했다. 이는 빈이 프랑스의 파리 못지않은 문화예술의 도시로 거듭나는 밑거름이 되었다. 동유럽의 젖줄 도나우(다뉴브) 강의 아늑함과 청량하게 펼쳐진 빈 숲은 도시에 활기를 주고, UN 사무국, 국제원자력기구(IAEA), 석유수출국기구(OPEC) 등 빈에 자리한 주요 국제기구들은 도시에 무게감을 더한다. 사통팔달의 요지인 지리적 이점, 오랜 역사와 전통 속에 꽃핀 문화예술, 아름다운 건축물과 자연환경의 조화까지 빈의 매력은 무궁무진하다.

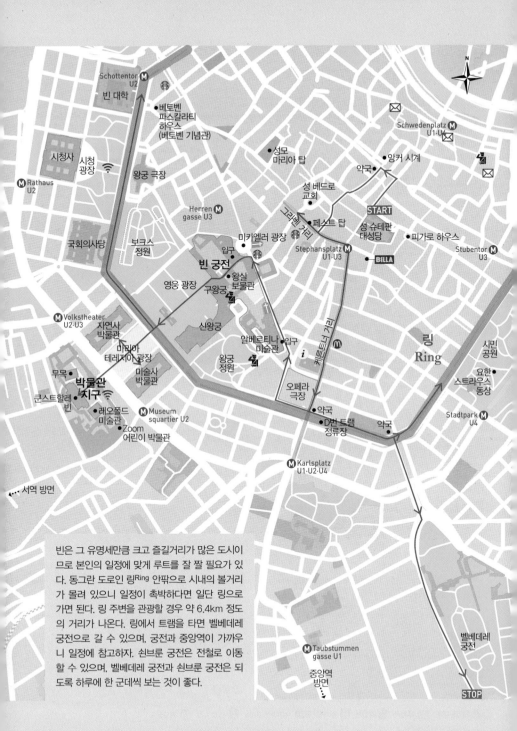

Schottentor
U2
빈 대학

베토벤
파스칼라티
하우스
(베토벤 기념관)

성모
마리아 탑

앙커 시계

약국

Schwedenplatz
U1·U4

시청사   시청
광장

성 베드로
교회

왕궁 극장

그라벤 거리

START

Rathaus
U2

Herren
gasse U3

성 슈테판
대성당

피가로 하우스

페스트 탑

미키엘러 광장

Stephansplatz
U1·U3

Stubentor
U3

국회의사당   보크스
정원

입구

빈 궁전

BILLA

영웅 광장   왕실
보물관

구왕궁

Volkstheater
U2·U3

자연사
박물관

신왕궁

알베르티나
미술관

입구

링
Ring

시민
공원

마리아
테레지아
광장

미술사
박물관

i

왕궁
정원

요한
스트라우스
동상

무목

박물관
지구

쿤스트할레
빈

오페라
극장

레오폴드
미술관

Museum
squartier U2

Zoom
어린이 박물관

약국

D반 트램
정류장

약국

Stadtpark
U4

서역 방면

Karlsplatz
U1·U2·U4

Taubstummen
gasse U1

중앙역
방면

벨베데레
궁전

STOP

빈은 그 유명세만큼 크고 즐길거리가 많은 도시이
므로 본인의 일정에 맞게 루트를 잘 짤 필요가 있
다. 동그란 도로인 링Ring 안팎으로 시내의 볼거리
가 몰려 있으니 일정이 촉박하다면 일단 링으로
가면 된다. 링 주변을 관광할 경우 약 6.4km 정도
의 거리가 나온다. 링에서 트램을 타면 벨베데레
궁전으로 갈 수 있으며, 궁전과 중앙역이 가까우
니 일정에 참고하자. 쇤브룬 궁전은 전철로 이동
할 수 있으며, 벨베데레 궁전과 쇤브룬 궁전은 되
도록 하루에 한 군데씩 보는 것이 좋다.

빈

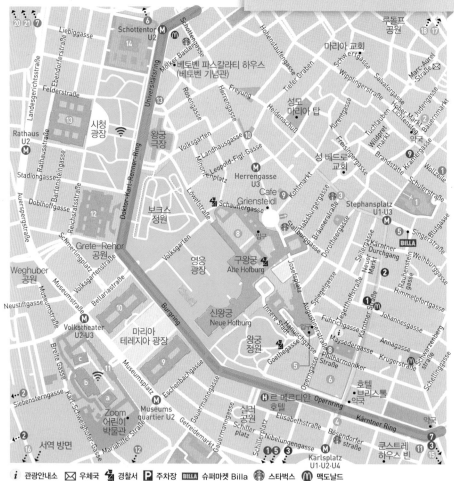

ℹ️ 관광안내소   ✉️ 우체국   🚓 경찰서   🅿️ 주차장   BILLA 슈퍼마켓 Billa   ⭐ 스타벅스   Ⓜ️ 맥도날드

관광명소

❶ 성 슈테판 대성당 Domkirche St. Stephan
❷ 앙커 시계 Ankeruhr
❸ 그라벤 거리 Graben Straße
❹ 케른트너 거리 Kärntner Straße
❺ 알베르티나 박물관 Albertina Museum
❻ 국립 오페라 극장 Wiener Staatsoper
❼ 시민공원 Stadtpark   ❽ 빈 궁전 Hofburg
❾ 미술사 박물관 Kunst historisches Museum
❿ 자연사 박물관 Naturhistorisches Museum
⓫ 박물관 지구 Museums Quartier
　ⓐ 레오폴드 미술관 Leopold Museum
　ⓑ 쿤스트할레 빈 Kunsthalle Wien
　ⓒ 현대 미술관(무목) Mumok

⓬ 국회의사당 Parlament
⓭ 시청사 Rathaus
⓮ 빈 대학 Universität Wien
⓯ 벨베데레 궁전 Schloss Belvedere
⓰ 쇤브룬 궁전 Schloss Schönbrunn
⓱ 도나우 섬 Donauinsel
⓲ 도나우 타워 Donau Turm
⓳ 프라터 유원지 Viennese Prater
⓴ 그린칭 Grinzing
㉑ 칼렌베르크 전망대 Kahlenberg Panoráma

레스토랑

❶ 피그뮐러 Figlmüller
❷ 슈니첼비르츠 Schnitzelwirt
❸ 립스 오브 비엔나 Ribs of Vienna
❹ 요리 Yori(한식당)
❺ 아카키코 Akakiko
❻ 킴 코흐트 Kim Kocht
❼ 줌 마르틴 젭 Zum Martin Sepp
❽ 카페 자허 Café Sacher
❾ 카페 데멜 Café Demel
❿ 카페 첸트랄 Café Central
⓫ 카페 임페리얼 Café Imperial
⓬ 카페 슈페를 Café Sperl
⓭ 카페 란트만 Cafe Landtmann

쇼핑

❶ 스와로브스키 Swarovski
❷ 슈테플 백화점 Steffl Kaufhaus
❸ 나슈마르크트 Naschmarkt

숙소

❶ 움밧 시티 호스텔 나슈마르크트
　Wombats City Hostel Naschmarkt
❷ 호스텔 루텐슈타이너 Hostel Ruthensteiner
❸ 두 스텝 인 센트럴 Do Step Inn Central
❹ A&O 호스텔 A&O Wien Hauptbahnhof
❺ 비엔나 가르텐하우스
　Vienna Gartenhaus(한인숙소)
❻ 비엔나 소미네 Vienna Somine(한인숙소)
❼ 노붐 호텔 프린츠 유젠
　Novum Hotel Prinz Eugen
❽ 호텔 샤니 빈 Hotel Schani Wien
❾ 시티 펜션 호텔 Pension City

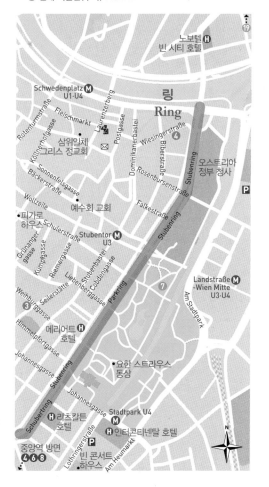

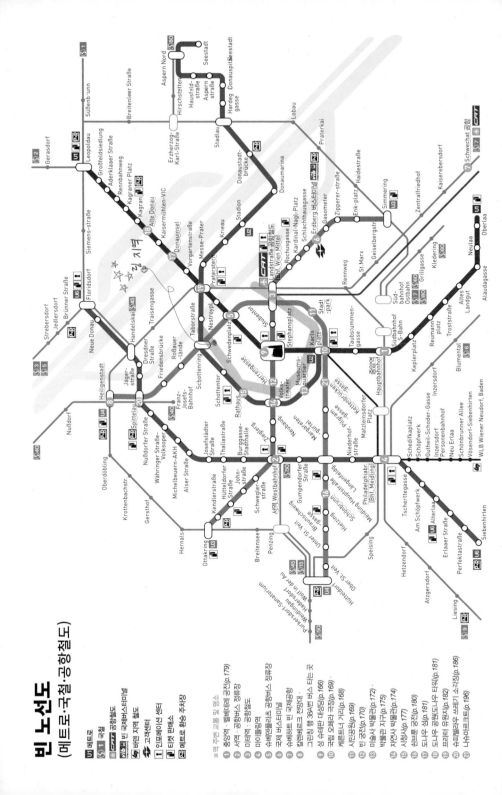

빈 노선도
(메트로·국철·공항철도)

빈 들어가기

인천에서 빈까지 대한항공 직항이 수·금·일 인천에서 11:55에 출발하며, 16:55에 빈에 도착한다. 빈은 서유럽과 동유럽의 관문으로, 중앙역이 유럽 각국의 철도망과 연결된다. 최고 인기 구간인 프라하나 부다페스트 노선은 기차뿐 아니라 일찍 예약할수록 저렴한 버스도 많이 이용한다.

❖ 기차

독일, 프랑스, 스페인, 이탈리아, 스위스, 체코, 슬로바키아, 헝가리, 폴란드 등에서 빈으로 들어올 수 있다. 잘츠부르크, 인스브루크 등을 연결하는 국내선도 자주 운행한다. 빈 시내에는 기차역이 많고, 출발지에 따라 도착하는 역이 다르므로 역 이름을 잘 확인해야 한다. 기차역들은 전철과 연결돼 쉽게 시내로 이동할 수 있다.

요금 코인로커(24시간 기준/오스트리아 내 모든 기차역 동일) 소 €2, 중 €2.5, 대 €3.5
홈피 www.oebb.at
　※ 오스트리아 국내·국제선 기차는 역 매표소 및 자동발매기, 철도청 사이트 및 ÖBB 앱에서 구매할 수 있다. 미리 예매할수록 저렴하니 인터넷 또는 앱으로 예매를 권한다. PDF 표를 인쇄하거나 앱의 QR코드를 보여주면 된다. Sparschiene 티켓(특가)도 경비 절약에 도움이 된다. 환불 및 변경이 안 되는 제약이 있지만 할인 폭이 크다. 오스트리아에서 국제선 기차를 이용한다면 도착 나라의 철도청 기차표 가격을 확인해보자. 오스트리아 기차 가격보다 싼 경우도 있다. (예: 인기 루트인 빈-프라하 구간은 오스트리아, 체코 철도청이 함께 표를 판매하는데, 같은 기차임에도 체코 철도청의 예매가격이 더 저렴하다. 체코의 운송업체 레지오젯의 빈-프라하 기차 역시 오스트리아 기차보다 저렴하다.)

중앙역
Wien Hauptbahnhof (Vienna Main Station) 📶
원래 남역Südbahnhof이었으나 중앙역으로 승격되어 2014년 말 재개장했다. 장거리 기차, 야간기차는 모두 중앙역으로 들어온다. 독일·이탈리아의 주요 도시, 프라하, 부다페스트, 크라쿠프 등을 잇는 국제선과 주요 국내선이 발착한다. ATM, 인포센터, 자동발매기, 코인로커 등의 편의시설이 있고, 대형 쇼핑몰 BahnhofCity와 연결돼 있다.

홈피 www.hauptbahnhof-wien.at

서역 Westbahnhof (West Station) 📶
저렴한 숙소가 몰려 있어 많은 여행자들이 찾게 되는 역으로, 공항버스가 정차하며 쇼핑센터와 연결돼 있다. 잘츠부르크, 인스브루크, 독일 뮌헨 등에 간다면 서역 출발인 Westbahn 기차가 중앙역 출발인 ÖBB 기차보다 훨씬 싸다. 3단계의 요금 중 저렴한 표를 선택할 수 있고, 미리 예매할수록 요금이 떨어진다. 기차 시설도 깔끔하고 편리하다.

홈피 www.westbahn.at

미테역 Bahnhof Mitte 📶
공항철도 CAT의 터미널이다. 종합 쇼핑몰인 The Mall과 연결된다.

홈피 www.wienmitte-themall.at

❖ 버스

버스를 타고 빈으로 입국하면 빈 국제 버스 터미널Erdberg Busbahnhof(VIB, U3 Frdberg역) 또는 중앙역 앞 버스 승강장에서 하차하게 된다. 빈 국제 버스 터미널에는 유로라인, 플릭스 버스가 들어오고, 중앙역 앞으로는 프라하 · 부다페스트에서 출발하는 레지오젯 버스, 플릭스 버스가 정차한다.

❖ 비행기

국적기인 대한항공이 취항하므로 한국에서 빈으로 바로 입국이 가능하다. 런던, 파리, 암스테르담, 로마, 자그레브 등 유럽 주요 도시를 잇는 유럽계 항공편과 북경, 상해, 도쿄, 방콕, 대만 등 아시아를 잇는 노선이 있다. 저가항공은 라이언에어, 유로윙스, 위즈에어 등이 취항한다.

빈 국제공항

Flughafen Wien (Vienna International Airport) 📶

긴 부채꼴 형태의 공항으로 모던하고 세련된 느낌을 준다. 규모는 그리 크지 않고, 1층이 입국장, 2층이 출국장으로 쓰인다. 입국장엔 관광안내소, 각종 편의시설, 환전소 등이 있다. 대한항공 카운터는 2층 출국장 3터미널의 321~327번이다.

주소 Wien-Flughafen 1300 Schwechat
위치 ❶ **기차** 중앙역Hauptbahnhof까지 15분 소요(€4.3)
　　 ❷ **국철** S7 미테Mitte역까지 23분 소요(€4.3)
　　 ❸ **공항철도** CAT(City Airport Train) 미테역까지 16분 소요(편도 €12, 왕복 €21)
　　 ❹ **버스** 중앙역Hauptbahnhof/서역Westbahnhof(25분/40분 소요), 슈베덴플라츠Morzinplatz/Schwedenplatz(22분 소요)행 등이 있으며 요금은 편도 €9, 왕복 €15이다.
　　 ❺ **택시** 반드시 도착 층의 택시 승강장이나 City Transfer 카운터를 이용할 것.
　　 시내까지 약 €36~의 요금과 팁을 예상하면 된다.
　　 ※ 비엔나 시티 카드 소지자는 공항-시내 이동 수단의 할인혜택이 있으니 참고하자.
전화 +43 1 7007 0
홈피 www.viennaairport.com

※ 시내(링 주변) 들어가기

중앙역에서는 U1을 타고 2정거장이면 카를플라츠역에 도착한다. 도보로는 약 25분(1.8km)이 걸린다. **서역**에서는 U3을 타고 5 정거장, 공항철도 CAT의 종착역인 **미테역**에서는 U3을 타고 2정거장이면 슈테판플라츠역에 도착한다. **빈 국제 버스터미널**(VIB)에서는 U3을 이용해 6 정거장이면 슈테판플라츠역에 도착한다. **빈 공항**에서는 기차, 국철 S7, 공항철도, 공항버스 등을 이용해 시내로 진입한 후 메트로를 이용하면 된다.

TIP **비엔나 시티 카드**

시내교통 무료 이용, 박물관 및 주요 관광지 입장료 할인, 공연 및 레스토랑 할인 등의 혜택이 있다. 입장료 할인 폭이 그리 크지 않고, 각종 콤보티켓도 있으니 본인의 일정과 총 입장료를 잘 계산해 보자. 학생은 학생할인을 이용하는 게 낫다. 관광안내소, 주요 역의 자동발매기, 호텔, 앱, 온라인에서 구입할 수 있다.

요금 24/48/72시간권 각 €17/€25/€29
홈피 www.viennacitycard.at
※ 3일 이상 머물며 모든 박물관과 관광지를 섭렵할 계획이라면 비엔나 패스가 더 저렴할 수 있다(3/6일권 각 €149/€189, www.viennapass.com).

시내교통 이용하기

메트로, 버스, 트램이 운영되며 서로 촘촘하게 연결되어 도시를 관통한다. 빈 시내는 굉장히 넓고 사방에 볼거리가 흩어져 있기 때문에 시내교통을 반드시 이용하게 된다. 전철은 탑승 전에, 버스와 트램은 탑승 후 티켓을 펀칭해야 한다. 펀칭기의 구멍에 화살표 방향으로 티켓을 넣으면 개시 일시가 찍힌다. 티켓을 처음 사용할 때 한 번만 펀칭하면 되고, 티켓이 있어도 펀칭을 하지 않았다면 무임승차로 간주하니 주의하자. 벌금이 무려 €100다.

홈피 대중교통안내 www.wienerlinien.at, 교통 앱 WienMobil

티켓 구입 방법 및 요금

티켓은 메트로, 버스, 트램 공용이며, 역의 매표소, 자동발매기, 가판대, WienMobil 앱에서 살 수 있다. 트램의 운전사에게 사면 더 비싸다. 비엔나 시티 카드 소지자는 해당 기간 동안 시내교통이 무료다.

요금 1회권(90분, 한쪽 방향으로만 환승 가능) €2.4, 24시간권 €8, 48시간권 €14.1, 72시간권 €17.1,
1주일권 €17.1(월 00:00~다음 주 월 09:00, 펀칭 필요 없음)

❖ 메트로

U-Bahn(전철) / S-Bahn(국철) 운영시간은 대략 05:00~24:00 이다. 금·토 및 공휴일 전날 밤엔 24시간 운행한다. 기차역에서 시내로 이동하거나 쇤브룬 궁전 등 외곽으로 갈 때 이용하게 된다. 역의 출구 이름은 번호가 아닌 출구와 연결되는 길 이름이다. 유레일패스 소지자는 S-Bahn(국철)이 무료다.

주요 관광지를 경유하는 D번 트램

❖ 버스&나이트버스

100개가 넘는 노선이 운영 중인데, 관광객에게는 가장 활용도가 낮다. 보통 칼렌베르크 전망대 등 교외에 가게 될 경우 이용한다. 나이트 버스는 번호가 N으로 시작한다. 00:30~05:00 사이에 약 30분 간격으로 운행한다.

티켓 자동발매기(카드 사용 가능)

❖ 트램

1865년부터 운행을 시작해 30여 개의 노선이 있는 빈의 트램망은 세계에서 여섯 번째로 길다. 벨베데레 궁전 등 외곽 지역을 갈 때 이용하게 되는데, 빈 중심가의 둥근 경계인 링을 도는 1·2번 트램을 타면 그 자체로 운치 있는 여행이 된다.

❖ 택시&우버Uber

택시 승강장에서 타고 미터제다. 기본요금 €3.4, 운행요금 €0.5~0.8/km선이며 야간, 휴일엔 할증이 붙는다. 우버 요금이 더 싼 편이다.

전화 콜택시 60160 / 40100 / 31300 , 앱 Uber

티켓 펀칭기

빈의 관광명소

도시의 유구한 역사만큼 다양한 볼거리와 즐길거리가 즐비한 곳이 빈이다. 명소들은 크게 링과 링 밖의 외곽 지역으로 구분할 수 있다. 링 주변은 걸어서 이동하면 되고, 이 외의 볼거리들은 적당한 대중교통수단을 이용하면 된다. 큰 규모의 궁전, 클래식 음악, 현대 건축, 미술, 영화, 쇼핑 등 흥미로운 테마 여행을 즐기기에도 좋은 도시가 빈이므로 최소한 2~3일에서 길게는 1주를 잡아도 좋다.

1. 링Ring 주변

링이란 빈의 중심부를 경계 짓는 도로로, 반지의 형태라 링이라는 이름이 붙었다. 원래 성벽이었는데, 프란츠 요제프 1세의 주도로 순환도로를 만들어 현재의 모습이 되었다. 링의 총길이는 5.2km이며, 찬란했던 오스트리아 왕국의 수도에 걸맞은 역사적인 장소들이 링의 내부에 남아 있어 2001년 유네스코 세계유산 역사 지구로 지정되었다.

성 슈테판 대성당
Domkirche St. Stephan (St. Stephen's Cathedral)

관광
명소

빈의 상징과도 같은 건축물로 모자이크 무늬가 있는 컬러풀한 지붕과 고딕식 첨탑이 어우러져 독특한 느낌을 자아낸다. 모차르트의 결혼식과 장례식이 열린 곳으로도 유명하다. 성당의 이름은 최초의 순교자인 성인 슈테판에서 유래했다. 12세기 중반 로마네스크 양식으로 완성된 본당이 성당의 시초가 되었고, 14세기에 고딕 양식을 첨가해 증축하며 규모를 키웠다. 이후 제2차 세계대전 당시 파손되었으나 1948년 현재의 모습으로 복원됐다. 대성당의 길이는 107.2m, 너비는 34.2m, 가장 높은 남쪽 첨탑의 높이는 136.44m에 달하며 화려한 지붕엔 23만 장의 타일이 쓰였다. 본당 내부의 설교단은 건축가 안

주소 Stephansplatz 3
위치 U1·U3 Stephansplatz역
운영 **성당** 월~토 06:00~22:00,
　　　일·공휴일 07:00~22:00
　　　남쪽 탑 09:00~17:30
　　　북쪽 탑 09:00~17:30
　　　카타콤베 가이드 투어(30분 소요)
　　　월~토 10:00~16:30,
　　　일·공휴일 13:30~16:30
　　　(30분/1시간 간격)
요금 성당 무료, 남쪽 탑 €5.5,
　　　북쪽 탑 €6, 카타콤베 가이드 투어 €6
전화 51552 3767
홈피 www.stephanskirche.at

톤 필그람이 만든 것인데, 설교단 하단에 자신의 모습을 새겨 넣고,
파이프 오르간 아래엔 컴퍼스와 자를 든 자신의 조각상을 제작해둬
흥미롭다. 대성당의 아름다운 지붕과 빈 시내를 조망할 수 있는 남쪽
첨탑은 계단으로, 오스트리아에서 가장 큰 종을 볼 수 있는 북쪽 첨
탑은 엘리베이터로 올라갈 수 있다. 합스부르크 왕가의 납골당이자
흑사병 희생자들을 안치한 카타콤베는 가이드 투어로만 입장 가능하

다. 슈테판 대성당은 800여 년의 역사와 아름다움으로 관광객의 방문 1순위인 곳이며, 계속되는 보수 공
사를 위해 빈의 시민들이 기꺼이 성금을 낼 정도로 사랑받는 곳이다.

앙커 시계
Ankeruhr (Anchor Clock)

관광
명소

호어 마르크트 거리에 있는 세상에서 가장 긴 장치 시계로
1917년 제작되었다. 아름다운 아르누보 양식으로 설계된
시계의 안에는 마리아 테레지아, 레오폴트 6세, 하이든
등 빈이 낳은 유명인 12명의 인형이 들어 있다. 매시 정
각이면 2개의 인형이 등장하며, 그 인물이 살던 당시의
음악이 나온다. 정오엔 12개의 인형이 모두 나오기 때문
에 정오가 가까워지면 시계 주변엔 사람들로 북적인다.

위치 슈테판플라츠에서 북쪽으로 3분

그라벤 거리의 페스트 탑

그라벤 거리 Graben (Graben Street)

관광
명소

슈테판플라츠의 서쪽으로 이어진 번화가로 길 중간의 삼
위일체 탑이 유명하다. 무려 10만 명의 목숨을 앗아간 흑
사병이 소멸하자 이를 기념해 1693년 레오폴트 1세가 세
웠다. 페스트 탑Pestsäule이라 부르기도 한다.

위치 앙커 시계에서 도보 5분

케른트너 거리
Kärntner Straße (Karntner Street)

성 슈테판 대성당과 오페라 극장 사이를 잇는 약 600m
가량의 보행로로 빈의 대표적인 쇼핑 거리이다. 고급 백
화점과 부티크, 보석 가게, 기념품 가게, 레스토랑, 노천
카페 등이 즐비하며, 관광객과 시민들로 늘 붐빈다.

위치　U1·U3 Stephansplatz역
　　　또는 U1·U2·U4 Karlsplatz역

알베르티나 박물관 Albertina Museum 🛜

마리아 테레지아 여제의 사위인 알버트 공작의 수집품들
을 기반으로 1776년 설립된 박물관이다. 1919년, 건물과
소장품들의 소유권이 합스부르크 가문에서 오스트리아
정부로 넘어가면서 옛 왕실 도서관의 소장품과 미술품이
추가되어 1921년 현재의 이름으로 재탄생했다.

세계에서 손꼽히는 인쇄실이 있으며, 100만 장의 구형
인쇄물과 약 6만 점의 회화 작품들, 현대 그래픽 및 사진
작품, 건축 도면 등이 소장돼 있다. 대표적인 작품으로
뒤러Dürer의 〈토끼Hare〉가 있으며, 루벤스, 클림트, 세잔,
에곤 실레, 피카소, 모네, 드가, 르누아르, 샤갈 등 거장
의 작품들도 감상할 수 있다. 알베르티나 박물관은 상설
전시뿐 아니라 훌륭한 기획 전시로도 유명한데, 시대와
장르에 얽매이지 않은 다양하고 알찬 기획으로 관람객들
의 사랑을 받고 있다.

주소　Albertinaplatz 1
위치　관광안내소 맞은편
운영　월·화·목·토·일 10:00~18:00,
　　　수·금 10:00~21:00
요금　일반 €18.9, 학생 €14.9, 만 19세 이하 무료
전화　534 83 0
홈피　www.albertina.at
※ 카를플라츠에 분관(Modern)이 있다.

드가

뒤러의 〈토끼〉

르누아르

기념품숍

국립 오페라 극장
Wiener Staatsoper (Vienna State Opera)

성 슈테판 대성당이 빈의 종교적 심장부였다면 음악과 예술의 심장부는 국립 오페라 극장이라 할 수 있다. 1869년 국립 황궁 극장으로 건립되었고, 제2차 세계대전 당시 파괴된 부분을 보수하여 1955년 재개관했다. 모차르트의 〈돈 조반니〉를 최초로 공연한 이래 수준 높은 오페라, 클래식, 발레 공연으로 명성이 높다. 고딕, 르네상스 등 여러 건축양식이 혼합된 웅장하고 우아한 건축물로, 파리의 오페라 극장, 밀라노의 스칼라 극장과 함께 유럽 3대 오페라 극장으로 꼽힌다. 총 2,209석 규모로 여름 휴지기인 7, 8월을 제외하고도 연간 300회가 넘는 공연 횟수를 자랑한다. 한국인들에게도 익숙한 말러, 카라얀, 로린 마젤 등의 거장들이 음악 감독을 역임했다.

주소 Opernring 2
위치 U1·U2·U4 Karlsplatz역,
      트램 D·1·2·62·71번
전화 514 44 2250
홈피 www.wiener-staatsoper.at

요한 스트라우스 2세 동상

시민공원 Stadtpark (City Park)

1820년 조성되어 빈에서 가장 오래된 공원이다. 처음엔 귀족들을 위한 장소였으나 현재는 시민들에게 개방돼 빈 중심가의 산소 역할을 한다. 슈베르트의 좌상과 금빛의 요한 스트라우스 2세 동상이 유명하다.

위치 U4 Stadtpark역

오페라 관람하기

빈에 와서 오페라를 보지 않고 지나친다는 것은 너무 아까운 일이다. 실제로 빈 시민들은 오페라를 친숙한 대중예술로 인식하니, 그리 부담을 가질 필요는 없다. 오페라를 관람하려면 우선 홈페이지나 관광안내소에서 스케줄을 확인해야 한다. 한 작품을 오랫동안 올리는 게 아니라 여러 작품을 매일 돌아가며 공연하기 때문이다. 인기가 좋아 매진되는 경우도 많으니 인터넷으로 미리 예매를 하는 것이 좋다. 티켓 가격은 €10부터 €200까지 천차만별이다. 극장 앞이나 케른트너 거리엔 암표상이 많은데, 상대하지 말자.
티켓이 매진됐을 때는 당일에만 판매하는 입석표를 구입하는 것도 방법이다. 보통 공연은 오후 7시 시작인데, 2시간 전인 5시부터 입석을 판매하나 미리 와서 줄을 서는 사람이 대부분이므로 1시간 정도 먼저 가야 한다. 티켓 가격은 위치에 따라 €3~4이고 1인 1매 원칙이며, 가장 무대가 잘 보이는 1층이 먼저 매진된다. 티켓을 구매해 입장한 후 먼저 자리를 맡아 스카프나 손수건을 바에 묶어 자신의 자리임을 표시한다. 극장에서는 가방과 외투를 보관소에 맡기는 것이 기본 에티켓이니 자리를 맡은 후 꼭 보관소에 들르자. 공연은 정시에 시작하며, 각 자리마다 영어 자막 시스템이 있어 외국인들의 이해를 돕는다. 특별한 드레스코드가 있는 것은 아니지만 단정하고 깔끔한 차림으로 가는 것이 바람직하고, 공연 중엔 사진촬영, 휴대전화 사용 등이 금지되는 것도 기억하자.

홈피 www.culturall.com

빈 궁전
Hofburg (Imperial Palace)

100여 년의 공사기간을 거쳐 13세기에 건축되었다. 합스부르크 왕가의 궁전으로 1918년까지 왕족들의 거처로 쓰였다. 왕궁의 모양새는 시간이 흐르며 계속 변모해왔는데, 자신이 선대보다 뛰어난 왕임을 과시하려고 새로운 양식의 건물들을 덧붙였기 때문이다. 또한 이전 왕들이 썼던 방을 쓰지 않는다는 가풍에 따라 2천 6백 개나 되는 방이 만들어졌고, 그 결과 신고딕, 르네상스, 바로크 양식 등이 혼재된 현재의 형태로 완성되었다. 이렇듯 다양한 건축양식이 쓰였음에도 이질감이나 위화감 없이 조화로운 모습을 보여준다.

왕궁은 구왕궁과 신왕궁으로 나뉜다. 구왕궁엔 왕궁에서 가장 오래된 스위스 문과 보물관, 빈 소년 합창단의 성가를 들을 수 있는 예배당, 시시 박물관, 황제의 아파트먼트, 은식기 컬렉션 등이 있으며, 신왕궁엔 각종 박물관이 있다. 또한 세계에서 가장 오래된 스페인 승마학교, 대통령 집무실, 국립 도서관도 찾아볼 수 있다. 왕궁의 정문인 미하엘 문에 장식되어 있는 것은 왕실의 위엄을 상징하는 헤라클레스 상이며, 그 앞의 미하엘 광장은 시민들의 광장으로 사랑받는 곳이다. 시민들의 단골 집회 장소이기도 하다. 왕궁 입장권을 구입하면 황제의 아파트먼트, 시시 박물관, 은식기 컬렉션을 관람할 수 있다.

주소 Hofburg-Michaelerkuppel
위치 U3 Herrengasse역, 트램 D·1·2·71번
운영 09:30~17:00
요금 일반 €16, 학생 €15
전화 533 7570
홈피 www.hofburg-wien.at

시시

🅣 시시 티켓
오스트리아인들에게 사랑받는 엘리자베트 황후의 애칭인 Sisi에서 따온 콤보티켓. 빈 궁전의 시시 박물관, 황제의 아파트먼트, 은식기 컬렉션, 가구 박물관과 쇤브룬 궁전 그랜드 투어 입장료가 포함된다.

요금 일반 €40

구왕궁

유럽을 쥐락펴락했던 **합스부르크 왕가**

스위스의 군소 가문이었던 합스부르크 가문Habsburg Haus은 13세
기 신성로마제국 황제의 공백기였던 대공위시대에 강력한 황제를
꺼렸던 명문가들의 이해관계가 맞아떨어져 어부지리로 독일의 제
위에 오르게 된다. 이를 계기로 루돌프 1세는 고향을 떠나 오스트
리아에 정착하게 됐으며, 교묘한 결혼 동맹을 통해 가문을 성장시
킨다.

합스부르크 전성시대 1438년 알브레히트 2세가 왕위에 오르면서
합스부르크의 황금기가 본격적으로 열리는데, 보헤미아와 헝가리
왕국, 부르고뉴 지방까지 차지하며 유럽을 장악한다. 막시밀리안
1세는 스페인 왕실과 혼맥을 맺어 기틀을 다졌고, 손자인 카를
5세가 강대국으로 부상한 스페인을 통치하게 되는 등 합스부르크
가문의 최전성기를 맞았다. 그나마 유일한 대항마였던 프랑스의
프랑수아 1세와의 전쟁에서도 대승을 거두는 등 합스부르크 가문
은 승승장구했다. 유럽의 패권을 쥐고 막강한 권력을 휘두르던 합
스부르크 가문은 16세기 마틴 루터의 종교개혁으로 인한 신성로
마제국의 분열과 오스만 제국의 침공으로 위기를 맞았지만 이를
극복해낸다. 이후 카를 6세가 아들 없이 죽자 장녀 마리아 테레지
아의 남편인 프란츠 1세에게 제위가 넘어간다. 실질적인 통치는
여걸 마리아 테레지아가 했기 때문에 이 시기 이후 합스부르크-
로트링겐 왕조가 시작된다.

마리아 테레지아와 합스부르크의 쇠락 합스부르크 가문의 군주
들 중 가장 명성이 높은 통치자였던 마리아 테레지아는 여자라 제
대로 된 후계교육을 받지 못했음에도 권력을 잡게 된 이후 유능한
군주로 변신했다. 특히 초등의무교육을 실시하고, 병역을 의무화
하는 대신 임금을 지급해 국방력과 민중생활의 안정을 도모하며
백성들의 사랑을 받았다. 이후 합스부르크 가문은 나폴레옹과의
대립, 프로이센 전쟁 등을 거치며 쇠락하다 제1차 세계대전에서
패한 후, 1918년 카를 1세가 퇴위하며 500여 년 왕가의 역사를 마
감한다. 합스부르크 왕가가 예술과 문화에 지원을 아끼지 않은 덕
에 그들이 모은 방대한 수집품들은 미술관과 박물관이 되었고, 수
많은 고전 음악의 대가들과 유무형의 문화유산이 탄생했다. 오늘
날 빈이 파리와 어깨를 나란히 하는 문화예술 도시로 칭송받는 건
합스부르크 왕가의 공헌이라 해도 과언이 아니다. 지금도 합스부
르크 왕가는 유럽에서 손꼽는 명문가로 기억되고 있다.

합스부르크 턱 합스부르크 왕가는 정략결혼을 통해 동맹을 맺어 가
문의 힘을 키웠는데, 합스부르크 왕가의 혈연관계가 계속 퍼지다 보
니 근친혼을 하게 되었다. 이는 주걱턱과 유전병이 발현되는 결과를
낳게 된다. 특히 스페인 합스부르크 가문의 경우, 반복된 근친혼 때
문에 신체적, 정신적으로 허약한 후손들이 태어났다. 주걱턱으로 인
한 건강 문제는 여러 가지였다. 발음을 제대로 못 했고, 수시로 침을
흘렸으며, 음식을 잘 씹지 못해 만성 위장병에 시달렸다. 또한 주걱
턱은 외관상으로 보기 좋지 않아서, 왕가는 초상화가들에게 실물과
다른 정상적인 턱을 그리게 했다는 설이 많다. 주걱턱을 합스부르크
턱Habsburg Jaw, 합스부르크 립Habsburg Lip이라고도 하니 이는 합
스부르크 왕가의 또 하나의 상징이라 할 수 있다.

막시밀리안 1세

카를 5세

야심찬 여제 마리아 테레지아

합스부르크 가문의 마지막 후손

미술사 박물관 Kunst Historisches Museum (Art History Museum)

박물관

1891년 독일 건축가 고트프리트 젬퍼Gottfried Semper와 오스트리아 건축가 칼 프라이헤르 폰 하제나우어Karl Freiherr von Hasenauer의 설계로 건축된 석조 건물로, 건물 중앙에 돔이 있고, 내부는 대리석, 조각, 금박과 벽화 등으로 화려하게 꾸며져 있다. 미술사 박물관은 마리아 테레지아 광장을 사이에 두고 자연사 박물관과 마주보고 있는데, 두 건물은 쌍둥이처럼 똑같이 생겨 건물 외벽에 붙은 전시 관련 현수막이 아니라면 구분하기 어려울 정도다.

미술사 박물관은 오스트리아 최대의 미술관으로 파리의 루브르 박물관, 마드리드의 프라도 미술관과 함께 유럽 3대 미술관으로 꼽힌다. 그만큼 세계 미술사에서 절대 빼놓을 수 없는 귀한 작품들을 만날 수 있는 곳이다. 문화와 예술에 많은 투자를 했던 합스부르크 왕가에서 수집한 작품들이 주류를 이루며, 군사령관 레오폴트 빌헬름의 수집품도 함께 전시돼 있다.

박물관은 크게 0.5층, 1층, 2층으로 나눌 수 있다. 0.5층엔 갑옷과 무기, 왕궁의 보물, 고대 악기, 고대 및 중세의 조각품과 공예품 등이 소장돼 있으며, 1층엔 회화 컬렉션이 펼쳐진다. 2층엔 동전이 전시돼 있다. 미술사 박물관의 하이라이트인 1층에선 15~18세기에 걸친 이탈리아, 네덜란드, 독일, 스페인, 프랑스, 잉글랜드의 방대한 회화 작품들을 감상할 수 있는데 특히 브뤼헬, 벨라스케스, 루벤스, 베르메르 등 거장들의 작품을 눈여겨봐야 한다. 또한 2층 계단 벽면엔 클림트의 벽화가 그려져 있다.

주소 Maria-Theresien-Platz
위치 U2 Museumsquartier역, 트램 D·1·2번
운영 금~수 10:00~18:00, 목 10:00~21:00
요금 일반 €18, 학생 €15, 만 19세 이하 무료, 한국어 오디오 가이드 €6
전화 525 240
홈피 www.khm.at

벨라스케스의 《마르가리타 테레사 공주의 초상》

《켄타우로스를 죽이는 테세우스》

미술사 박물관에서 **놓치지 말아야** 할 작가와 작품들

1. 브뤼헐Pieter Bruegel

16세기의 네덜란드 화가 브뤼헐은 주로 풍경화와 풍속화, 종교화를 그리며 서민들의 삶과 현실을 해학적으로 표현했으며, 인간의 욕심과 허상을 풍자했다. 빈 미술사 박물관에는 브뤼헐의 작품 15점을 모아둔 전시실이 있는데, 〈바벨탑〉(1563)은 그중 가장 대표적인 작품으로 인간이 하늘에 닿기 위해 쌓아올린 바벨탑의 모습을 생생하게 보여준 첫 작품으로 여겨진다. 〈농부의 결혼식〉(1568)에서는 결혼식은 뒷전인 채 먹고 마시는 데 여념이 없는 하객들의 모습을 풍자하고 있으며, '계절' 연작 중 가장 유명한 〈눈 속의 사냥꾼〉(1565)에서는 추운 겨울, 가족들을 먹이기 위해 사냥에 나선 농부들의 지친 모습을 흰눈과 대비시켜 극명하게 보여준다.

2. 벨라스케스Diego Velázquez

후대의 예술가들에게 지대한 영향을 미쳐 '화가 중의 화가'라 불리는 벨라스케스는 17세기 스페인 바로크를 대표하는 화가다. 합스부르크 왕가의 스페인 국왕 펠리페 4세의 궁정화가가 된 그는 왕가의 초상화를 다수 남겼다. 그중 〈분홍 드레스를 입은 공주 마르가리타 테레지아〉(1653), 〈푸른 드레스를 입은 공주 마르가리타 테레지아〉(1659) 등 22세에 요절한 펠리페 4세의 딸 마르가리타 테레지아 연작은 빈 미술사 박물관의 대표작 중 하나다. 마르가리타 테레지아는 벨라스케스의 명작 〈시녀들〉(1656~1657)의 주인공이기도 하다.

이 외에 17세기 플랑드르 화가 루벤스Rubens의 〈성 프란치스코 하비에르의 기적〉(1618), 〈일데폰소 제단화〉(1630~1632), 17세기 네덜란드 화가 베르메르Vermeer의 〈화가의 아틀리에〉(1665~1666), 15세기 독일의 화가이자 판화가인 뒤러Dürer의 〈모든 성인의 축일〉(1511), 16세기 이탈리아 화가인 틴토레토Tintoretto의 〈수잔나와 장로들〉(1560~1562), 아르킴볼도Arcimboldo의 〈여름〉(1572), 16세기 독일의 화가 크라나흐Cranach의 〈홀로페르네스의 머리를 들고 있는 유디트〉(1530) 등도 빼놓을 수 없는 작품들이다.

〈바벨탑〉

〈농부의 결혼식〉

〈분홍 드레스를 입은 공주 마르가리타 테레지아〉

〈푸른 드레스를 입은 공주 마르가리타 테레지아〉

〈성 프란치스코 하비에르의 기적〉과 〈여름〉

자연사 박물관 Naturhistorisches Museum
(Natural History Museum)

박물관

마리아 테레지아 광장을 사이에 두고 미술사 박물관과 마주하고 있는 자연사 박물관은 프란츠 요제프 1세의 주도로 설립되었고, 1889년 개관했다. 2천여 점의 소장품을 전시해 세계적인 자연사 박물관으로 자리매김했다. 동물관, 곤충관, 미생물관 등의 섹션이 있으며, 공룡 화석과 모형, 광석 등 선사시대부터 현대까지의 흥미로운 자료들이 전시되어 있다. 가장 유명한 전시품으로는 117kg에 달하는 황옥 원석과 빌렌도르프의 비너스, 합스부르크 왕가의 여제 마리아 테레지아의 다이아몬드 부케 등이 있다.

주소 Burgring 7
위치 U2·U3 Volkstheater역, 트램 D·1·2번
운영 수 09:00~21:00, 목~월 09:00~18:30
      (화요일, 신정, 성탄절 휴무)
요금 일반 €14, 학생 €10, 19세 이하 무료
전화 521 770
홈피 www.nhm-wien.ac.at

박물관 앞의 마리아 헤레지아 동상

& 메마른 관능, 에곤 실레(Egon Schiele)

클림트와 함께 오스트리아를 대표하는 화가 에곤 실레(1890. 6.12~1918.10.31)는 오스트리아 동북부 툴른에서 태어나 역장이었던 아버지 아래서 자랐다. 아버지는 아들이 그림을 그리는 걸 싫어했으나 미술에 특별한 재능과 흥미가 있었던 실레는 빈 미술학교에 진학했다. 이후 인생의 스승 클림트를 만나 지대한 영향을 받게 되는데, 보수적인 학교를 떠나 마음이 맞는 학생들과 새로운 예술 그룹을 결성하면서 특유의 독자적인 화풍을 전개해 나가기 시작한다. 한껏 왜곡된 인체를 비정형의 구도로 형상화한 자화상과 누드화들이 대표적이다. 성적인 의미가 내포되어 있지만 에로틱하기보다 메마르고 기괴한 느낌을 주는 작품들은 실레 내면의 우울과 불안, 신경증적인 모습을 보여주는 듯하다. 1918년 유럽을 강타한 스페인 독감 때문에 임신 6개월이었던 아내 에디트가 사망했고, 사흘 후 실레 역시 28살의 나이로 요절한다. 아내가 죽기 전의 모습을 그린 스케치 몇 점이 그의 유작이 되었다.
실레의 작품은 레오폴드 미술관에 가장 많으며, 벨베데레 궁전(p.179 참고), 알베르티나 박물관(p.168 참고)에도 작품이 있다.

박물관 지구 Museums Quartier (Museums Quarter) 📶

2001년 조성한 현대 문화예술 지역으로, 빈의 전통적인 명소들과는 사뭇 다른 분위기가 느껴진다. 건축·음악·패션·연극·댄스·문학·전시·디지털 예술 등 다양한 예술 분야를 접할 수 있다. 안뜰에는 감각적인 디자인의 의자들이 놓여 있고, 개성 있는 카페와 상점이 있어 시민들의 휴식 공간 및 만남의 장소가 된다.

위치 U2 Museumsquartier　　　　홈피 www.mqw.at

레오폴드 미술관 Leopold Museum

흰색 석회암을 이용한 심플한 건물이 말해주듯 현대 미술과 디자인 관련 전시를 하는 미술관이다. 예술 애호가인 루돌프 레오폴드 박사의 현대 미술 소장품으로 연 미술관인데 클림트와 에곤 실레의 팬이라면 반드시 들러봐야 할 곳이다. 상설 전시와 특별 전시로 나뉘며, 양질의 기념품을 판매하는 아트숍과 깔끔한 음식 맛을 자랑하는 2층의 카페도 들러볼 만하다.

운영　수~월 10:00~18:00(화요일 휴무)
요금　일반 €15, 학생 €11
　　　무목 콤비티켓 일반 €26, 학생 €20.5
전화　525 70 1584
홈피　www.leopoldmuseum.org

쿤스트할레 빈 Kunsthalle Wien

쿤스트할레란 아트홀이라는 뜻이다. 영상, 사진, 설치미술 등 모던아트를 주조로 하는 전시관으로 새로운 현대 예술이 탄생할 수 있는 요람 역할을 하는 곳이다. 오스트리아는 물론 해외 모던 아트 신의 다양한 신진 아티스트들을 발굴하고, 기회를 제시하는 프로그램을 진행하므로 상설 전시가 아닌 특별 전시로 운영한다. 쿤스트할레 빈은 카를플라츠Karlsplatz(Treitlstraße 2)에도 전시관이 있다.

운영　화~일 11:00~19:00(목 ~21:00, 월요일 휴무)
요금　일반 €8, 학생 €2
　　　19세 이하 무료, 목 17시 이후 무료
전화　521 890
홈피　www.kunsthallewien.at

클림트의 방

어린이 미술관 Zoom

현대 미술관(무목)
Mumok (Museum of Modern Art)

20~21세기의 현대 미술에 집중하는 전시관으로 중부 유럽에서 가장 큰 현대 미술관이다. 회화 · 조각 · 설치미술 · 그래픽 · 사진 · 영상 · 건축 모델 · 가구 등 9천여 점의 작품들을 소장하고 있다. 피카소나 앤디 워홀, 게르하르트 리히터 같은 거장의 작품들과 백남준의 팝 아트 작품인 〈Exposition of Music-Electronic Television〉(1963)을 놓치지 말자.

운영 화~일 10:00~18:00(월요일 휴무)
요금 일반 €15, 학생 €11.5, 19세 이하 무료
레오폴드 미술관 콤비티켓
일반 €26, 학생 €20.5
전화 525 00 1300
홈피 www.mumok.at

박물관 지구

국회의사당 Parlament (Parliament)

관광
명소

그리스 고전주의 양식의 아름다운 건축물이다. 설계자인 테오필 한센Theophil Hansen은 그리스의 민주주의를 소망하며 건물 전체를 그리스 건축양식으로 설계했다. 그래서 마치 파르테논 신전을 보는 것 같은 느낌이 든다. 1873년에 착공해 10년 만인 1883년 완공되었는데, 제2차 세계대전 당시 극심한 피해를 입기도 했으나 현재의 모습으로 복원되었다. 건물의 면적은 14,000m²에 달하며, 100개가 넘는 방이 있다. 정문 앞의 분수엔 지혜의 여신 아테나가 왼손에는 창을, 오른손엔 니케를 들고 있다. 아테나 발치의 한 여인은 법전을, 다른 여인은 칼과 저울을 들고 있는데 이는 각각 입법부와 행정부를 뜻한다. 바닥의 네 인물은 오스트리아-헝가리 제국의 중요한 강 4개를 의미한다.

주소 Dr.-Karl-Renner-Ring 3
위치 U2 Rathaus역
전화 401 10 0
홈피 www.parlament.gv.at

시청사 Rathaus (City Hall) 📶

관광
명소 로컬
명소

1883년 신고딕 양식으로 완성된 아름답고 웅장한 건축물로 네덜란드의 암스테르담과 벨기에의 브뤼셀 시청을 모델로 지어졌다. 104m 높이의 중앙 첨탑이 눈길을 사로잡으며, 해가 지고 조명을 밝히면 또 다른 매력을 내뿜는다. 빈 시청사가 사랑받는 것은 비단 그 건축미 때문만은 아니다. 내부의 홀에서는 콘서트나 강연 등이 개최되고, 안뜰엔 놀이터가 있으며, 매년 시청 앞 광장에서는 다채로운 행사들이 시민들을 끌어안는다. 여름밤의 필름 페스티벌과 겨울철의 크리스마스 마켓(11월 중순~12월 말), 야외 스케이트장이 대표적인데, 7~9월의 필름 페스티벌은 광장에 대형 스크린을 설치해 오케스트라 연주, 오페라 등을 무료 상영해 인기가 좋다. 시청사를 마주보고 왼쪽엔 국회의사당이, 오른쪽엔 빈 대학이 있다.

주소 Friedrich-Schmidt-Platz 1
위치 U2 Rathaus역, 트램 1·71·D번
전화 50 525
홈피 www.wien.gv.at
크리스마스 마켓
www.christkindlmarkt.at

시청사 앞에서 열리는 크리스마스 마켓

시청사 맞은편 왕립 극장

빈 대학 Universität Wien (University of Vienna)

관광
명소 로컬
명소

1365년 합스부르크 왕가에서 설립해 독어권에서 가장 오래된 대학이다. 오스트리아를 대표하는 교육·연구기관으로 이론물리학자 슈뢰딩거Erwin Schrödinger, 정신분석학의 대가 프로이트Sigmund Freud 등이 동문인 명문이다. 빈 학파를 창설하기도 했고, 15명의 노벨상 수상자를 배출했다. 링에 있는 건물은 본관이고, 나머지 캠퍼스는 여러 곳에 흩어져 있다. 투어를 하지 않아도 내부에 들어가 볼 수 있다.

주소 Universitätsring 1
위치 U2 Schottentor역
운영 **가이드 투어**(영어) 토 11:30

요금 가이드 투어 일반 €5, 학생 €3
전화 4277 176 75
홈피 www.univie.ac.at

& 금빛 황홀경, 클림트

오스트리아의 세계적 화가인 구스타프 클림트Gustav Klimt(1862.7.14~1918.2.6)는 빈 근교의 바움가르텐에서 태어나 금 세공인인 아버지 밑에서 궁핍하게 자랐다. 빈 응용미술학교에서 교육을 받은 후 벽화를 그리는 일을 시작으로 특유의 개성이 담긴 예술 세계를 펼쳐나간다. 클림트는 새로운 시대에 부응하자는 예술사조인 빈 분리파의 초대 회장이 되는데, 분리파의 본래 취지가 흐트러지자 분리파를 탈퇴, 독자적인 노선을 걸으며 황금빛 세계를 개막한다. 당대의 예술양식은 물론 고대 이집트와 오리엔탈리즘, 이탈리아 모자이크 양식까지 흡수한 그는 금과 기하학적 문양을 사용한 실험적인 장식미술 세계를 선보인다. 클림트가 천착했던 주제인 성과 사랑, 관능적인 여인은 황금색을 덧입어 화려하고 강렬하게 다가온다. 작품을 관통하는 몽환적 기류와 역동적인 색채는 인간의 욕망과 상상력을 한껏 자극하는데, 그 덕에 클림트는 찬사와 비난을 동시에 받으며 논란의 중심에 서야만 했다. 비관주의에 빠진 후기에는 마티스, 반 고흐의 영향을 받아 황금색 대신 자연스럽고 풍부한 색감을 통해 죽음에 대한 공포를 드러내는 작품들을 내놓았다.

1. 〈키스Kiss〉(1907)

세상에서 가장 많이 복제된 회화 중 하나로, 어디선가 한 번쯤은 봤을 법한 작품이다. 배경을 알 수 없는 꽃밭 위에서 연인이 키스를 하고 있는데, 온 우주에 오직 두 사람만이 존재하는 것 같은 초현실적인 순간을 포착했다. 클림트와 사돈지간이었던 에밀리 플뢰게를 형상화했다는 해석이 유력하다. 카사노바였던 클림트는 그녀와는 플라토닉 사랑을 나누며 끝내 맺어지지 못했다.

2. 〈유디트Ⅰ Judith Ⅰ〉(1901)

구약성서에 나오는 미모의 미망인 유디트는 홀로페르네스가 이스라엘을 침공하자 그를 유혹한 후 목을 베어 나라를 위기에서 구해낸 인물이다. 유디트를 다룬 작품들에서 그녀는 대개 영웅으로 묘사되지만 클림트는 치명적 매력을 지닌 요부로서의 유디트에 주목했다. 나른한 얼굴로 황금색 가운을 걸친 채 가슴을 드러낸 유디트, 그 에로틱한 모습에 그녀가 장군의 잘린 머리를 들고 있다는 사실은 지워진다. 〈유디트Ⅰ〉을 계기로 클림트의 '황금시기'가 본격적으로 열려 이 작품은 미술사에서도 중요한 의의가 있다.

2. 링Ring 외곽 지역

벨베데레 궁전
Schloss Belvedere (Belvedere Palace)

벨베데레 궁전은 오스만 제국을 물리친 전쟁 영웅 유젠 왕자의 궁전으로 1714년 착공해 1723년 완공되었다. 바로크 양식의 대가 힐데브란트의 설계로 베네치아 출신 조각가 스타네티가 힘을 보탠 궁전은 아름답게 가꿔진 프랑스식 정원을 가운데 두고 상궁과 하궁이 마주보고 있다. 눈이 번쩍 뜨일 정도로 화려하진 않지만 단아하고 차분한 기품이 느껴진다. 궁전은 유젠 왕자의 사후인 1752년 여제 마리아 테레지아에게 팔렸는데, 이탈리아어로 '전망대'라는 뜻인 벨베데레라는 이름 또한 그녀가 붙인 것이다. 이후 합스부르크 왕가에서 수집한 회화 작품들을 옮겨와 전시장으로 사용하기 시작했다. 상궁은 19·20세기 회화관, 하궁은 바로크 시대의 오스트리아 미술관이다. 이외에 오랑제리, 현대 미술관 Belvedere 21 등이 있는데, 역시 상궁과 정원이 하이라이트다. 날이 좋다면 간단한 간식을 챙겨 정원 벤치에 앉아보자.

주소 Prinz Eugen-Straße 27
위치 트램 D번 Schloss Belvedere 하차 또는 U1 Hauptbahnhof역에서 도보 15분
운영 **상궁·하궁** 10:00~18:00
요금 ※ 예매 기준, 19세 이하 무료
상궁 일반 €15.9, 학생 €13.4
하궁 일반 €13.9, 학생 €10.9
상궁+하궁 일반 €22.9, 학생 €19.9, 19세 이하 무료
정원 무료
한국어 오디오 가이드(상궁) €5
전화 795 570
홈피 www.belvedere.at

> **Tip 티켓 예매 및 관람 팁**
> ① 상궁 관람 시 입장 시간(퇴장은 자유)을 지정한다. 11:00~14:00가 가장 붐빈다.
> ② 홈페이지 Tickets 탭에서 날짜, 시간을 지정해 결제 후 이메일로 오는 표를 스마트폰에 저장하거나 출력한다. 지정한 시간보다 여유를 두고 바로 상궁으로 가면 된다.
> ③ 현매는 하궁 근처(상궁까지 도보 10분)에서 하고, 예매가보다 €2 이상 비싸다.
> ④ 백팩이나 두꺼운 겉옷 등은 물품 보관소(무료)에 맡겨야 한다.

상궁 Oberes Belvedere (Upper Belvedere)

제2차 세계대전 당시 상궁이 심하게 피해를 입었으나 2008년 복원사업을 끝냈다. 상궁의 중앙홀은 1955년, 제2차 세계대전 패전에 따른 신탁통치가 끝난 후 오스트리아 독립을 위한 미·영·프·소 간의 조약이 체결된 의미 있는 장소이기도 하다. 벨베데레 궁전의 정수는 상궁에 있다고 해도 과언이 아닌데, 그 유명한 클림트의 〈키스〉를 비롯, 클림트의 작품이 가장 많이 소장되어 있기 때문이다. 프린트로만 익숙했던 〈키스〉를 실제로 마주하게 되면 그 크기와 황홀한 색감에 압도된다. 〈키스〉 앞은 늘 관람객이 붐비니 찬찬히 그림을 감상하고 싶다면 아침 일찍 서두르는 것이 좋다. 클림트의 작품 외에도 동시대의 예술가였던 에곤 실레, 오스카 코코슈카의 작품도 볼 수 있다.

상궁. 전경과 반영(위), 하궁(아래)

쇤브룬 궁전
Schloss Schönbrunn (Schönbrunn Palace)

관광
명소

유네
스코

16세기 이후 사용한 합스부르크 왕가의 여름 별궁으로, 오스트리아에서 가장 오래된 궁전이며 유럽에서 손꼽히는 바로크 양식의 건축물이다. '아름다운 우물'이라는 뜻의 쇤브룬은 이곳에 왕실의 식수를 책임지는 샘이 있었기에 붙여진 이름이다. 화려하고 우아한 건축물과 조각상, 아치, 분수, 동물원, 식물원, 숲과 미로가 있는 광활한 정원 등이 프랑스의 베르사유 궁전을 연상시키는데, 실제로 베르사유 궁전에서 영감을 얻어 건축되었다고 전해진다. 요제프 1세 시대에 건축가 에를라흐가 설계했으며, 1696년에 착공한 궁전은 후대 황제들의 취향에 맞춰 계속 변화해가다 마리아 테레지아의 통치 시절 완공되었다. 그녀의 명을 받은 파카시가 궁전을 로코코 양식으로 개축했는데, 일명 '합스부르크 옐로'라고 부르는 외관 빛깔은 마리아 테레지아의 취향을 반영한 것이다.

궁전엔 1,441개의 방이 있을 정도로 규모가 거대하며, 실내는 샹들리에, 금장식, 조각, 예술품과 가구 등으로 꾸며져 있다. 건축물과 자연의 유기적인 조화를 인정받아 쇤브룬 궁전은 1996년 유네스코 세계유산에 등재되었다. 1.2㎢에 달하는 정원을 가로질러 언덕에 오르면 승전을 기념하는 그리스식 건축물 글로리에테가 있고, 이곳에서는 탁 트인 풍경을 만날 수 있다.

궁전 내부를 관람하려면 투어를 이용해야 한다. 임페리얼 투어(30~40분 소요)는 22개, 그랜드 투어(50~60분 소요)는 40개의 방을 둘러볼 수 있으며, 각 방마다 번호가 붙어 있어 구분이 쉽다. 두 종류의 투어 모두에 한국어 오디오 가이드가 포함되어 있으므로 잊지 말고 챙기자.

주소 Schönbrunner Schloßstraße 47
위치 U4 Schönbrunn역 또는
　　 10·60번 트램·10A번 버스를 타고
　　 Schönbrunn 정류장 하차
운영 3월 09:00~17:00, 4~10월 08:30~17:30,
　　 11~2월 08:30~17:00
요금 **임페리얼 투어** 일반 €22, 학생 €18
　　 그랜드 투어 일반 €26, 학생 €22
　　 (시시 티켓 사용 가능 p.170 참고)
전화 811 13 0
홈피 www.schoenbrunn.at

언덕에서 본 내려다본 쇤브룬 궁전

글로리에테

쇤브룬 궁전

정원

도나우 섬 Donauinsel (Donau Island) 📶

한강의 여의도처럼 도나우 강 위에 떠 있는 인공 섬인
데, 도나우 강의 치수사업 공사 때 나온 흙을 이용해 만
들었다. 강변에는 보트, 윈드서핑 등 수상 스포츠 시설과
레스토랑이 도열해 있으며, 섬에는 자전거 도로와 산책
로를 꾸며서 조깅을 하거나 스케이트보드, 자전거를 타
는 사람들로 여유롭고도 활기찬 분위기를 느낄 수 있다.
1984년부터 매년 6월엔 대형 대중음악 페스티벌인 도나
우인셀 페스트Donauinsel Fest가 열린다.

위치 U1 Donauinsel역

도나우 타워 Donau Turm (Donau Tower)

남산 타워와 비슷한 모양으로 도나우 공원 안에 있
다. 총 251.76m의 높이이며, 1964년 도나우 공원
에서 열린 빈 국제 정원 쇼의 일환으로 건설되었다.
고속 엘리베이터를 타고 전망대나 회전 레스토랑
에서 발밑의 풍경을 내려다볼 수 있는데, 중심가
및 외곽 지역, 도나우 강과 빈 숲의 경치까지 빈
의 구석구석이 들여다보인다. 1시간당 1바퀴를
도는 회전 레스토랑은 예약해야 하며, 적당한 가격
의 음료를 판매하는 카페를 이용하는 것도 좋다. 야
경을 보러 간다면 역에서 나와 큰길을 따라가는 것
이 바람직하고, 밝을 때라면 도나우 공원으로 가로
질러 가는 걸 추천한다. 아름다운 정원과 연못, 산
책로 등이 잘 꾸며져 있으며 한인문화회관이 있어
간단한 한식을 적당한 가격에 사 먹을 수 있다.

주소 Donauturmstraße 4
위치 U1 Alte Donau · U6 Neue Donau역에서
　　　20A번 버스를 타고 Donauturm 정류장
　　　하차 또는 도보 20분
운영 10:00~23:00(시기에 따라 변동 가능)
요금 일반 €18, 학생 €14.4
　　　프라터 유원지 대관람차 콤비티켓
　　　€23.6(p.182 참고)
전화 263 3572
홈피 www.donauturm.at

프라터 유원지 Viennese Prater 📶

관광
명소 로컬
명소

원래 왕가의 사냥터였는데, 개수공사를 통해 습지대를 줄여 유원지로 조성했다. 전통 건축물들과 프라터 박물관, 레스토랑, 스포츠센터, 놀이공원 등이 있어 시민들의 휴식처로 사랑받는다. 그중 1897년에 만들어진 대관람차 Riesenrad가 가장 유명한데, 천천히 돌아가는 캡슐 안에 타면 도나우 강과 어우러진 빈의 정경을 한눈에 담을 수 있다.

주소 Wiener Praterverband Prater 7
위치 U1·U2 Praterstern역
운영 **유원지** 24시간
      대관람차 성수기 09:00~23:45
      (날짜마다 다르니 홈페이지 확인 요망)
요금 **유원지** 무료
      대관람차 €13.5
      도나우 타워 콤비티켓 €23.6(p.181 참고)
홈피 www.prater.at
      대관람차 www.wienerriesenrad.com

대관람차

대관람차에서 바라본 프라터 유원지

그린칭 Grinzing

관광
명소

빈 외곽의 숲 지역에 있는 작은 마을로 와인 주점인 호이리게Heurige가 밀집해 있다. 호이리게란 우리에게도 익숙한 프랑스의 보졸레 누보처럼 당해 수확한 포도로 만든 햇포도주를 뜻하며, 호이리게를 파는 주점을 지칭하기도 한다. 주변에 포도밭과 와이너리가 있어 자연스레 호이리게가 생겨났고, 이에 그린칭은 문화재 보호구역으로 지정되었다. 관광객들의 걸음이 끊이지 않는 곳이라 가격이 그리 저렴하진 않지만 신선한 와인 한잔의 여유는 꼭 즐겨보도록 하자. 한국인 관광객들도 많이 방문하기 때문에 〈아리랑〉의 바이올린 선율이 들리기도 한다.

위치 U2 Schottentor역 지하의
      트램정류장에서 38번 트램을 타고
      종점 Grinzing 하차

칼렌베르크 전망대
Kahlenberg Panoráma

해발 484m에 자리한 칼렌베르크 언덕의 야외 전망대로 하이킹 코스로도 유명하다. 버스에서 내려 길을 따라 조금만 올라가면 소박하고 단정한 칼렌베르크 교회가 보이고, 그 뒤편으로 전망대가 있다. 눈앞에 청량한 빈 숲과 포도밭이, 한 걸음 뒤로 빈 시내가 펼쳐져 환상적인 경치를 선사한다. 탁 트인 야외이기 때문에 도나우 타워나 프라터 유원지의 대관람차에서 보는 전망과는 또 다른 감흥을 준다. 전망대의 카페에서 차 한잔을 더한다면 오감이 만족스러운 순간이 될 것이다. 버스가 자주 있지 않으니 정류장에 붙어 있는 버스 시간을 미리 확인해두자.

위치 U4 종점 Heiligenstadt역 또는 그린칭에서 Kahlenberg나 Leopoldberg행 38A번 버스를 타고 Kahlenberg 하차. 38A 버스 노선이 세 종류라 꼭 운전사에게 문의할 것

제그로테 지하 동굴
Seegrotte Hinterbrühl

유럽에서 가장 큰 지하 호수가 있는 동굴. 폭격을 피하기 용이해 제2차 세계대전 당시 독일군의 요새 및 전투기 제작소로 사용되었다. 당시 2천여 명의 노동자들이 지하 동굴에서 일했으며, HE 162 전투기가 이곳에서 만들어졌다. 1912년, 발파 작업의 영향으로 2천만 리터의 물이 터져 폐쇄되었는데, 1930년대에 국제 동굴 탐사팀이 재발견해 관광지로 거듭났다. 호수의 수심은 60m로, 작은 보트를 타고 초록빛 호수를 유영하는 독특한 경험을 할 수 있다. 한여름이라도 내부 온도는 9도를 유지하므로 긴팔 옷을 준비하자. 가이드 투어(영어·독어)로만 입장할 수 있으며, 투어는 1시간 정도 소요된다.

주소 Grutschgasse 2a A-2371 Hinterbrühl
위치 S1·S2 Mödling역 앞 버스정류장에서 264번 버스를 타고 Hinterbrühl Helmstreitgasse 정류장 하차 (약 10~15분 소요), 도보 300m
운영 월~금 09:00~13:00, 토·일 09:00~16:00
※운영 일시 미리 확인 필수
요금 일반 €18
전화 02236 26364
홈피 www.seegrotte.at

지하 동굴 구조도

호수의 작은 보트

& 빈 클래식 여행

모차르트, 슈베르트, 하이든, 요한 스트라우스……. 클래식 음악에 조예가 깊지 않아도 익히 알고 있는 저 위대한 음악가들의 공통점은 바로 오스트리아인이라는 것이다. 또한 베토벤, 브람스 등 타국의 저명한 음악가들도 오스트리아로 넘어와 연주와 작곡 활동을 펼쳤다. 합스부르크 왕가의 지원에 힘입어 오스트리아의 수도 빈으로 유럽의 재능 있는 음악가들이 모여들었고, 빈은 고전 음악의 중심지로 발전을 거듭했다. 이러한 전통은 지금도 이어져 매일 밤 수준 높은 음악회와 오페라가 열리고, 도시 곳곳에서 클래식 음악의 흔적을 찾아볼 수 있다.

1. 성 슈테판 대성당(p.166 참고)

모차르트의 결혼식과 장례식이 열린 곳. 성당 옆에는 모차르트 복장을 한 사람들이 음악회 티켓을 팔기도 한다.

2. 모차르트 하우스 Mozart Haus

열 번이 넘게 이사를 다녔던 모차르트가 1784년부터 4년간 살면서 오페라 〈피가로의 결혼〉을 작곡한 집이다. 보마르셰의 희곡이 원작이며, 1786년 초연 이후 지금까지도 꾸준히 사랑받는 작품이다.

주소 Domgasse 5
위치 성 슈테판 대성당 뒤편　　운영 화~일 10:00~18:00
요금 일반 €12, 학생 €10　　　전화 512 1791
홈피 www.mozarthausvienna.at

3. 슈베르트 생가와 슈베르트 기념관
Schubert Geburtshaus & Schubert Sterbewohnung

1797년 1월 31일 가곡의 왕 슈베르트는 이 건물 2층에서 태어나 4년 반 동안 살았다. 그가 31세의 나이로 요절한 곳은 형의 집으로 이곳은 슈베르트 기념관이 되었다. 빈에서 태어나 빈에서 죽었던 슈베르트는 한 번도 자기 집을 가져본 적이 없었는데, 사후엔 그의 유언대로 베토벤의 옆에 잠들었다.

생가
주소 Nußdorfer Straße 54
위치 U6 Nußdorfer Straße역에서 도보 8분 또는
　　 트램 37·38번을 타고 Canisiusgasse 정류장에서 하차
운영 화~일 10:00~13:00, 14:00~18:00
　　 (월요일, 신정, 노동절, 성탄절,
　　 12월 24·31일 13:00~18:00 휴무)
요금 일반 €5, 학생 €4, 매월 첫째 일요일 및 19세 이하 무료
전화 317 3601　　　홈피 www.wienmuseum.at

기념관
주소 Kettenbrückengasse 6
위치 U4 Kettenbrückengasse역에서 도보 5분
운영 수·목 10:00~13:00, 14:00~18:00
　　 (금~화요일, 신정, 노동절, 12월 24~25·31일 휴무)
요금 일반 €5, 학생 €4, 만 19세 이하 무료
전화 581 6730
홈피 www.wienmuseum.at

❶ 모차르트
❷ 슈베르트
❸ 빈 궁전 정원의 모차르트 동상
❹ 베토벤
❺ 하이든
❻ 요한 스트라우스 2세
❼ **왼쪽부터**
　요한 스트라우스의 묘,
　슈베르트의 묘,
　브람스의 묘,
　베토벤의 묘

4. 베토벤 파스칼라티 하우스
Beethoven Pasqualati Haus

베토벤의 후원자이자 집주인인 파스칼라티 남작의 이름을 딴 18세기 건물. 베토벤은 이 아파트의 4층에서 총 8년간 살았고, 이곳에서 교향곡 4, 5(운명), 7, 8번이 탄생했다.

주소　Mölker Bastei 8
위치　U2 Schottentor역에서 도보 3분
운영　*슈베르트 생가와 동일
요금　*슈베르트 생가와 동일
전화　535 8905
홈피　www.wienmuseum.at

5. 하이든 하우스 Haydn Haus

교향곡의 아버지라 불리는 하이든이 1797년부터 1809년 세상을 떠날 때까지 살았던 곳으로 그의 대표작 〈천지창조〉와 〈사계〉를 이곳에서 작곡했다.

주소　Haydngasse 19
위치　U3 Zieglergasse역에서 도보 5분
운영　*슈베르트 생가와 동일
요금　*슈베르트 생가와 동일
전화　596 1307
홈피　www.wienmuseum.at

6. 요한 스트라우스 아파트 Johann Strauß Wohnung

요한 스트라우스는 왈츠의 아버지라 부르고, 동명의 아들인 요한 스트라우스 2세는 왈츠의 왕이라 부른다. 우리나라의 〈아리랑〉 같은 오스트리아의 비공식 송가 〈아름답고 푸른 도나우〉는 아들인 요한 스트라우스 2세가 1867년 이곳에서 작곡한 곡이다.

주소　Praterstraße 54
위치　U1 Nestroyplatz역에서 도보 3분
운영　*슈베르트 생가와 동일
요금　*슈베르트 생가와 동일
전화　214 0121
홈피　www.wienmuseum.at

7. 중앙 묘지 Zentralfriedhof

1874년 조성된 방대한 시립 묘지로 55만 기에 달하는 묘지와 납골당, 화장장, 교회 등이 있다. 깔끔하게 관리되어 있고, 곳곳에 벤치와 나무들이 있어 공원의 느낌이 나기도 한다. 역대 대통령 및 과학자, 작가, 배우 등 유명인들과 음악가들이 잠들어 있는 곳. 음악가들의 묘지는 2번 문(Tor 2)에서 100m쯤 직진 후 왼편 32A구역이다. 시신이 유실된 것으로 알려진 모차르트는 묘비 대신 기념비가 있다. 이 외에도 49구역에서 체르니, 54구역에서 살리에리의 묘지를 찾을 수 있다. 출입구 사무실이나 묘지 내 안내소에서 지도를 판매한다.

주소　Simmeringer Hauptstraße 234
위치　U3 Simmering역에서 트램 11·71번을 타고
　　　Zentralfriedhof Tor 2 정류장 하차
운영　11~2월 08:00~17:00,
　　　3·10월 07:00~18:00,
　　　4·9월 07:00~19:00,
　　　5~8월 07:00~20:00, 공휴일 10:00~17:00
　　　※ 변동 가능
전화　534 69 28405
홈피　www.friedhoefewien.at

빈 건축기행

빈에는 고풍스러운 아름다움을 자랑하는 건축물들이 많다. 이에 더해 독특한 개성과 자유로운 상상력으로 무장한 현대 건축물들도 빈에서 누릴 수 있는 즐거움 중 하나다. 오스트리아를 빛낸 현대 건축가들 중 가장 먼저 손꼽히는 사람은 단연코 훈데르트바서와 오토 바그너다. 이들의 작품들은 주요 관광지로부터 살짝 외곽에 있지만 대중교통으로 쉽게 찾아 갈 수 있다. 건축애호가나 관련업 종사자들이라면 관광안내소에서 건축 전문 브로슈어를 얻을 수 있으니 꼭 참고하자.

프리덴슈라이히 훈데르트바서
Friedensreich Hundertwasser

오스트리아의 화가이자 건축가, 환경운동가로 스스로 지은 이 이름은 평화롭게 흐르는 백 개의 강이라는 뜻이다. 이러한 자연주의적 철학에 입각해 다양한 색채와 곡선이 드러난 유기적인 건축물들을 남겼다. 색색의 타일과 각기 다른 모양의 기둥들, 수채화의 붓 터치를 그대로 옮겨 놓은 것 같은 색감으로 이루어진 건물들은 종종 현실감을 잊게 만든다.

1. 슈피텔라우 쓰레기 소각장
Verbrennungsanlage Spittelau

사전정보 없이 방문한다면 건물의 용도를 파악하기 힘들 것이다. 기피시설인 쓰레기 소각장을 명소로 만든 사고의 전환이 돋보인다. 훈데르트바서의 철학처럼 완벽한 친환경 시설이라 더 의미가 깊다. 특유의 불규칙성과 색감, 굴뚝에 얹은 금색 돔이 유머러스한 느낌을 준다. 역 밖으로 나오면 바로 보이니 잠시 시간을 내서 꼭 들러보자.

위치 U4·U6 Spittelau역사 밖

2. 쿤스트하우스 빈 Kunst Haus Wien
가구공장을 1892년 리모델링한 결과물로 내부엔 미술관과 기념품점, 카페 등이 있다. 훈데르트바서의 미술작품, 그래픽 아트, 건축 모형 등을 전시하고 있으며 내부 역시 울퉁불퉁한 바닥, 나선형 계단, 불규칙한 장식 등으로 꾸며져 있다.

주소 Untere Weißgerberstraße 13
위치 U1·U4 Schwedenplatz역에서 1번
       (Prater Hauptallee행) 트램을 타고
       Radetzky Platz 하차, 도보 5분
운영 10:00~18:00 *내부 공사로 24년 1월까지 휴관
요금 일반 €11, 학생 €5   전화 712 0491
홈피 www.kunsthauswien.com

3. 훈데르트바서 하우스 Hundertwasser Haus
1985년 시 당국의 건의로 지어진 시립 주택으로 쿤스트하우스 근처. 현재 52가구의 주택과 5개의 상점, 놀이터, 지붕 정원, 윈터 가든 등이 있다. 52가구 중 같은 집이 하나도 없다고 하며, 건물 곳곳에 나무와 풀이 자라고 있어 자연스러운 조화를 이룬다. 내부로는 들어갈 수 없다.

주소 Kegelgasse 36-38
위치 U1·U4 Schwedenplatz역에서 1번
       (Prater Hauptallee행) 트램을 타고
       Hetzgasse 하차(쿤스트하우스에서 도보 5분)
전화 470 1212
홈피 www.hundertwasser-haus.info

❶ 쿤스트하우스 빈 ❷ 내부 ❸ 계단 ❹ 훈데르트바서 하우스 ❺ 분수 ❻ 1층 카페

오토 바그너
Otto Wagner

오스트리아의 건축가(1841 ~1918)로 오스트리아 근대 건축의 리더로 칭송받는다. 초기엔 고전주의, 아르누보 양식의 설계를 이용했으나 후기엔 실용적이고 간소화된 양식의 건축물을 남겼다. 이러한 성향은 과거에서 벗어나 새로운 시대에 부응하자는 예술사조인 분리파 운동(체체시온Sezession)으로 발전했으며 이는 근대 디자인 혁신의 물꼬를 튼 계기가 되었다.

1. 카를플라츠 역사Karlsplatz

아르누보 양식의 건축물로 1899년 완성됐다. 금장식과 해바라기 문양이 어우러진 두 개의 건물이 마주보고 있는데, 각각 카페와 갤러리로 쓰인다.

위치 U1·U2·U4 Karlsplatz역

2. 마욜리카 하우스 & 메들라인 하우스
Majolika Haus & Medallion Haus

대표적인 아르누보 양식의 건축물로, 건물 형태는 흔하지만 건물 바깥의 장식이 독특하다. 마욜리카 하우스는 외관의 장미 문양에 쓰인 타일의 이름에서 따온 이름이며, 파스텔 톤 장미꽃 문양이 낭만적인 분위기를 만들어준다. 건물은 주택으로 쓰인다. 바로 옆의 메들라인 하우스는 금색 메달과 야자수, 꽃잎으로 장식돼 있어 화려한 느낌을 준다. 역시 금으로 장식한 내부의 엘리베이터가 유명하다.

주소 Linke Wienzeile 38-40
위치 U4 Kettenbrückengasse역 또는
　　　나슈마르크트 근처(p.196)

3. 우체국 저축은행Postsparkasse

고전주의 건축에서 현대 건축으로 넘어가는 과도기의 작품으로, 1906년 완공되었다. 현재 P.S.K. 은행의 본사로 쓰이며, 중앙홀엔 요제프 황제의 부조 및 건물 모형이 있다. 박물관엔 200여 점의 관련 자료를 전시한다.

주소 Georg Coch Platz 2
위치 U1·U4 Schwedenplatz역에서 도보 5분,
　　　U3 Stubentor역에서 도보 3분
운영 박물관 월~수·금 13:00~18:00, 목 13:00~20:00
요금 무료
전화 59 998 999
홈피 www.ottowagner.com

4. 암 슈타인호프 교회Am Steinhof Kirche

슈타인호프 정신병원 내의 가톨릭교회로 오스트리아의 수호성인인 St. Leopold 교회라 부르기도 한다. 아름다운 아르누보 양식의 교회는 1907년 완성됐으며, 황금색 돔과 조각상, 금장식 및 스테인드글라스 등으로 장식돼 있다.

주소 Baumgartner Höhe 1
위치 U2·U3 Volkstheater역에서 48A
　　　(Baumgartner Höhe행)번 버스를 타고 Klinik
　　　Penzing 정류장에서 하차, 병원 안의 언덕 끝
운영 토 14:00~17:00, 일 11:00~17:00(월~금요일 휴무)
요금 일반 €7
전화 910 60 11007

& 빈 하루 여행

빈은 다양한 분야의 문화유산을 지니고 있어 세심하게 들여다 볼수록 더욱 구체적인 매력을 내보이는 도시다. 일반적인 관광 일정에서 살짝 벗어나 나만의 테마를 가진 루트를 만들어본다면 빈이라는 도시가 더욱 각별한 느낌으로 기억될 것이다. 테마에 맞춰 넉넉하게 하루를 투자해보거나, 관광 일정과 동선이 맞는 몇 곳을 추가해 보는 것도 좋다.

〈비포 선라이즈Before Sunrise〉 따라 가기

1995년 발표된 영화로, 9년 후에 〈비포 선셋〉, 또 9년 후에 〈비포 미드나잇〉이 나와 비포 3부작의 첫 시리즈다. 수많은 이들에게 '여행지에서의 로맨스'라는 위험한(?) 로망을 심어준 작품이다. 기차에서 우연히 만난 미국 남자 제시와 프랑스 여자 셀린느가 하룻밤 동안 빈의 거리를 돌아다니다 서로에게 사랑의 감정이 싹트고, 6개월 후 재회를 약속하며 헤어진다. 영화 속에서 둘은 끊임없는 대화를 나누고, 거리에서 다양한 사람들을 만나는데, 빈의 구석구석이 아주 훌륭한 배경이 되어준다.

① 기차에서 내렸던 서역 7번 플랫폼
② 제시와 셀린느가 연극인을 만나는 녹색 철교(1번 트램 Julius Raab Platz 정류장 근처, U1 Schwedenplatz에서 도보 7분)
③ 함께 노래를 듣던 레코드점 Alt & Neu(Windmühlgasse 10)
④ 이름 없는 자의 공동묘지 Friedhof der Namenlosen
⑤ 둘이 키스한 프라터 유원지의 대관람차(p.182 참고)
⑥ 손금 보는 사람을 만난 광장과 Kleines Cafe (Franziskaner pl. 3)
⑦ 손가락 전화를 하던 Cafe Sperl(p.194 참고)
⑧ 둘이 갔던 Maria Am Gestade 성당
⑨ 제시가 와인을 청했던 Roxy Club(Faulmanngasse 2)
⑩ 둘이 앉았던 알베르티나 박물관 난간
⑪ 둘이 함께 밤을 보내는 Auer Welsbach Park

ⓐ 녹색 철교 Zollamtssteg
ⓙ 알베르티나 박물관 난간

ⓒ Alt & Neu 레코드점
ⓓ 이름 없는 자의 공동묘지
ⓕ Kleines Cafe와 광장
ⓖ Cafe Sperl

 빈의 레스토랑 & 카페

빈의 역사와 전통만큼 다양한 레스토랑이 영업 중이다. 오스트리아 대표 음식인 슈니첼은 어디서든 쉽게 먹을 수 있으며, 푸짐한 립 요리도 유명하다. 최대 번화가인 링 안에 맛집들이 많다. Anker 빵집의 빵이나 길거리 케밥은 빠르고 저렴하게 한 끼를 해결하고 싶을 때 좋다. 레스토랑 말고도 빈에서 절대 빼놓을 수 없는 것이 카페 탐방인데, 역사와 이야기가 깃든 전통 카페에서 커피와 케이크 한 조각으로 여행의 피로를 달래거나 간단한 식사를 즐겨보자.

요금(1인 기준, 음료 불포함)
€10 미만 € | €10~20 미만 €€ | €20 이상 €€€

오스트리아 빵 젬멜을 곁들인 아침식사

슈니첼비르츠 Schnitzelwirt

오스트리아에서 꼭 맛봐야 하는 음식인 슈니첼을 가장 저렴하게 즐길 수 있는 곳. 100년이 넘은 식당으로 허름하지만 정겨운 분위기다. 현지인과 관광객으로 늘 붐벼 합석해야 할 때도 있다. 슈니첼 양이 많아 여성 2명이라면 슈니첼 하나와 샐러드를 시켜 나눠 먹으면 충분하다.

레스토랑

주소 Neubaugasse 52
위치 U3 Neubaugasse역에서 도보 10분
운영 월~토 11:00~22:00(일·공휴일 휴무)
요금 예산 €
전화 523 3771
홈피 www.schnitzelwirt.co.at

슈니첼비르츠 슈미트

피그뮐러

크기를 손과 비교해보시라!

피그뮐러 Figlmüller

성 슈테판 대성당에서 3분 거리에 있는 식당으로 1905년부터 영업한 전통 있는 곳. 늘 북적이는 곳이라 웨이팅은 기본인데, 바로 옆에 분점도 있다. 대표 메뉴는 지름이 30cm가 넘는 어마어마한 크기의 슈니첼이지만 다른 고기 요리를 선택해도 좋을 만큼 맛이 훌륭하다.

레스토랑

주소 Wollzeile 5
위치 U1·U3 Stephansplatz역에서 도보 3분
운영 11:00~22:30
요금 예산 €€
전화 512 6177
홈피 www.figlmueller.at

립스 오브 비엔나 Ribs of Vienna

식당 이름처럼 립 요리 전문점으로 바비큐 소스를 발라 구운 립이 대표 메뉴이며, 우리 입맛에 딱 맞아 한국인 단체 관광객들도 많이 찾는 곳이다. 양이 많으니 2인이라면 립과 샐러드를 시켜 나눠 먹으면 된다. 케른트너 거리 근처라 찾아가기 좋고, 성수기에는 예약을 권장한다.

레스토랑

주소   Weihburggasse 22
위치   케른트너 거리 중간의 Weihburggasse
운영   월~금 12:00~24:00
       (브레이크 타임 15:00~17:00),
       토·일·공휴일 12:00~24:00
요금   예산 €€
전화   513 8519
홈피   www.ribsofvienna.at

아카키코 Akakiko

서양식에 질렸을 때 찾아가기 좋은 캐주얼한 일식 체인점. 초밥, 덮밥, 도시락, 우동, 라면 등 일식 전문이지만 오너가 한국인이어서 불고기 비빔밥도 있다. 뜨거운 국물과 매콤한 맛이 그리울 때 더없이 반가운 곳. 포장도 가능하다.

레스토랑

주소   Singerstraße 4
위치   성 슈테판 대성당 옆 골목
운영   10:30~23:00
요금   예산 €~€€
전화   5733 3140
홈피   www.akakiko.at

요리 Yori

한국인들은 물론 현지인도 많이 찾는 한식당이다. 실내와 야외 테라스석이 있다. 백반, 비빔밥, 찌개, 라면, 볶음 요리 등의 정갈한 한식이 1인상으로 나온다. 도시락 포장도 가능하며, 가까운 거리는 배달도 된다. 주말 저녁 시간에는 예약을 하는 것이 좋다.

한식당

주소   Wiesingerstraße 8
위치   U1·4 Schwedenplatz역에서 도보 5분
운영   11:00~23:00
       (브레이크 타임 일~목 15:00~18:00,
       금·토 15:00~17:30)
요금   예산 €€
전화   057 333 777
홈피   www.yori.at

© www.yori.at

킴 코흐트 Kim Kocht

레스토랑

〈마스터 셰프 코리아〉의 심사위원이었던 김소희 셰프의 퓨전 한식당이다. 비빔밥, 소면, 불고기 등 단품 메뉴와 점심 및 저녁 코스 요리도 즐길 수 있다. 코스 요리는 반드시 전화로 예약해야 한다(한국어 가능). 근처의 Kim Shop에서는 간단한 채식 메뉴를 판매하며, 양념, 기름 등의 식재료, 와인, 요리책 등을 살 수 있다.

주소 Waehringer Strasse 46
위치 트램 37·38·40·41·42번 Spitalgasse 하차 도보 2분
운영 화 12:00~15:00, 수~금 12:00~15:00, 18:30~23:00
(토~월요일 휴무)
요금 예산 €€, 코스요리 €€€
전화 664 425 8866　홈피 www.kimkocht.at

줌 마르틴 젭
Zum Martin Sepp

레스토랑

햇포도주 주점인 호이리게가 몰려 있는 그린칭에서 가장 오래된 곳 중 하나. 바이올린이나 아코디언 연주를 들으며 맛 좋은 포도주와 오스트리아 전통 음식을 즐길 수 있다. 현지인과 관광객 모두에게 인기가 좋은 곳이라 늘 북적이는 편이다. 추울 때가 아니라면 실내보다는 정원의 식탁에 자리를 잡는 것이 운치를 더한다. 와인샘플러 메뉴가 있어 다양한 맛의 와인 시음이 가능하다.

주소 Cobenzlgasse 34
위치 U2 Schottentor역 지하의 트램정류장에서 38번 트램을 타고 종점 Grinzing 하차
운영 12:00~23:00
요금 예산 €€
전화 320 3233
홈피 www.zummartinsepp.at

Tip **역사와 전통이 숨 쉬는 유명 카페를 가다**

빈 시내 관광을 하다 보면 수백 년 넘게 이어져온 카페들과 마주치게 된다. 빈 카페의 역사는 1685년으로 거슬러 올라가는데, 빈을 침공했던 오스만튀르크인이 버리고 간 커피원두를 끓여 판 것이 그 시초라 한다. 빈의 오래된 카페들을 쉬이 지나칠 수 없는 이유는 카페가 단지 음료를 파는 장소에 불과한 것이 아니라 수많은 역사와 인물과 이야깃거리를 보듬은 문화의 장이기 때문이다. 당대의 작가들과 철학자, 예술가들은 카페로 모여 함께 토론하고 교류했으며, 그러한 시간들이 켜켜이 쌓여 수많은 문화유산을 빚어냈다. 빈의 카페 문화는 또 하나의 유산으로 인정받아 2011년 세계문화유산에 등재되기도 했다. 타임머신을 잡아타고 과거로 돌아가 옛날 어느 지식인처럼 커피 한잔을 즐겨보자. 자리마다 담당 웨이터가 있고, 주문과 계산 시 그 웨이터와 눈을 마주치면 된다. 서비스가 좀 느려도 여유를 갖고 기다리자.

카페 자허 Café Sacher

카 페

자허 도르테Sacher Torte는 초콜릿 시트 사이에 살구잼을 넣고 초콜릿으로 코팅한 케이크다. 1832년, 요리사의 아들이자 견습생이었던 프란츠 자허가 메테르니히 수상의 명령으로 만든 케이크로, 훗날 오스트리아의 대표 음식이 되었다. 맛이 요란하지 않고 묵직하며 많이 달지 않아 남녀노소 모두에게 인기가 좋다. 카페 자허는 자허 호텔과 함께 운영하며, 오페라 하우스, 관광안내소와 가까워 들르기 편하다. 고급스러운 실내에서 직원의 깍듯한 서비스를 받으며 커피 한 잔과 곁들이는 자허 토르테 한 조각은 빈에서 가장 인상적인 순간을 선사한다.

주소 PhilharmonikerStraße 4
위치 U1·U2·U4 Karlsplatz역에서 도보 5분
운영 08:00~20:00
요금 예산 €
전화 51 456 661
홈피 www.sacher.com

& 비엔나엔 비엔나 커피가 없다?

결론부터 말하자면 틀리기도 하고 맞기도 하다. '비엔나 커피'라는 이름의 커피는 없지만 '비엔나 커피'의 맛에 부합하는 커피는 있기 때문이다. 이 '비엔나 커피' 외에도 우리가 즐겨 마시는 커피들이 빈에서는 다른 이름으로 존재하니 낯선 단어에 긴장하지 말자.
빈의 카페에서 커피를 주문하면 은색 쟁반에 커피와 한 잔, 때로는 초콜릿 조각을 같이 내오는 것이 기본 세팅이다. 물 잔을 비우면 따로 요청하지 않아도 웨이터가 물을 따라주기도 한다.

1. 아인슈페너Einspänner
에스프레소에 물과 설탕을 넣은 후 생크림을 얹은 커피로, 비엔나 커피와 가장 흡사하다. '한 마리 말이 끄는 마차'라는 뜻으로 마부가 주인을 기다리는 동안 설탕을 젓지 않고 마실 수 있게 고안한 커피라는 설이 있다.
2. 멜랑지Melange
'섞는다'는 뜻의 커피로 블랙커피에 우유거품을 얹어 카푸치노와 비슷하다.
3. 밀크카페Milchkaffee
따끈한 우유에 섞은 커피로 카페오레, 카페라테와 비슷한 맛이다.
4. 슈바르처 오더 모카Schwarzer oder Mokka
'블랙 또는 모카'라는 뜻의 에스프레소 커피다. 싱글 및 더블 사이즈가 있으며, 오스트리아 법에 따라 원두 양은 7.5g 이상을 사용하고, 기계에서 60초 정도 추출한다.
5. 클레이너 브라우너Kleiner Brauner
'작은 갈색'이라는 뜻으로 슈바르처 오더 모카에 우유나 크림을 섞는 커피인데, 마시는 사람이 조절할 수 있게 따로 제공한다.

4. 슈바르처 오더 모카

1. 아인슈페너
2. 멜랑지

카페 첸트랄 Café Central

카 페

주소 Herrengasse 14
위치 U3 Herrengasse역에서 도보 1분
운영 월~토 08:00~21:00,
　　 일·공휴일 10:00~21:00
요금 예산 €
전화 533 3763
홈피 www.cafecentral.wien

1876년에 오픈한 빈의 3대 커피하우스 중 한 곳으로 화가 클림트와 연인 에밀리가 자주 찾았던 곳으로 알려져 있다. 유명 단골 목록에는 정신분석학의 아버지 프로이트와 독재자 히틀러, 작가 알덴베르크 등이 있는데 특히 알덴베르크는 언제나 카페 첸트랄에 머물렀기 때문에 지금도 입구 앞의 밀랍인형으로 함께하고 있다. 카페 중앙엔 피아노가 있어 때때로 재능 있는 손을 가진 손님들의 피아노 연주를 들을 수 있다. 커피와 제과류는 물론, 간단한 식사류도 판매해 레스토랑의 역할을 겸한다.

카페 데멜 Café Demel

카 페

주소 Kohlmarkt 14
위치 U3 Herrengasse역에서 도보 3분
운영 10:00~19:00
요금 예산 €
전화 535 1717
홈피 www.demel.at

1786년 개업했으며, 합스부르크 왕실에 제과를 납품했던 경력에서 그 품질을 짐작할 수 있다. 데멜의 토르테 역시 굉장히 유명해 '카페 자허'와는 오랜 경쟁 관계다. 실제로 두 카페는 상표권을 두고 법정까지 갔으며, '원조 자허 토르테'라는 상표는 카페 자허, 삼각형이 그려진 '에두아르트의 자허 토르테'라는 상표는 카페 데멜의 차지가 됐다. 데멜은 자허 토르테를 포함해 다양한 종류의 케이크, 과자, 사탕, 차 등을 판매하여 선물용으로 구입하기 좋다. 또한 제빵실이 유리로 되어 있어 파티시에의 작업 과정을 구경할 수 있다.

카페 임페리얼 Café Imperial

1873년 처음 문을 연 유서 깊은 이 특급 호텔엔 대통령
과 국왕 및 수많은 유명인사들의 걸음이 새겨져 있다. 호
텔 1층의 카페 역시 호텔의 기조와 마찬가지로 우아하고
고급스러운 왕궁처럼 꾸며져 있으며, 호텔의 명성에 걸
맞은 질 좋은 커피와 케이크를 낸다.

카 페

주소 Kärntner Ring 16
위치 U1·U2·U4 Karlsplatz역에서 도보 5분
운영 07:00~23:00
요금 예산 €€
전화 50 110 389
홈피 www.cafe-imperial.at

카페 란트만 Cafe Landtmann

카페 로고에 붙어 있듯 1873년 문을 연 전통 있는 카페.
국회의사당과 빈 대학, 왕궁 극장이 근처에 있어 당대의
정치인과 지식인들, 예술가들의 사교의 장으로 유명하
다. 특히 정신분석학의 대가 프로이트가 단골로 찾던 곳.

카 페

주소 Universitätsring 4
위치 U2 Schottentor역에서 도보 3분
운영 07:30~22:00
요금 예산 €
전화 24 100 120
홈피 www.landtmann.at

카페 슈페를 Café Sperl

1880년 오픈한 카페로, 슈페를 가에 팔린 적이 있어 유
래한 이름이다. 대리석 탁자와 크리스털 샹들리에 등 전
형적인 전통 빈 카페 스타일로 꾸며져 있으며, 수많은 작
가와 음악가, 건축가,
배우 등이 이곳을 거쳐
갔다. 영화 〈비포 선라
이즈〉, 〈데인저러스 메
소드〉에도 등장한다.

카 페

주소 Gumpendorfer Straße 11
위치 U2 Museumsquartier역에서 도보 5분
운영 월~토 07:00~22:00,
     일·공휴일 10:00~20:00
     (7·8월 일요일 휴무)
요금 예산 €
전화 586 4158
홈피 www.cafesperl.at

스와로브스키 Swarovski

1895년 오스트리아 서부의 작은 마을 바튼스^{Wattens}에서 시작된 스와로브스키는 끊임없는 기술 개발로 최고의 크리스틸 제조사로 성장했다. 일반에게 가장 친숙한 분야는 액세서리인데, 케른트너 거리에만 두 곳의 매장이 있다. 그중 좀 더 큰 매장을 소개한다.

주소 Kärntner Straße 24
위치 U1·U2·U4 Karlsplatz역에서 도보 8분
운영 월~금 09:00~19:00, 토 09:00~18:00
      (일·공휴일 휴무)
전화 324 0000
홈피 vienna.swarovski.com

슈테플 백화점
Steffl Kaufhaus (Steffl Department Store)

빈의 대표 쇼핑가인 케른트너 거리의 고급 백화점으로 명품 브랜드를 취급한다. 세일 기간이면 다양한 신상품을 적당한 가격에 구매할 수 있다. 맨 위층의 Sky Bar와 레스토랑에서는 성 슈테판 대성당의 지붕을 정면으로 볼 수 있다. 5층에 세금 환급 데스크가 있어 편리하다.

주소 Kärntner Straße 19
위치 U1·U2·U4 Karlsplatz역에서 도보 10분
운영 월~금 10:00~20:00, 토 10:00~18:00
      (일·공휴일 휴무)
전화 930 560
홈피 www.steffl-vienna.at

나슈마르크트 Naschmarkt

쇼핑

빈지일레^{Wienzeile} 기리를 따라 약 1.5km에 달하는 길쭉한 재래시장으로 16세기에 나무 우유통을 거래했다는 기록이 있으며, 1793년부터 다뉴브 강을 통해 싣고 온 과일과 채소를 수레에 담아 팔았다고 한다. 그 전통이 이어져 식재료 가게 중심의 시장이 됐고, 이국적인 메뉴를 내놓는 가판대와 식당도 많다. 매주 토요일 아침이면 시장 끝 광장에서 벼룩시장이 열려 구경거리가 두 배로 는다.

위치 U4 Kettenbruckengasse역
운영 월~금 06:00~19:30, 토 06:00~17:00
(일요일 휴무)
※ 식당, 카페는 더 늦게까지 연다.
홈피 www.naschmarkt-vienna.com

아시안 슈퍼마켓

치즈와 채소 좌판

판도르프 아웃렛 McArthurGlen Designer Outlet Parndorf

쇼핑

유럽 최대의 아웃렛으로 명품, 스포츠용품, SPA, 주방용품 등 다양한 브랜드의 상품을 최대 70%까지 저렴한 가격에 살 수 있다. 또한 레스토랑, 카페, 놀이방, ATM, 세금 환급 데스크 등 부대시설도 잘 갖춰져 있어 편하다. 워낙 규모가 크니 안내도를 받아 관심 있는 브랜드에 체크하고 둘러보자. 일 년 내내 손님들로 붐비지만 성수기나 휴일 등엔 인기 매장이나 세금 환급 데스크의 줄이 훨씬 더 길어진다. 따라서 개장 시간에 맞춰 가거나 쇼핑 시간을 넉넉하게 잡고 셔틀버스를 예매하는 편을 추천한다.

주소 Designer Outlet Straße 1, 7111 Parndorf
위치 셔틀버스 오페라 하우스 건너편 Opernring
3-5 정류장 승차. 홈페이지 예약 필수(왕복 €21).
월~목 09:30, 금 09:30, 11:30, 13:30, 토 09:30,
11:30 출발(약 40분 소요) *시간 변동 가능
기차 Parndorf Ort역에서 택시 이용(5분 소요)
운영 월~수 09:00~20:00, 목·금 09:00~21:00,
토 09:00~18:00(일요일 휴무)
전화 2166 361430
홈피 www.mcarthurglen.com(한국어 지원)
셔틀버스 예매 www.parndorf-shuttlebus.at

판도르프 아웃렛 입구

Tip

빈의 숙소

일 년 내내 관광객이 몰리는 도시라 숙소의 가격과 형태가 다양하다. 아무래도 다른 동유럽 국가들에 비해 비싼 편이다. 대형 체인 호스텔이 많은 게 특징이며, 주로 서역West Bahnhof 근처에 몰려 있다. 이 외에 한인민박, 에어비앤비, 아파트먼트, 중저가 호텔, 고급 호텔까지 선택의 폭이 넓다.

요금(성수기 기준)
€30 미만 € | €30~60 미만 €€ | €60 이상 €€€

움밧 시티 호스텔 나슈마르크트
Wombats City Hostel Naschmarkt

호스텔

4개국에 지점이 있는 대형 체인 호스텔로, 재래시장인 나슈마르크트 근처에 있으며 링과도 가깝다. 대형 호스텔 특유의 시스템과 노하우로 편안히 지낼 수 있다. 바와 주방, 세탁 시설, 엘리베이터 등 시설이 잘 갖춰져 있고, 조식은 유료다.

주소 Rechte Wienzeile 35
위치 U4 Kettenbrückengasse역에서 도보 2분
요금 예산 €€
전화 897 2336
홈피 www.wombats-hostels.com/vienna

© Wombats City Hostel Naschmarkt

움밧 시티 호스텔 나슈마르크트

호스텔 루텐슈타이너

호스텔 루텐슈타이너
Hostel Ruthensteiner

호스텔

언제나 인기 좋은 대형 호스텔로 아늑하게 쉴 수 있는 정원이 있는 게 특징이다. 필요 없는 물품 교환 박스를 운영하는 센스도 있다. 조식은 유료다. 주방과 세탁시설, 로커, 바 등이 잘 갖춰져 있다. 다양한 룸 타입이 있으며, 홈페이지에 한국어 버전이 있어 예약이 편리하다.

주소 Robert Hamerlinggasse 24
위치 U3·U6 West Bahnhof역에서 도보 6분
요금 예산 €€
전화 893 4202
홈피 www.hostelruthensteiner.com

두 스텝 인 센트럴
Do Step Inn Central

중앙역 근처의 무인 호스텔. 비교적 관리가 잘
되는 편이며 한국어로 설명도 되어 있다. 개인
침대에 설치된 문을 잠글 수 있어 사생활과 개인
물품 보호가 용이하다. 슈퍼가 가깝고 주방 시설
이 잘 되어 있다.

주소 Südtiroler Platz 3
위치 U1 Südtiroler Platz역에서 도보 1분, 중앙역
      (U1 Hauptbahnhof)에서 도보 5분
요금 예산 €
전화 982 3314
홈피 www.dostepinn.com/central

A&O 호스텔
A&O Wien Hauptbahnhof

독일 등에도 지점이 있는 체인 숙소로 호스텔과
저렴한 호텔을 함께 운영한다. 중앙역과 아주 가
깝다는 것이 최고의 장점이며, 건물이 커서 방
과 공용 공간도 널찍하다. 주방이 없고, 시트비
(€3.5)를 따로 내야 한다.

주소 Sonnwendgasse 11
위치 중앙역(U1 Hauptbahnhof)에서 도보 3분
요금 예산 €
전화 602 0617 3800
홈피 www.aohostels.com

비엔나 가르텐하우스
Vienna Gartenhaus

이름처럼 정원이 딸려 있다. 1~4인 개인실과 남
녀 도미토리로 운영한다. 한식 아침 식사를 제
공하며, 1층에 있어 짐 운반이 편하고 방이 넓은
편이다.

주소 Margaretenstraße 103
위치 U4 Pilgramgasse역에서 도보 5분
요금 예산 €€
전화 카카오톡 ID wiengarten

비엔나 소미네
Vienna Somine

도미토리와 1~4인실이 있으며 전 객실에 욕실,
화장실, 에어컨이 설치돼 있다. 한식 아침 식사
를 제공하며 요금은 고정환율(1€=1,400원)로
계산한다.

주소 Margaretengürtel 46/7
위치 중앙역 지하에서 18번 트램(Burggasse
      Stadthalle 방향)을 타고 Matzleinsdorfer
      Platz 정류장 하차, 도보 3분
요금 예산 €€
전화 676 383 3986(카카오톡 ID viennasomine)
홈피 www.viennasomine.com

노붐 호텔 프린츠 유젠

Novum Hotel Prinz Eugen

호 텔

중앙역 근처에 있어 교통이 좋고, 이동이 편리하다. 고풍스러운 스타일로 꾸며져 있으며 시설은 약간 낡았으나 청결도는 좋은 편. 친절한 직원들과 합리적인 가격이 매력이다.

주소 Wiedner Gürtel 14
위치 U1 Hauptbahnhof역에서 도보 5분
요금 예산 €€€
전화 505 1741
홈피 www.novum-hotels.com/en/hotel-prinz-eugen-wien

프린츠 유젠 호텔

호텔 샤니 빈
Hotel Schani Wien

호 텔

캐주얼한 4성급 호텔. 링으로 가는 D번 트램 정류장 근처다. 밝은 톤의 색상을 이용한 아기자기한 인테리어가 돋보이며, 시설 역시 매우 깨끗하다. 셀프체크인이 가능하며, 방이 준비되었다면 얼리 체크인을 해준다.

주소 Karl-Popper-Straße 22
위치 중앙역에서 도보 5분
요금 예산 €€€   전화 955 0715
홈피 www.hotelschani.com

시티 펜션 호텔 Pension City

성 슈테판 대성당 근처에 있어 관광하는 데 최적의 위치. 개인이 운영하는 소규모 호텔로 최근 리노베이션을 거쳐 시설과 기기들이 깔끔하다. 간단한 관광 정보 및 각종 공연 티켓 예매 서비스를 제공한다.

호 텔

주소 Bauernmarkt 10
위치 U1·U3 Stephansplatz역에서 도보 3분
요금 예산 €€€
전화 533 9521
홈피 www.citypension.at

바하우 문화경관의 화룡점정 멜크 수도원 🏛

멜크 수도원Stift Melk(Melk Abbey)은 도나우 강 유역의 소도시 멜크에 있는 베네딕토 수도원으로 오스트리아와 독일을 통틀어 가장 큰 바로크 양식 건축물이다. 1106년 바벤베르크 왕가가 베네딕토 수도회에 왕궁과 주변의 땅을 기증한 것이 수도원의 시초가 되었다. 이후 건축가 야콥 프란타우어Jakob Prandtauer의 설계로 1702~1736년 사이 현재의 바로크 양식의 건축물이 완성됐으며, 수도원, 도서관, 예배당 등으로 이루어져 있다. 수도원 건축 사업엔 당대 최고의 예술가들이 참여해 아름다운 성화와 조각품, 내부 장식 등을 남겼다. 움베르토 에코의 소설 『장미의 이름』에서 이곳이 등장하기도 한다. 수도원과 정원, 공원까지 둘러보는 데 3시간 정도면 적당하다.

※ 바하우 티켓 추천 일정(일정 변동 가능)
08:30 빈 중앙역Wien Hbf에서 기차 탑승
08:58 장크트푈텐역St. Pölten Hbf에서 기차 환승
09:20 멜크역Melk Bhf 도착, 수도원 관람
13:50 선착장Schifffahrt에서 유람선 탑승
15:30 크렘스Krems 도착, 마을 둘러보기
16:51 크렘스역에서 기차 탑승
18:00 빈 프란츠 요제프역Franz Josefs Bhf 도착

주소 Abt Berthold Dietmayr Straße 1
위치 빈 중앙역에서 기차로 약 1시간 10분 정도 소요되며(서역에서 타도 된다), 시간당 2대꼴로 기차가 있다. 직행기차도 있지만 장크트푈텐역 St. Pölten Hbf에서 갈아타야 할 경우도 있다. 멜크역에서 언덕 위 수도원이 보이니 보이는 방향으로 걸어가면 된다. 수도원으로 올라가는 골목에 이정표가 잘 되어 있다.
운영 4~10월 09:00~17:30
 영어 가이드 투어 4·10월 10:55/14:55, 5~9월 10:55/13:55/14:55
 정원 4~10월 09:00~18:00
 ※ 겨울 운영 시간은 홈페이지 확인 요망
요금 일반 €13, 학생 €6.5
 가이드 투어 €3(약 1시간 소요)
전화 2752 5550
홈피 www.stiftmelk.at

수도원 관람은 박물관과 도서관, 예배당 등 내부와 정원, 공원 등 외부로 나뉜다. 수도원 박물관은 일직선으로 뻗어 있으며, 11개의 방마다 다른 테마로 꾸며져 있다. 단순히 수도원의 유물을 보존하는 차원이 아니라 빛과 레이저, 영상 등 현대 문명을 결합해 흥미로움을 배가시킨다. 전시가 끝나면 대리석과 장엄한 천장화로 꾸며져 있는 마블 홀이 나오고 다뉴브 강과 고요한 마을의 풍경을 감상할 수 있는 테라스가 있어 잠시 숨을 고를 수 있다. 쌍둥이 첨탑을 가까이서 볼 수 있는 곳이기도 하다. 테라스는 수도원의 중요한 존재의의 중 하나인 도서관과 연결된다. 종교·역사적으로 귀중한 사료인 중세의 필사본 등 약 10만 권의 장서를 보유하고 있으며, 자료 보호 차원에서 도서관 일부만 개방하고 사진촬영은 금지된다. 수도원 건물의 중심엔 금으로 된 장식과 천장화, 프레스코화 및 대리석으로 화려하게 장식된 예배당이 있는데, 11세기 아일랜드의 성인인 성 콜만 St. Coloman의 유골이 보관되어 있다.

수도원 입구 옆엔 정원이 있다. 아기자기하게 꾸며진 산책로와 분수, 유머러스한 조형물, 한국의 정자와 비슷한 나무 쉼터 등 완벽히 가꿔진 모습이다. 수도원 정면 끝 쌍둥이 계단 위의 공원도 꼭 둘러보기를 추천한다. 조용히 산책하기 좋다.

바하우 티켓
Wachau Ticket

멜크 수도원은 수도원 자체의 무게감뿐 아니라 수도원을 둘러싼 자연환경으로도 명성이 높다. 멜크부터 다뉴브 강으로 이어진 크렘스Krems까지는 수도원, 뒤른슈타인 성 등의 건축물, 작은 마을, 계단식 포도밭 등이 어우러진 빼어난 경관으로 유명하다. 이 지역을 바하우Wachau라 부르는데, 지역의 가치를 인정받아 바하우 문화경관Wachau Cultural Landscape은 2000년 유네스코 세계유산에 선정되었다.

4~10월에만 판매하는 바하우 티켓으로 2등석 기차와 유람선을 타고 멜크 수도원에 다녀올 수 있다. 가격은 €730이며 멜크 수도원 입장료가 포함된다. 티켓은 인터넷, OBB 사무소 및 앱, 자동발매기 등에서 살 수 있으며, 수도원과 유람선 바우처는 매표소에서 표로 바꿔야 한다.

홈피 www.railtours.at

일렬로 이어진 수도원 내부

마블 홀

정원의 분수

멜크 수도원 공원의 계단

공원에서 내려다본 마을의 전경

슬로바키아의 브라티슬라바

1993년 체코와 슬로바키아가 분리 독립하면서 브라티슬라바Bratislava는 슬로바키아의 수도가 되었다. 체코슬로바키아가 헝가리의 지배를 받던 시절, 브라티슬라바는 헝가리의 수도 역할을 하기도 했다(1536~1784년). 오스트리아의 대공비 마리아 테레지아가 헝가리의 여왕으로 등극할 때 즉위식이 열린 곳도 브라티슬라바다. 빈과 브라티슬라바는 세계에서 가장 가까운 수도여서 Twin City라는 공동 관광 프로모션을 하기도 한다. 브라티슬라바는 빈에서 1시간 거리에, 유로화를 쓰기 때문에 당일치기 여행으로 다녀오기 좋다.

위치 빈 중앙역에서 브라티슬라바 중앙역 Bratislava Hlavná Stanica까지 기차로 약 1시간이 걸린다. 역 앞에서 93번 버스를 타고 (정류장 앞 발매기에서 30분권(€0.9) 티켓을 구입해 승차 후 펀칭) Zochova 정류장에서 하차, 길을 건너 도보 5분이면 관광의 시작인 미하엘 문이다. 기차역에서 도보로는 약 20분이 걸린다. 빈의 슈베덴플라츠Schwedenplatz에서 브라티슬라바까지 유람선도 운행한다. 90분 정도 소요되며 요금은 기차보다 비싸다.
홈피 www.twincityliner.com

※ 브라티슬라바 관광안내소
구시가지 시청사 광장에 있다.
무료 지도와 여행 정보 등을 얻을 수 있다.
주소 Klobučnícka 2
운영 월~토 09:00~18:00, 일 10:00~16:00
      (점심시간 12:30~13:00)
홈피 www.visit.bratislava.sk

프리워킹 투어(Tip 투어)

현지인 영어 가이드를 따라 구시가지를 걸으며 관광하는 프로그램이다. 예약은 필요 없고 투어 시간에 맞춰 미팅 포인트에 가면 된다. 가이드가 녹색 티셔츠를 입고 있다. 투어가 끝난 후 약간의 Tip을 주는 것이 좋은데, €5 정도면 적당하다.

위치 구시가지 Hviezdoslav 광장의 Hviezdoslav 동상 앞
운영 11:00
홈피 www.befreetours.com

브라티슬라바의 구시가지는 작은 편이라 금방 둘러볼 수 있다. 구시가지 바깥의 브라티슬라바 성, 블루 처치라는 이름으로 더욱 유명한 성 엘리자베스 성당, SNP 다리를 포함해도 모두 도보로 이동하는 루트이며, 대략 6.7km 정도다. 빈을 오가는 기차가 수시로 있고, 1시간 밖에 걸리지 않으니, 오후 시간을 할애해 들르기 좋다.

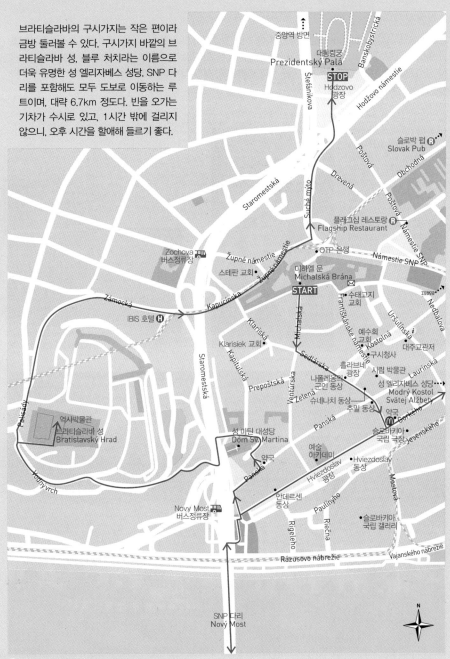

중앙역 방면
대통령궁
Prezidentský Palá
STOP
Hodžovo 광장
Hodžovo námestie
Bankobystrická
Štefánikova
슬로박 펍 R
Slovak Pub
Poštová
Obchodná
Drevená
Poštová
Staromestská
Suché mýto
플래그십 레스토랑 R
Flagship Restaurant
Zochova 버스정류장
Župné námestie
OTP 은행
Námestie SNP
스테판 교회
Župná námestie
미하엘 문
Michalská Brána
START
수태고지 교회
Kapucinska
Zámocki
Michalska
Františkánske námestie
예수회 교회
Kostolná
Ursulinská
IBIS 호텔 H
Klariská
Sedlárska
구시청사
대주교관저
Klarisiek 교회
흘라브네 광장
시립 박물관
Laurinská
Staromestská
Kapitulská
나폴레옹군 군인 동상
Venturska
Zelena
성 엘리자베스 성당
Prepoštská
슈네나치 동상
Modrý Kostol
Svätej Alžbety
추밀 동상
역사박물관
브라티슬라바 성
Bratislavský Hrad
Panská
약국
슬로바키아 국립 극장
Gorkeho
Jesenského
Pahsadý
성 마틴 대성당
Dóm Sv. Martina
예술 아카데미
Hviezdoslav 동상
약국
Panská
Hviezdoslav 광장
Hviezdoslav
Mostova
Hodnyvrch
Hviezdoslav
안데르센 동상
슬로바키아 국립 갤러리
Novy Most 버스정류장
Paulínyho
Rigeleho
Riečna
Rázusovo nábrežie
Vajanského nábrežie
SNP 다리
Nový Most

N

관광명소

브라티슬라바 관광의 하이라이트는 구시가지다. 여러 명소들이 모여 있고, 골목을 따라 레스토랑과 노천카페가 즐비하다. 구시가지에 숨어 있는 유머러스한 동상들을 찾아보는 것도 색다른 재미다. 이 밖에 브라티슬라바 성, 일명 'UFO 다리'라고 불리는 SNP 다리, 대통령궁, 블루 처치 등의 명소는 구시가지에서 약간 벗어나 있지만 모두 도보로 이동 가능한 곳들이다.

❶ 미하엘 문 Michalská Brána (Michael's Gate)

브라티슬라바를 지키던 문 4개 중 유일하게 남은 문이다. 구시가지 관광의 시작점이 되는 곳이기도 하며, 무기 박물관으로도 쓰이고 있다. 미하엘 문에 대한 최초의 기록은 1411년 것으로, 탑의 정상에 성 미하엘과 용의 상이 세워져 있는 오늘날의 바로크 형태는 1753~1758년에 걸쳐 만들어졌다. 문의 바닥에 새겨져 있는 세계 유명 도시의 이름 중 서울도 있으니 기념촬영을 해보자. 미하엘 문 앞의 작은 다리는 브라티슬라바에서 가장 오래된 다리라고 한다.

미하엘 문 · 서울 8,138km

주소 Michalská ulica 22

왕이 걷는 길을 나타낸 동선 표시. 바닥에서 잘 찾아보자.

❷ 흘라브네 광장 Hlavné Námestie (Main Square)

흘라브네 광장은 구시가지의 아담한 메인 광장으로, 구시청사와 '나폴레옹의 군인 동상', 브라티슬라바에서 가장 오래된 막시밀리안 분수 Maximiliánova Fontána가 있다. 1572년 헝가리 왕국의 막시밀리안 2세의 명으로 만들어져 분수의 한가운데엔 그의 동상이 서 있다. 분수 앞 만남의 장소로 유명해 일행을 기다리는 젊은이들을 늘 볼 수 있다.

위치 미하엘 문을 통과해 직진하다 왼쪽 Sedlárska 길을 따라가면 광장이 나온다.

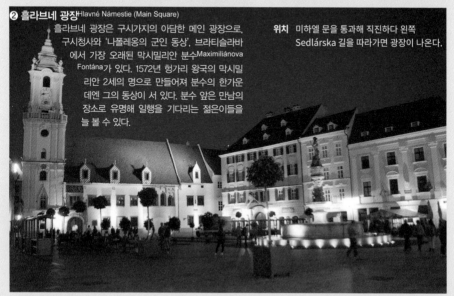

& 거리의 동상들

브라티슬라바의 구시가지를 걷다 보면 관광객들이 모여 끊임없이 셔터를 누르는 포토 포인트가 보인다. 이곳엔 어김없이 익살맞은 동상들이 서 있는데, 동상들은 모두 구시가지 내에 있어 어렵지 않게 마주칠 수 있으니 가벼운 보물찾기를 하는 기분으로 재미난 동상들을 찾아보자.

1. 추밀 Čumil(Man at Work)

브라티슬라바에서 가장 유명한 동상으로, 맨홀에 걸쳐져 있다! '추밀'이란 작업하는 사람이라는 뜻. 동상의 위치상 하수구에서 일을 하다 잠시 쉬는 건지, 여자들의 다리를 쳐다보며 작업을 거는 건지 알 수 없지만 동상의 표정과 포즈를 보자면 아무래도 후자일 가능성이 높은 것 같다. 동상이 바닥에 있는지라 무심코 지나가던 사람들이 하도 많이 걸려 넘어지자, 이곳에 동상이 있다는 교통 표지판을 세워 놨다! 이 깜찍한 동상에 얽힌 그럴 듯한 이야기가 있을 것 같지만 아무 스토리도 없다는 것이 반전이라면 반전. 사람이 많은 날이면 추밀 바로 옆에 비슷한 포즈를 한 거리 예술가가 앉아 있는 경우도 있고, 관광객들이 굉장히 다양한 포즈로 기념사진을 찍기 때문에 그걸 구경하는 것만으로도 즐거운 순간을 보낼 수 있다.

위치 흘라브네 광장에서 Cafe Mayer 쪽 Rybárska Brána 거리로 직진 2분

2. 슈네 나치 Schöne Náci

슈네 나치는 20세기 초반 브라티슬라바의 유명한 인물인 이그나즈 Ignaz를 본떠 만든 동상이다. 그는 광대인 할아버지와 구두공인 아버지를 둔 가난한 집안 출신으로, 정신질환을 앓고 있었다. 그럼에도 늘 우아한 옷을 차려입고 브라티슬라바의 구시가지를 떠돌며 지나가는 여성들에게 모자를 벗어 인사를 하곤 했다. 슬로바키아어, 헝가리어, 독일어 등 3개 국어로 "그대의 손등에 키스를"이라는 말을 했다고 한다. 이그나즈는 사람들에게 행복을 가져다주는 존재로 여겨졌다고 하며, 카페 등에서 음식을 얻어먹으며 살다 결핵으로 세상을 떠났다.

위치 흘라브네 광장 Cafe Mayer 앞

3. 나폴레옹의 군인 Napoleon's Army Soldier

나폴레옹 하면 떠오르는 삼각형의 모자를 쓰고 있으며, 벤치 등받이에 팔을 기대고 엉덩이를 쭉 뺀 채 서 있는 모습이라 별명이 '엿듣는 사람'이다. 나폴레옹은 1805년과 1809년에 브라티슬라바를 공격해 시내는 물론 근교의 데빈 성까지 파괴했다. 이 때 나폴레옹의 부하인 후베르라는 병사가 현지 여성과 사랑에 빠져 이곳에 정착하게 되었다. 그는 Hubert J.E라는 회사를 차려 프랑스 샹파뉴 지역의 와인제조법으로 스파클링 와인을 만들었는데, 이후 슬로바키아 와인 생산 1위 업체가 되었다고 한다.

위치 흘라브네 광장

❸ 브라티슬라바 성 Bratislavský Hrad (Bratislava Castle)

구시가지와 다뉴브 강의 정경이 내려다보이는 카르파티아 산 위의 하얀색 성이다. 사각형의 건물 모서리에 네 개의 탑이 붙어 있는 형태로, 다소 밋밋한 모양 때문에 뒤집어 놓은 테이블 같다는 오명을 쓰고 있기도 하다. 11세기에 최초로 건립된 후, 오랫동안 국경요새의 역할을 하며 외세의 침략을 막아주었다. 체코슬로바키아 대통령이 슬로바키아에 머물 때 대통령의 거처였으며, 현재는 국회의사당 및 슬로바키아 역사박물관으로 쓰인다. 단순한 구조라 성 자체는 금방 둘러볼 수 있으니 성 주변의 바로크식 정원을 거닐어 보자.

주소 Zámocká 2
위치 미하엘 문에서 나와 성 방향으로 다리를 건너 Ibis 호텔 오른쪽 길로 도보 5분
운영 **성** 08:00~22:00
역사박물관 수~월 10:00~18:00
(화요일 휴무)
요금 **성** 무료
역사박물관 일반 €12, 학생 €6
홈피 www.bratislava-hrad.sk
역사박물관 www.snm.sk

성 마틴 대성당 &

❹ 성 마틴 대성당 Dóm sv. Martina (St. Martin's Cathedral)

브라티슬라바에서 가장 규모가 크고 오래된 성당. 헝가리가 슬로바키아를 지배할 당시, 19명의 헝가리 왕들의 대관식이 열렸으며 도시의 방어요새의 역할을 한 곳이다. 첨탑 형태로 이루어진 고딕 성당으로 85m의 첨탑 꼭대기에 금으로 도금된 받침대가 있고, 높이 1m, 무게가 300kg에 달하는 황실 왕관 복사본이 놓여 있다. 성당엔 대포의 예배당, 체코 황제 바츨라프 4세의 미망인 소피아의 고딕 예배당, 세인트 앤의 예배당, 자비로운 세인트 존의 바로크 예배당 등 총 네 개의 예배당이 있다. 베토벤의 〈장엄미사곡〉이 초연되기도 했다.

주소 Rudnayovo námestie 1
위치 성에서 내려와 SNP 다리 아래 버스 종점 쪽
운영 월~금 09:00~11:30, 13:00~18:00,
토 09:00~11:30, 일 13:45~16:30
홈피 www.fara.sk/dom

❺ SNP 다리 Nový Most (The New Bridge)

브라티슬라바의 구시가지와 신시가지를 잇는 다리로 1967년 착공해 1972년 완공되었다. 다리의 공식 이름인 SNP란 슬로바키아 민족 봉기 Slovenského Národného Povstania의 약자인데, 시민들은 '새로운 다리'라는 뜻의 Nový Most로 부르곤 했다. 그러나 본명보다는 'UFO 다리'라는 별명으로 가장 유명하다. 다리의 모양이 교량 위에 약 80m의 탑을 세워 그 위에 둥근 데크를 올려 놓은 형태인데, 그 모습이 언뜻 UFO처럼 보이기 때문이다. 교량 아래쪽은 인도, 위쪽은 차도로 나뉘어져 있으며 UFO 안에는 전망대와 레스토랑 및 바가 있다.

주소 Most SNP 1
위치 성 마틴 성당 근처의 Hviezdoslavovo 광장 끝에 다리와 연결된 보도가 있다.
운영 전망대·바 10:00~23:00
요금 **전망대** 일반 €9.9, 학생 €7.9
(레스토랑 예약 시 무료)
레스토랑 예산 €€€ **바** 예산 €
전화 6252 0300
홈피 www.u-f-o.sk

> **Tip** **스카이워크**
> 레스토랑이 있는 데크 바깥을 걸어보는 프로그램이 있다. 충분한 안전장치를 하고, 교관이 참여한다. 관심이 있다면 공식 홈페이지 Skywalk 탭에서 미리 예약해야 하며, 가격은 €45다.

⑥ 성 엘리자베스 성당
Modrý Kostol Svätej Alžbety (St. Elisabeth' Church)

구시가지 밖의 동쪽에 위치해 있는 헝가리안 아르누보 양식의 성
당이다. 성당의 외관으로 인해 정식 이름보다는 '블루 처치'라고 더
많이 불린다. 성당의 색깔이 옅은 파란색이며, 여느 성당들과는 다
르게 굉장히 귀여운 모양이기 때문에 스머프 교회라는 별명도 붙
게 되었다! 1913년에 완성된 이 성당은 부다페스트 출신의 건축가
Edmund Lechner가 설계했으며, 헝가리 왕조 앤드류 2세의 딸인
성녀 엘리자베스를 위해 지어졌다.

주소   Bezručova 2
위치   관광안내소 지도나
       구글 지도를 이용하면
       구시가지에서 쉽게
       찾아갈 수 있다.
       도보 약 15분 소요
운영   월~토 06:30~07:30,
       17:30~19:00,
       일 07:30~12:00,
       17:30~19:00
홈피   www.modrykostol.
       fara.sk

⑦ 대통령궁
Prezidentský Palác (Grassalkovich Palace)

로코코, 후기 바로크 양식이 혼재된 이 궁전은
1760년에 안톤 그래살코비치 백작에 의해 지어
졌다. 18세기 들어서는 음악 공연장 등 귀족들을
위한 사교 장소로 사용되었다가, 1996년 재건축
을 마친 뒤 대통령 관저로 탈바꿈했다. 궁의 뒤쪽
으로는 프랑스식 정원이 있다. 소박한 대통령이
샌드위치를 들고 나와 먹기도 하는 곳이다.

주소   Hodžovo Námestie 2978/1
위치   미하엘 문에서 나와 큰길에서
       전방으로 길을 건넌다.

레스토랑

슬로박 펍 Slovak Pub

펍이라고 부르지만 브라티슬라바에서 가장 유명한 전통 레스토랑
이다. 전통 의상을 입은 직원들이 서빙을 하며 예스러운 인테리어
가 돋보인다. 굉장히 큰 레스토랑이니 안쪽으로 들어가보자. 슬로
바키아 전통 음식, 그릴, 육류 등 다양한 메뉴가 있다.

주소   Obchodná 62
위치   미하엘 문을 지나 1·3·9번 트램길인 Obchodná 거리
운영   월~목 11:00~22:00, 금 11:00~23:00, 토 12:00~23:00,
       일 12:00~22:00
요금   예산 €
홈피   www.slovakpub.sk

슬로바키아 전통 음식 브린조베 할루스키

& 브라티슬라바 사람들이 정말 싫어하는 영화 〈호스텔〉

유럽으로 배낭여행을 떠난 미국인 여행자들에게
여행 중 만난 남자가 슬로바키아에 가면 미녀와
멋진 하룻밤을 보낼 수 있다며 어떤 호스텔을 알려
준다. 이들은 그 남자의 말대로 브라티슬라바의 호
스텔로 간 후 멋진 밤을 보내지만 다음 날 갑자기
일행들이 사라지기 시작하는데…

뒤이어 잔인한 고문과 살육이 난무하는 이
영화는 바로 〈호스텔〉이다. 슬로바키아인
들, 특히 브라티슬라바 시민들은 이 영화를
굉장히 싫어한다! 영화의 무대가 바로 브라
티슬라바이기 때문이다. 2005년 이 영화가
'참신한(?) 슬래시 무비'로 유명해지자, 영
화의 배경인 브라티슬라바의 관광업이 엄
청난 타격을 받고 말았다. 무려 75%의 배
낭여행객이 감소한 것. 이는 미친 살인마가
사는 위험한 곳이라는 오명을 뒤집어썼기
때문이다. 더 억울한 건, 정작 영화의 촬영
지는 체코라는 사실! 이에 슬로바키아 정부
는 〈호스텔〉 제작사에 항의를 하기도 했다.
영화는 그저 영화일 뿐이니 오해하지 말자!

2

모차르트의 도시

잘츠부르크

Salzburg

오스트리아 잘츠부르크 주의 주도로 오스트리아에서 4번째로 큰 도시다. 지명은 소금(Salz)의 성(Burg)이라는 뜻이다. 잘츠부르크는 신성로마제국 시대(962~1806)에는 1278년부터 1803년까지 대주교가 군주인 군림 대주교 Prince-Archbishop가 통치한 도시 국가였다. 이 기간 동안 건축된 성당과 왕궁, 수도원, 요새 등으로 이루어진 구시가지는 종교적 도시 국가 형태가 잘 보존되어 있어 1996년 유네스코 세계문화유산에 등재됐다. 또한 모차르트의 도시로 게트라이데 거리에는 모차르트의 생가가 있고, 결혼 후 가족과 함께 살았던 집, 모차르트의 사망 후 재혼한 아내가 살았던 집까지 모차르트의 삶의 터전이자 군림 대주교의 지원을 받으며 음악적 재능을 마음껏 발휘했던 도시이기도 하다. 잘츠부르크를 포함한 주변 마을은 영화 〈사운드 오브 뮤직〉의 촬영지로 두터운 마니아층이 형성되어 있다.

호엔스타우펜 호텔 **H**
Hohenstauffen Hotel

버스터미널 🚌

H+ 호텔 잘츠부르크
H+ Hotel Salzburg

잘츠부르크 중앙역
Salzburg Hbf

요호 호스텔(가르넬) 지점🚋

디 바이세 🍺
Die Weisse

요호 인터내셔널 🏨
유스호스텔
Yoho International
Youth Hostel

200m

아우구스티너 🍺
브로이 클로스터 뮐른
Augustiner Bräu
Kloster Mülln

뵈렌비르트 🍺
Bärenwirt

뮐너
인도교

스크로아네 브라우하우스 🍺 170m
S'Kloane Brauhaus

슈퍼마켓 Spar
사운드 오브 뮤직 투어
출발 장소

허버트-새틀러-가세
Hubert-Sattler-Gasse

START 미라벨 궁전
Schloss Mirabell

미라벨 정원
Mirabellgarten

슈퍼마켓
Spar

140번(무제행 버스)
150번(장크트 길겐,
바트이슐행 버스)
정류장

인스티튜드 **H**
세인트
세바스티안
Institut St
Sebastian

카페 바자
Café Bazar

모차르트의 집

현대 미술관
Museum of Modern
Art Mönchsberg

마카르트
인도교

카페 자허
잘츠부르크
Café Sacher
Salzburg

BILLA

Griesgasse

Giselakai

Imbergstraße

STOP 게트라이데 거리 Getreidegasse
모차르트 생가

카페 토마셀리
Café Tomaselli

모차르트 다리

160·170번
버스 도착 정류장

성 베드로 스티프츠켈러 레스토랑
St. Peter Stiftskeller das Restaurant

퀴르스트
Fürst

Rudolfskai

가스트하우스 즈베틀러스 🍺
Gasthaus Zwettler's

줌 지르켈비르트 🍺
Zum Zirkelwirt

성 베드로
대수도원과 묘지
Sankt Peter Erzabtei
& Friedhof

220 그라드
220 Grad

스티프츠베케라이
Stiftsbäckerei

논베르크 수녀원 👁
Abtei Nonnberg

푸니쿨라 👁

호엔잘츠부르크 요새
Festung Hohensalzburg

❶ 파파게노 광장
❷ 모차르트 광장
❸ 레지덴츠 광장
❹ 카피텔 광장
❺ 잘츠부르크 대성당
❻ 잘츠부르크 레지던스
❼ 신 레지던스
❽ 잘츠부르크 박물관
❾ 파노라마 박물관

ℹ 관광안내소   ✉ 우체국   **BILLA** 슈퍼마켓 Billa

& 관광안내소

홈피 www.salzburg.info

잘츠부르크 중앙역

주소 Südtiroler Platz 1
운영 **신정** 10:00~17:00
      4·6·9·10월 09:00~18:00
      11~3월 09:00~18:00(일~17:00)
      (12월 24일 09:00~14:30,
      12월 31일 09:00~16:30)
      7·8월 08:30~18:00

모차르트 광장

주소 Mozartplatz 5
운영 **신정** 10:00~17:00
      1~3월 월~토 09:00~17:00
      4·5·10~12월 09:00~17:00
      (12월 24일 09:00~14:00,
      12월 31일 09:00~16:30)
      6~9월 09:00~18:00

도보 여행은 미라벨 정원에서 시작하는 것이 좋다. 당일치기 여행자는 기차역에서 1km를 걸으면 되는데 시간이 촉박하다면 대중교통 160·170번을 이용해 모차르트 다리 앞에서 내려 루트를 시작하는 것을 추천한다. 지도상의 도보 루트는 총 3.3km 정도이나 요새와 박물관 등의 내부 관람 때문에 꽤 많이 걷게 된다.

잘츠부르크 들어가기

오스트리아의 주요 도시와 독일 뮌헨에서 기차로, 유럽의 주요 도시에서 항공으로 쉽게 연결된다. 빈에서 기차로 2시간 30분, 인스브루크에서 1시간 50분, 뮌헨에서 1시간 45분이 걸린다.

❖ 기차

잘츠부르크로 가는 가장 보편적인 교통수단이다. 잘츠부르크는 오스트리아의 빈에서 보다 독일의 뮌헨에서 가까워 뮌헨에서 당일치기 여행을 많이 하는 편이다.

※ 구시가지 들어가기

잘츠부르크 중앙역Salzburg Hbf에서 구시가지까지 도보 · 버스로 가능하다. 기차역에서 구시가지의 중심인 레지덴츠 광장Residenzplatz까지는 약 2km로 도보 25분 정도가 걸린다. 볼거리의 시작 포인트로 삼으면 좋은 미라벨 궁전은 기차역에서 1km 정도로, 충분히 걸어갈 수 있다. 버스를 타고 시내로 들어갈 때에는 중앙역 앞의 버스터미널에서 ☉ Zentrum 표지가 있는 곳에서 160 · 170번을 타고 Salzburg Mozartsteg 정류장에 내리면 모차르트 광장까지 도보 2분이 소요된다.

잘츠부르크 중앙역과 버스터미널 ⇔
Salzburg Hauptbahnhof (Salzburg Main Station)
큰 규모의 기차역이다. 기차역 내에는 관광안내소, 매표소 등의 기본시설과 슈퍼마켓 Spar와 무인 보관함(크기에 따라 €2~4.5)이 있어 편리하다. 중앙역 바로 앞에는 구시가지로 향하는 시내버스와 잘츠부르크 공항버스, 장크트 길겐St. Gilgen, 바트이슐Bad Ishl 등으로 가는 시외버스터미널이 있다. 목적지와 버스시간, 번호 등이 잘 정리되어 있어 초행자도 어렵지 않게 찾을 수 있다.

주소 Südtiroler Platz 1
전화 662 93000   홈피 www.oebb.at

🔍 **뮌헨에서 당일치기 여행 시 유용한 바이에른 티켓**

잘츠부르크를 당일치기로 여행할 사람이라면 숙소에서 동행자를 모아 바이에른 티켓Bayern Ticket을 구입하는 것이 유용하다. 바이에른 티켓은 바이에른 주의 모든 기차와 버스, 지하철 등의 대중교통을 이용할 수 있는 교통권으로 사람이 많을수록 저렴해진다. 6~15세 미만의 자녀나 손자들은 무료(6세 미만은 원래 무료다). 잘츠부르크로 가는 기차 구간도 이용할 수 있어 저렴하게 잘츠부르크를 여행할 수 있다. 구입은 사용일 기준 3개월 전부터 가능하며 바이에른 주의 기차역의 자동발권기나 홈페이지에서 구입할 수 있다. 기차역의 매표소에서 구입할 경우 €2의 별도의 수수료가 든다.

운영 평일 09:30~다음 날 03:00,
　　 주말·공휴일 00:00~다음 날 03:00
요금 2등석 기준 1인 €27, 1인 추가 시
　　 €9씩 요금이 추가되는데 최대
　　 5인(€63)까지 사용 가능
홈피 www.bahn.com/en/offers/
　　 regional/regional-day-ticket-for-
　　 bavaria

잘츠부르크 중앙역과 버스터미널

⊙ Zentrum, 구시가지로 가는 버스 타는 곳

❖ 비행기

일반버스와 포스트버스, 택시로 잘츠부르크 시내로 들어올 수 있다. 일반버스는 2번(운행 월~금 05:30~
23:20, 토 05:50~23:40, 일 05:54~23:20(평일 10 · 20분 간격, 소요시간 22분)이 잘츠부르크 기차역으로
운행하고, 10번[운행 월~금 06:54~22:24, 토 18:24~01:05, 일 07:00~22:24(20~30분 간격, 소요시간 19
분)]은 구시가지로 운행한다. '모차르트 다리Mozartsteg' 정류장에 내려 다리만 건너면 모차르트 광장이다. 승차
권 요금은 일반 €2.5로 신문판매점, 밴딩머신, 버스 기사에게 직접 살 수 있다. 포스트버스는 180번과 260번
이 기차역으로 운행하며 택시는 편도 €50 정도로 우버를 이용하는 것이 더 저렴하다.

잘츠부르크 공항
Flughafen Salzburg (Salzburg Airport) 🛜
오스트리아의 주요 공항 중 하나로 잘츠부르크 기차역에서
남서쪽으로 5km 떨어져 있다. 환전소, 은행, 레스토랑과 카
페, 어린이 놀이터, 짐 보관소(24시간 €8) 등의 기본 시설이
있다. 공항 내부에서 무료 WiFi를 사용할 수 있어 편리하다.

공항행 버스 타는 곳

주소 Innsbrucker Bundesstraße 95
전화 662 85800   홈피 salzburg-airport.com

시내교통 이용하기

시내교통권이 꽤나 비싼 편으로 기차역에서 구시가지까지는 대체로 걸어 다닌다. 잘츠부르크 근
교를 갈 경우 Salzburg Verkehr 앱을 추천한다. 루트와 시간안내, 티켓 구매까지 한 번에 가능
하다. 운전사에게 구입 시 1회권 일반 €3다. 신문가판대에서 구입할 경우 일반 €2.1, 학생 €1.5,
6~14세 €1.1, 6세 미만은 무료다. 단 5장씩 묶음으로만 가능해 나홀로 여행자에게는 불리하다.
24시간권은 직접 또는 앱으로 구매가 가능한데 일반 €4.5, 학생 €3.1, 6~14세 €2.2이다.

잘츠부르크 관광 버스
Salzburg Sightseeing Tours 🛜
시간이 없는 잘츠부르크의 당일치기 여행자나 노약자들에
게 추천하는 관광버스로 홉 온 홉 오프Hop-on Hop-off 방식의
투어버스다. 구시가지와 떨어져 있는 헬브룬 궁전까지 운
행하며 중앙역에도 정차하기 때문에 당일치기 여행자에게
편리하며 한국어도 지원된다.

주소 Mirabellplatz 2(투어버스의 출발 장소,
　　 미라벨 궁전 입구의 대로 남쪽)
운영 09:20~16:50(30분 간격)
요금 **1일** 일반 €23, 6~14세 €13, 가족(어른 2명+아이 2명) €58
　　 2일 일반 €28, 6~14세 €18, 가족(어른 2명+아이 2명) €68
홈피 www.salzburg-sightseeingtours.at

> **Tip**
> **잘츠부르크 카드**
> 　잘츠부르크의 모든 박물관과 미술
> 관, 대중교통을 무료로 이용할 수 있는 강
> 력한 시티 카드다. 홈페이지와 관광안내소
> 에서 구입할 수 있다.
>
> 요금 **1~4 · 11 · 12월**
> 　　 **24시간** 일반 €27, 6~15세 €13.5
> 　　 **48시간** 일반 €35, 6~15세 €17.5
> 　　 **72시간** 일반 €40, 6~15세 €20
> 　　 **5~10월**
> 　　 **24시간** 일반 €30, 6~15세 €15
> 　　 **48시간** 일반 €39, 6~15세 €19.5
> 　　 **72시간** 일반 €45, 6~15세 €22.5
> 홈피 www.salzburg.info/en/sights/
> 　　 salzburg_card

SALZBURG CARD
www.salzburg.info

잘츠부르크의 관광명소

잘츠부르크와 할슈타트와 같은 주변 마을을 제대로 보려면 최소 3~4일이 필요하다. 잘츠부르크의 하이라이트만 볼 것인지, 유네스코 세계문화유산에 등재된 장소들을 꼼꼼히 살펴볼 것인지, '모차르트'나 '사운드 오브 뮤직' 등민 볼 것인지 등 방문 목적을 분명히 하는 것이 잘츠부르크를 제대로 즐기는 방법이다. 뮌헨에서 온 당일치기 여행자라면 모차르트 출생지와 잘츠부르크 대성당 등의 구시가지 위주로 둘러보는데 조금 서두르면 헬브룬 궁전까지 다녀올 수 있다.

미라벨 궁전
Schloss Mirabell (Mirabell Palace) 🛜

관광
명소

미라벨 궁전은 군림 대주교였던 볼프 디트리히 폰 라이테나우Wolf Dietrich von Raitenau가 애인인 살로메 알트Salome Alt와 그 사이에서 낳은 15명의 아이들을 위해 1606년에 지은 궁전이다. 이름은 알테나우 궁전Altenau Palace이었다가 대주교의 사후에 1617년 미라벨 궁전으로 바뀌었다. 1721~1727년 바로크 건축의 대가인 루카스 폰 힐데브란트Lukas von Hildebrandt가 리모델링했고 1950년부터 시청으로 사용되고 있다. 궁전 내의 대리석의 홀은 모차르트가 6세 때 대주교 가족을 위해 연주를 했던 장소로 지금은 4~12월 연주회가 열린다. 미라벨 정원은 17세기 말에 요한 베르나르 피셔 폰 에를라흐Johann Bernhard Fischer von Erlach가 설계한 것으로 영화 〈사운드 오브 뮤직〉에서 '도레미 송'을 불렀던 곳이다. 공원이 일반인에게 공개된 것은 프란츠 요제프 황제 때인 1854년으로 기념비가 정원 입구에 새겨져 있다. 정원에서 오른쪽으로 올라가는 계단에는 난쟁이 조각이 있는 난쟁이 정원Dwarf Garden과 1704~1718년에 만들어진 울타리 극장Hedge Theater이 있다. 정원 입구의 계단은 화려한 미라벨 정원과 잘츠부르크 성을 배경으로 사진을 찍을 수 있는 최고의 장소다.

주소 Mirabellplatz 4
운영 미라벨 정원 06:00~해 질 녘
전화 662 80720
홈피 www.stadt-salzburg.at

잘츠부르크 궁전 콘서트

1년 내내 잘츠부르크 궁전의 대리석 홀Marmorsaal에서 콘서트가 열린다. 입장료는 비싼 편이지만, 모차르트가 연주했던 화려한 바로크 양식의 대리석 홀에서 110분 동안 콘서트를 감상할 수 있다. 학생은 약 30%의 혜택이 있다. 연주회가 시작되는 시간은 20:00이며, 요일마다 음악이 달라진다. 드레스 코드는 스마트 캐주얼이다. 슬리퍼, 트레이닝복은 안 된다.

현장 예매 대리석 홀 로비(17:30~20:00)
요금 €36~84   전화 662 828695
홈피 www.salzburg-palace-concerts.com

미라벨 궁전 정원은 사진 찍기 좋은 포인트

프란츠 요제프 황제의
기념비

모차르트의 집
Mozart-Wohnhaus (Mozarts-Residence)

관광
명소

1773년부터 1781년 초까지 모차르트의 가족이 살았던 집이다. 8개의 방으로 구성된 이층집으로 제2차 세계대전으로 파괴된 것을 재건축해 1996년에 새로 문을 열었다. 내부에는 모차르트가 사용하던 바이올린과 피아노, 가족들의 초상화 등이 전시되어 있다. 모차르트 생가에 비해 한산한 분위기로 둘 중 한 곳을 고민한다면 모차르트 생가를 추천한다. 실내에서는 사진촬영이 금지된다.

주소 Makartplatz 8
운영 09:00~17:30(7·8월은 08:30~19:00)
요금 일반 €12, 학생 €10, 15~18세 €4,
　　　6~14세 €3.5, 가족 €23, 6세 미만 무료
전화 662 87422740
홈피 www.mozarteum.at

박물관 정원의 카페
모차르트의 가족이 생활했을 당시의 미니어처

모차르트를 좋아하는 사람을 위한 잘츠부르크 여행

볼프강 아마데우스 모차르트Wolfgang Amadeus Mozart(1756.1.27~1791.12.5)는 게트라이데 거리 9번지의 음악가 집안에서 태어나 3살부터 피아노와 바이올린 연주를, 5살이란 어린 나이에 작곡을 할 만큼 뛰어난 음악 신동이었다. 1973~1977년까지 어린 나이에 당시 군림 대주교였던 히에로니무스 그라프 폰 콜로레도Hieronymus Graf von Colloredo에게 고용되어 잘츠부르크의 궁중 음악가로 활동하다 잘츠부르크를 떠났다. 생전에 600여 편이 넘는 작품을 남기고, 오스트리아의 빈에서 35살의 젊은 나이에 사망했다. 잘츠부르크에는 모차르트가 태어난 집, 세례를 받았던 잘츠부르크 대성당, 대주교와 귀족들을 위해 공연을 했던 미라벨 궁전의 대리석 홀, 모차르트에게 헌정한 모차르트 광장과 파파게노 광장 등 관련된 장소들이 굉장히 많다. 유료와 무료의 장소가 반반이지만 '잘츠부르크 카드'를 구입해 관련된 장소들을 돌아보거나 모차르트 시티 투어 프로그램을 이용하는 것도 좋다(영어투어, 소요시간 1시간 30분+모차르트 레지던스 1시간, 요금 일반 €28, 4~12세 €23, 예약 www.salzburg-sightseeingtours.at). 그리고 잘츠부르크에서 모차르트의 음악 연주회를 한 번쯤 감상하는 것을 추천한다. 만약 1월에 여행계획을 세웠다면 모차르트 주간Mozart Week에 맞춰 잘츠부르크를 방문하는 것도 좋다. 이 기간 동안에는 세계적으로 유명한 음악가들이 모차르트의 탄생을 축하하며 공연을 펼친다. 2022년은 1월 26일~2월 5일까지 진행되며 티켓은 홈페이지를 통해 구입 가능하다(www.mozarteum.at/en).

모차르트의 가족 초상화

모차르트 광장 주변
Mozartplatz (Mozart Square) 🛜

관광명소 로컬명소

잘츠부르크의 구시가지를 돌아보기에 가장 좋은 출발지
다. 광장에 위치한 관광안내소에서는 잘츠부르크를 돌아
볼 수 있는 각종 워킹 투어를 진행한다. 책에서 소개한
도보 여행 루트대로 걸어왔다면 1903년 아르누보 양식
으로 만든 인도교, 모차르트 다리Mozartsteg를 지나 모차르
트 광장에 도착하게 된다. 모차르트 광장 중앙에는 뮌헨
태생의 조각가 루드비히 슈반트할러Ludwig Schwanthaler가
기증한 모차르트의 동상Mozart Denkmal이 세워져 있다. 모
차르트 광장 8번지는 같은 해에 사망한 모차르트의 아내
가 살았던 집이다. 광장에 있는 흰색 건물은 신 레지던스
Neue Residenz(New Residential Palace)로 잘츠부르크의 역사 · 문
화 · 예술 · 전시 공간인 잘츠부르크 박물관Salzburg Museum
이 있다. 광장에서 이어지는 Pfeifergasse 길을 따라가
면 파파게노 광장Papageno Platz이 나온다. 모차르트가 마지
막으로 만든 〈마술피리〉에 등장하는 파파게노가 종을 들
고 있는 조각이 세워져 있다.

주소 Mozartplatz

※ 잘츠부르크 박물관
주소 Mozartplatz 1(신 레지던스 내)
운영 화~일 09:00~17:00(7~8월은 월요일 운영,
월 · 11월 1일 · 성탄절 휴무)
요금 신 레지던스+파노라마 박물관
통합티켓 일반 €9, 16~26세 €4,
6~15세 €3, 6세 미만 무료
전화 662 6208087023
홈피 www.salzburgmuseum.at

모차르트 광장은
잘츠부르크 도보 여행에
있어 가장 좋은
출발 장소다.

신 레지던스

모차르트 다리 & 파파게노 광장

레지덴츠 광장 주변
Residenzplatz (Residence Square)

구시가지의 중심 광장으로 모차르트 광장과 이어진
다. 볼프 디트리히 폰 라이테나우 대주교에 의해 이탈
리아 건축가 빈첸초 스카모치Vincenzo Scamozzi가 만들었
다. 광장의 중앙에는 화려하게 조각된 바로크 양식의
분수가 세워져 있다. 광장 주변에는 400년간 대주교
의 주거지로 사용되었던 잘츠부르크 레지던스Residenz zu
Salzburg(Salzburg Residenz Palace)와 신 레지던스Neue Residenz
가 있다. 신 레지던스 건물에는 잘츠부르크의 시대 흐름
별 전경을 사진과 그림으로 볼 수 있는 파노라마 박물관
Panorama Museum이 있다. 잘츠부르크 카드로 무료입장이
가능하고 잘츠부르크 박물관과 함께 보는 통합 입장권도
있다. 오늘날 광장은 여름과 신년 음악 축제, 월드컵 경
기 관람, 크리스마스 시장 등으로 활용되고 있다. 현지인
들의 결혼사진 촬영 장소로도 많이 이용된다.

주소 Residenzplatz

※ 돔쿼터 잘츠부르크
주소 Residenzplatz 1(잘츠부르크 레지던스 내)
운영 월·수~일 10:00~17:00
(7·8월은 매일 ~18:00,
화요일·12월 24일 휴무)
요금 일반 €13, 학생 €10, 6세 미만 무료
전화 662 80422109
홈피 www.domquartier.at

※ 파노라마 박물관
주소 Residenzplatz 9
운영 09:00~17:00
(12월 24·31일 09:00~14:00,
신정 11:00~17:00, 11월 1일·
성탄절 휴무)
요금 일반 €4.5, 16~26세 €2,
6~15세 €1.5, 6세 미만 무료
전화 662 620808730
홈피 www.salzburgmuseum.at

돔쿼터 잘츠부르크

파노라마 박물관

잘츠부르크 대성당
Dom zu Salzburg (Salzburg Cathedral)

잘츠부르크 대성당은 구시가지의 랜드 마크로 1628년 마르쿠스 스티쿠스Markus Sittikus 대주교 때에 지었고 모차르트가 유아세례를 받았던 장소이기도 하다. 정문에는 네 개의 동상이 세워져 있는데 중앙의 두 개의 동상은 열쇠를 쥔 사도 베드로와 칼을 든 사도 바울이다. 양 끝에는 774년에 성당에 봉헌된 성인으로 하단에 천사들이 소금 상자를 들고 있는 성 루페르트St. Rupert와 하단에 천사들이 대성당 모형을 들고 있는 성 비르길St. Virgil이다. 동상들 사이에는 금빛으로 774년, 1628년, 1959년이라고 새겨져 있는데 이는 화재와 전쟁으로 무너진 성당을 재건한 날을 의미한다. 성당 내부에는 성당의 역사와 보물을 전시한 잘츠부르크 대성당 박물관Dommuseum zu Salzburg이 있다.

주소 Domplatz 1a
운영 월·토 09:00~11:40, 12:30~18:00,
　　 일 13:00~18:00
요금 일반 €5, 18세 미만 무료(오디오 가이드 €3)
전화 662 80477950
홈피 www.salzburger-dom.at

※ **잘츠부르크 대성당 박물관**
운영 월·수~일 10:00~17:00
　　 (7·8월~18:00, 화요일·12월 24일 휴무)
요금 돔 쿼터 잘츠부르크 입장료에
　　 포함되어 있다.

모차르트가 연주했던 파이프 오르간

순서대로 루페르트, 베드로, 바울, 비르길

카피텔 광장 Kapitelplatz (Capital Square) 📶

카피텔 광장에서 단연 눈에 띄는 것은 황금빛 구체 위에 흰색 셔츠와 검은 바지를 입은 사람이다. 작품의 제목은 〈구체Sphaera〉로 슈테판 발켄홀Stephan Balkenhol(1957년 독일 태생의 현대 예술 조각가)의 작품이다. 바로 옆에는 대형 체스판이 그려져 있어 체스를 즐기는 사람들의 모습을 볼 수 있다. 광장의 한쪽에는 1732년에 만든 로마시대의 포세이돈 분수를 모델로 한 카피텔 분수Kapitelschwemme가 있다.

주소 Kapitelplatz

슈테판 발켄홀의 〈구체〉

성 베드로 대수도원과 묘지
Sankt Peter Erzabtei & Friedhof
(Archabbey & Cemetery of Saint Peter)

관광명소 로컬명소

1130~1143년에 지어진 수도원이다. 수도원은 학생이나 단체 관광객을 위한 가이드 투어만을 운영하기 때문에 개인이 내부를 보려면 바로크 홀과 로마네스크 홀에서 열리는 모차르트 콘서트를 관람하는 방법밖에 없다. 본당은 1768년에 만들어진 것으로 화려한 로코코 양식으로 장식되어 있다. 803년부터 수도원에서 운영하는 '성 베드로 스티프츠켈러 레스토랑St. Peter Stiftskeller das Restaurant'도 있다. 고즈넉한 성 베드로 묘지 또한 가장 오래된 묘지 중 하나로 최초의 기록은 1139년부터 시작된다. 내부에는 15세기에 세워진 마가레트 예배당Margarethenkapelle(Margaret Chapel)이 있으며 묘지와 함께 돌아볼 수 있다. 흥미로운 곳은 수도원에서 운영하는 빵집 스티프츠베케라이Stiftsbäckerei(운영 월~금 07:00~17:30, 토 07:00~13:00)이다. 최초의 기록은 12세기까지 거슬러 올라갈 정도로 잘츠부르크에서 가장 오래된 빵집이다. 운하로 이어지는 물을 이용해 밀을 빻아 빵을 만들었는데 이를 재현하기 위해 2007년에 새로 만든 물레방아도 돌아가고 있다. 수도원은 돔 광장과 연결되는 Franziskanergasse 쪽에서, 카피텔 광장에서 푸니쿨라를 타러 가는 Festungsgasse에서 묘지로 연결된다.

주소 St. Peter Bezirk 1/2
운영 **수도원** 08:00~12:00, 14:30~18:30
      묘지 4~9월 06:30~20:00,
      10~3월 06:30~18:00
      납골당Katakomben
      5~9월 10:00~12:30, 13:00~18:00,
      10~4월 10:00~12:30, 13:00~17:00
      (신정, 12월 24~26·31일 휴무)
요금 **묘지** 무료
      납골당 일반 €2, 6~18세 €1.5, 6세 미만 무료
전화 662 8445760
홈피 www.erzabtei.at

호엔잘츠부르크 요새

Festung Hohensalzburg
(Hohensalzburg Fortress) 📶

관광
명소

1077년에 최초로 지어져 1495~1619년에 증축된 방어 목적의 웅장한 요새로 중앙 유럽에서 가장 크다. 대주교는 평상시 구시가지의 잘츠부르크 레지던스^{Residenz zu Salzburg}에서 거주하다 적의 공격이 있을 시 요새로 피신했다. 요새 내에는 고딕 양식으로 꾸며진 중세시대의 방과 로마네스크 양식의 예배당, 요새 박물관, 라이너 군대 박물관, 마리오네트 박물관이 있다. 입장권에는 왕복 푸니쿨라가 포함되어 있으며 왕자의 방·마법 극장 포함 여부에 따라 두 가지 요금이 있다. 심하게 높지 않아 시간적 여유가 있다면 걸어 올라갈 만하다. 오디오 가이드가 무료 제공되나 한국어가 없어 아쉽다. 아름다운 외관과 달리 내부는 크게 볼거리가 없다. 뭐니 뭐니 해도 하이라이트는 요새에서 바라보는 잘츠부르크 시내의 모습이다.

주소　Mönchsberg 34
운영　10~4월 09:00~17:00(12월 24일~14:00),
　　　5~9월 08:30~20:00
　　　성령강림절 주말·부활절 09:30~18:00
요금　**베이직 티켓** 일반 €10.3, 6~14세 €5.9,
　　　6세 미만 무료
　　　전체 관람 티켓(왕자의 방·마법 극장 포함)
　　　일반 €16.3, 6~14세 €9.3, 6세 미만 무료
　　　※ 티켓 요금에는 내려오는 푸니쿨라가
　　　포함되어 있다. 올라가는 요금이 포함된
　　　티켓은 좀 더 비싸다.
전화　662 84243011
홈피　www.salzburg-burgen.at

호엔잘츠부르크 요새

황금의 방

마리오네트 박물관

침실

중정

게트라이데 거리
Getreidegasse (Getreide Street)

관광
명소

잘츠부르크 구시가지에서 가장 번화한 거리로 화려한 장식의 개성 넘치는 간판이 300m에 걸쳐 이어진다. 이곳에서는 맥도날드도, 루이비통도 자신들만의 독특한 느낌의 철제 간판을 달아야 한다. 소소한 기념품과 고가의 명품 쇼핑, 카페, 레스토랑 음식을 즐길 수 있으며 무엇보다 9번지에서 모차르트가 태어나 17세까지 살았다.

주소 Getreidegasse

모차르트 생가
Mozarts Geburtshaus (Mozart's Birthplace)

모차르트가
1756년 1월 27일
태어났다는 문구

1756년 1월 27일 볼프강 아마데우스 모차르트가 태어나 17세까지 살았던 집이다. 총 3층으로 이루어져 있는데 1층은 유럽 여행 당시의 기록과 일상생활의 모습을, 2층은 모차르트가 작곡한 오페라의 관련 기록과 물품, 3층은 모차르트가 태어난 방과 가족의 소개가 전시되어 있다. 내부에서는 사진촬영이 금지된다. '모차르트의 생가'와 '모차르트의 집' 두 곳 중 한 곳을 고민한다면 이곳을 추천한다.

주소 Getreidegasse 9
운영 09:00~17:30
     (12월 24일 ~15:00, 신정 ~12:00)
요금 일반 €12, 학생 €10, 15~18세 €4,
     6~14세 €3.5, 가족 €25, 6세 이하 무료
전화 662 84431375
홈피 www.mozarteum.at

논베르크 수녀원
Abtei Nonnberg (Abbey of Nonnberg)

베네딕트 교회의 수녀원으로 내부에는 1463~1507년에 만든 후기 고딕 양식의 논베르크 성당이 있다. 성당 내에는 1150년에 그려진 로마네스크 프레스코화가 있는데 이를 보기 위해서는 헌금함에 €0.5 동전을 넣어야 하므로 미리 동전을 준비해가자. 입구와 납골당에는 성 에렌트라우드의 동상과 묘지가 있다. 〈사운드 오브 뮤직〉에서 마리아가 머물던 수녀원으로 나온다.

주소 Nonnberggasse 2
운영 계절에 따라 해 질 녘 16:00~18:00까지
요금 무료
전화 662 841607
홈피 www.nonnberg.at

논베르크 성당

성 에렌트라우드 & 로마네스크 프레스코화

헬브룬 궁전
Schloss Hellbrunn (Hellbrunn Palace)

잘츠부르크의 군림 대주교였던 마르쿠스 지티쿠스가 1613~1619년에 만든 여름 궁전으로 바로크 양식의 궁전과 공원, 트릭 분수로 나눠진다. 궁전과 트릭 분수는 가이드 투어에 의해서만 돌아볼 수 있다. 궁전의 하이라이트는 트릭 분수로 마르쿠스가 초대한 사람들을 깜짝 놀라게 할 목적으로 재기 넘치는 분수를 만들었는데 생각지 못한 곳에서 물이 뿜어져 나온다. 헬브룬 궁전을 볼 사람이라면 잘츠부르크 카드를 구입하는 것이 좋다. 헬브룬 궁전 공원에는 영화 〈사운드 오브 뮤직〉에서 '16 going on 17' 노래를 부를 때 등장하는 파빌리온을 만들어 놓았다.

주소 Fürstenweg 37
위치 잘츠부르크 중앙역에서 25번 버스를 타고 가야 한다. 소요시간은 약 20분이다.
운영 4·10·11월 09:30~17:30, 5·6·9월 09:30~18:30, 7·8월 09:30~19:00(시간 예약제로만 운영하니 홈페이지를 통해 티켓을 구입하자)
요금 일반 €13.5, 19~26세 €8.5, 4~18세 €6, 가족(어른 2명+아이 1명) €29.5
전화 662 8203720
홈피 www.hellbrunn.at

마르쿠스 지티쿠스가 자신의 자리만 젖지 않게 만든 분수
& 〈사운드 오브 뮤직〉에 나온 파빌리온

카페 바자
Café Bazar

1909년에 문을 연 카페로 상류사회의 사람들과 유명인사가 자주 찾던 곳이다. 오스트리아의 유명한 지휘자인 헤르베르트 폰 카라얀도 이곳을 자주 찾았다. 강가에 위치해 전망도 좋다.

주소 Schwarzstraße 3
운영 월~토 07:30~18:00, 일·공휴일 09:00~18:00
(5월 24·25일, 6월 13~19일 휴무)
요금 예산 €€
전화 662 874278
홈피 www.cafe-bazar.at

카페 토마셀리
Café Tomaselli

1852년부터 운영해 온 전통 있는 카페로 오스트리아에서 가장 오래됐다. 상류사회인들을 위해 공연을 열었는데 공연을 했던 사람들 중에는 모차르트도 있었다. 카페 토마셀리 건물에서 모차르트 아내가 모차르트 사후 두 번째 남편과 함께 살았다.

주소 Alter Markt 9
운영 월~토 07:00~19:00, 일·공휴일 08:00~19:00
요금 예산 €€
전화 662 8444880
홈피 www.tomaselli.at

카페 자허 잘츠부르크
Café Sacher Salzburg

1832년 세상에 자허 토르테를 내놓은 카페로 본점은 빈에 있다. 자허 토르테는 초콜릿 케이크에 살구잼을 바르고 다시 초콜릿 아이싱을 발라 휘핑크림과 함께 내놓는다.

주소 Schwarzstraße 5-7
운영 08:00~19:00
요금 예산 €€
전화 662 88977
홈피 www.sacher.com/en/restaurants/
cafe-sacher-salzburg

바흐 디세

퓌르스트 Fürst

카페　쇼핑

1884년에 문을 연 가게로 1890년 Paul Fürst가 모차르트쿠겔을 최초로 개발해 1905년 파리 전시회에서 금메달을 획득했다. 지금도 그때의 레시피로 만든다. 모차르트쿠겔 외에도 바흐 디세Bach Dice라는 바흐의 탄생 300주년을 축하하며 만든 트러플이 있다.

주소　Alter Markt, Brodgasse 13
운영　09:00~19:00
요금　예산 €
전화　662 8437590
홈피　www.original-mozartkugel.com

퓌르스트

카스트너스 쉔케

스크로아네 브라우하우스
S'Kloane Brauhaus

레스토랑

잘츠부르크의 유서 깊은 식당에 비하면 비교적 최근에 생긴 곳이지만 맥주와 음식 맛 두 가지를 모두 잡은 곳이다. 1998년부터 직접 두 가지 맥주(Gerstlbier와 밀맥주Weizenbier)를 만들어 생산하며 슈니첼과 로스트 돼지고기Schweinsbraten 등이 인기 메뉴다.

주소　Schallmooser Hauptstrasse 27
운영　월~금 17:00~24:00(토·일요일 휴무)
요금　예산 €€
전화　662 871154
홈피　www.kastnersschenke.at

220 그라드 220 Grad

카 페

잘츠부르크에서 가장 인기 있는 모던한 분위기의 카페
다. 커피 전문점이나 다른 음식도 맛있다. 모닝커피와 아
침 식사, 브런치와 커피, 디저트와 커피 등을 판매한다.

주소 Chiemseegasse 5
운영 화~토 09:00~18:00(월·일·공휴일 휴무)
요금 예산 €€
전화 664 88166550
홈피 www.220grad.com

줌 지르켈비르트 Zum Zirkelwirt

레스
토랑

1647년부터 운영해 온 식당으로 오스트리아식 만두
Knödel(Dumpling) 요리가 주 메뉴이나 한국인의 입맛에는
역시 슈니첼을 주문하게 된다. 오스트리아식 팬케이크 카
이저슈마렌Kaiserschmarren도 시도해보자. 팬케이크를 좋아
했던 황제 프란츠 요제프 1세를 위해 만들어진 음식이다.

주소 Pfeifergasse 14
운영 11:00~22:30
요금 예산 €€   전화 662 842796
홈피 www.zumzirkelwirt.at

아우구스티너 브로이 클로스터 뮐른
Augustiner Bräu Kloster Mülln

비어홀 레스
토랑

독일 뮐른Mülln의 아우구스틴 수도사가 만든 맥주공장으
로 볼프 디트리히Wolf Dietrich 대주교가 1621년에 잘츠부
르크로 수도사를 불러들였다. 셀프 서비스 형태인데 맥주
잔이 돌로 만들어져 묵직한 것이 특징이다. 가격도 저렴
하고 맛좋은 맥주를
판매한다. 잘츠부르
크 구시가지에서 조
금 떨어져 있지만 추
천한다. 맥주공장 투
어도 운영한다.

주소 Lindhofstrssee 7
운영 월~금 15:00~23:00,
      토·일·공휴일 14:30~23:00
요금 예산 €(신정, 12월 24·25·31일 휴무)
전화 662 431246
홈피 www.augustinerbier.at

디 바이세 Die Weisse

비어홀 레스토랑

신시가지에 있는 비어홀로 1901년부터 운영해 온 맥주 양조장이다. 저녁이면 맥주를 마시러 온 사람들로 가득 찬다. 점심에는 €5~10의 저렴한 런치 메뉴를 선보여 점심 식사를 하기에도 좋으며 슈니첼, 소시지 · 감자구이 메뉴도 맛있다.

주소 Rupertgasse 10
운영 월~토 10:00~24:00(일·공휴일 휴무)
요금 예산 €
전화 662 872246
홈피 www.dieweisse.at

런치 메뉴.
1/2 닭고기 구이와
감자튀김

TIP 잘츠부르크의 숙소

잘츠부르크에서 위치가 좋으면서 가장 저렴한 숙소는 요호 인터내셔널 유스호스텔Yoho International Youth Hostel이다. 대부분의 배낭여행자들이 이곳에 묵으려 예약을 시도하기 때문에 경쟁이 치열하니 잘츠부르크에 숙박을 원한다면 반드시 예약해두는 것이 좋다. 한국인 여행자들도 많이 찾는 편이라 직원들이 기본적인 한국어를 할 줄 알고 한글 안내문도 보여준다. 요호 유스호스텔보다 가격은 조금 더 높지만 구시가지와 가까운 숙소로 인스티튜드 세인트 세바스티안Institut St Sebastian을 추천한다. 성당에서 운영하는 숙소로 여행자들의 평도 좋다. 이 외에 중앙역에서 가까워 추천할 만한 호텔은 역에서 도보 350m 떨어진 호엔스타우펜 호텔Hohenstauffen Hotel로 가족이 운영하는 작은 호텔이다. H+ 호텔 잘츠부르크H+ Hotel Salzburg는 기차역 바로 앞에 있으며 현대적인 시설에 가성비가 좋다. 호텔보다 저렴한 가격에 다양한 위치의 숙소를 원한다면 에어비앤비(www.airbnb.co.kr)를 알아보자.

요호 인터내셔널 유스호스텔

---

1. 요호 인터내셔널 유스호스텔
Yoho International Youth Hostel
주소 Paracelsusstraße 9
요금 예산 €
전화 662 879649
홈피 www.yoho.at

2. 인스티튜드 세인트 세바스티안 Institut St Sebastianl
주소 Linzer G. 41
요금 예산 €€
전화 662 871386
홈피 www.st-sebastian-salzburg.at

3. 호엔스타우펜 호텔 Hohenstauffen Hotell
주소 Elisabethstrße 19
요금 예산 €€€
전화 662 872193
홈피 www.hotel-hohenstauffen.at

4. H+ 호텔 잘츠부르크H+ Hotel Salzburg
주소 Südtiroler Pl. 13
요금 예산 €€€
전화 662 22850
홈피 h-hotels.com

Theme 1 영화 마니아라면 <사운드 오브 뮤직> 투어

<사운드 오브 뮤직Sound of Music>(1965)은 줄리 앤드류스와 크리스토퍼 플러머 주연의 영화로 견습 수녀인 마리아가 트랩 가의 가정교사로 들어가면서 벌어지는 이야기다. 퇴역 해군 대령인 트랩은 7명의 자녀를 둔 홀아비로 약혼녀 백작부인이 있다. 군대식 교육을 받아왔던 아이들은 마리아를 만나 밝은 분위기로 바뀌고 트랩은 마리아에게 사랑을 느낀다. 이를 감지한 백작부인은 마리아를 만나 힐난하고, 마리아는 수녀원으로 돌아가버린다. 7명의 아이들은 마리아를 그리워하고 마리아 역시 자신의 감정에 충실하기로 결심하면서 트랩 가로 돌아가 대령과 결혼하게 된다. 행복했던 때도 잠시, 나치가 오스트리아를 점령하고 트랩 대령에게 군대 복귀를 요구하게 된다. 이를 거부하던 트랩 대령은 폰 트랩 가족 합창단으로 공연 무대에 서는 것을 이용해 알프스를 넘어 탈출하고 스위스로 망명한다는 이야기다. 이 이야기는 실화를 바탕으로 했다. 1949년 마리아 아우구스타 폰 트랩이 가족의 이야기를 정리한 회고록으로 세상에 발표했고, 이들의 이야기를 영화화한 것이다.

영화는 잘츠부르크와 주변에서 촬영되었는데 투어를 신청하면 전용버스를 이용해 촬영지를 돌아다니며 설명해준다. 무엇보다 대중교통으로 오래 걸리는 잘츠부르크 주변의 호수 마을을 편하게 다녀올 수 있어 좋다. 차 안에서 전경을 보며 설명을 듣는 장소로는 마리아가 다녔던 수녀원으로 등장한 논베르크 수녀원Abbey of Nonnberg과 피크닉 신이 촬영된 장크트 길겐St. Gilgen이 있고, 직접 돌아보는 곳으로는 '도레미Do-Re-Mi'가 촬영된 미라벨 정원Mirabell Garden, 대령의 집으로 나온 레오폴드스크론 궁전Leopoldskron Palace(현재 호텔로 이용되고 있어 내부는 들어갈 수 없다)과 보트를 타는 장면이 촬영된 레오폴드스크로너 바이허 호수Leopoldskroner Weiher Lake, '16 going on 17' 노래를 부른 헬브룬 궁전 공원Hellbrunn Palace Park이 있고, 대령과 마리아의 결혼식이 열렸던 몬트제Mondsee에서 1시간 정도 머물다 돌아오는 코스다.

<사운드 오브 뮤직> 기념엽서

※ **파노라마 투어**

투어는 4시간 소요되며 09:15과 14:00 두 번 있다. 미팅 포인트는 미라벨 궁전 정문 맞은편의 '오리지널 사운드 오브 뮤직 투어Original Sound of Music Tour' 부스 앞이다.

주소 Salzburg Panorama Tours GmbH
요금 일반 €50(호스텔에서 신청하면
　　　더 저렴하게 구입이 가능하다), 4~12세 €25
전화 662 8832110
홈피 www.panoramatours.com

잘츠부르크 미라벨 정문

레오폴드스크론 궁전

헬브룬 궁전 공원에 있는 영화 속 정자

몬트제 성당

잘츠부르크 동쪽에 위치한 광범위한 지역으로 BC 2000년경부터 소금 침전물 채취를 시작해 중세시대 소금으로 큰 번영을 누렸다. 지금은 오스트리아의 평화로운 휴양지다. 76개의 크고 작은 호수와 호수 주변의 마을들이 그림처럼 펼쳐져 있다. 가장 편하게 둘러볼 수 있는 방법은 잘츠부르크 여행사 투어를 이용하는 것으로 여러 마을을 대중교통으로 돌아다니는 불편함을 감수할 수 있어 좋다. 그러나 단체여행이기 때문에 원하는 만큼 마을을 둘러볼 수는 없다. 원하는 곳을 마음껏 돌아보는 가장 좋은 방법은 렌터카가 최고다.

여러 곳을 들러보기 힘들다면 잘츠카머구트에서도 가장 아름다운 마을인 할슈타트Hallstatt를 방문하는 것을 추천한다. 잘츠부르크에서 당일치기로 돌아볼 수도 있으나 체류시간이 짧아 아쉬움이 남는다. 여유가 있다면 할슈타트에서의 1~2박을 추천한다. 다음은 잘츠카머구트 지역의 아름다운 마을을 소개한다.

위치 잘츠부르크 중앙역 맞은편의 버스터미널Südtiroler Platz이나 미라벨 궁전 정문 앞Mirabell Platz의 버스정류장에서 포스트버스 150번을 타면 된다. 버스는 푸슐제, 장크트 길겐을 지나 바트이슐이 최종 목적지다. 할슈타트로 가는 사람은 바트이슐에서 기차로 갈아타면 된다.

홈피 루트 확인 및 교통권 구매 앱
Salzburg Verkehr
기차 시간표 안내
oebb.at/en
포스트버스 시간표 안내
www.postbus.at/en

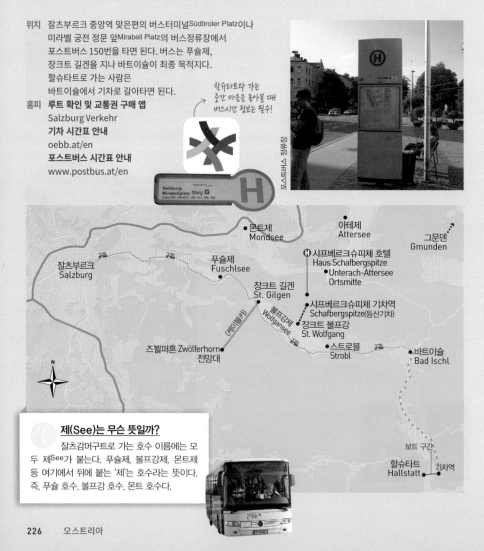

제(See)는 무슨 뜻일까?
잘츠감머구트로 가는 호수 이름에는 모두 제See가 붙는다. 푸슐제, 볼프강제, 몬트제 등 여기에서 뒤에 붙는 '제'는 호수라는 뜻이다. 즉, 푸슐 호수, 볼프강 호수, 몬트 호수다.

마을

❶ 푸슐제Fuschlsee

잘츠카머구트에서 가장 아름다운 물빛을 자랑하는 작은 호수 마을이다. 관광객이 드물어 고요함을 느낄 수 있다. 할슈타트로 가는 버스 왼편으로 보인다.

위치 포스트버스 150번, 40분 소요

❷ 장크트 길겐St. Gilgen

볼프강제Wolfgangsee 주변의 마을로 모차르트 어머니가 태어난 곳이다. 〈꽃보다 할배 리턴즈〉에서 출연자들이 올라간 즈뷜퍼혼Zwölferhorn 전망대로 가는 케이블카(요금 왕복 일반 €30. 운영 4월 1~14일 10:00~16:00, 4월 15일 이후 09:00~17:00)를 탈 수 있다. 산 위에서 〈사운드 오브 뮤직〉의 도레미송 중 피크닉 장면이 촬영됐다.

위치 포스트버스 150번, 50분 소요

❸ 장크트 볼프강St. Wolfgang

〈꽃보다 할배 리턴즈〉에서 올라간 샤프베르크슈피체Schafbergspitze 행 등산기차가 이곳에서 출발한다.

위치 포스트버스 150번을 타고 Strobl 버스터미널까지 간 후 (1시간 10분), 버스 546번으로 갈아타 10분 소요. 등산기차로 샤프베르크슈피체 역까지는 25분이 걸린다.

샤프베르크슈피체 호텔

장크트 볼프강

❹ 그문덴Gmunden

영화 〈사운드 오브 뮤직〉에서 피크닉 장면이 촬영된 장소로 물 위의 성, 오르트 성Schloss Ort이 가장 큰 볼거리다.

위치 잘츠부르크 중앙역에서 기차를 타고 Attnang-Puchheim에서 경유해 1시간 15분 정도 걸린다. 기차역에서 중심가까지 1.5km 떨어져 있는데 도보 또는 트램을 타면 된다. 바트이슐과 묶어보는 것도 좋은데 바트이슐에서 기차로 37분, 505번 버스로 50분이 걸린다.

오르트 성

❺ 몬트제와 아테제Mondsee & Attersee

영화 〈사운드 오브 뮤직〉에서 대령과 마리아의 결혼식이 열렸던 장소다. 몬트제와 아테제가 거의 붙어 있기 때문에 함께 둘러보기 좋다.

위치 포스트버스 140번, 몬트제까지 50분 소요. 아테제는 몬트제에서 562번을 타고 Unterach·Attersee Ortsmitte 정류장에 내리면 된다(20분 소요).

❻ 바트이슐Bad Ischl

온천은 우리나라 온천과 달리 소금 온천이다. 수건(대여 시 €7)과 수영복을 지참해 온천욕을 즐겨보자. 프란츠 요제프Franz Joseph 황제가 자주찾던 온천 휴양지로 황제의 여름 별장이 있다. 바트이슐의 유로떼르멘 리조트Eurothermen Resort(주소 Voglhuberstraße 10, 운영 09:00~24:00, 요금 4시간권 16세 이상 €25, 3~15세 €19).

위치 포스트버스 150번의 종착지로 1시간 30분 소요

유로떼르멘 리조트

프란츠 요제프 황제의 여름별장

❼ 할슈타트 Hallstatt

소금광산 아래 조성된 마을로 과거 번영했던 소금산업의 시대를 대변해 주듯 아름다운 건축물이 자리하고 있으며 잘츠카머구트 지역에서 가장 아름답다. 하루 정도의 여유가 있다면 숙박을 추천한다. 큰 짐은 잘츠부르크에 맡기고 가볍게 가는 것이 좋다.

위치 유레일패스 소지자인 경우 잘츠부르크역에서 Attnang-Puchheim에서 경유해 할슈타트역까지 2시간 10~40분이 걸린다. 저렴한 방법은 포스트버스 150번을 타고 종점인 바트이슐(1시간 30분 소요, €11.3)에서 할슈타트행 기차로 갈아타(편도 €6) 30분 후에 내려 호수를 가로지르는 보트(편도 €3.5, 소요시간 10분)를 타면 도착한다. 당일치기 여행자라면 잘츠부르크로 돌아오는 버스·기차·보트의 시간표를 사전에 체크하자.

할슈타트행 보트

할슈타트 전망대, 스카이워크(Skywalk)

> **TIP** **소금광산 투어, 할까? 말까?**
> 광산 투어는 소금광산의 역사에 대해 궁금한 사람에게 추천한다. 투어는 하지 않더라도 스카이워크 전망대만은 놓치지 말자.

& 할슈타트 소금광산 투어

할슈타트 소금광산의 역사는 BC 1838년까지 거슬러 올라간다. '하얀 금'으로 부를 만큼 가치가 높았던 소금을 쫓아 사람들이 몰려들었다. 할슈타트 소금광산은 1600~1960년까지 가장 중요한 소금광산 중 하나였다. 광산은 2008년에 재개장하여 소금 채취와 광산투어 장소로 이용되고 있다. 소지품을 맡기고 광부복을 덧입은 후 작은 기차를 타고 광산 안으로 들어간다. 투어는 1시간이 소요된다. 투어가 끝나면 작은 소금 기념품을 나누어준다.

주소 Salzbergstraße 21
운영 2월 11일~3월 31일 09:30~14:30,
4월 1일~11월 1일 09:30~16:00,
11월 2일~2024년 1월 7일 09:30~14:30
(2023년 1월 9일~2월 10일 휴무)
요금 **소금광산+케이블카** 일반 €36,
학생 €33, 4~15세 €18
케이블카
왕복 일반 €20, 학생 €18, 4~15세 €10
편도 일반 €11, 학생 €10, 4~15세 €5.5

광산 입구모습

소금광산행 미니기차

3

알프스의 맑은 물과 공기

인스브루크
Innsbruck

인스브루크는 알프스 산 아래 티롤 지방에 위치한 맑은 물과 공기의 도시다. 중세시대에는 합스부르크 왕가의 번영을 다진 막시밀리안 1세와 밀라노의 비안카 마리아 스포르자의 결혼식이 열렸었다. 현재는 동계스포츠의 도시로 유명한데 최근에는 2012년 유소년 올림픽이 열리기도 했다. 스위스보다 저렴한 비용에 알프스에서 스키와 패러글라이딩 등의 레포츠를 즐길 수 있고, 구시가지 내에 큰 규모의 스와로브스키 매장과 근교에 있는 스와로브스키 크리스털 월드 Swarovski Crystal Worlds가 여성들에게 인기다.

기차역에서 시작해 구시가지를 돌아보는 총 1.2km의 도보 루트로, 가볍게 걸으면서 둘러볼 수 있는 거리다. 개선문을 지나 마리아 테레지엔 거리를 따라가면 황금지붕 박물관이 있는 구시가지가 눈앞에 금세 나타난다. 합스부르크 왕가의 초상화가 걸려 있는 아름다운 인스브루크 궁전과 합스부르크 가문 번영의 기틀을 다진 막시밀리안 1세의 결혼식을 기념한 황금지붕과 무덤이 있는 왕실 교회를 놓치지 말자.

관광안내소

주소　Burggraben 3
운영　월~토 10:00~17:00,
　　　12월 24일 08:00~12:00,
　　　일·공휴일·크리스마스·
　　　신정 09:00~15:00
전화　512 53560
홈피　www.innsbruck.info

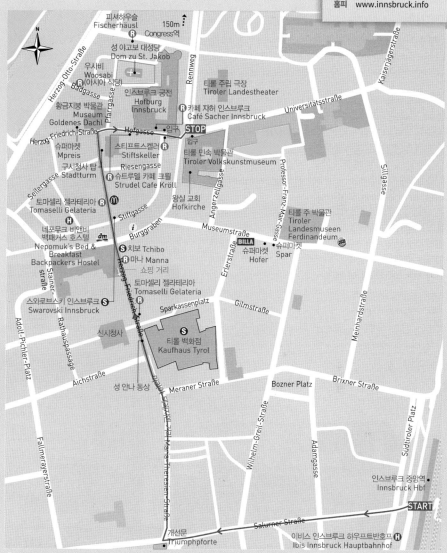

i 관광안내소　**BILLA** 슈퍼마켓 Billa　버거킹　*dm* 드럭스토어 DM

인스브루크 들어가기

인스브루크는 오스트리아의 서쪽 끝에 위치해 동쪽 끝에 있는 빈에서 기차로 4시간 15분이 걸린다. 기차로 접근하기 쉬운 도시는 오스트리아의 잘츠부르크, 독일의 뮌헨, 이탈리아의 볼차노 Bolzano가 있고, 항공으로는 오스트리아의 빈과 유럽의 주요 도시에서 들어갈 수 있다.

❖ 기차

대부분 기차를 타고 인스브루크에 도착한다. 오스트리아의 잘츠부르크에서는 1시간 50분, 독일의 뮌헨에서는 1시간 45분, 이탈리아의 볼차노에서는 2시간이 걸린다. 뮌헨에서의 연결이 좋다. 뮌헨에서 잘츠부르크를 갈 때는 바이에른 티켓이 적용되지만 인스브루크는 포함되지 않는다.

※ 구시가지 들어가기

인스브루크 중앙역에서 구시가지로는 400~500m로 충분히 도보로 가능하다. 개선문으로 걸어가는 구시가지를 한 바퀴 돌아보는 루트로 좋다.

인스브루크 중앙역 Innsbruck Hauptbahnhof (Innsbruck Main Station)

큰 규모의 기차역이다. 기차역 내에는 관광안내소, 매표소 등의 기본시설과 무료 WiFi 사용이 가능한 맥도날드, 슈퍼마켓 Mpreis와 무인 보관함이 있어 편리하다. 중앙역 바로 앞에는 구시가지로 향하는 시내버스와 인스브루크 공항버스가 서는 버스터미널이 있다.

주소 Südtiroler Platz 3
전화 512 930001722
홈피 www.oebb.at

인스브루크 중앙역

❖ 비행기

공항에서 시내까지는 공항버스가 운행하며 인스브루크 중앙역과 개선문에 내려준다. 공항버스 F의 운영시간은 05:59~23:26(15~30분 간격)이고, 시간은 중앙역까지 20분, 요금은 €2.8다.

인스브루크 공항
Innsbruck Flughafen (Innsbruck Airport) 🛜

인스브루크에서 4km 떨어진 작은 공항으로 오스트리아항공, 영국항공, 이지젯, 루프트한자, 니키항공 등의 항공이 드나든다. 공항 내에서는 무료 WiFi 이용이 가능하다.

오스트리아항공

주소 Tiroler Flughafenbetriebsgesellschaft
　　 m.b.H. Fürstenweg
전화 512 22525348
홈피 www.innsbruck-airport.com

시내교통 이용하기

TS 관광버스

인스브루크에서는 버스, 트램을 이용할 수 있다. 인스브루크의 대중교통 요금은 1회권이 €2.8로 비싼 편이다. 구시가지만 돌아볼 경우라면 도보로 충분히 이동이 가능하며 인스브루크 카드 구입 시 시내교통과 주요 관광지를 잇는 TS Sightseer 버스(24시간권 일반 €20, 6~15세 €12)가 포함되어 있어 효율적이다. 노선과 요금은 아래 홈페이지를 통해 찾아볼 수 있다.

홈피 www.vvt.at

> **Tip** 🔵 **인스브루크 카드**
>
> 인스브루크의 관광명소와 대중교통, TS Sightseer 관광버스, 케이블카 등을 무료로 이용할 수 있는 카드다. 인스브루크 구시가지만 돌아볼 경우에는 비효율적이나 스와로브스키 크리스털 월드를 간다거나(입장료+셔틀버스 €29), 인스브루커 노르드케텐바넨 케이블카Innsbrucker Nordkettenbahnen Cable Cars(€33)를 이용할 경우 굉장히 유용하다. 카드는 구시가지와 기차역의 관광안내소, 케이블카 매표소, 호텔 등에서 구입 가능하다. 하루 만에 주요 장소를 보는 것은 불가능하기 때문에 48시간권이나 72시간권이 가장 유용하다.
>
> 요금 **일반** 24시간 €53, 48시간 €63,
> 　　　 72시간 €73
> 　　　 **6~15세** 일반 요금의 50%

마리아 테레지엔 거리
Maria-Theresien-Straße (Maria-theresien Street)

인스브루크의 개선문에서 구시가지 입구까지 500m의 길로 오스트리아 합스부르크의 여제 마리아 테레지아의 이름을 붙인 대로다. 축제와 쇼핑의 중심지로 항상 사람들로 북적이며 18번지에는 신시청사가 있다. 인스브루크 개선문은 마리아 테레지아의 3번째 아들인 레오폴드 2세의 결혼을 기념한 것이다.

주소 Maria-Theresien-Straße

레오폴드 2세의 결혼을 기념한 개선문

성 안네(St. Anne, 성모 마리아의 어머니) 기둥

황금지붕 박물관 내부

황금지붕 박물관 Museum Goldenes Dachl
(Golden Roof Museum)

15세기 초 프리드리히 4세가 티롤 군주의 저택으로 지은 3층 건물로 막시밀리안 1세Maximilian I(1459~1519)가 1493년 밀라노의 비안카 마리아 스포르자Bianca Maria Sforza 와의 정략결혼을 기념하기 위해 리모델링했다. 건물 외관은 당시 결혼식을 표현한 것으로 파스텔조의 대리석과 벽화, 부조 조각으로 화려하다. 그중 황금색 지붕은 2,657개의 도금된 구리 타일로 화창한 날이면 반짝반짝 빛나는 아름다움을 선사한다. 박물관은 외관에 비해 크게 볼거리가 없다.

주소 Herzog-Friedrich-Straße 15
운영 **5~9월** 10:00~17:00,
    10~4월 화~일 10:00~17:00(월요일 휴무)
요금 일반 €5.2, 학생·6~14세 €2.7,
    6세 미만 무료
전화 512 53601441
홈피 www.tyrol.tl/en/highlights/sights/
    golden-roof

인스브루크 궁전
Hofburg Innsbruck (Imperial Palace)

1460년 티롤 지방의 백작이었던 지그문트^{Sigmund}가 지은 궁전이다. 이후 마리아 테레지아가 이곳을 리모델링해 1773년 현재의 화려한 로코코풍의 궁전이 완성됐다. 궁전의 하이라이트는 리젠잘^{Riesensaal}로 합스부르크 왕가의 그림이 걸려 있는데 웅장하며 상당히 아름답다. 궁전 입구에는 카페 자허 인스브루크^{Café Sacher Innsbruck} 지점이 있다.

주소 Rennweg 1
운영 09:00~17:00
요금 일반 €9.5, 19세 이하 무료
      (오디오 가이드 포함)
전화 512 587186

※ 카페 자허 인스브루크
주소 Rennweg 1
운영 08:30~20:00
전화 512 565626
홈피 www.sacher.com/sacher-
      cafes/sacher-cafe-innsbruck

티롤 민속 박물관
Tiroler Volkskunstmuseum
(Museum of Tyrolean Regional Heritage)

알프스 티롤 지역의 집, 농기구, 가면, 장식품, 옷, 생활용품 등을 통해 티롤 지역의 생활방식과 문화를 이해할 수 있는 박물관이다. 박물관과 함께 왕실 교회를 볼 수 있는데 이곳에 정략결혼을 기반으로 한 외교 정책으로 합스부르크 왕가의 번영을 다진 막시밀리안 1세의 무덤이 있다.

주소 Universitätsstrasse 2
운영 09:00~17:00
요금 **티롤 민속박물관+왕실교회+티롤주 박물관
      +티롤 파노라마 박물관 통합권**
      일반 €12, 27세 미만 €9
      왕실 교회
      일반 €8, 27세 미만 €6, 19세 미만 무료
전화 512 59489
홈피 www.tiroler-landesmuseen.at

성 야고보 대성당 Dom zu St. Jakob
(Innsbruck Cathedral, Cathedral of St. James)

관광
명소

13세기 12사도 중 하나인 성 야고보를 위해 만든 성당이
다. 스페인의 산티아고
데 콤포스텔라로 향하
는 출발지로 1689년에
지진으로 무너진 것을
1717~1724년 바로크
양식으로 지었다. 이후
2차 세계대전 때 폭탄
에 의해 파괴된 것을 재
건했다. 내부에는 카를
7세의 아들인 막시밀리
안 3세의 무덤이 있다.

주소 Domplatz
운영 08:45~18:30(5월 2일·10월 26일~19:30)
요금 무료, 사진촬영 €1
전화 512 583902

노르드케테 Nordkette

관광
명소

인스브루크는 동계올림픽을 3회나 개최한 도시로 겨울
스포츠의 천국이라 할 수 있다. 스위스의 높은 물가에 비
해 저렴하게 알프스에서 스키나 스노보드를 즐길 수 있
는데 가깝는 인스브루크 시내에서 20분이면 알프스의
2,334m 높이의 노르드케테(북쪽 산맥) 정상으로 올라가
는 케이블웨이+케이블카를 탈 수 있다. 겨울에는 스키와
스노보드를 지그루베와 하펠리카에서 탈 수 있으며 여름에
는 알프스 산 전망을 감상하고 하이킹을 할 수 있다. 스키
시즌이라면 교통+장비 렌털 패키지를 이용해 근교로 가자.
호스텔이나 관광안내소에서 저렴한 패키지를 알선한다.

위치 왕궁 북쪽의 Congress역에서 타면 된다.
운영 훈거부르크반Hungerburgbahn
　　　월~금 07:15~19:15(주말·공휴일 08:00~)
　　　지그루베반Seegrubenbahn(1,905m)
　　　08:30~17:30
　　　하펠리카반Hafelekarbahn(2,256m)
　　　09:00~17:00(15분 간격 운행)
요금 ※ 노르드케텐바넨 케이블웨이+케이블카
　　　(왕복)
　　　정상 하펠리카까지 일반 €44, 65세 이상·
　　　19~27세 학생증 소지자 €40,
　　　16~18세 €35.2, 6~15세 €26.4
　　　훈거부르크까지 일반 €11.4, 65세 이상·
　　　19~27세 학생증 소지자 €10.4,
　　　16~18세 €9.2, 6~15세 €6.9
전화 512 293344
홈피 www.nordkette.com

암브라스 성 Schloss Ambras(Ambras Castle)

1547년 아버지로부터 보헤미아 왕국을 이어받은 페르디난트 2세Ferdinand II가 1567년 인스부르크로 이주하게 된다. 암브라스 성은 기존에 있던 중세요새 터에 르네상스 스타일의 궁전을 지어 아내인 필리핀 웰서Philippine Welser에게 선물한 궁전이다. 페르디난트가 생전에 수집한 갑옷, 무기, 악기, 초상화 등을 볼 수 있다. 성 안에서 가장 아름다운 스페인 홀은 인스부르크 음악축제 때 콘서트홀로도 이용된다.

주소 Schlossstraße 20
운영 10:00~17:00(11월 휴무)
요금 일반 €16, 19~25세 이하 학생증 소지자 €12, 19세 미만 무료
전화 525 244802
홈피 www.schlossambras-innsbruck.at

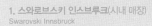

& 스와로브스키

최소한 인스부르크에서만은 쇼핑명소라기보다는 관광명소라는 말이 더 잘 어울리는 스와로브스키다. 스와로브스키 크리스털 월드 방문 시 인스부르크 카드가 유용하다. 인스부르크 근교를 방문할 충분한 시간이 없다면 시내의 매장(상점이지만 작품도 있고 바Bar도 있다)을 방문해보자.
스와로브스키 크리스털 월드는 1895년 오스트리아의 티롤 주의 와튼즈가 고향인 스와로브스키 창사 100주년을 기념해 1995년 오픈한 테마관이다. 스와로브스키만의 기술로 크리스털을 깎아 만든 정원과 각종 피규어, 보석 등으로 화려하다. 인스브루크에서 유료 셔틀버스를 타고 가는 것이 편리하다.
※ 셔틀버스(편도 €5, 왕복 €9.5)
– 인스브루크 중앙역 출발 10:20/12:40/14:40/16:40
　(4분 뒤 인스브루크 Congress/Hofburg 경유)
– 스와로브스키 크리스털 월드 출발 13:35/15:35/17:35/19:05

홈피 kristallwelten.swarovski.com

1. 스와로브스키 인스브루크(시내 매장)
Swarovski Innsbruck

주소 Herzog-Friedrich-Straße 39
운영 월~금 09:00~19:00, 토 09:00~18:00,
　　일·공휴일 휴무
전화 512 573100

2. 스와로브스키 크리스털 월드
Swarovski Kristallwelten

주소 Kristallweltenstraße 1,
　　6112 Wattens
운영 09:00~19:00
요금 일반 €23, 6~7세 €7, 6세 미만 무료
전화 522 451080

슈트루델 카페 크뢸 Strudel Cafe Kröll

카 페

구시가지에 위치한 작은 슈
트루델 전문점으로 오스트
리아 전통의 사과 슈트루델
Apfelstrudel을 비롯해 모차렐
라 슈트루델Mozzarellastrudel,
양배추–베이컨 슈트루델
Kraut-Speckstrudel 등 다양한
슈트루델과 일리Illy, 율리어
스 마이늘Julius Meinl 커피를
맛볼 수 있다.

주소　Hofgasse 6
운영　06:00~21:00(일·여름 시즌 ~23:00)
요금　예산 €
전화　512 574347
홈피　www.strudel-cafe.at

토마셀리 젤라테리아 Tomaselli Gelateria

아이스 크 림

인스브루크에만 4곳의 매장이 있는 이탈리아 아이스크
림 전문점이다. 티롤 지역에서 생산한 신선한 우유와 생
크림, 과일을 이용해서 50여 가지의 아이스크림을 만든
다. 아래 주소는 접근하기 편한 3곳의 가게다.

주소　**마리아 테레지아 광장** Maria-Theresien-Straße 15
　　　구시가지 Herzog-Friedrich-Straße 30
　　　궁전 내 Hofgasse 5
운영　**마리아 테레지아 광장** 10:00~22:00(일요일 11:00~)
　　　구시가지 11:00~18:00(금·토·일 ~20:00)
　　　궁전 내 12:00~18:00
요금　예산 €　　　전화　512 574609
홈피　www.gelateria-tomaselli.at

우사비 Woosabi

한식당

인스브루크 퓨전 아시아 식당이
다. 동남아시아와 일본, 한국 스
타일 퓨전 음식을 판다. 우리 입
맛에 맞는 메뉴로는 불고기바오
분, 라이스볼, 카레 등의 메뉴가
있다. 점심 메뉴는 €10 안팎으
로 저렴하다.

주소　Herzog Otto Straße 8
운영　화~목 11:30~23:00, 금·토 11:30~24:00,
　　　일 12:00~23:00(월요일 휴무)
요금　예산 €€
전화　660 9004807
홈피　www.woosabi.at

스티프트스켈러 Stiftskeller

비어홀 / 레스토랑

티롤 지역 전통 음식인 닭고기 구이나 소시지 구이 등과 맥주를 즐기고 싶다면 이곳으로 가면 된다. 1516년부터 운영해 온 아우구스티너 수도원의 맥주다. 맥주 500ml €3~4로 저렴한 편이고 막시마토르Maximator와 같은 특별한 맥주는 1년에 2주 동안만 판매한다.

주소 Stiftsgasse 1
운영 10:00~24:00
요금 예산 €€
전화 512 570706
홈피 www.stiftskeller.eu

Tip 인스브루크의 숙소

인스브루크에서 가장 저렴한 숙소는 네포무크 비앤비 백패커스 호스텔 인스부르크Nepomuk's Bed & Breakfast Backpackers Hostel Innsbruck로 인스부르크의 가장 중심에 있다. 2인실과 6인실 도미토리를 운영하는 작은 숙소이며, 예약은 전화로만 가능하다. 2인이라면 중앙역에서 가까운 이비스 인스브루크 하우프트반호프Ibis Innsbruck Hauptbahnhof에 묵는 것을 추천한다. 인스브루크 구시가지 숙소는 거의 €100 이상인데 이비스가 그나마 €100 미만으로 저렴하다. 최근 각광받는 에어비앤비 숙소는 호스텔보다 가격은 높지만 위치가 좋은 숙소가 많다. 2인 이상이라면 호텔보다 저렴하게 숙소를 찾을 수 있다.

1. 네포무크 비앤비 백패커스 호스텔 인스부르크
Nepomuk's Bed & Breakfast Backpackers Hostel Innsbruck

주소 Kiebachgasse 16
전화 512 584118
홈피 www.nepomuks.at

2. 이비스 인스브루크 하우프트반호프
Ibis Innsbruck Hauptbahnhof

주소 Sterzinger Straße 1
전화 512 5703000
홈피 all.accor.com/hotel/5174/index.ko.shtml

© Nepomuk

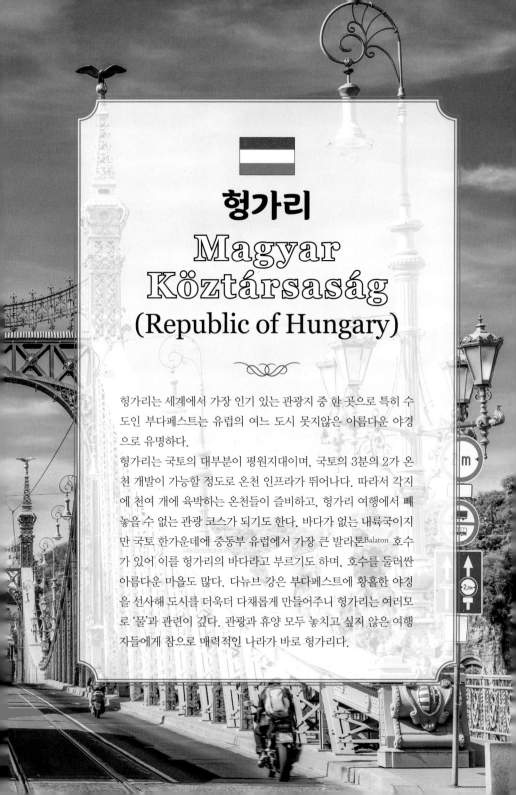

헝가리
Magyar Köztársaság
(Republic of Hungary)

헝가리는 세계에서 가장 인기 있는 관광지 중 한 곳으로 특히 수도인 부다페스트는 유럽의 여느 도시 못지않은 아름다운 야경으로 유명하다.

헝가리는 국토의 대부분이 평원지대이며, 국토의 3분의 2가 온천 개발이 가능할 정도로 온천 인프라가 뛰어나다. 따라서 각지에 천여 개에 육박하는 온천들이 즐비하고, 헝가리 여행에서 빼놓을 수 없는 관광 코스가 되기도 한다. 바다가 없는 내륙국이지만 국토 한가운데에 중동부 유럽에서 가장 큰 발라톤Balaton 호수가 있어 이를 헝가리의 바다라고 부르기도 하며, 호수를 둘러싼 아름다운 마을도 많다. 다뉴브 강은 부다페스트에 황홀한 야경을 선사해 도시를 더욱더 다채롭게 만들어주니 헝가리는 여러모로 '물'과 관련이 깊다. 관광과 휴양 모두 놓치고 싶지 않은 여행자들에게 참으로 매력적인 나라가 바로 헝가리다.

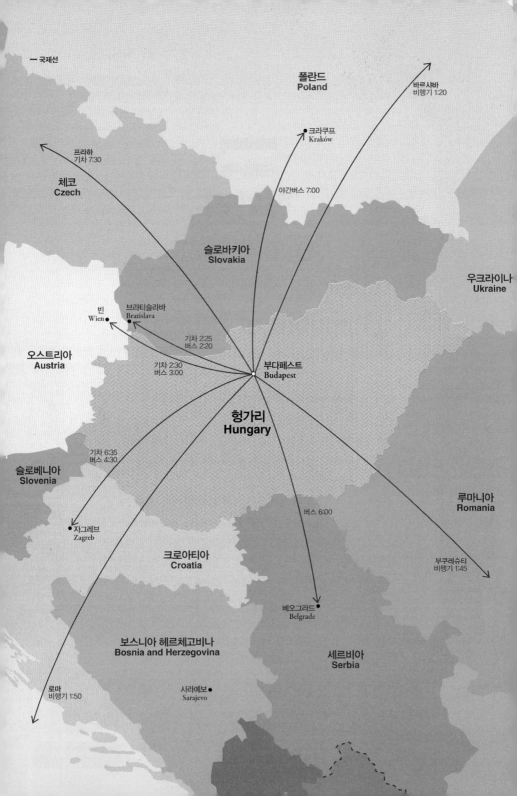

국제선

폴란드
Poland

바르샤바
비행기 1:20

크라쿠프
Kraków

프라하
기차 7:30

체코
Czech

슬로바키아
Slovakia

우크라이나
Ukraine

야간버스 7:00

빈
Wien

브라티슬라바
Bratislava

오스트리아
Austria

기차 2:25
버스 2:20

기차 2:30
버스 3:00

부다페스트
Budapest

헝가리
Hungary

슬로베니아
Slovenia

기차 6:35
버스 4:30

루마니아
Romania

자그레브
Zagreb

크로아티아
Croatia

버스 6:00

부쿠레슈티
비행기 1:45

베오그라드
Belgrade

보스니아 헤르체고비나
Bosnia and Herzegovina

세르비아
Serbia

로마
비행기 1:50

사라예보
Sarajevo

1. 헝가리의 역사

오스트리아-헝가리
제국의 문양

헝가리의 시초는 9세기 말 러시아에서 이주해온 유목민족인 마자르 Magyar족으로 알려져 있는데 마자르족은 아시아의 유목민족이라는 설이 지배적이다. 이는 헝가리를 유럽의 아시아민족이라고 부르는 근거가 되어준다. 1001년에 비옥한 평원인 헝가리에 독립왕국을 세운 마자르족은 조금씩 세력을 넓혀가기 시작한다. 그러나 13세기부터 몽고, 오스만 제국, 오스트리아의 침략을 잇달아 받으며 쇠락을 거듭하다 결국 오스트리아 합스부르크 왕가의 지배하에 놓이게 된다. 그러다 오스트리아의 프로이센 전쟁 패전과 계속되는 헝가리 독립 운동의 영향으로 1867년 오스트리아-헝가리 제국이라는 이중군주국Dual Monarchy이 탄생해 독립하게 되었고, 이 시스템은 1918년까지 지속됐다. 제1차 세계대전에서 오스트리아가 패전한 이후 오스트리아 합스부르크 왕가의 카를 1세가 퇴위하자, 헝가리는 일단 섭정 왕을 세워 헝가리 왕국을 탄생시킨 후 점차 공화정으로 바꿔 나갈 계획을 수립한다. 그러나 사회적인 혼란 속에서 독일 나치의 강요로 동맹을 맺게 되고, 제2차 세계대전에 참전해 패전한다. 종전 후인 1946년, 헝가리 왕정이 폐지되고 소련에 의해 공산체제가 들어선다. 그러나 1956년 10월 23일, 소련의 통제와 공산권에 대항해 자유와 민주

헝가리의 초대 국왕 성 이슈트반

헝가리 왕국 최후의 국왕 카를 4세

주의를 요구한 시민들의 '헝가리 혁명'이 일어났다. 소련의 진압으로 혁명은 실패했지만 계속된 민주화 운동의 결과로 헝가리 혁명이 일어난 지 꼭 33년만인 1989년 10월 23일에 새로운 헌법이 공표되며 헝가리는 민주국가로 탈바꿈했다. 1990년대에 들어 사회주의 시스템에서 완전히 벗어난 헝가리는 정치뿐 아니라 사회·문화적으로도 자유주의의 문물을 받아들여 다른 동유럽 국가들과는 달리 공산주의의 느낌이 잘 나지 않는 나라가 되었다. 1996년에 OECD, 1999년엔 NATO, 2004년엔 유럽연합에 가입했으며, 천혜의 자연환경과 지리적 이점으로 인해 전 세계 관광객들의 사랑을 받고 있다.

2. 기본 정보

수도 부다페스트 Budapest
면적 93,030㎢(한국 100,412㎢)
인구 약 996만 명(한국 5,162만 명)
정치 의원내각제(단원제, 대통령 노바크 커털린 Novák Katalin, 총리 오르반 빅토르Orban Viktor)
1인당 GDP 18,773$, 41위(한국 25위)
언어 헝가리어
종교 가톨릭 37.2%, 개신교 13.8%, 기타 49%

3. 유용한 정보

국가번호 36
통화(2023년 1월 기준)
- 포린트 Forint(HUF, Ft) 1Ft≒3.4원
지폐 500·1000·2,000·5,000·10,000·20,000Ft
동전 5·10·20·50·100·200Ft
환전 ❶ 가장 자주 쓰이는 방법은 유로를 가져가 현지에서 환전하는 것이다. 은행보다는 시내의 환전소(Change 간판)나 환전기계를 추천한다. M1 옥타곤Oktogon역 근처가 환율이 좋은 편인데, 소액이라면 굳이 찾아갈 필요는 없다. 거리의 암거래 상

들은 비싼 환율로 계산할 뿐 아니라 먼 나라의 돈을 섞어 주는 사기를 자주 치니 절대 상대하면 안 된다. 공항이나 기차역은 환율이 나쁘므로 숙소로 가는 교통비와 비상금 정도를 바꾸거나 교통권을 카드로 결제한 뒤 시내에서 환전하기를 권한다. 관광지의 상점이나 식당에서는 유로를 받기도 하지만 포린트를 이용할 때보다 손해다. ❷ 곳곳에 ATM이 있으니 해외 인출이 가능한 현금카드로 인출하는 것도 괜찮다. ❸ 신용카드 이용이 가능하니 카드와 현금을 적절히 사용하면 된다.

※ 환전 시 구권을 섞어 주는 경우가 있으니 잘 확인해야 한다. 구권은 헝가리 국립은행Magyar Nemzeti Bank(성 이슈트반 성당 근처)에서 신권으로 바꿔준다.

주요기관 운영시간
- **은행** 월~금 08:30~16:00
- **우체국** 월~금 08:00~18:00
- **약국** 월~금 08:00~20:00, 토 08:00~13:00(24시간 약국도 있음)
- **상점** 월~토 10:00~21:00

전력과 전압 220V, 50Hz(한국과 Hz만 다름–한국 60Hz) 한국 전자제품의 사용이 가능하며 플러그도 동일하다.

시차 한국보다 8시간 느리다.
서머타임 기간(매년 3월 마지막 일요일~10월 마지막 일요일)일 경우는 7시간이 느리다.
예) 부다페스트가 09:00라면 한국은 17:00 (서머타임 기간에는 16:00)

헝가리 현지에서 전화 거는 법
한국에서 전화 거는 법과 같다.
예) 부다페스트 → 부다페스트 123 4567
    센텐드레 → 부다페스트 1 123 4567

스마트폰 이용자와 인터넷 숙소와 식당, 카페, 맥도날드, 광장, 공원 등에서 WiFi 이용이 가능하다.

물가 물 100Ft, 24시간 교통권 1,650Ft, 커피 600Ft, 간단한 식사 2,000Ft~, 레스토랑 3,000Ft~.

팁 문화 서비스를 제공 하는 레스토랑에서는 팁을 주는 문화가 있다. 총 금액의 10% 정도면 적당

하다. 계산서를 받아 봉사료(Szervizdij, 총 금액의 12~15%)가 포함되어 있다면 팁을 주지 않아도 된다.

슈퍼마켓 Tesco, CBA, Spar 등을 쉽게 볼 수 있다. 영업시간은 대개 월~토 07:00~22:00이다. 일요일에 문을 여는 곳도 있다.

물 수돗물에 석회가 섞여 있어 생수를 사서 마시는 게 좋다.

화장실 공중화장실을 이용하려면 약 200Ft의 사용료를 내야 한다. 따라서 식당이나 카페 등에서 음식을 먹었다면 잊지 말고 화장실에 들르도록 하자. 카페나 패스트푸드점에서는 영수증에 화장실 비밀번호가 찍혀 있기도 하니 영수증을 잘 챙겨야 한다.

치안 전반적으로 안전한 편이나 주요 관광지, 켈레티역을 비롯한 기차역, 야간기차엔 소매치기가 있을 수 있다. 식당이나 카페에서는 가방과 카메라, 스마트폰 등 소지품을 두고 자리를 뜨면 안 된다. 또 조심해야 할 것은 부다페스트의 쇼핑가인 바치 거리에서의 사기다. 관광객인 척 하는 사람들이 길을 물으며 접근해 환심을 산 후, 자기가 찾는 가게로 같이 가자며 바나 식당으로 데려가 터무니없는 가격을 청

구하는 일이 있다. 또한 사해소금이나 비누 무료 샘플을 준다며 매장으로 유인해 비싼 가격의 제품을 강매하고 환불해주지 않는 경우도 있다. 따라서 호객꾼들이 다가오면 적당히 지나치는 게 좋다.

응급상황 경찰 107, 구급차 104, 소방서 105

4. 공휴일과 축제(2023년 기준)

※ **헝가리 공휴일**
1월 1일 새해
3월 15일 혁명기념일
4월 7~10일 부활절 연휴*
5월 1일 노동절
5월 29일 성령강림일*
8월 20일 건국기념일
10월 23일 1956 혁명기념일
11월 1일 성자의 날
12월 25~26일 성탄절 연휴
(*매년 변동되는 날짜)

※ **헝가리 축제**
4~5월 부다페스트 봄 축제 Budapest Spring Festival
부다페스트에서 가장 크고 중요한 예술 축제로 2~3주간 열린다. 헝가리 및 해외 아티스트들이 클래식, 오페라, 연극, 재즈, 발레 등 다양한 공연을 펼치며 거리 공연도 자주 열린다.
홈피 www.bsf.hu
8월 시게트 음악 축제 Sziget Festival
유럽에서도 손꼽히는 대중음악 축제이다. 부다페스트 북쪽의 오부다이 섬에서 한 주간 열리는데 한 해에 50만 명 이상이 다녀간다. 전 세계 인기 뮤지션들을 모두 만날 수 있다.
홈피 www.szigetfestival.com
9~10월 부다페스트 현대 예술 축제
Café Budapest Contemporary Arts Festival
봄 축제처럼 시에서 주관하며 가을 페스티벌이라고도 불린다. 무용, 재즈, 연극, 순수 예술 등을 선보인

다. 봄 축제에 비하면 좀 더 현대적이고 아방가르드한 성향의 작품들이 많다.
홈피 budapestioszifesztival.hu

부다페스트 봄 축제
©bsf.hu

시게트 음악 축제
©szigetfestival.com

5. 한국 대사관

주소 Andrassy út. 109. Budapest
위치 M1 Bajza út.역 하차 도보 2분
운영 월~목 08:30~17:00, 금 08:30~16:00
[점심시간 11:30~13:30,
헝가리 공휴일 및 한국 국경일(삼일절,
광복절, 개천절, 한글날) 휴무]
전화 +36 1 462 3080
홈피 hun.mofa.go.kr

추천 웹사이트
헝가리 관광청 www.wowhungary.com
헝가리 철도청 www.mavcsoport.hu
Volán 버스(고속버스) www.volanbusz.hu

6. 출입국

대한항공(주 3회)과 폴란드항공(LOT)(주 4회)의 직항이 생겨 선택의 폭이 넓어졌다. 유럽 각국에서 부다페스트로 오가는 항공 노선 역시 다양하기 때문에 비행기를 통한 출입국에 큰 어려움은 없다. 헝가리는 7개국과 국경을 맞대고 있는 나라여서 육로를 통한 출입국도 빈번하다. 촘촘한 철도망을 따라 유럽 각지로 편리하게 이동이 가능하며, 저렴함이 장점인 버스도 이용객이 많다.

헝가리 국제 철도역

7. 추천 음식

헝가리 사람들은 전통 음식에 자부심을 갖고 있다. 헝가리 전통 음식의 가장 큰 특징은 원산지가 헝가리인 파프리카를 넣어 매콤하게 만든 요리가 많다는 것인데, 한국인에게는 무난한 수준이다. 또한 고기 요리가 많아 기름지고 짠 편이며, 양이 푸짐하다. 전반적으로 한국인의 식성에 잘 맞으며, 음식을 먹을 때 와인이나 전통주를 곁들이면 좋다.
헝가리 하면 가장 먼저 떠오르는 음식인 **굴라시** Gulyás(Goulash)는 거의 모든 식당에 있는 메뉴다. 고기와 콩, 감자 등을 넣고 끓인 수프에 파프리카 가루를 넣어 만든다. 육개장과 비슷한 맛이 나서 한국 사람의 입맛에 아주 잘 맞는다. 주문하면 빵과 함께 나오므로 이것만으로도 든든한 한 끼가 된다.
치킨에 파프리카 소스를 넣고 볶은 음식인 **파프리카 치르케** Paprikás Csirke(Paprika Chicken)는 콩알만 한 파스타를 데쳐 함께 먹는다. 한국의 닭볶음탕과 비슷하다.

굴라시

가판대나 시장에서 흔히 볼 수 있는 **랑고시** Lángos는 밀가루 반죽을 튀겨 사워크림, 치즈, 갈릭소스를 얹고 소금을 쳐서 먹는 음식이다. 크기가 크고 기름지기 때문에 일행이 있다면 나눠 먹는 것도 좋다. 기본 토핑 외에 햄, 달걀, 과일 등의 토핑을 추가해 식사대용으로 먹을 수 있다.
묽은 밀가루 반죽을 얇게 구워 토핑을 곁들여 먹는 팬케이크 **펄러친타** Palacsinta는 크레페와 비슷하다. 잼, 초콜릿, 크림, 과일 등의 필링을 넣은 달콤한 디저트 형태가 가장 잘 알려져 있지만 고기나 치즈, 채소를 넣어 식사용으로 먹기도 한다. 이 외에도 햄의 일종인 **살라미**, 거위간인 **푸아그라**도 유명하다.
주류로는 '와인들의 왕, 왕들의 와인'이라는 별명으로 불리는 **토카이 아수** Tokaji Aszú가 대표적이다. 헝가리 북동쪽의 토카이 지방에서 만드는 스위트 와인으로, 곰팡이가 피어 부패한 귀부 포도 Aszú로 만든다. 곰팡이가 포도의 수분을 흡수하면서 포도의 당도가 높아져 달콤한 와인이 생산되는 것이다. 와인의 등급이 높을수록 포도 함유량이 많아 단맛이 강하다. 드라이 와

랑고시

토카이 아수

인으로는 **에그리 비카베르**Egri Bikavér를 추천한다. 집
집마다 있다는 약술 **유니쿰**Unicum은 40도로 식전 ·
식후주로 마시며 소화에 도움을 준다.

8. 쇼핑

헝가리의 대표적인 특산품은 **토카이 와인**, 파프리
카, **자수제품, 헤렌드**Herend, 졸너이Zsolnay, 홀로하지
Hollóházi 도자기 등이 있다. 와인은 주류 판매점이나
대형 마트 등에서 살 수 있으며, 시장에서 작은 통
에 담아 파는 **파프리카 가루**는 휴대성도 좋고 선물
용으로 좋아 추천한다. 관광지 근처의
기념품 판매점이나 시장에서 자수
제품, 기념품 등을 쉽게 구입할 수
있다.
일명 악마의 발톱이라 불리는 **이노
레우마**Inno Rheuma 크림은 근육관절
통에 효과가 좋다. 드럭스토어 DM
에서 저렴하게 판매한다.

파프리카

자수용품 판매점

9. 유용한 현지어

안녕 Szervusz[세르부스]
안녕하세요 Jó Napot Kívánok[요 너포트 키바노크]
안녕히 가세요 Viszontlátásra[비손틀라타시러]
감사합니다 Köszönöm[쾨쇠뇜]
미안합니다 Bocsánat[보차너트]
실례합니다 Elnézést[엘네제시트]
천만에요 Szívesen[시베센]
도와주세요! Segítsen![세기트셴!]
얼마입니까? Mennyibe Kerül?[멘뉘베 케륄?]
반갑습니다 Örulök Hogy Találkoztunk
[외룰뢱 호지 털랄코즈툰크]
예 Igen[이겐]
아니오 Nem[넴]
남성 Férfi[페르피]
여성 Hölgy[흘기]
은행 Bank[반크]
화장실 Vécé[베체]
경찰 Rendőrség[렌되르세그]
약국 Gyógyszertár[죠지세르타르]
입구 Bejárat[베야럿]
출구 Kijárat[키야럿]
도착 Érkezés[에르케제스]
출발 Indulás[인두라시]
기차역 Pályaudvar[팔랴우드버르]
버스터미널 Autóbuszállomás[어우토부살로마시]
공항 Repülőtér[레퓔뢰테르]
표 Jegy[예지]
환승 Átutalás[아투털라시]
무료 Díjmentesen[디멘테센]
월요일 Hétfő[헤트푀]
화요일 Kedd[케드]
수요일 Szerda[세르더]
목요일 Csütörtök[취퇼퇵]
금요일 Péntek[펜텍]
토요일 Szombat[솜버트]
일요일 Vasárnap[버사르넙]

1

다뉴브 강가의 낭만 도시
부다페스트
Budapest

부다페스트는 '다뉴브 강의 진주'라는 별명을 가졌다. 다뉴브 강가에서 보는 야경은 볼거리가 지천인 유럽 내에서도 손꼽힐 만큼 아름다운데, 이를 인정받아 부다페스트는 1987년 유네스코 세계문화유산에 등재되었다.

부다페스트는 다뉴브 강을 사이에 두고 서쪽의 부다 지구와 동쪽의 페스트 지구가 합쳐져 붙은 이름이다. 부다와 페스트는 각기 다른 도시로 발달해왔으며, 14세기에 부다가 헝가리의 수도가 되었다. 언덕과 평지라는 차이점이 있듯 다른 기반과 다른 색채를 가졌던 부다와 페스트는 수백 년 후 한몸이 된다. 1873년 부다와 옛 부다라는 뜻인 오부다, 페스트의 3개 도시가 합병하여 부다페스트가 탄생하게 되는데, 이는 1849년 다뉴브 강에 세체니 다리가 건설되면서 두 도시 간에 인적, 물적, 문화적으로 활발한 교류가 가능해졌기 때문이었다. 이후 부다페스트는 급속한 성장과 발전을 이뤄냈으며, 주변의 소도시까지 흡수해 현재의 모습이 되었다. 이러한 역사의 영향으로 왕족과 귀족, 부호들이 살던 부다 지구는 문화적인 요충지가 되었고, 서민들의 터전이었던 페스트 지구는 경제적으로 발달된 상업지구가 되었다. 다뉴브 강이 빚어내는 수려한 야경과 심신이 지친 이들을 위로해주는 온천 등으로 물의 축복을 받은 도시 부다페스트는 그 누구에게라도 매력적일 수밖에 없는 도시이다.

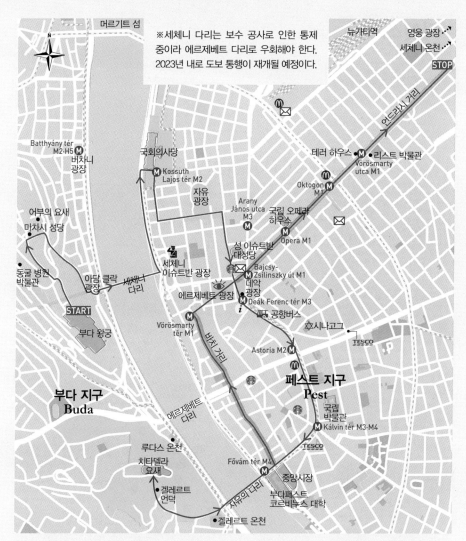

※세체니 다리는 보수 공사로 인한 통제 중이라 에르제베트 다리로 우회해야 한다. 2023년 내로 도보 통행이 재개될 예정이다.

머르기트 섬

N

뉴가티역
영웅 광장
세체니 온천

STOP

언드라시 거리

Batthyány tér
M2·H5
버차니 광장

국회의사당

Kossuth
Lajos tér M2

자유 광장

테러 하우스
리스트 박물관
Vörösmarty
utca M1

Oktogon
M1

어부의 요새
마차시 성당

Arany
János utca
M3

국립 오페라
하우스

동굴 병원 박물관

세체니
이슈트반 광장

아담 클락 광장

세체니 다리

성 이슈트반 대성당

Opera M1

Bajcsy-
Zsilinszky út M1

데악
광장

에르제베트 광장

Deák Ferenc tér M3

START

부다 왕궁

Vörösmarty
tér M1

공항버스

시나고그

TESCO

부다 지구
Buda

바치 거리

Astoria M2

페스트 지구
Pest

에르제베트 다리

루다스 온천

치타델라 요새

겔레르트 언덕

국립 박물관
Kálvin tér M3·M4

TESCO

Fővám tér M4

중앙시장

자유의 다리

부다페스트 코르비누스 대학

겔레르트 온천

부다페스트는 강을 사이에 두고 언덕인 부다 지구 와 평지인 페스트 지구로 나뉜다. 부다 지구엔 성 채의 언덕(부다 왕궁 · 어부의 요새 · 마차시 성당) 과 겔레르트 언덕(치타델라 요새)이 있는데, 도보로 올라가거나, 성채의 언덕엔 데악 광장에서 16번 버 스, 겔레르트 언덕엔 M4 Móricz Zsigmond Körtér 역에서 27번 버스를 타고 갈 수 있다. 성채의 언덕 주변은 1.6km 정도, 겔레르트 언덕은 0.9km 정도 의 거리를 이동한다. 페스트 지구는 평지인 반면 넓

다. 시간이 촉박한 여행자는 세체니 다리를 건너 성 이슈트반 대성당과 국회의사당으로 가면 되는데, 이 경우는, 2km 정도 걷게 된다. 세체니 온천을 포함 한 페스트 지구의 다른 볼거리들은 메트로 1호선의 궤적과 함께 이어진 언드라시 거리를 따라 모여 있 어 1호선을 이용하면 편리하다. 데악 광장이나 성 이슈트반 대성당 근처에서 메트로 1호선으로 7~8 정거장 정도 이동하면 영웅 광장이나 세체니 온천에 도착한다.

부다페스트

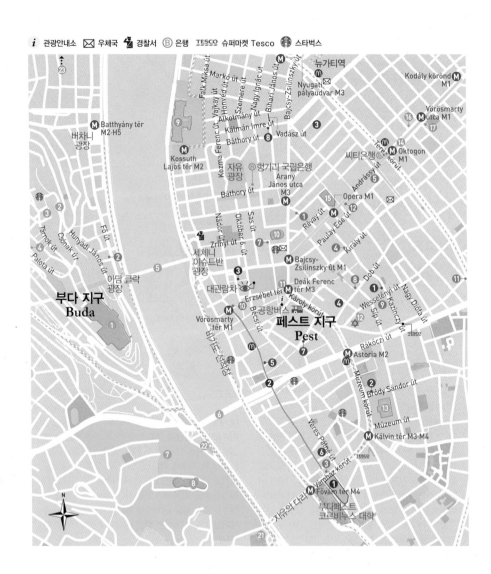

관광명소

1 부다 왕궁 Budavári Palota
2 어부의 요새 Halaszbastya
3 마차시 성당 Mátyás Templom
4 동굴 병원 박물관 Sziklakórház Múzeum
5 세체니 다리 Széchenyi Lánchíd
6 에르제베트 다리 Erzsébet Híd
7 겔레르트 언덕 Gellért Hegy

8 치타델라 요새 Citadella
9 국회의사당 Országház
10 성 이슈트반 대성당 Szent István Bazilika
11 데악 광장 Deák Ferenc Tér
12 시나고그 Dohány Ut. Zsinagóga
13 국립 박물관 Nemzeti Múzeum
14 언드라시 거리 Andrássy út
15 국립 오페라 하우스 Magyar Állami Operaház
16 테러 하우스 Terror Háza
17 리스트 박물관 Liszt Ferenc Emlékmúzeum
18 영웅 광장 Hősök Tere
19 시민공원 Városliget
 a 버이더후녀드 성 Vajdahunyad Vára
20 세체니 온천 Széchenyi Fürdő
21 겔레르트 온천 Gellért Fürdő
22 루다스 온천 Rudas Fürdő
23 루카츠 온천 Szt. Lukács Fürdő

레스토랑

1 벨바로시 루가스 Belvárosi Lugas
2 일디코 코니하여 Ildikó Konyhája
3 포세일 Forsale
4 트로페어 그릴 Trófea Grill
5 멘자 레스토랑 Menza Étterem és Kávézó
6 군델 Gundel
7 젤라또 로사 Gelato Rosa
8 블루 버드 카페 Blue Bird Cafe
9 심플라 케르트 Szimpla Kert
10 카페 제르보 Café Gerbeaud
11 뉴욕 카페 New York Café
12 뮈베스 카베하즈 Művész Kávéház

쇼핑

1 중앙시장 Vásárcsarnok
2 바치 거리 Váci Utca
3 헤렌드 Herend (Porcelain Palace)

숙소

1 매버릭 시티 로지 Maverick City Lodge
2 부다페스트 버블 호스텔
 Budapest Bubble Hostel
3 로드 레지던스 Lord Residence
4 KG 아파트먼트 KG Apartments
5 라온 민박(한인숙소)
6 좋은가부다(한인숙소)
7 걸록지 부티크 호텔 Gerlóczy Boutique Hotel
8 팔라먼트 호텔 Hotel Parlament

more info & 관광안내소

관광안내 및 무료 지도, 각종 브로슈어, 숙소 안내 등을 받을 수 있고, 각종 티켓, 부다페스트 카드나 트래블 카드를 구입할 수 있다. 특이하게 거리에서도 인포를 운영한다! 부다 왕궁, 세체니 다리 근처, 데악 광장 등 유명 관광지에서 볼 수 있는 '파라솔 인포'는 관광청에서 운영하는 정식 관광안내소가 맞으니 적극 이용하자.

홈피 www.budapestinfo.hu

중앙 관광안내소
주소 Sütő út. 2
위치 데악 광장 근처
운영 08:00~20:00

부다페스트 노선도
(메트로 · 교외전철 · 기차)

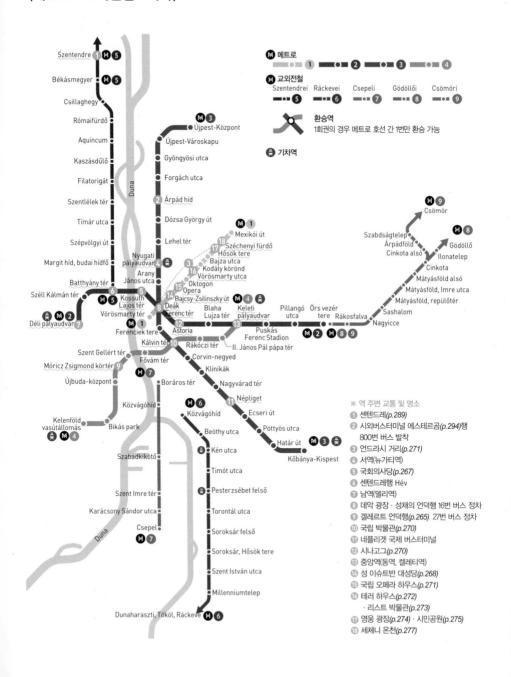

Szentendre
Békásmegyer
Csillaghegy
Rómaifürdő
Aquincum
Kaszásdűlő
Filatorigát
Szentlélek tér
Tímár utca
Szépvölgyi út
Margit híd, budai hídfő
Batthyány tér
Széll Kálmán tér
Déli pályaudvar

Újpest-Központ
Újpest-Városkapu
Gyöngyösi utca
Forgách utca
Árpád híd
Dózsa György út
Lehel tér
Nyugati pályaudvar
Arany János utca
Kossuth Lajos tér
Vörösmarty tér
Ferenciek tere
Kálvin tér
Szent Gellért tér
Móricz Zsigmond körtér
Újbuda-központ

Mexikói út
Széchenyi fürdő
Hősök tere
Bajza utca
Kodály körönd
Vörösmarty utca
Oktogon
Opera
Bajcsy-Zsilinszky út
Deák Ferenc tér
Astoria
Blaha Lujza tér
Rákóczi tér
Corvin-negyed
Klinikák
Nagyvárad tér

Keleti pályaudvar
Pillangó utca
Örs vezér tere
Puskás Ferenc Stadion
II. János Pál pápa tér

Rákosfalva
Sashalom
Nagyicce
Mátyásföld, repülőtér
Mátyásföld, Imre utca
Mátyásföld alsó
Cinkota
Ilonatelep
Cinkota alsó
Árpádföld
Szabdságtelep
Csömör

Gödöllő

Köztvágóhíd
Kelenföld vasútállomás
Bikás park
Szabadkikötő
Szent Imre tér
Karácsony Sándor utca
Csepel

Közvágóhíd
Beöthy utca
Kén utca
Timót utca
Pesterzsébet felső
Torontál utca
Soroksár felső
Soroksár, Hősök tere
Szent István utca
Millenniumtelep

Ecseri út
Pöttyös utca
Határ út
Kőbánya-Kispest

Népliget

Duna

Dunaharaszti, Tököl, Ráckeve

메트로
1 2 3 4

교외전철
Szentendrei Ráckevei Csepeli Gödöllői Csömöri
5 6 7 8 9

환승역
1회권의 경우 메트로 호선 간 1번만 환승 가능

기차역

※ 역 주변 교통 및 명소
1 센텐드레(p.289)
2 시외버스터미널 에스테르곰(p.294)행 800번 버스 발착
3 언드라시 거리(p.271)
4 서역(뉴가티역)
5 국회의사당(p.267)
6 센텐드레행 Hév
7 남역(델리역)
8 대악 광장 · 성채의 언덕행 16번 버스 정차
9 겔레르트 언덕행(p.265) 27번 버스 정차
10 국립 박물관(p.270)
11 네플리겟 국제 버스터미널
12 시나고그(p.270)
13 중앙역(동역, 켈레티역)
14 성 이슈트반 대성당(p.268)
15 국립 오페라 하우스(p.271)
16 테러 하우스(p.272)
   · 리스트 박물관(p.273)
17 영웅 광장(p.274) · 시민공원(p.275)
18 세체니 온천(p.277)

부다페스트 들어가기

대한항공(주 3회)과 폴란드항공(LOT)(주 4회)의 직항이 있다. 폴란드항공은 바르샤바를 1회 경유하는 스케줄도 유용하다. 이 외에 핀에어, 루프트한자 등의 경유편도 있다. 인접국에서의 이동은 기차가 가장 편리하며 버스는 빈 또는 프라하 구간이 인기다.

❖ 기차

헝가리가 동유럽의 한가운데에 위치해 있고, 인접해 있는 나라들이 많으므로 부다페스트는 유럽 기차 노선에서 아주 중요한 도시이다. 11개국에서 부다페스트로 오는 기차가 운행된다. 3개의 기차역이 그 역할을 나누고 있으며, 행선지별로 이용하는 역이 달라지니 주의해야 한다. 모든 역이 메트로와 연결돼 부다페스트 시내의 중심이자 메트로 1·2·3호선이 교차하는 데악 광장Deák Ferenc Tér으로 2~4 정거장이면 이동이 가능하다. 데악 광장에서는 부다 지구, 페스트 지구로의 이동이 쉬워 관광 시작점으로 삼기 좋다.

켈레티역 지원의 인포센터. WiFi 사용 가능

뉴가티역의 천장

※ 헝가리 기차 예매하기(기차 앱 MÁV)

온라인 예매가 현매보다 저렴하고 시간을 절약할 수 있다. 특히 성수기나 인기 구간은 온라인 예매를 추천한다. 예매 후엔 기차역의 발매기에서 반드시 티켓을 프린트해야 한다. PDF 형식의 E티켓을 받았다면 출력 없이 탑승할 수 있다. 국내선 한정 주말엔 학생 할인이 가능하다.
홈피 헝가리 기차 예약 www.mavcsoport.hu

> **TIP 코인로커(모든 역 동일)**
> 소형칸 600Ft, 대형칸 800Ft(24 시간 이용, 동전만 사용 가능, 거스름돈 환불 불가, 열쇠를 분실할 경우 벌금 4,500Ft)

켈레티역(동역) Keleti Pu (East Train Station)

부다페스트 중앙역으로 시내와 가깝다. 국제선의 대부분은 켈레티역에서 발착하며 늘 사람으로 붐벼 소매치기가 있으니 주의하자. 철로를 가운데 두고 매표소, ATM, 인포, 환전소, 코인로커, 가판대, 간이음식점 등이 둘러싸고 있는 형태이다. 기차표 예매는 매표소에서 번호표를 뽑고 해야 한다. 늘 사람이 많으니 시간 여유를 두고 가는 게 안전하다.
지하 1층으로 내려가면 M2·M4와 연결된다. 오른편에 있는 보라색 교통국 인포센터에서 교통 티켓을 판다.

뉴가티역(서역) Nyugati Pu (West Train Station)

일부 동유럽 국가로 가는 노선과 국내선이 발착한다. 유리로 장식된 고풍스러운 외관이 눈길을 끄는 뉴가티역은 프랑스 에펠 사가 1877년 완공한 건물로 영화 〈미션 임파서블〉, 한국 드라마 〈아이리스〉 등이 촬영되기도 했다. 역 내부에는 일명 '세상에서 가장 멋진 맥도날드'가 있고, 역의 안쪽으로 들어가면 매표소, 코인로커, ATM 같은 편의 시설이 있다. M3과 연결되며 부다페스트에서 가장 큰 쇼핑몰인 Westend 쇼핑센터가 있어 편리하다.

델리역(남역) Déli Pu (South Train Station)

발라톤 호수행 등의 국내선이 발착한다. M2와 연결된다.

❖ 버스

플릭스 버스, 레지오젯 등의 여러 버스 노선이 주변 국가들은 물론 런던 등의 장거리 노선까지 운행한다. 미리 예약하면 가격이 저렴해지는 버스의 특성상 최근 많은 여행자가 이용하는 추세다. 특히 빈 구간이 가장 인기가 좋고, 프라하 구간은 야간버스를 이용하는 경우가 많다.

※ 시내 들어가기

터미널과 연결된 M3 Újpest–Központ행을 타고 6정거장이면 시내 중심가인 데악 광장에 도착한다. M3 공사로 인해 M3 노선을 이어주는 버스를 타야 할 수도 있다.

네플리겟 버스터미널 Népliget Autóbuszállomás 🛜

국제선 버스터미널로 작은 인포 센터, 환전소, ATM, 편의점, 코인로커 등의 편의시설이 있다. 도착 노선에 따라 터미널 건물 건너편인 Groupama Aréna 앞에 정차하는 경우도 있다. 04:30~23:00까지 운영한다. 교통 티켓 발매기에서 카드 사용이 가능하니 환전은 시내로 들어가 하는 게 유리하다.

❖ 비행기

빈, 프라하, 바르샤바, 런던, 파리, 뮌헨 등 유럽 주요 도시와 연결되며, 이지젯, 라이언에어, 유로윙스, 위즈에어 등의 저가항공이 취항한다. 시내 들어가기는 아래의 방법이 있다.

❶ 대중교통 100E번 버스(24시간 운행, 10분 간격)가 시내 중심가인 데악 광장까지 운행하며, 중간에 M4 Kálvin Tér역, M2 Astoria역을 경유한다. 도착 층 1, 2 터미널 사이 BKK 버스정류장에서 출발하며, 일반 시내 교통 티켓은 사용할 수 없고, 전용 티켓(1,500Ft)을 사야 한다. 입국장 내 교통국 부스나 정류장 앞 자판기(카드 사용 가능)에서 살 수 있다. 데악 광장까지 약 30~40분 소요된다.
❷ 미니버스 같은 방향으로 가는 합승택시로, 택시보다 저렴하며, 차내에서 무료 WiFi가 가능하다. 앱, 홈페이지, 전화, 입국장 내 부스에서 예약할 수 있다. 시내 1인 기준 €19.09 선인데, 일행이 많을수록 가격이 내려간다.
전화 +36 1 550 0000   홈피 www.minibud.hu
❸ 택시 공항 측이 Főtaxi와 계약을 맺고 운행 중이며, 입국장 밖 택시 부스에서 목적지를 말하면 배정된 택시 번호, 예상거리 및 금액이 적힌 종이를 준다. 요금과 팁은 하차 시 운전사에게 주며 카드 결제가 가능하다. 공항에서 중심가까지의 예상요금은 약 9,800Ft(€29) 정도다.
홈피 www.fotaxi.hu

리스트 페렌츠 국제공항
Budapest Liszt Ferenc International Airport 🛜

긴 통로가 부채꼴로 휘어진 모양으로 1층이 입국장, 2층이 출국장이다. 유명 관광도시의 메인공항치고는 그 규모가 작은 편이다. 2A 구역은 쉥겐 조약국인 유럽계 국적기가, 2B 구역은 비쉥겐 국가의 국적기 및 저가항공이 주로 이용하며 서로 통로로 연결되어 있다. 관광안내소, 편의점, ATM 등이 있고, 이름과 이메일을 입력하면 2시간 동안 무료 WiFi를 쓸 수 있다.

주소 BUD Nemzetközi Repülőtér 1675 Budapest
전화 +36 1 296 9696   홈피 www.bud.hu

🅣🅘🅟 부다페스트 카드

해당 시간의 시내교통권이 포함된다. 여러 미술관의 상설 전시 무료입장, 루카츠Lukács 온천 1회 무료입장, Koffer Luggage & Chill에서 짐 4시간 무료 보관 등의 혜택이 있다. 또 시내 곳곳의 명소, 박물관, 온천, 투어, 레스토랑에서 할인받을 수 있다. 관광안내소에서 구입 가능하며 인터넷에서 구입하면 더 저렴하다. 이용 계획 장소의 할인율을 미리 잘 계산해보고 구입하자.

요금 24/48/72시간권
     각 9,990, 15,400, 19,990Ft
홈피 www.budapest-card.com

시내교통 이용하기

부다페스트의 볼거리는 대부분 중심가에 모여 있지만 도시 규모가 크기 때문에 대중교통 이용은 필수다. 메트로, 버스, 트램이 있으며, 시 외곽을 연결하는 교외전차인 HÉV는 센텐드레에 갈 때 이용하게 된다. 메트로는 역에서 플랫폼으로 들어갈 때, 버스나 트램은 차 안에 있는 기계에 표를 넣고 펀칭해야 한다. 표에 구멍이 뚫리거나 일시가 찍히는 방식이다. 티켓 검표원이 수시로 나타나니 무임승차는 절대 금물이다. 티켓을 소지하고 있어도 펀칭이 안 돼 있으면 무임승차로 간주하며, 적발 시엔 벌금을 내야 한다.

홈피 대중교통안내 www.bkk.hu, 교통 앱 BudapestGo

티켓 구입 방법 및 요금

일반 티켓은 메트로역 및 버스, 트램정류장의 자동발매기, 유인판매소, 신문가판대 등에서 구입 가능하며, 트래블 카드는 관광안내소, 교통국 BKK 서비스센터, 메트로 2~4호선 자판기 등에서 구입할 수 있다. 버스 운전사에게 표를 사면 100Ft 비싸며 거스름돈은 주지 않는다. BudapestGo 앱으로 모바일 교통권 이용이 가능하다. 표를 구입하고 메트로의 펀칭기, 버스나 트램 문 바깥에 있는 QR코드를 스캔한 뒤 나온 애니메이션을 운전사나 검표원에게 보여주면 된다. 대중교통의 일반적인 운행시간은 04:30~23:50이고 이 외의 시간엔 나이트버스와 트램 4 · 6번이 운행한다.

> 1회권 티켓
> 펀칭기

- **싱글 티켓**Vonaljegy 1번만 이용 가능(80분 유효, 나이트버스는 120분). 350Ft.
- **메트로 섹션 티켓**Metrószakaszjegy 메트로 3정거장까지만 이용 가능. 300Ft.
- **트랜스퍼 티켓**Átszállójegy 1번 환승 가능 티켓. 총 100분(심야노선은 120분)간 유효하며 첫 탑승과 환승 시 좌우에 한 번씩 펀칭해야 한다. 530Ft.
- **30/90분 티켓**30/90 perces jegy BudapestGo 앱에서만 사용 가능하며, 시간 내에 자유롭게 환승 가능. 각각 530/750Ft.
- **블록 티켓**Gyűjtőjegy 싱글 티켓 10장 묶음. 1장씩 떼 사용하므로 일행과 나눠 쓸 수 있다. 3,000Ft.
- **24/72시간 트래블 카드**24/72 órás jegy 시간제 자유 교통 티켓. 구매한 곳에서 직원이 유효 일시를 적어주거나 개시 일시가 찍혀져 나온다. 각각 2,500/5,500Ft.
- **24시간 그룹 트래블 카드**Csoportos 24 órás jegy 최대 5명까지 24시간 동안 함께 사용 가능. 5,000Ft.
- **공항버스 티켓**Repülőtéri Vonaljegy 100E번 전용. 1,500Ft.

❖ 메트로

가장 편리하고 빠른 교통수단이다. 이용 방법은 한국의 지하철과 비슷하며, 4개의 노선이 있다. 메트로 출구에는 연결되는 트램 노선이 표시되어 있어 편리하다. 입구에서 티켓을 펀칭하거나 검표원에게 트래블 카드 또는 모바일 티켓을 보여주면 된다. 역 내 에스컬레이터가 매우 빠르니 손잡이를 꼭 잡는 게 좋다.

❖ 버스

버스 번호에 'E'가 붙은 노선은 주요 정류장에만 서는 급행, 'A'가 붙은 노선은 단축 노선(예를 들어 16번은 16A번의 확장 노선)이다. 16번 버스가 데악 광장에서 세체니 다리를 건너 부다 왕궁까지 가는데, 이 루트가 가장 교통체증이 심한 구간이다. 숫자 9로 시작하는 세 자리 번호의 버스는 나이트버스이며, 15분~1시간 간격으로 운행한다. 추가 요금은 없고, 정류장에 시간표가 붙어 있다.

❖ 트램

속도가 좀 느리긴 하지만 노란색 트램이 도시의 운치를 더해준다. 40여 개의 노선이 있으며, 2번 트램은 페스트 지구에서, 19·41번 트램은 부다 지구에서 다뉴브 강변을 따라 운행하니 관광 삼아 타보는 것을 추천한다. 노선도는 교통국 서비스센터, 관광안내소에서 얻을 수 있다.

❖ 택시

미터제로 기본요금 1,000Ft, 주행요금 400Ft/km선이다. 택시 바가지가 극심한데, 미터기를 조작해 많게는 수십 배의 바가지를 씌우는 것이 흔한 수법이며, 영어로 항의해도 못 알아듣는 척을 하곤 한다. 그러니 시내에서 택시는 되도록 타지 않는 게 좋다. 꼭 필요한 경우 Bolt(Taxify) 앱을 사용하거나 숙소 리셉션에 부탁해 콜택시를 불러야 한다.

전화 **콜택시 번호** Fötaxi 2 222 222, Budapest Taxi 7 777 777

❖ 교외전차 ^{HÉV}

센텐드레에 갈 때 5번 HÉV 노선을 이용하게 되며, M2 Batthyány Tér역, Margit Híd역(트램 4·6·19·41번 정차)에서 탄다. 티켓은 역 매표소에서 사고, 유효한 시내 교통권이 있다면 시외구간만 구입하면 된다.

🔹 시티 투어 버스

부다페스트의 거리엔 시티 투어 버스가 유독 많이 보인다. 주요 역이나 관광지엔 브로슈어를 나눠주는 호객꾼들도 많다. 만약 일정이 촉박하거나, 체력이 바닥난 사람, 아이가 있는 가족이라면 시티 투어 버스가 유용할 수 있다. 주요 관광지를 도는 코스로, 명소 포인트마다 정차한다. 코스와 요금은 비슷하니 한국어 오디오 가이드가 있는 곳을 소개한다.

City Open Tour
눈에 띄는 노란색 2층 버스다. 표는 인터넷 예매가 가능하고, 버스, 호텔 리셉션 등에서도 살 수 있다.

요금 일반 5,500Ft, 학생 5,000Ft, 6세 이하 무료
홈피 www.citytour.hu

Batthyány Tér역

Tip

부다페스트의 관광명소

부다페스트는 볼거리, 놀거리가 워낙 많아 계획을 잘 짜야 알차게 즐길 수 있다. 다뉴브 강을 가운데 두고 크게 부다 지구와 페스트 지구로 나눠 둘러보면 된다. 부다페스트는 생각보다 큰 규모의 도시인 데다 수준급의 오페라, 클래식 공연, 유서 깊은 카페 탐방, 온천욕 등 즐길 것이 많아 최소 2~3일을 잡고 둘러보는 것이 좋다. 일정이 허락한다면 1~2 일 정도 더 머무르며 두나카냐르로의 근교 여행, 혹은 티하니 마을 등 발라톤 호수 여행을 떠나보길 추천한다.

1. 부다 지구

부다페스트엔 '페스트에서 사는 것에는 단 한 가지 장점이 있는데, 바로 왕궁을 볼 수 있다는 것이다' 라는 우스갯소리가 있다고 한다. 현지인들도 그만큼 아름다운 경관이라고 생각하는 셈이다. 지켜야 할 것도, 숨겨야 할 것도 많았던 상류층 사람들이 모여든 부다 지구는 높은 언덕 위에 위치해 있다. 성 채의 언덕에는 부다 왕궁과 어부의 요새, 마차시 성당이, 겔레르트 언덕에는 치타델라 요새가 있다.

부다 왕궁
Budavári Palota (Buda Royal Palace)

부다페스트의 명소 중 가장 핵심이라고 할 수 있는 곳으 로, 화려한 외관과 웅장한 규모, 페스트 지구의 전경이 막힘없이 내려다보이는 전망으로 유명하다. 헝가리 역사 의 흥망성쇠를 함께한 유적이며 부다페스트 여행 일정에 서 절대 빼놓을 수 없는 곳이다.

주소 Szent György Tér 2
위치 M1·M2·M3 데악 광장Deák Tér역에서 16번 버스를 타고 삼위일체 광장 Szentháromság Tér에서 하차 후 도보 10분
홈피 www.budavar.hu

이곳에 부다 왕궁이 처음 세워진 시기는 13세기로, 헝가리 왕국이 몽고의 침입을 받았을 때 벨라 4세가 앞에 강이 있고 지대가 높아 요새 역할을 할 수 있는 부다 지구에 왕궁을 지었다. 헝가리 왕국의 황금기를 이뤘던 마차시 왕의 즉위 후 르네상스 스타일로 변형되었는데, 이 또한 오스만 제국의 침입을 받아 파괴되고 만다. 이후 17세기에 오스트리아 합스부르크 왕가의 마리아 테레지아에 의해 현재의 모습으로 재건되었으나, 합스부르크 왕가에 대항하는 헝가리 독립 전쟁으로 인해 왕궁은 또다시 폐허가 된다. 헝가리인의 염원을 담아 왕궁은 다시 건설되기 시작했고, 1904년, 기존의 두 배에 달하는 규모로 재건되나 제2차 세계대전을 거치며 또다시 크고 작은 손상을 입었다. 1950년, 왕궁 재건 공사는 르네상스 양식뿐 아니라 고딕 양식, 바로크 양식까지 뒤섞인 모습으로 종지부를 찍는다. 그러나 이미 공산주의가 뿌리내린 시대였고, 왕궁은 왕의 거처가 아닌 민족 상징의 의미로 완공되었다. 왕궁의 수난사가 곧 헝가리의 지난한 역사와 그 궤를 같이하는 것이다. 왕궁 건물 중 제2차 세계대전 당시 파괴되지 않고 살아남은 건물엔 총탄 자국이 그대로 보이기도 한다.

이곳은 단순한 궁전이 아니라 헝가리의 정치, 예술, 문화의 중심지였다. 현재 왕궁 건물은 제2차 세계대전 이후 발굴된 유물과 미술품이 전시된 헝가리 국립 미술관, 부다 왕궁의 흥망성쇠를 엿볼 수 있는 역사박물관, 국립 박물관에서 약 2만여 권의 장서를 분리해 개관한 세체니 국립 도서관 등의 문화시설로 탈바꿈해 헝가리의 다양한 문화를 보존하고 있다. 왕궁 정원과 테라스는 무료로 개방하며, 왕궁 건물 내 모든 미술관과 박물관은 유료다.

Tip 언덕을 오르는 푸니쿨라

세체니 다리를 건너면 정면에 계단식 케이블카인 푸니쿨라Funicular가 있다. 과거 매일 언덕을 올라야 하는 노동자들을 위해 건설한 것으로 당시의 통근 수단이었던 셈이다. 예로부터 푸니쿨라가 지나가면 손을 흔드는 풍습이 있다고 하니 서로 반갑게 손을 흔들어보자. 고작 3분 정도인데, 요금은 왕복 3,000Ft로 비싼 편이다. 운영 시간은 08:00~22:00다.

& 왕궁 근위병 교대식

성채의 언덕 푸니쿨라 정류장 앞엔 대통령 관저가 있는데, 건물을 지키는 근위병 두 명이 보초를 서고 있다. 국가의 정상을 지키는 병사가 단 두 명이라니 대통령의 힘이 그만큼 약함을 방증한다. 매시간 정각 교대식이 열리므로 시간이 맞는다면 한 번 구경해보자.

투룰 Turul

왕궁 입구에 있는 거대한 새 조각상이다. 투룰은 헝가리
인의 조상 마자르족의 상징물로, 날카로운 발톱과 커다
란 날개 등이 매와 비슷한데, 실재하지 않는 상상 속의
새다. 투룰은 고대 민간 신앙에서 가장 중요한 대상이기
도 하며 항상 발에 왕의 칼을 쥐고 있다.

사보여 테라스 Savoyai Terrace

국립 미술관 앞쪽의 거대한 테라스로, 부다페스트 최고
의 전망 포인트로 꼽히는 곳이다. 국회의사당과 겔레르
트 언덕, 세체니 다리 등의 풍경이 한눈에 들어온다. 여
기서 네오바로크 양식의 동상이 보이는데, 이는 오스만
제국을 격퇴시킨 오스트리아의 유젠Eugene 왕자이다.

사자의 안뜰 Lions' Courtyard

문을 지키고 있는 네 마리의 돌사자에서 비롯된 이름이
다. 국립 미술관과 역사박물관, 세체니 도서관 건물에 둘
러싸여 있는 형태다.

국립 미술관 Magyar Nemzeti Galéria
(Hungarian National Gallery)

헝가리 중세부터 현대에 이르는 회화 작품들을 감상할
수 있다. 4층까지 이어진 전시장은 높은 층으로 올라갈
수록 현대의 작품을 전시하고 있다. 국립 미술관에서 가
장 중요한 작품은 부다 지구에 처음 왕궁을 지은 왕인 벨
라 4세의 조각상이다. 13세기에 만들어진 것으로 추정되어 그 가치가 대단하다. 또한 헝가리의 대표적 미
술가인 줄러 벤츠주르Gyula Benczúr의 작품도 놓치지 말아야 한다. 상설 전시 외에 세계적인 화가들의 기획
전시도 열리므로 미술애호가라면 꼭 한 번 체크해보자.

운영　화~일 10:00~18:00(월·공휴일 휴무)
요금　상설 전시 3,400Ft
전화　201 9082　　홈피 www.mng.hu

어부의 요새
Halaszbastya (Fisherman's Bastion)

부다 왕궁의 압도적이고 웅장한 포스와는 사뭇 다른 분위기를 자아내는 곳이다. 건물의 외관이 워낙 아기자기하고 귀여워 디즈니 만화에서 본 것 같은 착각이 들기도 한다. 다뉴브 강의 라인을 따라 약 180m 길이로 뻗어 있는 성채엔 7개의 석회암 탑이 도열해 있다. 어부의 요새는 네오고딕 양식과 네오로마네스크 양식이 뒤섞인 스타일의 건물로, 고깔 모양 탑과 테라스, 계단의 아름다운 조화로 많은 사람들에게 사랑받는 곳이다. 마차시 성당의 재건축을 지휘한 슐렉 프리제스Schulek Frigyes가 낳은 또 다른 걸작이며 1905년 완공됐다. 7개의 탑은 헝가리인의 조상인 초기 마자르인의 7개 부족을 상징한다. 옛날 요새 아래쪽에 어부들이 살았고, 요새가 부다 지구에 있었던 어시장으로 가는 길목이어서 어부들이 자발적으로 요새를 방어하게 된다. 그래서 어부의 요새라는 이름이 지어진 것. 다뉴브 강 쪽으로는 국회의사당을 비롯한 페스트 지구의 절경이, 안쪽으로는 마차시 성당이 어우러져 훌륭한 경치를 보여준다. 성당 앞쪽에 말을 타고 있는 사람의 동상은 헝가리 왕국 최초의 왕인 성 이슈트반이다. 테라스엔 카페가 있는데, 음료 종류는 그리 비싸지 않으니 잠시 쉬어 가도 좋다.

주소 Szentháromság Tér 5
위치 왕궁에서 도보 10분
운영 **1층** 24시간
타워 성수기 09:00~20:00,
비수기 09:00~19:00
요금 **1층** 무료 **타워** 일반 1,000Ft, 학생 500Ft,
운영 외 시간·헝가리 국경일 무료
전화 458 3000
홈피 www.fishermansbastion.com

어부의 요새와
마차시 성당 모형

마차시 성당
Mátyás Templom (Matthias Church)

관광
명소

알록달록한 모자이크 지붕이 눈길을 사로잡는 성당이다. 원래의 이름은 성모 마리아 대성당이었지만 마차시 1세의 이름을 따 마차시 성당이라 이르게 되었다. 부다 지구에 처음으로 왕궁이 들어선 13세기에 건축되었으며 헝가리 왕은 물론 합스부르크 왕가의 대관식과 결혼식 장소로 쓰이기도 했다. 성당은 부다 왕궁과 함께 헝가리 왕국의 역사와 그 운명을 같이했다. 처음엔 고딕 양식으로 건축되었고, 마차시 왕의 치하에서 80m의 첨탑이 증축되는 등 번영을 누리다 16세기 헝가리가 오스만 제국의 지배를 받던 시절엔 이슬람 사원으로 쓰였다. 이 여파로 성당 내부를 장식하고 있던 프레스코 벽화와 내부 시설이 모두 망가졌고, 물건들도 사라졌으며, 전투 상황에서 건물이 붕괴되기도 했다. 하루는 기도하고 있는 이슬람 교도들 앞으로 성모 마리아 상이 모습을 나타냈는데, 이에 오스만 제국 군사들의 사기가 꺾여버렸고 이날 오스만 제국의 헝가리 침략은 막을 내렸다고 한다. 이후 마차시 성당은 성모 마리아의 기적이 행해진 곳으로 여겨졌다. 마차시 성당은 바로크 양식의 보수를 거쳐 다시 제 역할인 가톨릭 성당으로 돌아왔다. 그러나 19세기 들어 장엄한 성당 본래의 모습을 되찾자는 여론이 일었고, 어부의 요새를 만든 슐렉 프리제스가 재건축을 맡게 된다. 그는 성당이 처음 지어질 당시의 설계대로 고딕 양식의 성당을 재현해냈고, 유색 타일을 이용한 모자이크 지붕 등 새로운 요소를 결합해 빼어난 명물로 만들어냈다. 그러나 제2차 세계대전 때 또다시 피해를 입었고, 오랜 시간의 복구를 거쳐 현재의 모습으로 완성되었다.

2층 부속실에는 마차시 성당에서 대관식을 올린 합스부르크 최후의 황제 카를 4세의 대관식 의복이, 소성당에는 이슈트반 왕의 두개골이 전시되어 있다. 남쪽 탑에는 마차시 왕의 머리카락과 왕가의 문장이 보관되어 있다. 성당의 앞쪽에는 삼위일체 광장이 있고, 흑사병 희생자를 추모하기 위한 삼위일체 탑이 서 있다. 탑에는 성부와 성자, 성령이 희생자들의 넋을 위로하는 모습이 새겨져 있다.

주소 Szentháromság Tér 2
위치 어부의 요새 앞
운영 월~금 09:00~17:00,
      토 09:00~13:00, 일 13:00~17:00
요금 일반 2,500Ft, 학생 1,900Ft
전화 355 5657
홈피 www.matyas-templom.hu

동굴 병원 박물관
Sziklakórház Múzeum (Hospital in the Rock)

전쟁과 관련된 역사에 관심 있는 사람이라면 이곳을 주목해보자. 성채의 언덕에는 미로처럼 얽혀 있는 동굴이 있는데 그중 한 곳으로, 제2차 세계대전 당시 비밀 응급 병원이었던 곳이다. 냉전시대의 산물인 생화학 및 핵 공격을 버틸 수 있는 벙커도 있다. 2008년 박물관으로 개관했으며, 당시 병원의 시설과 군인들의 모형을 자세하게 재현해 두었다. 내부는 한여름에도 15~18도의 온도이기 때문에 걸쳐 입을 판초를 무료로 대여해준다. 가이드 투어로만 입장할 수 있으며, 투어는 매시간 정각에 영어와 헝가리어로 진행된다. 약 1시간 소요.

주소 Lovas út. 4/c
위치 마차시 성당에서 부다 왕궁 쪽으로 가는 성곽길 중간에 아래로 내려가는 계단이 있다. 표지판을 따라가면 된다.
운영 10:00~19:00(공휴일 휴무), 마지막 투어 18:00
　　※ 성수기엔 30분마다(12:00~17:00) 영어 가이드 투어 추가
요금 일반 6,000Ft, 학생 4,500Ft
전화 70 701 0101
홈피 www.sziklakorhaz.eu

 노벨상과 헝가리인

헝가리인이 가져간 노벨상은 13개나 된다. 헝가리 태생 또는 헝가리 혈통을 가진 수상자까지 따지면 6개의 상이 더 늘어난다. 수상 분야는 물리학, 화학, 의학, 경제학, 문학 등 다양하다. 그중 헝가리의 특산품 파프리카에서 비타민C를 발견해내 상용화의 초석을 닦은 센트죄르지 얼베르트Szent-Györgyi Albert(1937년 노벨 생리의학상)는 특히 회자되는 인물이다.

 유럽 대륙에서 가장 오래된 지하철이 여기에!

아담한 1호선 내부

유럽에서 가장 오래된 지하철은 런던이지만 영국은 섬이므로 '유럽 대륙'에서 가장 오래된 지하철의 타이틀은 부다페스트가 갖고 있다. 뉴욕의 지하철역이 부다페스트의 지하철역을 본떠 만들었을 정도다. M1은 1896년, 헝가리 건국 천 년을 기념해 개통되어 아직까지도 운행하고 있는 역사적인 노선이다. 개통 당시엔 황제의 이름을 따라 지하철 프란츠요제프라고 불렀으나 후에 밀레니엄 언더그라운드라고 부르기도 했다. 오래전에 지어진 만큼 전철의 체구(?)가 작고, 역도 아담하다. 역 간판도 워낙 고풍스러운 글씨로 쓰여 있어 지하철역이라고 생각되지 않을 정도다. 역 간판을 보고 계단을 내려가면 바로 플랫폼이 나타나는데, 만약 잘못된 방향으로 들어왔다면 다시 밖으로 나가 차도를 건너 반대편 역사로 들어가야 한다! 펀칭기가 플랫폼 입구가 아닌 플랫폼에 있는 것도 타 노선과 다른 점이다. M1은 총 10개 역으로 노선은 짧으나 세체니 온천 및 영웅 광장, 언드라시 거리 등을 지나는 노선이므로 한 번쯤 타게 된다. 오랜 시간 동안 수많은 유지보수를 거쳤겠지만 별 탈 없이 운행되는 걸 보면 놀랍기 그지없다.

세체니 다리
Széchenyi Lánchíd (Chain Bridge)

부다페스트 야경의 화룡점정. 원래 이름은 체인 브리지
이나 가장 위대한 헝가리인으로 불리는 세체니 이슈트반
Széchenyi István 백작의 주도로 건설된 다리라서 세체니 다
리로 더 유명하다. 아버지의 장례식에 참석하려 했으나,
기상악화로 무려 8일 동안 발이 묶여버린 그는 다뉴브
강에 다리를 놓겠다는 결심을 한다. 이에 동감한 시민들
의 호응에 힘입어 다리 건설이 추진됐다. 교각 설계로 유
명했던 잉글랜드인 윌리엄 T. 클락William Tierney Clark이
설계를 맡고, 스코틀랜드인 건축가인 아담 클락Adam Clark
이 다리는 물론 성채의 언덕 아래를 뚫는 터널까지 완공
했다(두 사람은 성만 같고 서로 아무런 관계가 없었다고
한다). 헝가리인은 아담 클락의 노고를 기려 부다 지구

위치 M1·M2·M3 데악 광장역에서
16번 버스를 타면 세체니 다리를
지나간다. 버스를 타지 않아도 도보로
15분이면 도착할 수 있다.

세체니 다리 입구에 있는 아담한 광장을 아담 클락 광장이라 이름 붙였다. 다리의 건설은 헝가리와 영국
모두 만족스러운 결과였으므로 세체니 다리는 두 나라 간 친선의 상징이 되었다.
다리의 양쪽 끝에는 각 두 마리씩 총 네 마리의 사자상이 있는데, 이 사자상을 만든 조각가가 자신감에 가
득 차 이 사자상들은 완벽한 작품이라며 흠잡을 곳이 있다면 다뉴브 강에 뛰어들어 자살하겠다고 공표했
다. 그런데 사자상을 본 한 어린이가 사자에 혀가 없다고 소리쳤고, 이에 자존심이 상한 조각가는 그대로
다뉴브 강에 뛰어내렸다. 그러나 수영을 해서 무사히 살아 나왔다는 설, 그대로 죽었다는 설, 애초부터 강
에 뛰어내리지도 않았고 행복한 여생을 보냈다는 설 등 여러 갈래의 이야기가 존재한다. 그만큼 세체니
다리는 사람들의 관심사였다.
1849년 다리 완공 후 부다와 페스트의 교류가 활발히 이뤄지다 결국 합병해 부다페스트라는 새로운 도시
가 탄생했다. 제2차 세계대전 당시 일부 교량이 붕괴되었지만 곧바로 재건되었으며, 세체니 다리가 내포
하는 의미와 가치, 아름다운 경관으로 만인에게 사랑받고 있다.
*현재 세체니 다리는 보수 공사로 인해 전면 통제 중이다. 2023년 내로 도보 통행이 재개될 예정이다.

1933년 헝가리에서 〈세계의 끝Vége a Világnak〉이라는 이름의 연주곡이 발표되었다. 헝가리의 피아니스트 레죄 세레시Rezső Seress가 실연의 아픔 속에서 작곡한 곡인데, 이후 가사가 붙고, 제목도 〈Szomorú Vasárnap〉으로 바뀌었다. 새로운 제목의 뜻은 바로 '우울한 일요일'. 이 노래가 인기를 끌면서 이 곡을 들은 수많은 사람들이 자살 했다는 소식이 전해졌다. 말이 퍼져나가는 과정에서 확인되지 않은 과장이 보태지며 큰 화제가 되었고, 이 곡에 '죽음을 부르는 노래'라는 수식어가 붙고 말았다. 공교롭 게도 작곡가 역시 자살로 생을 마감했다.

1999년, 이 노래와 자살 신드롬을 모티브로 한 동명의 영화 〈글루미 선데이〉가 나왔 다. 노래가 발표된 1930년대 부다페스트를 배경으로, 한 여자와 세 남자의 파국으로 치닫는 사랑을 그린 이 영화는 '당신을 잃으니 반쪽이라도 갖겠어'라는 대사로 유명 하다. 세체니 다리는 영화의 중요한 배경으로 나오는데, 영화를 보고 나면 세체니 다 리 위의 풍경이 좀 달리 보인다.

영화 〈글루미 선데이〉

에르제베트 다리 Erzsébet Híd (Elisabeth Bridge)

세체니 다리 옆에 있는 흰색 다리로 1903년에 완공되었다. 에르제베트는 오스트리아 합스부르크 왕가의 프란츠 요제프 1세의 왕비 엘리자베스의 헝가리식 이름이다. '시시'라는 애칭 으로 더 널리 알려져 있는데, 유독 헝가리인의 사랑을 많이 받 는 여인이다. 요양을 구실로 궁전을 벗어나 유럽의 여러 나라 들을 여행하던 그녀가 가장 사랑했던 곳이 헝가리였다. 헝가 리어를 배우고, 대관식도 마차시 성당에서 치르는 등 그녀의 헝가리 사랑은 오스트리아의 식민지배에 시달리던 수많은 헝가리인을 감동시켰다. 1867년, 오스트리아-헝가리 제국이라는 이중군주국의 형태로 헝가리가 독립하게 되는데, 여기엔 에르제베트의 역할이 컸다고 알려져 있다. 하지만 1898년 사망한 그녀는 자신의 이름을 딴 다리가 완성되는 걸 끝내 보지 못했다.

저녁에 유람선을 타면 부다 지구와 페스트 지구의 야경을 모두 감상할 수 있다. 여러 회사가 다양한 프로그램을 운영하니 자신의 일정과 기호, 예산에 맞는 유람 선을 선택하면 된다. 표는 인터넷, 관광안내소, 선착장에서 구입한다. 다뉴브 강 Vigadó tér 선착장에 매겨진 번호를 찾아 해당 회사의 유람선을 타면 된다.

1. Mahart Passnave
성수기에는 매시간 정각에 출발하며, 부담되지 않는 기
본 코스를 원하는 사람들에게 추천한다.

요금 **Duna Corso** 일반 5,000Ft, 학생 4,000Ft
홈피 www.mahartpassnave.hu

2. 리버 라이드River Ride
수륙양용버스를 이용한 특이한 투어로 하루 3~4회 운
행. 부다, 페스트, 다뉴브 강 유람을 함께 즐길 수 있다.

요금 **90분 코스** 일반 12,000Ft, 학생 10,000Ft
홈피 www.riverride.com

겔레르트 언덕 Gellért Hegy (Gellért Hill)

부다 지구의 남쪽에 있는 220m 높이의 언덕이다. 부다 왕궁과 다뉴브 강, 페스트 지구까지 한눈에 들어오는 유일한 곳으로 뛰어난 전망을 자랑한다. 원래의 이름은 켈렌Kelen 언덕이었으나 12세기, 마자르인들에게 가톨릭을 전파하려다 순교한 최초의 순교자였던 성 겔레르트를 기려 언덕에 그의 이름을 붙였다. 가톨릭에 반대했던 무리들은 성 겔레르트를 붙잡아 못이 박힌 나무통에 가둔 채 겔레르트 언덕에서 다뉴브 강으로 떨어뜨렸다고 한다. 에르제베트 다리 앞엔 십자가를 든 성 겔레르트의 대형 석상이 자리하고 있어 그의 일생을 생각하게 한다. 언덕의 중간쯤엔 커다란 십자가가 있고, 그 아래로 동굴 교회 Sziklakápolna가 보인다. 동굴을 발견한 수도회가 그곳에서 은둔하며 수도생활을 시작했는데, 헝가리의 공산주의 시절, 비밀경찰들이 수도자들을 체포한 후 2m가 넘는 두꺼운 콘크리트로 교회 입구를 막아버렸다. 공산주의가 무너진 이후 봉쇄된 문을 제거하였고, 현재는 다시 수도자들의 교회로 돌아갔다.

위치 자유의 다리 건너 겔레르트 호텔 앞으로 난 산책로를 따라 올라가면 된다. 혹은 에르제베트 다리 앞 계단을 따라 올라가도 된다. 약 20~30분 소요. 대중교통으로는 M4 Móricz Zsigmond Körtér역에서 27번 버스를 타고 Búsuló Juhász(Citadella) 정류장에서 하차. 약 15분 소요

Tip 겔레르트 언덕 오르기

겔레르트 언덕에 올라 보는 야경은 놓치지 말아야 할 볼거리 중 하나이다. 부다 왕궁과 페스트 지구까지 한 번에 조망할 수 있는 곳은 겔레르트 언덕뿐이기 때문이다. 단, 도보로 올라가는 길은 가로등도 없는 산길로 저녁엔 굉장히 어둡다. 특히 에르제베트 다리 쪽 계단을 통해 올라오는 코스는 사람이 나와도 무섭고 안 나와도 무서울 정도다. 일행이 있다 하더라도 해가 진 뒤에 도보로 올라가는 것은 삼가자. 가장 좋은 방법은 해가 지기 전 도보로 올라가서 해가 진 뒤 야경을 감상하는 것. 아니면 대중교통을 이용하거나 일행이 많다면 모바일 택시 앱(Bolt)을 이용해 콜택시를 부르는 것을 추천한다.

동굴 교회

겔레르트 언덕으로 가는 27번 버스

겔레르트 언덕 올라가는 길

겔레르트 언덕에서 보이는 풍경

치타델라 요새 Citadella (Citadel)

관광
명소

멀리서도 일명 '자유의 여신상'의 자태가 보이는 치타델라 요새는 헝가리가 감추고 싶은 모습일 수도 있다. 이 성채는 오스트리아가 헝가리인을 억압하기 위해 지은 것이기 때문이다. 끈질긴 헝가리 독립 운동은 대다수 시민들의 터전이었던 페스트 지구에서 두드러졌기 때문에, 오스트리아는 부다 지구의 높은 언덕에 요새를 짓고 헝가리인들을 감시했다. 헝가리 독립 이후 헝가리군의 요새가 됐지만 곧 독일 나치, 소련의 요새로 그 주인이 바뀌었다. 40m에 달하는 자유의 여신상은 소련군의 나치 격퇴 기념으로 세운 것인데, 소련의 승리를 의미하는 종려나무를 들고 있다. 공산주의가 무너진 후, 치욕의 역사를 기억하고 과오를 반성하며 다시 되풀이하지 않겠다는 교훈으로 삼아 자유의 여신상을 보존하기로 결정했다.

한때 감옥으로도 사용됐던 성채 건물은 현재 호텔, 레스토랑, 카페, 기념품점 등으로 사용되며 명실상부한 '관광객의 요새'가 되었다. 특히 해 질 녘이면 탁 트인 부다페스트의 전망을 즐기기 위한 사람들로 가득하다.

위치 겔레르트 언덕 꼭대기

자유의 여신상을
호위하는 동상

> ### 부다페스트 야경 포인트
> 야경은 평지인 페스트 지구보다 언덕이 있는 부다 지구에서 보는 것이 낫다. 왕궁의 야경을 감상하고 싶으면 페스트 지구로 넘어가면 된다.
> ① 겔레르트 언덕의 치타델라 요새
> ② 어부의 요새
> ③ 세체니 다리 위
> ④ 버차니 광장(강 건너 국회의사당이 한눈에 보인다)

버차니 광장에서 바라본 국회의사당

부다 왕궁과 세체니 다리

세체니 다리

2. 페스트 지구

부다 지구와 달리 평지이며, 예로부터 서민들이 살아왔기 때문에 상점들이 밀집한 상업구역으로 발전했다. 부다 지구에서는 볼거리가 정해져 있다면, 페스트 지구에서는 관광과 쇼핑, 맛집 및 전통 카페 탐방, 온천욕 등 할 일이 다양해진다.

국회의사당 Országház (Parliament)

주소   Kossuth Tér 1-3
위치   M2 Kossuth Lajos Tér역
운영   08:00~16:00
요금   일반 10,000Ft, 학생 5,000Ft
전화   441 4415
홈피   www.parlament.hu

부다에 왕궁이 있다면 페스트엔 국회의사당이 있다. 헝가리에서 가장 큰 규모의 건물로 고딕 양식의 첨탑과 암갈색 돔이 어우러져 압도적인 위엄을 자랑한다. 헝가리 건국 천년을 기념해 식민지배의 과거를 뛰어넘어, 민족의 자긍심을 높이는 의미로 국회의사당을 세우게 되었다. 헝가리 정부는 1882년, 공모를 통해 임레 슈테인들 Imre Steindl의 설계를 선정했고, 1886년 첫 삽을 떠 1904년 완공했다. 국회의사당은 헝가리에서 나는 자재만을 사용하고, 헝가리의 인력과 기술만을 이용한다는 원칙을 고수하며 국가의 역량을 총집결한 결과물이다. 건물 외벽에는 역대 헝가리 왕과 지도자 88명의 동상이 도열해 있어 국회의사당이 바로 헝가리 그 자체임을 보여준다 (그러나 설계는 영국 런던의 웨스트민스터를 참고했다는 사실!).

다뉴브 강과 면한 건물의 길이는 268m, 폭은 123m, 가장 높은 중앙 돔의 높이는 96m로 내부엔 총 691개의 방이 있다. 입장할 때 삼엄한 소지품 검색을 한다. 내부는 황금과 보석으로 치장된 태피스트리, 샹들리에, 프레스코화, 미술작품, 스테인드글라스, 대리석 기둥 등으로 화려하게 꾸며져 있고, 헝가리 왕들의 왕관도 전시되어 있다. 국회의사당을 감싸는 네 개의 광장엔 헝가리 역사에서 중요한 네 명의 인물상이 있으니 놓치지 말자. 헝가리 독립 운동을 주도한 라코츠지 페렌츠 Rákóczi Ferenc, 소련에 저항한 민중 혁명을 주도한 총리 임레 너지 Imre Nagy, 오스트리아-헝가리 제국이 무너진 이후 헝가리 첫 대통령이었던 카로이 미하이 Károlyi Mihály, 그리고 독립 운동의 지도자 코수트 라요시 Kossuth Lajos가 있다. 국회의사당 정문이 있는 광장은 그의 이름을 따서 지은 것이기도 하다.

> ### 국회의사당 관람
>
> Tip
>
> 국회의사당 안뜰에서 건물 오른쪽 끝을 지나 지하에 방문자 센터가 있다. 가이드 투어로만 입장할 수 있고, 약 45분이 소요된다. 당일 현장표도 소량 판매하긴 하지만 금세 매진되기 때문에 인터넷 예약을 추천한다. 시간대별로 제공 언어가 다른데, 영어 투어가 가장 먼저 매진되니 미리 준비하는 게 좋다. 예약 메일에 첨부된 파일을 출력해 지하의 방문자 센터 매표소에서 입장권으로 바꾸면 된다. 입장 전 짐 검사를 하는데, 큰 가방은 물품 보관소에 맡겨야 하니 관람 시간에 여유를 두고 가야 한다.
>
> 홈피   www.jegymester.hu/parlament

성 이슈트반 대성당
Szent István Bazilika (St. Stephen Basilica)

관광명소

건국 천년을 기념하고, 헝가리 왕국 첫 번째 왕인 성 이슈트반 1세를 기리고자 만든 성당. 그는 헝가리에 가톨릭을 전파한 공로로 성인에 추대되었다. 성당은 1851년에 착공해 1906년에야 완성되었으며, 신고전주의 양식의 대표작으로 꼽는다. 에스테르곰 대성당에 이어 헝가리에서 두 번째로 큰 성당이다. 성당 가운데 돔의 높이는 헝가리 건국원년인 896년을 기념하는 96m이다. 국회의사당 돔의 높이 역시 동일하니 부다 지구에서 페스트 지구의 전경을 내려다볼 때 한 번 비교해보자. 부다페스트 시는 두 건축물의 의의를 살리고, 도시의 아름다움을 유지하기 위해 96m보다 높은 건물을 세우는 것을 법적으로 금지하고 있다. 성당 입구 위엔 성 이슈트반의 부조가 새겨져 있고, 내부는 헝가리 유명 화가들의 성화와 스테인드글라스로 꾸며져 있다. 비대한 기둥이 특이한데, 기둥이 지탱해야 하는 아치가 너무 많아 안전상의 이유로 그렇게 설계된 것이라고 한다. 중앙 제단의 뒤쪽에 성 이슈트반의 오른손이 보관되어 있으니 잊지 말고 관람하자. 전망대에 올라갈 경우 매표소 옆의 계단으로 올라가지 말고, 반대편의 엘리베이터를 이용하면 편하다. 돔에 오르면 부다 지구의 전경과 페스트 지구의 속살이 보인다. 저녁엔 오르간 연주회, 합창단 공연 등의 콘서트도 열리니 성당 앞 브로슈어나 홈페이지를 참고하자. 성당에서는 노출이 심한 옷은 금물이니 유의해야 한다.

주소 Szent István Tér 1
위치 M1 Bajcsy-Zsilinszky út역
위치 **성당** 월 09:00~16:30,
      화~토 09:00~17:45, 일 13:00~17:45
      전망대와 보물관 09:00~19:00
요금 **성당** 일반 1,200Ft, 학생 1,000Ft
      전망대와 보물관
      일반 2,200Ft, 학생 1,800Ft
      통합권 일반 3,200Ft, 학생 2,600Ft
전화 311 0839
홈피 www.bazilika.biz

성 이슈트반

데악 광장 Deák Ferenc Tér
(Deak Ferenc Square)

M1 · M2 · M3과 다수의 버스, 트램이 지나며 다섯 개의 대로가 모이는 교통의 요지. 19세기의 저명한 법관, 정치가였으며 '헝가리의 지식인'으로 불렸던 데악 페렌츠의 이름을 따왔다. 부다페스트 젊은이들의 집결지이기도 한 광장엔 공원이 조성돼 있고 주말이면 벼룩시장이 열리기도 한다. 잔디밭에 앉아 음식을 먹거나 책을 읽는 사람, 스케이트보드를 타는 사람, 심지어 줄타기(!)를 하는 사람도 있다. 데악 광장의 자유롭고 활기찬 분위기는 밤늦게까지 이어진다.

& 부다페스트의 자잘한 재미들

1. 경찰 아저씨에게 소원 빌기

성 이슈트반 대성당을 등지고 직진하면 '뱃심이 두둑한' 경찰 아저씨 동상이 있다. 아저씨의 배가 나온 이유는 헝가리 음식이 워낙 기름지기 때문이라고. 아저씨의 배를 왼쪽에서 문지르면 사랑이, 오른쪽에서 문지르면 직업에 관한 소원이 이루어진다고 한다. 그래서 아저씨의 배 부분만 홀딱 벗겨져 있다.

2. 지하철역의 지하철 박물관Földalatti Vasúti Múzeum

데악 광장역 안엔 지하철 박물관Millennium Underground Museum이 있다. 부다페스트 지하철 1호선은 유럽에서 두 번째로 오래된 지하철로, 현재까지도 쌩쌩히 운행되고 있으니 이에 대한 헝가리인의 자부심도 크다. 그래서인지 M1 · M2 · M3이 교차해 부다페스트 지하철역 중 가장 큰 데악 광장역 한편엔 지하철 박물관이 마련되어 있다. 개통 당시 지하철역의 모습과 객차 내부를 재현해 타임머신을 타고 과거로 돌아간 듯한 느낌을 받는다. 입장료는 지하철 '싱글 티켓' 값과 같으니 데악 광장역을 지나갈 때 잠시 들러보는 것도 좋다.

운영 　화~일 10:00~17:00(월요일 · 신정 · 11월 1일 · 12월 24~27일 · 12월 31일 휴무)
요금 　일반 350Ft, 학생 280Ft, 사진촬영 500Ft
홈피 　www.bkv.hu/en/millennium_underground_museum

배불뚝이 경찰 아저씨　　　역무원 모형　　　지하철 박물관 입구

시나고그 Dohány Ut. Zsinagóga
(Great Synagogue and the Jewish Museum)

부다페스트는 유럽에서 가장 큰 유대인 커뮤니티가 있었으며, 1844년, 페스트에 모여 살던 3만 명의 유대인들이 현재의 부지를 매입해 15년 뒤 시나고그를 완성했다. 이는 유럽에서 가장 큰 시나고그이며 무어 양식으로 건립되었다. 외관은 43m 높이인 두 개의 양파 모양 돔, 장미창, 벽돌로 둘러싸여 있고, 화려하게 장식된 내부는 3천여 명을 수용할 수 있다. 정면의 파이프 오르간은 리스트와 생상 등 유명 음악가들이 연주하기도 했다.

아이러니하게도 시나고그는 제2차 세계대전 동안 게토(유대인 수용소)로 쓰였고, 건물 역시 많이 파괴되었으나 1990년대에 들어 재건했다. 왼쪽에는 유대 박물관이 있고, 안뜰엔 게토에서 죽어간 2천여 명의 유대인이 묻혀 있다. 그들을 추모하는 '울고 있는 버드나무' 조형물엔 홀로코스트를 상징하는 4천 개의 잎이 달려 있고, 잎사귀마다 희생자들의 이름이 새겨져 있다.

관광명소

주소 Dohány u. 2
위치 M2 Astoria역에서 도보 5분
운영 **1·2·11·12월**
　　 일~목 10:00~16:00, 금 10:00~14:00
　　 3·4월 일~금 10:00~16:00
　　 5~10월
　　 일~목 10:00~18:00, 금 10:00~16:00
　　 (토·공휴일 휴무)
요금 일반 8,000Ft, 학생 6,200Ft
전화 413 1515
홈피 www.jewishtourhungary.com

울고 있는 버드나무

국립 박물관 Nemzeti Múzeum
(Hungarian National Museum)

헝가리에서 가장 큰 박물관으로 헝가리의 유명 건축가 폴라크 미하이^{Pollack Mihály}가 1846년 신고전주의 양식으로 완공했다. '가장 위대한 헝가리인'으로 칭송받는 세체니 이슈트반 백작은 세체니 가문의 1만 5천여 점에 달하는 방대한 유물을 기증했다. 이것이 국립 박물관의 시초가 되었고, 수많은 문화재와 토지의 기증, 모금운동까지 거쳐 국립 박물관이 개관하기에 이른다. 1848년 헝가리의 독립전쟁이 선포된 곳도 국립 박물관 앞이라 헝가리인들에게 박물관의 의미는 남다르다. 후에 도서, 자연사 분야는 세체니 국립 도서관, 자연사 박물관으로 독립했다. 리스트가 기증한 베토벤의 피아노, 세체니 다리 건설자료, 황금마스크 등을 찾아보자.

박물관

주소 Múzeum Körút 14-16
위치 M2 Astoria역, M3·M4 Kálvin Tér역에서 도보 5분
운영 화~일 10:00~18:00(월·공휴일 휴무)
요금 일반 2,900Ft, 사진촬영 1,000Ft
전화 338 2122
홈피 www.mnm.hu

언드라시 거리
Andrássy út (Andrassy Avenue)

데악 광장에서 영웅 광장까지 일직선으로 이어진 대로로 길이는 총 2.3km이다. 1868년, 당시 외무장관이었던 언드라시 백작이 프랑스 파리에 갔다가 잘 정비된 파리 시내에 영감을 얻어 도시계획을 추진했고, 1872년 언드라시 거리가 조성됐다. 그래서 이곳을 부다페스트의 샹젤리제라고 부른다. 언드라시 거리는 부다페스트의 자랑인 M1의 궤적과 일치해 아기자기하고 고풍스러운 메트로역들이 거리에 운치를 더해준다. 큰 가로수들이 도열한 길의 좌우로 여러 명소들과 고급 부티크 매장, 한국 대사관을 비롯한 각국 대사관저들이 들어서 있다. 이러한 가치를 인정받아 2002년 유네스코 문화유산에 등록됐다.

위치 M1·M2·M3 Deák Ferenc Tér역과
      M1 Hősök Tere역 사이의 1호선 역들은
      모두 언드라시 거리로 통한다.

영웅 광장에서 데악 광장 방면

국립 오페라 하우스
Magyar Állami Operaház
(Hungarian State Opera)

프란츠 요제프 황제의 명으로 성 이슈트반 대성당 건축에 참여한 이블 미클로시Ybl Miklós가 설계해 1884년 완공되었다. 네오르네상스 양식의 화려하고 우아한 느낌이 일품이다. 왕궁이나 성당을 방불케 하는 화려한 내부도 눈을 떼기 힘들다. 건물의 앞엔 헝가리가 낳은 유명한 음악가 리스트와 헝가리 국가를 만든 작곡가이자 오페라 하우스의 초대 예술 감독인 에르켈 페렌츠Erkel Ferenc의 조각상이 놓여 있다. 이곳은 세계에서 가장 아름다운 오페라 하우스 중 하나로 꼽히는데, 그 음향 또한 탁월해 유럽의 수많은 오페라 하우스 중에서도 세 손가락 안에 든다고 한다. 티켓 값이 다양해 만 원도 안 되는 가격에 호사를 누릴 수도 있다. 극장 내부를 가이드와 둘러보는 오페라 투어도 있는데, 티켓은 매표소에서 현장 예매하거나 홈페이지에서 예매할 수 있다. 오페라 투어에는 미니 콘서트가 포함되며 총 1시간이 소요된다.

주소 Andrássy út 22
위치 M1 Opera역
운영 오페라 투어(영어)
      월~목 13:30/15:00/16:30,
      금 13:30/15:00,
      토·일 위 시간대 1~2번 운영
      *홈페이지에서 운영 시간을 미리 확인하자.
      (인터넷 예매 가능)
요금 오페라 투어 7,000Ft
전화 814 7100
홈피 www.opera.hu

테러 하우스 Terror Háza (House of Terror)

박물관

나치와 공산주의자들에게 희생된 사람들을 추모하며, 당시의 실상을 그대로 보존해 역사의 교훈으로 삼기 위해 세운 박물관이다. 이 건물은 실제로 공산당의 비밀경찰청으로 사용되던 곳이어서 그 의미가 더욱 깊다. 건물 꼭대기에는 Terror라는 문구와 함께 두 개의 문양이 새겨져 있는데 별은 공산당, 십자가는 나치를 상징한다. 건물 외부엔 전쟁 당시 희생된 사람들의 작은 초상화가 붙어 있고 그 아래로 그들을 위로하는 꽃장식과 초가 있어 입장 전부터 마음을 가라앉게 만든다. 1층으로 들어서면 커다란 탱크가 보이고, 그 뒤로 희생자들의 사진으로 만든 벽이 3층까지 연결된다. 2·3층에는 유대인들이 나치에게 학살당하는 장면의 영상, 희생자들의 사진, 감옥과 고문실, 교수대, 당시 사용하던 도구들까지 당시의 현장을 가감 없이 보여준다. 특이한 점은 가해자들의 사진도 함께 걸려 있다는 것. 무고하게 죽어간 이들을 애도하는 것만이 아닌, 치명적인 과오를 잊지 않고, 다시는 되풀이하지 않으려는 의지가 느껴지는 부분이다. 워낙 사실적으로 구성된 박물관이라 정신적으로 힘들 수 있지만 꼭 한 번 방문해볼 가치가 있다. 내부 사진촬영은 금지되어 있다.

주소 Andrássy út 60
위치 M1 Vörösmarty út.역,
      M1 Oktogon역에서 도보 5분
운영 화~일 10:00~18:00(월·공휴일 휴무)
요금 4,000Ft
전화 374 2600
홈피 www.terrorhaza.hu

꽃 - 초가 전시되어 있는 희생자들의 벽면과 외관

리스트 박물관
Liszt Ferenc Emlékmúzeum (Liszt Museum)

박물관

'헝가리 음악의 아버지'인 리스트의 자취를 느껴볼 수 있다. 리스트가 음악원장으로 학생을 가르쳤던 건물이자 1881~1886년에 살았던 아파트가 박물관이 되었다. 그의 일대기에 관한 자료, 악보, 피아노, 책, 사용했던 가구와 물건 등이 전시돼 있다. 여행 중 연습을 위해 가지고 다니던 휴대용 피아노가 특히 흥미롭다. 박물관은 아담한 규모이며, 이 건물은 여전히 음악아카데미로 쓰이고 있어 학생들의 공연이 열리기도 하니 자세한 사항은 홈페이지를 참조하자.

주소 Vörösmarty út. 35
위치 M1 Vörösmarty út.역에서 도보 5분
운영 월~금 10:00~18:00,
　　　토 09:00~17:00(일·공휴일 휴무)
요금 일반 2,000Ft,
　　　한국어 오디오 가이드 700Ft
전화 413 0440
홈피 www.lisztmuseum.hu

리스트의
피아노

& 낭만의 음악가 리스트

유명한 음악가 리스트 페렌츠Liszt Ferenc(1811.10.22~1886.7.31)는 헝가리가 낳은 대표적인 피아니스트이자 작곡가이다. 헝가리의 라이딩 지방에서 태어난 그는 악기 연주에 조예가 깊은 아버지의 영향으로 피아노에 관심을 가졌고, 대단한 재능을 보이며 오스트리아 빈으로 유학을 떠났다. 11살엔 베토벤 앞에서 연주를 펼쳤는데, 베토벤이 크게 감동했을 정도로 뛰어났다고 한다.
프로 연주자들도 어려워할 만큼 화려한 작품 스타일과 풍부한 감정, 열정을 지닌 천재 피아니스트의 등장은 유럽 음악계를 뒤흔든다. 여기에 수려한 외모까지 더해 리스트의 인기는 하늘을 찔렀다. 이후 안데르센, 빅토르 위고, 알렉산드르 뒤마, 조르주 상드 등 다양한 예술가들과 교류하면서, 운명의 여인 마리 다구 백작 부인을 만난다. 둘은 스위스로 도피하여 1남 2녀를 낳는데, 영원할 것 같았던 운명적인 사랑도 리스트의 바람기 앞에서 끝나버린다. 리스트는 새 연인이었던 비트겐슈타인 후작 부인의 권유로 바이마르에 정착하며 지휘자로 활동하고, 교향시 등 새로운 조류의 음악을 작곡하며 새 삶을 시작한다. 그러나 로마교황청이 그녀와의 결혼을 허락하지 않자 수도원으로 들어가 하위 성직자 생활을 하며 종교음악을 작곡하기도 한다. 이후 바이마르, 로마, 부다페스트를 오가며 연주와 작곡, 후진양성에 몰두하는데, 부다페스트에 설립된 음악원의 초대학장을 맡아 월급도 없이 학생들을 가르쳤다고 한다. 이후 연주여행 중 얻은 감기가 폐렴으로 악화되어 독일 바이로이트에서 세상을 떠난다.
리스트는 음악적 라이벌이었던 폴란드의 쇼팽은 물론 슈만, 베를리오즈, 파가니니 등과 19세기 낭만주의를 이끌었고, 수많은 여성들과 로맨스를 즐기며 낭만적인 삶을 살았다.

우리 생활 속에서 없어서는 안 될 물건들 중 정말 많은 것들이 헝가리인들의 두뇌와 손을 빌려 생겨났다. 그 분야 역시 광범위해 매일 쓰는 평범한 물건에서부터 전자, 전기, 물리, 의료, IT 등 다양한 범주의 '헝가리산' 발명품들이 탄생했다. 볼펜, 소다수, 비타민C, 성냥, 텅스텐 전구, 컬러TV, 루빅스 큐브 등은 우리 일상과 아주 가까이 있는 물건들이다. 사륜마차, 헬리콥터 프로펠러, 전기 철도의 전동기와 발전기 등을 발명한 덕택에 인류는 더 빠르고 편리한 이동이 가능해졌다. 세상에 컴퓨터가 등장하자 헝가리인들은 베이직 프로그래밍 언어, 워드와 엑셀 프로그램을 만들어내며 또다시 사람을 이롭게 했다(그러나 수소 폭탄과 원자 폭탄을 만들어낸 것은 세상에 그다지 도움이 되는 일은 아니었다). 헝가리인들의 '발명 유전자'는 현재도 꾸준히 이어져 홀로그램, 빛이 통과 가능한 콘크리트 자재, 정맥 생체 인식 기술을 개발하는 등 계속해서 발전하고 있다.

영웅 광장 Hősök Tere (Heroes' Square)

위치 M1 Hősök Tere역

헝가리 건국 천년을 기념한 광장으로, 1896년에 착공해 1929년 완공됐다. 다른 건축물과 마찬가지로 제2차 세계대전 때 파손됐지만 전후 복구되었다. 광장 가운데엔 36m 높이의 원형 밀레니엄 기념비Millenniumi Emlékmű가 있다. 꼭대기에는 가브리엘 천사상이 오른손에 성 이슈트반의 왕관, 왼손에 십자가를 들고 있으며, 지면에는 마자르족 일곱 부족장들의 기마상이 기념비를 호위하듯 둘러싸고 있다. 그 앞엔 무명 용사 기념제단이 있어 꺼지지 않는 불이 타오른다. 기념비를 중앙에 두고 좌우로 반원형의 구조물이 서 있는데, 여기엔 역대 왕과 영웅 14명의 동상이 연대기순으로 도열해 있다. 영웅 광장이라는 이름이 아깝지 않을 만큼 헝가리 역사의 위대한 지도자들이 한데 모인 셈이다. 이 구조물은 마치 시민공원의 출입구처럼 보이도록 설계되었다. 좌우에 있는 건물은 부다페스트 미술관과 부다페스트 아트 갤러리다.

부다페스트 미술관

부다페스트 아트 갤러리

영웅 광장의 밤

시민공원 Városliget (City Park)

1.2k㎡ 면적의 직사각형 공원으로 부다페스트 시민의 휴식처다. 입구의 광장이 민족의 지도자들을 기념하는 공간이라면, 안쪽 공원은 평범한 시민들을 위한 곳인 셈이다. 동물원, 식물원, 서커스장과 세체니 온천, 군델 레스토랑, 버이더후녀드 성 등이 있어 관광객도 많이 찾는다. 작은 호수에는 보트가 떠다니고, 공원 호수가 얼면 스케이트장으로 변신하기도 한다.

홈피 www.varosliget.info

연필을 만지면 공부를
잘하게 된다는 무명 동상

버이더후녀드 성
Vajdahunyad Vára (Vajdahunyad Castle)

호수에 비치는 풍경이 정말 예쁜 성으로 루마니아에 있는 드라큘라 백작의 성을 모방해 만들었다. 헝가리 건국천 년 축제 행사의 일환으로 여러 건축양식이 뒤섞인 가건물을 지었는데, 워낙 인기가 좋아 제대로 완성했다고 한다. 건물 안은 박물관이고 안뜰 관람은 무료다.

※ **박물관**
운영 화~일 10:00~17:00(월요일·
　　신정·11월 1일·12월 24~26일 휴무)
요금 2,500Ft
홈피 www.mezogazdasagimuzeum.hu

 안익태 동상 찾기

2012년 5월 11일, 부다페스트 시민공원에서는 안익태 흉상 제막식이 열렸다. 흉상 건립은 한국과 헝가리의 우호 증진을 위해 서울시에서 추진한 것이라고 한다. 친일행적으로 논란이 많은 인물이긴 하지만 한국을 대표하는 음악가 중 한 명이기도 한 안익태는 1938~1941년에 리스트 음대에서 수학한 바 있어 헝가리와 인연이 깊다. 공원으로 들어가 호수를 지나면 왼편에 있으니 공원에 들르거나, 세체니 온천에 간다면 기념사진을 찍어보자.

3. 부다페스트 온천 여행

헝가리는 비디가 없
는 내륙국임에도 물
과 연관이 많은 나라
이다. 다뉴브 강의 물
결이 수도 부다페스트
를 지나고, 국토 한가
운데엔 거대한 발라톤

온천 조형물

호수가 있으며, 땅속엔 온천수가 흐른다. 토지의 60%
이상이 온천 개발이 가능할 정도이며 전국에 약 1천
개의 온천이 있다. 헝가리 온천의 역사는 2000년 전,
고대 로마시대에서 그 유래를 찾을 수 있다. 목욕문화
가 유행했던 때 로마인들이 곳곳에서 온천수가 뿜어져
나오는 헝가리에 들어와 목욕탕을 만들어 사용한 것이
다. 16세기 이후 오스만 제국이 헝가리를 점령하며 로
마인들이 조성한 온천에 튀르키예식 목욕문화가 더해
졌다. 의학이 많이 발전하지 못했던 과거엔 온천이 치
료용으로 널리 쓰였으며, 현재는 생활방식의 일부로
자리 잡고 있다. 물의 온도는 뜨겁다기보다 미지근한
편이며, 규모에 따라 대형, 소형 온천이 있고, 튀르키
예식 온천도 있으니 본인의 취향에 따라 선택하면 된
다. 온천탕에 앉아 잔뜩 긴장해 있던 몸을 풀어주고,
쌓인 피로도 날려보자.

홈피　부다페스트 온천 정보 www.spasbudapest.com

❶ 준비물
수영복, 슬리퍼, 수건, 세면도구, 음료, 간식, 비닐
이나 방수 가방 등이다. 온천은 대개 혼탕이므로
반드시 수영복을 착용해야 한다. 수영장에 들어가
려면 꼭 수영모를 착용해야 하는 점도 알아두자.
수영복은 돈을 내고 대여할 수 있는데, 위생에 민
감한 사람이라면 미리 준비하는 것이 좋다. 시내의
의류매장에서 구입할 수 있다.

❷ 부대시설
대부분의 온천에서 유료 마사지숍을 운영한다. 아
쿠아로빅 강습이나 온천치료를 하는 곳도 있다. 수
영장, 사우나 시설은 무료이니 적극 이용하자.

❸ 이용방법
매표소에서 입장료를 내면 시계모양 팔찌를 주는
데 이게 사물함 열쇠이니 잘 간수하자. 개인 탈의실
겸 사물함인 캐빈을 이용할 수도 있는데, 물론 추
가요금이 붙는다. 탈의실에서 수영복으로 갈아입
은 후 온천장으로 입장하면 된다. 2~3시간 이내에
나올 경우 약간의 요금을 돌려주는 곳도 있으니 일
찍 나왔다면 매표소에서 확인해보자.

❹ 주의사항
시기에 따라 개장시간이 달라질 수 있으니 홈페이
지나 관광안내소에서 확인해보는 것이 좋다. 온천
탕에서 비누를 쓴다거나, 때를 미는 행위는 절대
금물이다. 또한 탈의실은 많은 사람이 드나드는 곳
이니 귀중품이나 다수의 현금 등은 가져가지 않는
게 좋다.

세체니 온천
Széchenyi Fürdő (Szechenyi Bath)

관광
명소

유럽에서 가장 큰 온천이자 페스트 지구에 생긴 첫 번째 온천으로 시민공원 안에 있다. 세체니 온천은 엔지니어 빌모시 지그몬디Vilmos Zsigmondy가 16년간 노력을 기울여 지하 971m에서 온천수를 끌어올리는 데 성공했고, 이를 이용해 1913년 완공되었다. 그의 공로를 기려 건물 앞엔 그의 동상을 세웠다. 네오바로크 양식의 고풍스러운 외관을 보면 이곳이 온천장이라는 게 믿어지지 않을 정도로 웅장한데, 유황 냄새와 피어오른 김이 여기가 온천임을 말해준다. 노천탕 2곳과 수영장, 실내에 15개의 탕이 있다. 백년의 역사를 가진 곳이니만큼 시설 자체는 좀 낡은 편. 관광 브로슈어나 숙소 등에서 할인쿠폰을 쉽게 얻을 수 있다.

주소 Kerület Állatkerti Körút 9-11
위치 M1 Széchenyi Fürdő역
운영 월~금 07:00~19:00, 토·일 09:00~20:00
요금 평일 7,100Ft, 주말·공휴일 8,200Ft
전화 435 0051
홈피 www.szechenyifurdo.hu

세체니 온천

겔레르트 온천

겔레르트 온천 Gellért Fürdő (Gellert Bath)

관광
명소

겔레르트 언덕 옆에 있는 겔레르트 호텔 내의 온천으로, 10년간의 공사 끝에 1918년 개장했으며, 아르누보 양식의 인테리어가 화려한 대표적 온천이다. 총 12개의 온천탕이 있는데, 궁전의 내부를 연상시키는 아름다운 인테리어로 눈이 즐겁다. 온천탕은 실내에 있으며, 야외 수영장과 테라스는 여름에만 운영한다. 호텔 내 시설인 만큼 여러 종류의 마사지, 온천치료 프로그램 등이 있다. 온천 입구는 호텔 정면에서 오른쪽으로 돌아가야 하며, 겔레르트 호텔 투숙객은 온천을 1회 무료로 이용할 수 있다.

주소 Kelenhegyi út 4
위치 버스 7·107·109·133·233번,
      트램 19·41·47·49·56번
운영 09:00~19:00
요금 평일 7,100Ft, 주말·공휴일 8,200Ft
전화 466 6166
홈피 www.gellertfurdo.hu

루다스 온천
Rudas Fürdő (Rudas Bath)

키라이 온천과 비슷한 시기에 지어진 튀르키예식 온천. 이 온천수로 목욕을 하면 젊어진다고 해 젊음이라는 뜻의 유벤투스Juventus 라고 불리기도 했다. 또 온천수를 만병통치약으로 여겨 많이 마셨다고 한다. 천장엔 스테인드글라스 가운데로 구멍이 뚫려 있어 색색으로 내리쬐는 채광이 일품이다. 수온은 42도로 부다페스트 온천 중 가장 높으며, 수영장은 별도요금을 내야 한다. 루다스 온천은 남성과 여성이 이용할 수 있는 날짜가 다르니 유의해야 한다(여성 화요일, 남성 월·수·목·금요일 이용 가능. 복 13시 이후, 금 11시 이후 및 주말·공휴일은 남녀 혼탕-수영복 필수).

주소 Döbrentei Tér 9
위치 버스 7·8E·108E·110·112·907·973번,
      트램 17·19·41·56번
운영 06:00~20:00
요금 평일 6,500Ft(수영장 비포함 4,500Ft), 주말 9,200Ft
전화 356 1322
홈피 www.rudasfurdo.hu

루카츠 온천
Szt. Lukács Fürdő
(St. Lukacs Bath)

노란색 건물이 인상적인 세인트 루카츠 병원 내 소규모 온천이다. 병원과 함께 있어 그런지 낮 시간에는 한가롭게 노니는 노인들이 많다. 관광객보다는 현지인들이 동네 목욕탕 가듯 많이 찾는 온천이고, 유명 온천들에 비해 한적하고 수질이 낫다는 장점이 있다. 부다페스트 카드 소지자는 1회 무료입장 혜택이 있다.

주소 Frankel Leó u. 25-29
위치 버스 9·109번, 트램 4·6·17·19번
운영 07:00~19:00(화~20:00)
요금 평일 3,800Ft, 주말·공휴일 4,200Ft
전화 326 1695
홈피 www.lukacsfurdo.hu

©lukacsfurdo

& 루빅스 큐브의 아버지

누구나 한 번쯤은 루빅스 큐브를 만져봤을 것이다. 우리의 친구 루빅스 큐브가 바로 헝가리 출신이라는 사실! 1974년 헝가리의 건축가이자 발명가 루빅스 에르뇌Rubik Ernő가 '마술 큐브'라는 이름으로 발명해 이듬해 헝가리 특허를 취득한다. 그리고 1980년 자신의 이름을 붙여 루빅스 큐브를 상용화했다. 이 이전에도 캐나다와 영국에서 유사한 구조의 '돌아가는 퍼즐'이 있었으나 현재의 루빅스 큐브 형태는 '루빅스 큐브'가 처음이라고 한다. 큐브의 면이 만들어낼 수 있는 조합은 무려 43,252,003,274,489,856,000가지이며, 이 중 큐브를 다 맞출 수 있는 경우는 오직 하나뿐! 정육면체 하나로 자신의 이름을 전 세계에 널리 떨치고 있는 루빅스가 억만장자임은 굳이 말할 필요가 없겠다.

벨바로시 루가스 Belvárosi Lugas

레스토랑

성 이슈트반 대성당 뒤편에 있어 관광 중 들르기 좋다. 헝가리 전통 음식뿐 아니라 그릴, 생선류 등의 메뉴가 있다. 양배추 안에 고기와 양념을 넣고 찐 헝가리 전통 요리인 퇼퇴트 카포스터$^{Töltött\ Káposzta}$가 추천 메뉴.

주소 Bajcsy Zsilinszky út. 15/a
위치 성 이슈트반 대성당 뒤
운영 12:00~23:00
요금 예산 €€
전화 302 5393

일디코 코니하여 Ildikó Konyhája

레스토랑

아기자기하고 아담한 레스토랑으로 간단하게 먹고 일어서기 좋은 캐주얼한 스타일이다. 한국처럼 주문은 테이블에서 받고 계산은 카운터에서 한다. 저렴한 가격에 헝가리 가정식 및 전통 요리를 먹을 수 있으며, 음식 맛도 괜찮은 편. 성채의 언덕에 오르기 전 아담 클락 광장과 가까워 부다 지구를 관광할 때 들르면 좋다. 요리에 따라 양을 줄인 S사이즈도 있다.

주소 Fő út. 8
위치 세체니 다리를 등지고 오른쪽 Fő 거리
운영 월~토 11:30~20:00
요금 예산 €
전화 201 4772
홈피 www.ildiko-konyhaja.hu

트로페어 그릴 Trófea Grill

배고픈 여행자들이 반길 만한 뷔페 레스토랑으로 여러 지점이 있다. 다양한 종류의 음식은 물론 주류를 포함한 음료까지 무제한이다. 저녁 5시 이전까지 런치 가격이며, 5시에 임박해 들어갔다면 1시간 동안 먹을 수 있다.

레스
토랑

주소   Király út. 30-32
위치   데악 광장에서 키라이 거리를 따라
       도보 5분
운영   평일 12:00~24:00,
       주말·공휴일 11:30~24:00
요금   **평일**
       점심(12:00~17:00) 예산 €€,
       저녁(17:30~24:00) 예산 €€€
       금 저녁·주말·공휴일 예산 €€€
전화   878 0522
홈피   www.kiraly.trofeagrill.eu

독특한 분위기의 내부

포세일 Forsale

레스
토랑

펍 겸 레스토랑으로 종이로 빼곡한 인테리어가 인상적이다. 식탁에 있는 땅콩은 무료이며 음식 양이 엄청나게 많은 게 특징. 75% 가격인 S사이즈 메뉴도 있다. 굴라시가 특히 맛있다.

주소   Vamhaz korút 2
위치   중앙시장 맞은편
운영   12:00~01:00
요금   예산 €
전화   70 531 6443

멘자 레스토랑 Menza Étterem és Kávézó

레스
토랑

부다페스트의 유명한 레스토랑. 고기, 생선, 파스타, 리소토 등 메인 요리와 각종 샐러드, 굴라시를 비롯한 수프, 디저트 등 메뉴가 다양하다. 비건 메뉴도 많고 각종 음식에 알레르기 표시가 잘 되어 있다.

주소   Liszt Ferenc tér 2
위치   M1 Oktogon역에서 도보 2분
운영   11:00~23:00
요금   예산 €€
전화   30 145 4242
홈피   www.menzaetterem.hu

젤라또 로사 Gelato Rosa

성 이슈트반 성당 근처에 가면 수많은 사람들이 이 아이스크림을 들고 다닌다. 젤라또 아이스크림을 장미 모양으로 만들어 준다. 계산을 하고 받은 쿠폰을 점원들에게 주고 젤라또를 고르면 된다. 모양은 예쁘지만 맛은 평범한 편.

주소 Szent István Tér 3
위치 성 이슈트반 대성당을 등지고 왼쪽 골목
운영 11:00~22:00
요금 예산 €
전화 70 383 1071
홈피 www.gelartorosa.com

군델 Gundel

1894년부터 영업을 시작한 고급 레스토랑으로 영화 〈글루미 선데이〉에도 등장한다. 유럽 10대 레스토랑 중 한 곳이며, 각국 정상, 배우, 가수 등 유명 인사들도 방문했다. 저녁이 부담된다면 점심시간이나 일요일 브런치를 이용해보자. 드레스코드가 있고 예약은 필수다.

주소 Gundel Károly út. 4
위치 M1 Hősök tere역에서 도보 8분
운영 11:00~22:00
요금 예산 €€€
전화 30 603 2480
홈피 www.gundel.hu

© Blue Bird Cafe

블루 버드 카페 Blue Bird Cafe

카페 이름처럼 인테리어와 식기류 모두 파란색을 테마로 하여 꾸민 아기자기한 카페. 원두를 직접 볶아 내린 커피가 일품이며, 케이크, 아침 식사, 샐러드, 샌드위치, 햄버거 등의 메뉴가 있어 브런치를 즐기기에도 좋다.

주소 Dob út. 16
위치 데악 광장에서 도보 7분
운영 09:00~18:00
요금 예산 €
전화 30 170 8777

심플라 케르트 Szimpla Kert

펍

건물 안팎이 다 펍으로 이루어져 있는데, 무질서한, 무국적의 인테리어가 인상적이다. 사회주의 시절을 지나 폐허가 된 건물을 펍으로 개조한 곳으로, 이러한 펍을 루인 펍Ruin Pup이라 부른다. 내부에는 여러 개의 방이 있고, 공간에 따라 갤러리가, 공연장이 되기도 한다. 워낙 인기 있는 곳이라 언제나 사람들로 북적여 생동감이 있다. 관광을 끝낸 후 들러 저렴하게 맥주 한잔하기 좋다. 바에 가서 직접 술을 산 뒤 자유롭게 마시면 된다.

주소 Kazinczy út. 14
위치 M2 Astoria역에서 C번 출구로
      나와 직진하다 Tesco 슈퍼가 보이는
      골목에서 좌회전해 직진
운영 월~목 15:00~04:00, 금·토 12:00~04:00
요금 예산 €
전화 20 261 8669
홈피 www.szimpla.hu

& 부다페스트에서는 카페에 가자

부다페스트엔 오래된 역사를 지녀 관광명소가 된 카페들이 많다. 웅장한 구조와 우아하면서도 화려한 장식을 감상하고 있노라면 여기가 카페인지 왕궁인지 헷갈릴 정도다. 다들 시내에 있어 위치도 좋으니 잠시 시간을 내 전통 있는 카페에 들러보자.

1. 카페 제르보Café Gerbeaud

1858년부터 시작된 유서 깊은 카페. 왕가 제과장의 아들 Kugler Henrik가 파리를 비롯해 11군데의 유럽의 수도를 돌며 제과기술을 배워와 유명해지기 시작했고, 1870년 현재의 장소로 옮겼다. 1882년, Kugler는 파리 여행 중 스위스 제네바 출신의 Emil Gerbeaud라는 사람을 만났는데, 그의 재능에 반해 그와 동업을 하게 된다. 이후 제르보는 카페를 이어받게 돼 버터크림을 이용한 제품과 수많은 케이크, 사탕 등을 개발한다. 또한 베이커리 기계의 도입, 기존 포장 박스에 디자인을 입히는 등 혁신을 몰고 와, 1889년에는 150명에 이르는 종업원을 둘 만큼 성장했다. 1919년 제르보가 죽자 그의 부인이 카페를 이어받는다. Gerbeaud는 헝가리뿐 아니라 유럽 내에서도 손꼽히는 카페인지라 명사들이 많이 찾기로도 유명하다. 각국 국왕이나 정상을 비롯하여 마돈나, 브래드 피트 등 연예인들도 방문했었다고 한다. 카페 제르보는 역사와 명성만큼이나 메뉴가 비싼데 15%의 부가세까지 붙는다. 유구한 전통과 분위기 값이라 생각하자. 맛과 서비스는 사람마다 호불호가 갈리는 편. 인기 있는 종류로 구성된 케이크 세트 메뉴도 있으며, 케이크류는 포장 할인이 있다.

주소 Vörösmarty Tér 7-8
위치 M1 Vörösmarty Tér역
운영 월~목·일 09:00~20:00,
      금·토 09:00~21:00
요금 예산 €€
전화 429 9000
홈피 www.gerbeaud.hu

2. 뉴욕 카페 New York Café

고급 호텔인 Boscolo Hotel 1층에 자리한 카페. 1894년 세워진 건물은 뉴욕생명보험사의 헝가리 지사여서 이런 이름이 붙었다. 뉴욕 카페 역시 120여 년에 걸친 긴 역사를 지닌 카페로 헝가리의 문인과 예술가, 지식인들이 모여 시와 토론을 나누던 지성의 메카로 기능했다. 저명한 작가인 몰나르 페렌츠 Molnár Ferenc는 뉴욕 카페가 24시간 동안 예술가들에게 개방되어야 한다며 다뉴브 강에 카페의 문 열쇠를 던져버린 적도 있다고.

헝가리의 공산주의 시절에 건물이 국유화되어 한때 '세상에서 가장 아름다운 창고'로 쓰이기도 했으며, 2001년에 이탈리아의 Boscolo Hotels에 매각되어 2006년에 고급 호텔로 재탄생했다. 카페 내부는 르네상스, 바로크, 아르누보 양식이 어우러져 천장화와 조각상, 대리석과 금장으로 장식된 기둥, 샹들리에 등으로 장식돼 으리으리한 느낌이 든다. 차류, 제과류를 추천하며 음료류의 가격은 적당한 편이지만 부가세가 붙는다.

주소	Erzsébet Krt. 9-11
위치	M2 Blaha Lujza Tér역에서 도보 3분
운영	08:00~24:00
요금	예산 €€
전화	886 6167
홈피	www.newyorkcafe.hu

3. 뮈베스 카베하즈 Művész Kávéház

오페라 극장 건너편에 있는 카페로 '예술가들의 카페'라는 뜻인데, 오페라 가수를 비롯한 예술가들의 아지트로 유명하다. 다른 유명 카페들처럼 거대한 규모도 아니고 화려한 인테리어로 무장한 것도 아니지만 소박하고 약간은 예스러운 나름의 분위기를 지니고 있어 마음이 편안해진다. 오페라를 보기 전에 들러 차 한잔을 해도 좋고, 언드라시 거리를 지나다 들르기도 좋다. 볕이 좋은 날이면 빨간 차양 아래의 노천에 앉아 보는 것도 추천한다. 오페라 극장의 화려한 위용을 감상하며 커피를 즐길 수 있다.

주소	Andrássy út. 29
위치	오페라 극장 맞은편
운영	09:00~20:00
요금	예산 €
전화	70 333 2116
홈피	www.muveszkavehaz.com

Tip

부다페스트의 쇼핑

자수제품이나 민예품은 중앙시장 2층, 쇼핑가인 비치 거리, 부다 왕궁에서 어부의 요새로 가는 길목의 기념품점 등에서 구입할 수 있다. 파프리카 가루 등 식품이나 토카이 와인 등의 주류는 쇼핑 거리의 기념품점이나 공항 면세점보다 슈퍼마켓과 시장이 더 저렴하다. 현대식 쇼핑센터는 뉴가티역 옆에 있는 Westend 백화점, 켈레티역 건너편의 Arena Mall 등이 있다.

중앙시장
Vásárcsarnok (Central Market Hall)

쇼핑

부다페스트 초대 시장의 아이디어로 1897년 개장한 실내 시장. 주황색 벽돌로 무늬를 만든 외벽, 아치형 창문과 입구, 마차시 성당처럼 알록달록한 지붕이 인상적이다. CNN이 '세상에서 가장 아름다운 시장'으로 선정한 것이 납득이 간다. 영국의 대처 수상, 다이애나 왕세자비 등도 다녀간 곳이며, 현지인은 물론 관광객들까지 꼭 들르는 명소다. 입구에 인포메이션 센터도 있다. 1층은 식품점 위주고 2층은 기념품점, 간이음식점을 차지다. 헝가리 특산품인 자수와 목각제품, 전통 의상 등을 고를 수 있다.

주소   Vámház Körút 1-3
위치   M4 Fővám Tér역,
       또는 바치 거리 끝의 맞은편
운영   월 06:00~17:00, 화~금 06:00~18:00,
       토 06:00~15:00(일·공휴일 휴무)
전화   366 3300
홈피   www.piaconline.hu

중앙시장

바치 거리의 중앙시장 내부, 2층의 자수·기념품 가게들

바치 거리 Váci Utca (Vaci Street)

쇼핑

뵈뢰슈마르티 광장Vörösmarty Tér에서 시작해 중앙시장 근처까지 일직선으로 연결된 보행자 거리. 부다페스트의 대표적인 쇼핑 거리로 각종 상점, 카페, 관광객들을 대상으로 하는 레스토랑, 기념품점 등이 즐비하다. 젊은이들, 호객꾼, 거리예술가, 관광객들로 늘 활기가 넘친다.

위치   M1 Vörösmarty Tér역,
       M1·M2·M3이 교차하는
       Deák Ferenc Tér역에서 중앙시장 사이

헤렌드 Herend (Porcelain Palace)

도자기로 유명한 헝가리가 낳은 대표적인 브랜드. 1826년 설립 이래 오스트리아 왕실, 영국 왕실을 비롯한 수많은 유명 인사들이 즐겨 쓴 것으로 유명하다. 수작업으로 그림을 그리고, 금빛으로 도색한 것이 특징으로 꽃과 과일, 나비와 새의 문양을 주로 새긴다. 현재까지도 최고의 도예가들이 전통 방식을 고수해 명품 도자기를 만들어내고 있으며 세계적으로 명성이 높다.

주소 József Nádor Tér 11
위치 에르제베트 광장 근처
운영 월~금 10:00~18:00,
　　 토 10:00~14:00(일요일 휴무)
전화 20 241 5736
홈피 www.herend.com

매버릭 시티 로지
Maverick City Lodge

대형 호스텔로, Maverick & Ensuits 지점도 있다. 비교적 최근에 오픈해서 Ensuits 지점보다 깔끔하고 널찍하다. 개인 커튼과 큼직한 로커가 있어 프라이버시가 보장되며, 침대마다 개인등과 전기 콘센트가 있어 편리하다.

주소 Kazinczy út. 24-26
위치 M2 Astoria역 C번 출구로 나와
　　 직진, Tesco 슈퍼마켓 앞에서
　　 좌회전 후 직진
요금 예산 €　　　　전화 793 1605
홈피 www.mavericklodges.com

 부다페스트의 숙소

유명한 도시인 만큼 다양한 종류의 호스텔, 아파트먼트, 호텔 등의 숙소가 갖춰져 있다. 호스텔의 경우 성수기와 비수기의 요금이 두 배 정도 차이가 나며, 대부분 조식을 제공하지 않는다. 2012년 9월 이후 건물 외관에 상업용 간판을 다는 것이 법적으로 금지되어 작은 규모의 호스텔이나 숙소를 이용할 경우 헤매기 딱 좋다. 예약한 숙소의 주소(번지수)와 가는 법을 미리 숙지하고, 외관 사진을 저장해두거나, 구글맵 길 찾기 기능을 사용하면 큰 도움이 된다.

요금(성수기 기준)
8,000Ft 미만 € | 8,000~20,000Ft 미만 €€ | 20,000Ft 이상 €€€

부다페스트 버블 호스텔
Budapest Rubble Hostel

호스텔

호스텔계의 오스카인 Hoscar Award에서 여러 번 수상한 호스텔. 일반 아파트에 위치한 개인 호스텔이라 가족적인 분위기이며, 친구를 사귀기 좋다. 스태프가 굉장히 친절하고, 현지인들만이 알 수 있는 정보나 팁을 많이 알려준다.

주소 Bródy Sandor út. 2
위치 M2 Astoria역에서 국립 박물관 방향으로 나와 박물관 바로 전 골목 왼쪽 첫 번째 건물. 문 앞에서 3번 초인종을 누르면 된다.
요금 예산 €
전화 70 397 7974

로드 레지던스
Lord Residence

아파트 먼 트

호텔과 아파트의 장점을 결합한 레지던스로 합리적인 가격, 좋은 위치가 매력이다. 주방 시설, 세탁기, 발코니, 에어컨, TV, 엘리베이터 등의 시설이 잘 갖춰져 있고 침실 1개 또는 2개 아파트가 있어 가족여행자에게 추천한다.

주소 Lovag út 8
위치 M3 Nyugati역에서 도보 7분
요금 예산 €€   전화 20 500 0720

© Lord Residence

KG 아파트먼트
KG Apartments

아파트 먼 트

원룸 형태의 아파트먼트로, 에어컨, 주방 시설 등이 잘 갖춰져 있고 가격이 저렴한 편이다. 데악광장, 개성 있는 식당들이 많은 키라이 거리 근처라 위치가 아주 좋다.

주소 Rumbach Sebestyén út 6
위치 M2 Astoria역에서 Károly krt.을 지나 Dob út 경유 도보 5분
요금 예산 €€   전화 20 801 2817
홈피 www.kgapartments.hu

© KG Apartments

라온 민박

바치 거리와 데악 광장 사이에 있어 관광지 어느 곳으로든 이동하기 좋다. 도미토리와 개인실을 운영하며, 엘리베이터가 있고, 주방에서 간단한 취사가 가능하다. 다양한 여행 정보와 한식 조식을 제공한다.

주소 Váci u 24
위치 M3 Ferenciek tere역에서 도보 4분
요금 예산 €€
전화 70 260 3961(카카오톡ID laonpest)
홈피 eurolaon.modoo.at

좋은가부다

쇼핑가인 바치 거리, 중앙시장 근처에 있어 관광하기 편리한 위치이며, 다뉴브 강과 가까워 야경을 보고 돌아오기 좋다. 도미토리와 가족실을 운영하며, 공간이 널찍한 편이다. 한식 조식을 제공한다.

주소 Só út. 8
위치 M4 Fővám tér역에서 도보 4분
요금 예산 €€
전화 30 786 5679(카카오톡ID nicebudapest)
홈피 hotel-4582.business.site

걸록지 부티크 호텔
Gerlóczy Boutique Hotel

카페와 호텔을 함께 운영한다. 홀의 원형 계단과 금색으로 포인트를 준 인테리어가 인상적이며, 매일 리필되는 미니바도 무료이다.

주소 Gerlóczy út. 1
위치 M2 Astoria역에서 도보 6분
요금 예산 €€€
전화 501 4000
홈피 www.gerloczy.hu

팔라먼트 호텔
Hotel Parlament

이름처럼 페스트 지구의 국회의사당 근처에 있는 호텔. 흰색의 외관과는 달리 내부는 컬러풀하게 꾸며져 있다. 발코니가 있는 방은 욕조가 없으니 참고하자. 조식이 매우 훌륭하다.

주소 Kálmán Imre út. 19
위치 M3 Arany János Utca역에서 도보 6분
요금 예산 €€€
전화 374 6000
홈피 www.parlament-hotel.hu

다뉴브 강이 구부러지는 길목의 절경 두나카냐르

다뉴브 강은 독일 남부가 발원지이고, 오스트리아, 체코, 슬로바키아, 헝가리, 불가리아, 루마니아 등 여러 나라를 지난다. 따라서 중동부 유럽의 경제·문화적 가교 역할은 물론 어부들의 생활 터전이 되었고, 관개 시설로 이용되어 나라의 젖줄 역할을 했다. 강 이름의 유래는 라틴어 두나비우스^{Dunavius}로, 각 언어마다 조금 다르지만 대개 비슷한 이름이다.

흑해로 향하는 다뉴브 강이 헝가리 국경 지역에서 직각으로 완전히 휘어 부다페스트로 흘러가는데, 이런 연유로 이곳을 두나카냐르^{Dunakanyar}(다뉴브의 전환점)라 부르게 되었다. 북적이는 대도시와는 다른 평화로운 풍경을 마주하다 보면 복잡했던 마음까지도 정리되는 것 같은 기분이 든다. 탁 트인 평원을 가르는 강물 위에 하얀 구름이 떠 함께 흘러가는 모습을 만끽하고 싶다면 한나절 시간을 내보자. 두나카냐르에서 가장 잘 알려진 도시는 예술가 마을 센텐드레, 요새 도시 비셰그라드, 헝가리의 옛 수도이자 성당으로 유명한 에스테르곰이다. 경치뿐 아니라 역사적으로도 중요한 의미를 지닌 도시들이다.

위치   센텐드레, 비셰그라드, 에스테르곰 순으로 부다페스트와 멀고, 교외전차 HÉV,
      버스, 기차, 유람선 등 각 도시를 연결하는 교통편이 있기 때문에 도시를 묶어 둘러
      보는 것이 가능하다. 한 도시는 반나절, 두 도시는 하루, 세 도시는 하루 이상이
      걸린다. 세 도시를 한 번에 둘러보는 것은 추천하지 않는다. 부다페스트에서의
      일정이 짧다면 한 도시, 여유가 있다면 두세 도시를 돌아보면 된다.

→ 두나카냐르 이동에
유용한 880번 버스

      부다페스트에서 교외전철 HÉV나 800, 880번 시외버스, 기차 등을 이용하면 센텐드레,
      비셰그라드, 에스테르곰을 다녀올 수 있다. 어느 도시에 도착하든 다음 목적지로 가는
      차편, 시간표를 미리 확인해둬야 한다. 시간표는 정류장에 붙어 있다.
      5~9월에는 비가도 광장^{Vigadó Tér}에서 두나카냐르행 유람선도 운행한다.

홈피   두나카냐르 www.dunakanyar.hu, 유람선 www.mahartpassnave.hu

1. 센텐드레 *Szentendre*

부다페스트에서 약 19km 떨어져 있는 작은 도시로 부담 없이 다녀올 수 있어 많은 사람이 찾는 곳이다. 14세기 오스만 제국의 지배를 피해 세르비아 피난민들이 모여 정착한 센텐드레는 'Saint Andrew'라는 뜻이다. 독립한 이후로는 세르비아, 헝가리인에 크로아티아, 슬로바키아인까지 모여 살게 됐다. 그래서 발칸 스타일의 건물들이 많이 지어졌으며, 이러한 독특한 분위기에 매료된 다양한 예술가들이 몰려들어 현대 미술 갤러리가 즐비한 예술가 마을이 되었다. 이 외에도 아기자기하고 독특한 상점들, 세련된 레스토랑, 카페 등이 많아 눈이 즐겁다. 작은 마을이지만 갤러리가 워낙 많아 미술애호가라면 하루 종일 있어도 좋은 곳이다.

마을 입구의 관광안내소에서 작은 지도와 정보를 얻을 수 있다. 마을이 작고 표지판이 잘 돼 있어 둘러보기 편하다. 관광안내소가 있는 길에서 직진하면 바로크 십자가가 있는 중앙 광장Fő Tér이 있고, 주위로 작은 골목들이 퍼져 있다. 주말엔 벼룩시장이 열려 생동감이 넘치며, 강변 산책로가 잘 조성되어 있으니 여유롭게 산책을 해도 좋다.

위치 ❶ **HÉV**
M2 Batthyány Tér역에서 센텐드레행 전차가 10~30분 간격으로 출발하며 약 40분 소요. 역에서 지하도를 건너 길을 따라 10분 정도 걸으면 작은 하천이 있고, 마을 입구다.
❷ **시외버스** M3 Újpest-Városkapu 버스터미널에서 880번 버스를 타고 Szentendre Bükkös Patak 정류장 하차. 약 40분 소요. 하천을 따라 조금만 들어가면 된다.

홈피 www.iranyszentendre.hu

버스정류장

관광안내소

센텐드레 마을 모형 미니어처

HÉV 센텐드레역

아기자기한 가게

관광명소

❶ 블라고베스텐스카 교회Blagovestenska Church

중앙 광장 앞에 있는 세르비아 정교회로 센텐드레의 랜드 마크다. 1752년 건축가 Mayerhoffer가 설계한 건물로 바로크와 로코코 양식이 결합된 교회이다. 나무로 된 입구 위엔 프레스코화가 있는데, 성 헬레나와 콘스탄틴 황제의 모습이다. 내부로 들어가면 붉은 대리석 제단과 예수의 부조, 네 권의 복음서, 성모 마리아상, 촛대 등을 볼 수 있으며 이 중 벽에 그려진 로코코 양식의 성화가 유명하다. Zsivkovics Mihály의 작품으로, 1790년대의 오크 프레임을 사용한 것이 특징이다. 교회 앞 중앙 광장의 바로크 양식 십자가는 1763년, 마을이 전염병을 피해간 것을 기념해 세워졌다.

주소 Fő Tér 5
운영 4~9월 10:00~16:00(유동적)
요금 400Ft

중앙 광장

블라고베스텐스카 교회

❷ 성 요한 가톨릭 교회Keresztelő Szent János-plébániatemplom
(Saint John the Baptist's Parish Church)

마을에서 가장 오래된 건물로, 교회 본당은 1241년에 착공해 1283년 완공되었다. 오스만 제국 식민지배, 전쟁 등을 거치며 여러 번 파손과 재건을 거듭하다 현재의 바로크 양식의 건물로 완성됐다. 가로로 긴 구조로, 28.91m의 시계탑이 눈길을 끈다. 벗겨진 외벽 쪽의 커다란 못은 해시계의 흔적이다. 교회는 언덕 위에 있어 교회의 언덕이라고 불리며, 교회 앞쪽 공터는 주민들이 모이는 장소가 되기도 한다. 센텐드레 시내와 다뉴브 강이 한눈에 들어온다.

주소 Szentendre Templom Tér
운영 미사 시간에만 개방
홈피 www.szentendre-plebania.hu

교회 언덕에서 바라본 센텐드레 시내

미술관

❶ 페렌치 미술관 Ferenczy Múzeum

헝가리 인상파의 대표자이자 현대 헝가리 회화의 창시자인 페렌치 카로이 Ferenczy Károly와 예술가가 된 후손들의 작품이 전시된 미술관. 파리 유학 후 1889년 센텐드레에 정착한 그는 왕성한 활동을 펼친다. 그의 작품 중 51점은 부다 왕궁의 국립 미술관에 전시돼 있다.

주소 Kossuth Lajos út 5
운영 목~일 10:00~18:00
　　 (월~수요일·공휴일 휴무)
요금 1,700Ft,
　　 3월 15일·8월 20일·10월 23일 무료
전화 20 779 6657
홈피 www.femuz.hu

페렌치 카로이

쇼핑

❶ 스자모스 마지판 Szamos Marcipán

중앙 광장으로 가는 길에서 나는 달콤한 냄새는 바로 마지판 때문이다. 마지판이란 제과 재료로 아몬드, 설탕, 달걀 등을 섞은 반죽이다. 마지판과 초콜릿이 작게 포장되어 있어 간식용이나 선물용으로 구입하기 좋다. 케이크, 아이스크림 등도 판매하며 안쪽으로 카페도 있다.

주소 Dumtsa Jenő út. 12-14
운영 09:00~18:00
홈피 www.szamos.hu

❷ 크리스마스 박물관 Karácsony Múzeum

박물관이라기보다는 크리스마스를 테마로 한 기념품점이다. 다양한 종류의 크리스마스트리, 장식, 인형, 스노볼 등을 일 년 내내 판매하는데, 아기자기하고 귀여워 한참 동안 구경하게 된다. 소품류는 가격도 비싸지 않으니 한 번 골라보자.

주소 Bercsényi út. 1
위치 블라고베스텐스카 교회를 등지고 오른쪽 길
운영 10:00~18:00
홈피 www.hubayhaz.hu

2. 비셰그라드 *Visegrád*

부다페스트에서 북쪽으로 45km 정도 떨어져 있는 작은 도시로 이름은 '위쪽에 있는 요새'라는 단어에서 유래됐다. 1325년 카로이 1세는 이곳을 왕실의 거처로 선포하였고, 1335년에는 폴란드, 보헤미아(현 체코의 서쪽 지역) 왕국과 함께 오스트리아에 대항하는 동맹을 맺는 회의가 열렸다(이를 되새겨 1991년엔 헝가리, 폴란드, 체코슬로바키아 간의 지역 협력체인 비셰그라드 그룹을 결성하기도 했다). 그러나 1405년 왕실이 부다로 옮겨 가고, 1526년 헝가리 왕국이 분할되며 비셰그라드는 점점 그 가치를 상실하게 되었다. 현재는 중세시대의 요새로 유명하며, 요새에서 내려다보이는 평화롭고 고즈넉한 풍경으로 사랑받고 있다.
버스 진행 방향으로 조금 더 가다 보면 관광안내소가 있으며, 버스나 페리정류장 앞길로 들어가면 하얀색의 세인트 존 침례교회Keresztelő Szent János-templom가 있다.

위치 센텐드레와 에스테르곰의 중간에 위치한다. 두 도시와 880번 버스로 연결되니 다른 도시 한 곳과 묶어서 둘러보면 좋다. 센텐드레까지는 약 1시간, 에스테르곰까지는 약 40분이 소요된다. 부다페스트에서 가장 편리한 방법은 시외버스다.
❶ **시외버스** M3 Újpest-Városkapu 버스터미널에서 880번 버스를 타고 Visegrád Nagymarosi Rév 정류장 하차. 약 90분 소요
❷ **기차** M3 Nyugati Pu에서 출발해 Nagymaros-Visegrád역 하차. 기차역에서 유람선을 타고 강을 건너야 한다. 총 40~60분 소요
홈피 www.visitvisegrad.hu

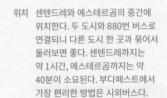

유람선·선착장
관광안내소

세인트 존 침례교회

관광명소

❶ 요새 Fellegvár (The Citadel)

해발 315m에 위치한 요새로, 비셰그라드에 오는 이유는 이 요새를 보기 위함이라고 해도 과언이 아니다. 몽고 침략의 영향으로 요새의 필요성을 깨달은 벨라 4세는 1246년, 지리적 위치상 4세기부터 요새로 이용되곤 했던 비셰그라드에 새 요새를 지을 것을 명한다. 기본적인 터가 잡혀 있던 덕분에 단 5년 후인 1250년 공사가 끝났고, 요새는 다뉴브 강 유역 보호, 부다와 에스테르곰 사이의 교역로 통제 등 여러 역할을 하게 된다. 그리고 1325년 카로이 1세가 비셰그라드로 왕실을 옮기면서 왕의 호위라는 정치적 의미 또한 지니게 되었다. 그렇게 수십 년간 전성기를 이루다 1405년 부다로 왕실이 옮겨가고, 헝가리 왕국이 분할되며 요새의 존재가 점점 희미해졌다. 1686년 부다의 해방 이후, 오스트리아는 비셰그라드를 보복 공격하기에 이르고, 5일 만에 요새를 함락시킨다. 이로 인해 요새가 본연의 기능을 상실하게 되자 요새는 파괴된 그대로 폐허가 되어 200여 년간 방치되기에 이른다. 1871년 유물 발굴과 함께 요새 재건이 시작되었고, 박물관으로 재개장했다. 내부에는 요새의 역사와 관련한 사진, 모형 등의 자료 등이 전시되어 있으며, 중세시대를 재현해 놓은 밀랍인형 전시실, 처형대도 자리하고 있다. 그러나 요새에서 가장 볼만한 것은 안이 아닌 밖에 있다. 다뉴브 강의 탁 트인 경관은 높은 곳까지 올라온 수고를 모두 잊게 만들 정도로 빼어나다. 도보로 올라갈 때 산길을 걸어야 하므로 운동화를 신어야 하고, 물과 간식을 꼭 챙겨야 한다.

위치   도보로 약 40~50분 소요. 성수기에 요새행 버스가 다니긴 하나 시간이 불규칙해 큰 의미가 없다. 택시 이용은 관광안내소에 요청하면 된다. 요금은 1~4인 편도 3,000Ft, 왕복 4,500Ft 선

운영   **1 · 2월** 금~일 09:00~16:00, **3 · 10월** 09:00~17:00, **4~9월** 09:00~18:00, **11월** 09:00~16:00, **12월** 금~일 09:00~15:00 (12월 24 · 25일 휴무)

요금   일반 1,800Ft, 학생 900Ft

전화   시티버스 30 727 6565

홈피   시티버스 www.city-bus.hu

3. 에스테르곰 *Esztergom*

부다페스트 북서쪽으로 약 50km 떨어진 도시로, 다뉴브
강을 사이에 두고 슬로바키아와 접해 있다. 에스테르곰은
원래 로마인의 영토였다가 10세기 헝가리인의 조상인 마자
르족이 이주해 오면서 헝가리의 최초의 수도가 되었다. 헝
가리의 초대 왕이자 가톨릭 전파에 큰 공을 세워 성인의 반
열에 오른 성 이슈트반 1세가 대관식을 치른 곳이기도 하
다. 이때 에스테르곰은 대주교 교구가 되었고, 유럽에서
세 번째로 크고 헝가리에서 가장 큰 대성당이 있어 헝가리
가톨릭의 중심지 역할을 하고 있다. 그러나 이런 중요한
가치에 비해 도시 자체는 굉장히 소박하며, 대성당을 제외
하면 관광지의 느낌이 거의 나지 않아 오히려 반가운 기분
이 든다.

기차역(시외버스 종점)에서 대성당까지는 1·2·11·43·
43F·111번 버스를 타고 Szent István tér 또는 Béke
tér(Bazilika) 정류장에서 하차하면 된다. 도보로는 북쪽
방향으로 약 40분이 걸린다. 대성당과 정원 등을 둘러본
후 기차역 방향으로 언덕을 내려오면 시청사와 분수가 있
는 세체니 광장*Széchenyi Tér*에 들를 수 있다.

위치 두나카냐르의 도시들 중 부다페스트에서
가장 먼 곳이다.
❶ 기차 M3 Nyugati Pu에서 출발해
약 65분 소요
❷ 시외버스 M3 Árpád Híd 버스터미널에서
800번을 타고 종점(기차역*vasútállomás*)
에서 하차한다. 약 80분 소요. 비셰그라드나
센텐드레에서는 880번 버스를 이용하면
된다.
홈피 www.esztergom.hu

관광명소

❶ 대성당 Esztergomi Bazilika (Basilica of Esztergom)

높은 언덕 위에 굳건하게 서 있는 대성당은 에스테르곰 시내 어디
서든 볼 수 있는 도시의 랜드 마크이며, 에스테르곰에 가는 이유이
기도 하다. 화려하고 우아하다기보다 투박하고 웅장한 느낌에 가깝
다. 로마의 성 베드로 대성당을 모델로 만들었으며 성 베드로 대성
당, 런던의 세인트 폴 대성당에 이어 유럽에서 세 번째로 큰 성당이
다. 당연히 헝가리에서 가장 큰 성당, 최초의 성당이라는 타이틀도
갖고 있다. 1001~1010년 사이에 지어진 것으로 추측되며, 이 성
당에서 헝가리의 초대 국왕인 성 이슈트반 1세가 대관식을 올렸다.
이후 에스테르곰은 헝가리의 수도로서 번영을 누렸으나 1241년 몽
고에 의해 도시가 파괴되었고, 벨라 4세는 부다로 수도를 이전하게
된다. 이후 또다시 오스만 제국의 침략으로 성당이 파손됐지만 50
여 년간의 공사를 거쳐 1869년 신고전주의 양식으로 재건되었다.
성당은 길이 118m, 너비 49m, 높이 100m의 거대한 규모로 중앙의
돔은 직경 33.5m, 높이는 71.5m에 이른다. 입구로 들어서면 중앙
제단 뒤의 프레스코화가 눈길을 끄는데, 그레고레티의 〈성모 마리
아의 승천〉으로 세계에서 가장 큰 단일 화폭 작품이다. 돔 부분의
천장에는 유리 창문 12개가 설치되어 자연 채광이 들어온다. 제단
을 바라보고 있는 대형 파이프 오르간은 1856년 설치된 헝가리 최
대 규모다. 리스트는 성당의 봉헌식을 위한 미사곡을 작곡하고 지
휘했는데, 이 공로로 성당 내에 리스트의 현판이 걸려 있기도 하다.
붉은 대리석 벽으로 둘러싸여 있는 Bakócz 예배당은 만들어진 과
정이 매우 독특하다. 원래의 자리에 있던 돌을 1,600조각으로 분해
해 20m를 옮겨 현재의 자리에 다시 이어 붙였다고 한다. 무엇보다
성당 내부에서 절대 놓치지 말아야 할 것은 성 이슈트반의 두개골
이다. 성 이슈트반의 사후, 그의 신성한 기운을 모든 지역에서 느낄
수 있어야 한다는 여론이 들끓어 두개골은 이곳에 두고, 나머지 시
신을 조각내 헝가리 전역으로 나누어 모셨다. 그의 오른손은 부다
페스트의 성 이슈트반 대성당에서 볼 수 있다.
고즈넉한 다뉴브 강의 풍경이 일품인 쿠폴라엔 꼭 한 번 올라가 보
길 추천한다. 대성당을 둘러싼 정원과 전망대도 잘 꾸며져 있어 여
유롭게 산책하기 좋다. 하얀색의 거대한 조각상은 성 이슈트반 1세
가 로마 교황으로부터 왕관을 수여받을 때의 장면으로, 헝가리가
로마 가톨릭을 받아들이고, 초대 황제가 탄생하는 역사적인 순간을
보여준다.

주소 Szent István Tér 1
운영 **예배당** 11~2월 08:00~16:00,
　　3월 08:00~17:00,
　　4·9·10월 08:00~18:00,
　　5~8월 08:00~19:00
　　(때때로 바뀌니 홈페이지에서 확인 요망)
요금 **예배당** 무료
홈피 www.bazilika-esztergom.hu

》 지하 묘지 Panoráma Terem (Crypt)

오래된 이집트 양식의 묘지로, 한여름에도 온도가 낮아 쌀쌀하다. 나치와 공산주의 반대로 유명했던 민센티 요제프 Mindszenty József 등 선종한 대주교들이 묻혔다.

운영　11~2월 09:00~16:00, 3월 09:00~17:00,
　　　4·9·10월 09:00~18:00,
　　　5~8월 09:00~19:00
　　　(때때로 바뀌니 홈페이지에서 확인 요망)
요금　400Ft

정원이 귀여운 조각상

》 보물관 Kincstár (Treasury)

헝가리 성인들의 성체나 역대 왕의 귀중품을 보관하고 있다. 이 중 〈마차시 코르비누스 왕의 고난의 십자가〉는 유럽 금속공예 작품의 마스터피스로 여겨진다. 십자가는 황금으로 만들어졌고, 다이아몬드, 사파이어, 루비, 진주 등의 값비싼 보석으로 화려하게 장식되어 있다.

운영　지하 묘지와 같음
요금　일반 1,200Ft, 학생 600Ft

》 쿠폴라 Kupola (Dome Lookout)

돔을 둘러싼 야외 전망대. 좁은 나선형의 계단을 400개 정도 올라가야 하지만 그럴 만한 가치가 있다. 돔의 곡선을 따라 걷는 경험은 흔치 않기도 하고, 돔에서 내려다보는 풍경은 색다른 감흥을 준다. 400개의 계단을 한 번에 오르는 건 아니고, 중간에 보물관, 작은 카페와 화장실 등 건물과 연결된 부분이 있어 쉬었다 갈 수 있다.

운영　지하 묘지와 같음
요금　**콤바인 티켓(지하 묘지·보물관·쿠폴라 등)**
　　　일반 1,800Ft, 학생 1,000Ft
　　　※ 2023년 1월 기준, 쿠폴라 보수 공사로
　　　인해 하부 전망대까지만 입장 가능

쿠폴라에 오르는 좁은 계단

걸어서 슬로바키아로

대성당에 올라 내려다보는 광경은 굉장히 고요하고 아름다운데 다뉴브 강의 반대편은 에스테르곰과 사뭇 다른 분위기다. 성냥갑처럼 생긴 아파트들과 높은 공장 굴뚝을 보면 마치 평화로운 풍경화 위에 자동차 사진을 오려 붙인 것 같은 이질감이 돈다. 이런 느낌의 근원지는 바로 슬로바키아다. 에스테르곰은 슬로바키아의 슈트로보Štúrovo라는 도시와 접해 있으며, 다뉴브 강을 가로지르는 마리아 벌레리아 다리Mária Valéria Híd가 곧 국경의 역할을 한다. 그러니까 다리의 절반씩을 양국이 공유하고 있는 것이다. 따라서 한쪽에는 헝가리의 국기가, 다른 쪽에는 슬로바키아 국기가 붙어 있으며, '다리'라는 명칭도 방향에 따라 Híd 또는 Most가 된다. 이 다리는 1895년 건설되었는데, 제2차 세계대전 중이었던 1944년 독일군에 의해 파괴되었으나 2001년에 복구되었다. 덕분에 우리는 다리를 걸어서 국경을 넘어가는 흔치 않은 경험을 할 수 있게 되었다. 나라의 국경임에도 지키는 사람 하나 없는 걸 보며, 유럽은 서로 붙어 있는 땅덩이라는 사실을 다시 한 번 깨닫게 된다. 대성당을 보고 나서 다리 쪽으로 내려가 슬렁슬렁 슬로바키아에 다녀와 보자. 검문하는 사람도 없고, 여권에 도장도 찍히지 않지만 한 나라를 더 가본 셈이 되는 것 아닌가! 슬로바키아 국기를 배경으로 한 기념사진은 여권 도장을 대신할 증거니 잊지 말고 꼭 찍자. 걷기가 귀찮다면 대성당 광장의 관광기차를 타보자. 에스테르곰 시내를 지나 다리를 건너 슬로바키아를 돌고 대성당으로 돌아오는 코스다. 다뉴브 강 건너에서 보는 대성당의 구도는 또 다른 느낌을 준다.

위치 대성당이 있는 언덕에서 내려와 강변 쪽으로 나가면 연두색의 마리아 벌레리아 다리를 건널 수 있다.

홈피 슈트로보 www.sturovo.sk

슬로바키아에서 바라본 에스테르곰

대성당 앞 관광기차

마리아 벌레리아 다리

'진흙'이라는 뜻의 발라톤 호수는 '헝가리의 바다'라 불린다. 중동부 유럽에서 가장 큰 호수로 면적이 596㎢(서울보다 약간 작다), 둘레가 80㎞에 달한다. 항상 배가 떠 있고, '메이드 인 발라톤' 생선을 내놓는 식당도 많으며, 여름이면 유럽 곳곳에서 관광객이 몰려든다. 발라톤 호수는 청동기 시대와 철기시대 인류의 흔적이 있는 곳으로, 로마시대엔 Lacus Pelso란 이름으로 불렸다. 발라톤 호수를 따라 마을이 형성돼 있고, 그중 호수의 북쪽 지역을 발라톤퓌레드 Balatonfüred라는 이름으로 묶는다. 발라톤퓌레드엔 물방울 모양으로 돌출된 지형이 있는데, 이를 티하니Tihany 반도라 한다. 1055년 언드라시 1세가 이곳에 왕실의 묘와 베네딕트 성당을 세우며 마을이 시작됐고, 반도 전체가 역사 지구이며, 1952년에는 헝가리 최초의 자연보호 구역으로 지정되기도 했다. 발라톤 호수를 둘러싼 많은 마을 중에서도 그 경치가 뛰어나기로 유명하다. 절벽 위의 작은 수도원과 아름다운 산책로, 옹기종기 모여 앉은 예쁜 건물은 동화책을 펼치면 나올 법한 모습들이고, 호수의 잔잔한 물결 위로 구름이 떠가는 풍경을 보면 절로 감탄사가 터져 나온다. 사람들이 티하니를 '발라톤의 진주'라 부르는 이유를 이해할 수 있을 것 같다.

티하니는 작은 마을이라 베네딕트 수도원 앞의 관광안내소에서 지도를 얻어 도보로 돌아다니면 된다. 아름다운 베네딕트 수도원과 그 뒤로 펼쳐진 발라톤 호수의 정경을 감상하며 산책로를 걸어보자. 마을 쪽으로 걸음을 옮겨 에코상, 소규모 박물관이나 아기자기한 상점들을 구경해보는 것도 재미있다. 우리나라의 시골처럼 고추(파프리카)를 말려 걸어 둔 집이 많아 정겹고, 집의 외관이 독특해 구경하는 재미가 있다. 티하니의 특산품은 라벤더인데, 여유롭다면 마을 아래로 내려가 연보라색 라벤더 밭 사이를 거닐어 봐도 좋다.

위치　M2 델리역Déli Pu에서 기차를 타고 발라톤퓌레드역Balatonfüred까지 2시간가량 소요된다. Székesfehérvár역에서 갈아타는 경우가 많다. 기차역 앞 정류장에서 티하니행 버스를 타고 우체국Posta에서 내리면 되며, 약 10~20분 정도면 도착한다. 부다페스트로 돌아갈 때는 시즌에 따라 기차역으로 가는 버스의 운행시간이 바뀌기도 하니 반대편 정류장의 시간표를 미리 확인해두는 게 좋다.

홈피　www.tihany.hu, 기차시간 검색 www.mavcsoport.hu/en

언덕 위 풍경

아기자기한 마을 풍경

티하니의 기념품 가게

관광명소

❶ 베네딕트 수도원 Tihanyi Bencés Apátság (Benedictine Abbey)

1055년 언드라시 1세의 명으로 만들어진 베네딕트파 수도원. 1754~1779년에 걸쳐 현재의 바로크 스타일로 개축되었다. 교회를 사이에 두고 34.5m 높이의 두 개의 탑이 있다. 지하에는 건축 당시 로마네스크 양식의 언드라시 1세의 묘가 놓여 있다. 수도원 정원에 있는 석상은 언드라시 1세와 왕비의 상이다. 내부를 장식한 물품들과 금박을 입힌 나무 조각상들은 중부 유럽의 바로크 양식 예술품 중에서도 손꼽히는 작품들이며, 롯츠 카로이Lotz Károly 등 유명 화가들의 프레스코화도 인상적이다. 베네딕트 수도원은 헝가리의 마지막 군주였던 카를 합스부르크 4세Karl Habsburg IV가 포르투갈의 마데이라 섬으로 추방당하기 전인 1921년 구금되었던 곳이어서 군주국의 마지막 무대가 되었던 곳이기도 하다. 1992~1996년에 걸쳐 수도원을 예배당과 박물관으로 쓸 수 있도록 리모델링했다. 드라마 〈아이리스〉 첫 회에서 김현준(이병헌)이 암살 지령을 받던 곳이 바로 이 수도원이어서 한국인들에게는 낯설지 않은 곳이다.

주소 András Tér 1
운영 **5~9월** 월~토 09:00~18:00,
　　　일·공휴일 11:15~18:00
　　　4·10월 월~토 10:00~17:00,
　　　일·공휴일 11:15~17:00
　　　11~3월 월~토 10:00~16:00,
　　　일·공휴일 11:15~16:00
요금 일반 2,900Ft, 학생 1,800Ft
전화 87 538 200
홈피 www.tihanyiapatsag.hu

수도원 옆 전망대의 풍경

인형박물관

❷ 에코 Echo

19세기 초의 기록엔 에코상 앞에서 소리를 지르면 그 소리가 되돌아왔다고 한다. 이유는 소리가 언덕 위에 있는 수도원의 북쪽 벽에 부딪혀 되돌아왔기 때문. 이후 새로운 건물과 높이 자란 나무들이 생기면서 에코의 강도가 약해졌다. 초코노이 비티즈 미하이 Csokonai Vitéz Mihály, 고로이 야노스Garay János 등 유명한 헝가리 시인들은 이 유례없는 현상을 소재로 시를 쓰기도 했다.
바람이 없고 조용한 밤에 에코상 앞에서 2음절의 단어를 외치면 에코를 들을 수 있다고 한다.

위치 수도원 산책로
　　　끝의 놀이터 앞

박물관

인형 박물관 Baba Múzeum (Doll Museum)

도자기 인형 제작이 시작된 1840년부터 제1차 세계대전의 영향으로 경제가 어려워져 인형 제작이 끊긴 1920년까지의 작품들이 전시돼 있다. 인형들에는 당시 상류층이 사용하던 의상과 장신구, 집안 장식 등 그 시절의 라이프스타일이 반영되어 있다. 또 헝가리 지역의 전통 의상을 입은 인형들도 볼 수 있으니 인형에 관심이 있는 여행자라면 즐거운 관람이 될 것이다.

주소 Visszhang út. 4
위치 수도원에서 도보 5분
운영 5~9월 09:00~17:00(10~4월 휴무)
요금 일반 800Ft, 어린이 600Ft
전화 87 448 431
홈피 www.babamuzeum.hu

크로아티아
Republika Hrvatska
(Republic of Croatia)

중세시대 이후로 헝가리 왕국, 오스만 제국, 합스부르크 제국, 베네치아 공국 등으로부터 오랜 지배를 받은 나라로 제1차 세계 대전 이후에는 주변국들과 함께 연방국가로 지내다 1995년에서야 독립을 이루었다. 관광 사업에 주력하며 세르비아 내전의 아픔을 딛고 빠른 안정을 이루었다. 아드리아 해를 낀 아름다운 도시들은 유럽인들의 휴양지로 각광받고 있으며 우리나라에는 〈꽃보다 누나〉 방송으로 여행 붐을 일으켰다. 현재는 아시아 국가 중에서 가장 많은 방문자를 기록하고 있다. 크로아티아에는 유네스코에서 지정한 총 8개의 세계유산이 있다.

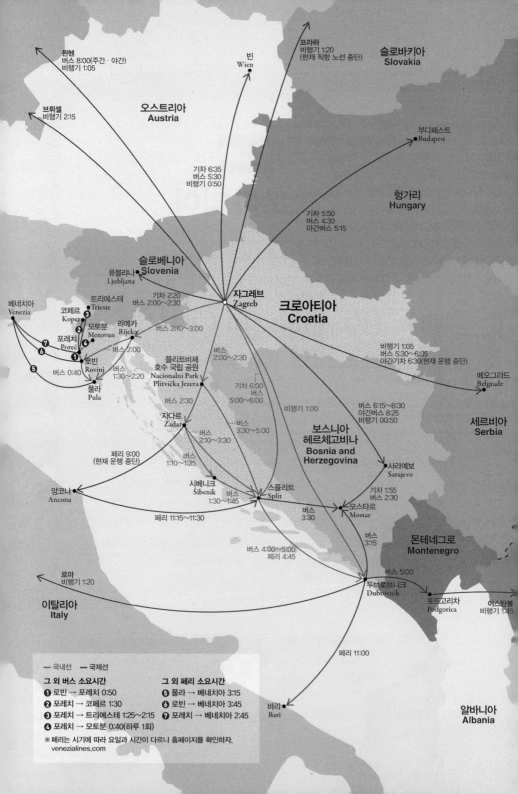

뮌헨
버스 8:00(주간 · 야간)
비행기 1:05

브뤼셀
비행기 2:15

빈
Wien

프라하
비행기 1:20
(현재 직항 노선 중단)

슬로바키아
Slovakia

오스트리아
Austria

부다페스트
Budapest

기차 6:35
버스 5:30
비행기 0:50

헝가리
Hungary

기차 5:50
버스 4:30
야간버스 5:15

슬로베니아
Slovenia

류블라나
Ljubljana

자그레브
Zagreb

크로아티아
Croatia

베네치아
Venezia

트리에스테
Trieste

코페르
Koper

모토분
Motovun

포레치
Poreč

로빈
Rovinj

리예카
Rijeka

기차 2:20
버스 2:00~2:30

버스 2:10~3:00

비행기 1:05
버스 5:30~6:05
야간기차 6:30(현재 운행 증단)

베오그라드
Belgrade

세르비아
Serbia

버스 2:00

버스 0:40

풀라
Pula

버스 1:30~2:20

플리트비체
호수 국립 공원
Nacionalni Park
Plitvička Jezera

버스
2:00~2:30

버스 2:30

기차 6:00
버스
5:00~6:00

비행기 1:00

버스 6:15~8:30
야간버스 8:25
비행기 00:50

보스니아
헤르체고비나
Bosnia and
Herzegovina

사라예보
Sarajevo

자다르
Zadar

버스
2:10~3:30

버스
3:30~5:00

페리 9:00
(현재 운행 중단)

버스
1:10~1:35

시베니크
Šibenik

버스
1:30~1:45

스플리트
Split

기차 1:55
버스 2:30

모스타르
Mostar

앙코나
Ancona

페리 11:15~11:30

버스
3:30

버스
3:15

몬테네그로
Montenegro

버스 4:00~5:00
페리 4:45

로마
비행기 1:20

이탈리아
Italy

버스 5:00

두브로브니크
Dubrovnik

포드고리차
Podgorica

이스탄불
비행기 1:45

페리 11:00

바리
Bari

알바니아
Albania

1. 크로아티아의 역사

달마티아 지역의 크로아티아인들은 슬라브족과 함께 925년 통일왕국을 이룩해 12세기까지 번영을 누렸다. 그러나 1097년에 시작된 헝가리의 침략으로 1102년부터 헝가리 왕국의 지배하에 들어간다. 1241년에는 몽골 타타르족의 침입과 1526년에는 오스만 제국의 공격에 헝가리 국왕이 전사하고, 1541년에는 부다페스트가 함락된다. 이때 합스부르크 제국은 오스만 제국과 싸워 승리했는데 1699년 카를로비츠 조약으로 헝가리가 합스부르크 제국의 지배를 받게 되면서 헝가리의 지배하에 있던 크로아티아 역시 제국에 속하게 된다. 베네치아 공국은 십자군전쟁을 지원해준 대가로 크로아티아 중남부의 달마티아 여러 도시들의 지배권을 얻어 1420년부터 1797년까지 지배했다. 1918년 제1차 세계대전이 일어나고 오스트리아-헝가리 제국이 패전국이 되자 세르비아 왕조를 중심으로 세르비아, 슬로베니아, 크로아티아가 합쳐진 '유고슬라비아 왕국(1929년에 개칭)'이 세워졌다. 유고슬라비아 왕국은 1941년 나치 독일과 이탈리아의 파시스트인 무솔리니에 의해 점령당했는데 나치가 크로아티아에 대한 지배권을 행사했다. 1929년 무솔리니의 지원을 받은 안테 파벨리치^{Ante Pavelić}가 '크로아티아 독립국'이라는 괴뢰정권을 세우고 크로아티아 내의 세르비아인을 중심으로 유대인과 집시들을 학살하기 시작한다. 이때 희생당한 사람들은 35만 명에 달했으며 살아남은 세르비아인들은 세르비아 정교회에서 로마 가톨릭으로 개종을 강요당했다. 제2차 세계대전 중이었던 1943년, 유고슬라비아의 독립 운동가이며 공산주의자인 티토^{Josip Broz Tito}가 소련의 지원을 받아 '유고슬라비아 사회주의 연방공화국'을 만들게 된다. 유고 연방은 현재의 크로아티아, 세르비아, 슬로베니아, 보스니아 헤르체고비나, 몬테네그로, 마케도니아를 포괄한 사회주의 국가로 1992년까지 50년 동안 지속됐다. 1980년 티토의 사망 이후, 유고 연방으로부터의 독립을 주장하던 투즈만^{Franjo Tuđman}이 1991년 6월 독립을 선언하나, 분리 독립 또는 세르비아로의 편입을 요구하는 세르비아계의 반발로 신유고 연방(현 세르비아)과 크로아티아 간의 내전이 일어난다. 데이턴 평화협정으로 비로소 1995년 독립국가가 된다. 독립 이후 관광업에 주력하고 있으며 2013년 EU 회원국이 된 후 2023년부터 유로존에 포함됐다.

크로아티아인을 중심으로 유대인과 집시들을 학살하기 시작한다. 이때 희생당한 사람들은 35만 명에 달했으며 살아남은 세르비아인들은 세르비아 정교회에서 로마 가톨릭으로 개종을 강요당했다. 제2차 세계대

2. 기본 정보

수도 자그레브 Zagreb
면적 88,073㎢(한국 100,412㎢)
인구 약 403만 명(한국 5,162만 명)
정치 대통령 직선제하의 의원내각제
(조란 밀라노비치^{Zoran Milanovic} 대통령)
1인당 GDP 17,399$, 44위(한국 25위)
언어 크로아티아어
종교 가톨릭 86.3%, 동방정교 4.4%, 이슬람교 1.5%

3. 유용한 정보

국가번호 420
통화(2023년 1월 기준)
- 유로 Euro(€), 1€≒100Cent(¢) / 1€≒1,360원
- 지폐 €5, €10, €20, €50, €100, €200, €500
- 동전 €2, €1, 50¢, 20¢, 10¢, 5¢, 1¢
*2023년부터 유로화를 사용한다. 다음은 구 화폐, 쿠나와의 환율로 혼용 시 참고

€1≒7.53450Kuna(쿠나, 크로아티아 구 화폐 단위)

1Kuna≒€0.13, 10Kuna≒€1.3

(*쿠나는 'Kn' 또는 'Kuna' 또는 'HRK'로 표시)

환전 2023년 1월 1일부터 크로아티아는 유로화를 사용한다. 1월은 현금에 한해 기존 화폐인 쿠나를 동시 사용할 수 있으며 이후에는 유로화만 사용 가능하다. 두 화폐의 혼용 표기는 2023년까지 이어질 예정이다. 책의 본문은 아직 유로화 표기가 전격 시행되지 않아 기존 화폐로 표기했다.

은행과 ATM이 시내 곳곳에 있어 편리하다. 인출 시 간혹 비밀번호를 한국과 달리 6자리를 요구하는 경우가 있는데 이때는 비밀번호+00을 누르면 된다. 크로아티아에서 가장 대표적인 은행은 자그레바츠카 은행Zagrebačka Banka과 프리브레드나 은행Privredna Banka이 있다.

*유로화 진입 초기인 2023년 상반기에는 불편함이 예상된다. 모든 요금이 기존에 사용하던 쿠나를 유로화 고정 환율로 변환해 사용하므로 단위가 깔끔하게 떨어지지 않아 불편할 수 있다. 현금보다는 카드 사용이 편리할 것으로 예상된다.

주요기관 운영시간

- **은행** 월~금 09:00~17:00
- **우체국** 월~금 07:00~21:00
- **약국** 월~금 08:00~21:00,
  토 08:00~18:00, 일 09:00~18:00
- **상점** 월~금 08:00~20:00, 토 09:00~14:00
  (대형 마켓 · 쇼핑몰 07:00/08:00~20:00/22:00)

전력과 전압 230V, 50Hz(한국은 220V, 60Hz)
한국 전자제품의 사용이 가능하며 플러그도 동일하다.

시차 한국보다 8시간 느리다.
서머타임 기간(매년 3월 마지막 일요일~10월 마지막 일요일)일 경우는 7시간이 느리다.
예) 자그레브 09:00=한국 17:00
(서머타임 기간에는 16:00)
크로아티아 현지에서 전화 거는 법
한국에서 전화 거는 법과 같다.

예) 자그레브 → 자그레브 4821 282
두브로브니크 → 자그레브 01 4821 282

스마트폰 이용자와 인터넷 숙소와 식당, 카페, 맥도날드 등에서 무료 WiFi 이용이 가능하다.

물가 1회용 교통권(트램 · 버스) 4~12Kn, 물 1.5L 7~10Kn, 샌드위치 25~35Kn, 레스토랑에서의 저녁 대중음식점 본식 50~100Kn, 격식 있는 레스토랑 본식 100~200Kn.

팁 문화 크로아티아는 우리나라와 마찬가지로 팁 지불 문화가 없으나 주요 관광지의 식당에서는 외국 여행자들에게 팁을 당연하게 생각한다. 때문에 레스토랑을 이용할 경우 뒷자리 잔돈 정도는 남겨놓거나 5% 정도의 팁을 생각하는 것이 좋다. 가격대가 있는 레스토랑을 이용할 경우 10%의 팁을 주는 경우가 많다. 호텔이용자라면 포터(짐 운반인)에게 짐을 맡길 경우 짐 한 개당 10~20Kn를 지불하고, 청소와 침대 정리를 해주는 메이드를 위해 매일 15~20Kn를 침대 위에 올려놓으면 된다.

짐 값 우리나라와 달라 적응하기 힘든 문화 중 하나가 바로 버스를 탈 때 짐 값을 받는다는 것이다. 버스회사에 따라 다른데 국내선 7~10Kn, 국제선 8~15Kn이니 버스를 탈 때 미리 잔돈을 준비해두는 것이 좋다. 짐을 맡길 때 짐표를 주고, 내릴 때 짐 표가 있어야 짐을 받을 수 있다.

슈퍼마켓 크로아티아에서 가장 이용하기 쉬운 슈퍼마켓은 콘줌Konzum이다. 자그레브와 같은 대도시에는 디오나Diona와 프레흐라나Prehrana 슈퍼마켓도 많다. 간혹 오스트리아 체인 슈퍼마켓인 스파Spar나 빌라Billa도 보인다. 영업시간은 대체로 평일과 토요일 07:00~21:00, 일요일 07:00~13:00이다.

물 수돗물은 마시거나 요리에 사용할 수 있다.

화장실 크로아티아의 공공화장실은 대부분 유료다. 작은 도시의 기차역 화장실이나 공공화장실 정도만 무료로 오픈한다. 구시가지의 주요 관광지 근처에서 화장실 마크(WC)를 볼 수 있는데 3~10Kn의 돈을  낸다. 샤워실이나 짐 보관 서비스, 빨래방을 함께 운영하기도 한다. 운영시간은 07:00~22:00 정도다.

치안 유럽에서 안전한 지역으로 구분되었던 크로아티아였지만 최근 한국인들의 도난사고가 급증하고 있다. 소매치기 사고가 가장 많이 발생하는 장소는 자그레브의 버스터미널에서 6번 트램을 타려고 할 때다. 짐을 들어주는 친절을 베푸는 사람과 앞을 가로막는 사람 등 4~5명이 한 조가 되어 소매치기를 시도한다. 원하지 않는 도움을 주거나 말을 걸 때 각별한 소지품 주의가 요구된다. 또 반 옐라치치 광장에서 휴대전화 날치기 사건, 스플리트의 좁은 골목길에서 강도사건, 리바 거리에서 날치기 등 여행자들이 많은 주요 관광지에서는 항상 조심하자. 가방에는 하루 쓸 돈 정도만 가지고 여권이나 고액권은 숙소나 복대에 보관하는 것이 좋다.

응급상황 경찰 192, 응급 전화 112

세금 환급 'Tax Free'라고 쓰인 한 단일 상점에서 최소 740Kn 초과해 물건을 샀을 경우 25%의 세금을 환급받을 수 있다. 물건을 산 매장에서 여권을 지참해 택스 리펀드 서류를 작성하고 30일 이내에 세관에 신고해야 한다.

4. 공휴일과 축제(2023년 기준)

※ 크로아티아 공휴일
1월 1일 새해
1월 6일 예수공현 대축일
4월 9일 부활절*
4월 10일 부활절 월요일*
5월 1일 노동절
5월 30일 건국기념일
6월 11일 성체축일*
6월 22일 반 나치 투쟁 기념일
8월 5일 승전의 날
8월 15일 성모승천기념일
10월 8일 독립기념일
11월 1일 만성절
11월 18일 현충일
12월 25일 성탄절
12월 26일 성 스테판의 날
(*매년 변동되는 날짜)

※ 크로아티아 축제(2023년 기준)

2월 2·3일 성 블라호Sv. Vlaho 축일
두브로브니크의 수호성인인 성 블라호Sv. Vlaho 축일이다. 두브로브니크에서 이를 기리는 성대한 축제가 펼쳐진다.

2월 17~22일 리예카 카니발Rijeka Carnival
보통 1월 17일 성 안토니오St. Anthony의 날에 시작해 재의 수요일에 끝이 난다. 다양한 의상으로 차려입은 어린이와 어른들의 카니발 퍼레이드, 가장무도회 등이 펼쳐진다.

5월 중순~9월 말
스플리트 디오클레티아누스의 날Days of Diocletian
디오클레티아누스의 날로 스플리트의 디오클레티아누스 궁전과 구시가지 곳곳에서 행사가 펼쳐진다.

7·8월 크로아티아 여름 축제Croatia Summer Festival
크로아티아 여행의 최성수기인 7·8월에 크로아티아 전역에서 열리는 축제다. 그중 가장 유명한 것은 두브로브니크 여름 축제Dubrovačke Ljetne Lgre(Dubrovnik Summer Festival)다. 7월 초에서 8월 말까지 열린다.

11월 말~1월 7일
자그레브 빛의 축제Festival of Lights Zagreb
구시가지의 주요 건물에 다양한 색채의 빛을 쏘아 만드는 축제로 매일 18:00~23:00에 열린다.

5. 한국 대사관

주소 Ksaverska Cesta 111/A-B, Zagreb
위치 ❶ 중앙 기차역에서 트램 6 · 13번을 타고
 옐라치치 광장에서 14번으로 환승한 후,
 미할예바츠Mihaljevac 종점에서 내린다.
 길을 건너 시내 방향(Centar Kaptol)으로
 약 200m 정도 걸어가면 소방학교와
 체육관 건물 사이에 있다. 25분 소요된다.
 ❷ 드라스코비체바Draškovićeva 정류장에서
 트램 8 · 14번을 타고 미할예바츠
 종점에서 내린 후 위와 같은 방법으로
 찾아가면 된다. 약 15분이 소요된다.
운영 월~금 08:30~16:30
 (1월 1 · 6일, 3월 1일, 부활절 월요일,
 5월 1 · 30일, 성체축일, 6월 22일,
 8월 5 · 15일, 10월 3 · 9일,
 11월 1 · 18일, 12월 25 · 26일 휴무)
전화 크로아티아 내 014 821 282

크로아티아 외 다른 국가
385 1 4821 282(일반전화)
업무시간 외 긴급 연락처 091 2200 325
홈피 overseas.mofa.go.kr/hr-ko/index.do

추천 웹사이트
크로아티아 관광청 croatia.hr
크로아티아 철도청 www.hzpp.hr
크로아티아 버스 검색 www.akz.hr

6. 출입국

크로아티아와 주변 국가를 여행하는 수요가 늘면
서 화 · 목 · 토 주 3회 대한항공이 운영하는 자그레
브 직항이 생겼다(현재 운항 중단 중). 이스탄불이
나 중동 도시를 경유해 들어가는 항공권을 끊거나
크로아티아와의 항공권이 저렴한 유럽 도시(코펜
하겐, 스톡홀름, 밀라노나 로마, 바르셀로나, 런던)
로의 직항 또는 경유하는 왕복권을 끊고, 그 도시에
서 크로아티아로 가는 저가항공을 예약하면 된다.
저가항공을 예약할 때 자그레브 IN/OUT 대신 자그
레브 IN/두브로브니크 OUT으로 구입하면 루트면
에서도, 다시 자그레브로 돌아가지 않아도 되어 좋
다. 1회 경유하는 항공 중 저렴한 항공으로는 러시
아항공, 터키항공, 중국항공, 에미레이트항공, 카타
르항공, 에티하드항공, KLM, 핀에어, SAS항공 등
이 있다.

7. 추천 음식

크로아티아는 과거 오스트리아-합스부르크 제국, 베네치아 공국, 오스만 제국의 지배하에 있었던 이유로 이들의 음식이 혼재되어 나타난다. 특히 이탈리아의 리소토나 스파게티, 피자 등의 요리가 보편적이며, 바다를 접하고 있어 생선, 문어, 새우, 오징어 등을 이용한 구이나 튀김 요리도 추천할 만하다. 와인과 레몬 맥주도 맛있고 저렴해 식사 시 빼놓을 수 없다.

8. 쇼핑

여행자들에게 인기 있는 쇼핑 품목은 특산물인 **송로버섯**, 올리브유나 올리브 절임 등 **올리브**와 관련된 제품 등이다. 라벤더와 같은 허브 류의 생산이 많아 **천연 화장품이나 오일** 등의 제품도 국내보다 저렴하고 품질도 뛰어나다.

9. 렌터카

크로아티아는 해안도로가 아름다워 렌트카로 여행하는 경우도 많다. 자그레그부터 두브로브니크까지를 모두 렌트하는 경우도 있고, 하이라이트인 스플리트~두브로브니크 구간을 렌트해 해변 곳곳을 들러보기도 한다. 픽업과 반납 장소가 다를 경우 One Way Fee 추가 요금이 들지만 충분한 가치가 있다. 다양한 렌트카 회사 중 한국인들은 유니렌트Uni Rent를 많이 이용하나 알라모Alamo, 노바렌트Nova Rent, 골드카Goldcar도 저렴하다. 일반적으로 수동기어Manual와 오토기어Automatic 중 오토기어를 선택하며 슈퍼커버 보험료(SCDW)를 이용해야 안심이다. 차량 파손 시 폴리스 리포트가 있어야 보험처리가 가능한 것도 잊지 말자. 우리나라와 다른 교통법은 주 크로아티아 한국대사관이 올린 교통법규 안내 글과

여행자들의 조언을 참고하자. 주차료는 셀프로 머무는 시간을 계산해 동전을 넣어 주차권을 끊은 후 운전자석 안쪽에 꽂아두어야 벌금을 물지 않는다.

10. 유용한 현지어

안녕 Bok[복]
안녕하세요 Dobro Jutro[도브로 유트로]
안녕히 가세요 Do Viđenja[도 비제냐]
감사합니다 Hvala[흐발라]
미안합니다 · 실례합니다 Oprostite[오프로스티테]
천만에요 Molim[몰림] /
Nema Na Čemu[네마 나 체무]
도와주세요! Pomoći![포모치!]
얼마입니까? Koliko Je Ovo?[콜리코 예 오보?]
반갑습니다 Drago Mi Je[드라고 미 예]
예 Da[다] / **아니오** Ne[네]
남성 Muškarac[무쉬카라츠] / **여성** Žena[제나]
은행 Banka[반카]
화장실 Toalet[토알렛] / WC[베체]
경찰 Policija[폴리치야]
약국 Drogerija[드로게리야]
입구 Ulaz[우라즈] / **출구** Izlaz[이즈라즈]
도착 Dolazak[돌라작] / **출발** Ddlazak[오드라작]
기차역 Stanica[스타니차]
버스터미널 Autobusni Terminal
[아우토부스니 테르미날]
공항 Zračna Luka[즈라츠나 루카]
표 Ulaznica[울라즈니차]
환승 Prijenos[프리예노스]
무료 Besplatno[베스플라트노]
월요일 Ponedjeljak[포네디옐야크]
화요일 Utorak[우토락]
수요일 Srijeda[스리예다]
목요일 Četvrtak[체트브르타크]
금요일 Petak[페타크] / **토요일** Subota[수보타]
일요일 Nedjelja[네디옐야]

1

크로아티아의 관문
자그레브
Zagreb

크로아티아의 아담한 수도로 저렴한 물가와 아기
자기한 분위기로 여행자들을 편안하게 만들어준
다. 볼거리는 구시가지에 집중되어 있고 크지 않
아 도보로 돌아보기에 충분하다.
자그레브는 장거리 비행으로 인한 여독을 풀고
아름다운 아드리아 해의 도시를 즐기기 위한
관문 역할을 한다.

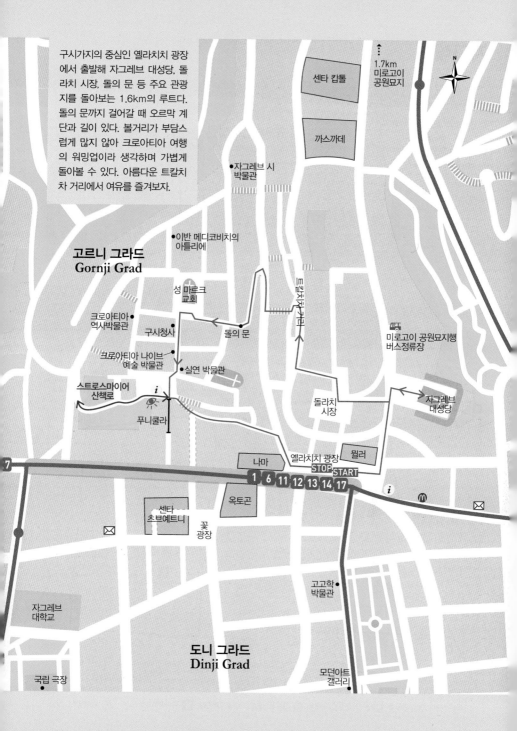

구시가지의 중심인 옐라치치 광장에서 출발해 자그레브 대성당, 돌라치 시장, 돌의 문 등 주요 관광지를 돌아보는 1.6km의 루트다. 돌의 문까지 걸어갈 때 오르막 계단과 길이 있다. 볼거리가 부담스럽게 많지 않아 크로아티아 여행의 워밍업이라 생각하며 가볍게 돌아볼 수 있다. 아름다운 트칼치차 거리에서 여유를 즐겨보자.

센타 캅톨

까스까데

↕
1.7km
미로고이
공원묘지

N

자그레브 시
박물관

이반 메디코비치의
아틀리에

고르니 그라드
Gornji Grad

성 마르크
교회

크로아티아
역사박물관

구시청사

돌의 문

트칼치차 거리

미로고이 공원묘지행
버스정류장

크로아티아 나이브
예술 박물관

실연 박물관

스트로스마이어
산책로

i

돌라치
시장

자그레브
대성당

푸니쿨라

7

나마

옐라치치 광장
STOP   START

뮐러

1 6 11 12 13 14 17

i

M

옥토곤

센타
츠브예트니

꽃
광장

고고학
박물관

자그레브
대학교

도니 그라드
Dinji Grad

모던아트
갤러리

국립 극장

자그레브

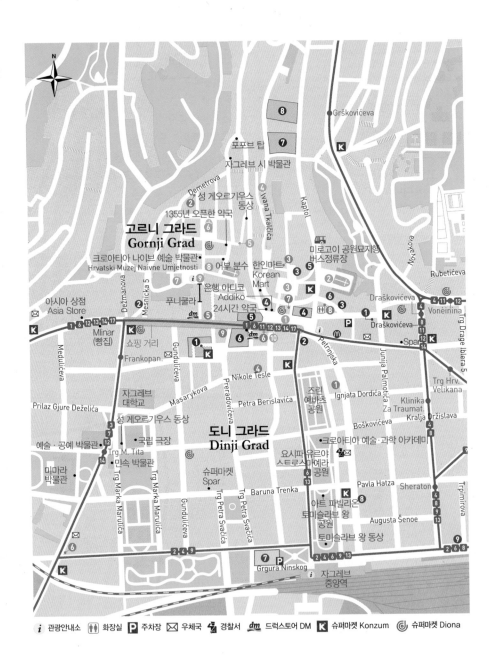

& 관광안내소

자그레브 관광청
홈피 www.infozagreb.hr

엘라치치 광장
주소 Trg Bana J. Jelacica 11
운영 월~금 09:00~21:00, 토·일·공휴일 10:00~20:00

로트르슈차크 탑
주소 Strossmayer Promenade
운영 화~금 09:00~19:00, 토·일 11:00~19:00
(신정, 부활절, 만성절, 성탄절 휴무)

관광명소

❶ 반 엘라치치 광장 Trg Ban Jelačić
❷ 자그레브 대성당 Zagrebačka Katedrala
❸ 돌라치 시장 Tržnica Dolac
❹ 트칼치차 거리 Ulica Tkalčića
❺ 돌의 문 Kamenska Vrata
❻ 성 마르크 교회 Crkva Sv. Marka
❼ 스트로스마이어 산책로
   Strossmayer Promenade
❽ 실연 박물관 Muzej Prekinutih Veza
❾ 로트르슈차크 탑 Kula Lotrščak
❿ 자그레브 360도 Zagreb 360°

레스토랑

❶ 헤리티지 Heritage
❷ 코노바 디도브 산 Konova Didov San
❸ 녹투르노 Nokturno
❹ 비노돌 Vinodol
❺ 빈첵 슬라스티챠르니차 Vincek Slastičarnica
❻ 두브라비카 Dubravica
❼ 크로 케이 Cro.K(한식당)
❽ 아멜리에 Amélie
❾ 오란츠 Oranž

쇼핑

❶ 센타 츠브예트니 Centar Cvjetni
❷ 크라시 Kraš
❸ 아로마티카 Aromatica
❹ 뮐러 Müller
❺ 나마 Nama
❻ 옥토곤 Oktogon
❼ 까스까데 Cascade
❽ 센타 캅톨 Centar Kaptol

숙소

❶ 호스텔 하트 오브 더 시티
   Hostel Heart of The City(한인숙소)
❷ 러브 크로아티아 Love Croatia(한인숙소)
❸ 돌라츠 게스트하우스
   Dolac Guesthouse(한인숙소)
❹ 메인 스퀘어 호스텔 Main Square Hostel
❺ 호스텔 캅톨 Hostel Kaptol
❻ 호스텔 센타 Hostel Centar
❼ 에스플라나드 자그레브 호텔
   Esplanade Zagreb Hotel
❽ 베스트 웨스턴 프리미어 호텔 아스토리아
   Best Western Premier Hotel Astoria
❾ 캐노피 바이 힐튼 자그레브 시티 센터
   Canopy by Hilton Zagreb City Centre

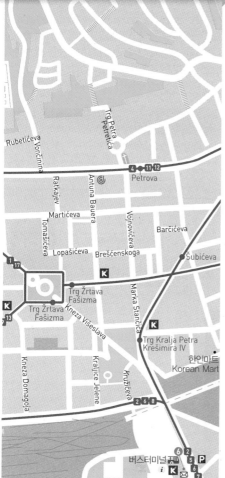

자그레브 들어가기

우리나라에서 자그레브로 들어가는 대한항공 직항이 생겨 보다 편안한 크로아티아 여행이 가능해졌다. 자그레브로 들어가는 방법은 크게 한국과 유럽에서 자그레브 국제공항을 통해, 기차와 버스를 이용해 슬로베니아, 오스트리아, 헝가리, 보스니아 헤르체고비나 등지에서 들어갈 수 있다.

❖ 비행기

우리나라에서는 대한항공 직항이나 경유 항공편을 통해, 유럽 대부분의 도시에서 저가항공 등으로 연결된다.

※ 구시가지 들어가기

자그레브 공항에서 구시가지로 들어가는 방법은 공항버스+트램과 택시 두 가지가 있다. 공항버스+트램이 가장 저렴하고 보편적인 방법이다. 4인이라면 택시를 타도 비슷한 요금이 나오니 택시나 우버, 볼트를 추천한다. 공항버스는 자그레브 버스터미널에 도착하기 때문에 버스터미널에서 다시 구시가지까지 한 번 더 이동해야 한다. 구시가지까지는 2km로 짐이 없다면 도보도 가능하나 보통은 트램을 타고 들어간다.

❶ 공항버스Pleso Prijevoz + 트램

입국장에서 버스 표지를 따라 나오면 공항버스정류장이 있다. 자그레브의 버스터미널까지 운행하며 35~40분이 소요된다. 버스표는 현금으로만 구입 가능하다. 버스터미널에 내리면 신문 가판대 티삭Tisak에서 트램 티켓(4Kn, 30분 유효)을 구입해 Črnomerec행 트램 6·31(심야)번을 타면 구시가지의 중심인 반 옐라치치 광장에 내릴 수 있다. 다음날 일찍 플리트비체로 떠난다면 버스터미널 앞에 숙소를 정하고 시내를 다녀오는 것도 좋은 방법이다.

운영 자그레브 버스터미널 → 공항 첫차 04:00, 막차 화·수·일 20:00/월·목~토 20:30(30분~1시간 간격)
　　 공항 → 자그레브 버스터미널 첫차 06:00, 막차 19:30. 이후 버스는 비행기 도착 시간에 맞춰 운행(30분~1시간 간격)
요금 편도 45Kn(6세 미만 무료)　　홈피 www.plesoprijevoz.hr

❷ 택시Taxi

입국장에서 택시 표지를 따라 나오면 택시정류장이 바로 보인다. 시내 중심가까지의 요금은 250Kn 정도다. 많이 이용하는 택시회사는 에코 택시(1414 또는 060 7777)가 있다. 우버와 볼트로는 시간에 따라 80~200Kn이 나온다.

> **Tip 우버와 볼트**
> 우버Uber와 볼트Bolt는 모바일 앱을 통해 차량과 승객을 연결하는 공유서비스다. 과다 요금이나 팁, 불친절에 대한 부담이 없고 일반 택시보다 저렴해 여행자들 사이에서 인기다. 우버보다 볼트가 더 저렴하다. 한국에서 미리 앱을 다운받아 가자.

공항버스와 택시 승차장
택시 타는 곳

자그레브공항으로 자그레브에 들어갈 수 있다.

자그레브 국제공항
Međunarodna Zračna Luka Zagreb
(Zagreb International Airport, ZAG)

자그레브 국제공항은 중심가에서 남동쪽으로 17km 떨어
져 있는 소규모 공항이다. 1층은 입국장, 2층은 출국장으로
나누어진다. 관광안내소(운영 07:00~22:00, 신정, 부활
절, 만성절, 성탄절 휴무), 우체국, 은행, 환전소, 식당과 카
페, 렌터카 등의 편의시설이 있다. 공항 내에서는 무료 인
터넷을 사용할 수 있다. 짐 보관소는 없으므로 버스터미널
로 가야 한다. 1층과 2층의 Tisak에서 VIP와 Tele2 유심을
파는데 2층에 종류가 더 다양하다.

주소　Ulica Rudolfa Fizira 1, 10410 Velika Gorica
전화　014 562 170
홈피　www.zagreb-airport.hr

❖ 기차

국내선과 국제선 모두 한곳에 도착하고 출발하기 때문에
편리하다. 국내선은 서쪽에 위치한 이스트라 지방의 리예
카와 남쪽의 달마티아 지방 스플리트까지 철도가 연결된
다. 대부분 여행자들은 자그레브에서 버스로 플리트비체로
이동하기 때문에 기차를 많이 이용하지는 않지만 스플리트
로 갈 경우와 슬로베니아의 류블랴나로 갈 때 유용하다.

홈피　www.hzpp.hr

※ 구시가지 들어가기
중앙역 앞에서 옐라치치 광장으로 이어지는 트램 6 · 31(심
야)번을 타거나 또는 중앙역을 등지고 정면의 공원을 따라
1km 정도 구시가지 방향으로 걸어가면 된다.

자그레브 중앙역 Zagreb Glavni Kolodvor
(Main Railway Station)

자그레브의 하나뿐인 기차역으로 기차역 내에는 관광안내
소, 환전소, 유인 짐 보관소, 로커(15Kn), ATM, 화장실, 여
행사, 카페, 식당, 콘줌Konzum 슈퍼마켓 등의 편의시설이
있으며 중앙역 밖으로 나오면 트램 2 · 4 · 6 · 9 · 13번과
버스정류장이 있다.

주소　Trg Kralja Tomislava 12
전화　060 333 444

자그레브 국제공항

유심을 살 수 있는 티사(Tisak)

자그레브 중앙역

기차시간 문의는 Train Information Center에서 한다.

313

❖ 버스

오스트리아, 슬로베니아, 헝가리 등의 주변국의 주요 도시와 크로아티아 내의 도시를 연결해준다.

※ 구시가지 들어가기

버스터미널에서 구시가지 옐라치치 광장까지는 2km 정도로 도보도 가능하다. 대중교통을 이용한다면 30분 유효 승차권(4Kn)을 구입해 취르노메레츠Črnomerec 방향 트램 6 · 31번(심야)을 타고 구시가지로 갈 수 있다.

자그레브 버스터미널 Autobusni Kolodvor Zagreb

크로아티아 국내와 국제 노선을 운행하는 버스터미널이다. 매표소와 관광안내소는 2층에 있고 버스는 1층에서 탄다. 짐 보관소는 1층에 있는데 크기와 시간에 따라 4시간까지 시간당 6Kn, 4시간 이후부터는 시간당 4Kn씩 추가된다. 버스 표 구입 시 먼저 인포메이션에서 시간을 문의한 뒤 매표소에서 표를 구입한다. 인터넷으로 예약하는 것이 더 저렴하고 편리하다.

주소 Av. Marina Držića 4
운영 05:00~23:30
홈피 www.akz.hr

*크로아티아 내 버스 통합 예약사이트
겟바이버스 getbybus.com, 플릭스 버스 www.flixbus.com

시내교통 이용하기

대중교통수단으로 트램, 버스, 푸니쿨라가 있다. 자그레브에선 주로 트램을 이용하게 되는데 시스템이 잘 갖춰져 있어 이용하기 쉽다. 트램은 주간 14개, 심야(00:00~04:00) 4개의 노선이 있으며 이 중 옐라치치 광장-중앙역-버스터미널을 지나는 6번 트램을 주로 타게 된다. 1 · 3 · 8번은 토 · 일 · 월요일에는 운행하지 않는다.

운영 주간 04:00~24:00, 야간 00:00~04:00
요금 **주간승차권** 사전 구입 시 4Kn(30분), 7Kn(60분),
      10Kn(90분), 심야티켓 15Kn
      운전기사에게 구입 시 6Kn(30분), 10Kn(60분), 15Kn(90분),
      심야티켓 15Kn, 1일권 30Kn
      심야승차권 신문가판대 · 차장에게 구입 시 15Kn
      일일승차권 1일권 30Kn, 3일권 70Kn, 7일권 150Kn 등
홈피 자그레브 교통국 www.zet.hr

💡 Tip 승차권 사용법

트램인 경우 맨 앞 칸에만 1회권 체크기가 있다. 공백 부분을 위로 하고 체크기에 티켓을 넣으면 자동으로 체크된다. 버스인 경우 운전사에게 도장을 받거나 체크기를 이용한다. 체크하지 않은 교통권은 무임승차로 간주되며 교통권은 타는 동안 소지하고 있어야 한다. 자율적으로 개찰하는 시스템이기 때문에 무임승차의 유혹이 느껴지기도 하나 대한민국 여행자로서 부끄러운 행동은 하지 않도록 하자. 티켓은 찍힌 시간부터 30분, 60분, 90분 동안 유효하며 환승도 가능한데 탔던 곳에서 진행 방향으로만 가능하다.

Tip **자그레브의 관광명소**

자그레브의 볼거리는 모두 작은 구시가지에 집중되어 있다. 앞에 소개한 도보 루트대로 가볍게 돌아본다면 2~3시간이면 충분할 정도로 작은 규모다. 구시가지를 돌아보고 개성 넘치는 트칼치차 거리에서 휴식을 추천한다.

반 옐라치치 광장
Trg Ban Jelačić (Ban Jelačić Square)

관광명소 로컬명소

1641년에 만들어진 자그레브 구시가지의 중심으로 시민들의 만남의 장소이자 공연장 등으로 사용된다. 광장을 둘러싼 대부분의 건물은 19세기에 만들어진 것으로 아르누보와 포스트모더니즘 양식이다. 광장 양옆 직선으로 4km에 걸쳐 이어지는 일리차Ilica 길은 자그레브에서 가장 긴 거리로 쇼핑의 중심지다. 돌라치 시장을 기준으로 일리차 거리와 반 옐라치치 광장을 포함한 남쪽을 도니 그라드Donji Grad(Lower Town), 북쪽을 고르니 그라드Gornji Grad(Upper Town)로 나눈다. 고르니 그라드에는 중세 유적들이 모여 있고, 도니 그라드에는 중세 유적과 현대 건물들이 섞여 있다. 옐라치치 광장 한가운데에는 1848년 오스트리아 제국의 군대를 이끌고 헝가리 전투에서 승리한 요십 옐라치치Josip Jelačić(1801~1859) 장군을 기리는 동상이 세워져 있다.

주소 Trg Bana Jelačića
위치 트램 1·6·11·12·13·14·17번 Trg Bana Jelačića 정류장

Tip **자그레브 360도**
Zagreb 360°

자그레브 전망을 볼 수 있는 곳으로, 16층 건물 꼭대기에 위치해 구 시가지를 360도로 조망할 수 있는 가장 좋은 장소다. 통유리가 아닌 쇠창살이 둘러져 있어 답답한 감은 있다. 가능하며 하나의 입장권으로 운영시간 내 여러 번 방문할 수 있는 것이 장점이다. 자그레브 카드 소지 시 무료입장이 가능하다. 현재 코로나 19로 문을 닫은 상황이다.

주소 Ilica 1A
위치 반 옐라치치 광장 끝에 있다.
운영 월~금 10:00~22:00(수 ~17:00), 토·일 10:00~21:00
요금 일반 60Kn, 150cm 이하 어린이 30Kn, 가족(어른 2명+어린이 3명까지) 150Kn, 3세 이하 무료
홈피 zagreb360.hr

옐라치치 광장. 유동인구가 가장 많다.

'물을 긷다'는 뜻의 자그레브 이름이 파생된 우물을 기념하는 분수

반 옐라치치 동상

자그레브 대성당
Zagrebačka Katedrala (Zagreb Cathedral)

관광 명소

칸톨 언덕 위에 세워진 대성당으로 자그레브에서 가장 높은 건물이다. 1094년에 짓기 시작해 1217년 로마네스크-고딕 양식으로 완공되었으나 1242년 크로아티아로 피신한 헝가리 왕 벨라 4세Béla IV를 뒤쫓아 온 타타르족에 의해 완전히 파괴되었다가 14~17세기에 걸쳐 재건되었다. 현재의 성당은 1880년 대지진으로 무너진 것을 1906년에 네오고딕 양식으로 다시 만든 것이다.

주소 Kaptol 31
위치 반 옐라치치 광장에서 칸톨Kaptol 길을 따라가면 된다.
운영 월~토 10:00~17:00, 일·공휴일 13:00~17:00
전화 014 814 727
홈피 www.zg-nadbiskupija.hr

Tip 근위병 교대식
4월 부활절~10월 중순(2023년 4월 9일~10월 22일) 매주 일요일 12:00부터 1시간 동안 자그레브 대성당 앞에서 시작해 구시가지 각 지역을 돌며 넥타이 연대 Kravat Pukovnija 근위병 교대식이 열린다.

돌라치 시장 Tržnica Dolac (Dolac Market)

관광 명소 로컬 명소 쇼핑

자그레브 시에서 가장 규모가 큰 시장으로 1930년대에 고르니 그라드와 도니 그라드 경계에 시장이 세워졌다. 싱싱한 채소와 과일, 생선, 꽃, 그리고 올리브 오일, 비누, 치즈 등의 가공제품과 수공예 기념품까지 다양한 제품을 한자리에서 볼 수 있다. 여름에 여행한다면 한국에서 비싼 체리, 복분자, 산딸기, 무화과 등을 맛보도록 하자.

주소 Dolac 9
위치 반 옐라치치 광장 바로 뒤편 계단을 올라가면 나온다.
운영 월~토 06:30~15:00, 일 06:30~13:00
전화 016 422 501
홈피 www.trznice-zg.hr

돌라치 시장을 상징하는 동상

트칼치차 거리
Ulica Tkalčića (Tkalcica Street)

자그레브 시에서 가장 생동감 넘치고 컬러풀한 보행자 거리다. 과거에는 물방앗간이 있던 자리로 종이, 비누, 옷, 술 등이 만들어지던 상업의 중심지였다. 한때는 홍등가와 술집 밀집 지역이었으나 지금은 카페, 레스토랑, 상점들이 모인 거리로 여유를 즐기는 사람들로 가득하다. 밤이 되면 분위기가 더 좋다. 트칼치차 거리 초입에는 크로아티아 최초의 여성 작가인 마리야 유리츠 자고르카의 동상이 있고, 길의 끝에는 까스까데 쇼핑몰과 센타 캅톨이 이어진다.

위치 옐라치치 광장에서 트칼치차 거리 Ulica Tkalčića를 따라가면 된다.

크로아티아 최초의 여성 작가인 마리야 유리츠 자고르카의 동상

돌의 문 Kamenska Vrata (Stone Gate)

몽골의 침략을 막기 위해 중세 도시 그라데츠Gradec 주변에 쌓았던 외벽의 4개 출입구 중 유일하게 남은 문이다. 13세기에 만들어졌는데 1731년 자그레브 대화재로 문이 완전히 소실되어 1760년에 재건했다. 신기하게도 화재 당시 성모마리아와 아기예수의 그림은 불에 타지 않았다고 한다. 때문에 이곳의 성모마리아는 자그레브의 수호성인이 되었고 성지가 되어 순례자들이 찾아온다. 매년 5월 31일 성모마리아를 기리는 행사가 열린다.

위치 반 옐라치치 광장에서 라디체바Radićeva 길을 따라 500m 오르막길을 올라간다.

국립 극장 옆의 성 게오르기우스 동상

성 마르크 교회
Crkva Sv. Marka (St. Mark's Church)

관광명소

13세기에 지어진 로마네스크 양식의 성당으로 14세기 중반에 고딕 양식이 추가되었다. 종탑과 입구, 남쪽 벽의 창문 등은 로마네스크 양식이 남아 있으나 전반적으로 19세기와 20세기 초 두 번에 걸쳐 재건축됐다. 성당 지붕의 모자이크는 19세기 재건축 때 추가된 것으로, 왼쪽은 크로아티아 최초의 통일 왕국인 크로아티아Croatia—슬라보니아Slavonia—달마티아Dalmatia 왕국의 문장을 혼합한 것이며, 오른쪽은 자그레브 시의 문장이다. 성당 내부는 들어갈 수 없고 유리창 너머로 볼 수 있는데 제단은 크로아티아의 대표 조각가인 이반 메슈트로비치Ivan Meštrović(1883~1962)의 작품이다. 성당을 바라보고 왼쪽 건물은 정부 청사로 총리의 사무실이 있다. 이 건물에서 옐라치치가 살았고 사망한 곳이기도 하다. 오른쪽의 건물은 크로아티아 정치의 중심으로 의회로 사용되고 있다.

주소 Trg Sv. Marka 5
위치 반 옐라치치 광장에서 라디체바Radićeva 길을 따라 올라간 뒤, 돌의 문을 지나 50m 또는 푸니쿨라를 타고 고르니 그라드로 올라가 50m 직진한다.

구시가지에서 내려오는 푸니쿨라

푸니쿨라를 타고 고르니 그라드로

구시가지의 고르니 그라드와 도니 그라드를 잇는 푸니쿨라Uspinjača(Funicular)는 1890년에 만들어졌다. 좌석은 16개이고, 12명이 서서 갈 수 있으며 최대 28명 정원인 귀여운 사이즈다. 66m 길이의 세계에서 가장 짧은 푸니쿨라로 오르고 내리는 데 단 64초가 걸린다.

운영 06:30~22:00(10분 간격)
요금 일반 5Kn, 7세 미만 무료, 큰 짐 4Kn

사브르 광장에서 볼 수 있는 사보르(국회의사당)

세 왕국을 혼합한 문장과 자그레브 시의 문장

로트르슈차크 탑
Kula Lotrščak (Lotrščak Tower)

13세기 몽골의 침입을 방어하기 위해 만든 성벽 중 일부로 높이는 19m다. 돌의 문과 같은 시기에 만들어졌다. 1242년 몽골의 타타르족을 피해 크로아티아에 왔던 헝가리 왕 벨라 4세는 감사의 의미로 그라데츠를 자유 도시로 선포하였는데, 이를 기리기 위해 탑에서 매일 정오에 대포를 쏘았는데 지금도 이어지고 있다. 탑의 꼭대기로 올라가면 구시가지의 전망을 볼 수 있다.

주소　Strossmayerovo šetalište 9
위치　구시가지에서 푸니쿨라를 타고 올라가거나
　　　걸어 올라갈 수 있다.
운영　화·금 09:00~19:00, 토·일·공휴일 11:00~19:00
요금　일반 20Kn, 7~18세 미만 10Kn, 7세 미만 무료
전화　014 851 768　　홈피 gkd.hr/kula-lotrscak

스트로스마이어 산책로
Strossmayer Promenade

코트르 슈차크 탑을 등지고 바로 오른쪽에 위치한 산책로다. 고르니 그라드 지역 자체가 높아 자그레브 시의 전망이 잘 보인다. 아기자기한 장식들로 꾸며져 있어 사진 찍기에 좋다. 무료로 조망할 수 있는 최고의 장소다.

실연 박물관 Muzej Prekinutih Veza
(Museum of Broken Relationships)

사랑에 실패한, 또는 죽음으로 사랑하는 사람을 잃은 사람들의 상처와 아픔을 극복하는 데 초점을 맞춘 박물관이다. 자그레브에서 가장 유명한 박물관으로, 전 세계에서 모인 다양한 컬렉션을 자랑한다. 한국에서 온 빨간 고무장갑도 있다. 호기심으로 시작해, 전시된 물품을 보면서 누군가도 나와 같은 상처와 아픔을 가지고 있다는 사실에 상처가 치유되는 신비로운 장소. 신분증을 맡기면 한글 설명서를 대여해 준다.

주소　Ćirilometodska 2
위치　로트르슈차크 탑 바로 뒤편에 있다.
운영　10:00~21:00, 12월 31일 10:00~18:00
　　　(신정, 부활절, 11월 1일, 12월 24·25일 휴무)
요금　일반 50Kn, 학생증 소지자·65세 이상 40Kn
전화　014 851 021
홈피　www.brokenships.com

자그레브의 레스토랑 & 카페

크로아티아의 레스토랑 이용 시 알아두면 좋은 팁을 소개한다.

1. 크로아티아 레스토랑은 대체로 음식양이 많은 편이지만, 2~3명이서 한 접시를 시켜 나누어 먹는 것은 실례다. 그럴 때는 적은 양의 샐러드나 뇨끼, 감자튀김 등의 사이드 메뉴를 시키는 방식으로 명수대로 접시를 맞추는 것을 추천한다. 음식의 맛은 다른 유럽지역에 비해 떨어지는 편이라 맛집 검색은 필수다.

2. 수돗물을 마실 수 있다. 레스토랑 이용 시 "탭 워터, 플리즈Tap Water Please(수돗물 주세요)"라고 말하면 물을 가져다준다. 물론 무료다. 유럽은 식사 시 음료 중 한 가지는 시켜야 하는 것을 잊지 말자. 맥주가 저렴하다.

3. 팁이 필수는 아니나 관광지의 레스토랑은 외국인들에게 팁을 기대한다. 그러니 서비스가 나쁘지 않았다면 잔돈 정도의 팁은 주자. 팁은 보통 5~10% 정도다.

4. 대체로 간이 센 편이어서 소금을 적게 넣어 달라는 말은 알고 가는 것이 좋다. "레스 솔트 플리즈Less Salt, Please(소금 좀 적게 넣어주세요)" 또는 크로아티아어로 "만예 솔리, 몰임Manje Soli, Molim"

요금(1인 기준, 음료 불포함)
100Kn 미만 € | 100~200Kn 미만 €€

헤리티지 Heritage

 레스토랑

크로아티아 타파스 바로 샌드위치와 타파스를 판다. 간단한 음식이지만 트러플, 올리브, 토마토, 앤초비 등을 이용해 잊지 못할 맛을 만들고 다양한 맥주는 선택의 즐거움을 준다. 좌석 수가 몇 개 없어 줄을 서는 경우가 많으니 조금 일찍 방문하자.

주소 Petrinjska 14
운영 월~목·토 12:00~18:30(금·일 휴무)
요금 예산 €
홈피 www.facebook.com/heritagecroatianfood

코노바 디도브 산
Konoba Didov San

 레스토랑

달마티아 음식을 전문적으로 하는 식당으로 로컬 분위기를 만끽할 수 있는 인테리어가 인상적이다. 송아지고기, 양고기, 소시지 등의 다양한 고기를 맛볼 수 있다. 할아버지, 할머니 이름의 메뉴가 재밌다. 양이 많고 간이 짠 편이다.

주소 Mletačka 11
운영 11:00~24:00
요금 예산 €€
전화 014 851 154
홈피 www.konoba-didovsan.com

녹투르노 Nokturno

레스 토랑

가격이 저렴해 부담 없이 방문하기 좋은 서민적인 이탈리안 식당이다. 돌라치 시장과 이어지는 길에 있다. 아침 일찍 문을 열기 때문에 저렴한 비용에 아침 식사를 하기에도 좋다. 대체로 간이 짜다.

주소 Skalinska 4
운영 09:00~24:00
요금 예산 €
전화 014 813 394
홈피 www.restoran.nokturno.hr

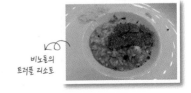

비노돌의 트러플 리소토

비노돌 Vinodol

레스 토랑

로컬 주민들이 추천하는 곳이다. 대표 메뉴House Specialties 중 리소토와 송아지고기, 파스타를 추천. 제철 요리도 있는데 가격은 좀 더 비싸지만 역시 맛있다. 계산 시 봉사료를 따로 요구한다. 가격은 저렴하나 서비스는 떨어진다.

주소 Nikole Tesle 10
운영 12:00~24:00
요금 예산 €€
전화 014 811 427
홈피 www.vinodol-zg.hr

비노돌

빈첵 슬라스티챠르니차

빈첵 슬라스티챠르니차
Vincek Slastičarnica

디저트 아이스크림

자그레브 크림케이크

자그레브에서 가장 유명한 아이스크림·디저트 가게다. 아이스크림, 케이크, 타르트, 쿠키 등의 모든 디저트류를 망라하고 있다. 크림을 좋아하지 않는다면 다 먹지 못할 수도 있다. 가장 유명한 메뉴는 '자그레브 크림케이크'. 좀 더 세련된 디저트를 원한다면 오란츠Oranž(주소 Ilica 7)나 아멜리에Amélie(주소 Vlaška 6)를 추천한다.

주소 Ilica 18
운영 월~토 08:30~23:00
     (일·공휴일 휴무)
요금 예산 €
전화 014 833 612
홈피 www.vincek.com.hr

센타 츠브예트니
Centar Cvjetni

 쇼핑

지하철과 연결된 쇼핑몰이다. 내부에는 다양한 패션, 화장품 브랜드, 식당, 그리고 무엇보다 드럭스토어 DM, 콘줌^{Konzum} 슈퍼마켓(운영 월~토 07:00~22:00, 일 08:00~22:00)이 있어 여행 마지막 쇼핑을 하기에 좋다. 특히 콘줌 슈퍼마켓에는 한국에서는 구하기 어려운 다양한 종류의 와인, 초콜릿, 송로버섯 제품, 크로아티아 기념품을 저렴한 가격에 살 수 있어 최고의 쇼핑 장소다.

주소 Trg Petra
      Preradovića 6
운영 월~토
      09:00~21:00,
      일 10:00~18:00
전화 099 2547 203
홈피 www.cent-
      arcvjetni.hr

크라시 ^{Kraš}

 쇼핑

1911년에 설립된 제과회사로 밀크초콜릿 라인인 Dorina가 유명하다. 가격 부담이 없고 맛도 좋은 데다 국내에는 들어오지 않아 기념품으로 많이 구입한다. 크라시 매장에는 선물용 등 다양한 제품을 구입할 수 있고 슈퍼마켓에서도 구입 가능하다. 반 옐라치치 광장에 크라시 초코 & 카페^{Kraš Choco & Cafe}(주소 Trg bana Josipa Jelačića 5)가 있어 쇼핑과 음료를 동시에 즐길 수 있다.

주소 Trg bana Josipa Jelačića 12
운영 월~금 07:00~20:00, 토 07:00~15:00
전화 014 810 443   홈피 kras.hr

아로마티카 Aromatica

 쇼핑

크로아티아에서는 흐바르 등지에서 생산한 허브식물을 가공한 제품을 저렴하게 구입할 수 있다. 민감한 아토피성 피부에 좋은 달맞이꽃 오일과 라벤더 등의 오일을 이용한 제품들을 국내보다 저렴한 가격에 판다. 선물용으로도 좋다. 자그레브 외에는 지점이 없으니 꼭 들러보자.

주소 Vlaška 15
운영 월~금 09:00~20:00, 토 09:00~17:00
전화 014 811 584

1. 한인숙소

크로아티아 여행 붐을 타고 한인숙소가 많이 생겼다. 요금은 도미토리 기준 비수기(9월 중순~6월 중순) €25~30, 성수기(6월 중순~9월 중순) €35~40로 현지 호스텔보다는 €10~15 정도 비싼 편이다. 서유럽의 한인숙소들과 비슷하나 시설은 더 좋다. 한식 아침 식사와 무료 WiFi가 제공되며 도시 간 이동, 슬로베니아와 이스트라 반도 지역의 각종 투어를 진행한다.

러브 크로아티아 Love Croatia

크로아티아 체인 한인숙소로 스플리트와 두브로브니크에 지점이 있다. 2층 침대로 이루어진 도미토리와 1~4인실 숙소를 운영한다.

주소 Mesnička 5　　　　요금 예산 €€
전화 현지 전화 091 6200 800, 카카오톡ID 러브크로아티아
홈피 lovecroatia.co.kr

돌라츠 게스트하우스 Dolac Guesthouse

돌라치 시장 위쪽 악사상이 세워진 작은 광장에 위치한 숙소로, 창문으로 시장의 빨간 파라솔이 한눈에 보인다. 코앞이 시장이라 과일을 사고 쇼핑하기에도 좋다. 게스트하우스와 여행사를 겸하고 있다. 3인실 숙소와 1~4인실 룸을 제공한다.

주소 Opatovina 14　　　　요금 예산 €€
전화 현지 전화 095 7357 692, 카카오톡ID dolac
홈피 www.dolac.kr

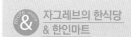

자그레브의 한식당 & 한인마트

크로 케이 Cro.K
주소 Ul. Pod zidom 4
운영 화~일 11:30~22:00(월요일 휴무)
전화 014 819 525
홈피 www.facebook.com/Cro.K.zg

엄마식당 Omma
주소 Unska 2B
운영 월~금 11:00~20:00,
　　 토 11:00~18:00(일요일 휴무)
전화 099 4670 701
홈피 omma.eatbu.com

한인마트 Korean Mart
주소 Širolina 8
운영 월~금 10:00~18:00, 토 11:00~16:00

아시아 상점 Asia Store
주소 Ilica 54
운영 월~금 08:00~19:00, 토 08:00~15:00

호스텔 하트 오브 더 시티 Hostel Heart of The City

자그레브 대성당 근처의 한인숙소로 반 옐라치치 광장과 가깝다. 1층 침대가 있는 6인실 도미토리와 1~3인실을 운영한다. 다른 숙소보다 저렴하다.

주소 Vlaška 26　　　　요금 예산 €
전화 인터넷 전화 070 7737 7161, 현지 전화 091 944
　　 5419, 카카오톡ID heartofthecity
홈피 www.theminda.com/stay/heartofcity90

2. 아파트먼트

크로아티아에서는 스튜디오(우리나라의 원룸 형식의 집)를 임대해주는 경우가 많다. 조리시설이 갖춰져 있고 독립적인 숙박형태 2~4인실로 2명 이상의 여행자나 가족여행자들에게 알맞다. 호텔과 비교해 가격이 저렴하지는 않지만 동행자가 많을 경우 호텔보다 편리하다.

홈피 부킹닷컴 www.booking.com, 에어비앤비 www.airbnb.com

3. 호스텔

개별여행자라면 저렴한 가격에 세계여행자들을 만날 수 있고 여행 정보를 얻을 수 있는 최적의 숙소다. 모두 무료 WiFi 사용이 가능하며 조식은 불포함된 곳이 많다.

메인 스퀘어 호스텔
Main Square Hostel

엘라치치 광장 바로 뒤쪽에 위치해 여행하기 편리하며 가장 추천하는 호스텔이다. 블랙 & 화이트의 모던한 스타일로 2인실과 4 · 6 · 8인실 도미토리를 운영한다. 유료 세탁 · 건조기가 있다.

주소 Tkalčićeva 7
요금 예산 €
전화 014 837 786
홈피 www.
　　 hostel-
　　 mainsquare.
　　 com

호스텔 캅톨 Hostel Kaptol

자그레브 대성당 바로 앞이라 위치가 좋으면서 동시에 종소리가 들리는 단점이 있다. 깨끗한 4인실 도미토리와 1~4인실 룸을 제공한다.

주소 Kaptol 4a
요금 예산 €　　　 전화 014 880 261
홈피 www.hostelkaptol.com.hr

호스텔 센타 Hostel Centar

자그레브 대성당 근처에 자리한 호스텔이다. 1 · 2 · 3인실과 4인실 도미토리를 운영한다. 12월에는 문을 닫는다.

주소 Vlaška 7　　　 요금 예산 €
전화 0989 575 492
홈피 www.hostel-centar.com

4. 호텔

다음은 모두 중앙역과 구시가지 사이의 위치가 편리한 호텔들이다. 자그레브에서 1박 후 다음날 아침 일찍 플리트비체행 버스를 탈 예정이라면 버스터미널 앞의 숙소를 정하면 편리하다.

에스플라나드 자그레브 호텔
Esplanade Zagreb Hotel

호텔

1925년 오리엔트 특급기차 승객들을 위해 만들어진 5성급 호텔로 고풍스럽고 럭셔리한 분위기가 단연 으뜸이다. 중앙역과 가깝고 트램을 타기에도 좋다. 신혼여행과 가족여행자 모두에게 추천할 만한 호텔이다. 조식도 훌륭하다.

주소 Antuna Mihanovića 1
요금 예산 €€€€
전화 014 566 666
홈피 www.esplanade.hr

전용 주차장이 있어
편리하나 유료다.

베스트 웨스턴 프리미어 호텔 아스토리아
Best Western Premier Hotel Astoria

호텔

4,200개의 호텔을 보유한 체인 호텔로, 기차역에서 가까워 기차를 이용할 여행자들에게 추천한다. 무료 주차장이 넓고 편리하다.

주소 Petrinjska 71
요금 예산 €€€   전화 01 4808 900
홈피 www.bestwestern.co.kr

캐노피 바이 힐튼 자그레브 시티 센터
Canopy by Hilton Zagreb City Centre

호텔

자그레브에 새로 오픈한 힐튼 체인 호텔이다. 소개하는 호텔 중에서 구시가지와 가장 멀지만 기차역에서 가깝고 시설이 최신식이어서 추천할 만하다.

주소 Branimirova 29   요금 예산 €€€
전화 01 4559 505   홈피 hilton.com

크로아티아 서부의 항구 도시 리예카

리예카Rijeka는 프리모례고르스키코타르Primorje-Gorski Kotar 주의 주도로 항구 도시다. 다른 관광 도시들에 비해 특별히 볼거리가 있는 것은 아니지만 크로아티아 서북부를 여행할 때 루트상 들를 수밖에 없는 위치에 있다. 주요 볼거리는 리예카의 중심가인 코르조Korzo 길로 랜드 마크인 시계탑Gradski Toranj을 중심으로 양쪽으로 펼쳐져 있다. 시계탑 뒤쪽으로 걸어가면 이반 코블러 광장Trg Ivana Koblera(Ivan Kobler Square)이 나오는데 중세시대에 만들어진 구시가지다. 이곳에는 로마시대에 만들어진 아치 문Stara Vrata(The Old Gateway Roman Arch)과 리예카의 수호성인을 모시고 있는 성 비투스 성당Katedrala Svetog Vida(St. Vitus' Cathedral, 17세기)이 있다. 이 외에도 로마시대에 건설된 요새인 트르삿 성Trsatska Gradina(Trsat Castle)은 시계탑에서 1.5km 떨어져 있다.

위치   자그레브에서 기차와 버스로 갈 수 있는데 기차보다
       버스가 자주 있고 가격도 더 저렴하며 중심가와 가깝다.
       버스는 30분 간격으로 요금은 80~110Kn,
       2시간 10분~2시간 40분이 소요된다.

구시가지 돌아보기

버스터미널에서 코르조 길 입구인 야드란스키 광장Jadranski Trg까지는 150m 떨어져 있으며 리예카 시내는 도보로 돌아보기에 충분하다.

관광안내소

주소   Korzo 14
운영   월~금 08:00~20:00,
       토요일·공휴일 08:00~14:00
       (일요일, 신정, 11월 1일, 성탄절 휴무)
전화   051 335 882
홈피   visitrijeka.hr

자유의 탑. 언덕 위에는 트르삿 성이 보인다.

Theme 2   3천 년 역사를 품은 풀라

이스트라 주에서 가장 큰 도시인 풀라^{Pula}는 3천 년 역사를 품고 있다. 로마시대의 건축물들이 잘 보존되어 있는데 그 대표적인 건축물이 풀라 아레나^{Pula Arena}다. 풀라 아레나는 1세기 로마제국시대의 황제 베스파시아누스^{Vespasianus} 때에 만들어진 원형경기장으로 로마의 콜로세움과 같은 시기에 만들어졌다. 가로 130m, 세로 100m 지름의 타원 형태로 약 2만여 명의 관객을 수용할 수 있다. 현재는 오페라, 콘서트, 발레, 필름 페스티벌 등 다양한 문화 행사장으로 이용되고 있으며 지하에는 올리브와 와인 제조 기구 등을 전시하고 있다. 구시가지의 입구에는 BC29~27년에 코린트 양식으로 지어진 '금의 문^{Zlatna Vrata}'이 있는데 로마의 유서 깊은 귀족인 세르기우스 가문을 기리기 위해 '세르기우스 개선문^{Arch of the Sergii}'이라고도 부른다. 포럼^{Forum}(광장)에는 BC2~AD14 지어진 아우구스투스 신전^{Augustov Hram(Temple of Augustus)}이 세워져 있는데 세월의 흐름 속에 신전, 교회, 곡물 저장소, 기념석 박물관 등으로 이용되다가 1944년 폭탄 투하로 완전히 붕괴되었던 것을 재건했다. 구시가지의 중앙 언덕에는 요새^{Fortress}가 세워져 있다.

위치 자그레브에서 기차와 버스로 갈 수 있는데 기차는 갈아타야 하고 대기 시간이 길어 풀라까지 거의 9시간이 걸린다. 버스가 가장 대중적이고 편리하다. 버스는 크로아티아의 모든 도시와 이탈리아, 슬로베니아, 독일 등 다양한 국가로 운행된다. 리예카에서 가장 많은 버스가 운행되는데 요금은 버스회사에 따라 80~100Kn, 1시간 30분~2시간 20분 정도 소요된다.

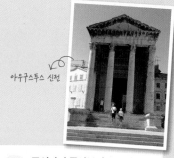

아우구스투스 신전

세르기우스 개선문 / 풀라 아레나

구시가지 돌아보기
버스터미널에서 풀라 아레나까지는 500m로 걸어갈 수 있다. 아레나를 본 뒤엔 세르기우스 개선문에서 시작해 시계 방향으로 구시가지를 한 바퀴 돌아보면 된다.

관광안내소
주소   Forum 3
운영   1·3·11·12월
      월~금 09:00~16:00, 토 10:00~14:00
      4월 월~토 09:00~17:00,
      일·공휴일 10:00~16:00
      5·10월 월~토 09:00~18:00,
      일·공휴일 10:00~16:00
      6·9월 월~금 08:00~20:00,
      토·일 09:00~20:00
      7·8월 10:00~16:00
전화   052 219 197
홈피   www.pulainfo.hr

로빈Rovinj은 중세시대부터 베네치아 공화국의 주요 도시 중 하나로 당시 건물들이 잘 보존되어 있다. 구시가 지로 들어가는 입구인 발비 아치Balbijev Luk(Balbi's Arch)는 17세기 말에 세워진 것이다. 로빈의 랜드 마크는 성 유페미아 성당Sveta Eufemija(Church of St. Euphemia)으로 800년에 순교자 유페미아의 유해가 로빈에 도착하자 유 해를 안치한 성당을 짓고 이 주변에 사람들이 정착했다고 한다. 성 유페미아 성당은 로빈에서 가장 높은 곳에 위치해 어디에서나 볼 수 있다. 로빈은 베네치아 공화국 당시에 지어진 파스텔 톤의 예쁜 건물과 빨래를 말리 고 있는 좁은 골목, 특색 있는 가게들로 여행자들의 사랑을 듬뿍 받고 있으며, 드라마 〈디어 마이 프렌즈〉의 촬영지이기도 하다. 당일치기로 보기엔 아까운 곳이다. 주변 도시에 비해 숙박이 비싸지만 1박을 추천한다.

위치 주요 교통수단은 버스로 크로아티아의 모든 도시와 이탈리아, 슬로베니아, 독일 등 다양한 국가와 연결된다. 근처 도시인 풀라에서 가장 많은 편수가 운행되는데 요금은 35~45Kn(소요시간 35분)다.

ⓡ 관광안내소

주소	Pina Budicina 12
운영	**여름시즌** 월~금 07:00~22:00, 토 08:00~22:00
	겨울시즌 월~금 08:00~16:00, 토 08:00~13:00(일요일 휴무)
전화	052 811 566
홈피	www.rovinj-tourism.com

로빈 구시가지

Tip 구시가지 돌아보기

버스터미널에서 중심 광장인 피그나톤 광장Trg G. Pignaton(Pignaton Square)까지 350m로 가깝다. 로빈의 구시가지는 매우 작은 편으로 한 바퀴 돌 아보는 것은 2~3시간 정도면 충분하나 되도록 숙박하기를 추천한다. 돌아보 는 방법은 피그나톤 광장의 발비 아치에서 시작해 성 유페미아 성당으로 올라 간다. 성당까지 가는 골목길은 아기자기하고 예쁘다. 성당에서 해변으로 내려와 바닷가를 따라 시계 방향으로 걸어가면 한 바퀴 돌아볼 수 있다.

성 유페미아 성당

모토분Motovun은 이스트라 지방, 해발 277m 높이에 위치한 요새 마을로 11~12세기에 지어져 16세기까지 발전된 중세시대의 성벽이 잘 보존되어 있다. 성벽 내 주요 건물들은 1278~1797년까지 베네치아 공화국 지배하에 만들어진 것이다. 미야자키 하야오 감독의 〈천공의 성 라퓨타〉를 연상시켜 여행자들이 많이 찾는다. 자그레브 한인 숙소에서 로빈과 모토분을 묶은 당일치기 투어상품을 판매하고 있으니 시간이 없는 여행자라면 참고하자. 또한 크로아티아 최대의 송로버섯Truffles 산지이며 테란Teran 와인으로도 유명하다. 모토분에서 송로버섯과 와인을 맛볼 식당을 고민한다면 몬도 코노바 Mondo Konoba(주소 Barbican ulica 1 운영 12:00~15:30, 18:00~22:00 전화 052 681 791)를 추천한다.

위치 대중교통으로 모토분에 가는 길은 쉽지 않다. 성수기 시즌에만 하루 한 번의 버스가 다니기 때문에 1박이 필수다. 되도록 렌트를 추천한다.
포레치-모토분 포레치 출발 09:45/14:15, 모토분 출발 15:30(소요시간 40분), 37Kn

& more 관광안내소

평상시 운영은 하지 않고 입구에서 지도와 브로슈어를 가져갈 수 있다.
주소　Tartinijev trg 2
전화　052 681 726
홈피　www.tz-motovun.hr

모토분

2 요정들의 호수
플리트비체 호수 국립 공원
Nacionalni Park Plitvička Jezera (Plitvice Lakes National Park)

크로아티아의 아름다운 자연을 즐길 수 있는 국립공원으로 물의 요정이 갑자기 튀어나와도 전혀 이상하지 않을 만큼 신비롭다. 영화 〈아바타〉의 배경으로 참고되기도 했다. 등산을 즐기거나 아름다운 자연 속에 푹 빠지고 싶은 사람들은 1~2일 시간을 내 머무르기를 추천한다.

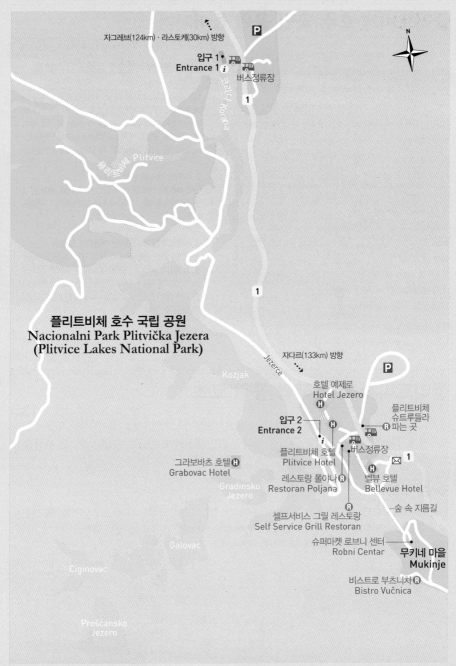

자그레브(124km) · 라스토케(30km) 방향

입구 1
Entrance 1 *i*
버스정류장

N

플리트비체 Plitvice

플리트비체 호수 국립 공원
Nacionalni Park Plitvička Jezera
(Plitvice Lakes National Park)

Kozjak

Jezerce

자다르(133km) 방향

호텔 예제로
Hotel Jezero ⊕

플리트비체
슈트루들라
파는 곳 ⓡ

입구 2
Entrance 2 ⊕
i

버스정류장

그라보바츠 호텔 ⊕
Grabovac Hotel

플리트비체 호텔
Plitvice Hotel

벨뷰 호텔
Bellevue Hotel

Gradinsko
Jezero

레스토랑 폴야나 ⓡ
Restoran Poljana

숲 속 지름길

셀프서비스 그릴 레스토랑
Self Service Grill Restoran

슈퍼마켓 로브니 센터
Robni Centar

무키네 마을
Mukinje

Galovac

Ciginovac

비스트로 부츠니차 ⓡ
Bistro Vučnica

Proščansko
Jezero

i 관광안내소 ✉ 우체국 P 주차장

331

플리트비체 호수 국립 공원 들어가기

플리트비체로 가는 대중교통은 버스가 유일하다. 자그레브에서 출발하는 버스가 가장 많고 자다르에서도 비슷한 요금에 시간이 걸린다. 성수기에는 차량정체가 일어날 정도로 붐비기 때문에 예약이 필수다. 자그레브의 한인 숙소에서는 '라스토케Rastoke'와 함께 당일치기로 다녀오는 투어 상품을 판매하니 시간이 없는 여행자라면 참고하자.

※자그레브–플리트비체
소요시간 2시간~2시간 30분
요금 편도 80~100Kn, 왕복 시 동일 버스회사인 경우 25% 할인
※자다르–플리트비체
소요시간 2시간~2시간 30분
요금 편도 85~100Kn

홈피 버스예약 arriva.com.hr 또는 getbybus.com

플리트비체 호수 국립 공원 여행 팁

1. 버스
플리트비체는 크로아티아의 최대 관광지로 성수기에는 버스 좌석을 구하기가 힘들다. 마지막 버스는 대체로 만석이다. 그러므로 성수기에는 예약이 필수다. 예약을 못했을 경우 관광안내소에서 안내하는 버스시간을 참고해 버스를 기다리는 것을 추천한다.

2. 마지막 버스를 놓쳤을 경우
만약 마지막 버스를 놓쳐 급하게 숙박을 해야 한다면 관광안내소로 가자. 숙소를 알선해주고 픽업도 해준다.

3. 숙박하지 않고 이동하는 여행자의 짐 보관
공원 1·2번 출입구에서 무료 짐 보관(08:00~19:30)이 가능하다. 관광안내소에 문의하면 짐보관소의 열쇠를 준다. 보다 안전한 짐 보관을 원한다면 2번 출입구 근처의 호텔 예제로에서 유로로 짐을 맡길 수 있다.

플리트비체 호수 국립 공원 코스

플리트비체 호수 국립 공원이 추천하는 루트는 모두 8개가 있다. 트레킹을 시작하는 입구에 따라 초록색과 주황색 루트로 나뉘고, 시간에 따라 루트가 결정된다. 다음은 8개의 루트 중 추천할 만한 4개의 루트를 소개한 것이다.

❖ A 루트

플리트비체의 하이라이트 지역을 짧게 돌아보는 루트다. 초입에 플리트비체 폭포를 보고 내리막길을 걸어 하부 호수를 한 바퀴 돌고 다시 입구 1로 올라오는 가장 짧은 루트로 시간이 없는 여행자들에게 알맞다. 비수기에는 1번 출입구만 문을 열기 때문에 이 루트를 이용하게 된다. *소요시간 2~3시간

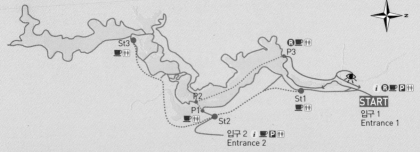

❖ B 루트

A루트에 덧붙여 P3 → P1까지 보트로 이동하고 St2 → St1까지 파노라마 기차로 이동해 입구 1로 돌아오는 루트다. 비수기 시즌에 적당하다. 소요시간은 A루트보다 길지만 보트와 꼬마기차를 이용하기 때문에 루트 A 보다 실제로 걷는 시간은 더 짧다. *소요시간 3〜4시간

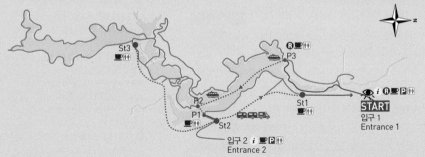

❖ F 루트

F루트는 입구 1에서 시작하는 B루트와 동일한데 시작하고 끝나는 장소만 다르다. 비수기나 성수기에 모두 이용할 수 있는 루트지만 입구 1에서 시작하는 것보다 오르막과 내리막을 감안할 때 B루트보다 약간 더 수월 하다. *소요시간 3〜4시간

❖ H 루트

가장 많이 추천하는 루트다. 상부와 하부 호수를 모두 보고 보트와 파노라마 기차도 타보는 다양한 체험을 할 수 있다. 오전 8시 공원 문 여는 시간에 맞춰 들어간다면 오후 2〜3시까지 보고 자다르나 스플리트로 이동할 수도 있다. *소요시간 4〜6시간

플리트비체 호수 국립 공원
Nacionalni Park Plitvička Jezera
(Plitvice Lakes National Park)

각 호수마다 깊이와 규모에 대한 안내가 되어 있다.

플리트비체 호수 국립 공원은 두브로브니크와 함께 크로아티아에서 가장 빼어난 아름다움을 자랑하는 여행지다. 백운암 지반이 물로 인한 침식작용과 오랜 시간에 걸친 석회화 과정을 통해 크고 작은 폭포와 아름다운 물빛의 호수가 탄생했다. 이러한 천혜의 장관을 인정받아 1979년 유네스코 세계자연유산으로 지정됐다.

공원은 층층 계단을 이루고 있는 16개의 호수와 크고 작은 90여 개의 폭포들로 연결되어 있다. 크게 상부 호수 Upper Lakes 지역과 하부 호수 Lower Lakes 지역으로 나뉜다. 상부 호수는 총 12개의 호수로 구성되며 가장 큰 호수는 프로스찬스코 Prošćansko다. 하부 호수 지역은 4개의 호수가 있는데 그중 코즈야크 Kozjak가 가장 크다. 코즈야크 호수는 코라나 Korana 강의 원천이 된다. 플리트비체 호수 국립 공원의 대표적인 포토 포인트는 78m 높이의 웅장한 폭포로 입구 1번 근처에 있다. 플리트비체의 국립 공원 내에는 트레이드마크인 갈색 곰을 비롯하여 300여 종의 나비, 160여 종의 조류, 50여 종의 포유동물, 20여 종의 박쥐, 1,200여 종의 희귀식물 등이 서식하고 있다. 공원 내에는 10개의 레스토랑이 있는데 통닭구이와 수제 소시지, 송어구이 등을 판매한다. 비싸지 않으며 적당히 먹을 수 있다.

주소 HR 53231 Plitvička Jezera
운영 10월 마지막 주 일~3월 마지막 주 토
08:00~16:00,
3월 마지막 주 일~5월 07:00~19:00,
6월~8월 20일 07:00~20:00,
8월 21일~9월 07:00~19:00,
10월~10월 마지막 주 토 08:00~18:00
(폐장 2시간 전 입장권 판매마감)
요금 **1일권**
❶ 1·3·11·12월 일반 80Kn,
학생 50Kn, 7~18세 35Kn
❷ 4·5·10월 일반 180Kn,
학생 110Kn, 7~18세 50Kn
❸ 6~9월 16:00 이전 일반 300Kn,
학생 200Kn, 7~18세 120Kn
16:00 이후 일반 200Kn,
학생 125Kn, 7~18세 70Kn
2일권
❶ 1·3·11·12월 일반 120Kn,
학생 70Kn, 7~18세 60Kn
❷ 4·5·10월 일반 300Kn,
학생 170Kn, 7~18세 80Kn
❸ 6~9월 일반 450Kn, 학생 310Kn,
7~18세 170Kn, 7세 미만 무료
전화 053 751 015
홈피 www.np-plitvicka-jezera.hr

본문엔 없는 K루트의 Sightseeing Point에서 보이는 전경. 이곳은 큰 폭포 벨키 슬랍 왼쪽 가파른 계단을 따라 15분 정도 올라간 뒤 도로를 따라가면 표지가 보인다.

플리트비체의 주요 교통수단은 운행하는 파노라마 기차 | P1·P2·P3을 운행하는 보트

플리트비체의 숙소

플리트비체 호수 국립 공원 주변에는 다양한 형태의 숙소가 있다. 먼저 국립 공원 내의 2번 출입구 주변에 국립 공원에서 운영하는 호텔과 캠핑장이 있고, 국립 공원에서 2km 정도 남동쪽으로 떨어진 무키네Mukinje 마을의 민박집, 무키네 마을 길 건너편에 있는 예제르체Jezerce 마을이 있다. 예제르체 마을이 더 저렴하다. 공원 입구에서 가장 가까운 숙소를 찾는다면 국립 공원 내 호텔에 묵으면 되고, 호텔 요금이 부담스럽거나 크로아티아 민박집을 체험해보고 싶다면 무키네 마을이나 예제르체 마을로 가면 된다. 무키네 마을과 예제르체 마을 입구에 버스정류장이 있어 다른 도시로 이동 시에 편리하다. 무키네 마을에는 로브니 센타Robni Centar 슈퍼마켓(월~토 07:00~20:00, 일 08:00~15:00)이 있어 유용하다. 렌터카 여행자들은 선택의 폭이 넓다. 저렴하고 시설이 좋은 숙소는 부킹닷컴 등의 호텔 예약사이트를 검색해보자.

1. 플리트비체 호수 국립 공원 내 호텔

국립 공원 내에는 플리트비체Plitvice Hotel, 예제로Jezero Hotel, 벨뷰Bellevue Hotel, 그라보바츠Grabovac Hotel 네 곳의 호텔이 있다. 그라보바츠 호텔은 공원 내에서도 좀 더 안쪽으로 들어가기 때문에 보통 여행자들은 플리트비체, 예제로, 벨뷰 세 곳의 호텔에 머문다. 가격은 예제로, 플리트비체, 벨뷰, 그라보바츠 순서로 높다. 입구에서 가장 가까운 호텔은 플리트비체이고 예제로와 벨뷰는 좀 더 떨어져 있다. 관광객들은 플리트비체 호텔을 선호한다. 중간 가격에 비슷하게 낡은 호텔의 객실 중에서 조금 더 나은 편이고 입구에서도 가깝기 때문이다. 호텔 예약은 국립 공원 홈페이지에서 가능하다. 7·8월 원하는 날짜에 호텔 예약을 한다면 4~6개월 전에 미리 해놓는 것이 좋다. 세 호텔의 가장 큰 매력은 국립 공원 내의 호텔에 묵을 경우, 구입한 국립 공원 티켓이 머무는 기간만큼 연장되는 것과 체크아웃 후 무료 짐 보관이다.

순서대로 아름다운 물빛을 즐기는 여행자들, 플리트비체 호텔, 예제로 호텔, 벨뷰 호텔

2. 무키네 마을과 예제르체 마을 민박, 소베 Sobe

플리트비체 호수 국립 공원 입구 2번 정류장에서 남동쪽으로 2km 정도 떨어진 무키네 마을과 도로를 사이에 두고 있는 반대편의 예제르체 마을은 대부분의 집이 민박을 겸하고 있다. 도착하는 날 먼저 숙박을 하고 다음 날 아침 일찍 국립 공원으로 향한다면 무키네 마을 버스정류장에서 내리면 된다. 버스 운전기사에게 미리 말을 해놓거나 자그레브에서 출발했다면 국립 공원 입구 2번이 지난 다음 정류장이다. 민박은 한국에서 미리 예약할 수도 있지만 최성수기라 할지라도 현지에서 구하는 데 무리가 없다. 입구 1·2에 있는 관광안내소에 문의를 하면 가격대와 위치를 고려한 민박집을 무료로 알선해주고, 픽업도 해준다.

순서대로 무키네 마을 민박집, 예제르체의 민박집, 무키네 마을에는 슈퍼마켓이 있다. 지름길, 공원까지 1.5km로 안전하다.

3

로마시대와 공존하는
스플리트
Split

스플리트는 디오클레티아누스 궁전에 반하게 되는 도시다. 고대 궁
전은 보통 관람료를 내고 구경하는 '과거의 역사 공간'인 데 반해 디
오클레티아누스 궁전은 여러 시대 사람들의 생활터전이자 보금자리
가 되어왔다. 지금도 스플리트 시민의 주거지로, 상점으로 또 레스
토랑과 카페로 북적인다.
고대 로마시대에서 중세를 거쳐 현재까지 과거와 현재가
공존하는 스플리트의 매력에 빠져보자.

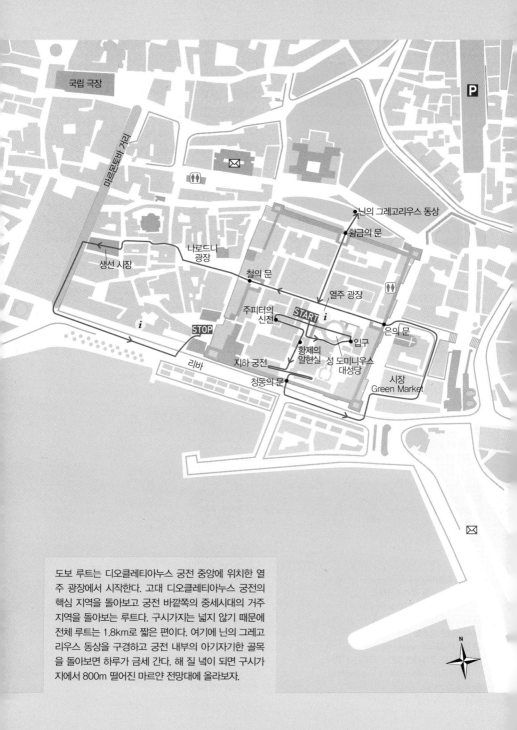

국립 극장

마르몬토바 거리

P

닌의 그레고리우스 동상

황금의 문

나로드니 광장

생선 시장

철의 문

열주 광장

주피터의 신전

START

i

은의 문

i

입구

STOP

황제의 알현실

성 도미니우스 대성당

리바

지하 궁전

청동의 문

시장 Green Market

N

도보 루트는 디오클레티아누스 궁전 중앙에 위치한 열주 광장에서 시작한다. 고대 디오클레티아누스 궁전의 핵심 지역을 돌아보고 궁전 바깥쪽의 중세시대의 거주 지역을 돌아보는 루트다. 구시가지는 넓지 않기 때문에 전체 루트는 1.8km로 짧은 편이다. 여기에 닌의 그레고리우스 동상을 구경하고 궁전 내부의 아기자기한 골목을 돌아보면 하루가 금세 간다. 해 질 녘이 되면 구시가지에서 800m 떨어진 마르얀 전망대에 올라보자.

스플리트

관광명소

1. 디오클레티아누스 궁전 Dioklecijanova Palača
   - ⓐ 열주 광장 Trg Peristil
   - ⓑ 성 도미니우스 대성당 Katedrala Sv. Duje
   - ⓒ 주피터의 신전 Jupiterov Hram
   - ⓓ 황제의 알현실 Predvorje
   - ⓔ 지하 궁전 Podruma Dioklecijanove Palače
   - ⓕ 민속 박물관 Etnografski Muzej
2. 닌의 그레고리우스 동상 Grgur Ninski
3. 마르얀 언덕 Marjan 전망대
4. 그린 마켓 Green Market · 생선 시장 Fish Market

레스토랑

1. 코노바 마테유스카 Konoba Matejuska
2. 뷔페 피페 Buffet Fife
3. 빌라 스피자 Villa Spiza
4. 크루슈치츠 베이커리 Kruščić Bakery
5. 칸툰 파울리나 Kantun Paulina
6. 루카 아이스크림 & 케이크
   Luka Ice Cream & Cakes
7. 포 커피 소울 푸드 4 Coffee Soul Food

쇼핑

1. 우예 Uje
2. 아쿠아 Aqua
3. 크로아타 Croata
4. 크라시 Kraš

숙소

1. 러브 크로아티아 Love Croatia(한인숙소)
2. 디자인 호스텔 골리 & 보시
   Design Hostel Goli & Bosi
3. 차이코프스키 호스텔 Tcaikovskj Hostel Split
4. 다운타운 호스텔 Downtown Hostel
5. 유디타 팔라스 Judita Palace
6. 호텔 디오클레티안 팔라스 익스피어리언스
   Hotel Diocletian Palace Experience
7. 룩스 Luxe

& 관광안내소
홈피 www.visitsplit.com

리바 관광안내소
주소 Obala Hrvatskog Narodnog Preporoda 9
운영 월~금 08:00~16:00, 토 09:00~14:00(일·공휴일 휴무)
전화 021 348 600

열주 광장 관광안내소
주소 Peristil bb
운영 월~금 08:00~16:00, 토 09:00~14:00(일·공휴일 휴무)
전화 021 345 606

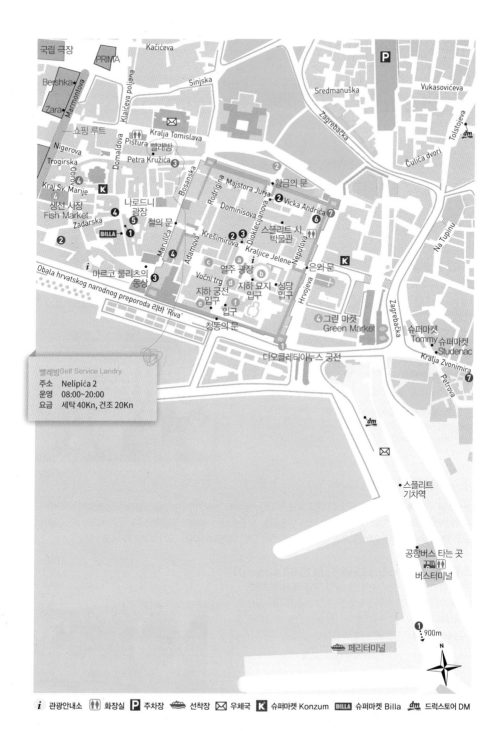

국립 극장

Kačićeva

PRIMA

Beyshka

Marmontora

Zara

Klaićeva poljana

Sinjska

Sredmanuška

Vukasovićeva

Zagrebačka

Tolstojeva

dm

Čulića dvori

쇼핑 루트

Nigerova

Pistura 빨래방

Kralja Tomislava

Domaldova

Petra Kružića

Trogirska

Bosanska

Kralja Sv. Marije

K

Rodrigina

Majstora Jurja

•황금의 문

생선 시장
Fish Market

나로드니
광장

Vicka Andrića

Na Tupinu

Dominisova

Zadarska

철의 문

BILLA

Adamova

Marulića

Krešimirova

Diokleclanova

스플리트 시
박물관

Kraljice Jelene

은의 문

K

i

마르코 룰리치의
동상

c

열주 광장

Obala hrvatskog narodnog preporoda 리바 'Riva'

Voćni trg

d

b

i

지하 궁전
입구

지하 묘지
입구

성당
입구

Hrvojeva

e

f

입구

청동의 문

그린 마켓
Green Market

Zagrebačka

슈퍼마켓
Tommy 슈퍼마켓
•Studenac

Kratja Zvonimira

Petrova

디오클레티아누스 궁전

빨래방Self Service Landry
주소   Nelipića 2
운영   08:00~20:00
요금   세탁 40Kn, 건조 20Kn

dm

스플리트
기차역

공항버스 타는 곳
버스터미널

900m

N

페리터미널

i 관광안내소   화장실   P 주차장   선착장   우체국   K 슈퍼마켓 Konzum   BILLA 슈퍼마켓 Billa   dm 드럭스토어 DM

스플리트 들어가기

스플리트로는 다양한 교통수단을 이용해 들어갈 수 있다. 대체로 버스를 많이 이용하지만 유럽의 여러 도시에서 비행기로, 자그레브에서 기차로, 이탈리아 등지에서 페리를 통해 들어갈 수 있다.

❖ 버스

자다르에서는 수시로 버스를 운영하며 소요시간은 버스에 따라 2시간 15분~3시간 35분이 걸린다. 요금은 80Kn 안팎이다. 두브로브니크에서도 자주 버스를 운행하는데 소요시간은 버스에 따라 4시간~4시간 40분, 요금은 140Kn 정도다.

버스를 타기 전 버스회사,
출발시간, 목적지를 확인할 수 있다.

※ 구시가지 들어가기
버스터미널에서 구시가지까지는 500m로 항구를 왼쪽에 끼고 전방의 성 도미니우스 대성당 종탑 쪽으로 걸으면 된다.

스플리트 버스터미널
Autobusni Kolodvor Split (Split Bus Terminal)
크로아티아 국내선과 보스니아 헤르체고비나, 슬로베니아, 오스트리아, 헝가리 등의 국제선을 운행한다. 버스터미널과 기차역 주변에 사설 유인 짐 보관소(06:00~22:00)가 있어 스플리트를 경유하는 여행자들에게 편리하다.

주소 Obala Kneza Domagoja br.12
전화 021 329 180
홈피 www.ak-split.hr

❖ 비행기

스플리트 공항에서 스플리트 구시가지로 오는 방법은 플레소 운송Pleso Prijevoz의 공항버스, 프로메트Promet 사의 일반버스, 택시가 있다. 이 중 가장 많이 이용하는 교통수단은 플레소 공항버스다. 공항버스는 짐 값을 별도로 받지 않는다. 성수기에는 공항행 버스의 좌석이 금방 매진되니 여유 있게 버스터미널로 가자.

스플리트 공항 Zračna Luka Split (Split Airport)
런던, 파리, 뮌헨, 빈, 코펜하겐 등의 유럽 주요 도시와 크로아티아 국내선이 스플리트로 운항한다. 스플리트 공항은 스플리트와 트로기르 사이에 위치한 공항으로 스플리트에서는 20km, 트로기르와는 6km 떨어져 있다.

주소 Cesta dr. Franje Tuđmana 1270, 21217 Kaštel Štafilić
전화 021 203 555
홈피 www.split-airport.hr

❶ 플레소 공항버스

비행기 출발과 도착시간에 맞춰 운행하는 버스로 비행기 도착 20분 뒤에 출발한다. 공항버스는 버스터미널이 종착지다.

운영   스플리트 → 공항 05:00/05:30~20:30/21:00
       (소요시간 30분)
요금   편도 45Kn

❷ 프로메트 37번 일반버스

공항버스보다 저렴하나 여러 정류장에 들르기 때문에 오래 걸린다. 또 37번의 종착지가 구시가지 북쪽에 위치한 수코이산Sukoišn 버스터미널로 850m 떨어져 있다. 걸어서 갈 수도 있지만 버스 9번이나 10번으로 갈아타면 구시가지 입구에서 내릴 수 있다. 버스 타는 곳은 공항 앞 주차 구역을 지나 큰길로 나오면 있다. 공항 쪽 정류장은 트로기르행, 공항 건너편은 스플리트행 버스정류장이다.

스플리트 수코이샨 버스터미널 → 공항 → 트로기르 버스터미널
운영   월~금 04:00~24:15(20~45분 간격),
      토·일 04:30~24:15(30~45분 간격)

트로기르 버스터미널 → 공항 → 스플리트 수코이샨 버스터미널
운영   04:00~23:45(20~50분 간격)
      소요시간 스플리트 50분, 트로기르 10분
요금   스플리트 17Kn, 트로기르 13Kn

❸ 택시

택시요금은 기본 18Kn에서 시작해 1Km당 8Kn씩 추가되며 원칙적으로는 짐 하나당 2.5Kn를 별도로 받는다. 보통 시내까지 정액으로 운행하는데 250Kn 안팎이 든다.

크로아티아 항공

택시

스플리트에는
유료 짐 보관 업체가 많다.

> **TIP 스플리트 교통수단을 한눈에**
>
> ❶ 기차역
> ❷ 버스터미널
> ❸ 페리터미널. 국제선과 국내 장거리 노선 페리가 정박한다.
> ❹ 국내선, 중거리 페리들이 정박하는 곳
> ❺ 근교 섬을 돌아보는 투어 보트들이 서는 곳

❖ 기차

자그레브에서 계절에 따라 하루 2~4편, 자다르에서 하루 3편의 기차를 운행한다. 플리트비체를 보지 않는 여행자라면 자그레브에서 기차를 타는 것을 이용해볼 만하다(15:20 → 21:30, 07:30 → 13:53, 01:10 → 08:42, 약 6시간 소요, 요금 약 210Kn). 자다르에서 스플리트행 기차는 하루 3편으로 버스보다 드물지만 소요시간은 2시간 20분으로 비슷하다.

※ 구시가지 들어가기
기차역에서 구시가지까지는 450m 정도로 버스터미널보다 조금 위쪽에 있다. 왼쪽에 항구를 끼고 구시가지에 우뚝 솟은 성 도미니우스 대성당을 향해 걸어가면 된다.

❖ 페리

스플리트는 두브로브니크, 리예카, 스플리트, 코르출라 등으로 페리를 운항하고 있다. 야드롤리니야와 U.T.O 카페탄 루카 두 곳에서 운항한다. 국제선으로는 이탈리아의 앙코나와 연결된다.

페리 예약 및 스케줄 조회
야드롤리니야Jadrolinija(리예카 ↔ 두브로브니크)
www.jadrolinija.hr
U.T.O 카페탄 루카U.T.O Kapetan Luka(스플리트 ↔ 두브로브니크)
www.krilo.hr
블루라인Blue Line(이탈리아 앙코나 ↔ 스플리트)
www.blueline-ferries.com

※ 구시가지 들어가기
페리터미널에서 구시가지까지는 약 1km 정도로 항구를 왼쪽에 끼고 걸어가면 된다.

작은 기차역

기차역의 매표소

기차역의 로커

스플리트 페리터미널

페리터미널

SNAV, 이탈리아행을 운항하는 페리

Tip

스플리트의 관광명소

스플리트의 하이라이트는 디오클레티아누스 궁전에 대부분이 모여 있다. 영어가 가능하다면 원 페니 투어를 통해 궁전 곳곳의 이야기를 들을 수 있다. 궁전을 돌아봤다면 마르얀 언덕에 올라 스플리트의 아름다운 전망을 감상해 보도록 하자.

디오클레티아누스 궁전
Dioklecijanova Palača (Diocletian's Palace)

디오클레티아누스Gaius Aurelius Valerius Diocletianus Augustus (245~316) 황제가 은퇴 후 지내기 위해 295~305년에 만든 궁전이다. 브라츠 섬의 최고급 대리석과 이집트의 화강암, 투트모세 3세Thutmose III에게서 가져온 스핑크스 등으로 화려하게 꾸몄다. 궁전의 크기는 가장 긴 가로 길이가 214.97cm, 세로 181.65cm, 성벽의 높이는 25m, 총면적은 31,000㎡에 달했다. 궁전은 중세시대를 거치면서 계속해서 변화했다. 12~13세기에 만들어진 로마네스크 양식의 교회와 종탑, 15세기에는 고딕 양식의 건물이, 이후에 르네상스와 바로크 양식의 건물이 추가되면서 1,700여 년의 역사를 모두 담게 됐다. 이러한 이유로 궁전과 구시가지는 1979년 유네스코의 세계문화유산에 등재됐다.

은의 문 주변에는 상점들이 자리를 잡았다.

305년의 디오클레티아누스 궁전, 초기 궁전과 15세기, 17세기의 모습

고대 건축물과 현대의 사람들이 어우러진 스플리트

열주 광장 & 문 Trg Peristil & Vrata

열주 광장은 디오클레티아누스 궁전 가운데에 있다. 늘어선 기둥은 이집트에서 가져온 것이다. 열주 광장은 외부와 연결되는 궁전의 동서남북 문과 직선으로 연결된다. 그늘지고 계단이 많아 관광객들이 휴식을 취하는 장소로 이용되는데 밤이면 라이브 공연이 열려 분위기가 더 좋다.

성 도미니우스 대성당
Katedrala Sv. Duje (St. Domnius Cathedral)

디오클레티아누스 궁전 내에 있는 대성당으로 원래는 디오클레티아누스 황제의 무덤Emperor's Mausoleum으로 지어진 것이다. 내부는 아름다운 돔 형태로 디오클레티아누스의 황제와 아내를 조각한 벽장식이 남아 있다. 황제의 무덤에 성모마리아를 위한 교회가 생기고, 이후 성 도미니우스의 유해를 봉헌한 성당이 세워졌다. 성 도미니우스Sv. Duje(Saint Domnius)(3세기경~304)는 로마시대에 달마티아 지방의 주도인 살로나Salona의 주교로 현재 스플리트의 수호성인이다. 아이러니한 것은 디오클레티아누스의 기독교 박해로 참수되어 순교한 그가 기독교 박해로 유명했던 로마 황제의 무덤 자리에 만든 성당에 안치되었다는 것이다.

Tip

성 도미니우스 대성당 통합티켓

열주 광장 주변의 볼거리들을 한 티켓으로 볼 수 있는 통합티켓이 있다. 각각의 티켓을 구입하는 것과 크게 차이가 나지 않는다. 하이라이트는 성 도미니우스 대성당과 종탑 전망대.

운영 6~10월 08:00~20:00(일 12:00~18:00),
11~5월 09:00~17:00
(일 12:00~18:00)

요금 **블루티켓** 성 도미니우스 대성당
+주피터 신전(성 야고보 세례당)
+납골당 50Kn
레드티켓 성 도미니우스 대성당
+주피터 신전(성 야고보 세례당)
+납골당+종탑 전망대
+성당 보물관 60Kn
종탑 전망대 40Kn

성 도미니우스 대성당과 종탑

종탑 계단 & 성 도미니우스 무덤

돔형 천장과 천사 조각이 벽을 둘러 있다.

주피터의 신전
Jupiterov Hram (Temple of Jupiter)

디오클레티아누스 궁전 안에는 세 개의 신전이 만들어졌다. 시빌리와 비너스, 그리고 주피터의 신전으로 황제의 무덤Emperor's Mausoleum(지금의 성 도미니우스 대성당) 맞은편에 있었다. 디오클레티아누스 황제는 자신을 주피터라고 칭했다.

이 중에 유일하게 남아 있는 신전으로 초기 중세시대부터 성 야고보의 세례당Krstionicu Sv. Ivana으로 사용되었다.

황제의 알현실 Predvorje (Vestibule)

열주 광장은 알현실과 황제의 아파트Carev Stan로 이어진다. 알현실의 돔형 공간은 울림이 좋아 클라파Klapa라는 달마티아 지방의 아카펠라 공연을 한다. 황제의 아파트는 중세시대 때 파괴되어 흔적만 남아 있다. 알현실에서 바다 방향으로 가면 왼쪽에 민속 박물관Etnografski Muzej(입장료 20Kn)이 있다.

지하 궁전 Podruma Dioklecijanove Palače (Cellars of the Diocletian's Palace)

황제가 사용하던 아파트 아래 공간으로 지상층과 똑같은 넓이에 똑같은 구조로 만들어져 로마시대 때 황제의 아파트를 그대로 유추해 볼 수 있는 장소다. 로마시대에는 복합 공간으로 방, 식당, 홀, 저장소 등으로 사용됐다. 중세 시대에는 곡식과 와인을 저장하던 창고로 이용하다 이후에는 쓰레기장으로 사용했다. 냄새로 사람들이 드나들지 않았던 덕분에 원형이 잘 보존되었다. 19세기 중반, 복원 작업이 진행되어 박물관으로, 넓은 홀은 전시회장으로 이용되고 있다. 청동의 문으로 들어가면 왼쪽에 입구가 있고, 열주 광장에서 지하로도 연결된다.

운영 **11~2월** 월~금 09:00~17:00,
　　토·일 09:00~16:00
　　3·4월 월~금 09:00~18:00,
　　토·일 09:00~17:00
　　5·10월 월~금 09:00~20:00
　　6~9월 08:00~20:00(1월 1·16일, 부활절,
　　11월 1·18일, 12월 25·26일 휴무)
요금 일반 50Kn,
　　학생·7~14세 15Kn

디오클레티아누스 황제

닌의 그레고리우스 동상
Grgur Ninski (Gregory of Nin)

그레고리우스는 크로아티아의 종교지도자이며 크로아티
아 어학사전을 편찬한 어학의 아버지로 많은 존경을 받
는 인물이다. 디오클레티아누스 궁전 북문(황금의 문) 바
깥에 세워진 동상은 크로아티아 출신의 세계적인 조각가
인 이반 메슈트로비치Ivan Meštrović가 청동으로 만든 것으
로 높이가 4.5m에 달한다.

한쪽 손에는 책을 들고, 다
른 한쪽 손은 하늘을 가리
키는 모습이다. 그레고리우
스 주교의 엄지발가락을 만
지면 행운이 온다는 속설이
있어 모두들 한 번씩 만지
고 간다.

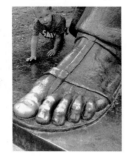

마르얀 언덕 Marjan

스플리트의 전체적인 전망을 한눈에 보고 싶다면 이곳으
로 가면 된다. 마르얀은 원래 바위로만 이루어져 있던 언
덕으로 1852년부터 소나무로 조림사업을 시작해 오늘날에
이르렀다. 지금은 '스플리트의 폐'라고 부른다. 여러 여행
책에 소개된 스플리트의 전경은 모두 이곳에서 찍은 것이
다. 구시가지에서 800m 정도 떨어져 있으며 해발 178m
높이다. 마르얀에서 가장 좋은 전망을 볼 수 있는 곳은 사
진에 보이는 전망대다. 카페를 지나 중세시대에 만들어진
성 니콜라스 성당을 지나 좀 더 올라가면 정상이 나온다.

마르얀으로 오르는 언덕길

중세시대에 만들어진 성 니콜라스 성당

전망대에서의 전망이 가장 좋다.

언덕 표지판

스플리트의 시장 Market of Split

 로컬 명소

크로아티아의 여러 시장들 중에 스플리트처럼 활기 넘치는 곳은 없다. 은의 문 바깥쪽에는 신선한 과일과 채소를 판매하는 그린 마켓Green Market이 있다. 크로아티아인들은 이곳을 '파자라Pazara'라고 부른다. 호객하는 소리, 향기로운 꽃향기, 다채로운 빛깔의 과일들은 여행자들을 침샘을 자극한다. 이곳에서 사먹는 체리는 한국에 돌아와서도 오랫동안 기억에 남는다. 성 안에는 스플리트 주민들이 '스플리트의 배꼽'이라고 부르는 생선 시장 Ribarnica(Fish Market)이 있다. 싱싱한 생선들을 저렴한 가격에 팔고 있는데 주방이 있는 숙소에 머물고 있다면 해산물 요리를 시도해보자.

그린 마켓
주소 Stari Pazar
운영 06:00~16:00

생선 시장
주소 Obrov 5
운영 06:00~13:00

> Tip **스플리트의 기념품과 쇼핑**
> 스플리트에는 라벤더로 만든 방향제, 오일, 비누와 같은 기념품과 가죽가방과 신발, 마그네틱, 올리브유 등을 구입할 수 있다. 크로아티아에서 나오는 올리브, 와인, 말린 과일 등의 식자재 기념품들은 우예나je(주소 Marulićeva 1, 운영 09:00~21:00)가 시식이 가능하고 포장이 예뻐 선물 고르기에 좋다. 기념품들은 은의 문 쪽에 밀집되어 있고, 가죽제품은 성 안쪽 골목골목에 특색 있는 상점들이 많다.

Tip

스플리트의 레스토랑 & 카페

크로아티아 제2의 도시답게 다양한 식당들이 가득하다. 생선 시장을 구경한다면 해산물 식당의 유혹은 견디기
어려울 것이다. 아파트먼트에 머문다면 직접 만들어 먹는 것도 좋다.

코노바 마테유스카 Konoba Matejuska

레스토랑

여행자들에게 인기 있는 레스토랑으로 생선요리가 주력
이다. 오늘의 생선요리를 추천하는데 주문을 받을 때 쟁
반에 그날 시장에서 사온 해산물을 보여주며 설명해준
다. 원하는 해산물의 종류와 크기를 선택하면 요리해주
는 시스템이다. 생선구이 선택 시 소스 값이 추가된다.

주소 Tomića Stine 3
운영 월~금 16:00~24:00,
　　 토·일 13:00~24:00
요금 예산 €€
전화 021 814 099
홈피 www.konobamatejuska.hr

코노바 마테유스카

뷔페 피페 Buffet Fife

레스토랑

저렴하고 푸짐한 양으로 한국인들에게 인기 있는 식당이
다. 한국어 메뉴판이 있어 주문하기 편리하다. 맛보다는
가격과 양으로 승부한다.

주소 Trumbićeva Obala 11
운영 월~토 10:00~24:00(일요일 휴무)
요금 예산 €
전화 021 345 223

빌라 스피자 Villa Spiza

레스토랑

최근 스플리트에서 가장 핫한 곳으로
줄서서 먹는 맛집이다. 신선한 해산
물로 조리한 다양한 메뉴를 판매하는
데 한국인들에게 가장 인기 있는 메
뉴는 새우구이다. 리소토나 파스타는
식당의 인기에 비해 맛은 떨어진다.

주소 Petra Kružića 3
운영 월~토 12:00~24:00(일요일 휴무)
요금 예산 €€
전화 091 152 1249
홈피 www.facebook.com/Villa-
　　 Spiza-547253971961785

크루슈치츠 베이커리
Kruščić Bakery

베이커리

좋은 재료로 건강한 빵을 만든다. 스플리트는 조식이 불
포함된 숙소가 대부분인데 이곳 베이커리는 아침 식사용
빵을 사기에 최적의 장소다. 가장 추천하는 빵은 올리브
빵이다.

주소 Obrov 6
운영 월~토
　　 08:00~14:00
　　 (일요일 휴무)
요금 예산 €
전화 099 261 2345

칸툰 파울리나
Kantun Paulina

스낵

체바피^{Cevapi} 전문점이다. 체바피는 빵에
치킨이나 다진 고기, 야채를 넣은 크로아
티아식 햄버거로 가격이 저렴하고 양도
푸짐해 현지인들과 여행자들 사이에 인기
가 높다.

주소 Matošića 1
운영 08:00~23:00
요금 예산 €
전화 021 395 973

루카 아이스크림
& 케이크
Luka Ice Cream & Cakes

디저트　아이스크림

스플리트 최고의, 아니 크로아티아 최고일지도 모르는
아이스크림을 맛볼 수 있다. 특히 라벤더와 피스타치오
를 추천한다. 비수기에는 가짓수가 줄어든다.

주소 Svačića 2　　　운영 08:00~23:00
요금 예산 €　　　　전화 091 908 0678
홈피 www.facebook.com/LukaIceCream

포 커피 소울 푸드
4 Coffee Soul Food

카페

스플리트에서 가장 맛있는 커피를 만드는
곳이다. 가게가 매우 작아 지나치기 쉽다.

주소 Hrvoja Vukčića Hrvatinića 9
운영 월~토 07:00~15:00(일요일 휴무)
요금 예산 €
전화 097 678 7770
홈피 www.facebook.com/
　　 4coffeesoulfood

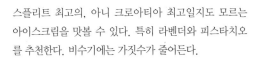

러브 크로아티아 Love Croatia

크로아티아 체인 한인숙소로 스플리트 지점이다. 도미토리와 2~4인실을 운영한다. 위치는 버스터미널에서 남쪽으로 900m, 디오클레티아누스 궁전의 청동의 문까지는 1.5km 떨어져 있다.

주소 Preradovića Šetalište 15
요금 예산 €
전화 091 6200 800
     카카오톡ID 러브크로아티아
홈피 lovecroatia.co.kr

디자인 호스텔 골리 & 보시
Design Hostel Goli & Bosi

궁전 근처에 위치한 현대적인 숙소를 찾는다면 이곳이 최고다. 흰색과 노란색을 사용한 모던한 형태의 호스텔로 1~4인실과 4·6·8인실 도미토리를 운영한다. 엘리베이터가 있어 편리하다.

주소 Morpurgova Poljana 2
요금 예산 €
전화 091 982 2236
홈피 golibosi.eu

차이코프스키 호스텔
Tcaikovskj Hostel Split

4·6인실 도미토리를 운영하는 작은 호스텔로 성 바깥쪽에 있어 저렴하다. 깨끗하게 관리되어 있으며 루카 아이스크림 근처인 것이 장점이다.

주소 Petra Ilića Čajkovskog br. 4
요금 예산 €
전화 091 277 7888
홈피 tchaikovskyhostel.com

→ 유료 조식이 가능하다.

다운타운 호스텔
Downtown Hostel

호스텔

디오클레티아누스 궁전 내에 위치한 숙소로 마르코 룰리츠의 동상이 있는 Voćni Trg에서 가깝다. 유료 빨래가 가능하고 주방이 있어 편리하다.

주소　Buvinina 1
요금　예산 €€
전화　095 821 0451
홈피　www.facebook.com/downtownhostel.split

유디타 팔라스
Judita Palace

호텔

디오클레티아누스 궁전 내에 위치한 부티크 호텔로 '궁전 안의 궁전'을 표방하는 호텔이다. 트립어드바이저 1위의 호텔로, 스플리트에서 가장 비싼 호텔 중 한 곳이다.

주소　Narodni
　　　Trg 4
요금　예산 €€€
전화　021 420 220
홈피　www.
　　　judita
　　　palace.com

호텔 디오클레티안 팔라스 익스피어리언스
Hotel Diocletian Palace Experience

호텔

궁전 안쪽에 위치한 호텔 중에 저렴하면서 깔끔한 시설을 자랑한다. 1층은 디오클레티안 레스토랑 겸 바이고, 호텔은 2층 이상 계단으로 올라가야 한다.

주소　Nepotova 4
요금　€€
전화　099 564
　　　7111
홈피　diocletian
　　　palace.com

룩스 Luxe

호텔

현대적인 분위기의 부티크 호텔로 1~2인실을 운영한다. 버스터미널과 디오클레티아누스 궁전 중간의 큰 길에 있어 위치가 편리하며 가격도 합리적이다.

주소　A. Kralja Zvonimira 6
요금　예산 €€€
전화　021 314 444
홈피　www.hotelluxesplit.com

4
아드리아의 빛나는 보석
두브로브니크
Dubrovnik

아드리아 해의 빛나는 보석으로 크로아티아 최고의 관광지다. 주로
유럽인들이 많이 찾는 휴양지나 우리나라에서는 〈꽃보다 누나〉 방
송으로 유명세를 타 순식간에 인기 있는 여행지가 됐다. 유명한 만
큼 숙박 요금은 서유럽과 비슷할 정도로 물가가 비싸다. 그러나 두
브로브니크의 아름다운 구시가지를 돌아보다 보면 어느새 며칠 더
머물고 싶은 마음이 든다.

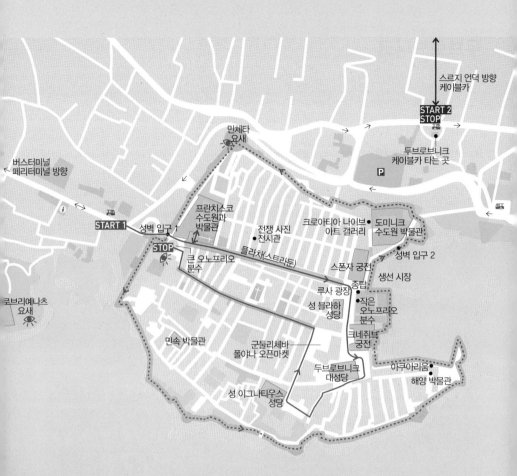

버스터미널
페리터미널 방향

스르지 언덕 방향
케이블카

START 2
STOP

두브로브니크
케이블카 타는 곳

P

민체타
요새

START 1

성벽 입구

프란시스코
수도원과
박물관

전쟁 사진
전시관

크로아티아 나이브
아트 갤러리

도미니크
수도원 박물관

STOP

큰 오노프리오
분수

플라채(스트라둔)

성벽 입구 2

스폰자 궁전

생선 시장

로브리예나츠
요새

루사 광장

종탑

성 블라하
성당

작은
오노프리오
분수

민속 박물관

군둘리체바
폴야나 오픈마켓

크네쥐브
궁전

아쿠아리움

해양 박물관

두브로브니크
대성당

성 이그나티우스
성당

N

두브로브니크의 볼거리는 크게 2가지로 나눌 수 있다. START 1 구시가지와 성벽 돌아보기(점선) 루트와 START 2 스르지 언덕이다.

START 1 구시가지는 필레 문에서 시작해 플라차 주변의 볼거리들을 둘러보고 크네쥐브 궁전, 두브로브니크 대성당, 성 이그나티우스 성당을 거쳐 오노프리오 분수에서 끝나는 총 1.1km 도보 루트다. 성벽 걷기는 뜨거운 한낮을 피한 오전이나 늦은 오후가 좋은데 1.94km를 한 바퀴 도는 데 2~3시간이 걸린다. 시간이 없다면 성벽 입구 2로 들어가 1로 나오는 짧은 루트를 추천한다. 구시가지 바깥에 위치한 로브리예나츠 요새 Tvrđava Lovrijenac까지 입장권에 포함되는데 입장권을 구입한 당일, 또는 다음 날에도 갈 수 있다. 이곳에서 바라보는 두브로브니크 구시가지의 전망은 정말 추천할 만하다.

START 2 스르지 언덕에서의 전망은 여행자들이 그나마 붐비지 않는 오전이나 해 질 녘부터 이후 야경 중 선택해 감상하면 된다. 이곳 카페에서 차 한잔의 여유는 필수다.

두브로브니크

i 관광안내소 **P** 주차장 **K** 슈퍼마켓 Konzum **dm** 드럭스토어 DM

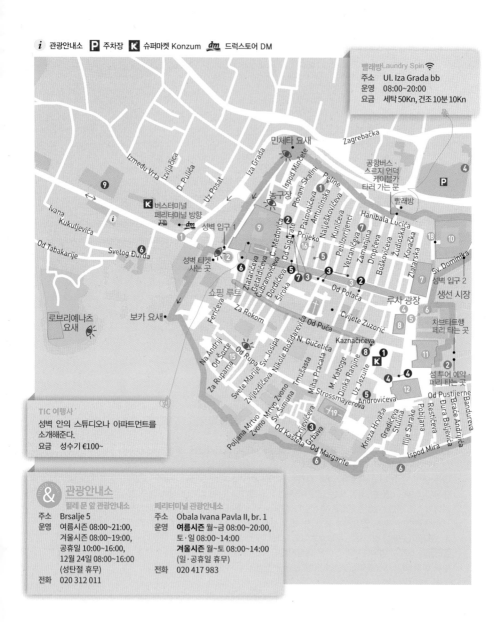

빨래방 Laundry Spin 🛜
주소 Ul. Iza Grada bb
운영 08:00~20:00
요금 세탁 50Kn, 건조 10분 10Kn

TIC 여행사
성벽 안의 스튜디오나 아파트먼트를
소개해준다.
요금 성수기 €100~

관광안내소

필레 문 앞 관광안내소
주소 Brsalje 5
운영 여름시즌 08:00~21:00,
겨울시즌 08:00~19:00,
공휴일 10:00~16:00,
12월 24일 08:00~16:00
(성탄절 휴무)
전화 020 312 011

페리터미널 관광안내소
주소 Obala Ivana Pavla II, br. 1
운영 **여름시즌** 월~금 08:00~20:00,
토·일 08:00~14:00
겨울시즌 월~토 08:00~14:00
(일·공휴일 휴무)
전화 020 417 983

관광명소

1 필레 문 Vrata Pile
2 오노프리오 분수 Onofrijeva Česma
3 플라차 Placa (스트라둔 Stradun)
4 올란도 기둥 Orlandov Stup
5 작은 오노프리오 분수 Mala Onofrijevoj Česmi
6 종탑 Loža Zvonarjev
7 스폰자 궁전 Palača Sponza

8 성 블라호 성당 Crkva Sv. Vlaha
9 프란체스코 수도원과 박물관
　　Franjevački Samostan & Muzej
10 도미니크 수도원 Dominikanski Samostan
11 크네쥐브 궁전 Knežev Dvor
12 두브로브니크 대성당
　　Katedrala Dubrovačka
13 해양 박물관 Pomorski Muzej
14 아쿠아리움 Akvarij
15 민속 박물관 Etnografski Muzej
16 전쟁 사진 전시관 War Photo Limited
17 플로체 문 Vrata Ploče
18 크로아티아 나이브 아트 갤러리
　　Croatian Naive Art Gallery
19 성 이그나티우스 성당 Crkva Sv. Ignacija

레스토랑

1 레이디 피피 Lady Pi-pi
2 로칸다 페스카리야 Lokanda Peskarija
3 루친 칸툰 Lucin Kantun
4 피제리아 타바스코 Pizzeria Tabasco
5 돌체 비타 Dolce Vita
6 카페 바 부자 Café Bar Buža
7 딩동 Dingdong(한식당)

쇼핑

1 군둘리체바 폴야나 오픈마켓
　　Gundulićeva Poljana Open Market
2 우예 Uje
3 아쿠아 Aqua
4 크로아타 Croata
5 마뉴팍투라 Manufaktura
6 크라시 Kraš

숙소

1 러브 크로아티아 Love Croatia(한인숙소)
2 올드 타운 호스텔 Old Town Hostel
3 시티 월즈 호스텔 City Walls Hostel
4 프레시 시트 카테드랄 두브로브니크
　　Fresh Sheets Kathedral Dubrovnik
5 호스텔 안젤리나 올드 타운
　　Hostel Angelina Old Town
6 호스텔 마커 두브로브니크 올드 타운
　　Hostel Marker Dubrovnik Old Town
7 호텔 스타리 그라드 Hotel Stari Grad
8 푸치츠 팔라스 Pucić Palace
9 힐튼 임페리얼 두브로브니크
　　Hilton Imperial Dubrovnik

두브로브니크 들어가기

크로아티아와 주변국에서 버스와 비행기를 이용해 두브로브니크로 들어갈 수 있다.

❖ 버스

스플리트에서 하루 10회 이상의 버스를 운행한다. 소요시간은 버스에 따라 3시간 45분~4시간 30분, 요금은 90~130Kn이다. 짐이 있다면 7Kn 추가된다.

그루즈 버스정류장
Autobusni Kolodvor Gruž (Gruž Bus Terminal)
크로아티아의 국내선과 보스니아 헤르체고비나의 모스타르, 몬테네그로, 마케도니아, 이탈리아 트리에스테Trieste로의 국제선을 운행한다. 버스터미널에는 유인 짐 보관소 (04:30~22:30)와 코인로커가 있다.

주소 Obala Pape Ivana Pavla II 44A
전화 060 305 070

> **버스터미널과 페리터미널에서 구시가지 가기**
>
> 구시가지 입구인 필레 문까지는 버스터미널에서 3.3km, 페리터미널에서 2.7km로 도보, 버스, 택시를 이용해 갈 수 있다. 숙소를 정하지 않은 상태라면 터미널에 자신의 숙소를 홍보하러 나온 집주인과 사진, 지도로 숙소와 위치를 체크한 후 집을 보러 가면 집주인의 차로 무료로 갈 수 있다.
>
> **1. 버스**
> 버스 1A · 1B · 1C · 3 · 8번을 타고 필레 문Vrata Pile(Pile Gate) 정류장에 내리면 된다. 10~15분 소요. 버스표는 신문가판대Tisak(Kiosk)에서 사면 12Kn, 운전사에게 직접 사게 되면 15Kn다(1시간 유효).
> **시간표**www.libertasdubrovnik.hr
> **2. 택시**
> 필레 문까지 100Kn(€15)정도.

❖ 비행기

크로아티아의 장거리 버스가 힘들거나 여행 일정이 짧다면 항공을 이용해 두브로브니크에 가는 것도 좋다. 국제선은 로마, 파리, 프라하, 스톡홀름, 코펜하겐 등에서 오는 항공이 저렴하며 국내선은 자그레브에서 연결된다. 공항에서 구시가지로 오는 방법은 공항셔틀버스와 택시, 그리고 각 호스텔이나 여행사에 신청을 하면 1인 220~250Kn에 픽업해 준다. 가장 저렴하고 대중적인 교통수단은 공항셔틀버스다.

❶ 플라타누스Platanus 셔틀버스

비행기 도착 시간에 맞춰 구시가지까지 운행하는 유일한 셔틀버스다. 보통 비행기 도착 30분 후에 출발한다. 승차권은 짐 찾는 곳에서 나오면 보이는 티켓판매 부스와 홈페이지를 통해 살 수 있다. 구시가지 플로체 게이트Ploče Gate와 버스터미널까지 운행한다.

버스 안에서 아드리아해를 즐기고 싶다면 왼쪽 창가에 앉도록 하자. 반대로 공항으로 갈 때는 아래 홈페이지에서 시간을 체크 한 후 스르지Srđ산행 케이블카 타는 곳의 버스정류장에서 타면 된다. 출국 시간 2시간 전 정도에 출발하는 버스를 타면 된다.

요금 편도 €10, 왕복 €14, 6세 미만 무료
홈피 platanus.hr/shuttle-bus

❷ 택시

일반 택시는 시내까지 €45 고정요금으로 운영한다. 우버나 볼트를 이용할 경우 목적지에 따라 €25 안팎으로 나온다.

환전소와 ATM

관광안내소와 공항버스 티켓 사는 곳

두브로브니크 공항 Dubrovnik Airport

두브로브니크 구시가지에서 남쪽으로 21km 떨어진 작은 공항이다. 유럽 주요 도시와 크로아티아 국내선이 운항한다. 공항에는 작은 면세점, 카페, 은행과 환전소 등의 기본 시설이 있다. 무료 WiFi는 15분만 제공된다.

주소 20213 Čilipi
전화 020 773 100
홈피 www.airport-dubrovnik.hr

❖ 페리

두브로브니크 항구Lučka Uprava Dubrovnik(Port of Dubrovnik)에서는 스플리트와 코르출라, 브라츠, 흐바르, 믈레트 등의 두브로브니크 주변의 섬과 국제선은 이탈리아 바리에서 페리가 연결된다. 구 항구에서 구시가지로 오는 방법은 버스를 타고 왔을 때와 동일하다. 페리터미널과 버스터미널은 바로 옆에 있다. 예약은 홈페이지나 페리터미널에서 할 수 있다.

홈피 두브로브니크 항구 www.portdubrovnik.hr
예약 야드롤리니야(국내선 : 두브로브니크 ↔ 리예카/믈레트,
국제선 : 바리 ↔ 두브로브니크) www.jadrolinija.hr
U.T.O 카페탄 루카 www.krilo.hr

페리

두브로브니크의 관광명소

두브로브니크는 첫 만남 자체가 여행자들을 압도한다. 성 내의 고만고만한 박물관이나 교회보다 성벽으로 둘러싸인 구시가지와 주변의 자연이 볼거리의 중심이다. 아드리아 해의 붉은 지붕을 보고 있노라면 그 아름다움에 취해 시간이 어떻게 흘러가는지 모를 정도다. 하이라이트는 성벽 걷기, 스르지산 전망대, 로브리예나츠 요새에서의 전망이다. 반예 해변이나 부자 바에서의 여유도 빼놓지 말자.

성벽 Gradske Zidine (City Walls)

두브로브니크를 감싸고 있는 성벽은 총 1.94km 길이로 13~17세기에 걸쳐 세워졌다. 가장 마지막에 지은 것은 1660년 남쪽에 위치한 성 스테파노 요새 보루Utvrda-Bastion Sv. Stjepana(St. Stephen's Bastion)다. 성으로 들어가는 문은 총 세 개가 있는데 주 출입구로 이용되는 서쪽의 필레 문Vrata Pile(Pile Gate)과 동쪽 출입구인 플로체 문Vrata Ploče(Ploče Gate)이 있다. 지대가 높은 바위 위에 적의 침입을 효과적으로 막기 위해 육지 쪽의 성벽은 두껍게, 바다 쪽의 성벽은 얇게 만들었다. 얇은 곳은 1.5m, 두꺼운 곳은 6m에 달한다. 성벽에는 총 16개의 감시탑이 있고, 서북쪽의 민체타Minčeta, 남서쪽의 보카르Bokar, 북동쪽의 레베린Revelin, 남동쪽의 성 이반Sv. Ivan으로 네 개의 요새 Tvrđava가 있다. 전망은 구시가지 바깥의 로브리예나츠 요새Tvrđava Lovrijenac(St. Lawrence Fortress)에서 바라보는 것이 가장 좋다. 성벽 길을 걷다 보면 아름다운 아드리아 해와 두브로브니크의 빨간 지붕의 조화에 절로 미소가 지어진다.

주소 Placa 32
위치 성벽으로 오르는 출입구는 총 3개다.
   필레 문Vrata Pile, 플로체 문Vrata Ploče,
   성 이반 요새Sv. Ivan Tvrđava 쪽에 있다.
   p.353 지도에 표시한 것을 참고하자.
   주 출입구인 필레 문의 입구는 필레 문
   에서 구시가지로 들어와 왼쪽, 매표소
   는 오른쪽으로 가면 있다.
운영 4·5월 08:00~18:30, 6·7월 08:00~19:30,
   8월~9월 14일 08:00~18:30,
   9월 15~30일 08:00~18:00
   10월 08:00~17:30, 11~3월 09:00~15:00
요금 일반 €35,
   7~18세·ISIC 국제학생증 소지자 €15
홈피 www.citywallsdubrovnik.hr

성벽은 일방통행이다.
한 방향으로만 걸을 수 있다.

로브리예나츠 요새에서 바라본 구시가지

성벽 걷기를 위한 팁

한낮의 두브로브니크는 햇살이 너무 강렬하기 때문에 성벽 투어는 오전이나 오후 늦게 하는 것이 좋다. 선크림, 선글라스, 특히 물은 필수다. 성벽 위에서 사면 2배 이상 비싸다. 작은 휴대용 양산도 좋은 선택이다. 계단도 있고 오르막도 있기 때문에 편한 신발을 신어야 한다. 중간에 화장실과 카페도 있으니 너무 빨리 돌고 내려오려고 하지 말고 느긋하게 시간을 즐기자. 대부분 필레 문에서 시작해 일방통행으로 한 바퀴 돌고 필레 문으로 나온다. 한 바퀴 도는 것이 부담스럽다면 내륙에서 바다 쪽으로 바라보는 전망이 가장 아름다우니 플로체 문으로 들어가 필레 문 쪽으로 나오는 짧은 루트가 좋다. 플로체 문에서 시작하면 조금 한산하다. 입구 3곳에서 표를 검사하기 때문에 나오기 전까지 표를 버리면 안 되며 재입장은 불가능하다. 비가 많이 내리는 가을에서 겨울 구간에 오른다면 물기에 젖어 미끄러운 대리석 바닥을 조심해야 한다. 가장 멋진 뷰포인트는 가장 높은 지대에 위치한 민체타 탑으로 붉은 빛의 두브로브니크 지붕과 아드리아 해가 넓게 펼쳐지고 필레 문 쪽 출입구로 들어가면 책에 많이 소개된 플라차의 사진을 찍을 수 있다. 포토 포인트 위치는 지도 p.353를 보자.

두브로브니크 카드

두브로브니크 성벽, 크네쥬브 궁전, 민속 박물관과 구시가지에 있는 작은 미술관·박물관을 포함한 총 8곳의 입장과 교통수단을 이용할 수 있는 카드다. 성벽의 입장권이 200Kn이고 크네쥬브 궁전이 100Kn인 것을 감안하면 굉장히 저렴하다. 또 괜찮은 레스토랑의 10% 할인도 가능하기 때문에 확실히 유용한 카드다. 2~3일 머문다면 3일권을 추천한다. 관광안내소와 호텔, 여행사 등에서 구입할 수 있으며 인터넷으로 구입 시 10% 할인된다(수령은 두브로브니크 관광안내소).

요금 1일권(24시간) 250Kn(24시간 교통 포함),
3일권 300Kn(교통 10회권 포함),
7일권 350Kn(교통 20회권 포함)
홈피 www.dubrovnikcard.com

두브로브니크 카드, 유용하다. 성인 구입 시 만 12세 이하 아이 1명 무료!

플라차 또는 스트라둔과
오노프리오 분수
Placa & Onofrijeva Česma
(Stradun & Onofrio's Fountain)

여전히 식수대로 활용된다.

서쪽의 필레 문과 동쪽의 플로체 문을 잇는 300m 길이의 주요 대로다. '길'이란 뜻의 그리스어와 라틴어의 플라테아Platea에서 플라차Placa라고 부르기도 하고, 베네치아어로 스트라둔Stradun이라고도 부르는데 이것 또한 '큰길'이라는 뜻이다. 13세기에 만든 대로로 포장은 1468년에 이루어졌다. 지금의 모습은 1667년 지진 이후 재건한 것이다. 대로 주변에는 레스토랑과 카페, 상점들이 늘어서 있어 언제나 관광객으로 붐빈다. 바닥이 대리석으로 되어 있는데 수많은 사람들의 왕래로 반짝반짝 빛이 난다. 비오는 날에는 미끄러지지 않도록 조심해야 한다.

필레 문을 지나 스트라둔이 시작되는 곳에 16각형의 돔형인 큰 오노프리오 분수Velika Onofrijeva Česma가 있다. 두 브로브니크가 물 부족을 해결하기 위해 만든 것이다. 1436년 나폴리의 건축가인 오노프리오가 만든 것으로 원래는 화려한 르네상스 양식으로 장식되었는데 1667년 지진 이후 현재의 형태로 남았다. 스트라둔 끝 루사 광장Trg Luža에는 같은 해에 만든 작은 오노프리오 분수Mala Onofrijevoj Česmi가 있다. 이 분수는 루사 광장의 시장에 물을 공급했다. 두 분수에서 나오는 물은 마실 수 있다.

국경일이 되면 플라차에 깃발이 걸린다.

16각형의 큰 오노프리오 분수

프란체스코 수도원과 박물관
Franjevački Samostan & Muzej
(Franciscan Monastery & Museum)

프란체스코회의 수도사들은 1234년 두브로브니크에 정착했다. 오늘날 힐튼 호텔 건물에서 생활하다가 1317년 두브로브니크 성내에 지금의 수도원을 지었다. 성당 입구에는 대지진에도 유일하게 파괴되지 않은 조각이 남아 있는데 1498에 만든 〈피에타(십자가에 못 박힌 예수를 내려 마리아가 무릎에 안고 슬퍼하는 장면)〉다. 수도원으로 들어가면 아름다운 안뜰과 박물관이 있다. 이곳에는 성 로브레와 성 블라디슬라브 등의 뼛조각이 보관되어 있다. 프란체스코 수도원의 또 다른 의미 있는 장소는 1317년부터 운영해 온 말라 브라체Mala Braće다. 유럽에서 세 번째로 오래되었고, 현재까지 운영되는 약국으로는 가장 오래된 약국이다. '작은 형제Little Brother'라는 뜻이다. 약국에서는 장미 크림, 라벤더 크림, 오렌지 크림 등을 판다. 성당 박물관과 약국에서는 사진촬영이 금지된다. 프란체스코 수도원 외벽에는 작은 가고일이 튀어 나와 있는데 만지면 진정한 사랑이 이루어진다고 한다.

주소 Placa 2
운영 **박물관** 11~3월 09:00~14:00,
      3월 마지막 주 일~10월 마지막 주
      일 09:00~18:00
      수도원 09:00~18:00
요금 일반 40Kn
전화 020 321 410

1498년에 만든 피에타 & 수도원 입구

수도원 안뜰 & 안뜰의 기둥 장식

박물관에는 성 로브레 등 성 블라디슬라브의 뼈와 프란체스코의 유품들이 보관되어 있다.

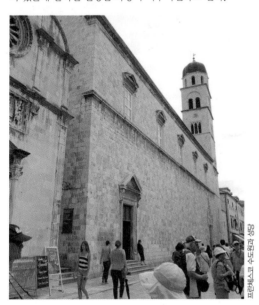

프란체스코 수도원과 성당

루사 광장 주변 Trg Luža (Luza Square)

관광 명소 로컬 명소

플라차의 끝에 있는 광장으로 성 블라호 성당Crkva Sv. Vlaha과 스폰자 궁전Palača Sponza, 작은 오노프리노 분수 Mala Onofrijevoj Česmi(Small Onofrio's Fountain), 35m 높이의 종 탑Loža Zvonarjev(City Tower Bell)이 있다. 광장의 중앙에는 올란도 기둥Orlandov Stup(Orlando's Column)이 있는데 두브로브니크의 공공장소에 세워진 조각들 중 가장 오래된 것이다. 올란도는 이슬람과의 전투에서 용감히 싸운 영웅으로 중세시대 기사의 표본이다. 밀라노의 조각가 보니노 Bonino가 만들었다. 올란도의 팔뚝 길이는 51.2cm인데 이는 두브로브니크의 길이 단위인 1엘El로 두브로브니크 공화국의 표준 단위로 사용했다.

주소 Trg Luža

올란도 동상 & 종탑

이곳의 전자시계다.

축제 때가 되면 긴 네모인기가 메어진다.

작은 오노프리오 분수

크네쥐브 궁전
Knežev Dvor (Rector's Palace)

두브로브니크 시의 행정을 맡았던 최고 지도자의 집무실 겸 집으로 보통 '렉터 궁전'이라고 부른다. '렉터Rector'는 최고 통치자, 지도자라는 뜻으로 크로아티아어 '크네쥐브 Knežev'와 같은 말이다. 현재의 궁전은 화재로 소실된 것을 오노프리오 데라 카바Onofrio dela Cava가 1435년에 재건축한 것이다. 이후 1463년 화약창고 폭발과 1667년 대지진으로 크게 파괴되어 다른 조각가와 건축가들에 의해 바로크 양식이 추가되었다. 때문에 다양한 건축양식이 혼재되어 있는데 주로 후기 고딕과 초기 르네상스 양식이다. 크네쥐브 궁전 안뜰에는 유일한 일반인인 미호 프라카타Miho Pracata(1522~1607)의 흉상이 세워져 있다.

주소 Pred Dvorom 1
운영 여름시즌 09:00~18:00,
겨울시즌 09:00~16:00
(수요일·신정·성탄절·성 블라호 축일 휴무)
요금 **궁전 내 문화사 박물관** 일반 100Kn
전화 020 321 422

스르지 언덕 Srđ Brdo (Srđ Hill)

스르지는 해발 415m 높이의 산으로 두브로브니크 구시가지와 아드리아 해의 탁 트인 전망을 볼 수 있다. 아름다운 두브로브니크 구시가지와 반짝반짝 빛나는 주변의 섬들, 그리고 에메랄드 물빛이 한눈에 담긴다. 성벽과 함께 두브로브니크에서 꼭 가봐야 하는 장소다. 산길을 따라 걸어 올라가거나 778m 길이의 케이블카를 타면 단 4분 만에 스르지 전망대에 도착한다. 케이블카는 기상이 안 좋으면 운행을 멈춘다. 올라갈 때는 케이블카를 타고, 내려올 때는 걸어서 내려올 수도 있다. 정상에는 1808년 나폴레옹이 두브로브니크를 점령하면서 세운 십자가가 있다. 전망대에는 360도 파노라마 레스토랑과 기념품가게, 120석 규모의 야외 무대가 있다. 스르지 언덕의 '인생사진' 포인트는 전망대에서 바다 쪽을 바라보고 왼쪽 도로를 따라 1km 정도(15~20분) 내려가면 된다.

※ **두브로브니크 케이블카**Žičara Dubrovnik 📶

주소 Petra Krešimira 4
위치 보쉬코비체바Boškovićeva 길의 북쪽 끝 문
운영 4·10월 09:00~21:00, 5월 09:00~23:00,
6~9월 09:00~24:00(11~3월 휴무)
(운행 간격 : 성수기 30분, 비수기 1시간)
요금 **일반** 편도 110Kn, 왕복 200Kn
4~12세 편도 30Kn, 왕복 50Kn
4세 미만 무료
전화 020 414 355
홈피 www.dubrovnikcablecar.com

두브로브니크 케이블카

두브로브니크 대성당
Katedrala Dubrovačka (Dubrovnik Cathedral)

관광
명소

영국의 리처드 1세가 로크룸 섬에서 조난을 당했다 구조된
것을 감사하기 위해 만든 성당이다. 로마네스크 양식으로
1192년에 완공되었다.
현재의 성당은 1667
년 지진 후 무너진
것을 바로크 양식으
로 재건축한 것이다.
정확한 이름은 성모
승천 대성당Katedrala
Uznesenja Blažene Djevice
Marije(Cathedral of the
Assumption of the Virgin
Mary)이다.

주소 Ul. kneza Damjana Jude 1
운영 **4~11월 월~토** 09:00~17:00,
      일·공휴일 11:00~17:00
      12~3월 월~토
      10:00~12:00, 15:00~17:00,
      일·공휴일
      11:00~12:00, 15:00~17:00
전화 020 323 459

성 이그나티우스 성당
Crkva Sv. Ignacija (Church of St. Ignatius)

관광
명소

아름다운 바로크 양식의 성당으로 1725년에 완공했다.
이탈리아의 유명한 예수회 건축가이자 화가인 이그나키
오 포조Ignazio Pozzo가 건축에 참가했다. 화려하게 장식된
제단의 천장에는 성 이그나티우스가 천국으로 올라가 예
수를 만나는 벽화가 그려져 있다. 성 이그나티우스 성당으
로 가는 계단은 로마의 스페인 계단을 모델로 한 것이다.

주소 Poljana Ruđera Boškovića 6
운영 07:00~20:00(영어 미사 일 11:00)
전화 020 323 500

성모와 아기예수의 스테인드글라스

화려하게 꾸며진 바로크 양식의 제단

두브로브니크 성당 & 성당으로 가는 계단

도미니크 수도원 Dominikanski Samostan
(Dominican Monastery)

박물관

필레 문 쪽에는 프란체스코 수도원이, 플로차 문 근처에
는 도미니크 수도원 박물관이 있다. 안뜰과 박물관, 성
당을 돌아볼 수 있는데 성당에는 크로아티아에서 발달한
나이브 아트로 만든 십자가가 있다. 수도원 입구 반대편
에는 크로아티아 나이브 아트 갤러리가 있다.

주소 Sv. Dominika 4
운영 09:00~18:00
요금 30Kn
전화 020 322 200

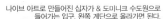

나이브 아트로 만들어진 십자가 & 도미니크 수도원으로
들어가는 입구, 왼쪽 계단으로 올라가면 된다.

반예 해변 Plaža Banje (Banje Beach)

관광
명소

두브로브니크에서 가장 가까운 해변으로 아름다운 구시
가지의 모습을 보면서 선탠이나 수영을 즐길 수 있다. 해
변에서 사진만 찍고 가지 말고 수영복과 바닥에 깔 만한
것을 준비해 가자. 탈의실과 샤워시설을 이용할 수 있다.
단, 샴푸 등을 사용해서는 안 되므로 소금기만 물로 씻자.

주소 Plaža Banje
위치 동쪽의 플로차 문으로 나와 오른쪽
      콘줌Konzum 마트 방향으로 300m
      정도 직진하면 오른쪽으로 해변으로
      내려가는 계단이 있다. 비치 클럽인
      이스트웨스트Eastwest 입구로 내려가면
      좀 더 가깝다.

로칸다 페스카리야 Lokanda Peskarija

레스토랑

구 항구에 위치한 대중적인 분위기의 레스토랑이다. 〈꽃보다 누나〉에서 음식을 시켜 먹은 곳으로 나왔다. 가장 평이 좋은 메뉴는 새우구이와 오징어구이, 해산물 모둠 Platter Lokanda(2인분)이다. 한국어 메뉴가 있어 주문하기 편하다.

주소　Na Ponti bb
운영　11:00~24:00(7·8월은 ~01:00)
요금　예산 €€
전화　020 324 747
홈피　www.mea-culpa.hr

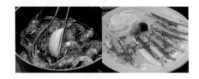

루친 칸툰 Lucin Kantun

레스토랑

부티크 호텔, 스타리 그라드 호텔 옆에 있는 작은 레스토랑이다. 한 번 방문하면 팬이 될 정도로 모든 음식이 깔끔하고 예쁘고 또 맛있다. 두브로브니크에서 적당한 가격의 최고의 레스토랑으로 추천한다. 오픈 키친으로 요리하는 모습을 보는 재미도 쏠쏠하다.

주소　A. Od Sigurate 6
운영　11:00~23:00
전화　020 321 003
홈피　www.facebook.com/LucinKantun

피제리아 타바스코
Pizzeria Tabasco

레스토랑

라지 사이즈 피자 한 판에 90Kn대로 가격이 저렴하다. 최고의 맛이라기보다는 물가 비싼 두브로브니크에서 가성비로 방문하기 좋은 곳이다. 스르지에 다녀올 때 들르기 좋다.

주소　Hvarska 48
운영　5~10월 09:30~24:00, 11~4월 09:30~23:00
요금　예산 €
전화　020 429 595

레이디 피피 Lady Pi-pi

레스
토랑

숯불에 구워내는 생선과 고기류를 판다. 오픈 시간에 맞춰가지 않으면 줄을 서야 할 정도로 인기다. 특히 구시가지가 훤히 보이는 2층의 테라스석은 오픈시간 전에 가서 음료를 마시며 자리를 맡아야 한다. 인기 있는 메뉴는 두툼하게 썰어서 구운 스테이크와 해산물 요리다.

주소 Antuninska 21
운영 09:00~15:00,
　　　 17:30~21:30(10월~4월 중순 휴무)
요금 예산 €€
전화 020 321 154

레이디 피피, '오줌 누는 여자'
라는 뜻으로 식당 앞에
민망한 조각이 있다.

돌체 비타 Dolce Vita

디저트

아이스크림, 파르페, 크레페를 파는 아이스크림 전문점이다. 두브로브니크에서 가장 맛있는 아이스크림 집으로 항상 사람들로 바글바글하다. 추천할 아이스크림은 바닐라, 비터 오렌지 맛이다. 피스타치오는 비추.

주소 Nalješkovićeva 1A
운영 09:00~24:00
요금 예산 €
전화 020 321 666

돌체 비타

카페 바 부자

카페 바 부자 Café Bar Buža

카페

여행자들에게 많이 알려진 카페로 두브로브니크에만 두 곳이 있다(지도 p.354 참고). '부자Buža'는 구멍이라는 뜻으로 성 이그나티우스 성당에서 'Café Bar Buža'와 'Cold Drink' 간판을 따라 가면 작은 문을 통해 성문 바깥 절벽 카페에 갈 수 있다. 차가운 음료만 있으며 수영과 선탠도 할 수 있다.

주소 Crijevićeva 9
운영 09:00~22:00
요금 예산 €€
전화 098 361 934

TIP

두브로브니크의 쇼핑

두브로브니크는 크로아티아 최대의 관광지로 크로아티아와 관련된 기념품을 한 자리에서 구입할 수 있다. 체인점으로는 가격은 조금 높지만 크로아티아의 특산물을 총 망라한 우예UJE로 패키지도 예쁘다. 또 크로아티아 넥타이를 구입할 수 있는 크로아타 Croata, 기념 티셔츠와 여행·휴양용품을 판매하는 아쿠아Aqua도 있다. 핸드메이드 제품으로는 할머니들이 한 땀 한 땀 떠서 파는 레이스와 크로아티아 특산물인 붉은 산호로 만드는 주얼리 제품이 있다. 먹거리로는 주변 지역에서 직접 생산한 가공농산물과 허브제품들을 판매하는 군둘리체바 폴야나 오픈마켓Gundulićeva Poljana Open Market(지도 p.354 쇼핑 ①)이 있다. 저렴하고 부피가 작은 기념품들은 냉장고 자석이나 오프너, 두브로브니크 미니어처 등이 있다.

우예 UJE

크로아티아 기념품 종합선물세트와 같은 곳이다. 가격은 시장에서 사는 것보다 비싸지만 포장이 좀 더 세련되어 선물용으로 추천한다. 테이스팅을 할 수 있어 좋다.

 쇼핑

주소 Zamanjina 1, 1.kat
운영 09:00~23:00
전화 091 361 1110
홈피 www.uje.hr

마뉴팍투라 Manufaktura

마뉴팍투라는 크로아티아와 두브로브니크를 주제로 한 티셔츠 가게로 현지에서 입을 수도 있고 기념품으로 구입하기에 추천한다. 여기에 소개한 주소 외에도 플라차에 두 곳, 푸차 길Od Puča에도 있다.

 쇼핑

주소 Placa 9
운영 09:00~23:00
전화 020 324 851

TIP

두브로브니크의 숙소

호스텔부터 아파트먼트, 룸, B&B, 호텔의 다양한 숙소가 있다. 숙소 비용은 크로아티아에서 가장 높다. 특히 호스텔 도미토리 가격은 서유럽을 추월한다. 크게 구시가지 안은 바깥쪽보다 더 비싸고, 구시가지 안이라도 경사가 있어 계단을 올라가야 하는 숙소는 평지에 있는 숙소보다 저렴하다. 트렁크족은 계단 있는 숙소를 피하는 것이 좋다. 평지인! 필레 문이나 플로차 문 밖 근처의 아파트먼트나 룸을 구하는 것도 좋은 방법이다. 숙소 예약사이트에는 거의 노출되지 않지만 특히 필레 문 근처 로브리예나츠 요새로 가는 길에 숙소가 밀집되어 있다. 렌터카 여행자라면 스르지 언덕 쪽의 전망 좋은 숙소를 구해보는 것도 좋다. 교통은 불편하지만 스르지 전망대 급의 멋진 전망을 매일 즐길 수 있다. 개별여행자라면 호스텔이 가장 저렴하다. 2~4인이라면 아파트먼트나 룸을 구하는 것이 호스텔보다 저렴하다. 호스텔월드, 부킹닷컴, 에어비앤비를 통해 예약할 수 있고 현지에서는 사설여행새(성곽 내의 숙소를 찾는다면 TIC 여행사(p.354 참고)에 문의하자)를 통해, 또는 호객행위를 하는 숙소 주인을 통해 좀 더 저렴한 가격에 숙소를 구할 수 있다.

요금(성수기 기준)
€50 미만 € | €50~150 미만 €€ | €150 이상 €€€ | €400 이상 €€€€

러브 크로아티아 Love Croatia

한인숙소

크로아티아 체인 한인숙소로 두브로브니크 지점이다. 도미토리(시기에 따라 €25~45)와 1~4인실을 운영한다. 위치는 스르지 산으로 올라가는 케이블카 바로 아래이며 아침 식사는 한식을 제공한다. 숙소 내 '강남스타일' 식당에서 저렴하게 한식을 판매한다.

주소 Cavtatska 51
요금 예산 €
전화 091 6200 800
　　　카카오톡ID 러브크로아티아
홈피 lovecroatia.co.kr

올드 타운 호스텔
Old Town Hostel

호스텔

구시가지 내 '평지'에 있다. 4 · 5인 도미토리는 €40~50로 비싼 편이나 구시가지 내에 위치를 고려하면 가장 저렴한 축에 속한다. 스타리 그라드 호텔 맞은편이다. 취사 가능한 주방이 있고 시리얼, 주스, 커피, 차가 제공된다. 좁지만 2인실도 있다.

주소 Od Sigurate 7
요금 예산 €
전화 020 322 007
　　　(리셉션은
　　　08:00~23:00)
홈피 www.dubrovnik
　　　oldtownhostel.com

시티 월즈 호스텔
City Walls Hostel

호스텔

구시가지 내 남쪽에 위치한 호스텔로 계단을 꽤 올라야 해서 트렁크족은 피하는 것이 좋다. 계단을 덜 걷고 싶다면 돌아가더라도 두브로브니크 대성당 뒤편으로 성벽을 따라 둘러 가면 된다. 4 · 6인실 도미토리와 2인실을 운영한다. 부자 카페가 바로 앞에 있다.

주소 Svetog
　　　Šimuna 15
요금 예산 €
전화 091 416 1919
홈피 citywalls
　　　hostel.com

©City Walls Hostel

호스텔 안젤리나 올드 타운
Hostel Angelina Old Town

호스텔

두브로브니크 성안의 호스텔로 성 블라호 성당 근처에 있다. 예전에는 계단 위쪽에 자리하고 있어 불편했는데 이제는 평지에 위치해 편해졌다. 올드 타운 호스텔보다 최성수기 도미토리 가격이 €50~60로 좀 더 비싸다. 2~4인실과 도미토리 4·8·12인실을 운영하고 있다.

주소　Bunićeva Poljana 2
요금　예산 €
전화　091 8939 089
홈피　hostelangelinaoldtowndubrovnik.
　　　com

©Hostel Angelina Old Town

호스텔 마커 두브로브니크 올드 타운
Hostel Marker Dubrovnik Old Town

호스텔

구시가지 바깥 필레 문 근처에 있는 위치 좋은 호스텔이다. 계단이 있는 구시가지 안의 숙소보다 편리성은 이곳이 낫다. 가격은 올드 타운 호스텔과 비슷하며 2~8인실이 있다.

주소　Svetog Đurđa 6
요금　예산 €
전화　091 7397 545
홈피　www.hostelworld.com

프레시 시트 카테드랄 두브로브니크
Fresh Sheets Kathedral Dubrovnik

아파트
먼트

두브로브니크 대성당 바로 옆에 위치한 부티크 숙소로 2인실과 패밀리룸, 아파트먼트를 렌트한다. 가격은 성안에서도 높은 편이나 깨끗하고 모던한 시설을 자랑한다.

주소　Buniceva Poljana 6
요금　예산 €€€
전화　099 668 0145
홈피　freshsheetskathedral.com

호텔 스타리 그라드 Hotel Stari Grad

구시가지 안의 필레 문 근처에 위치한 호텔로 가장 추천할 만한 곳이다. 위치를 중요시하는 여행자에게 알맞다.

옥상에는 어보브 5 레스토랑을 운영하는데 정말 맛있다. 투숙객에게 조식을 제공한다. 레스토랑은 성벽을 걸을 때의 전망만은 못하지만 꽤 멋진 전망을 볼 수 있어 성수기 저녁 식사 예약 장소로 인기 있다.

주소 A. Od Sigurate 4
요금 예산 €€€
전화 020 322 244
홈피 hotelstarigrad.com

푸치츠 팔라스 Pucić Palace

부티크 호텔로 구시가지 안에서 가장 비싼 호텔이다. 군둘리체바 폴야나 광장에 있는데 루사 광장에 가깝다. 투숙객들에게는 반예 해변의 이스트웨스트 비치 클럽에서 무료 선데크와 파라솔을 제공해준다.

주소 Puča 1
요금 예산 €€€€
전화 020 326 222
홈피 thepucicpalace.com

힐튼 임페리얼 두브로브니크
Hilton Imperial Dubrovnik

힐튼 멤버십 소지자라면 이곳을 추천한다. 필레 문까지 200m 거리로 고급 호텔 중에서 위치가 가장 좋다. 작은 실내 수영장이 있으며 만족스러운 조식 뷔페를 제공한다. 숙박료는 비수기에는 €100에서 성수기에는 €500~600로 편차가 심하다.

주소 Marijana Blazica 2
요금 예산 €€€€
전화 020 320 320
홈피 www3.hilton.com/en/hotels
      /croatia/hilton-imperial
      -dubrovnik-DBVHIHI/index.html

©Hilton Imperial Dubrovnik

아름다운 두브로브니크를 두고 시간이 꽤 걸리는 이웃 나라를 가야 하나 고민할 수도 있겠지만, 모스타르의 스타리 모스트는 그만한 가치가 있다. 스타리 모스트를 비롯한 구시가지는 2005년 유네스코의 세계문화유산에 등재된 곳으로 가톨릭의 땅에서 이슬람의 땅에 내리는 흥미로운 경험을 할 수 있다. 당일치기가 무리라는 생각이 들고 일정에 여유가 있는 여행자라면 모스타르에서 1박 후에 다음 날 버스로 돌아와도 좋다. 두브로브니크 물가의 1/2 수준이기 때문에 고려해볼 만하다. 동유럽과 발칸 반도를 여행하는 여행자라면 두브로브니크로 다시 돌아오지 않고 사라예보로 이동할 수도 있으며 사라예보에서 다른 유럽 지역으로 가는 기차나 항공을 이용할 수도 있으니 자신에게 맞는 여행 루트를 세워보자.

위치　두브로브니크 버스터미널에서 갈 수 있다. 버스는 보스니아 헤르체고비나의 모스타르를 거쳐
　　　사라예보가 종착지다.
운영　08:00, 16:00, 17:15(목·일)
　　　※ 코로나19로 편수가 줄었으나 시기에 따라 달라질 수 있으니 현지에서 체크하자.
시간　두브로브니크 → 모스타르(2시간 30분) → 사라예보(버스 2시간 30분, 기차 1시간 55분)
요금　버스 회사에 따라 130~150Kn

평화와 공존의 상징,
↪ 스타리 모스트

관광명소

스타리 모스트Stari Most (Old Bridge)

두브로브니크에서 이곳을 보러 보스니아 헤르체고비나로 간다고 해도 과언이 아니다. 1566년 미마르 하이루딘 Mimar Hayruddin(건축의 아버지라 불리는 미마르 시난 Mimar Sinan의 제자)이 만든 것으로 오스만 제국 시대의 다리다. 폭 4m, 길이 30m, 가장 높은 곳은 21m의 아치형 다리로 네레트바Neretva 강을 가로지른다. 2차 세계대전 때 나치의 탱크가 지나갈 정도로 견고함을 자랑했으나 1993년 내전 때의 폭격으로 무참히 파괴됐다. 유네스코와 튀르키예, 이탈리아, 네덜란드, 프랑스의 지원으로 2002년에 다시 만들었다. 다리 옆에는 "Don't Forget 1993(1993년을 잊지 말자)"라는 비석이 세워져 있다.
다리의 가장 높은 곳에서 위험하게 서 있는 사람은 관광객들에게 돈을 받고 뛰어내리는 사람이니 놀라지 말자.

> **내전의 상처**
>
> 보스니아 헤르체고비나는 이슬람을 믿는 보스니아인 48%, 세르비아 정교를 믿는 세르비아인 37%, 가톨릭을 믿는 크로아티아인 14%로 구성되어 세 종교가 평화롭게 공존하던 나라였다. 1992년 국민투표를 통해 구 유고슬라비아 연방으로부터 독립을 선언했지만 자국 내 세르비아계의 반발에 부딪혀 1995년 12월 데이턴 협정이 체결될 때까지 3년 8개월간 내전에 시달렸다. 내전 동안 사망자 수는 10만 명 이상, 부상자 수는 200만 명 이상이었으며 종교 간, 민족 간 깊은 상처를 남겼다. 내전의 상처로 보스니아 헤르체고비나 전역에 총탄과 폭탄 자국이 선연하다. 스타리 모스트는 이러한 내전의 상처를 치유하고 평화를 기리는 뜻에서 만들어졌다.

숙소

모스타르에는 호텔, 아파트먼트, 호스텔 등의 숙소가 있고 매우 저렴하다. 아파트먼트는 €30~40, 호스텔이 €10~13선으로 개별여행자들에게는 천국이나 다름없다. 1박만 할 예정이라면 버스정류장·기차역 근처로, 그렇지 않다면 구시가지 내의 숙소를 선택하자.

❶ 호스텔 미란Hostel Miran

주소 Pere Lažetića   전화 062 115 333
홈피 hostelmiranmostar.ba

❷ 호스텔 다비드 모스타르Hostel David Mostar

주소 Pere Lažetića 6   전화 066 264 173
홈피 hosteldavid.com

❸ 러블리 보스니안 홈 모스타르
Lovely Bosnian Home Mostar

주소 Husrefovića 16   전화 062 223 990
홈피 www.booking.com/Share-HIe9dJ

❹ 호스텔 백패커스Hostel Backpackers

주소 Braće Fejića 67
전화 063 199 019
홈피 www.booking.com/Share-oknWyT

❺ 호텔 빌라 메이단Hotel Villa Meydan

주소 Trg 1. maj 12
전화 063 844 857
홈피 villameydan.com

슬로베니아
Republika Slovenija
(Republic of Slovenia)

슬로베니아는 크로아티아, 오스트리아, 이탈리아, 헝가리에 이웃하고 있는 나라로 파울로 코엘료의 소설 『베로니카, 죽기로 결심하다』를 통해 한국인 여행자들에게 알려지기 시작했다. 요즘은 이웃나라인 크로아티아 여행자 증가에 힘입어 슬로베니아를 함께 여행하는 사람도 늘어 점차 친숙한 여행지가 되고 있다. 본문에는 슬로베니아의 수도인 류블랴나Ljubljana와 거대 석회암 동굴로 이루어진 포스토이나 동굴Postojnska Jama, 아름다운 호수를 끼고 있는 휴양마을인 블레드Bled와 보힌Bohin, 그리고 드라마 〈디어 마이 프렌즈〉의 주요 촬영지로 나왔던 피란Piran을 소개한다.

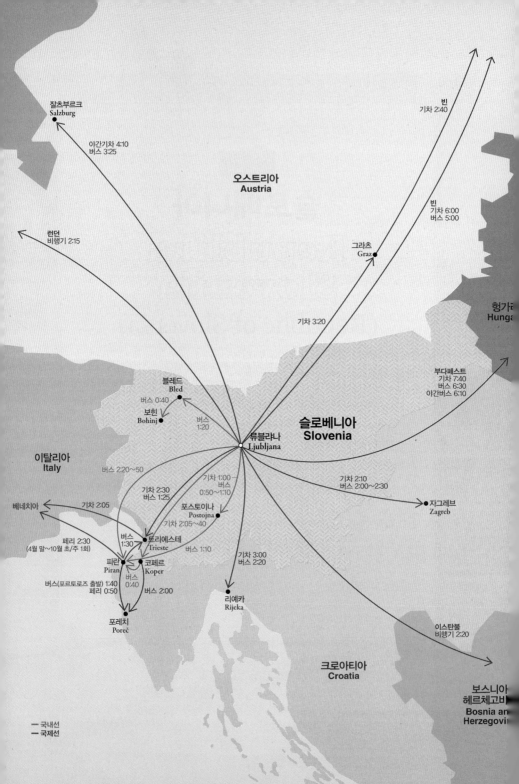

잘츠부르크
Salzburg

야간기차 4:10
버스 3:25

오스트리아
Austria

빈
기차 2:40

런던
비행기 2:15

빈
기차 6:00
버스 5:00

그라츠
Graz

헝가
Hung

기차 3:20

블레드
Bled

버스 0:40

보힌
Bohinj

버스
1:20

부다페스트
기차 7:40
버스 6:30
야간버스 6:10

슬로베니아
Slovenia

류블랴나
Ljubljana

이탈리아
Italy

버스 2:20~50

기차 1:00
버스
0:50~1:10

기차 2:30
버스 1:25

기차 2:10
버스 2:00~2:30

자그레브
Zagreb

베네치아

기차 2:05

포스토이나
Postojna

기차 2:05~40

버스
1:30

토리에스테
Trieste

페리 2:30
(4월 말~10월 초/주 1회)

피란
Piran

버스
0:40

코페르
Koper

버스 1:10

기차 3:00
버스 2:20

버스(포르토로즈 출발) 1:40
페리 0:50

버스 2:00

리예카
Rijeka

포레치
Poreč

이스탄불
비행기 2:20

크로아티아
Croatia

보스니아
헤르체고비
Bosnia an
Herzegovi

─ 국내선
─ 국제선

1. 슬로베니아의 역사

슬로베니아의 주요 인종인 슬라브인이 이 지역에 정착한 시기는 6세기다. 7세기에 최초의 슬라브인 국가인 카란타니아 공국Principality of Carantania이 세워졌다. 9세기부터 프랑크족에게 지배받으면서 기독교를 믿기 시작했다. 1335년부터 600여 년간 오스트리아의 길고 긴 지배가 시작된다. 지배 기간 중 슬로베니아어로 된 첫 번째 책이 발간된 때는 1550년이었다. 15세기와 16세기에는 오스만 제국의 침공으로 오스만 제국에 대한 대항이 18세기까지 지속되기도 했다. 제1차 세계대전 이후 오스트리아-헝가리 제국이 패전국이 되면서 국토가 분열됐다. 서부는 이탈리아에, 북부는 오스트리아-헝가리 제국에, 중남부는 크로아티아·세르비아·유고슬라비아 왕국(후에 '유고슬라비아 왕국')에 속하게 됐다. 제2차 세계대전 이후 구소련의 지원을 받은 유고슬라비아의 독립운동가인 요십 브로즈 티토Josip Broz Tito의 주도로 6개의 나라로 이루어진 유고슬라비아 사회주의 연방 공화국이 탄생했다. 이 시기 비약적인 경제발전이 이루어졌으나 1980년 티토의 사망과 1989년 구소련의 붕괴 이후 독립을 요구하다 1990년에 실시된 국민투표 88%의 찬성으로 1991년 6월 25일 독립을 선언한다. 유고슬라비아 군대는 이를 진압하기 위해 열흘간 전쟁을 치렀으나 그해 10월 슬로베니아의 독립을 인정했다. 2004년에 슬로베니아는 EU의 회원국이 됐고 같은 해 NATO에 가입했다. 2007년에 유로화를 공식 통화로 지정했다.

슬로베니아는 여러 나라의 지배를 받았다.

1915년의 군복

Prvič v uniformi
leta 1915.

2. 기본 정보

수도 류블랴나 Ljubljana
면적 20,480㎢(한국 100,412㎢)
인구 약 212만 명(한국 5,162만 명)
정치 대통령제가 강화된 의원내각제(보루트 파호르 Borut Pahor 대통령, 마르얀 샤렉Marjan Šarec 총리)
1인당 GDP 29,201$, 30위(한국 25위)
언어 슬로베니아어
종교 가톨릭 57.8%, 이슬람교 2.4%, 동방정교 2.3%, 무교·기타 37.5%

3. 유용한 정보

국가번호 386
통화(2023년 1월 기준)
- 유로 Euro(€), 1€=100Cent(¢) / 1€≒1,360원
- 지폐 €5, €10, €20, €50, €100, €200, €500
- 동전 €2, €1, 50¢, 20¢, 10¢, 5¢, 1¢
환전 은행과 환전소에서 환전이 가능하다. 시내 곳곳에 ATM이 있어 출금도 편리하다.
전력과 전압 230V, 50Hz(한국은 220V, 60Hz) 한국 전자제품의 사용이 가능하며 플러그도 동일하다.
시차 한국보다 8시간 느리다. 서머타임 기간(매년 3월 마지막 일요일~10월 마지막 일요일)일 경우는 7시간이 느리다.
예) 류블랴나 09:00=한국 17:00
　　　(서머타임 기간에는 16:00)
주요기관 운영시간
- 은행 월~금 09:00~17:00,
- 우체국 월~금 08:00~18:00, 토 08:00~12:00
- 약국 월~금 07:00/08:00~19:00/20:00
　　토 07:00/08:00~12:00/13:00
　　(문이 닫힌 경우 가까운 약국 정보가 표기돼 있다)
- 상점 월~금 07:00/09:00~19:00/21:00,
　　토 07:00/09:00~13:00/15:00,
　　(큰 쇼핑센터에 한해) 일 09:00~13:00

슬로베니아 현지에서 전화 거는 법
항상 해당 지역번호를 함께 누른다.
예) 류블랴나 → 류블랴나 01 123 45 67
　　블레드 → 류블랴나 01 123 45 67
스마트폰 이용자와 인터넷 시내의 광장과 같은 공공장소, 숙소와 식당, 카페, 맥도날드 등에서 무료 WiFi 이용이 가능하다. 류블랴나에서는 여행자들에게 하루 60분 무료 인터넷을 제공해준다.
물가 물 1.5L €0.3, 1회용 교통권 €1.3, 커피 €1.5~, 간단한 아침 식사 €2~, 레스토랑 €10~.

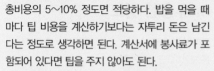

팁 문화 팁이 널리 통용되는 나라는 아니나 관광객들에게는 팁을 바란다. 총비용의 5~10% 정도면 적당하다. 밥을 먹을 때마다 팁 비용을 계산하기보다는 자투리 돈은 남긴다는 정도로 생각하면 된다. 계산서에 봉사료가 포함되어 있다면 팁을 주지 않아도 된다.
슈퍼마켓 슬로베니아의 슈퍼마켓 체인인 메르카토르Mercator가 가장 많다. 영업시간은 류블랴나인 경우 월~토 08:00~20:00, 일 09:00~13:00, 작은 마을은 월~금 08:00~18:00(토 08:00~17:00)이다. 매장 내에서는 무료 WiFi가 된다.
물 슬로베니아의 수돗물과 공공장소의 식수용 분수의 물은 마실 수 있다. 식수용 분수는 4~10월에만 운영된다.

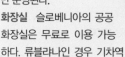

화장실 슬로베니아의 공공 화장실은 무료로 이용 가능하다. 류블랴나인 경우 기차역과 구시가지 등의 화장실 표시(WC)를 따라가면 된다. 아기 동반 가족 여행자에게는 유럽에서 보기 드문 기저귀 갈이대도 있다.

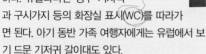

치안 슬로베니아의 치안은 꽤나 안전한 편이다.
응급상황 경찰 113, 응급 전화 112
세금 환급 당일 단일 상점에서 최소 €50 초과해 물건을 샀을 경우 구입한 날로부터 3개월 내에 유럽연합 국가를 벗어날 경우 부가세를 환급해준다.

4. 공휴일과 축제(2023년 기준)

※ **슬로베니아 공휴일**
1월 1·2일 새해 연휴
2월 8일 프레셰렌의 날Prešeren Day
4월 9·10일 부활절 연휴*
4월 27일 민중봉기일
5월 1·2일 노동절 연휴
5월 28일 성령강림절*
6월 25일 독립기념일
8월 15일 성모승천일
10월 31일 종교개혁일
11월 1일 만성절
12월 25일 성탄절
12월 26일 독립과 통일의 날
(*매년 변동되는 날짜)

※ **슬로베니아 축제**
2월(부활절 40일 전) **드래곤 카니발**Dragon Carnival
2월 23일 **타르티니 축제**Tartini's Carnival
7월 21~23일 **블레드 데이**Bled Days
7~8월 **류블랴나 축제**Ljubljana Summer Festival

5. 한국 대사관

주 오스트리아 대사관(p.155)에서 겸임한다.
사건사고 핫라인(무료) 0 800 200 219

6. 출입국

비행기·기차·버스로 슬로베니아로의 입국이 가능하다. 비행기는 한국에서의 직항은 없고 경유해 류블랴나 공항으로 들어갈 수 있다. 유럽 주요 국가에서 저가항공을 이용해 쉽게 접근이 가능하다. 버스는 오스트리아, 헝가리, 크로아티아 등의 주변 국가에서 직행이 있다.

7. 추천 음식

슬로베니아는 지리적으로 유럽과 발칸반도 사이에 위치해 있으며, 특히 이탈리아와 오스트리아의 식 문화 영향을 많이 받았다. 이탈리아 음식이 보편적 이며 아드리아 해를 맞닿은 도시들은 풍성한 해산 물 요리를 내놓는다.

내륙 북부에는 합스부르크 왕가의 지배를 받았던 지역에 **크란스카 클로바사**Kranjska klobasa라는 소시지 요리가 있다. 블레드에서 맛볼 수 있는데 묵직하고, 짠 맛이다. 이탈리아 근처의 지방에서는 슬로베니 아의 프로슈트인 **크라쉬키 프르슈트**Kraški pršut를 먹 는다. 디저트로는 양귀비씨와 각종 견과류를 넣은 음식이 많은데 롤케이크의 일종인 **포티카**Potica(성 탄절에 먹는 음식), 양귀비 씨앗과 코티즈 치즈, 견 과류를 듬뿍 넣은 페스트리 **프렉무르스카 지바니카** Prekmurska Gibanica, 오스트리아의 스투르델과 비슷한 **슈트룩클리**Štruklji 등이 있다.

크란스카 클로바사

프렉무르스카 지바나카

8. 쇼핑

슬로베니아는 이탈리아와 크로아티아와 함께 유럽 에서 품질 좋은 **트러플**Truffle이 나오는 지역 중 하나 다. 이탈리아에서는 돼지가 냄새로 땅 속의 트러플 버섯을 찾아내는데 슬로베니아와 크로아티아에서는 개를 이용한다. 슬로베니아의 가장 유명한 생산지는 이스트리아 반도의 파드나Padna 주변으로 여행자가 방문하기에는 어렵고 포르토로즈Portorož나 코페르 Koper에서 트러플 헌팅 투어를 통해 갈 수 있다. 피란Piran을 여행한다면 **소금**을 빼놓을 수 없다.

700년 역사를 가진 곳으로 전통방식으로 수확하는 소금은 선물용으로 좋다. 어린이용 선물을 찾는다 면 류블랴나의 마스코트인 **용 인형**이나 포스토이나 동굴의 마스코트인 **프로메테우스 인형**을 추천한다.

9. 유용한 현지어

안녕 Živjo[지보] / **Zdravo**[즈다라보]
안녕하세요 Kako Si[카코 시] / **Kako Ste**[카코 스테]
안녕히 가세요 Nasvidenje[나스비데니예]
감사합니다 Hvala[흐발라]
미안합니다 · 실례합니다 Oprostite[오프로스티테]
천만에요 Prosim[프로심]
도와주세요! Na Pomoč![나 포모치!]
얼마입니까? Koliko Stane To?[코리코 스타네 토?]
반갑습니다 Me Veseli[메 베세리]
예 Ja[야] / **아니오** Ne[네]
남성 Moški[모쉬키] / **여성** Ženske[젠스케]
은행 Banka[방카]
화장실 Stranišče[스트라니쉬체]
경찰 Policija[폴리치야]
약국 Lekarna[레카르나]
입구 Vhod[브호트] / **출구** Izhod[이즈호트]
도착 Prihodi[프리호디] / **출발** Odhodi[오드호디]
기차역 Železniška Postaja
[젤레츠니쉬카 포스타야]
버스터미널 Avtobusna Postaja
[오토부스나 포스타야]
공항 Letališče[레타리쉬체]
표 Vozovnica[보조브니차]
환승 Prenos[프레노스]
무료 Brezplačni[브레즈플라츠니]
월요일 Ponedeljek[포네데예크]
화요일 Torek[토레크] / **수요일** Sreda[스레다]
목요일 Četrtek[체투르텍]
금요일 Petek[페테크] / **토요일** Sobota[소보타]
일요일 Nedelja[네데야]

1 용을 무찌른 이아손의 도시
류블랴나
Ljubljana

류블랴나는 슬로베니아의 수도로 파울로 코엘료의 소설 『베로니카, 죽기로 결심하다』의 배경으로 등장한다. 주인공 베로니카가 자살하려다 우연히 본 신문에서 자신의 국가인 슬로베니아가 어디에 위치한 국가인지 아무도 모른다는 사실에 흥분해 자살을 멈추게 되는 것이 소설의 시작이다. 류블랴나는 그만큼 조금은 생소한 도시이나 저렴한 물가와 맛있는 음식, 류블랴나차 Ljubljanica 강을 따라 형성된 카페와 바의 낭만적인 분위기는 유럽의 '리장(중국 운남성의 도시)'이라 불릴 만큼 매력적인 곳이다.

맥도날드

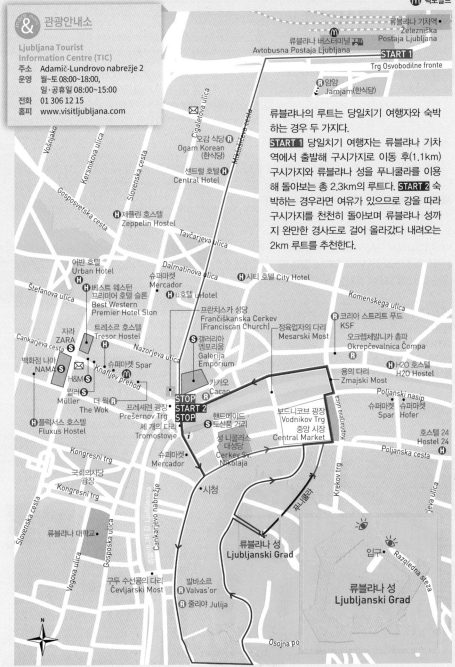

관광안내소

Ljubljana Tourist
Information Centre (TIC)
주소 Adamič-Lundrovo nabrežje 2
운영 월~토 08:00~18:00,
      일·공휴일 08:00~15:00
전화 01 306 12 15
홈피 www.visitljubljana.com

류블랴나 기차역
Železniška
Postaja Ljubljana

류블랴나 버스터미널
Avtobusna Postaja Ljubljana

START 1
Trg Osvobodilne fronte

얌얌(한식당)
Jamjam

류블랴나의 루트는 당일치기 여행자와 숙박
하는 경우 두 가지다.
START 1 당일치기 여행자는 류블랴나 기차
역에서 출발해 구시가지로 이동 후(1.1km)
구시가지와 류블랴나 성을 푸니쿨라를 이용
해 돌아보는 총 2.3km의 루트다. START 2 숙
박하는 경우라면 여유가 있으므로 강을 따라
구시가지를 천천히 돌아보며 류블랴나 성까
지 완만한 경사도로 걸어 올라갔다 내려오는
2km 루트를 추천한다.

Cigaletova ulica

오감 식당
Ogam Korean
(한식당)

센트럴 호텔
Central Hotel

Vošnjako

Kersnikova ulica

Slovenska cesta

Gosposvetska cesta

제플린 호스텔
Zeppelin Hostel

Tavčarjeva ulica

시티 호텔 City Hotel

어반 호텔
Urban Hotel

Dalmatinova ulica

슈퍼마켓
Mercador

U호텔 U Hotel

Komenskega ulica

Štefanova ulica

베스트 웨스턴
프리미어 호텔 슬론
Best Western
Premier Hotel Slon

프란치스카 성당
Frančiškanska Cerkev
(Franciscan Church)

정육업자의 다리
Mesarski Most

코리아 스트리트 푸드
KSF

오크렙체발니카 촘파
Okrepčevalnica Čompa

Cankarjeva cesta

자라
ZARA

트레조르 호스텔
Tresor Hostel

Nazorjeva ulica

갤러리아
엠포리움
Galerija
Emporium

백화점 나마
NAMA

H&M

슈퍼마켓 Spar

Knafljev prehod

카카오
Cacao

용의 다리
Zmajski Most

H2O 호스텔
H2O Hostel

Kopitarjeva ulica

Poljanski nasip

슈퍼마켓
Spar

슈퍼마켓
Hofer

뮐러
Müller

더 웍
The Wok

프레세렌 광장
Prešernov Trg

STOP
START 2
STOP

핸드메이드
토산품 거리

보드니코브 광장
Vodnikov Trg
중앙 시장
Central Market

호스텔 24
Hostel 24

플럭서스 호스텔
Fluxus Hostel

세 개의 다리
Tromostovje

i

성 니콜라스
대성당
Cerkey Sv.
Nikolaja

Poljanska cesta

Kongresni trg

슈퍼마켓
Mercador

시청

Krekov trg

Zjeva ulica

국회의사당
광장
Kongresni trg

Slovenska cesta

류블랴나 대학교

구두 수선공의 다리
Čevljarski Most

발바소르
Valvas'or

줄리야 Julija

류블랴나 성
Ljubljanski Grad

입구

Razglednaa steza

류블랴나 성
Ljubljanski Grad

Vegova ulica

Gosposka ulica

Cankarjevo nabrežje

푸니쿨라

Osojna po

N

류블랴나 들어가기

우리나라에서 류블랴나로 가는 직항은 없다. 크로아티아, 오스트리아, 헝가리에서 기차를 이용하는 것이 편리하다. 가장 접근이 편한 나라는 크로아티아로 자그레브에서 류블랴나까지 기차로 2시간 20분, 버스로 2시간 15분이 걸린다. 여행을 계획할 때 크로아티아에서 슬로베니아를 거쳐 오스트리아로 넘어가기에도(혹은 그 반대로) 좋은 루트가 된다.

❖ 기차

오스트리아의 빈, 그라츠, 잘츠부르크, 독일의 뮌헨, 헝가리의 부다페스트, 크로아티아의 자그레브와 연결된다. 이탈리아의 베네치아는 트리에스테Trieste를 경유하는 열차를 운행한다. 기차 요금은 6세까지 무료, 7~12세까지는 성인 요금의 25%의 할인혜택이 있다.

※ 구시가지 들어가기
버스터미널에서 구시가지의 중심인 프레셰렌 광장까지 850m로 도보로 이동하기 충분하다. 버스를 타고 구시가지로 들어올 경우 버스터미널 앞의 버스정류장에서 02 · 09 · 27번 등의 버스를 타고 Ajdovščina역에 내려 400m를 걸으면 되는데 도보와 큰 차이가 없다.

류블랴나 기차역 Železniška Postaja Ljubljana (Ljubljana Train Station)

크로아티아, 오스트리아, 헝가리 등을 잇는 국제선과 슬로베니아 국내선이 출도착한다. 기차역 내에는 유 · 무인 짐보관소와 환전소, 무료 화장실, 맥도날드가 있다.

주소 Trg Osvobodilne Fronte
전화 080 19 10
홈피 www.slo-zeleznice.si

무인 보관함

Tip

류블랴나 투어리스트 카드 Ljubljana Tourist Card

류블랴나 성, 내셔널 갤러리, 슬로베니아 국립 박물관, 류블랴나 시 박물관, 모던 아트 뮤지엄, 류블랴나 동물원 등 15개의 박물관과 24시간 무료 WiFi 제공. 또한 구시가지와 류블랴나 성을 연결하는 꼬마기차와 푸니쿨라, 투어리스트 보트, 시티 바이크를 무료로 이용할 수 있다. 인터넷으로 구입 시 10% 할인된다.

요금 **24시간** 일반 €36, 6~14세 €22
48시간 일반 €44, 6~14세 €27
72시간 일반 €49,
6~14세 €31,
6세 미만 무료

기차역 매표소

❖ 버스

기차만큼이나 편리하게 이용할 수 있는 교통편으로 주변국으로 향하는 국제선도 잘 발달되어 있다. 기차역 바로 앞에 작은 버스터미널이 있다. 버스터미널에서 구시가지로 들어오는 방법은 기차역에서와 동일하다.

류블랴나 버스터미널
Avtobusna Postaja Ljubljana
(Ljubljana Bus Terminal)

국내외를 잇는 버스가 출도착하는 작은 터미널이다. 버스터미널에는 유인 짐 보관소(30kg까지 €3.5)가 있어 근교를 다녀온 뒤 곧바로 다른 도시나 국가로 이동할 수 있으므로 편리하다.
승차권 구입 시 €0.5, 좌석 선택과 예매 시 €1.5(국제선 €2.2)가 추가로 든다.

주소 Trg Osvobodilne Fronte 4
운영 **매표소** 월~금 05:00~22:00, 토 05:00~22:00,
　　　 일·공휴일 05:30~22:00
전화 1991
홈피 www.ap-ljubljana.si

버스터미널

❖ 비행기

류블랴나 공항은 슬로베니아의 유일한 공항으로 류블랴나에서 26km 떨어져 있다. 류블랴나 시내로 들어올 때는 일반버스와 셔틀버스, 택시, 우버, 공유셔틀 고옵티GoOpti를 이용할 수 있다. 공항에서 곧바로 블레드나 보힌으로 가는 버스도 있다.

류블랴나 요제 푸치니크 공항
Letališče Jože Pučnik Ljubljana
(Ljubljana Jože Pučnik Airport)

주소 Zg. Brnik 130a, SI-4210 Brnik-aerodrom
전화 04 20 61 981　　　홈피 fraport-slovenija.si

❶ 버스
시내로 가는 가장 저렴한 교통수단이다. 배차간격이 대략 1시간으로 길고 시내까지 소요시간이 50분이 걸리기 때문에 공항 도착 전 버스 출발 시간을 미리 체크해 두는 것이 효율적이다.

운영 **공항 → 류블랴나**
　　　월~금 05:00~20:00, 토·일 07:00~20:00,
　　　류블랴나 → 공항 05:20~22:10, 토·일 06:10~19:10
요금 €4.1(이 외 마을 요금 : 블레드 €6.6)

❷ 노마고Nomago 🔗
류블랴나 버스터미널과 크로아티아, 오스트리아, 이탈리아, 독일로 가는 직행버스를 운영한다. 류블랴나 버스터미널까지 40분이 소요된다.

요금 편도 €12　　　홈피 intercity.nomago.eu

❸ 고옵티GoOpti
공유셔틀 개념의 차량으로 원하는 목적지까지 데려다준다. 공항에 부스도 있고, 앱을 통한 예약도 가능하다. 수요에 따라 가격이 다르나 택시보다 저렴하다.

요금 €10~20　　　홈피 www.goopti.com

시내교통 이용하기

기차와 버스터미널에서 시내까지는 약 850m로 가깝다. 구시가지는 충분히 도보로 돌아볼 수 있다. 류블랴나 시내에서 버스를 이용할 경우는 거의 없지만 버스 1회권은 €1.3(90분간 유효)다. 류블랴나의 공유 자전거를 타고 시내를 돌아다닐 수도 있다.

Tip **류블랴나의 관광명소**

류블랴나의 구시가지는 작다. 하루 정도 여유가 있는 여행자라면 구시가지의 중심인 프레셰렌 광장에서 시작해 류블랴니차 강을 따라 걸으며 구시가지를 돌아본 후 류블랴나 성을 오르면 된다. 시간이 없다면 프레셰렌 광장에서 구시청사를 지나 성 니콜라스 성당을 보고 보드니코브 광장에서 푸니쿨라를 타고 류블랴나 성을 다녀오면 된다.

프레셰렌 광장 주변
Prešernov Trg (Prešeren Square)

관광명소 로컬명소

류블랴나 구시가지의 중심 광장으로 류블랴나 시민들의 만남의 장소이자 크고 작은 공연이 펼쳐지는 곳이다. 광장 중앙에는 17세기 후반에 지어진 분홍빛 프란치스카 성당Frančiškanska Cerkev(운영 06:40~12:00, 15:00~20:00)이 있다. 광장 한쪽에는 류블랴나의 국민시인 프란체 프레셰렌France Prešeren(1800~1849년)의 청동상이 세워져 있고 프레셰렌 뒤편에는 그의 뮤즈인 율리야 프리믹Julija Primic이 황금 나뭇가지를 들고 있다. 그 옆으로는 류블랴니차 강이 흐르고, 류블랴나 성이 있는 중세도시를 연결하는 다리가 자리한다.

주소 Prešernov Trg

황금 나뭇가지

프란체 프레셰렌 동상

프레셰렌 광장

류블랴니차 강에서 바라본 프레셰렌 광장

프란치스카 성당

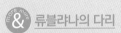
아기자기한 류블랴니차 강을 따라 수많은 카페와 바가 이어진 모습은 중국 리장의 모습을 연상케 한다. 낮보다 밤의 풍경이 매혹적인 류블랴니차 강을 따라 구시가지와 신시가지를 잇는 특색 있는 다리를 소개한다.

1. 세 개의 다리 Tromostovje (Triple Bridge)

류블랴니차 강을 중심으로 중세도시와 현대도시를 이어주는 다리로 1842년 이탈리아인 디자이너와 건축가가 오스트리아 대공 프란츠 카를 Franz Karl von Österreich(1802~1878)을 기리며 '프란츠 카를교 Frančev Most'라고 불렀다. 이후에 요제 플레츠니크 Jože Plečnik(1872~1957)에 의해 1932년 두 개의 보행자 다리가 추가되면서 현재의 세 개의 다리가 만들어졌다. 가운데 다리 옆쪽에 '프란츠 카를 대공을 위해 1842년'이 라틴어로 쓰여 있다.

2. 정육업자의 다리 Mesarski Most (Butcher's Bridge)

2010년 비교적 최근에 생긴 다리로 파리의 예술의 다리 Pont des Arts와 비슷하다. 페트코브쉬코 제방 Petkovškovo Nabrežje과 중앙시장을 연결한다. 다리에는 슬로베니아의 조각가인 야코브 브르다르 Jakov Brdar(1949~)가 조각한 〈아담과 이브〉, 〈프로메테우스〉, 반인반수의 〈사티로스 Satyr〉, 개구리와 조개 등의 그로테스크한 조각을 볼 수 있다. 주변에 정육점이 있어 이런 이름이 붙었다.

3. 용의 다리 Zmajski Most (Dragon Bridge)

그리스 신화에 의하면 이아손 Jason과 아르고나우타이 Argonauts(이아손과 함께 떠난 50명의 영웅)는 드래곤을 무찌르고 류블랴나를 구했다고 한다. 이후로 용은 류블랴나의 상징이 됐다. 용의 다리는 1901년에 만들어진 것으로 다리 양끝에 청동으로 만든 용 4마리가 있다.

4. 구두 수선공의 다리 Čevljarski Most (Cobbler's Bridge 또는 Shoemakers Bridge)

류블랴나에서 '세 개의 다리'와 함께 가장 오래된 다리로 13세기에 만들어졌다. '구두 수선공의 다리'라는 이름이 붙은 이유는 과거에 이 다리에 정육점이 있었는데 황제가 돈을 주고 다른 지역으로 이전하게 했다. 이후에 그 자리를 차지한 사람들이 구두 수선공이어서 현재의 이름으로 불리게 됐다고 한다. 그 뒤로 화재와 홍수로 인해 여러 번의 보수와 재건축이 이루어졌는데 현재의 다리는 조각가 요제 플레츠니크가 1931년에 만든 것이다.

류블랴나 성
Ljubljanski Grad (Ljubljana Castle)

관광
명소

슬로베니아 최초의 정착민은 일리리아인과 셀틱인으로 BC 1200년경부터 류블랴나의 정착민으로 살았다. 11세기 신성로마제국의 지배하에 있을 때 나무와 돌로 성을 짓기 시작해 여러 번의 증축과 재건축의 과정을 거쳐 성이 만들어졌다. 18세기에 프랑스군에 의해 점령되었을 때는 무기고로, 오스트리아 제국에 의해 점령되었을 때는 감옥으로 사용되기도 했다. 1905년 시에서 매입해 현재는 류블랴나의 관광명소와 뷰포인트가 됐다. 매년 2월 (부활절 40일 전)이 되면 드래곤 카니발Dragon Carnival이 펼쳐진다.

주소 Ljubljanski Grad
운영 **성·푸니쿨라**
1~3·11월 10:00~19:00,
4·5·10월 09:00~20:00,
6~9월 09:00~22:00, 12월 10:00~20:00
관광안내소·전시장·타워
1~3·11월 10:00~18:00,
4·5·10월 09:00~19:00,
6~9월 09:00~20:00, 12월 10:00~19:00
요금 **류블랴나 성** 일반 €12, 학생·7~18세 €8.4
류블랴나 성+푸니쿨라(왕복)
일반 €16, 학생·7~18세 €11.2,
**타임머신 가이드 투어 또는 오디오
가이드 투어(성 입장료 포함)**
일반 €16, 학생·7~18세 €11.2(푸니쿨라
왕복 포함 시 일반 €20, 학생·7~18세 €14)
***푸니쿨라**
편도 일반 €3.3, 학생·7~18세 €2.3
왕복 일반 €6, 학생·7~18세 €4.5
전화 01 306 42 93
홈피 www.ljubljanskigrad.si

류블랴나 성에서 내려다본 시가지

타워로 올라가는 계단

류블랴나 성에서 내려다본 광장

예배당

→ 류블랴나의 상징인 용

Tip

류블랴나 성, 효율적으로 구경하기

류블랴나 성은 류블랴나에서 가장 높은 곳에 위치해 있다. 시간이 없는 사람이라면 푸니쿨라를 이용해 왕복하거나(꼬마기차Tourist Train를 탈 수도 있으나 1시간에 1대씩 운영한다) 내려올 때만 산책로를 따라 걸어 내려올 수도 있다. 가장 추천하고픈 방법은 류블랴나 구시가지를 구경하며 비교적 완만한 뒤쪽(성 야고보 교회Cerke Sv. Jakoba가 있는) 언덕길로 올라 성을 구경한 후 중앙시장 쪽으로 이어지는 산책로를 따라 내려오는 것이다.

VZPENJAČA FUNICULAR

푸니쿨라 & 꼬마기차

성 야고보 교회 쪽으로 올라가는 길과 산책로

보드니코브 광장 주변
Vodnikov Trg (Vodnikov Square)

관광명소

류블랴나 여행의 미식의 즐거움을 채워줄 장소다. 보드니코브 광장에는 이른 아침부터 점심까지 과일과 채소 시장이 열린다. 다채로운 색깔의 신선한 과일과 채소를 팔기 때문에 여행자들의 지갑 역시 스르르 열린다. 광장의 중심에는 사제이자 저널리스트인, 무엇보다 슬로베니아어로 시를 쓴 최초의 시인인 발렌틴 보드니크Valentin Vodnik(1758~1819)의 동상이 세워져 있다. 보드니코브 광장과 류블랴나 성이 있는 언덕 쪽에 2층짜리 노란색 건물이 보이는데 옆에는 1707년에 세워진 성 니콜라스 대성당Cerkev Sv. Nikolaja(St. Nicholas' Cathedral)이 있다.

주소 Vodnikov Trg

발렌틴 보드니크 동상

성 니콜라스 대성당

시장

발바소르 Valvas'or

 레스토랑

류블랴나에서 오직 한 끼를 먹을 수 있다면 강력 추천하는 고급 레스토랑이다. 서유럽의 반값도 안 되는 비용으로 훌륭한 코스요리를 먹을 수 있다. 저녁보다는 점심이 저렴하며 점심시간이면 많은 현지인과 관광객으로 가득 찬다.

주소 Stari Trg 7
운영 월~토 12:00~22:00(일·공휴일 휴무)
요금 예산 €€€
전화 01 425 04 55
홈피 www.valvasor.net

더 웍 The Wok

 패스트푸드

태국식 볶음 요리 패스트푸드점이다. 커다란 웍에 밥 또는 국수와 함께 원하는 토핑을 섞어 볶아준다. 번호표를 뽑고 기다릴 정도로 사람들이 많다. 맛이 훌륭하다기보단 밥이 먹고 싶을 때 추천.

주소 Čopova 4
운영 10:00~01:00
요금 예산 €
전화 05 990 05 55
홈피 www.thewok.si

카카오 Cacao

 디저트 아이스크림

류블랴나 최고의 아이스크림·디저트 가게다. 항상 북적이며 아이스크림을 먹기 위해 줄을 설 정도로 인기가 있다. 크로아티아를 다녀왔다면 슬로베니아 아이스크림이 굉장히 맛있게 느껴질 것이다.

주소 Petkovškovo Nabrežje 3
운영 일~목 08:00~22:00,
　　 금·토 08:00~23:00
요금 예산 €
전화 01 430 17 71
홈피 www.cacao.si

줄리야 Julija

항상 사람들로 북적이는 인기 있는 식당으로 한국인도 많이 찾는다. 예약하는 것이 좋으며 구운 문어와 송아지 스테이크가 인기다. 팁과 관련된 문제로 종종 불친절하다는 후기가 올라온다.

주소 Stari trg 9   운영 11:30~24:00
요금 예산 €€€   전화 01 425 64 63
홈피 julijarestaurant.com

오크렙체발니카 촘파
Okrepčevalnica Čompa

스테이크 전문점으로 고기와 와인을 좋아하는 사람에게 추천한다. 소, 돼지, 망아지 고기를 선택할 수 있고 채소구이와 함께 나온다.

주소 Trubarjeva cesta 40
운영 월~토 19:00~01:00(일요일 휴무)
요금 예산 €€€   전화 40 799 334
홈피 www.facebook.com/ompa-209021859192246

코리아 스트리트 푸드 KSF

류블랴나에 드디어 한국 음식점이 생겼다. 제육·불고기 컵밥, 치킨, 호떡, 만두 등을 파는데 현지인들에게도 인기다.

주소 Trubarjeva cesta 34   운영 11:00~22:00
요금 예산 €   전화 07 124 21 75

Tip 류블랴나의 숙소

류블랴나는 시설 좋은 호스텔이 저렴해 며칠간 머물며 도시를 즐기기에 부담이 없다. 호텔은 다른 동유럽과 비슷한 수준의 가격대로 형성되어 있다. 기차역과 버스터미널에서 구시가지까지 도보 이동이 가능하므로 짧게 머물더라도 중심가에 숙소를 정하자. 프레셰렌 광장 주변의 숙소가 가장 편리하다.

추천 호스텔

1. 턴 호스텔Turn Hostel
주소 Mala ulica 8
전화 041 78 86 63
홈피 www.facebook.com/turnhostel

2. H2O 호스텔H2O Hostel
주소 Petkovškovo nabrežje 47
전화 041 66 22 66
홈피 h2ohostel.com

3. 트레소르 호스텔Tresor Hostel
주소 opova Ulica 38
전화 01 200 90 60
홈피 www.hostel-tresor.si

추천 호텔

1. 어반 호텔Urban Hotel
주소 tefanova ulica 4
전화 05 911 00 57
홈피 urbanhotel.si

2. 시티 호텔City Hotel
주소 Dalmatinova Ulica 15
전화 01 239 00 00
홈피 cityhotel.si

3. u호텔uHotel
주소 Miklošičeva cesta 3
전화 01 308 11 70
홈피 uhcollection.si

포스토이나 동굴Park Postojnska Jama(Postojna Cave Park)은 길이 5km, 폭 3.2km의 거대 석회암 동굴이다. 자연적으로 만들어진 아름다운 종유석들을 미술관에서 작품 감상하듯 돌아볼 수 있다. 1819년부터 대중들에게 개방된 뒤 현재까지 39만 명이 방문한 세계적인 동굴이다. 1시간 간격의 투어로만 입장 가능하며 90분이 소요된다. 동굴 우체국은 1894년에 문을 열었는데 세계에서 가장 오래된 지하 우체국이다. 전기로 움직이는 꼬마기차를 타고 오디오 가이드로 셀프투어를 할 수 있다. 1.5km 구간은 도보로 이동한 후 다시 기차를 타고 나오게 된다. 세계에서 가장 긴 동굴 속 관람코스로, 사전예매를 추천한다. 동굴 공원에 도착하면 입구에서 먼저 입장권을 끊고 대기시간 동안 레스토랑, 카페, 기념품점 등을 돌아보며 시간을 보내면 된다. 동굴에는 '프로테우스Proteus(사람의 얼굴과 비슷한 인간 물고기Human Fish)'라는 양서류 동물이 살고 있는데, 투어 마지막 무렵 수족관을 통해 볼 수 있고 이를 활용한 다양한 캐릭터 기념품도 구입할 수도 있다.

주소 Jamska Cesta 28
위치 포스토이나 동굴은 류블랴나에서 54km 떨어져 있다.
　　 류블랴나 버스터미널에서 50분~1시간 10분 소요되며
　　 포스토니아 동굴 매표소 앞에 바로 내려준다(기차로도
　　 갈 수 있으나 역에서 1.8km, 도보 25분 소요).
　　 자그레브-포스토니아 동굴 버스 시간은 다음과 같다.
　　 월~금 류블랴나 출발 08:15/11:30/12:00, 포스토니아 동굴
　　 출발 13:46/16:13/18:13, **일·공휴일** 류블랴나 출발 13:30,
　　 포스토니아 동굴 출발 14:13/18:13(**9~6월 일·공휴일 및
　　 7·8월 토·일·공휴일** 류블랴나 출발 08:00, 포스토니아 동굴
　　 출발 14:33)
　　 요금은 €5.8(티켓 수수료 €0.5, 예매 시 €1.5 추가)다.
운영 **투어** 1~3·11·12월 10:00/12:00/15:00,
　　 4~10월 10:00/11:00/12:00/14:00/15:00/16:00
　　 (7·8월은 13:00/17:00/18:00 추가)
요금 일반 €28.5, 16~25세 학생 €22.8, 6~15세 €17.1,
　　 5세 이하 €1
전화 386 5 7000 100　　홈피 www.postojnska-jama.eu

> **Tip** **포스토이나 동굴 방문 시 복장**
> 　동굴 안은 8~10℃ 정도로 한여름 복장으로는 한기가 느껴지는 온도이며 동굴 내부는 젖어 있는 상태로 일부 구간은 미끄럽다. 따라서 이곳에 갈 때는 따뜻한 긴팔 옷과 미끄럽지 않은 신발을 준비하자. 입구에서 옷을 대여해주며 €3.5다.

포스토이나 동굴 근처의 관광명소

프레자마 성Predjamski Grad (Predjama Castle)
포스토이나 동굴 근처에 〈흑기사〉 드라마에 등장해 화제가 된 프레자마 성이 있다. 두 곳을 함께 방문할 경우 €4 정도 저렴한 콤비티켓도 있다.
123m 높이의 암벽에 위치한 성은 기네스북에 '세계에서 가장 큰 동굴 성'으로 등재되었으며 포격과 지진에 의해 여러 번 재건되었다. 현재의 성은 1570년에 르네상스 양식으로 지어진 것이다. 최초의 성에 대한 기록은 13세기부터 남아 있다. 성과 관련된 유명한 전설로는 성의 주인이며 남작이었던 에라쳄 루에거Erazem Lueger에 대한 이야기다. 에라쳄 루에거는 의적으로 활동하다 쫓기게 되어 자신의 성에 은신하게 된다. 하지만 당시 부하 중 한 명이 배신하며 성에서 가장 약한 부분이 화장실이라는 정보를 넘겨주었고, 에라쳄은 화장실에 있을 때 포격당해 사망하게 됐다.

주소 6230 Predjama
위치 포스토이나 동굴에서 9km 떨어져 있는데
　　 대중교통 수단이 없어 택시를 이용하거나,
　　 렌터카를 빌리지 않았다면 접근하기 힘들다.
　　 7·8월 성수기 기간에만 해당 입장권
　　 구입자들을 위해 무료 셔틀버스를
　　 운행한다(20분 소요).
운영 **투어** 1~3·10~12월 10:00/12:00/15:00,
　　 4~9월 10:00/11:00/12:00/14:00/15:00/
　　 16:00(7·8월은 13:00/17:00 추가)
요금 일반 €17.5, 16~25세 학생 €14,
　　 6~15세 €10.5(한국어 오디오 가이드 포함)

버스터미널

포스토이나 동굴 입구

매표소

전기 꼬마기차를 타고 들어간다.

길이 5km, 폭 3.2km의 거대 동굴이다.

포스토이나 동굴에서 가장 아름다운 석주

가느다란 종유석 때문에 스파게티 홀이라고 부른다.

프로테우스 사진촬영은 금지다.

Small soft toy

€7.99 유로

프로테우스 기념품

블레드Bledu(Bled)는 독일 제국의 헨리 2세Henry II가 브릭센 Brixen의 알부인Albuin 주교에게 1004년에 준 땅으로 오늘날 슬로베니아에서 가장 유명한 호수 휴양 마을이다. 류블랴나에서 접근성이 좋아 쉽게 다녀올 수 있으며, 오스트리아로 넘어갈 수 있는 경유지이기도 하다.

블레드 주변의 교통수단

1. 꼬마기차
블레드 섬을 한 바퀴 도는 꼬마기차로 운영시간은 6~9월 09:00~21:00, 5·9월 주말 10:00~17:00이다(45분 간격). 요금은 일반 €5, 어린이 €3.

2. 자전거 대여
자전거나 전기자전거를 타고 블레드 호수를 한 바퀴 돌아보는 것도 좋다. 자전거는 몇몇 호스텔, 관광안내소와 블레드 호숫가 주변의 자전거 대여소에서 빌려준다. 대여료는 3시간 €6 정도.

버스터미널

관광안내소

위치 류블랴나 버스터미널에서 06:00~24:00 사이에 1시간에 1~2대씩 버스를 운행한다. 주말에는 첫 버스가 09:00부터 운행한다. 시간은 1시간 20분이 걸리고 요금은 €6.6 (티켓 수수료 €0.5, 예매 시 €1.5 추가)다. 기차로도 갈 수 있는데 블레드 호수 Bled Jezero역이 중심가에서 떨어져 있기 때문에 버스로 갈아타야 해 불편하다.

※ 블레드 관광안내소
두 곳이 있다. 메인 관광안내소보다 블레드 호숫가의 관광안내소가 접근하기에 더 좋다.
홈피 www.bled.si/en

Tourist Information Center (TIC)
주소 Cesta svobode 10(블레드 호숫가)
운영 월~토 09:00~18:00,
　　　일·공휴일 09:00~17:00
전화 04 574 1122

Infocenter Triglavska Roža Bled
주소 Ljubljanska Cesta 27
운영 08:00~18:00
전화 04 578 0205

관광명소

❶ 블레드 성Blejski Grad (Bled Castle) 📶

알부인 주교가 1011년에 방어 목적으로 지은 성으로 슬로베니아에
서 가장 오래된 성이다. 중세시대에는 방어 기능이 점차 강화되어
이중 성벽으로 보강하고 해자로 둘러싸 성을 잇는 다리가 만들어
졌다. 1511년에 지진으로 피해를 입어 1952~1961년까지 복구 작
업이 진행됐다. 성은 거주 목적이 아니었기 때문에 내부에는 그다
지 볼거리가 없지만 블레드 호수와 마을의 전망이 한눈에 들어오
기 때문에 꼭 가볼 만한 곳이다. 내부에는 블레드 성 박물관Muzej
na Blejskem Gradu과 전망 좋은 레스토랑, 카페가 있다.

주소 Blejski Grad
위치 블레드 성으로 올라가는 방법은 성 마르틴St. Martin 교회 쪽과
      블레드 호수 쪽에서 올라가는 방법 두 가지가 있다.
      오르막을 쉽게 올라가는 방법은 성 마르틴 교회에서
      올라가는 것이다. 내려올 때는 블레드 호수 쪽으로 내려와
      마을 방향으로 걸어오면서 호수 주변을 둘러보면 좋다.
운영 1~4·10~12월 08:00~18:00, 5~9월 08:00~20:00
요금 일반 €13, 학생 €8.5, 5~14세 €5, 5세 미만 무료
전화 04 572 97 82   홈피 www.blejski-grad.si/en

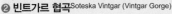

블레드 성

❷ 빈트가르 협곡Soteska Vintgar (Vintgar Gorge)

블레드 호수의 발원지인 라도나강에서 이어지는 길이 1.6km, 깊이
250m의 협곡이다. 협곡을 따라 깔린 나무 데크를 산책하다 보면
그 끝에 맑고 투명한 물빛이 아름다운 폭포가 나온다. 협곡까지는
3.5km 정도로 버스 시간이 맞지 않으면 걸어갈 수도 있으며 블레
드에서 출발해 돌아오는 9.32km 트레킹 코스가 있다. 1박 이상 머
무는 여행자에게 추천한다.

주소 Podhom 80, 4247 Zgornje Gorje
운영 4·5·9월 8:00~18:00, 6월 07:00~19:00,
      7·8월 07:00~20:00, 10·11월 09:00~16:00
위치 버스 편도 €1.3(갈 때 6분, 올 때 4분 소요)
      갈 때는 Podhom행 버스를 타고 도착, 협곡을 걸은 후
      돌아올 때는 Zasip에서 블러드로 가는 버스를 타면 된다.
      버스가 1시간에 한 대 정도이니 빈트가르 협곡 홈페이지에서
      버스 시간을 체크하고 가자.
요금 일반 €10, 학생 €7, 6~15세 €3, 6세 미만 €1
전화 51 621 511   홈피 www.vintgar.si

❸ 블레드 섬Blejski Otok (Bled Island)

블레드 섬은 고내 슬라브에서 생명과 풍요의 여신인 지바Živa
의 신전이 세워져 있던 곳으로 그 역사는 BC 11~8세기까지 거
슬러 올라간다. 신전이 세워진 장소에 기독교도들이 신전을 허
물고 교회를 세웠다. 현재의 성모승천교회Cerkev Marijinepa
Vnebovzetja(Pilgrimage Church of the Assumption of Maria)는 9~11세기
사이에 로마네스크 양식으로 세워진 것으로 15세기에 고딕 양식으
로 재건축됐다. 1509년과 17세기 지진 피해 이후 바로크와 고딕 양
식으로 리노베이션 된 것이 오늘날의 건물이다. 선착장에서 99개
의 계단을 올라 가면 성당에 이른다. 성당 안에는 1534년에 만들어
진 소원의 종Wishing Bell이 있는데 이 종을 울리며 소원을 빌면 성
모 마리아가 소원을 이루어준다고 한다. 입장료에는 종탑 입장도
포함되어 있는데, 종탑은 90개의 계단을 올라가게 된다.

주소 Blejski Otok
위치 블레드 섬으로 가려면 선착장에서
　　 슬로베니아 전통 배인 플레트나Pletna
　　 ('바닥이 평평한 배'라는 뜻) 또는
　　 전기 보트를 타야 한다.
　　 플레트나 보트는 1590년부터 운영됐다.
　　 편도 15~20분 정도 소요되고, 보트는
　　 블레드 섬에서 30~40분 정도 머문다.
　　 (소요시간 총 1시간 30분,
　　 보트 요금 전기 보트 €12, 플레트나 €15)
운영 1~3·11·12월 10:00~16:00,
　　 5~9월 10:00~19:00,
　　 4·10월 10:00~18:00
요금 **섬 입장료**(종탑 포함) 일반 €12, 학생 €8.5,
　　 5~14세 €5, 5세 미만 무료
전화 04 576 79 79
홈피 www.blejskiotok.si

플레트나를 타고 블레드 섬으로 들어갈 수 있다.

선착장에서 올라가는 계단

가까이에서 본 블레드 섬

종탑으로 올라가는 계단 & 제단 앞 소원의 종

성모 승천 교회

소원의 종은 3번을 울리고
소원을 빌면 된다.

Tip

블레드의 상징, 크림케이크

무려 1953년생인 블레드의 자랑 '블레드의 크림케이크Blejska Kremna Rezina' 크레므슈니타 Kremšnita는 오스트리아에서 파생됐으며 슬로베니아에서는 1953년 파크 호텔Park Hotel의 파티시에인 이슈트반 루카체비치Ištvan Lukačevič가 처음 만들었다. 크림케이크는 휘핑크림과 커스터드 크림을 이용해 만드는 디저트 케이크로 오스트리아에서는 크레메슈니테Cremeschnitte, 크로아티아에서는 크레므슈니타, 세르비아에서는 크렘피타Krempita라고 부른다. 당시의 오리지널 레시피로 만드는 크레므슈니타는 사바 호텔 & 리조트Sava Hotel & Resort에서 만들고 있다. 사바 호텔 & 리조트에서 운영하는 레스토랑과 카페가 여러 개가 있는데 그중 파크 레스토랑 & 카페가 블레드 호숫가에 위치해 있어 전망 좋은 곳에서 달콤한 디저트를 맛볼 수 있다.

레스토랑

블레드에는 딱히 추천할 만한 맛집이 없으나 크레므슈니타만은 오리지널 레스토랑에서 맛보도록 하자.

파크 레스토랑 & 카페Park Restaurant and Cafe

크레므슈니타의 가격은 €4.9로, 커피나 차와 함께 디저트를 즐길 곳으로 추천한다. 가격은 서유럽만큼이나 비싼 편이다.

주소 Cesta Svobode 10
운영 11:00~21:00
전화 04 579 18 18

오리지널과 산딸기, 초콜릿맛이 있다.

숙소

블레드의 숙소는 크게 호스텔과 호텔, 그리고 소규모로 운영하는 아파트먼트와 빌라로 나눌 수 있다. 호스텔의 숙박비는 €10~20 정도로 저렴하나 관리가 잘 되지 않는 편이다. 2인 이상이라면 아파트먼트나 호텔을 추천한다. 블레드 호수에서 전망이 가장 좋은 호텔은 호텔 파크Hotel Park이다

❶ 캐슬 호스텔 1004 Castle Hostel 1004

주소 Grajska Cesta 24   전화 041 567 512
홈피 www.facebook.com/Hostel1004

❷ 더 베스트 호스텔 The Best Hostel

주소 Prešernova cesta 41a
전화 041 567 512
홈피 www.booking.com/Share-lOh4Bv

❸ 트래블러스 해븐 호스텔 Traveller's Haven Hostel

주소 Riklijeva Cesta 1
전화 041 396 545
홈피 www.facebook.com/travellershavenhostelbled

❹ 호스텔 스몰레 Hostel Smolej

주소 Riklijeva cesta 3   전화 031 546 973
홈피 www.hostelworld.com

❺ 올드 블레드 하우스 Old Bled House

주소 Zagoriška cesta 12   전화 031 840 225
홈피 www.charming-bled.com

❻ 아파트먼트 빌라 케베카 블레드
Apartments Vila Cvetka Bled

주소 Prešernova cesta 10c
전화 041 864 049
홈피 www.vilacvetka.com

Theme 3 유리알처럼 맑은 빙하 호수 보힌

보힌Bohinj은 블레드에서 27km 남서쪽으로 들어간 한적한 호수 마을이다. 보힌에서는 보힌 호수를 한 바퀴 산책하거나 전기보트(추천, 편도 €9, 왕복 €12) 또는 자전거를 타고 호수와 주변 마을을 돌아보면 된다. 여름철에는 호수에서 선탠이나 수영, 래프팅, 캐니어닝, 패러글라이딩 등을 즐기고 겨울에는 해발 1,800m 산에서 스키를 타거나 설산을 트레킹할 수 있다(보겔Vogel로 케이블카를 타고 올라갈 수 있다). 숙소도 저렴하고 블레드보다 한산한 분위기에 물 색깔도 블레드와 비교할 수 없을 만큼 아름답기 때문에 여유가 있다면 여독을 풀기에 이만큼 좋은 곳이 없다.

위치 류블랴나 버스터미널에서 버스를 타면 블레드를 거쳐 보힌까지 간다. 소요시간은 류블랴나에서 2시간[€8.3 (티켓 수수료 €0.5, 예매 시 €1.5 추가)], 블레드에서 1시간이다. 보힌에는 여러 마을이 있으므로 목적지는 '보힌 호수Bohinjsko Jezero(Bojin Lake)'라고 말해야 한다. 평일에는 06:00~21:00 사이에 1시간에 1대씩 운행한다.

보힌 관광안내소TD Bohinj 📶

보힌 여행에 있어 가장 중요한 거점은 관광안내소라 할 수 있다. 버스에서 내리면 건너편으로 바로 눈에 띈다. 가격에 맞는 숙소 추천과 보힌 버스 출도착 시간표, 보힌에서 즐길 수 있는 레포츠, 트레킹 코스 루트 추천 등 다양한 정보를 안내해준다. 무료 WiFi 이용이 가능하며 컴퓨터도 비치되어 있다. 바로 옆에는 슈퍼마켓 메르카토르Mercator(운영 월~금 07:00~19:00, 토 07:00~13:00)가 있어 편리하다.

주소 Ribčev Laz 48
운영 월~토 08:00~19:00, 일 09:00~13:00
전화 04 574 60 10
홈피 www.tdbohinj.si

관광안내소 바로 옆에 슈퍼마켓과 약채국이 있어 편리하다.

관광명소

❶ 보힌 호수 Bohinjsko Jezero (Bohinj Lake)

해발 1,600~2,000m 높이의 보힌 산의 얼음이 녹아 흘러내려온 슬로베니아 최대의 빙하 호수다(슬로베니아에서 가장 큰 호수는 체르크니차 호수Cerknica Lake다). 호수의 크기는 길이 4.2km, 폭 1km로 가장 깊은 곳은 45m에 달한다. 보힌 호수를 따라 한 바퀴 돌아보는 트레킹 코스가 있는데 총 11km로 3시간 정도가 걸리고 자전거로 대부분의 구간을 돌아볼 수도 있다(일부 구간은 트레킹만 가능하다). 호수 주변 케이블카를 타고 올라가는 보겔Vogel에서는 여름에는 트레킹과 등산을 즐길 수 있고, 겨울에는 스키도 탈 수 있다. 보힌 호수만 보러 올라가기에는 케이블카 요금이 비싼 편이다(왕복요금 일반 €26, 학생 €23, 6~14세 €13, 6세 미만 무료). 블레드에 비해 조용히 자연을 만끽하기 위한 사람들이 많이 찾는다.

❷ 사비차 폭포 Slap Savica (Savica Waterfall)

트리글라브 국립 공원Triglavski Narodni Park (Triglav National Park) 내에 있는 아름다운 폭포로 높은 것은 78m, 낮은 것은 25m 두 개의 폭포가 있다. 산에 오르는 것을 좋아한다면 아침 일찍 보힌 호수를 한 바퀴 걸으며 폭포가 있는 산에 다녀오면 된다.

위치 보힌 버스정류장에서 버스를 타고 Camp Zlatorog Bohinj에 내린 후 사비차 폭포 표지를 따라 3.5km를 올라가면 나온다.
요금 일반 €3, 7~14세 €1.5, 26세 미만 학생 €2.5, 65세 이상 €2.5, 7세 미만 무료
홈피 tdbohinj.si/en/savica-waterfall

폭포에 이끼라고 할 수 있다.

숙소

보힌의 숙소는 관광안내소에서 굉장히 체계적으로 관리하고 있다. 가격은 모두 통일되어 있으며, 조식 요금 또한 동일하다. 수속 과정도 간단한데 관광안내소 직원이 숙소 위치 번호가 적힌 지도를 보여주며 머물고 싶은 숙소를 선택하게 한다. 직원은 선택된 숙소에 전화를 걸어 숙소 예약 상황을 확인하고 예약자는 지도를 참고해 숙소를 찾아가면 된다. 숙소 위치는 관광안내소를 중심으로 호수 쪽과 호수 반대쪽이 있는데 혼자 머문다면 호수 반대쪽 숙소가 저렴해진다. 1인이라면 호수에서 조금 떨어진 마을의 저렴한 숙소를 소개해준다. 1인실과 2인실의 가격차가 없으므로 2인이 함께 여행하면 숙박비가 저렴하다. 숙소 요금은 위치에 따라 €40~50 정도다. 숙박료는 숙소 주인에게 내고, 조식이 가능한 곳에서는 조식 여부를 밝히면 된다.

보힌의 B&B와 아침 식사

Theme 4 이스트리아 반도의 진주 **피란**

피란Piran은 현재 슬로베니아에 속하지만 이전에는 베네치아 공화국, 오스트리아-헝가리 제국 등의 영토였다. 지금 남아있는 건축과 음식문화는 이탈리아의 영향을 많이 받았다. 바이올리니스트이자 작곡가인 주세페 타르티니의 고향이며 근처에 700년이 넘는 역사를 품은 염전이 있어 소금으로도 유명하다. 매일 해 질 녘 서쪽 프레셰렌 방파제에는 일몰을 보려는 관광객들로 가득 찰 정도로 강렬한 붉은 노을이 인상적이다. 2016년에 방영된 드라마 〈디어 마이 프렌즈〉에 피란이 주요 배경으로 나오며 한국 여행자들의 발길이 이어지고 있다.

& **관광안내소**

피란 관광안내소
주소   Tartinijev trg 2
운영   09:00~17:00
         (7월 15일~8월 15일 09:00~21:00)
전화   05 673 44 40
홈피   www.portoroz.si

Tip 국경 이동과 일정 팁

크로아티아 또는 이탈리아에서 버스로 슬로베니아 국경을 드나들 때, 입국하는 나라의 국경에서 입국심사를 한다. 여권을 준비하고 내려서 입국심사를 받은 뒤 대기했다가 일행들과 다시 버스에 타면 된다. 성수기에 국경을 통과하는 차량이 많을 경우 입국심사 또한 밀려 목적지까지 1~3시간 늦어지기도 한다. 성수기에는 피란으로 들어가는 버스는 지체되는 경우가 많고, 피란에서 다른 도시로의 출발시간은 이르다. 때문에 피란에서 여유 있는 시간을 보내고 싶다면 2박 정도를 예상하는 것이 좋다. 공유셔틀인 고옵티GoOpti를 이용해 이동하는 것도 좋은 선택이다.

위치

❶ 슬로베니아-피란

류블랴나에서 기차와 버스가 있다. 기차는 코페르Koper에서 내려 버스로 갈아타야 하기에 버스를 추천한다. 버스는 요일에 따라 하루 2~6회 운행하며 포스토이나를 경유한다. 오전 일찍 포스토이나로 이동해 포스토이나 동굴을 보고 오후 버스로 피란에 가는 것도 가능하다. 류블랴나-피란 소요시간은 2시간 10분이며, 요금은 €11.4(티켓 수수료 €0.5, 예매 시 €1.5 추가)이다.
홈피 www.ap-ljubljana.si

❷ 이탈리아-피란

버스
트리에스테Trieste에서 피란까지 하루 1회(12:30) 직행버스가 있다(피란에서 트리에스테는 06:45 하루 1회). 보통 피란에서 이탈리아로 들어갈 경우 트리에스테에서 기차를 타고 베네치아로 이동한다. 소요시간은 1시간 30분이며, 요금은 €5.9이다.
홈피 arriva.si

페리
베네치아에서 피란까지 4월 말~10월 초 매주 토에 하루 한 번 페리를 운행한다. 소요시간은 2시간 30분이며, 요금은 €70~90이다.
- Venice(17:30) 출발 → Piran(20:45)
- Piran(08:15) 출발 → Venice(11:00)
홈피 venezialines.com

❸ 크로아티아-피란

자그레브에서 직행버스는 없고, 이스트라 반도의 풀라Pula, 로빈Rovinj, 포레치Poreč 해안도시에서 피란 또는 포르토로즈Portorož 행 버스가 있다. 포레치에서 피란까지 소요시간은 2시간이며, 요금은 €11이다. 피란-포르토로즈는 버스로 5분 거리이며 20분 간격으로 작은 버스가 다닌다.
홈피 flixbus.com, www.fils.hr

피란 출발, 트리에스테행 버스

포르토로즈-피란 버스

크로아티아-슬로베니아-
이탈리아를 잇는 버스

고옵티 GoOpti

공유셔틀 개념의 차량으로 버스보다 가격은 비싸지만 택시보다 저렴하다. 버스 편이 적은 피란에서 알아두면 유용하다. 이탈리아 북부, 슬로베니아, 크로아티아를 연결한다.

요금 풀라-피란 €18~40,
로빈-피란 €13~35,
트리에스테-피란 €13~24,
류블랴나-피란 €14~38,
자그레브-피란 €20~60
홈피 www.goopti.com

관광명소

❶ 타르티니 광장 주변 Tartinijev Trg (Tartini Square)

여름철에는 각종 음악회와 이벤트로, 여행자들을 불러 모으는 피란의 중심지다. 광장 중앙에는 주세페 타르티니를 기념하며 만든 청동상이 1896년부터 세워져 있다. 드라마 〈디어 마이 프렌즈〉에서 주인공들이 그림을 그리고 산책했던 곳도 바로 이곳이다. 광장은 항구와 맞닿아 있는데 그 주변에는 항구를 등지고 왼쪽부터 법원, 시청, 베네치아인의 집Benečanka(Venetian House), 타르티니의 집 Spominska Soba Giuseppe Tartini(Tartini House), 성 베드로 교회Cerkev Svetega Petra(Church of St. Peter), 조개 박물관Muzej Školjk(Magical World of Shells Museum) 등이 모여 있다.

❷ 성 게오르기우스 대성당과 성벽
Cerkev Sv. Jurija (St. George's Cathedral) & Town Walls

성 게오르기우스 대성당(성 조지 대성당)은 14세기에 지어져 17세기에 현재의 모습으로 재건되었다. 성 게오르기우스는 심각한 태풍에서 피란을 구해 피란의 수호성인이 되었다고 전해진다. 초기 기독교의 순교자로 로마 황제 디오클레티아누스의 박해로 체포되어 참수당했는데 보통 칼이나 창으로 용을 무찌르는 기사의 모습으로 묘사된다. 종탑은 피란의 모든 곳에서 보이는 랜드 마크다. 47.2m 높이로 1608년에 세워졌다. 146계단을 걸어 종탑 꼭대기까지 올라가면(운영 4 · 10월 10:00~18:00, 5 · 9월 10:00~19:00, 6~8월 10:00~20:00, 요금 €2) 타르티니 광장과 바다의 멋진 전망을 볼 수 있다.

좀 더 멀리서 피란의 모든 곳을 조망하고 싶다면 7세기에 지어진 성벽Mestno obzidje(Town Walls)으로 올라가면 된다. 타르티니 광장에서 IX. Korpusa 길을 따라 올라가면 된다

❸ 피에사Fiesa 산책 코스

피란 북쪽 바닷가의 피에사Fiesa 산책코스를 걸어보자. 2km 정도의 산책로로 30분 정도면 끝까지 걸을 수 있고 수영할 수 있는 곳도 있다.

❹ 피란의 노을

피란의 서쪽 바다로 떨어지는 붉은 태양은 감동 그 자체다. 프레세렌 방파제Prešernovo Nabrežje를 따라 늘어서 있는 식당에 앉아 노을을 바라보며 이탈리아인들처럼 아페리티보Aperitivo(식전주와 간단한 음식)를 즐겨 보자. 또는 맥주 한 병과 함께 항구에 앉아 노을을 바라보는 것도 좋다. 여름이라면 수영을 즐기면서 노을을 감상할 수도 있다.

〈타르티니의 꿈〉
(Louis-Léopold Boilly, 1824)

> **쥬세페 타르티니**
>
> 쥬세페 타르티니(Giuseppe Tartini, 1692~1770)는 바로크 시대의 작곡가이자 바이올리니스트로 당시 베네치아 공화국이었던 피란의 부유한 가정에서 태어났다. 꿈속에서 악마에게 영혼을 판 대가로 들은 바이올린 소나타인 〈악마의 트릴 소나타Il Trillo del Diavolo〉를 만든 일화가 유명하다. 타르티니 광장에 위치한 타르티니의 집은 건축 시기가 확실하지 않으나 문서에 언급된 해는 1384년으로 '카사 피자그라Casa Pizagrua'로 불리었다. 내부의 프레스코화 등이 복원되어 있으며 타르티니의 개인 소장품들도 볼 수 있다.

식당

과거 베네치아 공국의 영토였던 영향으로 이탈리아 음식문화권이라 할 수 있다. 음식 양이 푸짐하고, 서유럽에 비해 가격이 저렴해 만족스러운 식사를 즐기기에 좋다.

❶ 피라트Pirat

해산물 전문점으로 각종 해산물 구이와 찜, 튀김요리를 즐길 수 있다. 바삭하게 구워 나오는 식전 빵이 맛있다. 메뉴판에 한국어가 같이 있어 주문하기 편리하다.

주소 Županičeva ulica 26
운영 11:00~23:00   전화 041 327 654
홈피 www.facebook.com/PiratPiran

❷ 프리토린 프리 칸티니Fritolin Pri Cantini

저렴하게 즐기는 해산물 요리 1위 식당이다. 창문의 벨을 눌러 주문하면 조개껍질 번호표를 준다. 번호가 걸리면 셀프로 음식을 받아가는 시스템이 재미있다. 신선한 해산물 구이와 튀김이 주력 메뉴다.

주소 Prvomajski trg 6
운영 월~목 09:00~17:00, 금·토 11:00~22:00,
      일 11:00~18:00
전화 041 873 872
홈피 www.facebook.com/
      Fritolin-pri-Cantini-
      363628537036220

숙소

슬로베니아는 호스텔이 저렴하지만 피란만은 다르다. 성수기 호스텔 요금이 웬만한 서유럽보다 더 비싸다. 가격에 비해 시설이 그리 좋은 편이 아니다. 되도록 동행자를 구해 에어비앤비에 머무는 것을 추천한다. 호텔의 가격대는 다른 도시와 비슷하다.

❶ 아드리아틱 피란Adriatic Piran

나 홀로 여행자가 가장 저렴하게 지낼 수 있는 호스텔이다. 2~4인실을 운영한다.

주소 Marušičeva ulica 13
전화 041 305 548
홈피 www.hostel-ap.com

❷ 발 호스텔 & 가르니 호텔

Val Hostel & Garni Hotel

2~4인실 B&B로 호스텔보다 가격은 좀 더 비싼 편이다.

주소 Gregorčičeva 38a
전화 05 673 25 55
홈피 www.hostel-val.com

❸ 호스텔 피란 & 피라노

Hostel Piran & Pirano

피란 내에 두 개의 호스텔을 운영하고 있다. 2~4인실을 운영한다.

주소 호스텔 피란
      Vodopivčeva ulica 9
      호스텔 피라노
      Alma Vivoda ulica 3
전화 031 627 647
홈피 hostelpiran.com

폴란드

Rzeczpospolita Polska

(Republic of Poland)

중동부 유럽 북쪽 발트 해에 접해 있는 나라로 강대국 사이에 위치해 수차례 외세의 침략에 시달린 역사를 지니고 있다. 그중에서도 제2차 세계대전 당시 아우슈비츠로 상징되는 나치의 대량 학살은 폴란드의 가장 가슴 아픈 과거이다. 그러나 폴란드는 전후의 폐허 속에서 도시를 완벽히 되살려내는 등 강한 의지와 애국심을 가진 사람들의 나라이며, 코페르니쿠스, 마리 퀴리, 쇼팽, 교황 요한 바오로 2세 등 세기의 석학과 예술가, 종교지도자를 배출한 나라이기도 하다. 지정학적 위치로 인해 부침이 끊이지 않았던 역사를 지녔지만 수줍어하면서도 친절한 성정을 지닌 폴란드인들을 보면 왠지 우리나라와 닮아 있다는 느낌이 든다.

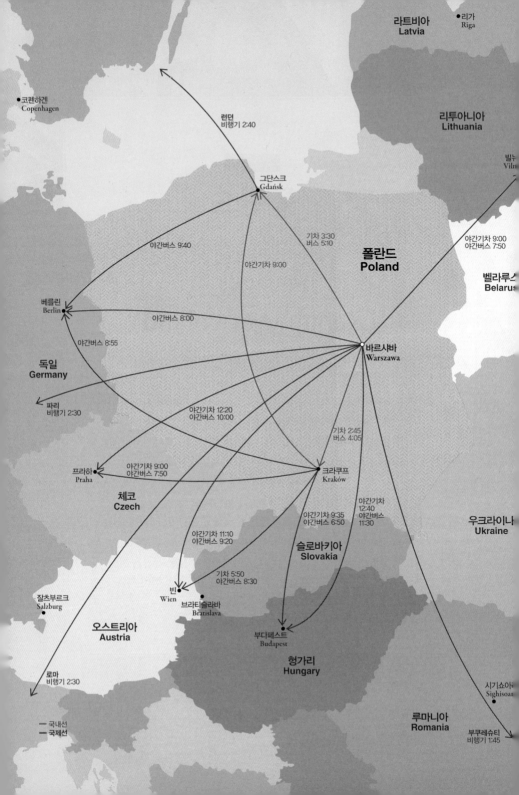

라트비아
Latvia

리가
Riga

코펜하겐
Copenhagen

리투아니아
Lithuania

빌뉴
Vilni

런던
비행기 2:40

그단스크
Gdańsk

야간버스 9:40

야간기차 9:00

기차 3:30
버스 5:10

폴란드
Poland

야간기차 9:00
야간버스 7:50

벨라루스
Belarus

베를린
Berlin

야간버스 8:00

바르샤바
Warszawa

야간버스 8:55

독일
Germany

파리
비행기 2:30

야간기차 12:20
야간버스 10:00

기차 2:45
버스 4:05

프라하
Praha

야간기차 9:00
야간버스 7:50

크라쿠프
Kraków

우크라이나
Ukraine

체코
Czech

야간기차 9:35
야간버스 6:50

야간기차
12:40
야간버스
11:30

야간기차 11:10
야간버스 9:20

슬로바키아
Slovakia

빈
Wien

기차 5:50
야간버스 8:30

브라티슬라바
Bratislava

잘츠부르크
Salzburg

부다페스트
Budapest

오스트리아
Austria

헝가리
Hungary

로마
비행기 2:30

시기쇼아
Sighisoar

국내선
국제선

루마니아
Romania

부쿠레슈티
비행기 1:45

1. 폴란드의 역사

10세기경 슬라브계 부족인 폴인족이 폴란드인의 조상으로 알려져 있으며, 피아스트 왕조의 미에슈코 1세가 가톨릭을 받아들인 996년을 폴란드의 건국연도로 본다. 1039년, 카지미에슈 1세는 폴란드 중서부의 그니에즈노에서 크라쿠프로 수도를 옮긴다. 1385년엔 피아스트 왕조가 막을 내리고, 결혼으로 맺어진 야기에오 왕조가 들어서며, 폴란드-리투아니아 연합왕국이 탄생했다. 야기에오 왕조는 헝가리, 보헤미아에 이르기까지 세력을 넓히며 주변의 적대 세력들을 물리쳤다. 그러나 1572년, 왕위 계승자가 없어 야기에오 왕조가 끝났고, 이후 귀족들이 왕을 선출하는 귀족 공화정이 등장하며 국가 권력이 귀족 계급으로 넘어갔다. 1596년, 지그문트 3세는 수도를 바르샤바로 천도했고, 교황청과 합스부르크 왕가의 지원 아래 강력한 왕권 국가로의 전환을 꾀했다. 그러나 우크라이나, 스웨덴, 러시아 등 주변국들과의 분쟁이 끊이지 않았다. 이러한 내우외환 끝에 1772년 폴란드 영토의 4분의 1 이상이 프로이센·러시아·오스트리아 3국에 의해 분할되었다. 2, 3차 영토 분할의 결과 1795년 폴란드는 공식적으로 소멸된다. 제1차 세계대전 이후인 1918년, 연합국의 선포로 폴란드는 해방되었지만 제2차 세계대전이 발발하며 서쪽은 독일 나치, 동쪽은 소련에게 점령당한다. 이 때 일어난 바르샤바 봉기로 도시 대부분이 파괴되었다. 전쟁 직후인 1945년엔 공산 정부가 들어섰으나 노동자들의 자유화운동이 계속되었고, 1988년 자유노조가 주도하는 최대 규모의 파업을 맞았다. 그 결과 1989년 민주 정부가 수립되고, 자유노조의 수장이었던 레흐 바웬사가 대통령으로 당선되며 민주화를 이뤘다. 2004년 EU에 가입했다.

2. 기본 정보

수도 바르샤바 Warszawa(Warsaw)
면적 312,690㎢(한국 100,412㎢)
인구 약 3,985만 명(한국 5,162만 명)
정치 대통령제가 가미된 내각책임제
(안드레이 두다Andrzej Duda 대통령, 마테우슈 모라비에츠키Mateusz Morawiecki 총리)
1인당 GDP 17,841$, 43위(한국 25위)
언어 폴란드어
종교 가톨릭 95%, 기타 5%

3. 유용한 정보

국가번호 48
통화(2023년 1월 기준)
- 즈워티 zloty(PLN, zł) 1zł≒300원
보조통화 100Groszy(gr)=1zł
지폐 10·20·50·100·200·500zł
동전 1·2·5·10·20·50gr / 1·2·5zł
환전 시내 곳곳에서 환전소 Kantor를 많이 볼 수 있다. 일반적인 운영시간에는 은행이나 우체국보다 환전소의 환율이 좋지만 주말이나 저녁에는 당연히 환율이 나빠진다. 오렌지색의 Interchange 환전소도 환율이 좋지 않으니 피하자. ATM(Bankomat)도 쉽게 눈에 띄고, 씨티은행도 있다. 관광지의 상점이나 교통권 구매 시 카드 사용도 가능하다.

주요기관 운영시간

- **은행** 월~금 08:00~17:00
- **우체국** 월~금 08:00~20:00
- **약국** 08:00~22:00
- **상점** 10:00~22:00

전력과 전압 220V, 50Hz(한국과 Hz만 다름—한국 60Hz) 한국 전자제품의 사용이 가능하며 플러그도 동일하다.

시차 한국보다 8시간 느리다.
서머타임 기간(매년 3월 마지막 일요일~10월 마지막 일요일)일 경우는 7시간이 느리다.

예) 바르샤바 09:00=한국 17:00
　　(서머타임 기간에는 16:00)

폴란드 현지에서 전화 거는 법
한국에서 전화 거는 법과 같다.

예) 바르샤바 → 바르샤바 123 4567
　　바르샤바 → 크라쿠프 12 123 4567

스마트폰 이용자와 인터넷 숙소와 식당, 카페, 맥도날드, 기차, 고속버스 등에서 WiFi 이용이 가능하다.

물가 물 1zt, 24시간 교통권 15zt~, 커피 10zt~, 간단한 식사(밀크 바 등) 15zt~, 레스토랑 30zt~.

팁 문화 관광지에서는 팁을 기대하기도 한다. 서비스가 좋았다면 총비용의 5~10% 정도면 되고, 카드결제 시 팁은 현금으로 주는 게 좋다. 셀프서비스 식당인 밀크 바에서는 팁을 줄 필요가 없다.

슈퍼마켓 Auchan, Carrfour, Biedronka 등의 슈퍼마켓이 시내 곳곳에 있다. 영업시간은 대개 07:00~22:00(일 08:00~21:00)이다.

물 수돗물은 마셔도 안전하다. 다만 물이 경수이기 때문에 물맛이 이상하게 느껴질 수 있다.

화장실 공중화장실을 이용하려면 1~3zt의 사용료를 내야 한다. 따라서 식당이나 카페 등에서 음식을 먹었다면 잊지 말고 화장실에 들르도록 하자. 패스트푸드점 화장실은 개방된 경우도 있다. 가끔 폴란드에서만 사용되는 기호가 표시되어 있기도 한데, ○는 여자, ▽는 남자 화장실이다.

치안 시내 중심지의 치안은 양호하다. 그러나 사람들로 붐비는 관광지, 기차역, 야간기차엔 소매치기가 있을 수 있으니 주의해야 한다. 낮에는 비교적 안전한 편이나 해가 진 후 외진 곳을 돌아다니는 것은 지양하자.

응급상황 경찰 112, 구급차 999, 소방서 998

세금 환급 하루에 한 매장에서 200zt 이상 구입하면 최대 23%까지 환급받을 수 있다.

※ 바르샤바 쇼팽 공항에서의 세금 환급
물건을 산 매장에서 관련 서류 수령 → 공항 체크인 데스크에서 종이 탑승권, 수하물 태그 수령 → 세관(C구역)에서 여권, 탑승권, 환급 신청서, 영수증, 물건 등을 보여주고 도장 받기 → 옆 창구에서 수하물 보내기 → 환급대행소에서 현금(€, $, zt 등 선택, 수수료 부과) 또는 본인 명의 카드로 환급

*환급받을 물건을 들고 탄다면 면세구역에서도 환급 가능

홈피 www.globalblue.com/tax-free-shopping/poland

4. 공휴일과 축제(2023년 기준)

※ 폴란드 공휴일
1월 1일 새해
1월 6일 예수공현 대축일
4월 9·10일 부활절 연휴*
5월 1일 노동절
5월 3일 제헌절
5월 28일 성체축일*

8월 15일 성모승천일
11월 1일 모든 성인의 날
11월 11일 독립기념일
12월 25 · 26일 성탄절 연휴
(*매년 변동되는 날짜)

※ 폴란드 축제
5 · 6월 **크라쿠프 필름 페스티벌**^{Krakow Film Festival}
1961년부터 시작된 영화제로 다큐멘터리, 단편영화
등을 소개한다. 베르너 헤어조그, 끌로드 를르슈, 마
이크 리 감독 등이 수상한 바 있다.
홈피 www.krakowfilmfestival.pl
7 · 8월 **그단스크 세인트 도미닉 페어**^{St. Dominic's Fair}
유럽에서도 손꼽히는 규모의 야외 행사다. 곳곳에
서 다양한 공연이 열리며, 예술작품, 공예품, 보석,
각종 수집품, 음식 부스 등이 들어선다.
홈피 www.jarmarkdominika.pl
8 · 9월 **바르샤바 유대문화 페스티벌**
Festival of Jewish Culture in Warsaw

2004년 시작된 축제. 연극, 음악, 영화, 전시, 박람
회, 음식 등을 통해 유대인의 문화를 엿볼 수 있으
며, 관련 워크숍이나 세미나도 열린다.
홈피 www.festiwalsingera.pl

5. 한국 대사관

주소 ul. Szwoleżerów 6,
     00-464 Warsaw, Poland
위치 바르샤바 중앙역 남쪽 출구 방향
     Novotel 앞에서 107번 시내버스 승차,
     Szwoleżerów 정류장에서 하차하여
     도보 5분
운영 월~금 09:00~16:00
     [점심시간 12:00~13:00,
     폴란드 공휴일 및 한국 국경일
     (삼일절, 광복절, 개천절, 한글날) 휴무]
전화 +48 (0)22 559 2907/2934

홈피 pol.mofa.go.kr

추천 웹사이트
폴란드 관광청 www.poland.travel
폴란드 철도청 www.polrail.com
폴란드 고속버스 www.flixbus.pl

6. 출입국

폴란드항공(LOT)이 인천에서 바르샤바까지 가는
직항을 운행한다. 주 5회 출발하며, 아시아나 마일
리지 적립이 가능하다. 유럽계 항공사를 이용, 경유
해 들어갈 수도 있다. 수도 바르샤바의 공항 두 곳
을 포함해 크라쿠프, 그단스크 등 10여 개 도시에
공항이 있어 다양한 루트를 고려해볼 수 있다.
폴란드의 철도망은 국내외로 촘촘히 연결되어 있
다. 폴란드 대학 재학생만 학생 할인이 된다. 인터
넷 예매, 현매, 앱, 키오스크 이용이 가능하다.
플릭스 버스^{Flix Bus}, 유로라인 등을 이용할 수도 있
는데, 기차보다 오래 걸리지만 일찍 예약할수록 싸
지는 등 가격이 저렴하다. 국내 이동은 플릭스 버스
를 많이 이용하는 추세로, WiFi 이용과 전기 충전이
가능하다.

7. 추천 음식

폴란드의 전통 요리는 돼지고기와 같은 육류를 많이 사용하는 편이고, 잘게 썬 양배추를 넣은 새콤달콤한 채소 샐러드를 곁들여 먹는다. 겨울이 길고 춥기 때문에 고기와 채소를 넣어 뜨끈하게 끓인 수프도 많이 먹는다. 폴란드의 대표 음식들은 전반적으로 한국의 음식과 비슷해 누구나 큰 거부감 없이 즐길 수 있다.

©kuchnia.wp.pl

비고스Bigos

'사냥꾼의 스튜'라는 뜻으로, 식초에 절인 양배추와 고기, 채소를 넣고 걸쭉하게 끓인 스튜다. 비슷한 음식으로 내장탕인 플라키Flaki, 닭고기 수프인 로우즈 쿠르차카Rół z kurczaka, 양배추 수프인 카푸시냐크Kapuśniak 등이 있다.

피에로기Pierogi

러시아에서 넘어온 음식으로, 폴란드식 만두라고 생각하면 된다. 밀가루 반죽에 속을 넣고 반달모양으로 빚어 찌거나 구워 만든다. 육류, 생선, 채소는 물론 과일, 곡류 등 속재료가 다양하다. 갈릭소스, 크림 또는 과일잼과 함께 먹기도 한다.

플라츠키Placki Ziemniaczane

폴란드식 감자전이다. 감자를 갈거나 가늘게 채친 반죽을 구워 만드는데, 한국에서 먹는 감자전의 맛과 거의 비슷하다. 폴란드 사람들은 플라츠키에 사워크림이나 과일잼을 곁들여 먹는다.

골롱카Golonka

돼지 다리를 통째로 삶거나 구운 요리로 한국의 족발과 맛과 모양이 비슷하다.

이외에 길거리에서 간단히 사먹을 수 있는 음식으로는 길쭉한 폴란드식 피자인 자피에칸카Zapiekanka, 폴란드식 도넛인 퐁첵Pączek, 아이스크림인 로디Lody, 폴란드식 프레첼 오빠자넥Obwarzanek 등이 있다.

8. 쇼핑

폴란드 국민화장품인 **지아자(자야)**^{Ziaja} 화장품이 싸고 품질 좋기로 유명하다. 천연성분으로 만들어 순하고, 피부 타입에 맞는 여러 라인이 나와 있다. 한국에서도 살 수 있지만 현지에서 사는 것이 훨씬 저렴해 선물용으로 구입하기 좋다. 산양유 크림, 마누카트리 크림, 아기용 거북이 크림 등이 유명하며, 로스만^{Rossmann} 등의 드럭스토어나 쇼핑몰 내 매장, 슈퍼마켓에서 살 수 있다. 바르샤바 중앙역 지하 1층 매장이 접근성이 좋고 상품이 다양하다.

국내에도 론칭한 동물실험 금지 화장품 **잉글롯**^{Inglot}도 눈여겨볼 만하다. 합리적인 가격으로 다양한 컬러와 질감의 색조 화장품을 구입할 수 있으며, 번화가나 쇼핑몰에 독립 매장이 있다.

베델^{E.Wedel} 초콜릿도 선물용으로 좋다. 슈퍼나 드럭스토어에서는 저렴한 기본 초콜릿을 구입할 수 있고, 베델 카페나 공항 면세점에는 다양한 종류와 포장의 초콜릿이 구비돼 있다.

파란색의 경쾌한 무늬가 매력적인 **폴란드 전통 그릇** 역시 관광지의 기념품 매장이나 쇼핑센터에서 찾아볼 수 있는데, 무게가 상당하고 깨질 우려가 있으니 꼼꼼하게 포장해야 한다.

저렴한 가격의 지아자 화장품

개성 있는 폴란드 도자기

여러 가지 맛의 베델 초콜릿

9. 유용한 현지어

안녕 Halo[할로]
안녕하세요 Dzień Dobry[젠 도브레]
안녕히 가세요 Do Widzenia[도 비제니아]
감사합니다 Dziękuję[징쿠예]
미안합니다 Przykro Mi[프시크로 미]
실례합니다 Przepraszam[프세프라샴]
천만에요 Proszę Bardzo[프로셰 바르조]
도와주세요! Pomóż Mi![포모주 미!]
얼마입니까? Ile To Jest?[일레 토 예스트?]
반갑습니다 Bardzo Mi Miło[바르조 미 미로]
예 Tak[탁]
아니오 Nie[니에]
남성 Człowiek[츠워비에크]
여성 Kobieta[코비에타]
은행 Bank[반크]
화장실 Toaleta[토알레타]
경찰 Policja[폴리챠]
약국 Apteka[압테카]
입구 Wejście[베이시치에]
출구 Wyjście[비시치에]
도착 Przyjechać[프셰하치]
출발 Wyjazd[비야스드]
기차역 Dworzec Kolejowy[드보르제크 콜레요비]
버스터미널 Rzystanek Autobusowy
[시스타네크 아우토부소비]
공항 Lotnisko[로트니스코]
표 Bilet[빌레트]
환승 Transfer[트란스페르]
무료 Darmo[다르모]
월요일 Poniedziałek[포니에쟈웩]
화요일 Wtorek[브토렉]
수요일 Środa[슈로다]
목요일 Czwartek[치바르텍]
금요일 Piątek[피아텍]
토요일 Sobota[소보타]
일요일 Niedziela[니에지엘라]

1

폐허 속에서 다시 일어선 도시
바르샤바
Warszawa (Warsaw)

1596년 지그문트 3세가 크라쿠프에서 바르샤바로 수도를 옮긴 후, 폴란드 역사의 영광과 부침을 고스란히 함께해온 도시이다. 바르샤바의 가장 가슴 아픈 기억은 역시 제2차 세계대전이다. 나치의 무자비한 공격으로 도시 전체의 80% 이상이 파괴되었으며, 나치는 유대인들을 한데 모아 유대인 거주 지역 게토를 만들어 그들을 핍박했다. 나치에 항거한 유대인들의 봉기가 일어나며 바르샤바는 저항의 중심지가 되었고, 1945년 드디어 해방을 맞이한다. 이후 바르샤바 시민들은 한 편의 기적을 만들어낸다. 옛 건물의 도면은 물론 해외에 있던 자료, 깊숙한 곳에 방치돼 있어 파손되지 않았던 풍경화까지 동원해 전쟁, 침략을 겪으며 폐허가 되다시피 한 도시를 현재의 모습으로 재건해낸 것이다. 이것은 벽돌 한 장까지도 복원해내려는 시민들의 눈물겨운 노력이 보태졌기에 가능한 일이었다. 쓰러진 도시를 새롭게 만들어내는 것이 아닌 옛 모습 그대로 다시 세워낸 사례는 전무후무한 것이었고, 이러한 가치를 인정받아 구시가지와 재건 관련 자료들은 1981년 유네스코 세계문화유산으로 지정되었다.

바르샤바 관광의 핵심은 잠코비 광장에서 시작하는 구시가지 탐방이다. 구시가지는 도보로 1~2시간(2km) 정도면 둘러볼 수 있다. 구시가지와 이어진 대로인 왕의 길Krakowskie Przedmieście엔 성 십자가 교회 등이 있고, 코페르니쿠스 동상을 기점으로 시작되는 신세계 거리Nowy Świat는 젊은이들의 쇼핑가다. 바르샤바 봉기 박물관과 게토 영웅 기념비 등은 구시가지와 거리가 있어 트램이나 버스 이용을 추천한다. 문화과학궁전은 중앙역 근처에 있고, 구시가지까지 버스로 약 15분이 소요된다.

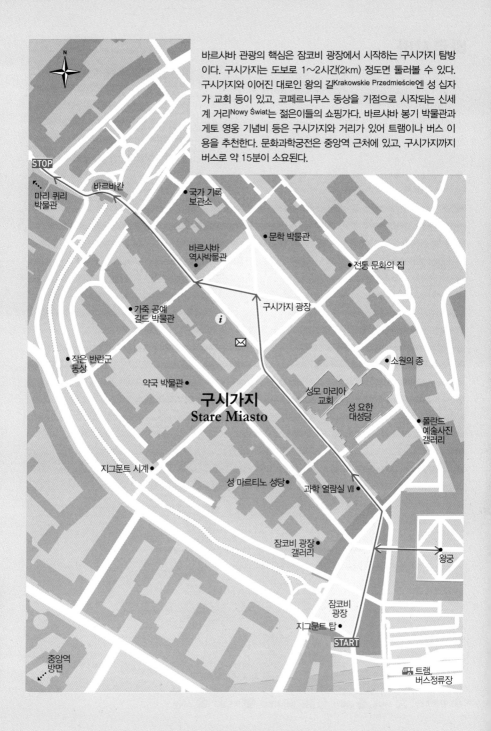

N

STOP

마리 퀴리
박물관

바르바칸

국가 기록
보관소

문학 박물관

바르샤바
역사박물관

전통 문화의 집

가죽 공예
길드 박물관

구시가지 광장

i

✉

작은 반란군
동상

소원의 종

약국 박물관

구시가지
Stare Miasto

성모 마리아
교회

성 요한
대성당

폴란드
예술사진
갤러리

지그문트 시계

성 마르티노 성당

과학 열람실 Ⅶ

잠코비 광장
갤러리

왕궁

중앙역
방면

잠코비
광장

지그문트 탑

START

🚋 트램,
버스정류장

411

바르샤바

& 관광안내소

무료 지도와 브로슈어를 얻을 수 있고, 바르샤바 교통, 관광, 숙소 정보 등을 안내받을 수 있다. 국경일엔 열지 않거나 단축근무를 한다.

구시가지
주소 plac Zamkowy 1/13
위치 잠코비 광장
운영 10:00~16:00
홈피 www.wcit.waw.pl

문화과학궁전
위치 문화과학궁전 1층, Emilii Plater 거리 쪽(서쪽) 입구
운영 09:00~18:00
홈피 www.warsawtour.pl

Śląsko-Dąbrowski Bridge

비스와 강

성 얀콥스키에고 광장
Skwer S.
Jankowskiego

Dobra
Browarna

Furmańska

선착장
Wybrzeże Gdańskie
Wybrzeże Kościuszkowskie
Śródmieście

모자이크 시계

사무엘
오르겔브란다 광장
Skwer Samuela
Orgelbranda

야나 트와르돕스키에고
광장

왕궁정원
Bugaj

폴란드
예술사진
갤러리

쇼팽 포인트
콘서트홀

7

카르멜 성당

소원의 종

성 안네 교회
전망대

아담 미츠키에비치 동상

까르푸

지그문트 탑
성 마르티노 성당

까르푸
왕의 길
Krakowskie
Przedmieście

까르푸

구시가
Stare Miasto

문학박물관

3

약국 박물관
Podwale

175번 종점

전망대
까르푸
b
4

지그문트 시계

까르푸

폴란드 국립 오페라

Senatorska

작은 반란군 동상

5 5 2

바르샤바 영웅상
Pomnik Bohaterów
Warszawy

Miodowa

Wierzbowa

까르푸

Długa
Świętojerska
Ciasna

Długa

6

Solidarności

Bielańska

Senatorska

크라신스키 궁전
Krasinski Palace

12

크라신스키 정원
Ogród Krasińskich

독립박물관

i 관광안내소 ⊠ 우체국 ⚡ 경찰서 Ⓑ 은행 🚻 화장실 Ⓜ 맥도날드 🟢 스타벅스

관광명소

① 잠코비 광장 Plac Zamkowy
  ③ 왕궁 Zamek Królewski
② 성 요한 대성당 Katedra św. Jana
③ 구시가지 광장 Rynek Starego Miasta
  ⑤ 바르샤바 역사박물관 Muzeum Warszawy
④ 바르바칸 Barbakan
⑤ 마리 퀴리 박물관
  Muzeum Marii Skłodowskiej Curie
⑥ 바르샤바 봉기 기념비
  Pomnik Powstania Warszawskiego
⑦ 대통령궁 Pałac Prezydencki
⑧ 바르샤바대학교 Uniwersytet Warszawski
⑨ 성 십자가 교회 Kościół Świętego Krzyża
⑩ 쇼팽 박물관 Muzeum Fryderyka Chopina
⑪ 문화과학궁전 Pałac Kultury i Nauki
⑫ 게토 영웅 기념비 Pomnik Bohaterów Getta
⑬ 바르샤바 봉기 박물관
  Muzeum Powstania Warszawskiego
⑭ 와지엔키 공원 Łazienki Królewskie
⑮ 빌라노우 궁전 Pałac Wilanowie

레스토랑

① 아이올리 Aioli
② 자피에첵 Zapiecek
③ 고스치네츠 폴스키 피에로기
  GOŚCINIEC Polskie Pierogi
④ 무지넥 Murzynek
⑤ 포드 삼소넴 Pod Samsonem
⑥ 피아니아 츠콜라드 에 베델
  Pijalnia Czekolady E.Wedel

쇼핑

① 신세계 거리 Nowy Świat
② 골든 테라스 Złote Tarasy

숙소

① 호스텔 헬베티아 Hostel Helvetia
② 오키 도키 올드타운 호스텔
  Oki Doki Old Town Hostel
③ 레지던스 세인트 앤드류 팰리스
  Residence St. Andrew's Palace
④ 햄프턴 바이 힐튼 바르샤바 시티 센터 호텔
  Hampton by Hilton Warsaw City Centre
⑤ 호텔 브리스톨 Hotel Bristol

바르샤바 들어가기

바르샤바는 폴란드 내 다른 도시는 물론 유럽 주요 도시들과 여러 가지 교통수단으로 연결되어 있다. 특히 프라하, 부다페스트 등에서 야간기차를 이용하면 편리하다. 기차, 버스, 비행기를 타고 바르샤바에 도착 후, 구시가지까지 들어갈 때는 175번 버스가 유용하다.

❖ 기차

가장 촘촘한 노선으로 국제선과 국내선 모두 잘 발달되어 있다. 빈, 프라하 등에서 출발하는 야간기차가 매일 운행한다. 주요 국제선 및 장거리 노선은 대개 중앙역에서 발착하며, 동역과 서역에서는 주로 국내선이 발착한다. 따라서 바르샤바로 들어오거나 나갈 때 한 번쯤은 중앙역을 거치게 된다.

요금 짐 보관함 20zt(24시간, 카드 결제 가능)
홈피 www.polrail.com, www.intercity.pl

바르샤바 중앙역 서비스센터

바르샤바 중앙역 표지판

바르샤바 중앙역 Warszawa Centralna (Warsaw Central)
중앙역은 구조상 조금 복잡하다. 지하 2층에 플랫폼이 있고, 지하 1층에 편의시설, 상점, 간단한 음식점, 짐 보관소가 있다. 1층 메인홀로 올라오면 매표소와 대합실, 맥도날드, 샤워시설, 서비스센터 등이 있는데, 서비스센터에 영어가 통하는 직원이 있으니 티켓을 예약하려면 이곳을 이용하자. 일반 매표창구에서는 현지어로 적은 행선지, 날짜, 시간 등을 보여주는 게 편리하다. 중앙역은 메트로와 연결되어 있지 않으므로 메트로를 이용하려면 가장 가까운 M1 Centrum역으로 나와야 한다.

※ 구시가지 들어가기
중앙역 밖으로 나오면 Dw. Centralny 01 정류장(메리어트Marriott 호텔 앞)이 있다. 자동발매기에서 20분권(3.4zt)을 구입 후 175번 버스를 타고 Pl. Piłsudskiego 06 정류장에서 하차, 큰길인 Krakowskie Przedmieście를 따라가면 잠코비 광장이다.

❖ 버스

크라쿠프, 그단스크 등 국내 주요 도시를 잇는 노선이 있다. 프라하, 부다페스트, 빈, 베를린, 빌뉴스, 리가 등 주변국 주요 도시와 연결된다. 해외 버스 업체의 국제선으로 들어올 땐 중앙역 근처 문화과학궁전 앞 주차장에 정차하는 경우도 있다.
플릭스 버스Flix Bus는 노선과 시간에 따라 M1 Wilanowska역이나 M1 종점 Młociny역, 바르샤바 서역(Zachodnia) 등에서 발착하니 출·도착 장소를 잘 확인해야 한다. 중앙역으로 이동하려면 M1 Centrum역으로 가거나 중앙역행 버스를 타면 된다. 위치에 따라 10~30분 정도를 예상하면 된다.

중앙역의 걸어 다니는 안내원

홈피 www.flixbus.pl

플릭스 버스

❖ 비행기

폴란드항공의 바르샤바 직항(화 · 목 12:35, 금~일 08:50)이 있다. 또 빈, 프라하, 부다페스트 등 유럽 도시들을 잇는 유럽 국적기들과 저가항공 등 노선이 다양하다. 바르샤바엔 쇼팽 공항과 모들린 공항이 있다.

쇼팽 공항
Lotnisko Chopina (Warsaw Chopin Airport) 📶
폴란드항공(LOT)이 발착하는 공항으로 1층이 입국장, 2층이 출국장이며 공항 규모는 그리 크지 않다. 카페, 매점, 공항 안내소, 환전소, ATM, 택시 카운터 등이 있다. WiFi를 쓰려면 이메일을 등록하면 된다.

바닥의 그림을
따라 가면
버스정류장이 나온다.

주소 Żwirki i Wigury 1
위치 **버스** 175번 버스가 가장 저렴하고 편리하게 시내로 들어올 수 있는 방법이며, 쇼팽 공항과 중앙역을 거쳐 구시가지까지 한 번에 올 수 있다. 야간엔 중앙역까지 가는 N32번 버스가 운행한다. 입국장을 나와 표지판을 따라가면 정류장이 있고, 표(75분권 4.4zł)는 자동발매기(카드 사용 가능)에서 구입해 탑승 후 기계에 펀칭하면 된다. 구시가지까지 소요시간은 약 30~40분이다. 야간엔 N32번이 중앙역까지 운행한다.
      택시 입국장의 택시 카운터를 이용하면 되며, 중심가까지 소요시간은 20~30분, 요금은 약 50zł 정도 나온다. 공항 추천 택시는 ELE Taxi다.
전화 +48 (22) 650 4220
홈피 www.lotnisko-chopina.pl

모들린 공항
Lotnisko Modlin (Modlin Airport) 📶
바르샤바 외곽 북서쪽에 있는 서브 공항으로 시내와 약 38km 거리에 있다. 저가항공인 라이언에어 전용이다. 시내로는 버스나 기차, 택시 등으로 들어올 수 있다. 기차를 이용하려면 전용 버스로 Modlin역까지 가야 한다. 택시는 Opti Taxi나 Taxi Modlin을 이용하면 된다.

주소 ul. gen. Wiktora Thommee 1a
전화 +48 (22) 315 1880
홈피 www.modlinairport.pl

❶ **플릭스 버스**Flix Bus
M1 Mtociny역(약 30분 소요), 서역(약 55분 소요) 정차
홈피 www.flixbus.pl

❷ **기차**Koleje Mazowieckie
모들린 공항에서 전용 버스를 타고 Modlin역으로 가서 중앙역행 기차 환승(약 1시간 소요)
홈피 www.mazowieckie.com.pl

Tip **구시가지 프리워킹 투어 (Tip 투어)**

현지인 영어 가이드를 따라 구시가지를 걸으며 관광하는 프로그램이다. 구시가지에 관한 문화, 역사는 물론 흥미로운 뒷얘기까지 들을 수 있다. 유대인, 공산주의 투어도 있으니 관심 있는 사람은 참고하자. 투어 시간에 맞춰 미팅 포인트에 나타나면 되는데, 가이드가 우산을 들고 있다. 투어가 끝난 후 약간의 Tip을 주는 것이 좋고, 10zł 정도면 적당하다.

위치 M2 Nowy Świat-Uniwersytet 근처 코페르니쿠스Copernicus 동상 앞
운영 월·화 10:30, 수~일 10:30/14:30 (약 2시간 반 소요) *현재는 코로나로 인한 인원 제한 때문에 예약을 해야 한다.
홈피 www.freewalkingtour.com

시내교통 이용하기

바르샤바에서는 주로 버스나 메트로를 이용하게 되고, 트램을 이용할 일은 별로 없다. 구시가지 근처만 관광할 예정이면 1회권을 구입하는 게, 숙박을 하면서 와지엔키 공원, 빌라노우 궁전 등에 다녀올 계획이라면 24시간권을 구입하는 게 낫다. 간단히 말해 20분 이상 거리를 4번 이상 이동한다면 24시간권이 더 유리하다.

홈피 대중교통안내 www.wtp.waw.pl, 추천 교통 앱 Jakdojade

티켓 구입 방법 및 요금
티켓은 나이트버스 포함(추가 요금 없음) 모든 교통수단 공용이며, 정류장의 자동발매기(카드 사용 가능), 신문가판대, 우체국, 교통국 매표소, 버스나 신형 트램 안의 자동발매기에서 구입 가능하다. 만 26세 미만의 ISIC 국제학생증 소지자는 시내교통 50%의 할인혜택이 있다. 버스, 트램은 승차 후 기계에 펀칭해야 하며, 뒷면에 사용 가능 일시가 찍힌다. 지하철은 표를 넣고 개찰구를 통과하면 된다. 1 · 2존이 있지만 쇼팽 공항도 1존에 있으므로 일반적인 여행자는 1존 티켓을 구입하면 된다.

요금 **1존 기준** 20분권 3.4zł, 75분권 4.4zł(환승 가능), 90분권 7zł(환승 가능), 24시간권 15zł, 주말권(금 19:00~월 08:00 이용 가능) 24zł

❖ 메트로
우리나라의 전철 이용방법과 비슷하고, 시설도 깔끔하다. 1호선이 바르샤바의 남쪽과 북쪽을 오가고 2호선이 일부 개통해 운행 중이다. 운행시간은 대략 05:00~24:00이다.

홈피 www.metro.waw.pl

❖ 버스
가장 많이 타게 되는 교통수단이며, 쇼팽 공항, 중앙역, 구시가지 잠코비 광장을 가는 175번이 가장 유용하다. 운행시간은 05:00~23:00이다. 나이트버스는 N자로 시작하며, 일반버스가 운행하지 않는 시간에 운행한다. 대부분의 나이트버스가 중앙역을 지나며, 노선에 따라 30분~1시간 간격이다. 나이트버스는 정류장에서 손을 흔들어야 정차한다.

❖ 트램
1번부터 79번까지 약 50여 개의 노선이 있으며, 자정까지 운행한다.

❖ 택시
미터제로 기본요금 8zł, 운행요금 3zł/km(야간 할증 4.5zł/km)선이다. 차량의 외관에 택시회사 이름과 전화번호가 적혀 있는 것을 확인하고 타면 된다. 팁을 줄 의무는 없다.

전화 콜택시 MPT Radio Taxi 19191, Super Taxi 19661~2

트램

메트로역

유동환 175번 버스

TIP
바르샤바의 관광명소

바르샤바의 볼거리는 대부분 구시가지, 구시가지와 이어진 왕의 길Krakowskie Przedmieście, 신세계 거리Nowy Świat에 몰려 있고 도보로 이동이 가능하다. 문화과학궁전은 중앙역 근처에 있다. 시간이 촉박하다면 바로 구시가지로 향하면 된다. 바르샤바 시내는 하루 정도면 충분히 둘러볼 수 있지만, 외곽 지역의 와지엔키 공원이나 빌라노우 궁전에 들를 생각이라면 여유롭게 한나절이나 하루 정도 더 묵는 것이 좋다.

잠코비 광장 Plac Zamkowy (Castle Square)

관광명소

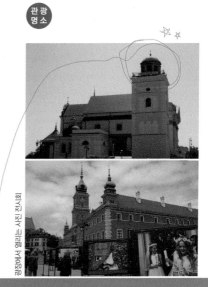

왕궁 광장이란 뜻의 잠코비 광장은 구시가지가 시작되는 곳이다. 가장 먼저 눈에 띄는 지그문트 컬럼Kolumna Zygmunt은 1596년 폴란드의 수도를 크라쿠프에서 바르샤바로 천도한 지그문트 3세를 기념해 1644년 세워졌다. 잠코비 광장엔 노천카페, 거리 예술가들과 관광객이 뒤섞여 생기가 흐르며, 저녁 무렵이면 다양한 공연이 펼쳐지기도 한다.

위치 중앙역 밖 Dw. Centralny 01 정류장(메리어트 호텔 앞)에서 175번 버스를 타고 Pl. Piłsudskiego 06 정류장에서 하차, 큰길인 Krakowskie Przedmieście를 따라 도보 5분

※ **구시가지 전망대**Taras Widokowy
광장 입구 오른쪽의 전망대에서 구시가지의 풍경을 감상해보자.
요금 일반 10zł, 학생 7zł(현금만 가능)

왕궁 Zamek Królewski
(The Royal Castle in Warsaw)

잠코비 광장 오른쪽의 붉은색 건물로, 과거 폴란드 군주의 거주지였다. 근대에 들어서는 대통령 관저로 쓰이기도 했으나 제2차 세계대전 당시 나치의 공습에 의해 완전히 파괴되고 만다. 전쟁이 끝난 후, 전 세계 폴란드인의 기부와 시민들의 자원봉사에 힘입어 왕궁이 복원되었다. 내부는 왕궁 박물관으로 쓰여 왕실의 방, 회화 및 조각 컬렉션 등이 있는데, 특히 회화 컬렉션에 렘브란트의 〈액자 속의 소녀The Girl in a Picture Frame〉(1641), 〈책상에 앉은 학자A Scholar at a Writing Desk〉(1641)가 소장돼 있다.

운영 화~일 10:00~18:00
(비수기 ~17:00, 월·공휴일 휴무)
요금 일반 40zł, 학생 30zł, 수요일 무료
전화 355 5170
홈피 www.zamek-krolewski.pl

성당 뒤편엔 소원의 종
Dzwon na Kanonii(The Wishing Bell)이 있다.
종의 윗부분에 손을 대고 세 바퀴를 돌거나
종을 만진 채로 소원을 빌면 된다.

성 요한 대성당
Katedra św. Jana (Cathedral of St. John)

관광명소 로컬명소

14세기에 세워진 바르샤바에서 가장 오래된 성당으로, 붉은 벽돌과 유리를 사용해 뾰족하게 만든 삼각형 지붕이 시선을 사로잡는 곳이다. 폴란드 왕들의 결혼식, 대관식이 열렸으며, 지하에는 폴란드 위인들의 묘지가 있어 성당의 위엄을 더한다.

주소 Świętojańska 8
위치 잠코비 광장에서 도보 3분
요금 무료
전화 831 0289
홈피 www.katedra.mkw.pl

구시가지 광장 Rynek Starego Miasta
(Old Town Market Place)

구시가지의 구심점이 되는 중요한 광장으로, 바르샤바에서 가장 오래된 지역이라 중세시대의 풍경을 엿볼 수 있다. 이곳 역시 나치에 의해 파괴되었으나 예전 모습 그대로 복원되었다. 바르샤바의 상징인 인어 동상 앞에서 기념촬영을 하는 사람들과 거리예술가들로 늘 분주하며, 노천카페와 관광안내소, 기념품점 등이 몰려 있다.

위치 성 요한 대성당에서 도보 3분

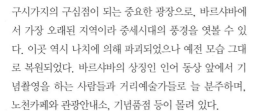

바르샤바 역사박물관 Muzeum Warszawy (Historical Museum of Warsaw)

바르샤바의 역사를 기록한 박물관으로 1936년 건립되었다가 제2차 세계대전을 겪은 이후 1954년 재개관했다. 폐허가 된 바르샤바의 모습부터 도시 재건에 이르기까지 풍부한 자료들을 만날 수 있다. 고문서, 회화, 예술품, 도면, 사진 등 전시물이 25만여 점에 이른다. 전시는 상설 전시와 단기 전시로 나뉘며, 단기 전시 정보는 홈페이지에 올라온다. 인터넷 예매도 가능하다.

주소 Rynek Starego Miasta 28-42
운영 화·수·금 09:00~17:00, 목 09:00~19:00,
토·일 11:00~18:00(월·공휴일 휴무)
요금 일반 20zł, 학생 15zł, 목요일 무료
전화 277 4402
홈피 www.muzeumwarszawy.pl

& 인어의 도시 바르샤바

인어는 바르샤바의 문장과 각종 기념품에서도 볼 수 있을 정도로 명실 공히 바르샤바의 마스코트이다. 세간엔 두 가지 버전의 인어 전설이 있는데, 어느 편이 더 그럴듯한지 각자 판단해보자.

1. 바르샤바를 가르는 비스와 강에서 바르스Wars라는 어부가 사바Sawa라는 이름의 인어를 낚게 되었고, 둘이 결혼해 낳은 자손들이 만든 도시가 바르샤바가 되었다.

2. 발트 해에 살던 인어 자매가 모험을 떠났는데, 그중 언니는 덴마크 코펜하겐에(이 인어 동상도 유명하다!), 동생은 바르샤바에 정착하게 되었다. 이 소문을 들은 한 상인이 인어의 아름다운 노래를 팔면 큰돈을 벌 것이라 생각해 인어를 잡아 가뒀다. 인어는 매일 밤 구슬픈 목소리로 풀어달라고 애원했고, 이를 들은 한 어부의 아들이 친구들과 함께 인어를 구해준다. 은혜를 입은 인어는 그들이 어려움에 처했을 때 도와주기로 서약한다. 그래서 바르샤바의 인어는 도시의 수호신이 되었다.

바르바칸 Barbakan (Barbican)

관광
명소

U자 모양으로 지어진 바르바칸은 1540년에 완공된 요새로, 제2차 세계내선 당시 파손됐으나 1956년 현재의 모습으로 복원됐다. 이때 다른 도시의 역사적 건물들을 철거할 때 나온 벽돌을 사용했다고 한다. 오른쪽 성벽으로 난 산책로를 따라가면 전망대가 있는데, 비스와 강 건너 성벽 바깥의 신시가지를 조망할 수 있다.

바르바칸을 지나 왼쪽 성벽을 따라가다 보면 꽃과 초가 놓인 작은 반란군 동상Maly Powstaniec이 보인다. 바르샤바 봉기에서 맞서 싸우다 희생된 소년병과 어린이들을 기리는 동상으로 머리보다 훨씬 큰 헬멧을 쓴 채 기관총을 든 모습이다.

위치   구시가지 광장에서 도보 1분

1944년 바르샤바 봉기 때 소년 병사를 기리는 작은 반란군 동상

폴란드의 자랑, 마리 퀴리

바르샤바에서 태어난 마리 스쿼도프스카(1867.11.7~1934.7.4)는 여자가 대학을 갈 수 없었던 폴란드를 떠나 프랑스 파리로 유학, 프랑스 과학자 피에르 퀴리와 결혼하며 프랑스인이 되었다. 퀴리 부부는 방사선 물질에 대한 연구에 천착했고, 라듐과 폴로늄을 발견한 공로로 1903년 노벨 물리학상을 받는다. 남편의 사후에도 연구를 계속한 마리 퀴리는 1911년 라듐, 폴로늄 관련 연구로 다시 노벨 화학상을 수상한다. 그녀는 첫 여성 노벨상 수상자였으며, 파리의 명문 소르본 대학의 첫 여성 교수였다. 사후에도 여성으로서는 최초로 위인들이 안장되어 있는 파리 팡테온 신전에 안치되었다. 비록 프랑스인으로 연구 활동을 했지만 자신이 발견한 신 물질에 폴란드의 이름을 따 폴로늄이라는 명칭을 붙일 만큼 그녀는 고향에 대한 애착이 컸다. 이렇듯 위대한 업적과 애국심을 보인 마리 퀴리에 대한 폴란드인의 자부심은 매우 특별하다.

마리 퀴리 박물관
Muzeum Marii Skłodowskiej Curie
(Marii Curie Museum)

박물관

마리 퀴리의 탄생 100주년인 1967년, 마리 퀴리의 생가를 박물관으로 꾸몄다. 내부엔 그녀가 쓰던 실험도구와 물건 등이 소박하게 전시되어 있다.

주소 Freta 16
위치 바르바칸 성문을 통과해 직진한 후 오른편
운영 화~토 12:00~18:00(월·일요일 휴무)
요금 일반 11zł, 학생 6zł, 화요일 무료
전화 831 8092
홈피 www.mmsc.waw.pl

바르샤바 봉기 기념비
Pomnik Powstania Warszawskiego
(Warsaw Uprising Monument)

관광명소

바르샤바 봉기 45주년을 맞아 1989년에 선보인 기념비다. 기념비는 두 부분으로 나뉘어 있는데, 시민군들이 적극적으로 전투에 임하는 모습과 하수도에서 버티기 위해 맨홀로 들어가는 모습을 형상화했다. 기념비 뒤편의 건물은 대법원이다.

위치 마리 퀴리 박물관에서 도보 5분

→ 대법원

대통령궁
Pałac Prezydencki
(Presidential Palace)

1643년에 건축되어 여러 귀족 가문들의 저택으로 쓰이다 수차례의 재건을 거쳤다. 1818년 건물이 정부의 소유가 되면서 현재의 모습으로 바뀌었는데, 제2차 세계대전 당시 독일군이 건물을 점령하며 파괴를 면했다. 1994년부터 대통령궁으로 사용되기 시작했고, 내부엔 들어갈 수 없다. 건물 정면엔 폴란드 제국의 장군이었던 유제프 포니아토프스키 왕자의 기마 동상이 있다.

주소 Krakowskie Przedmieście 48/50
위치 잠코비 광장 입구에서 왕의 길을 따라 도보 5분
홈피 www.president.pl

바르샤바 대학교
Uniwersytet Warszawski
(University of Warsaw)

1816년에 설립된 국립대학교로 폴란드 최고의 명문 대학이다. 쇼팽이 수학한 곳으로도 유명하다. 각 단과 대학들은 바르샤바 시내에 퍼져 있고, 메인 캠퍼스엔 총장실이 있는 카지미에시 궁전, 도서관과 강당, 정원 등이 있다. 메인 캠퍼스 규모는 그리 크지 않으니 잠시 산책하며 여유를 가져보길 추천한다.

주소 Krakowskie Przedmieście 26/28
위치 대통령궁에서 도보 5분
홈피 www.uw.edu.pl

성 십자가 교회 Kościół Świętego Krzyża
(Holy Cross Church)

쇼팽의 심장이 있는 곳으로 유명한 가톨릭교회. 1830년 폴란드 혁명과 러시아군의 진압 때문에 고국으로 돌아오지 못한 쇼팽은 '심장만은 조국 폴란드에 묻어 달라'는 유언을 남겼다. 그의 누이가 쇼팽의 심장을 가져와 이곳에 안치했고, 교회 내부 기둥에서 그 흔적을 찾아볼 수 있다.

주소 Krakowskie Przedmieście 3
위치 바르샤바 대학교 맞은편
운영 06:00~20:00   요금 무료
홈피 www.swkrzyz.pl

쇼팽의 심장

쇼팽 박물관 Muzeum Fryderyka Chopina
(Fryderyk Chopin Museum)

박물관

쇼팽이 사용했던 피아노, 악보, 물건, 편지, 사진 등을 전시한 박물관. 지하 1층은 음악 감상실, 1·2층은 전시관, 3층은 콘서트홀로 쓰인다. 알찬 전시목록에 동영상, 터치스크린 등 현대적인 기술을 결합한 시스템이 인상적이다.

주소 Okólnik 1
위치 신세계 거리에서 Ordynacka
　　 거리를 따라 도보 5분
운영 월~금 09:00~17:00, 토 09:00~14:00
　　 (일요일, 신정, 부활절, 성체축일,
　　 12월 24~26 · 31일 휴무)
요금 일반 23zł, 수요일 무료
전화 441 6274
홈피 www.chopin.museum

쇼팽 콘서트 포스터

쇼팽의 피아노

매표소는 박물관
앞 건물에 있다.

🎵 쇼팽을 좋아하세요?

바르샤바에서 태어난 프레데리크 쇼팽Frédéric Chopin(1810.3.1~1849.10.17)은 폴란드를 대표하는 세계적인 음악가이다. 뛰어난 작곡가이자 걸출한 피아니스트였던 그는 자신만의 독자적인 스타일로 약 200여 곡의 피아노 연주곡을 작곡했고, 자유로운 구조의 리듬과 페달의 사용 등으로 후세의 피아노 연주법에도 큰 영향을 끼쳤다. 수도의 메인 공항에 쇼팽이라는 이름을 붙일 정도니 폴란드가 얼마나 그를 자랑스러워하는지 알 수 있다.
공항뿐 아니라 바르샤바 곳곳에서 쇼팽의 흔적을 찾을 수 있는데, 클래식 애호가나 쇼팽의 팬이라면 그의 발자취를 한 번 따라가 보자.

① 성 십자가 교회에서 쇼팽의 심장 만나기 → ② 쇼팽이 공부했던 바르샤바 대학교 거닐기 → ③ 쇼팽 박물관에서 쇼팽의 흔적과 음악 감상 → ④ 와지엔키 공원 쇼팽 동상 기념촬영 및 무료 피아노 콘서트 관람(p.426 참고)

쇼팽 벤치

※ 바르샤바 관광지 근처를 걷다 보면 종종 까만 석조 벤치를 볼 수 있다. 일명 '쇼팽 벤치'로, 쇼팽 탄생 200주년을 기념해 2010년 선보였다. 벤치는 총 15개로 쇼팽과 관련된 장소인, 잠코비 광장으로 향하는 Miodowa 거리, Krasińskich 광장, 성 십자가 교회 앞, 쇼팽 박물관 정원, 와지엔키 공원 쇼팽 동상 옆 등에서 벤치를 찾아볼 수 있다. 윗면엔 각 장소와 관계된 설명 및 '쇼팽 루트'가 새겨져 있다. 벤치의 옆면엔 '바르샤바의 쇼팽, 쇼팽의 바르샤바'라 적혀 있어 시민들이 쇼팽을 얼마나 사랑하는지 느껴진다. 동그란 은색 버튼을 누르면 30초간 쇼팽의 음악이 나오며, QR 코드를 스캔하면 쇼팽에 관한 자료를 다운받을 수 있는 최첨단 벤치지만 가끔 고장 난다.

문화과학궁전 Pałac Kultury i Nauki
(Palace of Culture and Science)

스탈린이 폴란드에 선물을 주겠다며 지은 건물로 1955
년 완공되었다. 전형적인 공산주의 스타일의 거대한 건물
인데, 높이 234m, 총 37층으로 바르샤바에서 가장 높아
바르샤바 시민들의 의사와는 상관없이 도시의 랜드 마크
가 돼버렸다. 건물 내부의 3천 개가 넘는 방들엔 과학 아
카데미, 과학박물관, 회의장, 극장, 고급 레스토랑 등 다
양한 시설들이 들어서 있다. 건물 외벽엔 여러 공산국가
의 투사들을 새긴 인물상이 있는데 북한 여성의 모습도
보인다. 관광객이 볼 만한 곳은 30층의 전망대다. 문화과
학궁전이 보이지 않기 때문에 이 전망대가 바르샤바를 조
망하기 가장 좋은 곳이라는 농담이 있는 걸 보면, 문화과
학궁전에 대한 시민들의 시선을 짐작할 수 있다.

주소 Plac Defilad 1
운영 전망대 10:00~20:00
전화 656 7600

위치 중앙역에서 도보 5분
요금 **전망대** 일반 25zł, 학생 20zł
홈피 www.pkin.pl

게토 영웅 기념비 Pomnik Bohaterów Getta
(Monument to the Ghetto Heroes)

게토 영웅 기념비는 바르샤바 게토 봉기 희생자들의 넋을
위로하는 추모비로, 하마터면 히틀러의 전승 기념비로 제
작될 뻔했다. 1970년 12월, 서독의 브란트 총리가 이 기
념비 앞에서 무릎을 꿇은 채 사죄하며 용서를 빌었다.

주소 Ludwika Zamenhofa
위치 구시가지에서 도보 약 25분,
      또는 111, 180번 버스 이용
      *기념비 앞에 폴란드 유대인 역사박물관인
      Polin Museum이 있다.

plac Krasińskich에도 기념비가 있다.

게토 영웅 기념비
근처에 있는
브란트 총리의
사죄 장면 조각상

바르샤바 봉기 박물관
Muzeum Powstania Warszawskiego
(Warsaw Uprising Museum)

관광
명소

바르샤바 봉기 60주년을 기념해 2004년 개장한 박물관으로, 트램 전기 발전소 건물을 개조했다. 바르샤바 봉기 관련 자료를 기록하고 기억하며 그 의의를 되새기는 곳으로, 바르샤바에 왔다면 꼭 한 번 방문해봐야 한다. 1층으로 들어서면 쿵쿵거리는 음악이 흘러 마치 전시의 비장함과 긴박함이 느껴지는 듯하다. 지하 벙커를 연상케 하는 어두운 조명 아래 실제로 전쟁에 쓰였던 전투기가 놓여 있고, 시민군들이 썼던 무기와 통신 기기, 건물 잔해, 편지, 사진, 생존자들의 인터뷰 등이 전시돼 있다. 이를 통해 당시 바르샤바 시민군들의 삶과 죽음, 무참히 파괴돼버린 바르샤바의 참상을 생생히 목격할 수 있다.

주소 Grzybowska 79
위치 M2 Rondo Daszyńskiego역에서
　　　도보 4분 또는 버스 106번,
　　　트램 1·9·11·22·24번을 이용해
　　　Muzeum Powstania
　　　Warszawskiego 정류장 하차
운영 월·수~금 09:00~18:00,
　　　토·일 10:00~18:00(화요일, 신정, 1월 6일,
　　　부활절, 성체축일, 11월 1일, 12월 24·25일
　　　휴무)
요금 일반 25zł, 학생 20zł, 월요일 무료
전화 539 7905
홈피 www.1944.pl

& 바르샤바 봉기

독일의 지배를 받고 있던 폴란드인들은 독일의 세력이 약해지고, 소련이 바르샤바의 문턱까지 치고 올라오자 폴란드의 독립을 위해 1944년 8월 1일 무장봉기를 일으켰다. 처음엔 시민군이 승기를 잡는 듯 보였으나 독일의 중무장 지원 병력이 도착하며 양상이 바뀌었다. 게다가 소련이 폴란드를 소련의 위성국가로 만들기 위해 시민군을 전혀 돕지 않으면서 바르샤바는 고립돼버린다. 진압에 나선 독일군은 무고한 시민들을 학살하고 폭격과 화염을 퍼부으며 바르샤바를 무참히 파괴한다. 시민군은 하수도에까지 숨어들며 버텼지만 10월 2일 바르샤바 봉기는 막을 내리고 만다. 두 달여간 바르샤바 시민과 시민군 20만 명 이상이 희생된 것으로 추정되며, 바르샤바 구시가지의 85%가 폐허로 변했다. 이후 공산주의 시대엔 바르샤바 봉기에 관한 기록이 검열, 삭제되었다가 1989년 폴란드가 민주국가가 되면서 바르샤바 봉기에 대한 재평가가 이뤄졌다.

와지엔키 공원
Łazienki Królewskie (Royal Baths Park)

18세기 후반 폴란드의 마지막 왕인 포니아톱스키에 의해
만들어진 공원. 귀족들이 사냥을 마친 후 이곳에서 목욕
을 했다 하여 '목욕탕'이라는 뜻의 이름이 붙었다. 무력한
왕이었던 그는 현실에서 벗어나고자 공원을 가꾸는 데
몰두했고, 그 결과 푸른 숲 사이로 호수와 수상 궁전, 장
미 정원, 식물원, 노천극장 등이 어우러진 아름다운 공원
을 남겼다. 공원 초입에는 쇼팽 동상과 호수가 있는 쇼팽
정원이 있는데, 매년 5~9월의 일요일에 무료 피아노 콘
서트가 열린다. 현지인들에게도 인기가 좋아 자리 경쟁
이 치열하다.

위치 잠코비 광장 앞 왕의 길Krakowskie
Przedmieście 또는 신세계 거리Nowy Świat에서
116·180번 버스를 타고 Łazienki
Królewskie 하차. 약 20분 소요
운영 해가 뜬 후 질 때까지
홈피 www.lazienki-krolewskie.pl
※ 쇼팽의 피아노 콘서트 일정은
홈페이지에 올라온다.

쇼팽 동상 & 공원에서
쉽게 볼 수 있는 공작새

아름다운 빌라노프 궁전 전경

빌라노우 궁전
Pałac Wilanowie (Wilanow Palace)

이슬람교도들의 침략 속에서 유럽 기독교 문명을 지켜낸 얀 소비에스키 3세의 여름 별궁이다. 프랑스 왕
가 출신 왕비를 위해 베르사유 궁전을 본떠 만들어서, 화사한 바로크 양식의 궁전 건물을 프랑스식 정원이
감싸고 있는 형태이다. 시내와는 떨어져 있어 제2차 세계대전의 피해를 입지 않았다. 복잡한 시내를 벗어
나 호젓한 기분을 만끽할 수 있는 곳이다. 공원은 시기에 따라 운영시간이 달라지니 홈페이지를 확인하자.

위치 잠코비 광장 앞 Krakowskie Przedmieście 길 또는
신세계 거리에서 116·180번 버스를 타고 종점인
Wilanow에서 하차. 약 40분 소요.
와지엔키 공원에서는 약 20분 소요
운영 궁전 수~월 10:00~16:00(화·공휴일 휴무)
공원 4월 09:00~20:00, 5~8월 09:00~21:00,

9월 09:00~19:00, 10월 09:00~16:00,
11~3월 09:00~15:00
요금 궁전(공원 포함) 일반 35zł, 학생 28zł, 목요일 무료
공원 일반 10zł, 학생 5zł, 목요일 무료
홈피 www.wilanow-palac.pl

바르샤바의 레스토랑 & 카페

대체로 적당한 가격에 음식의 양이 푸짐한 편이며, 레스토랑과 카페는 사람들이 많은 구시가지, 신세계 거리 등에 많이 몰려 있다. 폴란드식 피자인 자피에칸카 Zapiekanka나 케밥 등 길거리 음식도 저렴하게 한 끼를 때우기 좋다.

요금(1인 기준, 음료 불포함) 30zł 미만 € | 30~50zł 미만 €€ | 50zł 이상 €€€

폴란드식 샐러드

아이올리 Aioli

레스토랑

감각적인 분위기에 저렴하고 맛있는 음식으로 늘 대기가 있는 식당이다. 파스타, 피자, 햄버거, 육류, 해산물, 디저트, 각종 음료와 술 등의 메뉴가 있다. 아침, 점심시간엔 할인이나 세트가 있고, 밤엔 바로 변신한다.

주소 Świętokrzyska 18
위치 코페르니쿠스 동상에서 도보 5분
운영 월~목·일 09:00~24:00, 금·토 09:00~01:00
요금 예산 €
전화 518 819 302
홈피 aioli.com.pl

©Aioli

자피에첵 Zapiecek

레스토랑

폴란드 음식 체인점으로 구시가지와 신세계 거리에도 지점이 있어 접근성이 좋다. 부담 없이 폴란드 음식을 맛볼 수 있는 곳으로, 피에로기, 골롱카, 립, 수프 등의 메뉴가 인기다. 귀여운 폴란드 그릇을 사용해서 보는 즐거움이 있다.

주소 Krakowskie Przedmieście 55
위치 잠코비 광장에서 도보 5분
운영 월~목·일 11:00~23:00, 금·토 11:00~24:00
요금 예산 €€
전화 692 7204

밀크 바가 뭐죠?

밀크 바Bar Mleczny는 폴란드가 공산국가였던 1960년대 중반, 구내식당이 없었던 노동자들을 위해 폴란드 당국에서 만든 식당이다. 고기는 배급제였기 때문에, 밀크 바에선 주로 유제품과 채소로 만든 음식이 나와서 이런 이름이 붙었다. 노숙자부터 교수까지 다양한 부류의 사람들이 이용하며, 식당의 특성상 합석은 기본이다. 푸드 코트처럼 메뉴를 보고 주문과 계산을 한 뒤, 음식을 먹고 그릇을 반납하면 된다.

고스치이네츠 폴스키 피에로기
GOŚCINIEC Polskie Pierogi

폴란드식 만두인 피에로기를 메인으로 수프나 구이 메뉴 등을 판매하는 식당이다. 폴란드 전통의상을 입은 친절한 직원들의 응대를 받을 수 있으며, 아기자기하고 아늑하게 꾸며져 있다. 작은 반란군 동상 앞과 신세계 거리에도 지점이 있어 관광 중에 편하게 방문할 수 있다.

주소   Krakowskie Przedmieście 29
위치   잠코비 광장을 등지고 직진 5분
운영   일~목 11:00~22:00, 금·토 11:00~23:00
요금   예산 €€
전화   273 6936
홈피   www.gosciniec.waw.pl

홈피 하우스 카페

무지넥 Murzynek

구시가지 광장에서 바르바칸 쪽으로 나가는 길에 있어 잠깐 들러 쉬어갈 수 있는 카페. 파스타, 샐러드, 팬케이크 같은 간단한 식사류와 음료를 판매한다. 가판대에서 아이스크림이나 와플도 사 먹을 수 있다.

주소   Nowomiejska 1/3   위치 구시가지 광장 근처
운영   일~목 10:00~22:00, 금·토 10:00~23:00
요금   예산 €   전화 831 4011

포드 삼소넴 Pod Samsonem

1958년 문을 연 유대인 요리 레스토랑으로 폴란드 전통 요리도 판다. 정갈하고 아늑한 분위기이며 저렴한 가격에 맛있는 음식을 즐길 수 있는 곳. 유대인 음식이 낯설 경우, 메뉴판의 추천 인기 메뉴에서 고르면 실패가 없다.

주소   Freta 3   위치 마리 퀴리 박물관 근처
운영   10:00~22:00
요금   예산 €€   전화 831 1788

피아니아 츠콜라드 에 베델
Pijalnia Czekolady E.Wedel

슈퍼에서 볼 수 있는 폴란드의 유명 초콜릿 브랜드 베델
에서 운영하는 초콜릿 디저트 카페. 각종 초콜릿 디저트
를 맛볼 수 있으며, 그중 찐득한 클래식 핫 초콜릿(S 사
이즈)이 베스트셀러다. 다양한 종류와 포장의 초콜릿도
판매하니 단 것을 좋아하는 사람에겐 천국인 곳.

주소 Krakowskie Przedmieście 45
위치 잠코비 광장을 등지고 직진 5분
운영 일~목 10:00~22:00, 금·토 10:00~23:00
요금 예산 €
전화 828 4288
홈피 www.wedelpijalnie.pl

베델 초콜릿은
슈퍼에서도 판매한다.

신세계 거리 Nowy Świat (New World Street)

잠코비 광장을 등지고 직진하다 코페르니쿠스 동상을 지
나면 시작되는 거리로 다양한 레스토랑과 카페, 옷가게,
뷰티숍 등이 모여 있는 바르샤바 최고의 쇼핑 거리. 바르
샤바 젊은이들의 집결지여서 언제나 활기찬 분위기다.

위치 잠코비 광장에서 도보 15분
M2 Nowy Świat-Uniwersytet역

골든 테라스 Złote Tarasy (Golden Terrace)

골든 테라스

중앙역 옆에 있는 대형 쇼핑몰로, 거품이 흐르는 듯한 유
리 외관이 인상적이다. 다양한 종류의 레스토랑과 카페,
옷가게 및 뷰티숍, 클럽, 영화관 등의 구경거리가 있다.
약국과 환전소, 은행, 안경점, 통신사, 여행사 등의 편의
시설도 많고, 지하로 내려가면 까르푸 슈퍼가 있다.

주소 Złota 59
위치 중앙역 옆
운영 월~토 09:00~22:00,
     일 09:00~21:00
전화 222 2200
홈피 www.zlotetarasy.pl

호스텔 헬베티아 Hostel Helvetia

호스텔

코페르니쿠스 동상 근처 골목에 있어 구시가지, 신세계 거리가 가깝다. 오래된 호텔을 개조한 곳으로, 내부가 널찍하고, 주방, 샤워시설 등이 잘 갖춰져 있다. 개인실은 2~3인실, 도미토리는 3~8인실로 운영한다. 헬베티아 Plus라는 개인실 전용 숙소도 운영한다.

주소 Sewerynów 7
위치 중앙역 근처 메리어트 호텔 앞 정류장에서 128, 175번 버스를 타고 Uniwersytet 정류장 하차, 도보 5분
요금 예산 €
전화 609 020 145
홈피 www.hostel-helvetia.pl

오키 도키 올드타운 호스텔

호스텔 헬베티아

오키 도키 올드타운 호스텔
Oki Doki Old Town Hostel

호스텔

구시가지 바르바칸 근처에 있어 위치가 매우 좋다. 여성, 혼성 도미토리와 싱글, 더블룸 등 개인실을 운영하며 침대마다 개인등과 콘센트, 카드식 사물함 등이 있다. 공간이 널찍한 편이고, 정원과 바, 주방, 엘리베이터를 이용할 수 있다. 조식은 유료다.

주소 Długa 6
위치 중앙역 근처 Dw. Centralny 12 정류장에서 160번 버스를 타고 Metro Ratusz-Arsenał 09 정류장에서 하차, 도보 10분
요금 예산 €
전화 635 0763

레지던스 세인트 앤드류 팰리스
Residence St. Andrew's Palace

중앙역 근처에 있는 레지던스 호텔이다. 1명부터 최대 5명까지 묵을 수 있는 아파트형 숙소로, 각 룸마다 주방이 있어 가족이나 일행이 있는 여행자들에게 추천한다. 리셉션, 다리미, 모닝콜, 객실 청소 등 호텔 서비스도 똑같이 받을 수 있다. 룸이 널찍하고 깔끔하며, 조식(유료)이 훌륭하다.

주소 Chmielna 30
위치 중앙역에서 도보 15분
요금 예산 €€　　　　전화 826 4640
홈피 www.residencestandrews.pl

© Residence St. Andrew's Palace

레지던스 세인트 앤드류 팰리스

햄프턴 바이 힐튼 바르샤바 시티 센터
Hampton by Hilton Warsaw City Centre

중앙역 근처에 있는 호텔로, 힐튼의 하위 브랜드 호텔이다. 내부는 파스텔 톤을 이용해 감각적으로 꾸며져 있으며, 꼭 필요한 시설들이 심플하게 구비되어 있다. 좋은 위치와 합리적인 가격, 맛있는 조식이 매력이다.

주소 Wspólna 72
위치 중앙역에서 도보 7분
요금 예산 €€
전화 317 2700
홈피 hamptoninn3.hilton.com

호텔 브리스톨 Hotel Bristol

구시가지와 바르샤바 대학 사이에 있는 호텔. 바르샤바 구시가지의 랜드 마크일 정도로 유명한 호텔이다. 고풍스러운 외관이 눈길을 사로잡는데, 내부는 조용하고 단정하게 꾸며져 있다.

주소 Krakowskie Przedmieście 42/44
위치 116, 178, 180, 222번 버스가
　　 Hotel Bristol 정류장에 선다.
요금 예산 €€€
전화 551 1000
홈피 www.hotelbristolwarsaw.pl

폴란드인들의 종교적 심장부 **쳉스토호바**

쳉스토호바Częstochowa는 쳉스토하우Czenstochau라 부르기도 하며, 가톨릭 국가라고 해도 과언이 아닌 폴란드의 종교적 중심지이다. 이는 14세기에 세워진 야스나 고라 수도원 덕분인데, 이 수도원에는 성 요셉이 만든 나무 식탁 위에 성 루가가 그린 성모 마리아의 성화가 있다. 이것이 유명한 〈검은 성모상Matki Boskiej(Black Madonna)〉이며, 폴란드가 위기에 빠졌을 때마다 기적을 일으켜 나라를 구해준 민족의 수호신으로 추앙받는다. 이 성화를 영접하기 위해 국내외에서 수많은 순례자들이 쳉스토호바를 찾는다. 사실상 볼거리는 수도원뿐이므로 반나절 정도를 할애하면 충분하다.

위치 바르샤바와 크라쿠프 중간에 있다. 바르샤바에서는 약 4시간, 크라쿠프에서는 약 2시간이 소요되는데, 바르샤바와 크라쿠프 이동 중 들르는 게 가장 좋은 방법이다. 매표소에서 기차표를 예매할 때 미리 말하면 쳉스토호바에 들를 수 있게 표를 끊어준다. 기차역에 짐 보관함이 있으니 짐을 넣어두고 수도원에 다녀오면 된다. 기차역에서 나와 길을 건너 오른쪽으로 직진하다 사거리가 나오면 좌회전한다. Aleja Najświętszej Maryi Panny라는 대로 끝에 수도원이 크게 보이니 길을 따라가면 된다. 도보 약 25분 소요

쳉스토호바 기차역

more info & 쳉스토호바 관광안내소

관광객, 순례자들에게 수도원 및 관광 정보를 제공한다. 수도원 안에도 작은 안내소가 있다.

주소 Aleja Najświętszej Maryi Panny 65
위치 수도원으로 향하는 길 왼쪽
운영 월~토 08:00~16:00(일요일 휴무)
홈피 www.cze stochowa.pl

관광명소

❶ 야스나 고라 수도원 Jasna Góra (Jasna Góra Monastery)

요한 바오로 2세 교황을 배출한 폴란드엔 수많은 가톨릭 문화유산이 있다. 그중 〈검은 성모상〉이 있는 야스나 고라 수도원은 대표적인 성지로 꼽힌다. 1382년, 폴란드의 오폴치크 Władysław 공작의 초청으로 함께 온 16명의 수도사들이 '밝은 언덕'이라는 뜻의 야스나 고라 언덕에 세운 수도원으로, 오폴치크가 가져온 〈검은 성모상〉이 기적을 일으키며 성지가 되었다. 1656년 스웨덴의 침략으로부터 수도원을 구해준 이후 얀 카지미에슈 왕은 성모상을 폴란드의 수호신으로 선포했다. 1920년 러시아 군이 공격했을 때에도 구름 속에 나타난 성모의 모습에서 두려움을 느낀 러시아군이 패배했다는 이야기도 있다. 교황 요한 바오로 2세는 1979년 교황 선출 이후 수도원을 찾아 성모상에 감사기도를 올렸고, 이를 계기로 수도원이 세계에 널리 알려지게 되었다. 수도원 내에서 가장 중요한 곳은 역시 검은 성모 예배당이며, 박물관, 보물관, 도서관, 탑, 무기고 등이 둘러볼 만하다.

홈피 www.jasnagora.pl

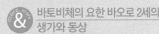
바토비체의 요한 바오로 2세의 생가와 동상

좌 바토비체의 요한 바오로 2세 생가
우 바토비체의 요한 바오로 2세 동상

❷ 검은 성모 예배당
Kaplica Cudownego Obrazu Czarnej Madonny Matki Bożej

〈검은 성모상〉은 4세기 성녀 헬레나가 예루살렘에서 발견해 콘스탄티노플, 벨즈를 거쳐 폴란드로 왔다는 기록이 있다. 크라쿠프에 보관되었던 성모상은 1382년 타타르군의 침공 시 목 부위에 화살을 맞아 상처를 입게 되었다. 이에 라디스와브 왕은 자신의 고향인 오폴레로 성모상을 옮기려 했으나 마차를 끄는 말의 발이 움직이지 않았다. 이를 하늘의 계시라 생각하고 야스나 고라 성당에 성모상을 안치했다. 1430년엔 후스의 추종자들이 성모상을 파괴하려고 칼을 두 번 휘둘렀는데 그들이 세 번째 칼을 들자마자 갑자기 쓰러져 고통스럽게 죽었으며, 이때 난 두 번의 칼자국이 지금도 성모상에 남아 있다. 그 상처들을 없애려 수차례 복원 작업을 했으나 매번 다시 선명한 칼자국이 생겨났다고 한다. 성모상의 피부가 검은색인 이유는 여러 설이 있는데, 제단 위 초의 그을음에 오래 노출되어 착색된 것이라는 설이 가장 유력하다. 성당 내부는 봉헌된 보물들로 가득하다. 성모의 은혜로 병이 나았다고 믿는 신자들이 바친 목발과 여러 장기의 모양을 본떠 만든 보물들이 특히 이채롭다. 얼마나 많은 사람들이 이 〈검은 성모상〉에 의지하고 있는지를 알 수 있는 대목이다. 성모상은 검은 천으로 가려져 있고, 제단은 철창으로 보호하고 있다. 성모상은 미사 시간에만 공개하는데, 미사는 하루에 10여 차례 정도 치러지니 천주교 신자가 아니더라도 꼭 참석해보자. 간절한 표정으로 몸을 낮춰 기도하는 사람들의 모습을 보면 저절로 경건한 마음이 든다.

주소 ul. o. A. Kordeckiego 2
운영 월~토 06:00~18:30(미사 9회),
　　　일·가톨릭축일 06:00~20:00(미사 11회)
　　　*자세한 시간은 홈페이지 참조
전화 34 377 7777

검은 성모상

2

역사와 문화가 살아 숨 쉬는 곳
크라쿠프
Kraków (Krakow)

크라쿠프는 폴란드에서 가장 오래된 도시로, 폴란드 왕국이 등장하기 전인 8세기에 세워진 것으로 추정된다. 1596년 지그문트 3세가 바르샤바로 천도하기 전까지 500년 동안 폴란드의 수도이기도 했다. 크라쿠프는 정치뿐 아니라 문화, 학문, 상업의 중심지로 유럽에서 명성을 떨쳤기 때문에 도시 전체가 유네스코 세계유산에 선정될 정도로 가치 있는 곳이다. 바르샤바와 달리 크라쿠프는 제2차 세계대전 당시 시가지의 파괴를 겪지 않았는데, 바로 크라쿠프가 나치 군대의 주둔지였기 때문이다. 덕분에 왕궁과 유럽에서 두 번째로 오래된 야기엘론스키 대학, 중앙시장 광장 등의 소중한 유적들이 무사할 수 있었으니 참으로 아이러니한 일이다.

크라쿠프를 찾아야 할 이유가 비단 시내에만 있는 건 아니다. 거대한 규모의 비엘리치카 소금광산, 유대인의 참상이 그대로 남아 있는 오슈비엥침에 방문하기 위해 오늘도 전 세계인들이 크라쿠프를 찾는다.

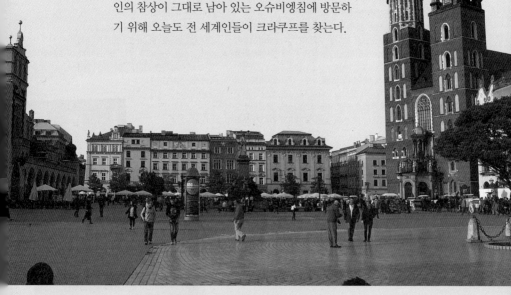

외곽 지역의 비엘리치카 소금광산, 오슈비엥침을 제외하면 크라쿠프 시내는 도보로 이동이 가능하며, 약 5.3km 정도를 걷게 된다. 시내는 구시가지에서 시작해 바벨 성으로 이동하면 된다. 그러나 성수기엔 바벨 성의 표가 매진되기도 하니, 바벨 성을 구석구석 돌아보고 싶다면 루트를 수정해 바벨 성을 오전 이른 시간에 넣고 이후 구시가지 쪽으로 이동하도록 하자. 시간이 여유롭다면 바벨 성 동쪽의 유대인 지구인 카지미에슈에 들러보는 것을 추천한다. 크라쿠프 시내 관광은 하루 정도면 적당하다.

약국
기차역

바르바칸
플로리안스카 문 START
차르토리스키 박물관
슈퍼마켓 Kefirekj

i 직물회관
성모 승천 교회
콜레기움 마이우스
중앙시장 광장
야기엘론스키 대학교
구시청사 탑
슈퍼마켓 Carrefour

프란시스칸 교회
성 트리니티 교회
구시가지
Stare Miasto

슈퍼마켓 Kefirekj

STOP
바벨 성
Wawel

유대인 묘지

템플 시나고그
레머 묘지
포레라 시나고그
이자카 시나고그
스타리 시나고그
하이 시나고그
카지미에슈
Kazimierz
유대문화 박물관

N

크라쿠프

관광명소
1. 바르바칸 Barbakan
2. 플로리안스카 문 Brama Floriańska
3. 중앙시장 광장 Rynek Główny
   - ⓐ 구시청사 탑 Wieża Ratuszowa
   - ⓑ 성모 마리아 성당 Kościół Mariacki
4. 야기엘론스키 대학교 Uniwersytet Jagielloński
   - ⓒ 콜레기움 마이우스 Collegium Maius
5. 바벨 성 Zamek Królewski na Wawelu
6. 카지미에슈 Kazimierz
7. 비엘리치카 소금광산 Kopalnia Soli Wieliczka

레스토랑
1. 우 밥치 마리니 U Babci Maliny

2. 트라토리아 소프라노 Trattoria Soprano
3. 코코 Gospoda KUKO
4. 피아니아 츠콜라드 에 베델 Pijalnie Czekolady E.Wedel
5. 모르스키에 오코 Morskie Oko

쇼핑
1. 직물회관 Sukiennice(관광명소)
2. 갈레리아 쇼핑몰 Galeria Krakowska
3. 스타리 클레파시 시장 Stary Kleparz

숙소
1. 호텔 폴레라 Hotel Pollera
2. 플라밍고 호스텔 Flamingo Hostel
3. 그렉 앤 톰 호스텔 Greg & Tom Hostel(Home 지점)
4. 그렉 앤 톰 호스텔
   Greg & Tom Hostel(Beer House 지점)
5. 그렉 앤 톰 호스텔 Greg & Tom Hostel(Party 지점)

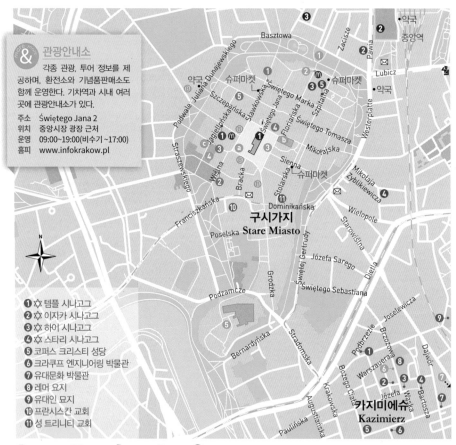

관광안내소
각종 관광, 투어 정보를 제공하며, 환전소와 기념품판매소도 함께 운영한다. 기차역과 시내 여러 곳에 관광안내소가 있다.
주소 Świętego Jana 2
위치 중앙시장 광장 근처
운영 09:00~19:00(비수기 ~17:00)
홈피 www.infokrakow.pl

1. ✡ 템플 시나고그
2. ✡ 이자카 시나고그
3. ✡ 하이 시나고그
4. ✡ 스타리 시나고그
5. 코퍼스 크리스티 성당
6. 크라쿠프 엔지니어링 박물관
7. 유대문화 박물관
8. 레머 요지
9. 유대인 묘지
10. 프란시스칸 교회
11. 성 트리니티 교회

i 관광안내소 ✉ 우체국 🚓 경찰서 ⓑ 은행 Ⓜ 맥도날드

크라쿠프 들어가기

관광객들이 많이 들고나는 도시이므로 타지에서 오는 교통편이 다양하다. 기차, 버스, 비행기를 이용할 수 있다. 버스는 기차에 비해 가격이 저렴한 대신 시간이 더 걸린다.

❖ 기차

바르샤바를 오가는 기차가 1~2시간 간격으로 운행한다. 프라하, 부다페스트, 빈과 연결되는 국제선 야간기차도 있다.

크라쿠프 중앙역 Krakow Glowny 📶

깔끔한 현대적 시설을 갖췄지만 구조가 복잡하다. 그러나 표지판이 잘 되어 있으니 표지판만 따라가면 큰 문제는 없다. 플랫폼과 연결된 지하보도에 매표소, 서비스센터, 관광안내소, 대합실 등이 있어 사실상 역이 지하에 있다고 보면 된다. 오른쪽 건물 Galeria Krakowska는 대형 쇼핑몰이다.

홈피 www.polrail.com

❖ 버스

바르샤바를 비롯한 국내선, 유럽 주요 도시를 오가는 국제선을 운행한다. 버스터미널은 중앙역과 연결돼 있다.

홈피 www.flixbus.pl

❖ 비행기

국내선은 바르샤바와 그단스크, 국제선은 빈, 베를린, 뮌헨, 런던, 파리, 암스테르담, 취리히 등의 도시와 연결된다. 교통 티켓은 자동발매기에서 현금·카드로 구입 가능하다.

위치 ❶ 기차를 타고 중앙역까지 갈 수 있다. 17zt, 약 20분 소요
　　 ❷ 208번(야간엔 902번)이 중앙역 버스터미널Dworzec Główny Wschód로 간다(2022년 11월 이후 208번 운행 중지 중. 현지 확인 요망). 행선지에 따라 209·300번을 타도 된다. 승차 후 노란 펀칭기에 표를 넣어 개표를 해야 한다. 6zt, 약 1시간 소요

요한 바오로 2세 공항 Kraków Airport im. Jana Pawła II 📶
크라쿠프의 야기엘론스키 대학교 출신인 교황 요한 바오로 2세의 이름을 딴 공항. 폴란드항공과 유럽 국적기, 저가항공 이지젯과 라이언에어 등의 국내·국제선을 운행한다. 15분간 무료 WiFi를 쓸 수 있다.

홈피 www.krakowairport.pl

※ 구시가지 들어가기
중앙역 광장과 연결된 지하보도를 통과해 올라가면 작은 인포메이션이 보인다. 인포메이션을 지나 오른편에 구시가 초입인 요새 바르바칸Barbakan이 보인다.

시내교통 이용하기

크라쿠프 구시가지는 그리 크지 않고 기차역과 버스터미널이 가깝기 때문에 도보로 충분히 둘러볼 수 있다. 대중교통을 이용하는 경우는 비행기를 이용해 버스를 타고 도시로 들어온다거나, 숙소의 위치가 외곽 쪽으로 조금 떨어져 있어 트램을 타야 한다거나, 시외에 있는 비엘리치카 소금광산에 갈 때 버스를 이용하는 정도다.

홈피 대중교통안내 www.mpk.krakow.pl, 추천 교통 앱 Jakdojade

티켓 구입 방법 및 요금

티켓은 버스와 트램 공용이며 유효 시간 내에 환승이 가능하다. 정류장 앞이나 버스, 트램 안 자동발매기(없을 때도 있음), 신문가판대 등에서 구입하는데, 자동발매기는 동전·카드 사용이 가능하다. 운전사에게서 살수도 있지만 좀 더 비싸고 거스름돈은 주지 않으니 정류장 등에서 미리 표를 준비해두는 게 좋다. 1~3존이 나뉘어 있는데, 싱글 티켓 요금은 같다. 단, 24시간권을 구입해 비엘리치카 소금광산에 간다면 1~3존 티켓을 사야 한다(2, 3, 9로 시작하는 버스는 2~3존 버스다).

요금 20분권 4zł, 60분권 6zł, 90분권 8zł, 24시간권 17zł(1존)/22zł(1~3존)

소금광산행 304번 버스

트램

❖ 택시

외국인 관광객에게 바가지가 극심하므로, 숙소에 부탁해 콜택시를 부르는 게 가장 좋다. 기본요금은 7zł, 주행요금은 2.8zł/km(22:00~06:00, 야간·공휴일 3.5zł/km)이며, 존을 넘어가면 요금이 두 배가 된다. 택시창문에 요금표가 붙어 있는지 확인하고 타야 한다.

전화 콜택시 Radio Taxi MPT 19663

> **Tip**
> ### 프리워킹 투어(Tip 투어)
> 현지인 가이드를 따라 구시가지를 걸으며 관광하는 프로그램이다. 유대인 투어, 음식 투어 등도 있으니 홈페이지를 참고하자. 투어는 영어로 진행되며, 투어가 끝난 후 약간의 Tip을 주는 것이 좋다. 10zł 정도면 적당하다.
> 위치 플로리안스카 문과 바르바칸 사이, 노란 우산이나 팻말을 들고 있다.
> 운영 매일 10:00, 12:00(시기에 따라 유동적)(약 2시간 30분 소요) *인원 제한 때문에 예약을 해야 한다.
> 홈피 www.freewalkingtour.com

시내 관광은 하루면 충분하고, 비엘리치카 소금광산, 오슈비엥침을 빼놓지 않는다면 2박 정도 하는 것이 좋다. 소금광산과 오슈비엥침을 같은 날 다녀오는 것은 체력적으로 힘들기 때문에 추천하지 않지만, 현지 투어 프로그램을 이용한다면 가능하다. 관광안내소나 숙소, 구시가지의 여행사 등에서 정보를 얻을 수 있다.

바르바칸 Barbakan (Barbican)

크라쿠프 구시
가지의 관문으로
여행의 시작점이
되는 곳이다. 당
시 수도였던 크
라쿠프를 방어하

기 위한 요새로 1498년경 완성되었으며, 갈색 벽돌을 이용한 고딕 양식의 건축물이다. 성벽의 두께가 3m에 이르며, 과거에는 해자에 둘러싸여 있어 도시 방어에 더욱 유리했다고 한다. 현재는 일반에 개방하고 있으며, 여름엔 공연장으로도 사용된다.

관광
명소

주소 Basztowa 30-547
위치 중앙역에서 도보 10분
운영 수~일 10:00~17:00(월·화·공휴일 휴무)
요금 일반 14zł, 학생 10zł
전화 422 9877
홈피 www.muzeumkrakowa.pl

반대편에서 본
바르바칸

플로리안스카 문
Brama Floriańska (Florian's Gate)

관광
명소

크라쿠프 성벽의 문
8개 중 유일하게 남아
있는 문으로 14세기에
건축되었다. 문 옆의 성
벽엔 무명화가들의 작
품이 걸려 있어 야외 미
술관을 방불케 한다. 여
기서부터 중앙시장 광
장, 바벨 성까지 연결되
는 길은 왕과 귀족들이
행차했던 길이라 하여
왕의 길이라 불렸다.

주소 Floriańska 31-157
위치 중앙역에서 도보 10분

중앙시장 광장
Rynek Główny (Main Market Square)

크라쿠프 시내의 중심이자 관광의 핵심인 곳으로 13세기에 조성됐다. 광장의 면적은 4만㎡로, 중세시대의 광장 중에서 가장 크다. 광장엔 시민들과 관광객, 거리예술가들, 관광용 마차, 노점상 등이 뒤섞여 늘 활기찬 분위기다. 다양한 행사나 야외 음악회가 열리기도 한다.

주소 Rynek Główny
위치 플로리안스카 길을 따라 도보 5분

직물회관 Sukiennice (The Cloth Hall)

고딕과 르네상스 양식이 혼재된 건물로 길이가 100m에 달한다. 14세기에 세워졌으며, 주로 직물 무역이 이루어졌고, 향신료와 밀랍, 소금 등도 거래되었다. 1층 아케이드에는 기념품이나 수공예품 상점들이 모여 있고, 2층엔 직물 박물관과 국립 미술관이 있다.

※ 19세기 폴란드 아트 갤러리
운영 화~일 10:00~18:00(월·공휴일 휴무)
요금 일반 32zł, 학생 19zł
전화 433 5400
홈피 www.mnk.pl

출처) 팝이 머슴과 거리의 음악가

구시청사 탑 Wieża Ratuszowa
(Town Hall Tower)

구시청사 건물은 15세기에 건축되었으나 1820년 허물어져 현재는 탑만 있다. 외벽엔 원형 시계가 달렸으며, 내부엔 소박한 전시물 몇 개가 있다. 탑에 오르면 구시가지를 조망할 수 있다.

운영 월 11:00~15:00, 화~일 11:00~18:00
요금 일반 18zł, 학생 14zł
전화 426 4334
홈피 www.muzeumkrakowa.pl

성모 마리아 성당
Kościół Mariacki (St. Mary's Basilica)

크라쿠프의 랜드마크 중 하나로, 13세기 타타르족의 침입
으로 파괴된 성당 위에서 시작되었다. 이후 수세기에 걸쳐
내외부를 재건해 현재의 모습이 됐다.

80m의 감시탑과 그보다 조금 낮은 종탑이 나란히 서 있는
모습이 독특한데, 첨탑들에 전해지는 이야기가 두 가지 있
다. 첫 번째는 건축가 형제의 이야기다. 13세기, 성당에 두
개의 탑을 짓는 결정이 내려졌다. 이에 건축가 형제가 일을
시작했는데, 동생의 탑이 더 높다는 것을 깨달은 형이 동생
을 살해했다. 그러나 죄책감에 사로잡힌 그는 그 탑 위에서
떨어져 스스로 목숨을 끊었다고 한다. 두 번째는 나팔수의
이야기다. 망루에서 보초를 서던 한 나팔수가 타타르족이
침입하는 것을 보고 힘껏 나팔을 불었고, 이를 발견한 타타
르족이 화살을 쏴 나팔수를 죽였다. 현재 감시탑에서는 매
시간 나팔로 성가 Hejnał를 연주하는데, 그 나팔수를 기리
는 의미에서 중간에 연주를 끊는다.

성당 내부는 알록달록한 스테인드글라스, 별이 빛나는 밤
하늘을 보는 듯한 푸른색 천장, 오르간, 화려한 조각과 성
화 등으로 꾸며져 매우 아름답다. 그중에서도 당대 최고의
독일인 조각가 Wit Stwosz가 1477년부터 12년 동안 제작한
화려한 목제 제단이 유명하다.

주소 Plac Mariacki 5
운영 **성당** 월~토 11:30~18:00,
      일·공휴일 14:00~18:00
      감시탑 5~11월 화~토 10:00~17:30,
      일 13:00~17:30
      종탑 4~10월 화~금 10:00~14:00
요금 **성당** 일반 15zł, 학생 8zł
      감시탑 일반 20zł, 학생 12zł
      종탑 15zł
      *성당 표는 관광객용 입구 맞은편
      매표소에서 구입한다. 탑의 입구는
      Floriańska 거리 쪽에 있다.
홈피 www.mariacki.com

야기엘론스키 대학교
Uniwersytet Jagielloński (Jagiellonian University)

1364년 카지미에슈^{Kazimierz} 왕이 설립한 폴란드 최
초의 대학으로, 체코의 카를 대학에 이어 중부 유럽
에서 두 번째로 오래된 대학이다. 대학명은 후원자인
Jagiellonowie 왕조에서 유래했
으며, 지동설을 주장한 천문학자
코페르니쿠스, 교황 요한 바오로
2세가 이 대학 출신이다.

주소 Gołębia 24
위치 구시청사 탑 옆길로 도보 1분
전화 422 1033
홈피 www.uj.edu.pl

콜레기움 마이우스 Collegium Maius

14세기에 지어진 건물로 야기엘론스키 대학의 건물들 중 가장 오래된 곳이다. 15세기에 지금의 후기 고딕 양식으로 재건축되었다. 현재까지도 강의실과 연구실로 쓰이고 있다. 내부는 박물관 관람을 해야 들어갈 수 있으며 도서관까지 둘러볼 수 있다.

주소 Jagiellońska 15
위치 중앙시장 광장에서 도보 5분
운영 **박물관** 월~금 13:30~16:00,
　　　토 10:00~15:00
요금 일반 15zł, 학생 8zł, 수요일 무료
전화 663 1307
홈피 www.maius.uj.edu.pl

정원

바벨 성 Zamek Królewski na Wawelu
(Wawel Royal Castle)

관광명소

크라쿠프의 랜드 마크라 할 수 있는 곳으로, 비스와 강의 아름다운 정경이 내려다보이는 바벨 언덕 위에 있다. 1000년 크라쿠프 주교에 의해 건설되기 시작해 17세기 초까지 폴란드 왕실의 거처로 사용되며 폴란드 정치, 문화의 중심지 역할을 했다. 처음엔 로마네스크, 고딕 양식의 건물이 주를 이뤘지만 화재와 천도, 외세의 침략 등을 겪으며 개축과 신축이 이루어졌다. 지그문트 1세 때인 1504년부터 30년간 성을 개조한 끝에 르네상스식 건물이 완성되었고, 그 결과 다양한 양식의 건물 여러 채가 모여 있는 독특한 구조의 성이 되었다. 운영시간과 입장료가 각기 다르니 사전에 계획을 잘 세워두자. 성 내부를 자세히 둘러보려면 최소 2시간 정도는 할애해야 한다. 하루 입장 인원에 제한이 있어 성수기엔 표가 매진되기도 하니, 미리 예매하거나 아침 일찍 가는 게 좋다.

주소 Wawel 5
위치 중앙시장 광장에서 도보 15분
요금 **안뜰** 무료
　　　*시기와 요일에 따라 무료입장이 가능한
　　　곳들이 있는데 매표소에서 무료 티켓을
　　　받아야 한다.
전화 422 5155
홈피 www.wawel.krakow.pl

바벨 대성당
Katedra Wawelska (Wawel Cathedral)

지그문트 종

1320년 지어진 성당으로 수세기 동안 폴란드 왕들의 대관식과 장례식이 거행되었던 곳이다. 성당 내부는 화려한 종교 예술품으로 치장되어 있으며, 지하 묘소에는 역대 폴란드 왕들과 성직자, 정치가, 국민 영웅, 문학가 등 폴란드의 중요한 인물들이 안치돼 있다. 북쪽의 지그문트 탑엔 1520년 만들어진 폴란드 최대 크기의 지그문트 종이 있는데, 종 내부의 추를 만지고 소원을 빌면 이루어진다는 설이 있다.

운영 **대성당 4~10월**
월~토 09:00~17:00,
일 12:30~17:00
11~3월 월~토 09:00~15:30,
일 12:30~15:30
(공휴일, 대성당 박물관 일·공휴일,
교황 박물관 월요일 휴무)
요금 **대성당+지그문트 탑+왕가의 묘+**
대성당 박물관+교황 Archdiocesan **박물관**
일반 22zł, 학생 15zł
홈피 www.katedra-wawelska.pl

보물관 및 무기고
Skarbiec Koronny i Zbrojownia
(Crown Treasury and Armoury)

15세기 폴란드 왕의 대관식에 쓰였던 휘장과 왕관, 보석, 약탈당하지 않고 남은 폴란드 왕가의 보물들이 전시돼 있다. 무기고에서는 갑옷과 투구, 검 등을 볼 수 있다.

운영 화~일 09:30~17:00(월·공휴일 휴무)
요금 일반 35zł, 학생 25zł

왕실 사저
Prywatne Apartamenty Królewskie
(Royal Private Apartments)

왕실 사저, 법률가의 방, 손님방이 있으며 현재는 박물관으로 쓰인다. 오래된 태피스트리, 클래식한 가구, 벽난로, 나무 천장 등을 구경할 수 있다.

운영 화~일 09:30~17:00(월·공휴일 휴무)
요금 일반 25zł, 학생 15zł

용의 동굴 Smocza Jama (Dragon's Den)

옛날 비스와 강 동굴에 소녀를 잡아먹는 용이 살았다. 왕은 용을 잡는 자에게 큰 상을 내리겠다고 했는데, 구두 수선공인 크락이 타르와 유황을 바른 양가죽을 먹여 용을 죽였다. 이후 크락은 공주와 결혼해 행복하게 살았고, 그의 이름에서 크라쿠프라는 지명이 생겼다는 설이 있다. 용의 동굴로 들어가면 약 270m 깊이의 가파른 계단을 통과해 바벨 성 언덕 아래로 내려오게 된다. 따라서 꼭 바벨 성 관람 마지막 코스로 넣어야 한다.

운영 10:30~18:00(11~4월 휴무)
요금 일반 9zł, 학생 7zł

카지미에슈 Kazimierz

(관광 명소) (로컬 명소)

위치 바벨 성에서 도보 15분

14세기의 왕 카지미에슈는 유대인들에게 너그러운 정책을 펴 유럽에 흩어져 있던 유대인들이 대거 폴란드로 유입된다. 그래서 유대인들이 모여든 지구엔 카지미에슈 왕의 이름이 붙었다. 한때는 크라쿠프 인구의 30%가 유대인이었으나 수많은 유대인들이 학살당한 후 이곳은 그냥 방치돼 있었다. 그런데 영화 〈쉰들러 리스트〉 촬영 이후 세간의 주목을 받게 되었고, 이를 계기로 유대인을 테마로 한 레스토랑과 바, 갤러리, 공예품점 등이 생겨 수많은 관광객이 찾는 명소가 되었다. 시나고그와 역사박물관, 유대인 박물관, 유대인 문화센터, 카지미에슈 시청사, 유대인 공동묘지 등이 몰려 있어 그들의 문화와 역사를 되짚어볼 수 있음은 물론이다.

비엘리치카 소금광산
Wieliczka Kopalnia Soli (Wieliczka Salt Mine)

크라쿠프 시내에서 남동쪽으로 약 12km 떨어진 곳에 있는 소금광산으로 유네스코 세계유산이다. 13세기부터 700여 년 동안 약 2,600㎢의 암염이 채굴되어 폴란드 왕국의 주요한 수입원이 되었다. 2007년부터 암염 채굴은 중단되었고, 현재는 인기 있는 관광지로 탈바꿈했다. 광산의 규모는 327m의 깊이이며, 면적은 좌우 5km, 상하 1km에 달한다. 3천여 개의 방들 중 우리가 볼 수 있는 곳은 20개에 불과하며 가이드 투어로만 입장할 수 있다. 이곳은 중세~현대의 광산 발전 과정이 보존된 과학적 가치뿐 아니라 내부의 아름다움으로도 유명하다. 광부들은 두려움을 극복하고자 암염 조각품을 만들었는데, 이것이 발전해 제단, 예배당까지 놀라운 지하 세계를 창조했다. 광산의 백미인 킹기 예배당Kaplica św Kingi은 역대 왕들의 조각과 샹들리에로 장식돼 있으며, 실제로 미사나 음악회가 열리기도 한다.

주소 Daniłowicza 10
위치 ❶ 중앙역 갈레리아 쇼핑몰 건너편 Dworzec Główny Zachód 정류장 (Ogrodowa 거리)에서 304번 버스를 타고 Wieliczka Kopalnia Soli 정류장 하차 (약 40분 소요)
❷ 중앙역에서 기차를 타고 종점인 Wieliczka Rynek-Kopalnia역 하차 (약 25분+도보 10분 소요)
운영 영어 가이드 투어(매시 정각) 09:00~17:00
※시기에 따라 추가될 수 있음
요금 일반 109zł, 학생 99zł
*소금광산엔 관광객 루트와 광부 루트가 있다. 관광객 루트를 선택하면 된다.
*투어 시간이나 휴무 등이 바뀔 수 있으니 반드시 미리 홈페이지를 확인해야 한다.
*인터넷 예매 시 환불이 불가하며, 24시간 전까지만 일정 변경이 가능하다. 예매 내역을 매표소에 보여주면 표를 준다.
전화 278 7302
홈피 www.wieliczka-saltmine.com

내려가는 계단

킹기 예배당

광산의 발전 과정 & 소금으로 만든 작품들

> **Tip** **소금광산 관람 팁**
> ① 내부는 늘 17~18도를 유지하므로 긴팔 옷은 필수다.
> ② 약 2~3시간 동안 계속 걸어야 하므로 편한 신발을 신는 게 좋다.
> ③ 투어 종료 지점에서 판매하는 미용소금은 품질이 좋고 저렴해 선물용으로 추천한다. 광산 외부의 노점에서도 기념품과 소금을 판매한다.

우 밥치 마리니 U Babci Maliny

일명 '할머니 식당'이라 부르는 밀크 바로, 현지인들에게도 유명하다. 폴란드식 소박한 한 끼를 즐기기 좋은 곳으로, 정감 있는 분위기에 값도 저렴하고 음식 맛도 좋다. 사람이 많을 때는 합석하는 경우도 흔하다.

주소 Sławkowska 17
위치 중앙시장 광장에서 도보 5분
운영 11:30~20:00
요금 예산 €   전화 422 7601
홈피 www.kuchniaubabcimaliny.pl

크라쿠프의 레스토랑 & 카페
전통 음식부터 외국 요리, 패스트푸드점까지 수많은 종류의 레스토랑이 있다. 폴란드식 프레첼인 오빠자넥 Obwarzanek, 감자전 플라츠키Placki, 케밥 등의 길거리 음식도 쉽게 눈에 띄고, 야기엘론스키 대학 근처엔 저렴한 밀크 바도 많다.

오빠자넥 수레

사과잼을 얹은 플라츠키

트라토리아 소프라노 Trattoria Soprano 🛜

깔끔하게 꾸며져 있는 이탈리안 레스토랑으로 현지인들에게 인기가 좋은 곳. 내부가 꽤 넓지만 자리가 없을 수도 있으니 예약을 하는 것이 좋다.

주소 św. Anny 7
위치 중앙시장 광장에서 도보 3분
운영 12:00~22:00
요금 예산 €€
전화 422 5195
홈피 www.trattoriasoprano.pl

코코 Gospoda KOKO

레스토랑

야기엘론스키 대학 앞의 식당으로, 학생층이 주 고객이다. 단품 요리나 수프와 샐러드, 주 요리를 포함한 세트 메뉴 등을 판매한다. 가격이 매우 저렴하며 합석은 기본. 식당 간판은 따로 없고 메뉴가 적힌 색지들이 밖에 붙어 있다.

주소 Gołębia 8
위치 중앙시장 광장에서 도보 3분
운영 일~목 12:00~22:00, 금·토 12:00~23:00
요금 예산 €
전화 430 2101

무진한 세트 메뉴

피아니아 츠콜라드 에 베델
Pijalnie Czekolady E.Wedel

디저트

폴란드의 국민 초콜릿인 베델에서 운영하는 카페로 초콜릿 테스팅 메뉴가 독특하다. 여러 음료, 디저트, 아침식사 등의 메뉴를 판다. 중앙시장 광장에 있어 일정 중 잠시 쉬어가기 좋은 곳으로 늘 사람들이 붐벼 좀 기다려야 할 수도 있다.

주소 Rynek Główny 46 위치 중앙시장 광장
운영 일~목 10:00~22:00, 금·토 10:00~23:00
요금 예산 € 홈피 www.wedelpijalnie.pl

모르스키에 오코
Morskie Oko

레스토랑

폴란드 전통음식을 파는 정겨운 분위기의 식당. 피에로기, 골롱카, 플라츠키, 립과 수프 등 메뉴가 다양하며, 고기 요리가 많다. 관광지 중심이라 현지 물가 대비 비싼 편이다. 저녁엔 라이브 연주가 있으며, 붐빌 때가 많아 예약을 추천한다.

주소 plac Szczepański 8
위치 중앙시장 광장
운영 12:00~24:00
요금 예산 €€
전화 431 2423
홈피 www.morskieoko.krakow.pl

447

갈레리아 쇼핑몰
Galeria Krakowska

 쇼핑

중앙역과 연결된 현대식 쇼핑몰로 까르푸 슈퍼마켓, 비에드롱카 슈퍼마켓, 드럭스토어, 옷가게, 빵집, 각종 상점, 패스트푸드점, 푸드 코트, 카페 등 다양한 편의시설이 있어 필요한 게 있다면 들러봄 직하다. 특히 level 1층 까르푸 슈퍼마켓 옆의 환전소는 환율이 좋아 환전을 해야 한다면 적극 이용하자.

주소 Pawia 5
위치 중앙역 옆
운영 09:00~22:00
(공휴일 휴무)
전화 428 9902
홈피 www.galeriakra
kowska.pl

까르푸 옆 환율 좋은 환전소

직물회관
Sukiennice (The Cloth Hall)

 쇼핑

직물회관 1층 아케이드엔 기념품, 폴란드 전통 공예품, 액세서리 등을 파는 상점들이 모여 있다. 세계에서 가장 오래된 쇼핑몰이라고 하니 꼭 들러보자.

주소 Rynek Główny 1-3
위치 중앙시장 광장

→직물회관

→기념품 가게

스타리 클레파시 시장 Stary Kleparz

쇼핑

스타리는 오래되었다는 뜻이고, 클레파시는 시장이 있는 동네 이름이다. 14세기 중반에 세워진, 크라쿠프에서 가장 오래된 시장이어서 이런 이름으로 불린다. 크라쿠프 역사의 일부로 여겨지며 현지인들에게 사랑받는 곳이기도 하다. 천장이 있는 야외 시장으로, 주변 지역에서 재배한 신선한 과일과 채소, 빵과 치즈, 소시지, 꽃, 의류 등을 판매한다. 질 좋은 물건을 저렴한 가격으로 살 수 있다. 구시가지와 가까우니 구경 삼아 들러 간식거리를 구입하기 좋다.

주소 Rynek Kleparski 20
위치 바르바칸에서 도보 10분
운영 월~금 06:00~18:00,
토 06:00~15:00(일요일 휴무)
전화 634 1532
홈피 www.starykleparz.com

호텔 폴레라 Hotel Pollera

합리적인 가격에 구시가지 근처라 좋은 위치의 호텔. 100년이 넘는 역사만큼 외관과 내부 장식, 가구 모두 고풍스럽게 꾸며져 있다. 방이 널찍한 편이며 조식도 훌륭하다.

호텔

주소 Szpitalna 30
위치 중앙역에서 도보 10분
요금 예산 €€€   전화 422 1044
홈피 www.pollera.com.pl

플라밍고 호스텔 Flamingo Hostel

중앙시장 광장 바로 앞에 있어 관광하기 최적의 위치. 2인실과 도미토리로 운영되며 경쾌한 인테리어가 인상적이다. 가끔 온수가 안 나와 불편할 때가 있다.

호스텔

주소 Szewska 4
위치 중앙시장 광장 옆
요금 예산 €
전화 422 0000
홈피 www.flamingo-hostel.com

그렉 앤 톰 호스텔 Greg & Tom Hostel

크라쿠프에 세 군데의 그렉 앤 톰 호스텔이 있는데 위치는 다 좋은 편이다. 각각 콘셉트가 다르니 본인의 성향에 맞는 곳으로 찾아가면 된다. 푸짐한 아침 식사에 저녁까지 제공해 인기가 좋으며, 지점에 따라 맥주 한 잔을 무료로 주기도 한다.

호스텔

요금 예산 €
홈피 www.gregtomhostel.com

※ **Home 지점**
주소 Pawia 12/7
위치 중앙역 건너편. 도보 5분
전화 422 4100

※ **Beer House 지점**
주소 Floriańska 43
위치 중앙역에서 도보 10분. 바르바칸 근처
전화 421 2864

※ **Party 지점**
주소 Zyblikiewicza 9
위치 중앙역에서 도보 13분
전화 422 5525

Beer House 지점

독일어 아우슈비츠Auschwitz로 더 잘 알려진, 수많은 유대인과 반 나치 인사들이 집단 학살된 오슈비엥침 Oświęcim 수용소. 역사에 크게 관심이 없는 사람들이라도 그 악명을 익히 들어 알고 있을 만큼 세계 현대사에 서 가장 강렬한 비극을 남긴 현장이다. 나치가 소련군에 패해 물러나며 미처 파괴하지 못한 제1수용소는 박물 관이 되었고, 3km 거리의 제2수용소 비르케나우Birkenau는 광활한 터로 남아 있다. 원래 정치범 수용소의 명 목으로 건설되었으나 1941년 대량 학살 시설로 확대되면서 약 150만 명의 유대인이 이곳에서 목숨을 잃은 것 으로 추정된다. 제2차 세계대전이 끝난 후 폴란드 의회는 이 끔찍한 만행을 인류에 널리 알려 다시는 같은 일 이 반복되지 않도록 수용소를 박물관으로 조성했고, 1979년 유네스코 세계문화유산에 지정되었다.

주소 Wieźniów Oświęcimia 20
위치 ❶ 중앙역 옆 버스터미널에서 버스가 자주 출발한다(1시간~1시간 반 소요).
　　시내로 돌아오는 막차가 18시 이전이므로 정류장에 붙어 있는 시간표를
　　미리 확인해야 한다.
　　❷ 중앙역에서 기차를 타고 Oświęcim역에서 하차(약 2시간 소요) 후
　　도보 약 25분. 버스에 비해 돈과 시간이 더 많이 든다.
　　❸ 투어 상품을 이용하려면 관광안내소나 숙소, 시내 곳곳의
　　여행사 등에 문의해보자.

→ 오슈비엥침행 버스

운영 **박물관** 1·11월 07:30~15:00, 2월 07:30~16:00, 3·10월 07:30~17:00, 4·5·9월 07:30~18:00,
　　6~8월 07:30~19:00, 12월 07:30~14:00(신정, 부활절, 성탄절 휴무)
　　영어 가이드 투어 1~3·10~12월(1시간 간격), 4~6·9월(30분 간격), 7·8월(15분 간격)
　　*박물관 마감 시간 이후 90분 동안 현장에 머물 수 있다(신정, 부활절, 성탄절 휴무).
요금 **영어 가이드 투어** 일반 85zł, 학생 75zł(약 3시간 반 소요)
　　※ 홈페이지에서 무료입장권을 받으면 개인 관람 가능
　　(1·11월 13:00~, 2월 14:00~, 3·10월 15:00~, 4~9월 16:00~, 12월 14:00~)
전화 033 844 8102
홈피 www.auschwitz.org

> 🅣ᵢₚ **관광 팁**
> ① 성수기엔 쉽게 매진되니 홈페이지 예약을 추천한다.
> ② 물과 간식을 챙겨 가면 좋다.
> ③ 큰 짐은 방문자센터 사물함에 유료로 맡겨야 한다.
> ④ 서점에서 한국어 가이드북을 판매한다.

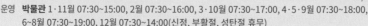

'노동이 너희를 자유롭게 하리라Arbeit macht frei'라는 독일어 문구가 적힌 문을 통과하면 제1수용소의 입구가 나온다. 고압 전류가 흐르던 이중 철망과 감시탑이 여전히 방문객들을 바라보고 있다. 이곳으로 끌려온 사람들 중 70~80%가 공동샤워실이라고 속인 가스실로 직행해 그대로 학살당했다. 이때 사용된 사이클론 비Cyclon B라는 맹독 가스는 1통으로 약 400명을 죽일 수 있었다. 가스실로 가지 않고 수용소에 감금된 이들도 학대와 굶주림, 중노동, 고문, 생체실험 등으로 처절하게 죽어갔다.

사람들이 수용소로 끌려오며 가장 중요하고 값비싼 물건들을 챙겨왔는데, 그 모든 것들은 나치의 손아귀로 넘어갔다. 물건뿐 아니라 카펫과 옷감을 만들기 위해 머리칼을 잘라 모았고, 금니를 뽑아갔으며, 시신을 소각하고 난 뼈들은 비료로 사용했다. 인간이기를 포기한 이러한 행태는 전시장 안에 산더미처럼 쌓여 있는 유품들이 증명한다. 주인 잃은 안경과 옷, 가방, 신발 더미 사이에서 아이들의 물건이 보일 때면 가슴이 더욱 먹먹해진다. 열악한 막사, 가스실과 사형실, 생체실험실, 시신 소각장 등 구석구석 참담하지 않은 곳이 없지만 가장 뇌리에 강렬하게 남는 장면은 수감자들의 사진이 도열해 있는 벽이다. 수감복을 입은 굳은 얼굴들을 바라보면 마음이 저절로 숙연해진다.

제1수용소 앞에서 셔틀버스를 타면 제2수용소에 도착한다. 제1수용소의 수감자가 늘어나자 더 큰 수용소를 세운 것인데, 당시 300여 동에서 36만 명이 수용돼 있었다고 하니 그 규모가 엄청났음을 알 수 있다. 나치가 미처 파괴하지 못한 22동의 목조 건물, 45동의 벽돌 건물이 남아 있으며, 수용소에서 희생된 사람들을 추모하는 위령탑이 세워져 있다.

벽 쪽의 수감자들을 위한 위령비 가스실

3

발트 해의 보석

그단스크
Gdańsk (Gdansk)

폴란드 영토 북쪽 발트 해와 접해 있으며 10세기에 무역항으로 개발되어 번영을 누렸다. 12세기에 독일 상인들이 대거 이주해 독일의 도시권을 획득했고, 18세기 3국 분할 통치 시절 프로이센의 지배를 받아 독일어인 단치히^{Danzig}로도 알려져 있는 도시다. 1919년 베르사유 조약을 통해 자유시가 되었다가 1939년 독일이 합병을 요구하며 침입해 결과적으로 제2차 세계대전의 원인이 되었다. 전후 공산주의 시절, 당시 전기 기술자였던 레흐 바웬사 전 대통령은 그단스크의 조선소를 중심으로 자유노조 운동을 일으켰기 때문에 이곳의 조선·항만시설은 폴란드 민주화의 단초가 된 셈이다. 1999년 노벨 문학상 수상자 귄터 그라스의 고향이자 노벨상 수상작『양철북』의 배경이 된 곳이기도 해 작품 속에서 그단스크가 처했던 격랑의 한 시대를 간접적으로나마 경험할 수 있다. 파란만장한 역사를 뒤로하고 현재는 아기자기한 구시가지와 항구가 어우러진 인기 관광지가 됐다.

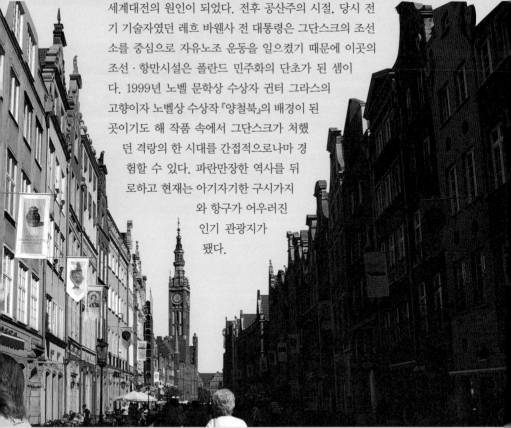

그단스크는 도시 규모가 작은 만큼 중앙역·버스터미널과 구시가지가 1km 정도로 가까우며, 구시가지 루트도 약 2km 정도이다. 구시가지가 본격적으로 시작되는 골든 게이트와 모트와바 강 앞의 그린 게이트 사이의 드우가 거리에 주요 볼거리들이 몰려 있다. 강변을 따라 펼쳐지는 길인 드우기 포브제제에서는 항구의 모습과 멋진 야경을 감상할 수 있으며, 대로 뒤쪽의 작은 골목들엔 그단스크의 특산품인 호박 거리 및 고풍스러운 건물의 중앙시장 등이 있으니 산책하듯 여유롭게 둘러보는 것을 추천한다. 유럽에서 가장 긴 목조부두나 독특한 모양의 건물을 보고 싶다면 근교의 소폿에 다녀오는 것도 좋다. 하루 숙박을 한다면 그단스크와 소폿을 여유롭게 구경할 수 있다.

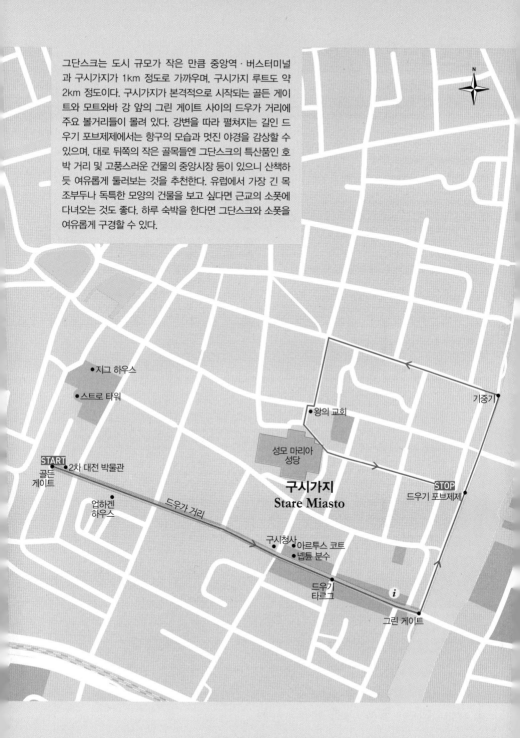

N

● 지그 하우스

● 스트로 타워

기중기

● 왕의 교회

성모 마리아
성당

START
골드
게이트

2차 대전 박물관

● 업하겐
하우스

드우가 거리

STOP
드우기 포브제제

구시가지
Stare Miasto

구시청사 ● 아르투스 코트
● 넵튠 분수

드우기
타르그

i

그린 게이트

그단스크

관광명소
1. 드우가 거리 ul. Długa
2. 구시청사 Ratusz Głównego Miasta
3. 아르투스 코트 Dwór Artusa
4. 넵튠 분수 Fontanna Neptuna
5. 기중기 Żuraw
6. 성모 마리아 성당 Bazylika Mariacka
7. 드우기 포브제제 Długie Pobrzeże
8. 앰버 스카이 Amber Sky
9. 2차 세계대전 박물관 Muzeum II Wojny Światowej

레스토랑
1. 노바 피에로고바 Nova Pierogova
2. 까비아르냐 레트로 Kawiarnia Retro
3. 골드바서 Goldwasser

쇼핑
1. 중앙시장 Hala Targowa
2. 매디슨 쇼핑 갤러리 Galeria Handlowa Madison

숙소
1. 바이 더 리버 아파트먼트 By The River Apartment
2. 쓰리시티 호스텔 3city Hostel
3. 볼른 미아스토 호텔 Wolne Miasto Hotel

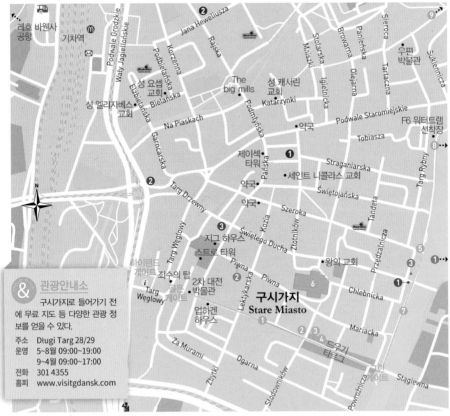

관광안내소
구시가지로 들어가기 전
에 무료 지도 등 다양한 관광 정
보를 얻을 수 있다.

주소 Długi Targ 28/29
운영 5~8월 09:00~19:00
9~4월 09:00~17:00
전화 301 4355
홈피 www.visitgdansk.com

i 관광안내소　✉ 우체국　경찰서　슈퍼마켓 Biedronka

그단스크 들어가기

그단스크는 폴란드 영토와 중동부 유럽의 북쪽 끝이기 때문에 동유럽 여행을 시작하거나 마치는 곳으로 알맞다. 기차와 버스, 비행기로 들어갈 수 있다.

❖ 기차

가장 많이 이용하는 교통수단이다. 바르샤바에서 1시간에 한 번 꼴로 운행하며 3시간~3시간 30분이 소요된다. 크라쿠프에서는 2시간에 한 번꼴로 직행기차가 있는데 5시간 20분이 소요된다.

그단스크 중앙역 Gdańsk Główny 📶
장거리 노선인 PKP, 지역 노선인 Polregio, 근교 노선인 SKM사의 기차들이 운행한다. 좌우 긴 형태로 매표소, 작은 대합실, 코인로커, 맥도날드, KFC 등이 있다. 영어가 잘 통하지 않을 수 있으니 표를 예매할 땐 행선지와 날짜 등을 현지어로 적어서 주는 게 좋다. 중앙역은 19세기 말에 새로 지어졌는데, 붉은 벽돌을 이용한 외벽과 화려한 시계탑이 굉장히 고풍스럽다.

홈피 www.polrail.com

※ 구시가지 들어가기
역에서 나와 오른쪽 길을 따라가다 보면 사거리가 보인다. 길을 두 번 건너 오른쪽으로 직진하면 하이랜드 게이트가 있는데 문을 통과하면 구시가지 메인 거리인 드우가Długa 거리가 시작된다. 중앙역 바로 앞에서 길을 건너려면 무거운 짐을 들고 지하도를 통과해야 하므로 사거리의 횡단보도를 이용하는 게 편하다.

> **Tip**
> ### 말보르크 성 구경하기
> 바르샤바에서 기차를 타고 그단스크로 간다면 그단스크에 도착하기 40분 전쯤 붉은색의 말보르크 성Zamek w Malborku을 지나게 된다. 독일기사단의 성이라 불리기도 하는데, 세계에서 가장 넓은 벽돌 건축물로 유네스코 세계문화유산이다. 성에 관심이 있다면 미리 말보르크 경유 기차표를 끊어 들렀다 가면 되고, 기차 안에서도 잠깐이나마 성의 모습을 볼 수 있으니 왼쪽을 주시해보자. 성이 보일 때가 되면 친절한 폴란드인들이 알려주기도 한다.

아동 수송 정책 기념상(Pomnik Kindertransportów)

그단스크 중앙역 앞엔 짐을 들고 어딘가로 떠나는 듯한 어린이들의 동상이 있다. 이것은 나치의 학살 위협에 놓인 유대인 어린이들을 구했던 아동 수송 프로그램인 킨더트랜스포트Kindertransport를 형상화한 것이다.

영국 정부는 기념상에 적힌 도시들에서 17세 이하 유대인 어린이들을 입양하는 정책을 펴, 약 1만여 명의 생명을 구했다. 훗날 이 어린이들은 노벨상을 타는 등 다양한 분야에서 활약하는 사회 구성원으로 자랐다. 정책의 수혜자이기도 한 건축가이자 조각가인 Frank Meisler가 이를 감사하는 의미와 홀로코스트에서 살해된 160만여 명의 어린이를 추모하는 의미를 담아 기념상을 제작했다. 독일 베를린 Friedrichstrasse역, 함부르크 Dammtor역, 네덜란드의 Hook of Holland에서도 기념상을 볼 수 있다. 영국 런던 Liverpool Street역엔 어린이들이 도착하는 모습의 기념상이 있다.

❖ 버스

비스터미널Dworzec Autobusowy은 중앙역 뒤에 있고 KFC 앞의 지하도로 연결돼 있다. 바르샤바에서 약 5시간이 걸리며, 크라쿠프에서는 약 9시간이 걸리니 야간버스를 타는 편이 낫다. 베를린에서 오는 야간버스도 운행하며 약 9시간 40분이 걸린다.

위치 중앙역과 동일   홈피 www.flixbus.pl

❖ 비행기

바르샤바, 크라쿠프에서 들어오는 국내선을 이용할 수 있다. 국제선은 코펜하겐, 오슬로 등 북유럽 노선이 편리하며, 뮌헨, 베를린, 런던, 파리 등 여러 도시와 연결된다.

위치 ❶ 버스 210번(야간엔 N3번)이 중앙역이다. 표는 자동발매기(카드 사용 가능)에서 사고, 가격은 4.8zł다.
승차 후 티켓을 펀칭해야 한다. 30~40분 소요
❷ 기차 표는 자동발매기(카드 사용 가능)에서 사고, 가격은 4.8zł다. Gdańsk Wrzeszcz역에서 한 번 갈아타며
중앙역까지 45분 소요
❸ 택시 공항 공식 Neptun 택시를 이용하면 60~70zł(야간·주말엔 할증) 정도의 요금이 나온다. 카드 결제 가능

레흐 바웬사 공항 Gdańsk Lech Wałęsa Airport 🛜

시내에서 14km 떨어져 있는 국제공항으로, 두 개의 터미널이 있는 작은 공항이다. 저가항공인 라이언에어, 유로윙스, 에어발틱 등과 영국항공, SAS, KLM 등의 유럽 국적기가 취항한다. 기차를 탄다면 공항 내 관광안내소에서 기차 시간을 미리 확인하면 편리하다. 15분간 무료 WiFi를 쓸 수 있다.

주소 Ulica Juliusza Słowackiego 200   전화 +48 525 673 531
홈피 www.airport.gdansk.pl

시내교통 이용하기

그단스크는 작은 도시이고 볼거리도 구시가지 근처에 몰려 있으므로 대중교통을 이용할 일이 별로 없다. 시내엔 버스와 트램이 운행한다. 승차 후 반드시 티켓에 펀칭을 해야 한다.

홈피 대중교통안내 www.ztm.gda.pl, 교통 앱 Jakdojade

티켓 구입 방법 및 요금

티켓은 공용이고 정류장 근처 자동발매기에서 살 수 있으며 카드결제도 가능하다. 운전사에게서도 살 수 있지만 약간 비싸다.

요금 1회권 4.8zł

> **페리 트램 타기**
>
> 그단스크 교통국에서는 5~9월에 보트를 타고 그단스크 외곽까지 나가는 워터트램을 하루 3회 운행한다. F5, F6 두 노선이 있으며, 시간표와 선착장은 관광안내소나 교통국 홈페이지에서 정보를 얻으면 된다. 표는 탑승할 때 구입하며(일반 45zł, 학생 35zł), 총 운행시간은 약 1시간 정도다. 만석이면 탑승이 불가하므로 선착장에 미리 가서 기다리는 것이 좋다.
>
> 홈피 www.ztm.gda.pl

티켓 자동발매기

페리 트램 선착장

 Tip

그단스크의 관광명소

그단스크 관광은 드우가 거리ul. Długa를 비롯한 구시가지와 항구를 둘러보는 것이 포인트다. 시내는 바둑판 모양으로 구획돼 있어 길을 찾기 수월하다. 도시 규모가 아담하므로 근교의 소폿Sopot에 다녀온다 해도 하루면 충분하다.

드우가 거리 ul. Długa (Long Street)

관광명소 로컬명소

그단스크 관광의 중심지. 골든 게이트부터 일직선으로 뻗은 드우가 거리가 시작되는데, 긴 시장이라는 뜻의 드우기 타르그Długi Targ 광장과 연결돼 그린 게이트에서 끝난다. 예로부터 이곳을 왕의 길이라고 부른다. 양 끝의 하이랜드 게이트와 그린 게이트 덕에 드우가 거리와 드우기 타르그 광장이 보호받고 있다는 느낌을 준다.

위치 중앙역에서 도보 10분

드우가 거리

구시청사

구시청사
Ratusz Głównego Miasta (Main Town Hall)

관광명소

드우가 거리에서 가장 높은 고딕-르네상스 양식의 건물로, 시계가 달린 정교한 첨탑이 멀리서도 눈에 띈다. 탑에는 지그문트 아우구스트 왕의 동상이 있다. 1327년 착공해 시청사로 쓰이다 현재는 그단스크 박물관과 전망대로 이용하고 있다. 정교한 나무계단과 화려하게 꾸며진 붉은 방이 볼만하며, 전망대에 오르면 발아래로 그단스크의 아름다운 풍경이 펼쳐진다.

주소 Długa 46/47
위치 Długa 거리 중간
운영 월·수·금~일 10:00~16:00,
　　　목 10:00~18:00(화·공휴일 휴무)
　　　전망대 5~9월만 운영
요금 **박물관** 일반 16zł, 학생 12zł
　　　전망대 일반 12zł, 학생 6zł(월요일 무료)
전화 573 3128
홈피 www.muzeumgdansk.pl

아르투스 코트 Dwór Artusa (Artus Court)

기사도와 공명정대의 상징인 영국 원탁의 기사 아더 왕에서 유래한 이름이다. 14세기에 건설되었고, 상인들의 사교장소, 주식거래소, 행사장 등으로 쓰인 바 있으며, 현재는 구시청사와 함께 그단스크 역사박물관의 전시장으로 쓰인다. 건물 앞엔 그단스크의 상징인 넵튠 분수가 있다.

주소 Długi Targ 43-44
위치 Długi Targ 광장
운영 월·수·금~일 10:00~16:00, 목 10:00~18:00(화·공휴일 휴무)
요금 일반 16zł, 학생 12zł(월요일 무료)
전화 789 449 654
홈피 www.muzeumgdansk.pl

넵튠 분수 뒤가 아르투스 코트

기중기 Żuraw (The Crane)

1442~1444년 만들어진 목조 기중기로 중세 유럽의 모습 그대로 남아 있다. 모트와바^{Motława} 강을 통해 들어오는 화물을 취급함과 동시에 도시의 관문과 요새 역할도 했다. 내부는 국립 해양 박물관으로 꾸며져 조선업과 항구의 역사에 관한 전시물들을 감상할 수 있다.

주소 Szeroka 67/68
위치 그린 게이트^{Brama Zielona}를 통과한 후
      왼쪽 Długie Pobrzeże 길
운영 리노베이션으로 인해 휴관 중이다.
전화 301 6938
홈피 www.nmm.pl/crane

기중기 모형

넵튠 분수
Fontanna Neptuna
(Neptune's Fountain)

항구를 통한 무역업으로 번성했던 그단스크의 상징은 넵튠이다. 1549년, 드우기 타르그 광장에 넵튠 청동상이 세워졌고, 1633년엔 르네상스 양식의 분수가 더해졌다. 넵튠 동상은 제2차 세계대전 당시 다른 보물들과 함께 숨겨졌다가, 1954년에 다시 세상의 빛을 보게 되었다.

성모 마리아 성당
Bazylika Mariacka (St. Mary's Basilica)

벽돌로 지어진 성당 중 유럽에서 가장 큰 성당이다. 총길이가 105.5m, 폭은 66m에 달해 총 2만 5천명이 들어갈 수 있는 엄청난 규모다. 1379년 착공해 1502년 완성되었고, 그단스크 천주교의 본산이 되었다. 한때 천주교 성당과 개신교 교회로 동시에 사용된 독특한 내력이 있지만 현재는 완전한 천주교 성당이다. 15세기에 만들어진 대형 천문 시계와 78m 높이의 종탑 전망대가 유명한데, 그단스크 전경과 함께 구시청사의 화려한 첨탑을 자세히 볼 수 있다.

성당 뒤편에 르네상스 양식의 건물이 있는데 이 역시 왕의 예배당Kaplica Królewska이라는 이름의 성당이다. 그단스크에 개신교 교회가 들어선 것을 안타까워한 얀 3세 소비에스키 왕의 명령으로 1681년 지은 것이다.

주소 Podkramarska 5
위치 넵튠 분수 뒤쪽의 골목길
운영 월~토 08:30~17:30, 일·공휴일 11:00~
      12:00, 13:00~17:30(7·8월~18:30)
      *미사 시간엔 입장 불가
      전망대 매달 바뀌니 홈페이지 확인
      (날씨가 나쁘면 휴무)
요금 **성당** 무료
      전망대 일반 14zł, 학생 7zł
홈피 www.bazylikamariacka.gdansk.pl

매일 11:57에 천문시계의 인형들이 움직이는 모습을 볼 수 있다.

전망대에서 본 풍경

왕의 예배당

성모 마리아 성당

드우기 포브제제
Długie Pobrzeże (Long Bridge)

모트와바 강변길. 창가 자리를 훌륭히 꾸며둔 레스토랑들과 호박 판매점, 유람선 선착장이 있으며, 강과 항구가 보이는 곳이라 늘 북적인다. 이 구역의 풍경은 강 건너편에서 훨씬 잘 보이는데, 특히 밤이 되면 수면 위로 조명과 건물의 실루엣이 비쳐 영롱하게 빛난다.

위치 그린 게이트Brama Zielona를 지나 왼쪽 길

앰버 스카이
Amber Sky

2016년 생긴 대관람차로 이름은 그단스크의 특산품인 호박Amber에서 따왔다. 50m 높이에서 그단스크 구시가지와 모트와바 강의 풍경을 조망할 수 있으며, 야경 감상에도 제격이다. 약 15분 정도 탑승할 수 있는데 그동안 3~4바퀴를 회전한다.

주소 Stagiewna 27
위치 드우기 포브제제를 따라가다 모트와바 다리를 건넌다.
운영 월~목 10:30~22:00, 금 10:30~24:00, 토 10:00~24:00, 일 10:00~22:00
요금 일반 32zł
홈피 www.ambersky.pl

2차 세계대전 박물관
Muzeum II Wojny Światowej (Museum of WWII)

제2차 세계대전은 그단스크의 베스테르플라테Westerplatte 반도와 그단스크 우체국에 대한 공격으로 시작되었다. 그 역사적인 장소 근처에 있는 박물관으로 2017년 개관했다. 상설 전시는 전쟁으로의 길, 전쟁의 공포, 전쟁의 긴 그림자 등 세 구역으로 나뉘어 있으며, 과거, 현재, 미래의 연결을 상징한다. 다양한 영상과 사진, 군사 장비, 무기, 각종 기록물이 알차게 구성돼 있다. 특히 1930년대의 거리를 재현해 놓은 곳이 인상적이다. 주로 나치와 관련된 내용이 많지만 일본의 전쟁범죄에 관한 전시물도 있다.

주소 pl. W. Bartoszewskiego 1
위치 앰버 스카이에서 도보 8분
운영 9~6월 화 10:00~16:00, 수~일 10:00~18:00
       7·8월 화~일 10:00~20:00(월·공휴일 휴무)
요금 상설전시 일반 25zł, 학생 18zł(온라인으로 사전 예매)
전화 760 0960
홈피 www.muzeum1939.pl

Tip

그단스크의 레스토랑 & 카페

가장 사람이 많이 몰리는 드우가 거리를 따라 레스토랑과 카페들이 많이 있다. 항구 주변엔 강가의 길인 드우기 포브제제를 따라 큰 레스토랑들이 몰려 있는데, 이쪽의 레스토랑 가격은 다른 곳보다 비싼 편이나 전망이 좋다.

노바 피에로고바 Nova Pierogova

레스토랑

폴란드식 만두인 피에로기, 파스타 등을 주 메뉴로 하는 작은 레스토랑. 흰색 바탕에 파란색 줄무늬를 이용한 인테리어가 아기자기하고 예쁘다. 식당의 분위기만큼 음식도 정갈하고 맛있다. 약간의 추가금을 내면 피에로기 여러 종류를 섞어서 주문 가능하다.

주소 Szafarnia 6
위치 구시가지 끝 항구 건너편
운영 12:00~22:00
요금 예산 €   전화 516 414 200

까비아르냐 레트로
Kawiarnia Retro

카페

카페 레트로라는 뜻으로 이름처럼 꾸며져 있는 카페. 일반적인 카페 메뉴와 아이스크림, 간단한 주류를 판매하는데, 신선한 생과일 주스와 스무디, 좋은 재료를 듬뿍 쓴 케이크 종류도 맛있다. 잔잔한 재즈음악을 들으며 쉬어가기 좋다.

주소 Piwna 5/6   위치 구시가지 Piwna 거리
운영 일~목 10:00~22:00, 금·토 10:00~23:00
요금 예산 €   전화 665 217 965

골드바서
Goldwasser

레스토랑

강변에 있는 유명 레스토랑으로 금가루를 넣은 폴란드 증류주인 골드바서Goldwasser에서 이름을 따왔다. 폴란드 전통 음식은 물론 이탈리안, 프랑스, 스페인 요리도 다루며, 다양한 주류도 취급한다. 신선한 재료를 사용한 채소, 육류, 생선 요리 등이 있어 선택의 폭이 넓다.

주소 Długie Pobrzeże 22
위치 구시가지 항구 앞
운영 09:00~22:00
요금 예산 €€   전화 58 301 8878
홈피 www.goldwasser.pl

Tip

그단스크의 쇼핑

그단스크의 특산품은 갈색 보석인 호박Amber으로, 그
단스크를 '세계 호박의 수도'라는 별칭으로 부르기도 한다. 주변
지역에서 양질의 호박 원석이 나기 때문에 자연히 호박 가공업
과 판매업이 발달했다. 구시가지 곳곳에서 호박 제품을 판매하
며 특히 호박 거리인 ul. Mariacka와 강가에 면해 있는 Długie
Pobrzeże의 호박 상점에서 다양한 제품들을 판매한다. 간단한
기념품이나 장신구 같이 저렴한 물건부터 값비싼 제품까지 가
격대가 다양하니 슬슬 구경하면서 골라보자.

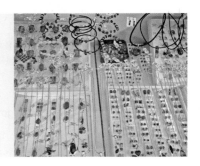

중앙시장 Hala Targowa (Market Hall)

쇼핑

붉은 벽돌의 고풍스러운 외관이 인상적인 시장으로, 현
지인의 삶을 구경하기 좋다. 1층엔 옷가게와 잡화점, 지
하엔 식품점, 야외엔 채소 및 과일, 꽃가게가 있다. 시장
앞쪽엔 중세시대의 망루였던 야제크 탑Baszta Jacek이 있다.

주소 Plac Dominikański 1
위치 골든 게이트Złota Brama를 지나
      왼쪽 Tkacka 길을 따라 직진 6분
운영 월~금 08:00~18:00, 토 08:00~15:00
      (일요일 휴무)
홈피 www.halatargowa.pl

시장에 신선한 과일과 채소

매디슨 쇼핑 갤러리

쇼핑

Galeria Handlowa Madison
(Madison Shopping Gallery)

현대식 쇼핑몰로 100여 개의 상점이 있어 필요한 물건이
있거나 선물을 고를 때 들러봄 직하다. 다양한 의류매장,
지아자(자야)나 잉글롯 같은 화장품 매장, 슈퍼마켓, 잡
화점, 레스토랑, 카페는 물론 은행과 약국 등의 편의시설
도 입점해 있다. 내부엔 그단스크 역사와 관련된 장식들
로 꾸며져 있다.

주소 Rajska 10
위치 중앙역 맞은편에서 도보 5분
운영 월~토 09:00~21:00,
      일 10:00~20:00
전화 766 7575
홈피 www.madison.gda.pl

TIP

그단스크의 숙소

중앙역과 구시가지 근처 도보로 이동 가능한 곳들에 숙소들이 포진해 있다. 특히 저렴한 아파트형 숙소들이 많이 생겼다. 연휴나 페스티벌 기간에는 숙소가 금방 차버리기 때문에 먼저 예약을 하는 게 좋다.

바이 더 리버 아파트먼트
By The River Apartment

이름처럼 모트와바 강가에 있는 아파트형 숙소다. 관광지의 중심이라 위치가 매우 좋고 강의 전망을 즐길 수 있다. 2~3인실로 운영하며, 욕실과 간이 주방이 있는 원룸 형태다. 엘리베이터가 없는 게 단점이다.

주소 Długie Pobrzeże 16/17   위치 중앙역에서 도보 17분
요금 예산 €€   전화 690 556 377
홈피 www.bytheriver.pl

쓰리시티 호스텔 3city Hostel

중앙역에서 가장 가까운 대형 호스텔. 주방, 당구대 등의 시설이 잘 되어 있으며, 건물 내부도 심플하고 깔끔하게 꾸며져 있다. 리셉션이 24시간 운영하고, 티켓 등 프린트 서비스를 받을 수 있다. 아침 식사가 매우 푸짐하다.

주소 Targ Drzewny 12/14
위치 중앙역을 등지고 오른쪽으로 직진,
      사거리 왼쪽 길 건너에 호스텔이
      보인다. 도보 7분
요금 예산 €
전화 354 5454
홈피 www.3city-hostel.pl

불른 미아스토 호텔 Wolne Miasto Hotel

소규모 호텔로 중앙역과 구시가지 중간에 있어 관광과 이동이 편리하다. 안락한 룸 내엔 꼭 필요한 시설들이 깔끔하게 구비되어 있으며, 조식도 훌륭하다. 상황이 되면 얼리 체크인도 해주는 등 유연한 서비스를 제공하며, 방에서 WiFi가 잘 터진다는 것도 장점이지만 방에 에어컨이 없다는 건 단점이다.

주소 Świętego Ducha 2
위치 중앙역을 등지고 오른쪽으로 직진,
      사거리 왼쪽 길을 건너 3city 호스텔을
      왼쪽에 끼고 직진하다 Targ Drzewny
      길로 직진한다. 도보 10분
요금 예산 €€€
전화 322 2442
홈피 www.hotelwm.pl

Theme 1 온천과 바다가 만나는 곳 소폿

그단스크 북쪽 약 13km 지점에 있는 해변도시 소폿Sopot. 그단스크, 그디니아Gdynia의 중간에 있으며 세 도시는 Trójmiasto(Tri-City)라 하여 휴가 가기 좋은 관광지로 묶어 홍보하고 있다. '흐른다, 솟아오른다'는 뜻의 슬라브어에서 도시명의 어원을 찾을 수 있는 소폿은 예로부터 온천으로 유명했고, 왕가의 여름 휴양지로 각광받았다. 해변을 따라 고운 모래사장이 펼쳐져 있으며, 유럽에서 가장 긴 피어(목조 부두)가 있어 여전히 현지인과 관광객들의 사랑을 받는 곳이다. 도시가 작아 도보로 2~3시간이면 충분히 둘러볼 수 있다. 해수욕을 즐기고 싶다면 관련 물품을 챙기고 시간을 좀 더 넉넉히 잡으면 된다.

위치 그단스크 중앙역을 바라보고 오른편 야외에 근교로 운행하는 SKM기차 플랫폼이 있다. 소폿으로 가는 기차는 7~8분에 한 대꼴로 자주 있고, 약 20분이 소요된다. 자동발매기나 매표창구에서 표(5.5zt)를 구입해 탑승 전 노란 펀칭기에 펀칭을 해야 한다. Sopot역에서 하차 후, 길을 따라가다 보면 성 조지 성당kościół św. Jerzego이 나오고 옆으로 내리막길이 보인다. 이곳이 소폿의 최대 번화가인 몬테 카지노 Monte Cassino 거리로 레스토랑, 카페, 상점 및 유명한 건물인 비뚤어진 집이 있다. 길 끝에는 온천 광장Skwer Kuracyjny과 소폿 피어, 바다가 펼쳐진다.

홈피 기차정보 www.skm.pkp.pl

& 관광안내소

무료 지도 및 관광 정보를 제공한다. 특이하게 건물 2층(한국식으로 3층)에 있어 엘리베이터를 이용한다. 통유리를 통해 피어와 바닷가가 보이기 때문에 세상에서 가장 풍경이 좋은 관광안내소라 해도 과언이 아니다.

주소 Plac Zdrojowy 2
위치 피어 앞 온천 광장
운영 월~금 08:30~16:30
전화 790 280 884
홈피 www.visit.sopot.pl

관광명소

❶ 비뚤어진 집 Krzywy Domek (Crooked House)

2004년 완공된 후 '세계에서 가장 희한한 건물'로 선정되기도 한 이 독특한 설계는 동화 일러스트에서 착안한 것이라 한다. 그래서 마치 만화에서 튀어나온 것만 같은 느낌을 준다. 특이한 외관에 비해 내부는 정상적(?)이라 밖에서 건물을 구경하며 기념촬영을 하면 충분하다.

주소 Bohaterów Monte Cassino 53
위치 소폿역에서 도보 10분

몬테 카지노 거리의 기념품 가게

비뚤어진 집이 있는 몬테 카지노 거리

❷ 온천 광장 Skwer Kuracyjny (Spa Square)

피어 앞의 중앙 광장으로 소폿이 온천으로 유명하기 때문에 유래한 이름. 광장 한가운데에는 아름다운 분수가 있고, 주변으로 관광안내소, 공원, 등대, 시립 온천치료소, 호텔 등이 둘러싸고 있다. 종종 야외 전시나 공연이 열리기도 하고, 겨울이면 야외 스케이트장이 개장한다.

위치 소폿역에서 도보 15분

분수 옆의 귀여운 석상

❸ 소폿 피어 Molo w Sopot (Pier in Sopot)

바다 위로 나 있는 목조 부두로 소폿의 상징과도 같은 곳. 1827년 건설을 시작해 2년 후 완공하였으나 조금씩 확장해 1927년 현재의 부두 형태가 되었다. 총 길이는 511.5m로 목조 부두로는 유럽에서 가장 길다. 보행로 하부 갑판엔 낚시꾼들과 갈매기, 오리, 백조 떼가 뒤섞여 재미있는 풍경이 그려진다. 보행로 끝엔 요트 및 유람선 정박장인 마리나와 레스토랑 등이 있다.

운영 봄 일~목 08:00~21:00,
　　　금·토 08:00~23:00
　　　여름 7·8월 24시간, 9월 08:00~20:00
　　　※ 매년 바뀌니 홈페이지에서 확인 필요
요금 4월 말~9월 말 9zł, 이 외 시기 무료
전화 551 1276
홈피 www.molo.sopot.pl

루마니아

Republică Română
(Republic of Romania)

루마니아는 우리에게 그리 친숙한 나라는 아니다. 그나마 '사람 같
지 않은 사람' 셋이 루마니아에 대해 알고 있는 전부라고 해도 과
언이 아닐 것이다. 바로 '흡혈귀' 드라큘라, 체조 '요정' 코마네치,
'악마' 차우셰스쿠가 그들이다. 특히 차우셰스쿠에게 독재당하
던 시절은 수많은 뒷얘기를 남겼을 정도로 악명이 높고, 정치 ·
경제 · 사회 · 문화적으로 루마니아에 큰 상처를 남겼다. 아이러
니한 것은, 그 잔재가 오늘날 큰 관광자원이 되었다는 사실이
다. 이는 드라큘라 역시 마찬가지로, 음침하고 베일에 싸인 나
라라는 이미지를 주었지만 이것이 루마니아가 알려지는 계기가
된 것을 부인할 순 없다. 그러나 이러한 어두운 이미지는 실제
와는 다르니 선입견을 지워보자. 루마니아를 찬찬히 살펴보면
아름다운 자연환경과 순박하고 친절한 사람들이 마음속에 들
어올 것이다.

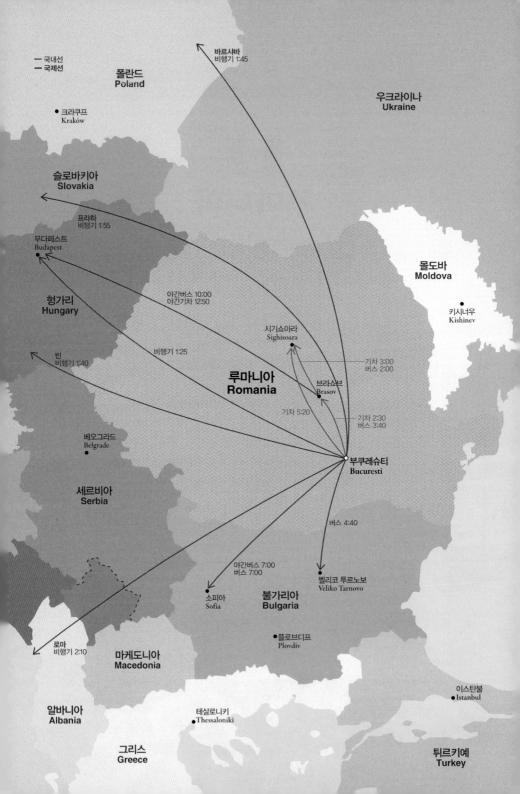

1. 루마니아의 역사

BC 1세기, 다치아인이 트란실바니아, 왈라키아, 몰다비아를 통일해 강대한 노예 제국인 다치아 왕국을 세웠다. 다치아 왕국은 106년 로마의 속주가 되는데, 로마인의 나라Ţara Românească라는 뜻의 국명인 루마니아는 이에 유래한다. 로마 제국이 물러간 뒤에도 루마니아는 이민족들의 끊임없는 침입을 받았으며, 12세기엔 헝가리가 트란실바니아를 정복하기에 이른다. 14세기엔 봉건국가 몰다비아와 왈라키아가 성립되었으나 이마저도 강력한 군사력을 가진 오스만 제국의 손에 넘어갔다. 19세기에 들어 러시아, 오스트리아, 오스만 3국이 루마니아를 분할 지배하였고, 제6차 러시아-오스만 전쟁에서 오스만 제국이 패배함으로써 1877년 완전한 독립국이 되었다. 1947년 왕정을 폐지하고 인민공화국을 선포했으나 1965년 쿠데타를 일으킨 차우셰스쿠가 집권하며 공산국가가 된다. 그의 전횡과 탄압에 시달린 시민들은 1989년 12월 민주혁명을 일으켜 차우셰스쿠 정권을 축출하고 민주화를 이뤄냈다.

루마니아 초대 국왕 카롤 1세

독재자 차우셰스쿠

이후 공산당 서기였던 이온 일리에스쿠가 압도적인 지지를 얻어 대통령으로 당선되었고, 시장경제 체제를 받아들이는 경제개혁을 단행했다. 그러나 차우셰스쿠 치하에서 누적된 문제들이 해결되지 않은 상태였기 때문에 실업과 인플레이션, 부패 등 수많은 어려움을 겪게 되었다. 1996년, 비공산권인 에밀 콘스탄티네스쿠가 정권을 잡으며 정치적 민주화, 물가 안정, 주변국들과의 관계 강화 및 경제 교류 등에 힘을 쏟았고 비로소 진정한 의미의 민주국가로 발돋움했다. 2007년에는 유럽연합에 가입했다.

2. 기본 정보

수도 부쿠레슈티 Bucureşti(Bucharest)
면적 238,400㎢(한국 100,412㎢)
인구 약 1,965만 명(한국 5,162만 명)
정치 의원내각제가 가미된 대통령중심제
(클라우스 요하니스Klaus Iohannis 대통령, 니콜라에 치우커Nicolae Ciucă 총리)
1인당 GDP 14,862$, 51위(한국 25위)
언어 루마니아어
종교 루마니아정교 86%, 가톨릭 4.6%, 개신교 3.2%, 기타 6.2%

3. 유용한 정보

국가번호 40
통화(2023년 1월 기준)
- 레우 Leu(RON) 1Leu≒280원
(*단수형은 레우Leu, 복수형은 레이Lei로 부른다.)
보조통화 100Bani=1Leu
지폐 1·5·10·20·50·100·200·500Lei
동전 1·5·10·50Bani
환전 가장 일반적인 방법은 유로를 가져가 현지에서 환전하는 것이다. 기차역, 공항 및 시내 곳곳에 환전소(Exchange)가 있으며, 환전 시 여권이 필요하다. 환전소를 이용할 경우 먼저 밖에 표시된 환율을 확인해봐야 한다. 환전과정에서 수수료 및 환율을 속일 수 있으므로 얼마를 받을 수 있는 지 미리 물어보는 것이 좋다. 환전 후에는 그 자리에서 환율과 받은 금액을 꼼꼼히 확인해야 한다. 은행 영업시간에는 은행에서 환전도 가능하다. 유로나 달러 등을 재환전해야 하는 번거로움이 싫다면 외화인출이 가능한 현금카드를 이용해 ATM에서 출금하는 것도 방법이다. 사람들로 붐비는 부쿠레슈티 북역에는 종종 암거래상이 출몰하는데 이들과 거래하는 것은 금물이다.

주요기관 운영시간
- **은행** 월~금 09:00~17:00
- **우체국** 월~금 08:00~19:30
- **약국** 월~금 08:00~20:00, 토 · 일 10:00~18:00
- **상점** 10:00~21:00

전력과 전압 220V, 50Hz(한국과 Hz만 다름—한국 60Hz) 한국 전자제품의 사용이 가능하며 플러그도 동일하다.

시차 한국보다 7시간 느리다.
서머타임 기간(매년 3월 마지막 일요일~10월 마지막 일요일)일 경우 6시간 느리다.
예) 부쿠레슈티 09:00=한국 16:00
    (서머타임 기간에는 15:00)

루마니아 현지에서 전화 거는 법
한국에서 전화 거는 법과 같다.
예) 부쿠레슈티 → 부쿠레슈티 123 4567
    브라쇼브 → 부쿠레슈티 21 123 4567

스마트폰 이용자와 인터넷 숙소와 유명 식당, 카페, 맥도날드 등에서 WiFi 이용이 가능하다. 맥도날드의 경우 매장 밖에서도 신호가 잡힌다.

물가 물 1Leu, 메트로 1회권 3Lei, 커피 10Lei~, 간단한 식사 20Lei~, 레스토랑 40Lei~.

팁 문화 식당에서 계산서에 봉사료가 포함되어 있다면 팁을 주지 않아도 된다. 그렇지 않다면 총 금액의 5~10% 정도가 적당하다. 택시를 이용했을 경우엔 1~2Lei 정도나 거스름돈을 팁으로 주곤 한다.

슈퍼마켓 Carrefour, Billa, Kaufland 등의 체인 슈퍼마켓들이 운영된다. 영업시간은 대략 08:00~22:00이다.

물 물에 석회가 섞여 있으므로 생수를 사 마시는 것이 좋다.

화장실 공중화장실을 이용하려면 관리인에게 1~2Lei의 이용료를 내야 한다. 하지만 시내에서 공중화장실을 찾아보기 어렵고, 시설이 더러운 경우가 많아 식당이나 카페, 관광지에 입장했을 때 화장실을 미리미리 이용하는 것이 좋다.

치안 집시가 많긴 하지만 꽃을 팔거나 구걸을 할 뿐 직접적인 위협을 가하진 않는다. 떠돌이 개에 의한 사고들 때문에 개를 사살할 수 있도록 법이 개정된 후 떠돌이 개의 무리도 많이 사라졌는데, 그래도 조심하는 게 좋다. 경찰을 엄청나게 투입해 전체적인 치안은 안전해진 편이나 늘 붐비는 부쿠레슈티 북역 등 혼잡한 곳에서는 소매치기에 주의하자. 길을 물어보거나 실수로 부딪친 척 하며 주의를 분산시킨 후 주변에서 지켜보던 일당들이 지갑이나 금품을 노리는 수법을 많이 쓴다. 또한 사복 경찰을 사칭하여 신분증을 요구하며 돈을 빼돌리기도 한다. 이럴 경우 경찰서로 가서 보여주겠다고 하면 대부분 사라진다. 가방은 앞으로 메고 현금은 당일 쓸 소액만 소지하는 게 좋으며, 신용카드, 휴대전화, 카메라 등 귀중품은 절대 몸에서 떼지 않아야 한다.

응급상황 루마니아 통합 응급 전화 112

4. 공휴일과 축제(2023년 기준)

※ 루마니아 공휴일
1월 1 · 2일 새해 연휴
1월 24일 연합기념일
4월 14일 정교회 성 금요일*

4월 16·17일 정교회 부활절 연휴*
5월 1일 노동절
6월 1일 어린이날
6월 4·5일 성령강림절 연휴*
8월 15일 성모승천일
11월 30일 성 안드레이의 날
12월 1일 독립기념일
12월 25·26일 성탄절 연휴
(*매년 변동되는 날짜)

※ 루마니아 축제

7월 부쿠레슈티 전통 축제 Bucharest of Old Festival
페스티벌 기간이면 부쿠레슈티 구시가지는 중세시
대로 탈바꿈한다. 19세기의 전통 의상을 입은 사람
들이 마차를 타고 구시가지 행진을 벌이며, 전통 음
식과 전통 음악 축제도 열린다.

7월 시기쇼아라 중세 축제 Sighişoara Medieval Festival
루마니아 전통 의상 퍼레이드, 음악 공연, 수공예품
전시 등이 열려 요새 안에 있으면 중세시대로의 시
간여행을 경험할 수 있다.

10월 브라쇼브 맥주 페스티벌 Festivalul Berii Braşov
루마니아 버전의 옥토버 페스트. 루마니아의 여러
맥주 회사들이 대형 텐트를 설치하고 자사의 맥주
와 루마니아 전통 음식을 판매한다.

©Wikipedia
시기쇼아라 중세 축제
©oktoberfestromania.ro
브라쇼브 맥주 페스티벌

5. 한국 대사관

주소 Sky Tower Building S.R.L,
      Calea Floreasca, 246C. Etaj 33,
      Sector 1, Bucureşti
위치 M2 Aurel Vlaicu역 도보 5분, 스카이 타워 33층
운영 월~금 08:30~16:00
      [점심시간 12:00~13:30, 루마니아 공휴일
      및 한국 국경일(삼일절, 광복절, 개천절,
      한글날) 휴무]
전화 +40 (0)21 230 7198
홈피 rou.mofa.go.kr

추천 웹사이트
루마니아 관광청 www.romaniatourism.com
루마니아 철도청 www.cfrcalatori.ro
루마니아 고속버스 www.autogari.ro

6. 출입국

한국 직항이 없어 루프트한자, 카타르항공 등의 경
유편을 이용해야 한다. 루마니아에는 10개가 넘는
공항이 운영 중이며, 수도 부쿠레슈티는 유럽 대부
분의 나라와 항공편으로 연결돼 있다. 부쿠레슈티,
브라쇼브에서 부다페스트행 국제선 야간기차가 운
행되며, 불가리아에선 벨리코 투르노보에서 입국하
는 게 가장 쉽다. 상대적으로 저렴한 국제선 버스는
발칸 반도 중심으로 운행되며 시간이 오래 걸리는
단점이 있다.

7. 추천 음식

독일, 헝가리, 불가리아, 튀르키예 등 여러 문화의 영향을 받았다. 특유의 시큼한 맛이 특징이며, 매콤한 고추를 즐겨 먹는다. 고기, 특히 돼지고기를 이용한 음식이 많다. 루마니아식 프레첼인 **코브리지**Covrigi는 거리에서 흔히 보는 저렴한 간식이며, **파파나시** Papanași는 크림을 얹은 도넛이다.

사르말레 & 마말리가Sarmală & Mămăligă

사르말레는 다진고기와 쌀을 섞은 반죽을 포도잎이나 양배추로 감싸 찐 요리로 성탄절 전날에 먹는 귀한 음식이었으나 요즘엔 언제 어디서나 쉽게 먹을 수 있다. 마말리가는 옥수수가루로 만든 요리로 옥수수죽과 떡의 중간 정도의 식감인데 별 맛은 없다. 루마니아인의 쌀밥 같은 음식으로, 사르말레를 주문하면 대개 함께 나온다.

치오르바 데 부르타Ciorba de Burta

내장탕과 비슷한 음식이며 소내장을 넣고 노랗게 끓인 수프로 고추와 함께 먹는다. 보르시Borș라는 식초를 사용해 신맛이 나며 양이 많다. 유사한 음식으로는 치오르바 타라네아스카Ciorba Taraneasca가 있는데, 고기와 채소를 넣어 만들며 붉은색 국물이 특징이다.

Tip 레스토랑 주문 시

밥이 그리울 때 리소토와 붉은 국물의 수프를 시키면 그럭저럭 밥과 국을 먹는 기분이 난다. 레스토랑에서는 기본 빵이 나오는데 대부분 유료다. 물론 먹지 않으면 계산서에 포함되지 않지만 몇백 원 선이니 크게 연연하지는 말자.

미치Mici

다진 돼지고기를 소시지 모양으로 빚어 양념해 구운 음식으로 어디서나 쉽게 맛볼 수 있으며 우리 입맛에도 잘 맞는다. 대부분 감자튀김과 함께 나온다.

8. 쇼핑

저렴한 가격의 제로비탈 H3

일명 '루마니아 화장품'으로 유명한 **제로비탈 H3**는 주름개선, 피부재생 등 노화방지에 효과가 좋다는 평가를 받으며 인기 화장품으로 떠올랐다. 제로비탈은 한국에서도 수입제품을 구할 수 있지만 루마니아 현지 가격보다 몇 배나 비싸다. 제로비탈의 주력 품목은 크림류인데, 가격도 저렴하고 부피가 적어 선물용으로도 좋다. 약국 화장품인 만큼 포장은 매우 간소한 편이며 드럭스토어 DM이나 약국, 화장품 가게, 슈퍼마켓 등에서 구입할 수 있다.

루마니아는 세계 10위권 안에 드는 **와인**Vin 생산국이기도 하다. 프랑스나 이탈리아 등에 비해 가격 대비 훌륭한 품질로 각광받고 있으며, 루마니아산 와인 애호가도 많다. 루마니아의 와인 제조 역사는 기원전 7세기부터로 알려져 있는데, 건조하고 더운 여름 날씨 덕분에 좋은 포도를 구할 수 있다고 한다. 중세시대 이후 와인은 루마니아인들의 전통주로 자리매김했으며, 시중에서 좋은 와인을 쉽게 찾을 수 있다. Murfatlar 사의 제품이 루마니아 내에서 가장 많이 팔리며, 화이트 와인인 Grasă de Cotnari도 인기가 좋다. 흡혈귀의 나라답게 '뱀파이어 와인'도 판매하고 있다. 슈퍼마켓이나 주류 전문점에 가면 쉽게 구입할 수 있다.

레몬맛 맥주 치우크(Ciuc)

9. 유용한 언어

안녕 Bună[부너]
안녕하세요 Ce Mai Faci?[체 마이 파치?]
안녕히 가세요 La Revedere[라 레베데레]
감사합니다 Mulțumesc[물추메스크]
미안합니다 Îmi Pare Rău[으미 파레 러우]
실례합니다 Scuzați-mă[스쿠자치 머]
천만에요 Cu Plăcere[쿠 플러체레]
도와주세요! Ajutați-mă![아주타치 머!]
얼마입니까? Cât Costă?[크트 코스터?]
반갑습니다 Îmi Pare Bine[으미 파레 비네]
예 Da[다]
아니오 Nu[누]
남성 Om[옴]
여성 Femeie[페메예]
은행 Bancă[반커]
화장실 Toaletă[토알레터]
경찰 Poliție[폴리치에]
약국 Farmacie[파르마치에]
입구 Intrare[인트라레]
출구 Ieșire[예시레]
도착 Sosire[소시레]
출발 Plecare[플레카레]
기차역 Gară[가러]
버스터미널 Terminal de Autobuz
[테르미날 데 아우토부즈]
공항 Aeroport[아에로포르트]
표 Bilet[빌렛]
환승 Transfer[트란스페르]
무료 Gratuit[그라투이트]
월요일 Luni[루니]
화요일 Marți[마르치]
수요일 Miercuri[미에르쿠리]
목요일 Joi[조이]
금요일 Vineri[비네리]
토요일 Sâmbătă[슴버터]
일요일 Duminică[두미니커]

1

과거의 아픔을 딛고 나아가는 도시
부쿠레슈티
Bucureşti (Bucharest)

루마니아 남부 평야의 중심부에 위치하며, 다뉴브 강의 지류인 딤보비차 강이
시내를 지난다. 부쿠레슈티는 유장한 역사를 가지고 있는데, 1459년 루마니아
공국의 블라드 체폐슈 왕이 요새를 건설했다는 것이 최초의 기록이다. 도시명
은 이곳에 처음 거주한 양치기의 이름 부쿠르Bucur에서 유래했다고 한다. 부쿠
레슈티는 왈라키아 지방의 주도였으며, 왈라키아와 몰다비아가 통일된 17세기
부터는 루마니아 공국의 수도가 되었고, 혁명과 통일, 쿠데타 등 여러 정치적
사건의 배경이 된다. 뿐만 아니라 경제 · 문화 · 교육의 중심지 역할을 하면서
수많은 문화유산을 남겼으며 동쪽의 파리라는 별명을 얻기도 했다.
그러나 차우셰스쿠 치하에서 천금 같은 문화유산들이 너무 많이 파괴되었고,
공산주의의 잔재는 여전히 많이 남아 있다. 이를 극복하기 위한 대대적인 공사
가 계속 진행 중인데, 과거와 현재가 뒤섞여 있는 풍경이 독특한 느낌을 준다.
부쿠레슈티는 어리석은 독재자 한 명이 어떤 결과를 초래할 수 있는지 보여주
는 현장이기도 하지만 앞으로 어떻게 변화하고 발전해나갈지 궁금증을 갖게
하는 흥미로운 도시이기도 하다.

부쿠레슈티의 주요 볼거리는 크게 인민 궁전과 구시가지로 나눌 수 있다. 인민 궁전 가이드 투어는 시간이 정해져 있으니 가이드 투어를 먼저 한 후 자유롭게 다른 곳들을 둘러보는 게 효율적이다. 구시가지는 통일 광장과 대학 광장 사이에 위치해 있으며, 대학 광장 북서쪽의 혁명 광장까지 아래에서 위로 올라오는 도보 루트로 이동하면 된다. 이 경우 약 6.8km 거리다. 미하이 1세 공원과 개선문에 갈 경우엔 메트로를 이용하는 게 좋다.

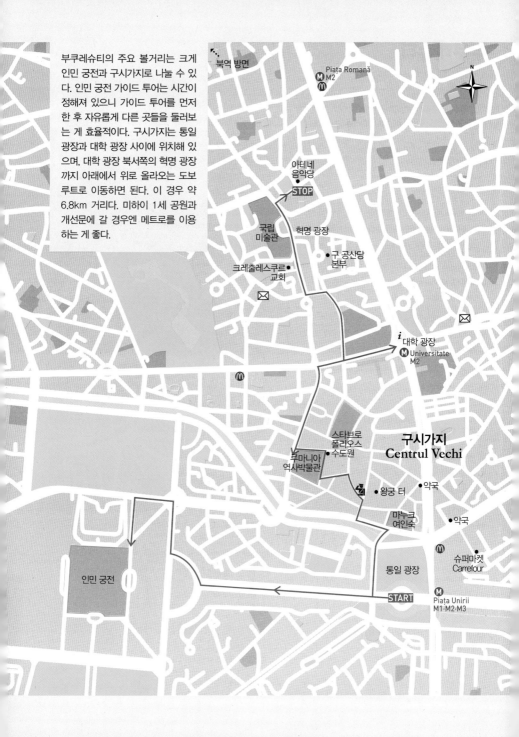

북역 방면

Piața Romană
Ⓜ M2

N

아테네
음악당

STOP

혁명 광장

국립
미술관

구 공산당
본부

크레출레스쿠르
교회

✉

i 대학 광장
Ⓜ Universitate
M2

✉

구시가지
Centrul Vechi

스타브로
폴리오스
● 수도원

루마니아
역사박물관

● 왕궁 터   ● 약국

마누크
여인숙   ● 약국

Ⓜ
Ⓜ 슈퍼마켓
Carrefour

인민 궁전

통일 광장

START
Ⓜ Piața Unirii
M1·M2·M3

부쿠레슈티

관광명소

1. 통일 광장 Piața Unirii
2. 인민 궁전 Palatul Parlamentului
3. 구시가지 Centrul Vechi
   - a. 마누크 여인숙 Hanul Manuc
   - b. 왕궁 터와 교회
     Palatul si Biserica Curtea Veche
   - c. 스타브로폴리오스 수도원
     Mănăstirea Stavropoleos
   - d. 루마니아 역사박물관
     Muzeul Național de Istorie a României
4. 대학 광장 Piața Universității
5. 혁명 광장 Piața Revoluției
   - e. 크레출레스쿠르 교회
     Biserica Kretzulescu
   - f. 구 공산당 본부 Partidul Comunist Sediul
6. 루마니아 국립 미술관
   Muzeul Național de Artă al României
7. 아테네 음악당 Ateneul Român
8. 개선문 Arcul de Triumf
9. 미하이 1세 공원 Parcul Regele Mihai I

레스토랑

1. 카루 쿠 베레 Caru' cu Bere
2. 휘게 소셜 키친 Hygge Social Kitchen
3. 반 고흐 카페 Grand Cafe Van Gogh
4. 오리고 커피숍 Origo Coffee Shop
5. 폴 Paul

쇼핑

1. 우니리 쇼핑센터 Unirea Shopping Center
2. 카르토레슈티 서점 Cărturești Carusel

숙소

1. 바우하우스 호스텔 부카레스트
   Bauhaus Hostel Bucharest
2. 퍼스트 호스텔 First Hostel
3. 센트럴 게스트하우스 Central Guesthouse
4. 렘브란트 호텔 Rembrandt Hotel

& 관광안내소

무료 지도, 각종 브로슈어, 숙소 정보, 여행사의 투어 프로그램 정보 등을 제공한다.

위치 M2 Universitatii 역사 내
운영 10:00~18:00
홈피 www.seebucharest.ro

1. Strada Eugeniu Carada
2. Strada Smârdan
3. Strada Poștei
4. Strada Șepcari
5. Strada Vânători
6. Strada Valter Mărăcineanu
7. Strada Boteanu
8. Strada Apolodor
9. Strada George Enescu
10. Strada Poenaru Bordea
11. Strada Stavropoleos

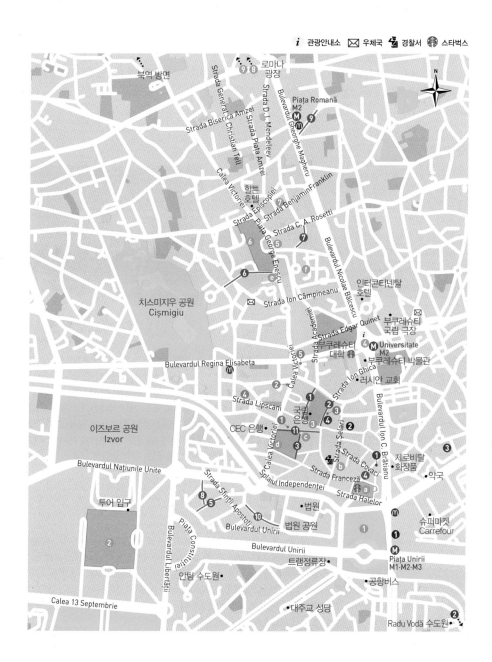

관광안내소 우체국 경찰서 스타벅스

북역 방면

로마나
광장

Strada General Christian Tell

Strada Biserica Amzei

Strada D. I. Mendeleev

Strada Piata Amzei

Bulevardul Gheorghe Magheru

Piaţa Romană
M2

Calea Victoriei

힐튼
호텔

Strada Episcopiei

Strada Piata George Enescu

Strada Benjamin Franklin

Strada C. A. Rosetti

Bulevardul Nicolae Bălcescu

인터콘티넨탈
호텔

치스미지우 공원
Cişmigiu

Strada Ion Câmpineanu

Strada Academiei

Strada Edgar Quinet

부쿠레슈티
국립 극장

부쿠레슈티
대학

Universitate
M2

부쿠레슈티 박물관

러시안 교회

Strada Ion Ghica

Bulevardul Regina Elisabeta

Calea Victoriei

Bulevardul Ion C. Brătianu

이즈보르 공원
Izvor

Strada Lipscani

국립
은행

CEC 은행

Strada Şelari

Strada Covaci

제로비탈
화장품

약국

Bulevardul Naţiunile Unite

Calea Victoriei

Spaiul Independenţei

Strada Franceză

Strada Halelor

슈퍼마켓
Carrefour

투어 입구

Strada Sfinţii Apostoli

Bulevardul Unirii

법원

법원 공원

Piaţa Constituirii

Bulevardul Libertăţii

Piaţa Unirii
M1·M2·M3

Bulevardul Unirii

트램정류장

안팀 수도원

공항버스

Calea 13 Septembrie

대주교 성당

Radu Vodă 수도원

부쿠레슈티 들어가기

기차와 버스, 비행기를 이용해 부쿠레슈티로 이동할 수 있다. 부쿠레슈티는 넓은 루마니아 영토의 남쪽에 있어 서쪽의 헝가리, 슬로바키아, 세르비아 등에서 기차를 타면 시간도 오래 걸리며 갈아타는 경우가 많다. 기차를 이용한다면 브라쇼브나 불가리아의 벨리코 투르노보 등 다른 도시 여행 후 부쿠레슈티로 들어오는 게 좀 더 편리하게 이동할 수 있다. 버스는 갈아타지 않는다는 장점이 있지만 기차보다도 오래 걸린다. 저가항공을 이용한다면 동·서유럽의 주요 도시에서 복잡한 동선을 피하고 시간을 줄여 부쿠레슈티에 도착할 수 있다.

❖ 기차

부쿠레슈티는 루마니아 철도망의 중심 역할을 하는데, 특히 북역Gara de Nord에서 국제선 및 주요 국내선이 도착한다. 대부분의 국제선 기차는 시간이 오래 걸리거나 갈아타야 한다. 루마니아 전역에서 수도인 부쿠레슈티로 이동하는 건 쉬우니 루트에 따라 루마니아의 다른 도시로 들어와 부쿠레슈티로 이동하는 것을 추천한다.

위치 북역과 M1·M4가 연결되어 있다.
    역 앞의 택시는 바가지가 심하니 최대한 피하고,
    메트로나 버스를 이용하는 것이 현명하다.

부쿠레슈티 북역(중앙역)
Gara de Nord (Northern Station) 📶

부쿠레슈티 중앙역으로 200여 대의 기차가 발착하는데, 홀이 좁고, 여행객들과 집시가 많아 혼잡하다. 소지품을 잘 챙겨 빨리 숙소나 목적지로 이동하는 것이 좋다. 숙소나 택시의 호객행위나 암달러상엔 절대 응하지 말자. 역 내의 환전소에선 소액만 환전하거나 ATM을 이용하는 것이 낫다. 역사엔 슈퍼, 짐 보관함, 맥도날드 등이 있다. 큰 역이니만큼 매표소도 늘 북적인다. 표를 사려면 시간 여유를 두고 가서 국내선과 국제선 표시를 확인한 후 줄을 서야 한다. 역내 자동발매기 이용도 가능하다. 빨리 예매하면 더 저렴하며, 왕복티켓은 약간의 할인을 받을 수 있다. 인터넷 예매 시엔 표를 스마트폰에 다운받으면 되고, 검표 시 여권을 제시해야 한다. 완행기차(R)는 값이 싸지만 시간이 너무 오래 걸리니 급행기차(IR, IC)를 타는 것이 효율적이다.

주소 Piața Gării de Nord 1-3
홈피 www.cfrcalatori.ro

❖ 버스

버스를 통해 부쿠레슈티로 들어가려면 루마니아 남쪽의 불가리아에서 가는 편이 가장 좋다. 소피아를 오가는 국제선 야간버스가 매일 운행한다. 바르나에서도 매일 버스가 있다. 벨리코 투르노보에서는 국경인 루세Ruse까지 매일 버스가 운행한다. 루세에서 부쿠레슈티행 버스를 갈아타야 한다. 버스 시간에 따라 루세에서 기다려야 할 수도 있다. 부쿠레슈티엔 Filaret, Obor, Militari, Rahova, Memento 등 정차하는 터미널이 많으니 표를 잘 참고하자. 플릭스 버스FlixBus와 현지 업체들이 노선을 운행한다.

홈피 버스 노선 및 터미널 정보 www.autogari.ro, 국제선 노선 Atlassib www.atlassib.ro

❖ 비행기

우리나라에서의 직항편이 없어 유럽계 항
공사를 이용해 경유해야 한다. 유럽 주요
도시와 연결하는 노선은 쉽게 찾을 수 있
고, 저가항공 노선도 많다. 라이언에어
Ryan Air, 위즈에어Wizz Air, 에어 발틱Air Baltic 등의 저가항공
노선이 운행한다.

위치 **버스** 공항 익스프레스 버스정류장에서 783번(승리 광장Piața
Victoriei을 거쳐 통일 광장Piața Unirii행). 24시간 운행하며
야간엔 40분 간격이다. 시내까지 약 45분 소요된다. 매표소나
자동발매기에서 표를 구입하고, 가격은 2회권 7Lei다
(홈피 www.stbsa.ro).
기차 공항 기차역에서 북역Gara de Nord으로 갈 수 있다.
24시간 운행하며 40분 간격이다. 북역까지 약 25분 소요된다.
가격은 5Lei, 표는 역의 매표소, 자동발매기, 승차 후 열차 내
직원에게 구입할 수 있다.
택시 택시 키오스크 이용을 추천한다. 택시 번호와 미터당
요금이 적힌 종이를 받아 해당 택시를 탄 후, 내릴 때 요금을
지불한다. 시내까지의 요금은 50~60Lei 정도다.

헨리 코안더 국제공항
Aeroportul Internațional Henri Coandă
(Henri Coanda International Airport) 📶

시내에서 북쪽으로 18km 정도 떨어져 있는 부쿠레슈티
메인 공항. 공항이 있는 지역 이름을 따 오토페니Otopeni 공
항이라고도 부른다. 입국장과 출국장이 좌우로 길게 연결
되어 있으며, 인포메이션센터, ATM, 환전소, 슈퍼마켓, 카
페 등 각종 편의시설이 있다.

주소 Calea Bucureștilor 224E Otopeni
전화 +40 (0)21 204 1000
홈피 www.bucharestairports.ro

※ 구시가지 들어가기

북역에서 M1(Pantelimon행)을 타고 7정거장을 지나면 통
일 광장Piața Unirii역이다. 통일 광장은 최대 번화가이자 구
시가지와 연결된다. 공항에서 출발하는 783번 버스는 통
일 광장이 종점이다. 통일 광장 북쪽 길 건너의 마누크 여
인숙Hanul Manuc 뒤편부터 구시가지가 시작된다. 구시가지
는 M2 유니버시티Universitate역 근처의 대학 광장까지 이어
져 있다.

구시가지 프리워킹 투어
Tip **(Tip 투어)**

현지인 영어 가이드를 따라 걸으며 관광하는
프로그램. 투어에 참가하는 것만으로도 핵심
적인 관광지를 둘러볼 수 있다. 시간에 맞춰
미팅 포인트로 가면 된다. 투어가 끝난 후 약
간의 Tip을 주는 것이 좋은데, 10Lei 정도면
적당하다.
*코로나 상황으로 인해 예약을 해야 한다.

위치 인민 궁전 오른편 커피숍Constituției
운영 영어 투어 10:00
홈피 www.freetour.com/bucharest

시내교통 이용하기

메트로 티켓

메트로, 버스, 트롤리 버스, 트램 등의 다양한 교통수단이 있다. 부쿠레슈티 시내는 차량이 많아 교통체증이 극심하며, 볼거리가 M2 라인에 몰려 있으므로 메트로를 이용하는 것이 가장 빠르고 편리하다.

교통 앱 Info Transport Bucharest

❖ 메트로

한국 지하철과 이용 방법이 비슷하다. 1회권 3Lei, 2회권 6Lei, 현금, 카드 사용이 가능하다. 운행시간은 대략 05:00~23:00이다.

홈피 www.metrorex.ro

메트로 개찰구

메트로 티켓발매기

❖ 버스, 트롤리 버스 및 트램

극심한 교통체증으로 인해 시간이 오래 걸린다. 특히 피크 시간대라면 만원버스는 각오해야 한다. 운행시간은 대략 05:00~23:00이며 노선에 따라 약간씩 다르다. 단기 이용자용 Multiplu 카드에 2회 이상(회당 3Lei) 단위로 충전해 사용한다. 정류장 근처 발매기에서 살 수 있다. 나이트 버스는 버스 번호 앞에 N이 붙고, 30~60분 간격으로 운행하며, 운행시간은 23:00~06:00이다.

홈피 www.stbsa.ro

시내버스

❖ 택시

미터제(기본요금 2Lei~, 주행요금 1.89~3.5Lei/km 선)이며 택시 외부에 적혀 있는 요금을 꼭 확인하자. 거리에 따라 거스름돈이나 1~5Lei 정도 팁을 주는 것이 좋다. 카드 결제가 어려우니 미리 현금을 준비해야 한다.

전화 콜택시 Meridian 021 9444, Cristaxi 021 9466 교통 앱 Bolt(Taxify)

TIP

부쿠레슈티의 관광명소

부쿠레슈티의 주요 볼거리는 통일 광장부터 혁명 광장 사이에 모여 있다. 따라서 이온 C. 브라티아누 대로 Bulevardul Ion C. Brătianu를 따라 일직선으로 동선을 짜는 것이 가장 효율적이다. 숙소나 북역에서 메트로를 타고 통일 광장까지 이동해 도보로 둘러보는 방법을 추천한다. 부쿠레슈티는 매우 큰 도시이지만 볼거리가 모여 있어 하루 정도면 충분한데, 인민 궁전 가이드 투어나 박물관 관람, 공원에서의 한적함을 즐기고 싶다면 이틀을 잡는 게 좋다.

통일 광장 Piața Unirii (Union Square)

도심 최대 번화가로 교통의 중심지다. 광장 중앙엔 공원과 분수, 시계탑이 있고 남서쪽 언덕엔 루마니아 정교회의 총본산인 대주교 교회Catedrala Patriarhală가 있다. 서쪽의 통일 대로는 유럽에서 가장 큰 길이었던 파리의 샹제리제 거리를 모방해 만든 길로, 샹제리제 거리보다 6m 길고, 폭은 1m 넓다고 한다. 이 근처엔 고급 주상복합 아파트가 들어서 있는데, 아래층은 상점, 위층은 과거 공산당 간부들의 호화 거주지였다고 한다. 대로의 끝엔 인민 궁전이 있다. 딤보비차Dâmbovița 강이 광장을 통과한다.

위치 M1·M2·M3 Piața Unirii역

딤보비차 강

인민 궁전 Palatul Parlamentului
(Palace of the Parliament)

관광
명소

부쿠레슈티의 랜드마크로 엄청난 규모를 자랑한다. 지하 3층, 지상 11층의 건물로 높이는 86m, 가로 270m, 세로 240m 규모에 내부엔 무려 1,100여 개의 방이 있다. 인민 궁전의 하루 전기 사용량이 브라쇼브^{Brașov} 시의 하루 전기 사용량과 맞먹을 정도다. 1989년 혁명 이후 명칭을 국회 궁전으로 바꾸었으나 여전히 인민 궁전으로 불린다.

북한을 수차례 방문했던 차우셰스쿠는 김일성 주석궁에 깊은 감명을 받아 1983년 '인민의 집^{Casa Poporului}' 건설에 착수한다. 1977년의 강진 피해를 복구한다는 명분이 있긴 했으나 이 건물은 그 이름이 무색할 정도로 국민들의 삶을 피폐하게 만들었다. 주변에 있던 1만 호의 주택을 강제 철거해 시민들이 거리로 나앉았으며, 약 2만 5천 명의 인부들이 5년 동안 24시간 내내 무보수로 공사에 투입되었다. 건축자재는 모두 자국에서 충당했는데, 금, 은, 수정, 직물 등의 화려한 부자재까지 모두 끌어와 인민 궁전에 쏟아 부었다. 국민총생산의 30%에 달했던 건축비용 때문에 공사가 진행될수록 국민들은 굶주림에 허덕였다. 차우셰스쿠는 기분에 따라 설계도를 이리저리 바꾸기도 하고, 마음에 들지 않는 부분은 전부 철거 후 재공사를 시키기도 했다. 뿐만 아니라 부지 확보를 위해 부쿠레슈티 면적의 1/9에 달하는 지역을 갈아엎었고, 이 과정에서 유서 깊은 건축물들이 대부분 파괴되었다.

주소   Str. Izvor 2-4
위치   M1·M3 Izvor역, M1·M2·M3
      Piața Unirii역에서 도보 10분
운영   **3~10월** 09:00~17:00
      (마지막 투어 16:00)
      11~2월 10:00~16:00
      (마지막 투어 15:30)
요금   **스탠더드 투어** 일반 40Lei, 학생 20Lei
전화   733 558 102
홈피   www.cdep.ro

> Tip
> ## 인민 궁전 내부 가이드 투어
> ① 영어 투어로, 약 45분 소요된다.
> ② 입구는 통일 광장 쪽에서 왔을 때, 인민 궁전 건물을 마주보고 오른쪽 측면으로(지도상 이즈보르^{Izvor} 공원 쪽) 돌아가면 있다.
> ③ 여권이 꼭 필요하며 보안검색을 한다.
> ④ 각 투어당 최대 인원이 정해져 있으니 성수기에는 일찍 가는 것이 좋다.
> ⑤ 카드와 현금 계산이 가능하다.

가이드 투어 입구

그러나 건물이 완공되기도 전인 1989년, 차우셰스쿠는 분노한 시민들의 혁명으로 처형되었다. 국민들은 끔찍했던 독재 정권의 상징인 건물을 폭파해버리자고 할 정도로 증오로 불탔으나 80% 가까이 완공된 건물을 무너뜨릴 순 없어 2005년 건물을 완성했다. 인민 궁전의 규모는 거대하지만 그 건축미에 감탄하기는 어렵다. 철학이 없는 모방이란 이렇듯 공허하다.

현재 국회의사당, 국제행사장, 결혼식장 등으로 사용되고 있으며, 일부를 관광객에게 개방하고 있다.

상쾌하게 거리를 산책하는 부쿠레슈티 시민

루마니아의 악마와 요정

니콜라에 차우셰스쿠 Nicolae Ceauşescu(1918.1.26~1989.12.25)는 공산당의 요직을 거쳐 대통령의 자리에 오르며 24년간 루마니아를 통치한 역대 최악의 독재자이다. 그는 중국 모택동의 문화대혁명과 북한 김일성의 주체사상에 깊은 감명을 받았고, 이들을 롤 모델 삼아 스스로를 '지도자', '카르파티아 산맥의 천재'라 부르며 우상화했다. 그는 언론 통제, 국민 감시와 도청, 반대파 학살, 족벌 정치, 사치, 부정부패 등 헤아릴 수 없는 악행들을 저질렀다.

차우셰스쿠는 인구가 국력이라며 가정마다 4명씩 의무적으로 아이를 낳게 해 이를 어길 시엔 세금을 매겼다. 문제는 궁핍한 시대에 아무런 대책 없이 출산만을 강요해 거리엔 버려진 아이들과 고아들로 넘치게 되었고, 이들은 부랑자나 마약중독자가 되어 지하세계로 편입됐다. 이들을 '차우셰스쿠의 아이들'이라 부르며, 아직도 큰 사회문제로 남아 있다.

또한 무리한 공업화의 실패와 차우셰스쿠 일가의 사치로 인해 해외 채무가 100억$에 이르자 복지예산 축소, 세율 증대, 수출 장려 및 수입 금지 정책을 펴 9년 만에 채무를 상환했다. 그러다 보니 생필품과 식량이 씨가 말라 식량은 배급을 받아야만 했고, 전기와 가스가 끊기는 등 국민 생활은 악화일로를 걷게 되었다. 이런 상황에서 인민 궁전 건설이라는 만행을 저질렀으니 차우셰스쿠가 얼마나 무자비한 인물인지 알 수 있다. 이 외에도 건강을 이유로 신생아들에게 수혈을 한 결과 수백 명의 영아가 에이즈에 감염된 사건도 있었고, 지진발생 시 복구에 방해가 된다며 인명 구조 작업 대신 현장을 밀어버리기도 했다. 실종자 가족들의 항의 시위는 물론 무력으로 진압되었다.

차우셰스쿠 몰락의 계기는 티미쇼아라에서 일어난 민주화 시위였다. 시위는 유혈진압에 굴하지 않고 전국으로 퍼져나간다. 이 상황에서도 민심을 제대로 읽지 못한 차우셰스쿠는 부쿠레슈티 광장에 국민들을 불러놓고 연설을 했는데, 분노한 관중들에게서 비난과 야유가 쏟아졌다. 이 장면이 생방송으로 중계된 바람에 정세가 급변하여, 도주하던 차우셰스쿠는 체포되었고, 총살형으로 죽음을 맞았다. 비밀재판에서 차우셰스쿠에게 사형을 구형한 검사는 원래 사형제에 반대하지만 차우셰스쿠는 인간이 아니므로 상관없다는 말을 남겼다고 한다.

나디아 코마네치 Nadia Comăneci(1961~)는 지금까지도 체조 선수의 대명사로 일컬어질 만큼 전설적인 선수다. 〈타임지〉는 코마네치를 두고 '인간의 몸을 빌려 지상에 나타난 요정'이라 칭송했다. 14세의 나이로 1976년 몬트리올 올림픽에 출전해 이단 평행봉 연기로 올림픽 체조 사상 최초로 10점 만점을 획득했고, 이후로도 만점을 6번이나 더 기록했다. 무결점 연기를 마친 코마네치의 점수가 발표되었을 때 약간의 해프닝도 있었다. 전광판에 1점이라는 점수가 뜬 것이다. 체조 경기에서 10점 만점이란 신의 영역이라는 것이 당시의 불문율이었고, 따라서 점수를 집계하는 전광판에서 나타낼 수 있는 최대치는 9.9점이었기 때문에 10점을 1점으로 표기한 것이었다. 코마네치는 이후 사춘기를 지나며 극심한 슬럼프를 겪었지만 재기에 성공해 모스크바 올림픽에서도 금메달을 추가한 후 1981년 은퇴했다. 코마네치는 드라큘라나 차우셰스쿠와는 달리 루마니아를 대표하는 '긍정적인' 인물로 사랑받고 있다.

구시가지 Centrul Vechi (Old Town)

관광
명소

도시 역사의 중심부로, 차우셰스쿠에 의해 파괴되지 않
은 귀중한 곳. 19세기의 건물들과 중세시대 왈라키아 왕
조의 왕궁 흔적, 교회 등이 있는데, 과거 길드가 있었던
곳이기도 해 골목길의 이름들은 그 길드에서 유래했다.
골동품 노천시장, 레스토랑, 상점들도 몰려 있다.

위치   M1·M2·M3 Piața Unirii역,
　　　 Universitate역에서 도보 5~10분

교회

마누크 여인숙 Hanul Manuc (Manuc's Inn)

미국인 무역업자 마누크 베이Manuc Bei가 1808년에 만든
여인숙으로 루마니아에서 가장 오래된 숙박업소다. 실크
로드를 넘어 온 상인들이 유럽으로 가기 전에 묵던 곳이
라 짐을 내려둘 넓은 마당을 객실이 둘러싼 형태이며, 19
세기엔 숙박과 거래가 함께 이루어지기도 했다. 현재는
레스토랑 및 카페 등 다양한 상업시설로 쓰인다.

주소   Str. Franceza 62
홈피   www.hanulluimanuc.ro

왕궁 터와 교회
Palatul si Biserica Curtea Veche
(Old Princely Court & Church)

15세기 드라큘라 백작으로 유명한 블라드
Vlad 공이 살았던 왕궁 터로, 부쿠레슈티
에서 가장 오래된 중세 유적지이다. 부쿠
레슈티라는 도시 이름의 기원을 증명하는
문서가 발견된 곳이기도 하다. 블라드 공
의 흉상과 박물관이 있고, 그 옆엔 교회가
있는데, 부쿠레슈티에서 가장 오래된 교
회로 여겨진다. 2세기 동안 왕자들의 대
관식이 열렸으며, 내부엔 16세기 프레스
코화의 일부가 보존되어 있다.

주소   교회 Str. Franceză 25-31
운영   교회 10:00~18:00
전화   314 0375
홈피   www.muzeul
　　　 bucurestiului.ro

스타브로폴리오스 수도원

Mănăstirea Stavropoleos
(Stavropoleos Monastery)

십자가 마을이라는 뜻의 교회로 1724년 지어졌
다. 네오로마니안 양식의 건물로 내외부를 장식
한 프레스코화가 매우 아름다우며, 비잔틴 음악
에 관한 자료가 많기로 유명하다. 정원에 있는
여러 석조들은 차우셰스쿠 시절 파괴되었던 다
른 교회들의 잔해를 옮겨 놓은 것이다.

주소　Str. Stavropoleos 4
전화　313 4747
홈피　www.stavropoleos.ro

교회 정원의 석조들

루마니아 역사박물관

Muzeul Național de Istorie a României
(The National History Museum of Romania)

중앙 우체국 건물을 개조해 1970년 개관했는데,
이는 소련으로부터 자주적인 노선을 걸으며 국
가의 정체성을 확고히 하려는 의도의 일환이었
다. 구석기 시대부터 다치아 왕국 시대, 오스만
제국 침략 시대, 20세기 사회주의 시대의 소장
품들이 있는 60개의 전시실이 운영 중이다. 로
마 제국 황제 트라야누스의 다키아 전쟁 승리를
기념하는 트라야누스의 기둥 실물 복제품이 유
명하며, 루마니아 왕국의 왕관 등이 볼만하다.
상설 전시 외에 기획 전시도 열린다.

주소　Calea Victoriei 12
운영　수~일 10:00~18:00(겨울 09:00~17:00)
　　　(월·화요일 휴무)
요금　일반 20Lei, 학생 5Lei
전화　315 8207
홈피　www.mnir.ro

역사박물관

🎵 루마니아 정교회

루마니아인의 약 87%가 정교회Ortodoxă 신자이다. 그리스도교는 크게 정교회, 천주교, 개신교로 분열되었는데, 다른 종
파에 비해 초대 교회의 정통성을 지킨다는 뜻에서 정교회라 부른다. 중세 초기엔 로마 제국의 가톨릭과 동로마 제국의 정
교회는 상호 협력하는 관계였으나 정치적, 신학적 이유로 갈등을 겪다 십자군 전쟁을 계기로 완전히 분열된다. 이후 동로
마 제국이 몰락하면서 각 교구마다 독립적 지위를 갖고 있었던 정교회는 나라별로 분산되었다. 따라서 중앙통제를 받지
않은 정교회는 그 지역의 문화와 어우러지는 형태를 보인다. 루마니아 정교회는 1885년 콘스탄티노플 정교회 본부의 인
정을 받았고, 오스만 제국의 지배와 트란실바니아 지방이 헝가리 지배를 받는 동안 민족성을 유지해주는 역할을 했다.
또한 1918년 이후 트란실바니아 지방과 루마니아가 통합될 무렵, 서로를 단결시키는 데 큰 도움을 주기도 했다.

대학 광장 Piața Universității (University Square)

위치 M2 Universitate역

1990년, 부쿠레슈티 대학 학생과 교수들은 차우셰스쿠 처형 후 권력을 잡은 이온 일리에스쿠Ion Iliescu 정권에 대항해 이곳에서 반공산주의 시위를 시작했다. 이에 시민들이 동참했는데, 정부는 무력으로 이를 진압했고 백 명이 넘는 사상자가 나왔다. 이를 고라니아다Golaniada 시위라고 하는데, 차우셰스쿠 처형 이후에도 사회가 쉽게 변화하지 않았음을 단적으로 상징한다.

광장에서는 루마니아의 네 위인들의 동상을 볼 수 있으며, 광장 주변으로 부쿠레슈티 시립 박물관Muzeul Municipiului Bucureşti, 다양한 공연이 열리는 국립 극장Teatrul Național, 러시아식 성당인 학생 성당Biserica Rusa, 시민 혁명의 날짜를 딴 1989년 12월 21일 광장이 있다. 근처의 공원에는 골동품과 성화, 자수제품, 기념품 등을 파는 벼룩시장이 들어서니 오가는 길에 한 번 구경해보는 것도 좋다.

루마니아 혁명으로 사람들이 거리에 열리다.

혁명 광장
Piața Revoluției (Revolution Square)

위치 M2 Universitate역에서 도보 10분

루마니아 현대사에서 가장 중요한 1989년 12월의 민주혁명이 일어난 곳으로 공화당 광장, 공산당 본부 광장으로 불렸으나 혁명 이후 이름이 바뀌었다. 1989년 12월 21일 차우셰스쿠가 벌인 관제 동원 집회에서 독재 정권의 핍박과 수탈에 고통받던 시민들의 소요가 일어났고, 당황한 차우셰스쿠의 모습이 생중계되었다. 이를 계기로 많은 시민들이 합류해 반정부시위가 일어났으나 비밀경찰의 유혈진압으로 다수의 사상자가 발생했다. 광장 주변에서 볼 수 있는 총탄 자국이 당시의 상황을 말해준다. 이후 차우셰스쿠는 헬기를 타고 북한으로 도주하려 했으나 헬기 조종사인 중령이 대공사격을 받고 있다며 거짓말을 해 실패한다. 농업 박물관에 숨었던 차우셰스쿠 부부는 23일 체포 후, 성탄절에 부정 축재와 대량학살죄로 총살되었다. 혁명 광장에는 공산주의를 뚫고 민주주의가 상승한다는 의미를 가진 희생자 위령비가 있다.

크레출레스쿠르 교회
Biserica Kretzulescu
(Kretzulescu Church)

18세기에 지어진 정교회로 지진 때문에 손상을 입었다가 재건되면서 현재의 벽돌 외벽을 갖게 되었다. 내부에 그려진 게오르게 타타레스쿠의 벽화가 인상적이다. 교회 앞쪽에는 루마니아의 보수 정치가 코넬리우 코포수Corneliu Coposu의 흉상이 있다.

구 공산당 본부
Partidul Comunist Sediul
(Communist Party Headquarters)

광장 중앙의 위령비 앞에 있는 흰색의 대형 건물로, 1989년 12월 21일 차우셰스쿠가 마지막 연설을 한 곳이다. 지하에는 비밀 통로가 있어 비밀경찰과 보안군들이 드나들었다. 현재는 주 정부 사무소로 쓰이고 있다.

루마니아 국립 미술관
Muzeul Naţional de Artă al României
(The National Museum of Art of Romania)

 미술관

1820년 완성된 건물로, 왈라키아 왕조의 왕궁이었으며 차우셰스쿠의 관저이기도 했다. 1948년 루마니아 최대의 미술관으로 탈바꿈해 11만 5천여 점의 고대~현대 예술품들이 전시돼 있다. 렘브란트, 마티스 등의 작품도 있다.

주소 Calea Victoriei 49-53
운영 수~일 10:00~18:00(월·화·공휴일 휴무)
요금 **루마니아관/유럽관** 각 일반 24Lei, 학생 6Lei
      통합 티켓 일반 32Lei, 학생 8Lei,
      매월 첫째 수요일 무료
전화 313 3030
홈피 www.mnar.arts.ro

아테네 음악당
Ateneul Român (Romanian Athenaeum)

1888년 프랑스 건축가 Albert Galleron이 완성한 네오클래식 스타일의 아름다운 콘서트홀. 건축자금은 시민들이 모금해 부쿠레슈티 시민들에게는 참 각별한 곳이다. 내부는 루마니아 역사에서 중요한 장면들을 묘사한 프레스코화로 장식돼 있고, 음악당 앞에는 작은 정원과 루마니아의 유명 시인인 미하이 에미네스쿠^{Mihai Eminescu}의 동상을 볼 수 있다. George Enescu 필하모닉의 보금자리로 저렴하지만 훌륭한 공연을 볼 수 있다.

주소 Str. Benjamin Franklin 1-3
위치 국립 미술관에서 도보 4분
홈피 www.fge.org.ro

개선문 Arcul de Triumf (Arch of Triumph)

1878년 루마니아는 독립 전쟁에서 승리했는데, 승진 행사 때문에 급히 목조로 된 개선문을 세웠다. 이후 1922년, 제2차 세계대전 승리를 기념하기 위해 같은 자리에 콘크리트를 사용한 개선문을 완성했다. 이 건물은 파리의 개선문을 모방해 만들었으며 높이는 27m로, 파리의 개선문보다 약간 작다. 개선문을 사이에 두고 일직선의 대로가 뻗어 있는데, 이 모습이 파리의 샹제리제를 연상케 해 부쿠레슈티를 작은 파리라고 부르기도 했다. 루마니아 독립기념일인 12월 1일엔 군대가 개선문 아래를 지나는 행사를 한다.

주소 Piața Arcul de Triumf
위치 M2 Aviatorilor역 하차 후
　　 Mareşal Constantin Prezan 대로를
　　 따라 도보 10분

프랑스 파리의 개선문과 닮은 개선문.

개선문 앞 대로.

미하이 1세 공원 (Herăstrău 공원)
Parcul Regele Mihai I (King Michael I Park)

도시 북쪽에 위치한 1.1㎢ 면적의 넓은 공원으로, 원래는 늪지대였으나 1930년부터 5년간의 양수작업을 거쳐 1936년 공원으로 개장했다. 공원엔 산책로, 노천극장, 놀이터, 스포츠클럽, 레스토랑 등이 잘 갖춰져 있고, 여름이면 호수에서 보트를 탈 수도 있다. 명실상부한 부쿠레슈티 시민들의 휴식처다. 곳곳에 셰익스피어, 베토벤, 마이클 잭슨 등 유명인들의 동상이 있으니 찾아보는 것도 재미있다.

공원 안에는 전통 민속촌인 농촌 박물관Muzeul Satului이 있다. 루마니아 전역에서 옮겨온 농가, 농장, 헛간, 제분소, 교회 등 건물 272채가 보존되어 있으며, 동물 우리, 물레방아, 농기구 등도 과거의 모습 그대로다. 민속촌 내부가 꽤 넓어 1~2시간은 잡고 둘러보는 것이 좋다.

주소 Parcul Herăstrău, Sector 1
위치 M2 Aviatorilor역
운영 농촌 박물관 10:00~18:00
요금 농촌 박물관 일반 30Lei, 학생 8Lei
전화 317 9103
홈피 농촌 박물관 www.muzeul-satului.ro

마이클 잭슨 추모비

& 루마니아의 마이클 잭슨 사랑

차우셰스쿠는 인민 궁전 발코니에서 연설하길 바랐지만 건물이 완공되기도 전에 총살형을 당했다. 그의 바람을 최초로 실현한 사람은 다름 아닌 마이클 잭슨! 그가 1992년 공연을 위해 부쿠레슈티를 찾았을 때, 인민 궁전 발코니에서 팬들에게 손을 흔들며 "헬로, 부다페스트!"라고 외쳤다. 그러나 팬들이 워낙 흥분했기 때문에 이 실수는 큰 문제없이 넘어갔다고 한다.
루마니아인은 유독 마이클 잭슨을 사랑한다. 마이클 잭슨의 공연 중 최고로 꼽는 공연도 1992년 10월 1일 부쿠레슈티 국립 경기장에서 열린 Live in Bucharest: The Dangerous Tour이다. 7만 석이 매진된 이 공연의 실황은 미국 HBO가 방송해 역대 최고의 시청률을 기록하기도 했으며, 13년 후 DVD로 발매되어 큰 사랑을 받기도 했다. 이 외에도 미하이 1세 공원엔 마이클 잭슨의 추모비가 있으며(구글 지도에도 표시되어 있다!), 그의 생일인 8월 29일엔 루마니아 각지에서 마이클 잭슨 헌정 플래시 몹이 벌어진다.

카루 쿠 베레 Caru' cu Bere

레스토랑

1879년에 오픈한, 부쿠레슈티에서 가장 크고 유명한 레스토랑. 고딕풍의 외관에 내부는 아르누보 양식으로 꾸며져 있다. 맥주 마차라는 이름처럼 직접 만든 맥주 맛이 좋다. 전통 음식을 포함한 다양한 메뉴가 있으며 아침, 점심, 저렴한 학생 메뉴도 있어 선택의 폭이 넓다. 워낙 유명하고 인기가 좋은 곳이라 시끌벅적하며 저녁이나 주말에는 예약을 하는 게 좋다.

주소 Str. Stavropoleos 5
위치 구시가지 역사박물관 옆 골목
운영 09:00~24:00
요금 예산 €€
전화 0726 282 373
홈피 www.carucubere.ro

카루 쿠 베레
휘게 소셜 키친
©Hygge

휘게 소셜 키친 Hygge Social Kitchen

레스토랑

깔끔하고 모던한 분위기의 레스토랑으로 구시가지를 돌아보다 들르기 좋다. 수프, 샐러드, 간단한 육류 요리와 버거, 디저트, 비건 등의 메뉴가 있으며 낮 시간엔 브런치 메뉴를 즐길 수 있다.

주소 Calea Victoriei 21
위치 M2 Universitate역에서 도보 6분
운영 10:00~23:00
요금 예산 €€
전화 0771 114 875
홈피 www.hygge.com.ro

오리고 커피숍 Origo Coffee Shop

맛있는 커피를 즐
길 수 있는 아담한
카페로 커피 잔을
늘어뜨린 인테리
어가 인상적이다.
활기차고 친절한
스태프들이 커피에 대해 자세히 설명해준다. 카페라테
와 카푸치노의 중간 격인 플랫 화이트가 추천 메뉴이며,
카페 마감 시간 이후엔 칵테일 바를 연다.

주소　Str. Lipscani 9
위치　구시가지에서 Lipscani 길을 따라간다.
운영　월 07:30~18:00,
　　　화~금 07:30~24:00
　　　토·일 08:00~24:00
요금　예산 €
전화　757 086 689
홈피　www.origocoffee.ro

반 고흐 카페
Grand Cafe Van Gogh

구시가지에 있어 잠시 들러 쉬어가기 좋다. 활기찬 분위
기의 카페로 음료, 주류, 디저트, 식사, 런치 메뉴도 있다.
저녁엔 해피아워 행사로 맥주를 저렴하게 팔기도 한다.

주소　Str. Smârdan 9　　　위치　구시가지
운영　월~목·일 08:30~22:00, 금·토 08:30~23:00
요금　예산 €　　　　　　전화　0700 117 279

폴 Paul

프랑스의 유명 베이커리인 폴의 지점. 좋
은 재료를 아낌없이 쓴 빵이나 샌드위치,
오믈렛 등으로 간단하게 요기하기 좋다.
타르트나 케이크류도 맛있다.

주소　Bulevardul Regina
　　　Elisabeta 15-19
위치　대학 광장 근처에 위치
운영　08:00~21:00
요금　예산 €
전화　751 090 515
홈피　www.paul-bistro.ro

우니리 쇼핑센터 Unirea Shopping Center

쇼핑

부쿠레슈티에서 가장 오래된 쇼핑몰. 내부엔 의류매장과 레스토랑,
화장품 가게, 전자제품점 등 다양한 매장이 입점해 있다.
뒤쪽으로는 까르푸 슈퍼마켓이 있어 장을 보기 좋다.

주소 Piața Unirii 1
위치 M1·M2·M3 Piața Unirii역
운영 10:00~21:00
전화 303 0208
홈피 www.unireashop.ro

카르토레슈티 서점 Cărturești Carusel

쇼핑

루마니아의 체인 서점으로,
2015년 문을 연 Carusel
지점은 그 내부가 아름답기
로 정평이 나 있다. 책, CD,
문구, 디자인 소품, 기념품
등을 판매하며, 문화 행사
나 공연, 전시회, 작가와의
만남도 종종 열리니 한 번쯤
들러보길 추천한다.

주소 Strada Lipscani 55
위치 M2 Universitate역,
        M1·M2·M3 Piața Unirii역 중간
운영 10:00~22:00
홈피 www.carturesti.ro

바우하우스 호스텔 부카레스트
Bauhaus Hostel Bucharest

호스텔

통일광장과 구시가지 중간쯤에 있어 관광하기 최적의
위치다. 혼성 도미토리로 운영하며, 주방, 에어컨, 커피
머신 등의 시설이 있고 수건을 제공한다. 번화가에 있어
밤에는 시끄러울 수 있다.

주소 Strada Șepcari 9
위치 M1·M2·M3 Piața Unirii역에서 도보 6분
요금 예산 €
전화 722 781 351

퍼스트 호스텔 First Hostel

통일 광장 남쪽 조용한 주택가에 있는 호스텔로, 혼성 또는 여성 전용 도미토리와 더블룸으로 운영한다. 시설이 깔끔하고 에어컨이 있어 여름에 덥지 않다. 셀프체크인이며, 직원이 상주하지 않아 불편할 수 있다.

주소 Bulevardul Mărăşeşti 86
위치 M1·M2·M3 Piaţa Unirii역에서 도보 15분
요금 예산 €   전화 720 720 720
홈피 www.firsthostel.ro

센트럴 게스트하우스 Central Guesthouse

관광지와 가까우면서도 조용한 위치에 있는 원룸형 숙소. 2~4인이 묵을 수 있으며, TV, 냉장고, 전기 주전자, 에어컨, 모기장 등의 시설이 있다. 엘리베이터가 없어 2, 3층 객실은 걸어 올라가야 한다.

주소 Strada Bălceşti 7
위치 M1·M2·M3 Piaţa Unirii역에서
        도보 10분
요금 예산 €€€
전화 770 612 760
홈피 www.bucharestcentralrooms.com

렘브란트 호텔 Rembrandt Hotel

구시가지에 있는 작은 호텔. 관광하기 아주 편리한 위치이다. 룸 내부는 편안하고 깔끔하게 꾸며져 있으며 널찍하다. 소규모 호텔 특유의 인간적인 서비스가 강점이다. 조식의 종류가 적지만 신선하고 맛있다.

주소 Str. Smârdan 11
위치 M2 Universitate역에서 도보 10분
요금 예산 €€€
전화 727 353 393

고요한 수도원과 화려한 성을 품은 시나이아

시나이아^{Sinaia}는 루마니아 중부 프라호바 주에 있는 작은 도시로 해발 800여m의 카르파티아 산맥에 위치해 있다. 여름에 시원하고 겨울에 따뜻한 기후에다 천혜의 자연환경, 아름다운 건축물이 어우러져 사시사철 휴양지로 각광받는 곳이다. 시나이아라는 도시명은 산 중턱에 위치한 수도원의 이름에서 유래했다. 조용한 마을이었던 이곳은 19세기, 카롤 1세가 아름다운 펠레슈 성을 지어 여름 궁전으로 사용한 이후 인기 휴양지로 변모하기 시작했다.

시나이아는 볼거리가 정해져 있어 반나절 정도를 예상하면 된다. 시나이아 수도원, 펠레슈 성 및 펠리소르 성은 완만한 산책로로 연결되어 있다. 수도원에서 성으로 가는 길엔 기념품과 간식을 파는 노점들이 늘어서 있어 구경하기도 좋고, 숲의 기운이 느껴져 상쾌한 기분이 든다. 여유가 있다면 케이블카나 곤돌라를 타고 부체지 산 정상에 올라가보는 것도 추천한다.

위치 부쿠레슈티와 브라쇼브 중간에 있다. 부쿠레슈티에서 약 1시간 30분,
브라쇼브에서 약 1시간이 걸리니(급행기차(IR, IC) 기준) 각 도시에서
당일치기 여행도 가능하다. 가장 효율적인 방법은 부쿠레슈티와 브라쇼브 이동 중
들르는 것. 유인 짐 보관소에 짐을 맡기고, 돌아가는 기차 시간을 미리 확인해 두자.
기차역 정면에 보이는 계단을 올라간 후 왼쪽 길을 따라가면 중앙로인
카롤 1세 거리B-dul Carol I가 나온다. 오른편으로 보이는
디미트리에 비카 공원Parcul Dimitrie Ghica 입구에 관광안내소가 있고,
공원 안으로 들어가 카지노 뒷길을 따라 20여 분 가면 수도원이다. 수도원에 들른 후
표지판을 따라 20분 정도 걸어 올라가면 펠레슈 성이 보인다. 성의 왼쪽엔 펠리소르 성이 있다.
버스를 타고 싶다면 관광안내소 근처의 Parcul Ghica 정류장에서 T1, T2 버스를 이용하면 된다(일반 2Lei, 학생 1Leu).
펠레슈 성까지 버스(T1, T2)를 타고 성을 관람한 뒤 걸어 내려오는 루트를 추천한다.

홈피 www.sinaiago.ro

↘시나이아 기차역

관광명소

❶ 시나이아 수도원Mǎnǎstirea Sinaia (Sinaia Monastery)

1695년에 지어진 수도원으로, 大 성 캐서린 수도원이 있는 이집트 시나이|Sinai 산에서 그 이름이 유래했다. 따라서 수도원은 지역의 심장부라 할 수 있는 문화유산이다.

왈라키아 왕국의 미하이 칸타쿠지노Mihai Cantacuzino 왕자는 이집트 시나이 산으로 순례를 다녀온 후 1690~1695년에 걸쳐 구교회Biserica Veche를 완성했다. 사람 몇 명이 들어가면 꽉 찰 정도로 작은 규모인데, 내부의 프레스코화가 인상적이다. 신교회Biserica Mare는 1846년 카롤 1세 시대에 완성된 것으로 큰 교회라 부르기도 한다. 내부에서 비잔틴 양식의 황금 모자이크 회화 작품들을 볼 수 있는데, 사진촬영은 금지. 구교회와 신교회를 가르는 낮은 건물은 수도사들의 방으로 지금도 20여 명의 수도사들이 거주하고 있다. 수도원 벽 쪽엔 1892년 완성된 종루가 있는데 종의 무게는 1,700kg에 달한다. 1895년 개장한 종교 박물관에는 17세기의 성화, 성상, 십자가, 루마니아어로 번역된 최초(1688년)의 성경 등 종교 유물이 보관돼 있다.

주소 Str. Mǎnǎstirii 2
위치 기차역에서 도보 20분
운영 08:00~18:00
　　*비수기에 종교 박물관·구교회는
　　10:00~15:00 사이 10명 이상의
　　단체만 입장 가능
요금 일반 5Lei, 학생 2Lei
전화 244 317 917
홈피 www.manastireasinaia.ro

종루

신교회

구교회의 벽화

종교 박물관
수도사들이 거주

495

❷ 펠레슈 성 Castelul Peleş (Peles Castle)

루마니아의 국보 1호이다. 루마니아 왕국의 초대 왕인 카롤 1세가
웅장한 산의 경관에 반해 이곳에 여름 궁전을 짓기로 하고 약 8년
의 공사 기간을 거쳐 1883년 완성했다. 외관 일부를 목재로 장식해
굉장히 독특한 느낌을 주며, 은은한 빛깔의 대리석 벽과 우아하게
장식된 탑들, 날렵한 지붕이 숲과 어우러지는 모습은 동화 속에 나
오는 장면과도 같다. 성 앞에는 분수와 야외 조각상으로 꾸며진 정
원이 있어 성과 조화를 이룬다.

성 내부는 훨씬 화려하게 꾸며져 있다. 160여 개의 방에는 유럽 회
화 작품 2천여 점을 비롯해 골동품, 도자기, 직물, 가구 등 카롤 1세
가 전 세계에서 수집한 보물들이 보관돼 있으며, 빛나는 샹들리에
와 컬러풀한 스테인드글라스, 정교한 조각 등으로 치장되어 있다.
피렌체 룸, 무어인의 살롱, 튀르키예 응접실 등 지역 테마를 정해
장식한 방들도 있으며, 4천여 점의 무기를 모아둔 무기의 방, 회의
실과 극장으로 사용되던 방도 있다.

루마니아 정부는 2006년 이 눈부신 성을 미하이 왕에게 반환해 펠
레슈 성은 현재 루마니아 왕실의 소유이다. 카롤 1세의 선견지명으
로 전력 발전소를 함께 만들었기 때문에 성에서 사용되는 전기는
모두 자체 충당이 가능하다. 또한 펠레슈 성은 유럽에서 전기로 조
명과 난방을 작동시킨 최초의 성이라고 한다.

내부는 가이드 투어(영어)로만 입장이 가능한데, 기본 투어General
Tour(45분 소요)는 1층만 볼 수 있고, 선택 투어Optional Tour I, II(75
분, 120분 소요)는 각각 1·2층을 감상할 수 있다. 투어가 끝난 후
에도 개인적으로 돌아볼 수 있으니 아쉬운 마음을 달래보자.

주소 Str. Pelesului 2
위치 수도원 뒷길을 따라 도보 20분 또는
Parcul Ghica 정류장에서 버스 T1, T2를
타고 12분
운영 **성수기** 화·목~일 09:15~18:00,
수 10:00~18:00(월요일 휴무)
비수기 수 09:15~17:00,
목~일 09:15~17:00(월·화요일 휴무)
*신청하는 투어에 따라
마지막 입장 시간이 달라진다.
꼭 운영시간을 확인해보고 방문할 것
요금 **기본 투어** 일반 50Lei, 학생 12.5Lei
선택 투어 I 일반 100Lei, 학생 25Lei
선택 투어 II 일반 150Lei, 학생 37.5Lei
전화 244 310 918
홈피 www.peles.ro

아름다운 정원

❸ 펠리소르 성 Castelul Pelişor (Pelisor Castle)

카롤 1세가 왕위를 이어받을 조카 페르디난드 왕자 부부를 위해 지은 성으로 1903년 완공됐다. 펠레슈 성에 비해 상당히 단순한데, 이는 예술가였던 마리아 왕세자빈의 취향이 반영된 것으로 그녀는 화려한 펠레슈 성을 좋아하지 않았다고 한다. 아르누보 양식을 중심으로 비잔틴 양식과 켈트 양식이 가미된 성 내부엔 70여 개의 방이 있는데, 내부의 가구와 장식은 주로 오스트리아의 빈에서 가져온 것이다.

위치 펠레슈 성 왼쪽에 위치
운영 **성수기** 수 10:00~17:00,
목~일 09:15~17:00(월·화요일 휴무)
비수기 수 10:00~17:00,
목~일 09:15~17:00(월·화요일 휴무)
요금 일반 30Lei, 학생 7.5Lei
홈피 www.peles.ro

강가의 기념품점

❹ 부체지 산 Munţii Bucegi (Bucegi Mountains)

카르파티아 산맥의 남쪽에 자리한 산으로 동유럽의 알프스라고 부르기도 한다. 산의 이름은 너도밤나무라는 뜻의 슬라브어 Buk에서 유래했다. 가장 높은 봉우리가 2,505m로 한라산보다 600m나 높은데, 시나이아의 해발고도가 800m이기 때문에 체감 높이는 좀 더 낮은 편이다. 여름엔 트레킹 코스로, 겨울엔 스키 코스로 일 년 내내 인기가 좋다. 이 지대는 부체지 자연공원으로 지정되어 있으며, 곤돌라를 운영해 빠르고 편리하게 정상에 오를 수 있다. 발아래로 이웃한 산과 마을의 경관이 시원하게 펼쳐진다. 1,400m 지점에서 케이블카를 한 번 갈아타고 2,000m 지점까지 가는데, 1,400m 지점에서 정상까지는 트레킹하는 사람들도 많다.

※ 곤돌라 Gondola
위치 펠레슈 성에서 도보 25분 또는
T2번 버스 종점
운영 **Gondola Sinaia**(1,000~1,400m)
09:00~17:00,
Gondola Carp(1,400~2,000m)
09:30~16:30
*계절과 날씨에 따라 운영시간이
달라질 수 있음
요금 **Gondola Sinaia, Gondola Carp**
상·하행 각 35Lei, 왕복 60Lei
Gondola Sinaia+Gondola Carp
(1,000~2,000m) 상·하행 각 60Lei,
왕복 95Lei
홈피 www.sinaiago.ro

2 세 나라가 빚어 놓은 도시
브라쇼브
Braşov (Brasov)

카르파티아 산맥의 북쪽 루마니아 중심부에 있는 도시. 독일어로 크론슈타트Kronstadt라 불리기도 하는데, 이는 브라쇼브가 13세기 독일 이주민에 의해 세워져 독일의 영향을 강하게 받은 도시이기 때문이다. 도시가 위치한 트란실바니아 지방이 과거 헝가리의 지배를 받아 헝가리색 역시 남아 있다. 그래서 이 지역은 루마니아 지역, 독일 지역, 헝가리 지역 등이 나뉘어 있을 정도로 세 나라의 문화가 뒤섞여 있다. 브라쇼브는 몰다비아, 왈라키아, 트란실바니아를 잇는 지리적 특성으로 여러 차례 정치적 분쟁에 휘말리다 제1차 세계대전 이후 루마니아의 영토가 되었다.

브라쇼브는 중세시대의 문화유산들이 잘 보존되어 있는 편이고, 도시의 미관도 깨끗하게 정비해 두어 부쿠레슈티와는 사뭇 다른 풍경을 보여준다. 그런 면에서 루마니아의 도시들 중 꼭 방문해야 할 곳이 브라쇼브이다. 근교엔 일명 드라큘라 성으로 불리는 브란 성과 훌륭한 리조트들이 많아 늘 관광객들의 사랑을 받는다. 매년 10월엔 맥주 축제가 열리기도 한다.

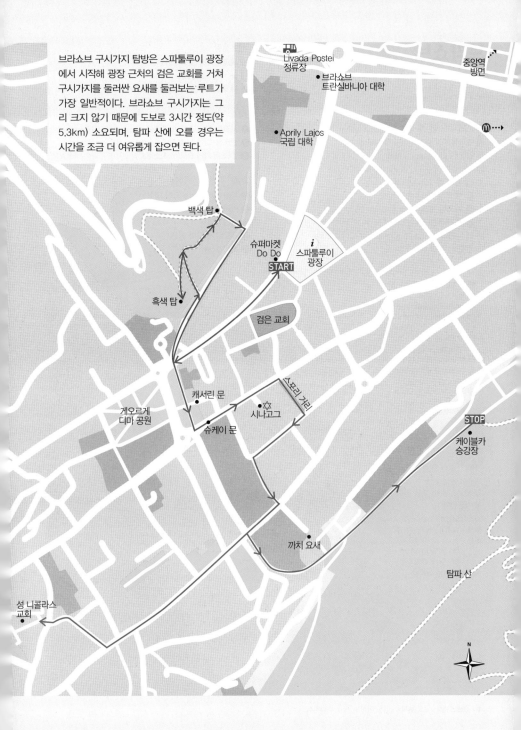

브라쇼브 구시가지 탐방은 스파톨루이 광장에서 시작해 광장 근처의 검은 교회를 거쳐 구시가지를 둘러싼 요새를 둘러보는 루트가 가장 일반적이다. 브라쇼브 구시가지는 그리 크지 않기 때문에 도보로 3시간 정도(약 5.3km) 소요되며, 탐파 산에 오를 경우는 시간을 조금 더 여유롭게 잡으면 된다.

Livada Postei 정류장

브라쇼브 트란실바니아 대학

중앙역 맞면

Aprily Lajos 국립 대학

백색 탑

슈퍼마켓 Do Do

i 스파톨루이 광장

START

흑색 탑

검은 교회

캐서린 문

스포리 거리

게오르게 디마 공원

시나고그

슈케이 문

STOP

케이블카 승강장

까치 요새

탐파 산

성 니콜라스 교회

N

499

브라쇼브

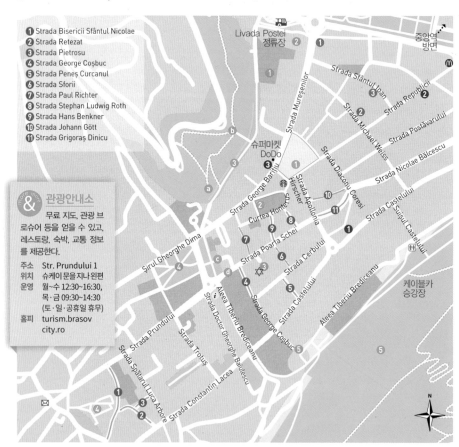

& 관광안내소

무료 지도, 관광 브로슈어 등을 얻을 수 있고, 레스토랑, 숙박, 교통 정보를 제공한다.

주소 Str. Prundului 1
위치 슈케이문을지나왼편
운영 월~수 12:30~16:30,
목·금 09:30~14:30
(토·일·공휴일 휴무)
홈피 turism.brasov
city.ro

i 관광안내소 ✉ 우체국 🚻 화장실 ☆ 스타벅스

브라쇼브 들어가기 & 시내교통 이용하기

브라쇼브는 루마니아 철도망의 중심축이어서 기차 이동이 편리하다. 부쿠레슈티를 오가는 기차가 자주 있으며, 급행기차(IR, IC) 기준 약 2시간 30분이 소요된다. 또한 시나이아(1시간), 시기쇼아라 및 시비우(3시간) 등 근교 도시와 쉽게 연결된다. 버스는 교통체증과 도로 상태 때문에 기차보다 오래 걸리는 편이다.

※ 구시가지 들어가기
중앙역 앞 정류장에서 4번 버스를 타고 Livada Poștei에서 하차(약 10분 소요)해 전방에 보이는 세르지아나Sergiana 레스토랑과 연결된 Mureșenilor 거리를 따라 10분 정도 걸어 올라가면 중심가인 스파툴루이 광장이 나온다. 표는 역 앞 매표소나 자동발매기에서 구입하며 2회권 5Lei이고 승차 후 펀칭해야 한다.

홈피 브라쇼브 교통국 www.ratbv.ro

중앙역 앞 버스정류장

브라쇼브 중앙역
Gara Brasov (Brasov Central Station)
2층 건물로 ATM, 자판기, 카페, 짐 보관소 등의 편의시설이 있다. 역사가 오래돼 좀 낡은 편이다. 역 주변엔 집시들이 많으니 오래 머무르지 않는 게 좋다. 역에서 나와 왼쪽엔 버스터미널 1Autogara 1이 있다. 오른쪽으로는 상점, 약국, 슈퍼마켓 등이 있는 우니리Unirea 쇼핑센터가 보인다.

주소 Bulevardul Garii 1A
전화 268 425 815
홈피 www.cfrcalatori.ro

버스 티켓 매표소

트란실바니아(Transylvania)
루마니아 중부, 서북부에 걸친 지역을 트란실바니아라 부른다. 클루지나포카, 시비우, 브라쇼브, 시기쇼아라, 티미쇼아라 등이 트란실바니아 지방의 주요 도시들이다.
이 지역의 역사는 기원전 1세기 다키아인들로부터 시작한다. 다키아 왕국은 로마 제국과의 전쟁에서 패해 로마의 속주가 되었는데, 이것이 루마니아라는 국명의 유래가 되었다. 이후 이웃 나라들의 침입을 받는 등 끊임없이 부침을 겪다 헝가리의 시조인 마자르족의 지배를 받게 된다. 트란실바니아가 정치적·군사적으로 중요하다 보니 헝가리와 독일에서 이주민들이 넘어오게 되었고, 이에 세 민족이 얽혀 살아가게 되었다. 이후 헝가리가 오스만 제국과의 전쟁에서 패하고 왕위 계승 문제로 분열하면서 트란실바니아는 자치 공국의 지위를 얻게 된다. 그러나 오스만 제국이 물러나고 오스트리아-헝가리 이중 제국이 출범하면서 트란실바니아는 다시 헝가리에 흡수되었다. 이후 오스만 제국으로부터 독립한 왈라키아와 몰다비아가 루마니아 왕국 시대를 열었고, 1차 세계대전에서 패한 오스트리아-헝가리 제국이 막을 내리면서 트란실바니아는 루마니아 왕국과 통합된다. 이러한 지리적·역사적 배경 때문에 트란실바니아엔 루마니아인, 헝가리인, 독일인의 문화가 혼재되어 있으며, 그 모습을 가장 잘 보여주는 곳이 바로 브라쇼브다.

Tip

<u>브라쇼브의 관광명소</u>

브라쇼브의 볼거리는 구시가지에 모여 있어 도보로 둘러볼 수 있다. 중심 광장인 스파툴루이 광장Piața Sfatului
에서 시작해 광장 안쪽과 연결된 번화가 레푸블리치 거리Str. Republicii, 브라쇼브 요새, 독일인들의 지역이었던 슈케이
지구, 브라쇼브를 굽어보고 있는 탐파 산 등이 주요 볼거리다. 아담한 구시가지는 하루면 충분히 돌아볼 수 있지만 브
란 성을 다녀오거나 시나이아, 시기쇼아라에 당일치기로 들를 예정이라면 하루가 더 필요하다.

스파툴루이 광장

관광명소 · 로컬명소

Piața Sfatului (The Council Square)

13세기 이후부터 국내외 상인들이 모여 장을 열던 광장
으로 시민들이 모이는 장소이기도 했다. 광장 가운데 있
는 건물은 역사박물관으로 과거엔 시청이었고, 시계탑은
망루로 쓰였다. 이곳에서 죄인이나 마녀를 벌하기도 했
고, 오스트리아 군대가 브라쇼브에 들어오는 것에 반대
한 구두공 길드의 수장이 참수형을 당하기도 했다. 루마
니아 정교회를 비롯한 알록달록한 건물들이 주위를 둘러
싸고 있으며, 분수와 벤치가 있고 다양한 행사들이 열려
활기가 넘친다. 또한 노천레스토랑이 즐비해 시민들의
모임 장소로 각광받는다.

위치 버스정류장 전방의 Muresenilor
거리를 따라 도보 5분

검은 교회 Biserica Neagră (Black Church)

관광
명소

브라쇼브에서 가장 유명한 건축물로 루터교의 본산이다. 1383년부터 1477년에 걸쳐 독일인들이 건축했으며, 유럽에서 가장 규모가 큰 독일 고딕 양식 교회이다. 착공 당시에는 가톨릭 교회였으나 16세기에 개신교 교회로 개축되었다. 검은 교회란 1689년 대화재로 인해 벽이 시커멓게 그을려 얻게 된 이름이다. 이 화재 이후 건물을 재건하는 데만 100여 년이 걸렸고, 재건 과정에서 탑 두 개를 세우려 했으나 65.5m의 탑 하나만 완성되었다. 그 안엔 루마니아에서 가장 무거운 약 7톤짜리 종 3개가 있다. 교회 내부는 바로크풍이며 튀르키예산 대형 카펫과 보물들이 전시돼 있다. 벽에 걸려 있는 카펫을 보호하기 위해 최근 창문에 UV차단창을 시공했다고 한다. 또한 동유럽에서 가장 큰 파이프 오르간이 있는데, 1839년 완성되었고 무려 4천 개의 관이 연결돼 있다. 여름철의 저녁엔 오르간 콘서트를 개최하기도 한다. 자세한 일정은 홈페이지에 올라온다.

주소 Curtea Johannes Honterus 2
위치 스파툴루이 광장 뒤편
운영 **3~10월 중순** 화~토 10:00~19:00, 월·일 12:00~19:00
10월 중순~2월 월·일 12:00~18:00, 화~금 10:00~18:00, 토 10:00~16:30
(신정·성탄절 휴무)
*오르간 콘서트 등 행사 시엔 닫음
요금 일반 15Lei
전화 511 824
홈피 www.bisericaneagra.ro

& 검은 교회의 동상들

북쪽의 지붕을 자세히 보면 아이가 매달려 있는 작은 동상을 볼 수 있다. 교회를 지을 때 재능이 뛰어났던 소년이 있었는데, 일꾼 중 하나가 그를 시기했다고 한다. 그래서 소년을 처마 쪽으로 불러내 물건을 끌어올려달라고 부탁한 뒤 등을 밀어버렸다. 이 동상은 소년의 억울한 죽음을 애도하기 위해 다른 일꾼들이 만든 것이라고 한다. 교회 뒷마당엔 르네상스 인본주의자이자 신학자인 요하네스 혼터^{Johannes Honter}의 동상이 있는데, 그는 트란실바니아 지역에서 루터교의 개혁을 시도했으며, 지도제작자이기도 했다.

요하네스 혼터 동상

브라쇼브 요새 Fortificațiile Brașovului
(Defensive Fortifications)

관광
명소

12세기 초, 색슨족이 브라쇼브에 정착한 이후 몽골과 오스만 제국의 침략을 받으며 도시가 계속 파괴되었다. 이에 색슨족들은 스스로를 방어하기 위해 도시를 둘러싼 요새를 건설했다. 1650년 완성된 요새는 탑과 문을 방어벽으로 연결했는데, 현재는 그 흔적만 남아 있다.

위치 검은 교회에서 길을 건너
'벽의 뒤'라는 뜻의 După Ziduri
거리를 따라 약 10분

흑색 탑 Turnul Negru (Black Tower)

1494년 바위산 위에 세워진 탑으로 봉화대로 쓰였다. 탑의 이름과 달리 그다지 까맣지는 않은데, 1559년 탑이 번개에 맞아 불타면서 검은 그을음이 남았고, 이에 흑색 탑이라는 이름을 얻게되었다. 피라미드 모양의 유리 지붕은 1995년만든 것이고, 현재 내부엔 들어갈 수 없다. 검은교회가 가장 잘 보이는 뷰 포인트다.

백색 탑 Turnul Alb (White Tower)

1494년 흑색 탑과 함께 완성되었고, 흑색 탑에서 60m 떨어진 언덕의 정상에 있다. 정면으로봤을 때는 평면이지만 뒤쪽은 둥근반원형이다. 백색 탑에 오르려면 200개에 달하는 가파른 계단을 올라가야 하는데, 흑색탑에서 연결된 오솔길을 이용하면 좀 더 쉽게 오를 수 있다.

백색 탑은 앞뒤의
모양이 완전 다르다.

캐서린 문
Poarta Ecaterinei (Catherine's Gate)

유일하게 남아 있는 중세시대의 문으로 1559년 재단사 길드가 세웠다. 문이 세워진 자리에 성 캐서린 수도원이 있었기 때문에 유래한 이름이다. 네 귀퉁이를 둘러싸고 있는 작은 탑들은 트란실바니아 지방에서 볼 수 있는 것으로, 사법적 자율성과 사형집행권을 상징한다.

위치 백색 탑에서 도보 10분

슈케이 문 Poarta Schei (Schei Gate)

13세기 독일인이 브라쇼브를 건설한 이래 루마니아인은 시내에 살 수 없었다. 루마니아인이 살던 외곽이 슈케이 지구인데, 독일인들은 이 경계에 성을 쌓아 루마니아인의 시내 출입을 통제했다. 루마니아인은 특정 시간에 슈케이 문 앞에서 통행세를 내야 시내로 나갈 수 있었다. 이후 19세기에는 루마니아인도 시내에 살 수 있었다고 한다.

위치 캐서린 문에서 도보 1분

& more more 동유럽에서 가장 좁은 길

브라쇼브에는 동유럽에서 가장 좁은 길이 있다. 슈케이 지구의 스포리 거리Strada Sforii(Narrow Street)인데, 폭이 111~135cm, 길이는 80m 정도 된다. 이 너비는 성인 남자가 양손에 양동이를 들고 걸을 수 있는 폭이라고 한다. 옛날엔 화재가 나면 양동이에 물을 퍼서 불을 꺼야 했다. 그래서 건물 사이에 화재용 복도를 만든 것인데, 문제는 한 명만 지나갈 수 있는 폭이라 일방통행만 가능하다는 것. 화재 시 여러 사람이 신속하게 오갈 수 없어서 이 '복도'는 무용지물이 되었고, 집주인들이 집을 넓히기 위해 길을 없애버려 스포리 거리 하나만 남았다고 한다. 길 입구에 이정표도 있으니 찾기 쉽다. 관광객들은 물론 현지인에게도 특별한 사진촬영 장소가 되었다.

성 니콜라스 교회 Biserica Sfântul Nicolae
(St. Nicholas Orthodox Church)

관광
명소 로컬
명소

슈케이 지구 통일 광장 근처에 있는 정교회로 루마니아인을 위해 지어졌다. 1392년 목조에서 1495년 석재로 재건축되었으며 비잔틴, 바로크, 고딕 양식이 혼합된 아름다운 형태다. 메인 탑과 작은 탑 4개가 붙어 있으며, 16세기의 서적을 전시하는 박물관과 묘지가 있다. 교회 내부엔 왕가의 벽화가 그려져 있다.

주소 Piața Unirii 1
위치 스파툴루이 광장에서 도보 15분

& 브라쇼브 사인

탐파 산 정상에 있는 브라쇼브 사인은 구시가지 어디에서든 볼 수 있다. 누가 봐도 미국의 힐리우드 사인을 모방한 것이라 브라쇼브 시민들은 별로 좋아하지 않는다고. 2007년 강풍 때문에 사인이 부서져 재건했는데, 시민들은 차라리 드라큘라 마크를 세우라며 투덜댔다고 한다.

탐파 산 Muntele Tâmpa (Tampa Mountain)

관광
명소 로컬
명소

브라쇼브 시내 중심의 해발 960m의 산. 붉은색 지붕으로 빼곡한 구시가지는 물론 신시가지, 카르파티아 산맥의 경치까지 한눈에 감상이 가능하다. 케이블카 정류장엔 대형 TV 수신탑과 레스토랑이 있고, 표지판을 따라 10분 정도 걸어가면 브라쇼브 사인이 있는 전망대가 나온다. 산기슭에는 산책로가 잘 조성되어 있으며, 성곽과도 연결돼 있으니 천천히 산책을 해보는 것도 좋다. 아이를 데리고 나온 가족, 노인, 연인 등 현지인들의 쉼터다.

위치 스파툴루이 광장에서 도보 20분

※케이블카 Telecabina Tâmpa (Tampa Cable Car)
운영 금~수 09:30~18:00(목요일 휴무)
        *시기와 날씨에 따라 달라짐
요금 편도 15Lei, 왕복 25Lei
전화 748 131 440

케이블카

케이블카에서 바라본 풍경

신기슭 산책로

Tip

브라쇼브의 레스토랑 & 카페

관광지로 유명한 곳이라 구시가지 곳곳에 레스토랑, 카페, 노점 등을 찾아볼 수 있다. 외관은 비싸보여도 물가가 싼 편이라 저렴하게 식사를 즐길 수 있다. 먹거리들은 주로 스파툴루이 광장과 레푸블리치 거리에 모여 있다.

세르지아나 Sergiana

인기 있는 대형 레스토랑으로 직원들은 모두 전통 의상을 입고 있다. 루마니아 전통 음식을 포함해 다양한 메뉴가 있는데 모기업이 육류 유통 사업을 해 고기 메뉴가 훌륭하다. 식전에 제공되는 빵과 고기튀김은 무료다.

레스토랑

주소　Str. Mureșenilor 28
위치　버스정류장에서 구시가지 방면 초입
운영　11:00~23:30
요금　예산 €€
전화　268 419 775
홈피　www.sergianagrup.ro

세르지아나 / 라 차운

라 차운 La Ceaun

루마니아 전통 요리를 푸근한 집밥처럼 맛볼 수 있는 식당으로, 사람이 많아 기다려야 할 때도 있다. 수프나 육개장 비슷한 맛인 굴라시, 양배추 만두 맛이 나는 사르말레가 추천 메뉴다. 스파툴루이 광장에도 분점이 있다.

레스토랑

주소　Str. Michael Weiss 27
위치　스파툴루이 광장에서 도보 5분
운영　12:00~22:00
요금　예산 €€
홈피　www.laceaun.com

북 커피 숍 Book Coffee Shop

모던하면서 쾌적한 분위기의 카페. 스페셜티 커피를 판매하는데 친절한 바리스타들이 취향에 맞는 커피를 만들어 준다. 질 좋은 차와 주스, 간단한 주류와 곁들여 먹을 간식류도 판매한다.

카페

주소　Strada Sfântul Ioan 24
위치　스파툴루이 광장에서 도보 5분
운영　월~목 11:00~18:00, 금 11:00~19:00,
　　　토 10:00~19:00, 일 10:00~18:00
요금　예산 €
홈피　www.bookcoffee.ro

Tip

브라쇼브의 숙소

구시가지 쪽에 숙소도 몰려 있다. 기차역에 수소 후객꾼이 있으니 필요할 땐 정보를 얻어보자.

시크릿 부티크 호스텔
Secret Boutique Hostel

스파툴루이 광장과 탐파 산 사이에 있는 호스텔로 관광지와 가깝지만 주변은 조용하다. 혼성 도미토리로 운영하며, 시설이 굉장히 깔끔하고 침대마다 커튼이 설치돼 있다. 방 안에 욕실, 헤어드라이어, 사물함, 책상과 의자, 냉장고, 전자레인지, 전기 주전자가 있으며 주방도 따로 있다.

주소 Strada Alecu Russo 2
요금 예산 €
홈피 secret-hostel.business.site

위치 스파툴루이 광장에서 도보 5분
전화 739 615 040

센트룸 하우스 호스텔
Centrum House Hostel

레푸블리치 거리에 있어 관광하기 아주 좋다. 건물 안쪽으로 들어가서 연결된 다리를 건너면 호스텔이 있는 독특한 구조다. 전자레인지 사용이 가능하고, 깔끔한 시설에 3인실과 도미토리를 운영하며 아침은 제공되지 않는다.

주소 Str. Republicii 58
위치 Mureșenilor 거리에서 좌회전해 Sfântul Ioan 거리로 직진하면 Republicii 거리가 나온다. 왼쪽으로 직진해 번지수를 찾으면 된다.
요금 예산 €
전화 727 793 169
홈피 www.hostelbrasov.eu

벨라 뮤지카
Bella Muzica

스파툴루이 광장 근처라 위치가 매우 좋은 호텔. 싱글·더블룸 등 일반 객실 외에 아파트 형태의 룸도 있다. 목재를 테마로 한 인테리어가 독특하며, 아래층 레스토랑과 함께 운영한다.

주소 Piața Sfatului 19
위치 스파툴루이 광장 건너편
요금 예산 €€€
전화 268 477 956
홈피 www.bellamuzica.ro

블라드 체페슈와 드라큘라

블라드 3세는 15세기 왈라키아 공국의 공작으로, 흔히 블라드 체페슈라는 별명으로 불린다. 그러나 그가 살아 있을 당시에는 드라큘라Drăculea라는 이름을 더 많이 사용했다. 그의 아버지인 블라드 2세는 용, 혹은 악마라는 뜻의 블라드 드라큘 Vlad Drăcul이라 불렸는데, 블라드 체페슈는 여기에 아들이라는 단어(a)를 붙여 드라큘레아라는 이름을 만들어냈다. 가문의 문장이 용이기도 하니 '용의 아들'이란 가문을 계승한다는 의미와 그의 확고한 정체성을 나타내는 작명이다.

체페슈는 1431년 시기쇼아라에서 태어났는데, 당시 루마니아는 트란실바니아, 왈라키아, 몰다비아라는 세 공국으로 나뉘어 있었다. 세력이 막강했던 오스만 제국에 인질로 보내진 그는 지난한 소년 시절을 겪게 된다. 함께 볼모로 잡혀 갔던 동생은 오스만 제국에 경도되어버렸으며, 아버지와 형은 끔찍하게 암살당했다. 이러한 과정 속에서 블라드 체페슈가 냉혈한이 되었다는 게 역사학자들의 추측이다.

1456년 드디어 왈라키아 공이 된 그는 절대군주로 거듭나기 위해 공포정치를 시작한다. 배신자나 정적, 전쟁포로들까지 꼬챙이나 말뚝에 박아 극도의 고통 속에 서서히 죽게 만들었다. 이 잔혹한 형벌은 거짓말을 한 자, 게으른 자, 거지, 병자까지 누구도 피해갈 수 없었다. 이를 계기로 그는 '가시'라는 뜻의 체페슈라는 별칭을 얻게 되었고, 그 잔인한 면모가 유럽 대륙에 널리 알려지게 된다. 그러나 블라드 체페슈는 이러한 공포심 유발과 뛰어난 전략으로 오스만 제국에 대항했고, 왈라키아의 영토를 불가리아와 세르비아에 이를 정도로 넓히며 오명과 칭송을 동시에 얻었다. 루마니아인의 입장에서는 민족을 위해 싸운 전쟁 영웅인 것이다. 비록 오스만 제국의 강력한 힘에 눌려 1476년 최후를 맞았으나 그가 보여줬던 엄격함과 공정함, 용장의 모습을 기억하던 루마니아인은 그를 영웅으로 추대하기에 이른다. 물론 블라드 체페슈에게 끔찍하게 당했던 독일인이나 헝가리인, 튀르키예인들은 그를 잔인무도한 폭군으로 규정하고 그의 악행들을 끊임없이 확대 재생산했다. 400여 년이 지난 후, 아일랜드 작가 브람 스토커Bram Stoker는 '드라큘라'라는 이름과 잔악한 이미지에 흥미를 느껴 루마니아 출신의 드라큘라 백작이라는 새로운 캐릭터를 만들어냈다. 이 소설은 공전의 히트를 쳤고, 이름과 출신지만 빌려줬을 뿐인(?) 블라드 체페슈는 졸지에 흡혈귀의 원형이 되어버렸다.

레스토랑으로 쓰이고 있는 시기쇼아라의 블라드 체페슈 생가

브란 성Castelul Bran(Bran Castle)은 브라쇼브에서 남서쪽으로 약 30km 떨어진 브란에 있는 성이다. 드라큘라의 성이라는 이야기가 유명해지며 최고의 관광지로 떠올랐다. 1212년 독일 기사단이 이곳에 목재 요새를 지었는데, 몽골의 침략으로 30년 만에 요새가 파괴되었다. 이 지역이 헝가리의 지배를 받을 무렵인 1377년, 헝가리의 지기스문트 Sigismund 왕의 명으로 석조 요새를 짓기 시작했다. 이곳은 트란실바니아와 왈라키아 공국이 연결되는 관문이어서 요새는 두 지방을 잇는 무역로를 보호하는 역할을 하기도 했다. 이후 브란은 오스만 제국, 오스트리아, 오스트리아-헝가리 제국의 지배를 받다가 제1차 세계대전 이후가 되어서야 루마니아 영토가 되었다. 후에 요새의 필요성이 덜해지자 건물을 성으로 개축하여 고딕, 르네상스, 바로크 양식 등이 혼재되어 있는 현재의 모습이 완성됐다. 성은 ㅁ자 형태로, 가운데에 마당이 있고 테라스처럼 연결된 복도에서 마당을 내려다볼 수 있는 구조이다. 내부는 그리 크지 않아 천천히 둘러봐도 1시간이면 충분하다. 특히 성수기엔 매표소 줄이 매우 기니 인터넷 예매를 추천한다.

주소 Str. General Traian Mosoiu 24 Bran

위치 버스터미널2Autogara2에서 브란행 버스가 30분(평일)~1시간(주말)마다 출발한다.
구시가지 Livada Poştei 정류장에서 41번 (Autogara2 하차)을 이용한다.
중앙역에서는 23, 25번 버스(Stadionul Tineretului 하차, 도보 5분)를 타면 된다.
브란행 표는 탑승 시 구입하고(편도 13Lei), 약 40~50분 소요된다.

운영 4~9월 월 12:00~18:00,
화~일 09:00~18:00
10~3월 월 12:00~16:00,
화~일 09:00~16:00
*인터넷 예매가 가능하다. 입구에서 스마트폰에 저장한 표를 보여주면 된다.

요금 7·8월 일반 60Lei, 학생 35Lei
9~6월 일반 55Lei, 학생 30Lei

전화 237 700

홈피 www.bran-castle.com

페르디난드 여왕의 침실

마리 여왕의 침실

음악실

브란 성은 과거 페르디난드 왕과 마리 왕비 부부의 여름 궁전으로 사용되었기 때문에 내부에는 마리 왕비가 모은 물품들이 다수 전시돼 있다. 왕의 침실, 응접실, 게임실, 도서관 등을 둘러보면 왕이 지내던 곳이라고 하기엔 상당히 소박하고 아늑한 느낌이 든다. 곳곳에 놓여 있는 고문도구와 복잡한 비밀통로 정도를 제외하면 내부의 전체적인 모습은 오히려 아기자기하게 귀여운 성이다. 드라큘라의 성이라는 별명 때문에 괜히 음산한 기운을 느끼는 게 아닐까 싶은데, 실제로 브란 성은 드라큘라의 모델로 여겨지는 블라드 체페슈 3세Vlad Tepeş III와 관련이 없다. 단지 아일랜드의 작가 브람 스토커Bram Stoker가 1897년 발표한 소설 『드라큘라』에 나오는 성과 바위산 위에 서 있는 회색빛 브란 성의 이미지가 비슷해서 그런 별명이 붙었다는 것이 정설이다.

브란 성은 마리 왕비가 딸에게 물려주었는데 제2차 세계대전 이후 사회주의 시대를 맞아 국유화되었다. 그러나 2005년 루마니아 정부는 브란 성을 원래 주인인 합스부르크 왕가의 후손에게 반환했다.

버스에서 내려 성으로 올라가는 길에는 기념품과 민예품은 물론 무서운 형태의 탈, 소시지, 벌꿀 등을 파는 노점들이 즐비하니 구경해보자. 트란실바니아 농촌의 전통 가옥과 작은 호수가 딸린 정원에서 잠시 걸음을 멈춰도 좋다. 성으로 올라가기 전에 미리 건너편 버스정류장에서 브라쇼브행 버스 시간을 숙지한 후 움직이면 보다 효율적이며, 기대가 큰 만큼 실망도 큰 법이니 교외로 반나절 나들이 간다는 가벼운 마음으로 방문하자.

비밀통로

국유화 전 귀족의 여름 별장으로 쓰였다

죄수들을 매달아 고문하던 고문기구 중 하나

©Bran Castle

브란 성 전경

성 안쪽의 아담한 뜰

511

3

중세시대로의 시간 여행
시기쇼아라
Sighişoara (Sighisoara)

루마니아 트란실바니아 지방의 트르나바^{Târnava} 강과 맞닿아 있는 요새 도시로, 트란실바니아 역사에 있어 굉장히 중요한 곳이다. 12세기 헝가리 통치 시절, 헝가리 왕이 국경 방어를 위해 독일 색슨족의 장인과 상인들을 초빙해 시기쇼아라에 정착시킨 것이 도시 건립의 시초다. 1337년 왕실이 옮겨 오면서 시로 승격됐으며, 정치·경제적으로 중요한 역할을 하게 된다. 이후 오스만 제국과의 전쟁과 화재 등으로 도시가 많이 파괴되었고, 도시의 소유권이 오스트리아-헝가리 제국으로 넘어갔다가 제1차 세계대전 이후에야 루마니아의 영토가 되는 등 부침을 겪기도 했다. 중세시대 요새 도시의 가치를 인정받아 시기쇼아라 역사 지구는 1999년 유네스코 세계문화유산으로 지정되었으며, 매년 7월이면 중세 페스티벌이 열린다. 또한 드라큘라의 모티브가 된 블라드 체페슈의 생가가 있어 관광객의 발길이 끊이지 않는 곳이다.

시기쇼아라 역사 지구는 성벽으로 둘러싸여 있다. 성벽으로 오르는 길에 가장 먼저 보이는 시계탑을 포함해 총 9개의 탑과 2개의 요새가 성벽과 연결된다. 각 탑과 요새는 이름과 모양이 모두 달라 하나씩 찾아보는 것을 추천한다. 요새 광장과 언덕 위의 교회를 잇는 학생의 계단은 터널처럼 지붕이 있는 독특한 계단이니 꼭 걸어보자. 시기쇼아라 역사 지구는 아담한 규모라 2~3시간(1.5km) 정도면 구경하기 충분하며, 굳이 루트를 정하지 않고 자유롭게 둘러봐도 좋은 곳이다.

성 삼위일체 •
교회

제화장의 탑 •   • 로마 가톨릭
                        교회

                        시청

재단사의 탑 •

요새
광장

            도미니카
            수도원
드라큘라 •   i   • 대장장이의 탑
생가   • 무제울루이
START   광장
        • 시계탑

모피상의 탑 •

푸줏간의 탑 •

                    • 무두공의 탑
학생의 계단 •

                • 양철공의 탑

                            • 슈퍼마켓
                              Profi
밧줄공의 탑 •   • 언덕 위의 교회
STOP • 교회 묘지

                            • 약국

N

시기쇼아라

☒ 우체국 ⚡ 경찰서

시기쇼아라 들어가기

부쿠레슈티, 브라쇼브 등에서 기차로 이동하는 것이 가장 편리하다. 부쿠레슈티에서 5시간 20분, 브라쇼브에서 3시간 정도 소요된다. 브라쇼브에서는 당일치기도 가능하다. 브라쇼브에서는 버스로 2시간 정도 걸리니 시간이 맞는다면 버스를 타도 괜찮다.

※ 구시가지 들어가기

중앙역에서 요새 안의 역사 지구까지 도보로 약 15~20분이 소요된다. 역 맞은편 길인 Strada Gării를 따라가면 왼편에 군인 묘지와 루마니아 정교회인 성 삼위일체 교회Biserica Sfânta Treime din Sighişoara가 있다. 교회 옆 강을 건넌 후 보이는 역사 지구 쪽으로 직진해 언덕 위로 올라가면 중세시대 요새인 체타치Cetatea(Citadel)다.

성 삼위일체 교회. 강 인근에서 거리가 좀 있다.

시기쇼아라 중앙역 Gara Sighişoara (Sighisoara Station)

작고 낡은 역. 매표소에서 약간의 돈을 받고 짐을 보관해 준다. 역에서 나와 왼편으로 걸어가면 버스터미널 Autogara이 있다.

TIP

시기쇼아라의 관광명소
시기쇼아라의 볼거리는 모두 구시가지의 요새 안에 있고 도시의 크기도 아담하다. 시기쇼아라를 느끼는 가장 좋은 방법은 천천히 발길 닿는 대로 걷는 것이다. 요새 안의 돌길을 따라 알록달록 아기자기한 건물들과 공예품 가게들을 구경하는 것도 좋고, 성곽을 따라 산책하듯 걷다 보면 강가의 고요한 경치가 펼쳐진다. 중세시대로의 시간 여행은 반나절이면 충분하지만 관광객이 물러난 후의 정취가 궁금하다면 하루쯤 묵어 보는 것도 좋다.

시계탑 Turnul cu Ceas (Clock Tower)

관광명소

요새와 함께 시기쇼아라를 대표하는 상징물로 14세기에 처음 세워졌다. 지붕은 다채로운 색깔의 타일로 장식돼 있고, 모서리에 있는 네 개의 작은 탑은 시의회의 법적 자율권을 상징한다. 시계는 두 개가 있는데, 요새를 향하고 있는 시계 옆엔 평화, 정의의 신 인형과 낮과 밤을 의미하는 두 천사 인형들이 있어 시간에 맞춰 움직인다. 아랫마을을 향하고 있는 시계 옆엔 각 요일을 의미하는 일곱 개의 신 인형들이 있다. 시계탑은 시의회 건물과 망루의 역할을 했으며 1899년 이후 역사박물관, 고문실, 무기 박물관으로 쓰이고 있다. 시계탑의 꼭대기는 전망대로, 목재 난간에 세계 주요 도시와의 거리를 새겨 놓은 표식이 있다. 시기쇼아라의 좁은 골목길과 붉은 지붕을 한눈에 볼 수 있는 곳이다.

주소 Piața Muzeului 1
위치 무제울루이 광장
운영 화~일 09:00~15:30(월요일 휴무)
요금 일반 16Lei, 학생 4Lei
전화 771 108

시계탑의 알록달록한 지붕

시계탑의 인형들

도미니카 수도원
Biserica Manastirii Dominicane
(The Church of the Dominican Monastery)

1556년 건립된 색슨족의 루터교 메인 교회. 수도원은 철
거되고 교회만 남았다. 본당 두 개와 두 줄의 기둥이 있는
전형적인 후기 고딕 양식의 건물로, 내부엔 청동 세례반,
르네상스 양식의 석조 문틀, 16~17세기의 동양 카펫, 바
로크 오르간, 1680년 그려진 섬세한 제단화 등이 있다.

주소 Str. Cetății
위치 무제울루이 광장
운영 10:00~17:00
요금 10Lei

드라큘라 생가
Casa Dracula (Vlad Dracul's House)

드라큘라 백작의 모티브이자 루마니아 전쟁 영웅 블라드
체페슈가 1431년 태어나 1435년까지 살았던 집. 입구에는
가문의 문장이자 드라큘의 뜻인 용 모양 간판이 있다. 현
재 1층은 레스토랑(비추), 2층은 무기 박물관으로 쓰인다.

주소 Str. Cositorarilor 5
위치 무제울루이 광장
운영 10:00~22:00
홈피 www.casavladdracul.ro

드라큘라 생가

학생의 계단

학생의 계단
Scară Acoperită (The Scholars' Stairs)

계단 입구 옆
기념품숍

언덕 위의 학교와 교회까지 매일 오르내려야 하는 학생
들과 신자들을 위해 1642년 건설됐다. 지붕이 있어 터널
같은 느낌이 나며, 처음에는 계단이 300개였으나 1849
년에 175개가 되었다고 한다. 계단 안쪽에서는 늘 거리
악사들의 연주가 울려 퍼져 귀가 즐겁다.

위치 요새 광장과 연결된 Str. Școlii 끝

언덕 위의 교회

Biserica din Deal (The Church on the Hill)

시기쇼아라에 살던 색슨족의 교회로 처음엔 로마 가톨릭
성당이었다가 종교개혁 이후 1547년 루터교 교회로 바
뀌었다. 고딕 양식의 외부는 단순한 편이며, 내부엔 종교
개혁 당시의 벽화 복원본, 마틴 루터에게 헌정하는 고딕
제단화, 목조 문장, 성채 캐비닛 등으로 꾸며져 있다. 교회
지하실에 내려가 볼 수 있으며, 서쪽엔 교회 묘지가 있다.

주소 Str. Cojocarilor 3
위치 학생의 계단으로 올라와서 왼쪽
운영 10:00~18:00
요금 10Lei

시기쇼아라 요새

Cetatea Sighisoarei (Sighisoara's Citadel)

14~16세기에 색슨족과 헝가리인 길드는 성벽을 쌓아 오스만 제국의 침입을 막고자 했다. 장인들의 길드
는 성벽 주변에 탑을 세워 군수품과 식량을 비축했고, 창문으로 대포와 화살을 쏠 수 있게 했다. 원래 14
개의 탑과 5개의 요새가 있었으나 현재는 9개의 탑과 2개의 요새가 남아 있다. 시계탑과 대장장이의 탑
Turnul Fierarilor, 푸줏간의 탑Turnul Macelarilor, 제화장의 탑Turnul Cizmarilor, 모피상의 탑Turnul Cojocarilor, 밧줄공
의 탑Turnul Franghierilor, 재단사의 탑Turnul Croitorilor, 무두공의 탑Turnul Tabacarilor, 양철공의 탑Turnul Cositorilor
등이다. 성곽을 따라 연결돼 있으니 여유롭게 산책하듯 둘러보자.

순서대로 재단사의 탑, 제화장의 탑, 모피상의 탑, 푸줏간의 탑

Tip

시기쇼아라의 레스토랑 & 카페 & 숙소

발길이 닿는 곳에 레스토랑, 노천카페 등이 즐비하다. 관광지이긴 하지만 요새 안의 식당들을 제외하면 값도 그리 비싸지 않다. 소규모 게스트하우스, 호텔 등이 요새 근처에 몰려 있다.

블러바르드 레스토랑
Restaurant Bulevard

호텔과 함께 운영하는 레스토랑인데 가격이 저렴하며 음식도 맛있고, 서비스도 친절하다. 신문처럼 만든 메뉴판은 식재료별로 구분돼 있어 편하다.

주소　Str. 1 Decembrie 1918
위치　요새 아래 구시가지 대로변
운영　07:30~23:00　　요금　예산 €€
홈피　www.hotelbulevardsighisoara.ro

까사 페르디난드
Casa Ferdinand

루마니아 전통 요리, 지중해식 요리, 이탈리아 요리 등 다양한 메뉴가 있으며, 음식 양이 푸짐하고 친절한 서비스에 기분이 좋아지는 곳. 풍경이 좋은 테라스 자리는 경쟁이 치열하다.

주소　Str. Octavian Goga 3
위치　요새 아래 Octavian 골목
운영　10:00~23:00
요금　예산 €€
전화　265 777 000

버그 호스텔 Burg Hostel

공식 유스호스텔로 요새 광장 근처에 있어 관광하기 아주 좋은 위치다. 호스텔과 함께 레스토랑도 운영하며, 1인실부터 도미토리까지 다양한 방이 있다. 아침은 제공하지 않는다.

주소　Str. Bastionului 4-6
위치　요새 광장과
　　　이어진 Bastionului 거리
요금　예산 €
전화　265 778 489　　홈피　www.burghostel.ro

까사 리아 Casa Lia

요새 광장 근처의 게스트하우스. 1~4인실로 운영하고 전용 욕실과 테라스가 있다. 친절한 주인이 다양한 여행 정보와 편의를 제공하며, 시설을 청결하게 관리한다. 널찍한 방에서 조용하게 머물 수 있다.

주소　Str. Tamplarilor 6
위치　요새 광장에서 도보 2~3분
요금　예산 €€
전화　746 608 196

불가리아
Република
България
(Republic of Bulgaria)

발칸 반도의 남동쪽에 위치해 있으며 북쪽으로 루마니아, 서쪽으로 세르비아와 마케도니아, 남쪽으로 튀르키예, 그리스 국경과 맞닿아 있다. 예로부터 튀르키예에서 유럽으로 들어오는 관문으로 여겨져 왔으며, 이런 지리적 특성상 동유럽 여행의 시작점이나 끝점이 되기 좋은 나라다. 불가리아는 동유럽 특유의 공산권 분위기를 지니고 있음과 동시에 요구르트를 물처럼 마신다는 목가적인 이미지, 장수 국가라는 타이틀 역시 갖고 있는 흥미로운 나라다. 우리에겐 모 요구르트 브랜드 때문에 나라 이름 정도가 친숙할 뿐이지만 유럽에서는 이미 인기 관광지로 떠오르고 있는 곳이다. 현저히 싼 물가와 맞물려 여름에는 흑해 연안의 아름다운 휴양지에, 겨울에는 산악 지역의 스키 리조트에 관광객이 몰려든다.

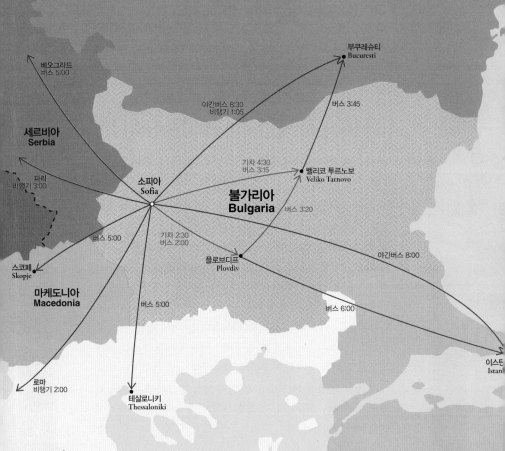

국내선
국제선

루마니아
Romania

베오그라드
버스 5:00

세르비아
Serbia

야간버스 8:30
비행기 1:05

부쿠레슈티
Bucuresti

버스 3:45

파리
비행기 3:00

기차 4:30
버스 3:15

벨리코 투르노보
Veliko Tarnovo

소피아
Sofia

불가리아
Bulgaria

버스 3:20

버스 5:00

기차 2:30
버스 2:00

야간버스 8:00

스코페
Skopje

플로브디프
Plovdiv

마케도니아
Macedonia

버스 5:00

버스 6:00

이스탄불
Istanbul

로마
비행기 2:00

테살로니키
Thessaloniki

그리스
Greece

튀르키예
Turkey

1. 불가리아의 역사

성 요한 릴스키

불가리아에서 살았던 최초의 사람들은 청동기·철기 시대의 트라키아인으로, BC 480년경 도시 국가가 건설된 것으로 보인다. 마케도니아 및 페르시아와의 분쟁으로 국력이 쇠퇴한 트라키아 왕국은 로마 제국에 흡수돼 지배를 받게 된다. 발칸 반도는 주변 여러 부족들의 침략을 받다가 6세기 경 슬라브족이 터를 잡고 정착했으나, 7세기 후반에 불가르족이 합세하여 681년, 두 부족의 혼합국인 불가리아 제국이 탄생했다. 이후 영토를 확장해 제1차 불가리아 제국을 건설, 비잔틴 제국으로부터 정교회를 받아들이고, 키릴 문자를 만드는 등 발전을 거듭했다. 시메온 왕(893~927)이 통치한 시기가 제국의 최전성기였으나 10세기 후반 비잔틴 제국의 공격을 받아 몰락했다. 그러나 비잔틴 제국의 쇠퇴를 틈타 아센 형제가 일으킨 반란으로 1185년 독립을 이루게 된다. 이로써 제2차 불가리아 제국 시대가 열렸고, 이 때의 수도가 벨리코 투르노보다. 제국의 번영은 1396년 오스만 제국에 점령당하며 끝났고, 이후 500년 가까이

바실 레프스키

오스만 제국의 지배를 받았다. 1877~8년의 러시아-오스만 전쟁에서 러시아가 승리하며 불가리아는 독립하게 되는데, 전쟁 전후로 일어난 민족부흥운동은 불가리아인들의 주체성을 확립하는 계기가 되었다. 이후 제1·2차 발칸 전쟁, 제1·2차 세계대전을 거치며 영토가 주변국에 할양되고, 소련의 위성국으로 전락했다. 1945년 공산당이 집권하며 공산국가로 들어섰다가, 1989년 소련의 붕괴 및 국민들의 시위에 힘입어 민주화를 이뤘다. 이는 공산당 서기장이 퇴진한 평화 혁명이라 '푸른 혁명'으로도 부른다. 1990년 국명이 불가리아 공화국으로 바뀌었으며, 12월엔 연립내각이 출범했다. 이후 민주세력과 사회당이 엎치락뒤치락하며 정권을 잡게 된다. 2001년엔 시메온 2세가 창당한 정당이 총선에서 승리했는데, 시메온 2세는 왕정의 붕괴 이후 스페인 망명 생활을 했던 불가리아의 전 국왕이었다. 이는 과거의 군주가 선거를 통해 총리가 된 특이한 경우이기도 하다. 불가리아는 2004년 북대서양 조약기구(NATO)에, 2007년엔 유럽연합에 가입했다.

2. 기본 정보

수도 소피아 София(Sofia)
면적 111,000㎢(한국 100,412㎢)
인구 약 678만 명(한국 5,162만 명)
정치 의원내각제
(갈랍 도네브 Гълъб Донев 총리)
1인당 GDP 약 11,635$, 59위(한국 25위)
언어 불가리아어
종교 불가리아 정교 83%, 이슬람교 12%, 기타 5%

3. 유용한 정보

국가번호 359
통화(2023년 1월 기준)
– 레프 Lev(BGN, LV) 1Lev≒710원

보조통화 100Stotinki=1Lev

지폐 2 · 5 · 10 · 20 · 50 · 100Leva

동전 1 · 2 · 5 · 10 · 20 · 50Stotinki / 1Lev · 2Leva
단수형은 레프, 복수형은 레바로 부른다.

예) 1레프 1Lev, 2레바 2Leva

환전 유로를 가져와 현지에서 환전하는 것이 가장 좋다. 환전소와 은행, ATM에서 환전이 가능하다. 시내에서 쉽게 눈에 띄는 환전소를 이용하는 것이 가장 유리하며 영수증을 꼭 체크하자.

1€는 고정 환율 1.95LV이다. 이보다 낮은 환율을 제시하는 환전소라면 다른 곳을 찾아 환전하자.

△ 소피아의 추천 환전소로 현지인과 관광객이 늘 줄을 서 있다.

주소 ул. Граф Игнатиев(ul. Graf Ignatiev) 36

주요기관 운영시간

- **은행** 월~금 08:30~17:00
- **우체국** 월~금 08:00~17:00
- **약국** 08:00~21:00
- **상점** 09:00~21:00

전력과 전압 220V, 50Hz(한국과 Hz만 다름-한국 60Hz) 한국 전자제품의 사용이 가능하며 플러그도 동일하다.

시차 한국보다 7시간 느리다.

서머타임 기간(매년 3월 마지막 일요일~10월 마지막 일요일)일 경우는 6시간이 느리다.

예) 소피아 09:00=한국 16:00
　　(서머타임 기간에는 15:00)

불가리아 현지에서 전화 거는 법
한국에서 전화 거는 법과 같다.

예) 소피아 → 소피아 123 4567
　　플로브디프 → 소피아 02 123 4567

스마트폰 이용자와 인터넷 숙소와 식당, 카페, 맥도날드, 공원, 박물관, 시내버스 등에서 WiFi 이용이 가능하다.

물가 물 0.5LV, 1회 교통권 1.6LV, 커피 3LV~, 길거리 피자 2LV~, 간단한 식사 10LV~, 레스토랑 20LV~.

팁 문화 팁이 일반적이지는 않지만 여행자들에게는 팁을 바란다. 총비용의 5~10% 정도나 끝자리 거스름돈이면 적당하다.

슈퍼마켓 오스트리아 유통 체인인 Billa가 눈에 많이 띄고, 그 외에도 소형 슈퍼마켓들이 곳곳에 있다. 영업시간은 대략 07:30~22:00이다.

물 물 자체는 깨끗하나 수도관이 낡거나 석회질이 섞인 경우가 있어 생수를 사 마시자.

화장실 기차역, 터미널 등의 공중화장실을 이용하려면 0.5~1LV를 내야 한다. 따라서 식당이나 카페에 들를 때 꼭 화장실을 이용하도록 하자.

치안 여행하기에 위험하진 않지만 관광지나 시내에서 여행객을 노린 소매치기가 종종 있으니 소지품을 잘 간수하자. 밤늦게 외진 곳을 혼자 돌아다니는 것도 삼가는 게 좋다.

응급상황 불가리아 통합 응급 전화 112

4. 공휴일과 축제(2023년 기준)

※ **불가리아 공휴일**

1월 1일 신정

3월 3일 해방절

4월 14~17일 정교회 부활절 연휴*

5월 1일 노동절

5월 6일 국군의 날(8일 대체 휴일)

5월 24일 문화 · 교육절

9월 6일 통일절

9월 22일 독립절
12월 24~27일 성탄절 연휴
(*매년 변동되는 날짜, 휴일이 주말이면 월요일 대체 휴일)

※ 불가리아 축제

5 · 6월 블랙박스 국제 연극&무용 축제
The Black Box International Festival Theatre&Dance

유럽 문화의 수도를 표방하는 플로브디프의 중요한
축제로 불가리아 문화부와 플로브디프 시가 후원한
다. 주로 연극과 현대무용에 중점을 둔다.
홈피 www.theblackboxfestival.com

7월 벨리코 투르노보 국제 포크댄스 축제
Veliko Tarnovo International Folklore Festival

1998년 이래 매년 여름 1주간 개최되는 민속무용
축제. 독특하고 매력적인 프로그램을 선보이며 동
유럽에서 가장 명망 있는 축제 중 하나다.

7~9월 소피아 여름 축제 Sofia Summer Fest

연극, 코미디, 음악, 영화, 아동극 등을 아우르는 문
화 예술 축제. 다양한 유 · 무료 이벤트가 열린다.
홈피 www.sofiasummerfest.bg

5. 한국 대사관

주소 ул Сребърна 2B, МобиАрт Билдинг
4 етаж, София(Srebarna Street 2V,
Mobi Art Building 4F, Sofia)

위치 지하철 M2 비토샤Витоша(Vitosha)역
2번 출구 전방 50m

운영 월~금 09:00~17:00[점심시간 12:30~13:30,
불가리아 공휴일 및 한국 국경일(삼일절,
광복절, 개천절, 한글날) 휴무]

전화 +359 (0)2 971 2181

홈피 bgr.mofa.go.kr

추천 웹사이트
불가리아 관광청 www.bulgariatravel.org
불가리아 철도청 www.bdz.bg
불가리아 버스 검색 www.bgrazpisanie.com

6. 출입국

한국에서의 직항은 없다. 수도 소피아를 포함해
4개의 국제공항이 있으며, 주로 유럽계 항공사와
저가항공사가 운행한다. 런던, 로마, 바르셀로나 등
서유럽 주요 도시와 독일 등지에서 쉽게 연결된다.
불가리아는 철도 사정이 좋지 않다. 선로가 낡았고
기차 시설 역시 낙후되어 연착이 흔하다. 따라서 철
도를 이용한 국제선은 벨리코 투르노보에서 부쿠레
슈티를 오가는 정도로 이용한다. 대신 버스를 이용
하면 편하다. 수도 소피아에서 부쿠레슈티, 이스탄
불, 테살로니키, 스코페 등 인접 국가의 도시들은 모
두 버스로 이동할 수 있다. 기차보다 빠르고 편리해
현지인들도 버스를 선호한다.

7. 추천 음식

불가리아는 식민지배의 여파로 튀르키예와 그리스 음식의 영향을 많이 받았으나 따뜻한 기후와 평야, 고원, 바다 등에서 얻은 다양한 식재료로 고유의 음식 문화를 만들어냈다. 뜨거운 음식과 차가운 음식, 고기와 채소가 어우러진 음식들을 즐길 수 있다. 중국 식당이 많아 간단하게 한 끼를 때울 수도 있고, 길거리 조각피자와 케밥, 과일 주스 등도 저렴하고 맛있다.

숍스카 샐러드 Шопска салата(Shopska Salad)

불가리아인의 식탁에 빠지지 않는 샐러드. 신선한 토마토, 오이, 양파 등의 채소를 투박하게 썰어 넣고 발칸 반도에서 흔히 먹는 페타 치즈를 갈아 올린 후 식초와 올리브유를 뿌려 먹는다.

무사카 Мусака(Moussaka)

그리스에서 유래한 음식으로, 으깬 감자와 간 고기에 화이트소스를 섞어 오븐에 구운 음식이다. 영국의 코티지 파이와 비슷한 맛이다. 요구르트 소스와 함께 먹는다.

사츠 Сач(Sach)

닭고기 등 육류에 감자, 양파, 피망, 버섯, 토마토 등의 채소를 듬뿍 넣은 철판 요리. 양이 많으니 일행과 나눠 먹는 것이 좋다.

요구르트 Кисело мляко(Yogurt)

요구르트는 불가리아인의 국민 음료로, 슈퍼에서 파는 요구르트의 크기 자체부터 다르다. 플레인 요구르트에 소금을 가미한 아이란 Айран(Ayran)이 그중에서 가장 인기 있는 요구르트. 차가운 요구르트에 오이, 마늘, 허브를 다져 넣은 수프 타라토 Таратор(Tarator)도 있다.

바니차 баница(Banitsa)

불가리아 전통 빵으로 달걀 반죽에 페타 치즈나 시금치, 호박 등을 넣어 오븐에 구운 페이스트리. 아이란과 함께 아침 식사로 자주 먹으며, 빵가게에서 쉽게 구입할 수 있다.

Tip 불가리아인의 식탁에 언제나 있는 것
숍스카 샐러드엔 따로 드레싱이 나오지 않으니 식탁 위에 늘 있는 식초와 올리브유를 뿌려 먹으면 된다. 저열량의 샐러드를 먹는 습관이 불가리아인의 장수 비결 중 하나가 아닐까.

8. 쇼핑

꿀

불가리아엔 장미를 원료로 한 다양한 화장품이 있는데 핸드크림, 미니향수, 립밤 등이 작고 가벼워 선물용으로 살 만하다. **장미 제품** 전문점이나 드럭스토어에서 구입할 수 있다. **유산균** 또한 유명한데, 캡슐 제형인 락토플로르 Lactoflor라는 제품이 품질도 좋고 저렴하다. 장이 안 좋은 사람에게 효과가 좋으며 역시 드럭스토어에서 살 수 있다. 장미 제품과 유산균은 국영 기업에서 엄격히 관리할 만큼 품질이 탁월하다. 이 외에 재래시장에서 **프로폴리스**와 **꿀**, 드럭스토어에서는 유명 약국 화장품이나 치약들을 한국보다 훨씬 저렴한 가격에 살 수 있다.

오일

락토플로르

화장수

크림

9. 유용한 현지어

안녕 Здрасти[즈드라스티]
안녕하세요 Здравей[즈드라베이]
안녕히 가세요 довиждане[도비쥬다네]
감사합니다 Благодаря[블라고다리아]
미안합니다 Извинете[이즈비네테]
실례합니다 Извинявай[이즈비냐바이]
천만에요 Пак заповядай[팍 자포브야다이]
도와주세요! Помогни Ми![포모그니 미!]
얼마입니까? Колко струва?[콜코 스트루바?]
반갑습니다 Приятно ми е да се запознаем
[프리야트노 미 에 다 세 자포즈나엠]

예 да[다]
아니오 не[네]
남성 Мъж[무츠]
여성 Жена[무츠]
은행 банка[반카]
화장실 тоалетна[토알레트나]
경찰 полиция[폴리트시아]
약국 Аптека[압테카]
입구 вход[브크호드]
출구 изход[이즈크호드]
도착 пристигане[프리스티게인]
출발 тръгване[투르그베인]
기차역 гара[가라]
버스터미널 Автогара[아프토가라]
공항 Аерогара[아에로가라]
표 билет[빌레트]
환승 прехвърляне[프렉흐벌레인]
무료 Безплатно[베즈플라트노]
월요일 понеделник[포네델니크]
화요일 вторник[브토니크]
수요일 Сряда[스랴다]
목요일 четвъртък[체트부툭]
금요일 петък[페툭]
토요일 Събота[수보타]
일요일 неделя[네델리아]

※ 키릴문자 읽는 법

А[a]	К[k]	Ф[f]
Б[b]	Л[l]	Х[h]
Б[b]	М[m]	Ц[ts]
Г[g]	Н[n]	Ч[ch]
Д[d]	О[o]	Ш[sh]
Е[e]	П[p]	Щ[sht]
Ж[zh]	Р[r]	Ъ[a]
З[z]	С[s]	Ь[y]
И[i]	Т[t]	Ю[Yu]
Й[y]	У[u]	Я[ya]

1 과거와 현재가 공존하는 도시
소피아
София (Sofia)

불가리아 서부 비토샤 산 아래 분지에 위치한 소피아는 유럽에서 가장 역사가 긴 수도 중 하나로 손꼽힌다. 14세기 이전까지는 세르디카Сердика라고 불렸으나, 소피아라는 현재의 이름을 갖게 된 계기는 다음과 같다. 비잔틴 제국 황제인 유스티니아누스 1세에게는 소피아라는 여동생이 있었는데, 온천으로 유명했던 세르디카에서 요양을 한 후 그녀의 병이 깨끗이 나았다고 하여 이를 기뻐한 유스티니아누스 황제는 성 소피아 교회를 짓는다. 14세기 이후 성 소피아 교회가 도시에 이름을 기증한(?) 덕분에 이처럼 아름다운 도시명을 얻게 됐다. 소피아는 주변국들을 잇는 교통의 요지이자, 불가리아의 산업 및 상업, 문화 중심지의 역할을 한다. 이와 동시에 유럽에서 가장 높은 녹지비율을 자랑하는 자연친화적인 도시이기도 하다. 거리를 걷다 보면 크고 작은 공원들이 많다. 소피아는 아직도 곳곳에 드리워져 있는 공산주의의 흔적들과 도시의 유장한 역사가 남긴 유적들, 푸른 잔디밭이 어우러져 묘한 느낌을 자아낸다. 이러한 소피아의 매력을 찾아 방문하는 여행자들이 날로 늘어나고 있는 추세다.

소피아 관광은 성 네델리아 교회에서 시작해 시내의 유적지를 돌아보고, 소피아의 하이라이트인 성 알렉산더 네프스키 대성당 관람 후, 옆의 성 소피아 교회, 소피아 대학에서 마치는 것이 가장 효율적인 루트다. 도보로 충분히 이동 가능한 거리이며, 여유롭게 둘러본다 해도 3~4시간(약 3.7km) 정도를 예상하면 된다.

성 알렉산더 네프스키 대성당

불가리아 국회

차르 해방 기념비

STOP
성 소피아 교회

홀리 시노드 불가리아 정교회

이탈리아 대사관

H Sense 호텔

Municipal 은행

국립 오페라 극장

크리스털 공원

성 니콜라스 교회

자연사 박물관

역사박물관

불가리아 군인 극장

세르디카 원형 극장

과학 도서관

눈물과 웃음 극장

199 극장

이반 바조프 생가 박물관

국립 미술관

이반 바조프 국립 극장

시민공원

불가리아 국립 은행

국립 고고학 박물관

H 그랜드 호텔

구 공산당 본부

TZUM 백화점

대통령 집무실

슈퍼마켓 Carrefour

바냐 바시 모스크

성 페트카 교회

성 게오르기우스 교회

소피아 호텔 발칸

소피아 여신상

Сердика (Serdika)

성 네델리아 교회

START

그라프 이그나티에브 거리 ul. Graf Ignatiev

UniCredit 은행

중앙역, 버스터미널 방면

비토샤 거리 bul. Vitosha

약국

Les Fleurs 부티크 호텔

법원

소피아

관광명소

1. 선 네델리아 교회
   Катедрален храм Света Неделя
2. 성 페트카 교회 Храм Света Петка Самарджийска
3. 소피아 여신상 Статуя на София
4. 바냐 바시 모스크 Баня Баши джамия
5. 구 공산당 본부 бившия Партиен дом
6. 성 게오르기우스 교회 Храм ротонда Св. Георги
7. 국립 고고학 박물관
   Национален археологически музей
8. 이반 바조프 국립 극장
   Народен театър Иван Вазов
9. 국립 미술관 Национална художествена галерия
10. 성 니콜라스 교회 Църква Свети Николай

& 관광안내소

무료 지도와 브로슈어를 얻을 수 있고, 소피아 관광 정
보, 숙소 정보 등을 안내받을 수 있다.

위치 M1·M4 소피아 대학SU Sv. Kliment Ohridski역
운영 월~금 09:30~18:00(토·일요일 휴무)
홈피 www.visitsofia.bg

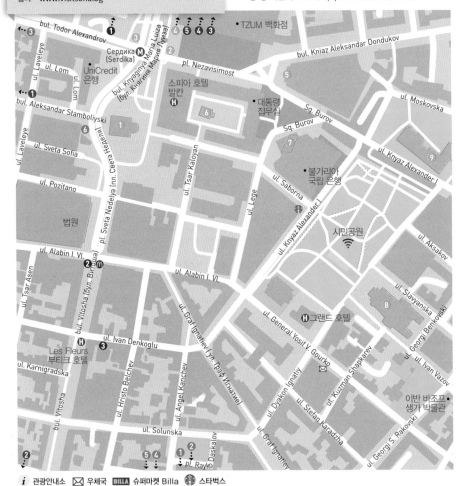

i 관광안내소 ✉ 우체국 BILLA 슈퍼마켓 Billa ☕ 스타벅스

⑪ 성 알렉산더 네프스키 대성당
　　Свети Александър Невски Катедралата
⑫ 성 소피아 교회 Храм Света София
⑬ 국립 소피아 대학교
　　Софийски университет "Св. Климент
　　Охридски"

레스토랑

❶ 디바카 Дивака
❷ 다로 Daro
❸ 퍼나 Furna
❹ 메이드 인 홈 Made in Home
❺ 컵 & 롤 센터 Cup & Roll Center
❻ 해피 바 & 그릴 Happy Bar & Grill

쇼핑

❶ 소피아 중앙시장 Централни софийски хали
❷ 로즈 오브 불가리아 Rose of Bulgaria
❸ 레메디움 Аптеки Ремедиум

숙소

❶ 호스텔 모스텔 Hostel Mostel
❷ 5 빈티지 게스트 하우스 5 Vintage Guest House
❸ 호스텔 넘버 원 Hostel №1 in Sofia
❹ 부다페스트 호텔 Budapest Hotel
❺ 제너레이터 소피아 Generaator Sofia

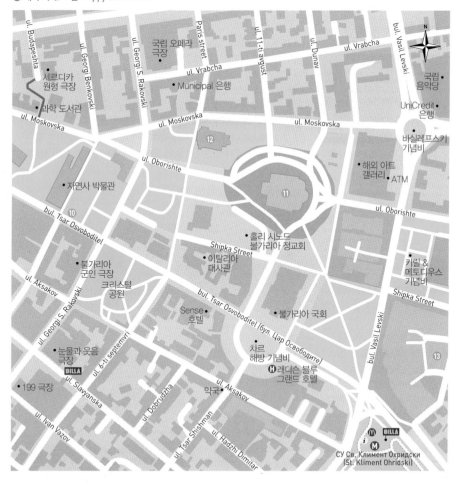

소피아 들어가기

비행기를 이용하면 유럽의 많은 유명 도시와 연결된다. 육로는 불가리아와 접해 있는 루마니아, 마케도니아, 튀르키예, 그리스 등에서의 입국이 쉽다. 기차와 관련된 시설들은 다소 낙후된 편이며 연착이 잦아 버스를 더 추천한다. 기차와 버스 모두 국경에서 입국심사와 짐 검사를 하기도 해 중간에 내렸다 다시 타야 하는 경우도 있다.

❖ 기차

루마니아의 부쿠레슈티와 연결되는 기차가 있으나 한 번 갈아타야 하는 등 불편하고 시간이 오래 걸린다. 국내선은 플로브디프를 오가는 기차가 가장 자주 있다.

소피아 중앙역

Централна железопътна гара (Central Railway Station) 📶

매표소, 환전소와 ATM, 화장실, 자판기, 푸드 코트, 인포메이션 센터 등의 편의시설이 있으며, WiFi 무료 이용이 가능하다. 중앙홀 지하에 짐 보관소가 있다. 메트로나 트램을 타려면 역과 연결된 지하도로, 버스를 타려면 역 밖으로 나오면 된다. 국내선은 인터넷 예매가 되지만 국제선은 현장 예매만 가능하다. 역내 매표소에 국제선 창구(22 · 23번)가 따로 있다. 기차역에서 나와 왼편에 Billa 슈퍼가 있어 물과 간식을 사기 좋다.

한 플랫폼에 출발 방향이 다른 기차가 함께 서는 경우가 있으므로 승차 전에 반드시 행선지를 다시 확인해야 한다.

주소   1202 Орландовци
위치   기차역과 연결된 지하도를 통해 트램 승강장이나 메트로역으로 갈 수 있다.
      숙소나 목적지에 따라 트램을 타거나 M2를 타면 된다.
홈피   www.bdz.bg

❖ 버스

부쿠레슈티(국경 루세^{Ruse}에서 환승), 스코페, 이스탄불, 테살로니키 등과 연결되는 국제선이 있다. 소피아는 불가리아의 모든 도시와 연결되며, 버스가 기차보다 빠르고 편리해 현지인들도 버스를 선호한다.

※ 중심가 들어가기

중앙역과 버스터미널은 바로 옆에 있기 때문에 중심가로 들어가는 방법은 같다. 중앙역과 연결된 메트로 2호선을 타고 2정거장 후인 세르디카^{Сердика}역에 내려 도보로 3분 정도 걸으면 관광의 시작점인 스베타 네델리아 광장^{Пл. Света Неделя}(St. Nedelya Square) 쪽으로 나갈 수 있다. 도보로 이동한다면 버스터미널 정면의 Княгиня Мария Луиза(Knyaginya Maria Luiza) 대로를 따라 25분 정도 직진(1.7km)하면 왼편에 스베타 네델리아 광장이 보인다.

중앙 버스터미널 Централна Автогара (Central Bus Station) 🛜

중앙역 바로 옆 건물. 1층엔 매표소, 환전소, 유료 화장실,
유인 짐 보관소 등의 편의시설이, 2층엔 카페, 레스토랑,
슈퍼 등이 있다. 티켓 구매 시 입구 인포에 행선지를 말하면
버스 회사 매표소 번호를 알려준다. 실내가 어두우니 돈을
주고받을 때 주의하자. 인터넷 예매 시, 출발 15분 전까지 터
미널에서 표를 바꿔야 한다.

주소　бул Княгиня Мария Луиза 100
홈피　www.centralnaavtogara.bg

❖ 비행기

저가항공인 라이언에어, 이지젯, 위즈에어 등을 이용하면 런던, 파리, 로마 등 서유럽의 주요 도시들에서 소
피아로 들어올 수 있다. 폴란드항공, 오스트리안항공을 이용한 동유럽에서의 입국도 쉽다. 국적기인 불가리아
안에어는 바르나 등 국내선과 국제선을 운행한다. 유럽 내 이동이더라도 1~2시간의 시차가 생긴다.

위치　메트로 4호선이 2터미널과 연결(1, 2 터미널은 무료 셔틀버스 운행)돼 12정거장 후인 세르디카Сердика역까지
　　　25분 정도 소요된다. 자동발매기에서 카드 사용이 가능하다. 티켓은 1.6LV이다.
　　　버스 84번을 타고 공항 1, 2터미널에서 종점인 ul. General Yosif Gurko(소피아 대학 근처)에서 내린다. 약 30~40분
　　　소요되며, 운행시간은 대략 05:00~23:30이다. 티켓(1.6LV)은 공항 편의점, 자동발매기에서 현금으로 구입한다.
　　　탑승 후 표를 펀칭해야 한다(NFC로 시내교통 요금 지불 방법 534p 참조).
　　　택시　반드시 입국장의 OK 택시 예약 부스를 이용하자. 요금은 시내까지 15~20LV 정도다.

소피아 국제공항
Летище София (Sofia International Airport) 🛜

시내에서 동쪽으로 10km 정도 떨어져 있으며, 2개의 터미널로 나뉘어 있다. 1터미널은 아주 작은 규모로 국
내선과 저가항공이 주로 취항한다. 2터미널은 2009년 신축되어 깔끔하며 1터미널보다는 크지만 수도의 메인
공항치고는 아담한 편이다. 불가리아 국적기와 유럽계 항공사, 장거리 국제선이 운행한다. 인포메이션센터, 은
행, 환전소, 약국, 카페, 기념품숍 등의 편의시설이 있다. 두 터미널은 공항 미니버스로 30분마다 연결되니 출
국 시 터미널을 잘못 찾아갔다면 인포메이션센터에 버스 시간을 문의하자.

전화　+359 (0)2 937 2211
홈피　www.sofia-airport.eu

Tip　프리 소피아 투어(Tip 투어)

　　　현지인 영어 가이드를 따라 걸으며 관광하는 프로그
램. 각 명소에 관한 문화, 역사는 물론 흥미로운 뒷얘기까지 들
을 수 있다. 유명한 볼거리 위주의 코스이기 때문에 투어에 참
가만 해도 핵심 관광지를 둘러볼 수 있다. 투어 시간에 맞춰 미
팅 포인트에 가면 가이드가 발자국이 찍힌 팻말을 들고 있다.
투어가 끝난 후, 5LV 정도의 Tip을 주는 게 좋다.

위치　법원Съдебна палата(Palace of Justice) 앞
운영　11:00/14:00(약 2시간 소요)
홈피　www.freesofiatour.com

불가리아를 상징하는 동물, 사자상이 있는 법원 앞

시내교통 이용하기

소피아 시내엔 메트로, 트램, 버스, 트롤리 버스
가 운행 중이다. 버스는 공항을 오갈 때, 트램과 메
트로는 기차역과 버스터미널, 공항에서 시내를 오
갈 때 이용하게 된다. 대중교통 운행시간은 대략
05:00~24:00이다.
택시는 OK 택시(전화 973 2121)를 추천한다. 미터
제로 기본요금 2.47LV, 운행요금 1.22LV/km(야
간엔 할증) 선이다. 시내 이동은 10LV 이내로 나온
다. 잔돈을 준비하는 게 좋고, 팁은 자유다.

홈피 대중교통 안내 www.sofiatraffic.bg
　　　메트로 안내 www.metrosofia.com
　　　OK 택시 www.oktaxi.net

티켓 구입 방법 및 요금

메트로 티켓(구입 후 30분간 유효)을 제외한 버스 및 트램
티켓은 공용이고, 24시간권은 모든 교통수단을 이용할 수
있다. 메트로 티켓은 메트로역 발매기나 매표소에서, 버스
및 트램 티켓은 정류장 근처·차내 발매기나 운전사에게
서 구입할 수 있다. 메트로 이용 방법은 한국의 지하철 시
스템과 비슷하고, 트램과 버스는 탑승 후 창문 쪽에 달린
기계에 표를 넣고 아래의 손잡이를 위로 올리며 구멍을 뚫
어야 한다. 각 차량마다 찍히는 구멍 모양이 미묘하게 다르
니 괜한 편법은 쓰지 말자. 무임승차 벌금은 40LV이며 검
표원이 수시로 나타난다.

*NFC가 가능한 비자/마스터 신용·체크카드(카드의 와이파이 표시
확인)는 NFC 단말기가 있는 교통수단에서 사용 가능. 하루 3번 이상
사용하면 1일권 요금 4LV만 청구.
요금 1회권(환승불가) 1.6LV, 1일권 4LV

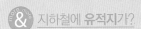

지하철에 유적지가?

메트로 1·2·4호선 환승역인 세르디카Сердика(Serdika)역
주변엔 세르디카 유적이 있다. 소피아는 비잔틴 제국 시대에
세르디카라는 이름으로 불렸는데, 이때 쌓은 성벽과 탑 등의
유적이 지하철 공사를 하다 발견되었다. 따라서 세르디카역
으로 가면 매우 독특한 광경을 볼 수 있다. 메트로역과 연결
되는 지하도에 유적이 그대로 보존돼 있으며, 지금도 발굴 작
업을 하는 중이다. 지하철 역사와 플랫폼에도 유물이 전시돼
있어 세르디카역은 지하철이 지나는 작은 박물관이 되었다.

중앙 기차역 | 트램 | 버스 내부 티켓 펀칭 기계 | OK 택시

지하철역 내 세르디카 유적

Tip **소피아의 관광명소**
소피아의 볼거리는 시내에 모여 있으므로 하루면 충분하다. 공산주의의 잔재를 완전히 떨쳐버리지는 못했지
만 그와 비교할 수 없을 만큼 오래된 도심 한복판의 유적과 크고 작은 공원들이 있어 생기를 더한다. 일정이 여유롭다
면 불가리아인의 정신적 지주인 릴라 수도원 방문을 추천한다.

성 네델리아 교회

Катедрален храм Света Неделя

(St. Nedelya Church)

관광
명소

10세기에 지어진 비잔틴 양식의 정교회로 소피아 주교를
모시는 성당. 성스러운 일요일이라는 뜻을 가진 교회는
역사의 소용돌이 속에서 파괴와 재건을 반복하다 1925
년, 장례식에 참석하는 보리스 3세를 암살하기 위한 폭
탄 투하로 심각하게 훼손되었다. 150명이 넘는 무고한
사람들이 죽고, 500여 명이 다쳤
는데, 그들을 추모하는 문구가 교
회 외벽에 붙어 있다. 아이러니하

주소	площад Света Неделя 20 (pl. Sveta Nedelya 20)
위치	법원과 세르디카역 사이 스베타 네델리아 광장
운영	07:00~18:00
홈피	www.sveta-nedelia.org

게도 타깃이었던 보리스 3세는 그
날따라 늦은 바람에 무사했다고 한
다. 파괴된 교회는 불가리아의 유
명 건축가 팀인 Vasilyov-Tsolov
가 설계해 1933년 현재의 모습으
로 완성됐다. 내부엔 1865년 나무
를 조각해 만든 성화와, 폭탄 테러
때 살아남은 금박 성화 등이 있다.

more & more **바바 마르타와 마르테니차**

불가리아에서는 3월 1일을 '바바 마르타Баба Марта(3월의 할머니)'라 하여 봄을 축하하는
축제를 벌인다. 이날엔 힘, 순수, 행복을 상징하는 흰색 실과 건강, 풍요를 상징하는 붉은
색 실을 엮은 팔찌를 만들어 선물하는데, 이것을 마르테니차мартеница라 부른다. 남자와
여자를 뜻하는 두 개의 인형 모양이 달려 있다. 마르테니차를 지니고 다니다 철새 또는
나무의 새싹을 보거나 3월 말이 되면 나무에 매달고, 소원을 빈다. 새 봄을 맞아 건강과
성공, 행운을 비는 풍습인 바바 마르타 덕에, 봄철이면 시내의 나무마다 마르테니차가 주
렁주렁 걸려 있다.

성 페트카 교회
Храм Света Петка Самарджийска
(Sveta Petka Samardzhiiska Church)

관광
명소

오스만 제국 식민지 시절, 오스만 제국의 박해를 피해 눈에 띄지 않게 지하에 지은 정교회로, 14세기 후반 건축된 것으로 추정된다. 11세기 불가리아의 성인인 페트카의 이름을 따왔다. 교회의 지붕이 지표면과 맞닿아 있으며, 아담한 내부엔 16세기에 그려진 성화가 있다.

위치　스베타 네델리아 광장에서 세르디카역과 연결된 지하도로 내려간다.

소피아 여신상
Статуя на София
(Statue of Sophia)

관광
명소

2001년, 공산주의의 종말과 독립의 의미를 담아 레닌 동상 철거 후 세워졌다. 그리스 로마 신화에 등장하는 지혜의 여신인 소피아의 동상으로 왕관은 힘을, 올빼미는 지혜를, 화관은 명성을 상징한다. 높이는 16m이며 구리와 청동을 사용했고, 검은 드레스를 휘날리는 모습이 힘찬 분위기를 자아낸다.

위치　세르디카역 사거리

지혜의 여신인
소피아의 동상

바냐 바시 모스크
Баня Баши джамия
(Banya Bashi Mosque)

관광
명소 로컬
명소

오스만 제국 통치 시절인 1576년 건축된 소피아 유일의 이슬람 사원으로, 직경 15m에 달하는 거대한 돔과 첨탑으로 이루어져 있다. 온천수가 흐르는 땅 위에 지어져 '많은 목욕탕'이라는 이름이 붙었다. 지금도 사원 벽 근처의 통풍구에서는 온천수의 김이 올라오는 걸 볼 수 있다.

주소　бул. княгиня Мария Луиза 18
　　　(bul. Knyaginya Maria Luiza 18)
위치　세르디카역에서 도보 4~5분
운영　기도시간 외에 내부 관람 가능

불가리아에서는 예로부터 온천욕을 즐겼다. 바냐 바시 모스크 옆쪽에는 비잔틴 양식과 동방정교회 양식이 혼합된 노란색 건축물이 있는데, 20세기 초에 건축되어 1986년까지 공중 온천탕으로 쓰였던 온천 욕장이다. 현재는 소피아 역사 박물관으로 변신했는데, 온천 앞에서는 나이가 지긋한 주민들이 커다란 물통에 물을 받는 광경을 볼 수 있다. 불가리아인은 온천수를 마시면 병이 낫는다고 믿는다. 병의 치유까지는 무리겠으나, 여행의 피로라도 풀리기를 빌며 한 잔 마셔보자. 그러나 온천수가 강산성이니 장이 예민한 사람에겐 권하지 않는다.

온천수를 받아가는 사람들

구 공산당 본부 бившия Партиен дом
(Former Communist Party House)

관광명소

독립 광장 끝에 있는 흰색의 신고전주의 양식 건물로 1955년 완공되었다. 과거 소련의 기운이 물씬 나는 이 건물은 공산주의를 칭송하고 그 위엄을 보여주기 위한 거대한 규모를 자랑한다. 현재는 정부 청사, 공산주의 예술 박물관, 다목적홀 등으로 사용된다.

위치 세르디카역에서 도보 5분

성 게오르기우스 교회
Храм ротонда Св. Георги (St. George Rotunda)

관광명소

대통령 집무실 근위병

소피아에서 가장 오래된 건물로 4세기 로마인들이 지었다고 추정된다. 교회를 둘러싼 유적은 로마시대의 목욕탕 터다. 초기 크리스천 스타일인 붉은 벽돌을 이용한 둥근 형태가 특징으로 교회 중앙 돔 안의 12~14세기 프레스코화가 유명하며 22명의 선지자가 그려져 있다. 오스만 제국 통치 시절 이슬람 사원으로 쓰이며 프레스코화가 훼손되었으나 20세기에 복원되었다.
교회와 유적을 둘러싼 건물은 대통령 집무실과 소피아 호텔 발칸이다. 대통령 집무실이 호텔과 건물을 공유하며, 단 두 명의 근위병이 지키고 있는 걸 보면 불가리아 대통령의 힘이 약함을 알 수 있다. 호텔 외벽에는 총탄 자국이 아직 남아 있어 치열했던 과거를 그대로 보여준다.

주소 бул. княз Александър Дондуков 2
(bul. Kniaz Aleksandar Dondukov 2)
위치 구 공산당 본부에서 도보 3분
운영 08:00~18:30
홈피 www.svgeorgi-rotonda.com

국립 고고학 박물관

Национален археологически музей
(National Archaeological Museum)

박물관

오스만 제국 지배 시절 지었던 가장 큰 이슬람 사원을 개
조해 1905년 박물관으로 개관했다. 특이하게 외벽과 정
원에 석재 유물이 전시돼 있다. 내부는 중앙홀, 선사시대
홀, 보물관 등으로 구분되어 각 테마별로 꾸며져 있다.

주소 Ул. Съборна 2(Str. Saborna 2)
위치 스베티 게오르기 교회에서 도보 3분
운영 **5~10월** 10:00~18:00,
     11~4월 화~일 10:00~17:00
     (11~4월 월요일, 신정, 성탄절 휴무)
요금 일반 10LV, 학생 2LV,
     매월 마지막 일요일 무료
전화 988 2406
홈피 www.naim.bg

이반 바조프 국립 극장

Народен театър Иван Вазов
(National Theater Ivan Vazov)

관광
명소

로컬
명소

불가리아에서 가장 권위 있는 극장으로 신고전주의 건물
은 빈 출신의 극장 건축가를 초빙해 1906년 완성되었다.
오페라, 발레, 연극 등 공연을 저렴하게 감상할 수 있으
며 가끔씩 극장 앞에서 무료 공연이 열린다. 극장 앞 시
민공원은 도심 속 휴식처로 시민들의 사랑을 받고 있다.

주소 Ул. Дякон Игнатий 5
     (ul. Dyakon Ignatiy 5)
위치 국립 고고학 박물관에서 도보 5분
전화 811 9227
홈피 www.nationaltheatre.bg

국립 미술관

Национална художествена галерия

(National Art Gallery)

미술관

불가리아에서 가장 큰 미술관으로, 원래 왕궁이었으나 공산정권이 들어서며 국립 미술관이 됐다. 1878년 불가리아의 독립 이후 1990년대까지의 불가리아 예술품 약 5만 점을 소장하고 있다. 각 시대별 섹션이 있으며, 회화, 조각, 인쇄물 등 풍부한 컬렉션을 갖추고 있다.

주소 Княз Александър I-1
(Knyaz Aleksandar I-1)
위치 시민공원 건너편
운영 화~일 10:00~18:00(월·공휴일 휴무)
요금 일반 10LV, 학생 5LV, 목요일 2LV
전화 988 4922
홈피 www.nationalgallery.bg

성 니콜라스 교회

Църква Свети Николай (Russian Church)

관광
명소

러시아 교회라고도 부른다. 7년의 공사 기간을 거쳐
1914년 완성되었는데, 러시아 혁명과 불가리아의 공산주의 시절을 거치면서도 러시아 정교회의 명맥을 지켜왔다. 황금색 원형 돔과 카키색 지붕, 금박으로 장식된 건물은 불가리아 정교회와 전혀 다른 이색적인 느낌을 준다.

주소 бул. Цар Освободител 3
(bul. Tsar Osvoboditel 3)
위치 국립 미술관에서 도보 3분
운영 08:00~18:30
전화 986 2715
홈피 www.podvorie-sofia.bg

성 니콜라스 교회

국립 미술관

성 알렉산더 네프스키 대성당

Свети Александър Невски Катедралата

(St. Alexander Nevsky Cathedral)

소피아 관광의 하이라이트로, 러시아-오스만 전쟁에서
전사한 약 20만 명의 러시아 군인들을 위해 건축한 정교
회 성당이다. 성당의 이름은 러시아의 수호성인인 성 알
렉산더 네프스키에서 유래했다. 소피아 중심부에 러시아
인들을 위한 대형 건축물을 지은 이유는 이 전쟁에서 러
시아가 승리함으로써 약 500여 년간의 오스만 식민통치
를 벗어나 불가리아가 독립할 수 있었기 때문이다.

성당은 네오비잔틴 양식의 건물로 1882년 착공해 1912
년 완성되었다. 높이 53m, 내부 1,300㎡로 5천 명을 수
용할 수 있는 규모이며, 발칸 반도에서 두 번째로 큰 대성
당이다. 러시아에서 기증한 20kg의 금으로 만든 대형 돔
이 눈길을 끌며, 보는 방향에 따라 형태가 상당히 달라지
기 때문에 성당 주변을 한 바퀴 돌며 감상하는 것이 좋다.
성당 내부는 이탈리아의 대리석, 이집트의 설화석고 등
전 세계에서 들어온 자재와 금, 샹들리에 등으로 꾸며져
있으며 벽과 천장은 동유럽과 러시아 출신의 예술가들이

주소 пл. Свети Александър Невскирl
(pl. Sveti Aleksandar Nevski)
위치 성 니콜라스 교회에서 도보 5분 또는
M1·M4 소피아 대학
SU Sv. Kliment Ohridski역 도보 8분
운영 **성당** 07:00~19:00,
성화 박물관 화~일 10:00~18:00
요금 **성당** 무료
사진촬영 10LV
성화 박물관 일반 6LV, 학생 3LV, 목요일 2LV
전화 988 1704
홈피 www.cathedral.bg

그린 성화로 가득하다. 또한 3개의 제단이 있는데, 왼쪽
은 슬라브 제국, 중앙은 러시아, 오른쪽은 불가리아에 바
치는 것이다. 교회 입구 왼편의 지하에 있는 성화 박물관
은 국립 미술관의 분관으로 4~19세기의 다양한 성화들
을 감상할 수 있다. 교회 입구 근처 공원에는 골동품과
성화, 자수제품, 기념품 등을 파는 벼룩시장이 들어서니
오가는 길에 한 번 구경해보자.

성당 근처의 벼룩시장

성당 앞
벼룩시장 성화들

성 소피아 교회
Храм Света София (St. Sophia Church)

관광
명소

소피아에서 두 번째로 오래된 정교회로, 6세기 비잔틴
제국의 유스티니아누스 1세가 건립했다. 유스티니아누스
황제의 여동생인 소피아 공주가 온천 요양으로 병이 나
아 이를 기뻐하는 의미로 지었다. 이후 14세기 무렵부터
이 교회의 이름을 따 현재의 도시 이름인 소피아로 부르
기 시작했다. 오스만 제국의 식민통치 시절엔 이슬람 사
원으로 쓰이기도 했으며, 지진으로 파괴되었다가 1930
년에 현재의 모습으로 재건되었다. 초기 크리스천 건축
물을 엿볼 수 있는 소중한 유산으로, 시민들의 결혼식,
세례식 장소로 인기가 좋다. 교회 측면엔 세계대전에서
전사한 군인들을
추모하는 꺼지지
않는 불꽃이 있고,
그 옆쪽으로 불가
리아를 상징하는
사자상이 있다.

주소 Ул. Париж 2 (ul. Paris 2)
위치 성 알렉산더 네프스키 대성당 옆
운영 교회 07:00~18:00,
　　　묘지 박물관 09:00~17:00
요금 **교회** 무료
　　　묘지 박물관 일반 6LV, 학생 2LV
전화 987 0971
홈피 www.pravmladeji.org

교회 뒤쪽의
이반 바조프(p.539) 묘지

국립 소피아 대학교

Софийски университет "Св. Климент Охридски"
(Sofia University "St. Kliment Ohridski")

로컬 명소

불가리아 최고의 명문대학으로, 1888년에 역사학, 철학과를 중심으로 설립되었다. 현재는 다양한 학과에서 2만 4천여 명의 학생들이 재학 중이며, 한국학과도 개설돼 있다. 성 알렉산더 네프스키 대성당 근처에 있는 건물은 본관이고, 캠퍼스는 소피아 시내에 흩어져 있다. 본관 내부엔 중앙홀, 도서관, 학생식당 등이 있으며, 불가리아 대학생들의 모습을 구경할 수 있다.

주소 бул. Цар Освободител 15
　　　(bul. Tsar Osvoboditel 15)
위치 M1·M4
　　　소피아 대학SU Sv. Kliment Ohridski역
홈피 www.uni-sofia.bg

독특한 경찰 초소

& 키릴 문자의 탄생

키릴 문자Cyrillic Alphabets는 그리스 테살로니키에서 태어난 선교사인 키릴Cyril(826 또는 827~869)과 메토디우스Methodius(815~885) 형제가 동유럽의 슬라브족에게 동방정교회를 전파할 목적으로 만든 문자다. 키릴 형제는 그리스 알파벳을 참고해 글라골Glagol이라는 문자를 만들었는데, 이후 그들의 제자들이 글라골 문자를 다듬고 발전시켰다. 9세기경인 제1차 불가리아 제국 시절 완성된 키릴 문자는 불가리아는 물론 러시아, 우크라이나, 벨라루스, 마케도니아, 카자흐스탄, 키르기스스탄, 타지키스탄 등 동·남유럽, 중앙아시아에 걸쳐 두루 쓰인다. 현재 약 2.5억 명 이상의 사람들이 키릴 문자를 사용하고 있다. 슬라브 선교와 문자를 전파한 공로로 키릴 형제는 동방 정교회, 로마 가톨릭 교회, 성공회에서 모두 성인으로 추대되었다.

우리가 세종대왕이 창제한 고유 문자인 한글을 자랑스러워하듯 불가리아인도 키릴 문자를 창조했다는 사실에 자부심이 강하다(옆나라 그리스와는 이를 두고 서로 싸우기도 한다). 불가리아 공휴일인 5월 24일 문화·교육절엔 키릴 문자 기념식을 함께 열 정도다. 나라의 역사는 길지만 약소국으로 전락한 현재의 상황에 비추어 보면 더욱 그럴 것이다. 여행을 하다 보면 낯선 키릴 문자가 원망스러울(?) 때가 많지만 불가리아의 가장 강력하고 소중한 유산이니 너그럽게 생각하도록 하자.

키릴 형제

Tip 소피아의 레스토랑 & 카페

불가리아는 물가가 싼 나라인 만큼 식비 역시 매우 저렴하다. 불가리아 식당, 인터내셔널 식당도 많고, 불가리아에 가장 많이 거주하는 외국인이 중국인이라 수많은 중국 식당이 있으므로 밥이 그리운 사람들은 이용해보자. 포장하면 값이 훨씬 저렴해진다. 길거리에서 파는 조각 피자나 과일 주스 등은 양이 많고 값도 싸다.

요금(1인 기준, 음료 불포함) 10LV 미만 € | 10~20LV 미만 €€ | 20LV 이상 €€€

→ 손바닥보다 큰 조각 피자

디바카 Дивака (Divaka)

레스토랑 겸 바로 축구 경기가 있는 날이면 대형 스크린으로 경기를 중계하기도 한다. 불가리아 전통 음식 및 스테이크, 시푸드 등의 메뉴가 있으며 와인과 맥주, 칵테일 등 주류도 다양하다. 실내 정원 같은 독특한 분위기는 덤. 다른 곳에도 지점이 있다.

주소 Ул. Уилям Гладстон 54 (ul. William Gladstone 54)
위치 비토샤Vitosha 거리 근처 William Gladstone 거리
운영 11:00~22:00
요금 예산 €€
전화 88 744 0011
홈피 www.divaka.bg

다로
Даро (Daro)

 레스토랑

아늑한 분위기의 식당. 낮엔 브런치나 점심으로 샌드위치, 팬케이크, 영국식 아침 식사 등의 메뉴를 판매하며, 저녁 시간엔 일반적인 비스트로 메뉴들을 낸다. 식사와 어울리는 와인 추천도 해주며, 신선한 재료를 써 바로 요리한다. 영어가 잘 통하고 친절하다.

주소 ул. Ангел Кънчев 20(ul. Angel Kanchev 20)
위치 비토샤Vitosha 거리 근처 Angel Kanchev 거리
운영 수~금 12:00~22:00 토·일 10:00~15:00, 17:00~22:00(월·화요일 휴무)
요금 예산 €€
전화 88 370 5757
홈피 www.daro.bg

©Daro

퍼나
Фурна (Furna)

베이커리 카페로 이름은 '오븐'이라는 뜻이다. 불가리아 전통 빵인 바니짜, 크루아상, 페이스트리 등 빵이 맛있기로 유명하며, 커피나 차와 함께 즐길 수 있다.

주소 бул. Стефан Стамболов 3 (bul. Stefan Stambolov 3)
위치 M1·2·4 세르디카역에서 도보 8분
운영 월~토 08:00~17:00(일요일 휴무)
요금 예산 €   **전화** 89 449 6659
홈피 www.furna.bg

©Furna

메이드 인 홈 Made in Home

외관의 강렬한 그림부터 눈을 사로잡는 곳이다. 아기자기하면서도 세련되게 꾸민 카페식 레스토랑으로 샌드위치, 샐러드, 파스타 등의 요리를 맛볼 수 있다. 신선한 재료를 듬뿍 넣은 샌드위치가 맛있다.

메이드 인 홈

⬤ 레스토랑

주소 Ул. Ангел Кънчев 30
     (ul. Angel Kanchev 30)
위치 비토샤 거리 근처 Han Asparuh
     거리 두 블록 지나 왼쪽 골목
운영 12:00~22:00
요금 예산 €€
전화 87 688 4014

©Cup & Roll Center

컵 & 롤 센터 Cup & Roll Center

⬤ 레스토랑 ⬤ 한식당

한국인이 운영하는 한식당이다. 김밥, 떡볶이, 만두, 라면 같은 분식류나 비빔밥, 불고기, 찌개, 덮밥 등 한국 가정식을 판매한다. 가격은 한국보다 싸거나 비슷하며, 김치, 고추장, 라면, 과자, 커피 믹스, 음료수 등도 판매해 간이 한국 슈퍼마켓 역할도 한다. 한국 음식 충전이 필요한 사람들에게 추천한다.

주소 Пешеходен подлез Галерия НДК
     (Pedestrian subway Gallery NDK)
위치 비토샤 거리 끝의 NDK 공원을 지나
     왼쪽 대각선 지하도 입구
운영 화~일 11:00~22:00(월요일 휴무)
요금 €€
전화 88 841 4608

해피 바 & 그릴 Happy Bar & Grill

⬤ 레스토랑

불가리아의 체인 패밀리 레스토랑으로 불가리아 전역에서 볼 수 있다. 매장이 아주 크며, 샌드위치, 버거 등의 아침 메뉴부터, 구이 요리, 피자, 파스타, 해산물 요리는 물론이고 초밥까지 여러 메뉴를 취급하는 것이 특징이다.

주소 пл Света Неделя 4(pl. Sveta Nedelya 4)
위치 세르디카역 근처, 스베타 네델리아 광장 건너편
운영 11:00~23:00   요금 예산 €€
전화 070 020 888   홈피 www.happy.bg

Tip **소피아의 쇼핑**

불가리아 특산품인 장미 제품, 유산균이 저렴하고 품질이 좋다. 기념품점은 세르디카역의 유적지 근처에 많고, 비토샤Vitosha, 그라프 이그나티에브Graf Ignatiev 거리, 대형 쇼핑몰인 몰 오브 소피아Mall of Sofia가 주요 쇼핑가다.

소피아 중앙시장
쇼핑

Централни софийски хали
(Central Sofia Market Hall)

Tsentralni Hali, 간단히 '할리'라고 부르는 실내 재래시장으로 네오르네상스 양식의 우아한 건물 외관이 눈길을 끈다. 1911년 이래 소피아 상권의 중심지 역할을 해온 곳으로 지하층과 1층엔 식료품 가게, 옷가게, 약국, 화장품 가게 등이 있으며, 2층엔 푸드 코트가 있어 간단하게 끼니를 해결하기 좋다. 프로폴리스나 진공 포장된 살라미, 치즈 등이 저렴하고 품질도 좋다.

주소 бул. Княгиня Мария Луиза 25
위치 M1, M2 세르디카역에서 도보 3분, 바냐 바시 모스크 건너편
운영 07:30~20:00

로즈 오브 불가리아
쇼핑

Rose of Bulgaria

장미 제품 전문점으로 화장품, 목욕용품, 향수 등을 판매하며 여성용, 남성용, 어린이용을 구비하고 있다. 소피아 시내에 여러 곳이 있지만 비토샤 거리 초입에 있는 지점이 접근성이 좋다.

주소 Ул. Витоша 4(bul. Vitosha 4)
위치 비토샤 거리 입구 오른쪽
운영 10:00~20:00
전화 89 335 6418
홈피 www.biofresh.bg

레메디움 Аптеки Ремедиум (Remedium)

체인 드럭스토어로 간단한 약은 물론 화장품, 비타민, 유산균 등을 판매하며 치약과 같은 각종 생활용품도 판매한다. 그라프 이그나티에브 거리 등에도 지점이 있다.

 쇼핑

주소 Ул. Иван Денкоглу 34
(ul. Ivan Denkoglu 34)
위치 비토샤 거리 Les Fleurs Boutique 호텔 옆 골목
운영 월~금 08:00~21:00, 토·일 09:00~20:00
홈피 www.remedium.bg

호스텔 모스텔 Hostel Mostel

가장 유명한 호스텔로, 벨리코 투르노보에도 지점이 있다. 도미토리는 본관에, 개인실은 근처의 아파트에 마련돼 있다. 입구에 작은 간판만 붙어 있으니 무심코 지나치지 않도록 주의하자. 푸짐한 조식이 제공되며, 릴라 수도원 등 자체 투어 프로그램도 있다.

 호스텔

주소   Бул. Македония 2A
      (bul. Makedonia 2)
위치   중앙역에서 Makedonia 광장 방향
      1·6·7번 트램을 타고 4 정거장
요금   예산 €
전화   88 922 3296
홈피   www.hostelmostel.com

5 빈티지 게스트하우스
5 Vintage Guest House

비토샤 거리 근처의 빈티지한 게스트하우스. 작은 마당을 사이에 둔 두 개의 건물을 1~3인실의 개인실로 나눠 운영한다. 주방과 거실은 공동으로 사용하고, 욕실은 방에 따라 개인 또는 공동으로 사용한다. 커피와 차, 간식을 기본 제공한다.

 게스트하우스

주소   Ул. Уилям Гладстон 49
      (ul. William Gladstone 49)
위치   M1·2 NDK역에서 공원을 등지고
      비토샤 거리로 3블록 지나
      William Gladstone 거리가
      나오면 우회전. 도보 5분
요금   예산 €€
전화   88 896 1606
홈피   www.5vintage.bg

호스텔 넘버 원 Hostel №1 in Sofia

세르디카역 근처라 위치가 매우 좋다. 여성·남성 전용 및 혼성 도미토리로 운영한다. 주방이 있고 수건을 제공하며, 릴라 수도원, 세븐 레이크 등을 가는 자체 투어 프로그램이 있다. 호스텔 내에서 파티나 음주가 금지돼 조용하게 지낼 수 있다.

호스텔

주소	ул. Сердика 28(ul. Serdika 28)
위치	M1·2·4 세르디카역에서 도보 5분
요금	예산 €
전화	88 715 3079

부다페스트 호텔 Budapest Hotel

중앙역에서 도보로 이동할 수 있는 거리에 있는 호텔이다. 다른 도시로 당일치기 여행을 가거나 늦은 밤, 이른 아침 이동 예정이라면 추천한다. 방에서 와이파이가 잘 터지며, 금고, 미니바, 작은 발코니 등이 갖춰져 있다.

호텔

주소	Ул. Будапеща 92(str. Budapeshta 92)
위치	중앙역에서 도보 10분. 역 앞 Maria Luiza 길을 따라 가다 Kozloduy 길이 나오면 좌회전
요금	예산 €€€
전화	421 5800
홈피	www.hotelbudapest.bg

부다페스트 호텔

제너레이터 소피아

제너레이터 소피아 Generaator Sofia

더블룸, 트윈룸의 2인실과 4인 숙박이 가능한 게스트하우스로 운영한다. 합리적인 가격에 꼭 필요한 서비스를 제공한다. 기차역이나 버스터미널, 주요 관광지에서 도보로 이동 가능한 위치다. 객실에 에어컨, 냉장고, 물과 전기 주전자 등이 구비돼 있다.

게스트 하우스

주소	бул. княгиня Мария Луиза 83 (bulevard Knyaginya Maria Luiza 83)
위치	M2 Lovov Most역에서 도보 2분, 사자 다리 근처
요금	예산 €€
전화	987 852 8833
홈피	www.sofiahotel.eu

불가리아인들의 성지 릴라 수도원 🏛️

큐스텐딜 주 릴라 산 깊숙한 곳에는 불가리아 정교회의 본산 역할을 하는 릴라 수도원Рилски манастир(Rila Monastery)이 자리 잡고 있다. 10세기경 성인 이반 릴스키Иван Рилски(성 요한)가 설립한 곳으로 그는 이곳에서 금욕적인 삶을 살며 수도생활을 했고, 그를 따르는 성직자와 신자들이 모여 마을이 형성됐다. 오랜 세월이 지나는 동안 수도원은 불가리아인의 정신적인 지주 역할을 해왔다. 또한 불가리아 르네상스 시기 건축물의 특징과 불가리아인의 정체성을 나타내는 문화적 가치를 인정받아 1983년 유네스코 세계문화유산으로 등재되었다. 수도원은 총 4개의 예배당과 흐렐류 탑, 교회 역사박물관 및 민속 박물관, 수도사들의 거처 등으로 이루어져 있다. 수도원 단지는 3~4층 구조로 검은색과 흰색이 교차하는 아치로 장식된 복도가 안뜰을 감싸고 있어 독특한 통일감을 자아낸다. 여기에 마치 수도원을 호위하는 것 같은 릴라 산의 풍경이 장엄한 기운을 더한다.

주소 Кюстендил
위치 릴라 수도원행 버스는 중앙 버스터미널이 아닌 서부 터미널, 오브차 쿠펠 아프토가라Овча Купел Автогара(Ovcha Kupel Bus Station)에서 출발한다. 시내 중심가에서 4·11번 트램, 5TM·73·107·260번 버스를 타고 кв. Овча Купел (kv. Ovcha Kupel) 정류장에서 내리면 된다. 중앙역, 법원 근처 등 시내에서 출발하면 약 30여 분이 소요된다.
릴라 수도원행 버스는 10:20에 출발하며, 중간에 휴식 시간이 있다(총 3시간 정도 소요). 표는 운전사에게서 사며 편도 11LV이다. 같은 버스가 시기에 따라 15:00나 15:30에 수도원에서 소피아로 돌아오는데, 사람이 많으면 서서 가니 미리 가서 기다리는 게 좋다. 릴라 수도원과 보야나 교회 또는 세븐 레이크를 묶은 투어 프로그램들이 있다. 숙소나 관광안내소에 문의해보자.
*22년 12월 기준 직행버스 잠시 중단. Dupnitsa나 Blagoevgrad에서 릴라행 버스를 갈아타야 한다.
운영 수도원 06:30~19:00
요금 수도원·성당 무료   전화 7054 3383
홈피 www.rilskimanastir.org, 버스 www.rilaexpress.com

> **Tip 점심과 숙박**
> 수도원 바깥쪽에 옛날식 도넛을 파는 작은 가게가 있다. 물과 병 음료, 간식도 판매한다. 도넛 가게 맞은편에 식당도 있지만 평이 나쁘니 점심과 음료를 준비해 가는 것이 좋다.
> 릴라 수도원에서는 숙박이 가능하다. 산 속 깊은 수도원에서의 조용한 밤을 보내보고 싶다면 추천한다. 수도사들이 썼음직한 소박한 방에서 묵을 수 있으며, 가격은 시기에 따라 1인당 20~50LV 선이다. 예약은 전화로만 가능하다.
> 전화 89 687 2010

관광명소

❶ 흐렐류 탑Хрельовата кула (Hreliov's Tower)

14세기에 건축되어 불가리아의 성인 이반 릴스키에게 봉헌됐다. 19세기에 일어났던 화재에서 유일하게 살아남아 수도원에서 가장 오래된 건물이다. 5층 예배당의 프레스코화는 14세기 불가리아 중세예술의 귀중한 보물이다. 건물의 이름은 수도원 건립에 재산을 기부했던 흐렐류Hreliov 영주에게서 따왔다.

성 수도원 교회 회랑의 벽화와 천장화

운영 08:30~16:30
요금 일반 5LV, 학생 2LV

❷ 성모 승천 교회 Рождество Богородично (The Nativity of the Virgin)

수도원 입구로 들어서면 불가리아에서 가장 큰 수도원 부속 교회인 성모 승천 교회가 보인다. 교회의 가장 중요한 보물은 벽과 천장에 그려진 1,200여 점의 프레스코화로 다채로운 색채를 이용해 화려한 느낌을 준다. 죄 사함을 받은 자와 그렇지 못한 자의 서로 다른 운명을 나타낸 극적인 장면들이 주된 테마로 총 36개의 성서 장면을 볼 수 있으며, 예배당 중앙부에는 성요한의 이야기가 묘사되어 있다. 예배당 외부는 검은색과 흰색의 타일로 장식한 아치와 벽돌을 이용한 붉은 벽, 불규칙하게 솟아 있는 돔으로 장식되어 있다. 이는 불가리아 르네상스 건축 형태를 잘 보여주는 것으로 이후의 건축물에도 큰 영향을 미쳤다. 교회 내부는 사진촬영 불가이며, 노출이 심한 옷을 입으면 입장할 수 없으니 여름이라도 걸쳐 입을 옷이 필요하다.

❸ 교회 역사박물관 & 민속박물관
Църква исторически музей& Етнографски музей
(Church History Museum & Ethnographic Museum)

교회 역사박물관에는 오래된 성서와 성화 등이 소장되어 있다. 그 중에서도 수도사 라파엘이 12년간 만든 목조 십자가가 볼만하다. 100개 이상의 성서 장면들로 장식되어 있다. 지하 1층은 민속 박물관으로 주로 수도사들이 생활에 사용했던 물건들이 전시되어 있다.

운영 **역사박물관** 08:30~19:30
민속박물관 08:30~16:30
요금 **역사박물관** 일반 8LV 학생 2LV
민속박물관 일반 5LV, 학생 2LV

2 고대의 문화를 물려받아 꽃 피운
플로브디프
Пловдив (Plovdiv)

플로브디프는 불가리아에서 두 번째로 큰 도시로, 유럽에서도 손꼽히는 유장한 역사를 지니고 있다. BC 4000년경, 고대 트리키아인이 동쪽 3개의 언덕에 정착한 것이 그 시초로, BC 342년 마케도니아의 필리포스 2세가 점령하며 필리포폴리스라 칭했다. 이후 로마, 비잔틴 제국, 오스만 제국 시대를 지나 제1차 세계대전 이후 플로브디프라는 이름이 지어졌다.

플로브디프는 오랜 역사와 불가리아 영토의 가운데에 위치해 있는 지리적 요충지였던 이유로 경제, 문화, 교육의 중심지로 번영을 이뤘다. 구시가지 곳곳에 남아 있는 유적과 문화유산 등에서 쉽게 그 흔적을 찾아볼 수 있다. '도시 전체가 박물관이자 미술관'이라는 말이 허투루 들리지 않는다. 이러한 전통을 물려받아 불가리아에서 가장 많은 예술가들이 모여 있으며, 덕분에 국제연극제와 TV 페스티벌 등 각종 문화 행사들이 펼쳐지고 있다.

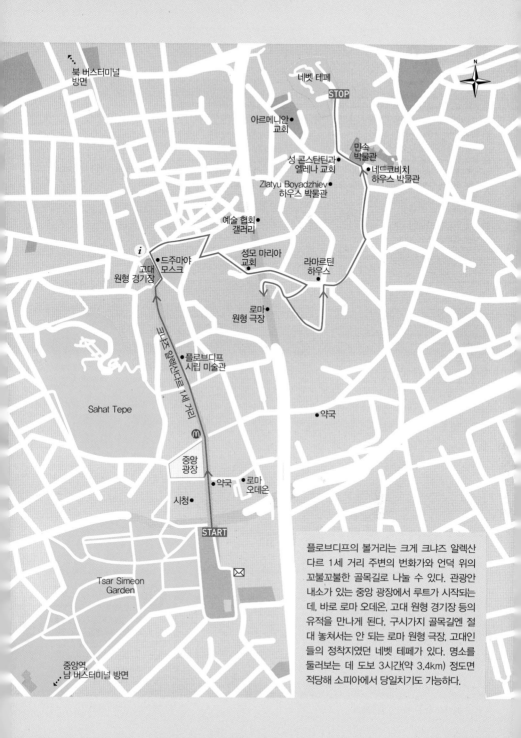

네벳 테페

STOP

북 버스터미널
방면

아르메니안
교회

만속
박물관

성 콘스탄틴과
엘레나 교회

네드코비치
하우스 박물관

Zlatyu Boyadzhiev
하우스 박물관

예술 협회
갤러리

성모 마리아
교회

라마르틴
하우스

i

드주마야
모스크

고대
원형 경기장

로마
원형 극장

크냐즈 알렉산드르 1세 거리

플로브디프
시립 미술관

Sahat Tepe

약국

중앙
광장

약국

로마
오데온

시청

START

Tsar Simeon
Garden

중앙역,
남 버스터미널 방면

플로브디프의 볼거리는 크게 크냐즈 알렉산
다르 1세 거리 주변의 번화가와 언덕 위의
꼬불꼬불한 골목길로 나눌 수 있다. 관광안
내소가 있는 중앙 광장에서 루트가 시작되는
데, 바로 로마 오데온, 고대 원형 경기장 등의
유적을 만나게 된다. 구시가지 골목길엔 절
대 놓쳐서는 안 되는 로마 원형 극장, 고대인
들의 정착지였던 네벳 테페가 있다. 명소를
둘러보는 데 도보 3시간(약 3.4km) 정도면
적당해 소피아에서 당일치기도 가능하다.

플로브디프

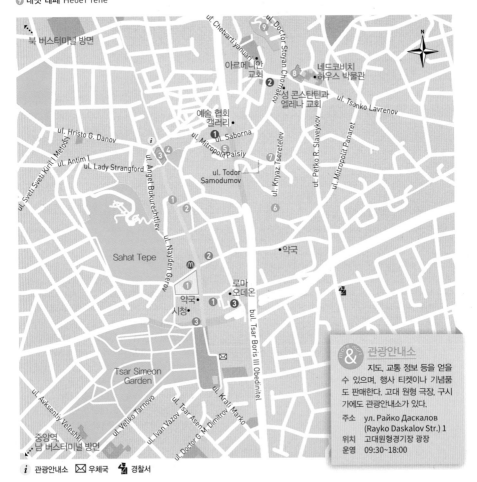

i 관광안내소　✉ 우체국　⚡ 경찰서

관광안내소

지도, 교통 정보 등을 얻을 수 있으며, 행사 티켓이나 기념품도 판매한다. 고대 원형 극장, 구시가에도 관광안내소가 있다.

주소 ул. Райко Даскалов
(Rayko Daskalov Str.) 1
위치 고대원형경기장 광장
운영 09:30~18:00

플로브디프 들어가기

기차와 버스로 소피아, 벨리코 투르노보 등과 쉽게 연결되며, 소피아에서 당일치기 여행도 가능하다. 튀르키예 이스탄불로 연결되는 노선도 있다. 버스가 더 빠르고 편리해 기차보다 버스를 추천한다. 기차역과 버스터미널에서 무료 WiFi가 뜨니 적극 이용하자.

❖ 기차

소피아에서 2시간 30분 정도 소요된다. 벨리코 투르노보에서는 최소 4시간 이상이 걸리며 기차를 갈아타야 해서 추천하지 않는다.

위치   기차역에서 길을 건너 원형 교차로를 통해 뻗어 있는
ул. Иван Вазов(ul. Ivan Vazov)를 따라 직진하면
관광의 시작점인 중앙 광장пл. Централен이 나온다.
도보 약 20분 소요

기차역

❖ 버스

소피아에서 플로브디프행 버스가 자주 출발하며 약 2시간이 걸린다. 벨리코 투르노보와 연결되는 버스는 하루에 1회 운행하며 약 3시간 20분이 소요된다. 튀르키예 이스탄불을 잇는 국제선도 있는데 6~8시간이 소요되니 야간버스를 이용하면 시간을 절약할 수 있다.

위치   소피아 및 이스탄불을 오가는 버스는 남 터미널인 **아프토가라 유그**Автоrapa юг(South Bus Station)
를 이용한다. 아프토가라 유그는 기차역 건너편에 있으므로 기차역에서 중앙 광장으로 가는 법을
참고하면 된다. 벨리코 투르노보에서 오는 버스는 북 터미널인 **아프토가라**
세베르Автоrapa Север(North Bus Station)를 이용한다. 터미널 앞의 시내버스
정류장에서 12, 21, 99번 버스(1LV)를 타면 시가지로 들어올 수 있다.
택시를 이용하는 것도 방법이며, 10분 정도 소요된다.

북 터미널
아프토가라 세베르

남 터미널 아프토가라 유그

시내교통 이용하기

플로브디프는 크지 않은 도시이고, 구시가지를 중심으로 볼거리가 모여 있기 때문에 도보로 이동할 수 있다. 아프토가라 세베르(북 버스터미널)를 이용하지 않는다면 대중교통을 이용할 일은 없다고 봐도 된다. 그러나 곳곳에 돌길이 많으니 캐리어가 있는 경우 택시를 이용하는 게 편리하다.

❖ 버스 & 트롤리 버스

탑승 후 차장에게 표를 구입한다. 요금은 편도 1LV.

❖ 택시

짐이 많거나 일행이 있다면 택시를 추천한다. 요금은 미터제로 기본요금 1.5LV, 주행요금 0.99LV/km 선이며, 시내를 이동할 경우 6~7LV 정도 나온다. 단, 바가지를 씌우는 유령택시가 있으니 주의해야 한다. 택시 외관에 9199, 6155, 6142, 6112 등 뒷자리가 네 개인 전화번호가 적혀 있는지 꼭 확인하고 타면 된다.

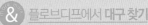

& 플로브디프에서 대구 찾기

중앙 광장엔 세계 여러 도시의 표지판이 모여 있다. 플로브디프와 자매결연한 도시들인데, 무려 8,900km가 떨어져 있는 한국의 도시, 대구의 이름도 찾아볼 수 있다. 플로브디프와 대구는 2002년 10월 결연을 맺어 교류하고 있다고 한다.

Tip

프리워킹 투어(Tip 투어)

현지인 영어 가이드를 따라 구시가지를 걸으며 관광하는 프로그램이다. 투어 시간에 맞춰 미팅 포인트에 가면 가이드가 발자국이 찍힌 종이를 들고 있다. 투어가 끝난 후 약간의 Tip을 주는 것이 좋은데, 5LV 정도면 적당하다.

위치 중앙 광장의 시청사 앞   운영 월~금 11:00, 토·일 11:00/14:00
홈피 www.freeplovdivtour.com

Tip

플로브디프의 관광명소

관광 일정은 중앙 광장에서 시작하면 된다. 중앙 광장과 이어진 번화가인 크냐즈 알렉산다르 1세 거리에 미술관과 상점, 레스토랑들이 몰려 있으며, 오른쪽으로 난 골목길을 따라 언덕 위로 올라가다 보면 구시가지가 나온다. 독특한 구조를 가진 전통 가옥과 민가 박물관, 성벽의 흔적 등 색다른 볼거리들이 작고 예쁜 골목길 사이에 숨어 있고, 오랜 역사의 위용을 자랑하는 고대 유적지들도 만날 수 있다.

중앙 광장
& 크냐즈 알렉산다르 1세 거리

로컬
명소

площад Централен & Ул. Княз Александър I
(Central Square & Ul. Knyaz Alexander I)

단추 모양의 의자 때문에 버튼 광장이라는 별명으로 부르기도 하는 중앙 광장엔 관광안내소, 우체국, 시민공원, 시청 등이 있다. 또 분수와 놀이기구, 노천카페 등이 있어 현지인들의 만남의 장소 역할을 하며, 중심가인 크냐즈 알렉산다르 1세 거리와 연결된다.

중앙 광장 분수

크냐즈 알렉산다르 1세 거리

거리 예술가

당신의 이야기를 들어드립니다, 밀로

크냐즈 알렉산다르 거리 중간에는 유명한 동상 밀로The Statue of Milyo가 있다. 실존인물인 그는 귀가 잘 들리지 않았고 정신이 불안정한 사람이었다. 그럼에도 밀로는 지나가는 사람들과 대화하거나 아이들을 웃게 하는 걸 즐겼다. 이런 그의 모습은 종종 웃음거리가 되기도 했지만 사람들은 점점 그를 좋아하게 되었다. 밀로는 어느새 도시의 상징적인 존재가 되었고, 그가 세상을 떠나자 플로브디프 시는 그를 기려 그가 늘 앉아 있던 자리에 동상을 세웠다.
귀가 어두웠음에도 사람들의 이야기를 듣고, 끊임없이 말을 걸었던 밀로의 삶 덕분인지, 동상에 소원을 빌면 이루어진다고 한다. 밀로의 무릎을 쓰다듬으며 귀에 대고 소원을 이야기하면 된다.

플로브디프 시립 미술관
Градска Художествена Галерия
(City Art Gallery)

현재 플로브디프 시립 미술관은 작품의 종류를 기준으로 여러 곳으로 분산되어 있는데, 그중 가장 접근성이 좋은 특별 전시관이다. 각종 기획전이나 해외 작가의 작품, 실험적인 작품, 어린이를 위한 작품들도 전시한다.

주소 Ул. Княз Александър I 15
(ul. Knyaz Alexander I 15)
위치 크냐즈 알렉산다르 1세 거리
운영 화~금 09:30~18:00, 토·일 10:00~18:00
(월요일 휴무)
요금 일반 4LV, 학생 2LV
전화 635 322
홈피 www.galleryplovdiv.com

고대 원형 경기장
Античен стадион (Ancient Stadium)

2세기경 하드리안Hadrian 황제 시절 건설된 것으로, 발칸 반도의 고대 로마 경기장 중 가장 큰 규모다. 길이 240m, 폭 50m, 14열의 객석 규모로 3만 명을 수용할 수 있는 대형 경기장인데 현재는 관중석 일부만 드러나 있다. 이곳에서 발견된 비문에 따르면 이 시대의 다른 건물들과 마찬가지로 상류층을 위한 특별석이 있었다고 한다. 앞쪽엔 경기장의 미니어처가 있어 본래의 모습을 가늠해볼 수 있다. 지하로 들어가면 유적과 관련된 영상을 상영하는 작은 박물관과 카페가 자리한다.

위치 크냐즈 알렉산다르 1세 거리 끝
홈피 www.ancient-stadium-plovdiv.eu

드주마야 모스크
Джумая джамия (Dzhumaya Mosque)

관광
명소

금요일이라는 뜻을 가진 모스크로 발칸 지역의 가장 크고 오래된 모스크 중 하나이다. 오스만 제국의 지배를 받던 시절인 14세기, 무라드 2세 재위 시절 기존의 교회를 허물고 지은 모스크로, 옅은 붉은색 벽돌을 사용한 직사각형의 구조이며, 뒤편으로 뾰족한 첨탑이 솟아 있다. 비잔틴 양식과 고대 불가리아 건축 기술이 어우러져 굉장히 독특한 느낌을 자아내는데, 내부는 9개의 돔과 정교하고 화려한 벽화로 장식돼 있다. 모스크에 입장할 때는 노출이 심한 옷은 삼가야 한다.

위치 고대 원형 경기장 옆
운영 06:00~23:00

성모 마리아 교회 (The Virgin Mary Church)
Църква Света Богородица

관광
명소
로컬
명소

불가리아 르네상스 시대인 9세기에 처음 지어진 불가리아 정교회로, 1186년 수도원으로 편입되면서 개축되었으나 불가리아-오스만 전쟁 때 파괴되었다. 1844년 재건됐으며, 내부는 프레스코화로 장식된 천장과 성화 등으로 꾸며져 있다. 이 작품들은 유명한 벽화 학교였던 데바르Debar 스쿨 출신의 장인들이 작업한 결과물이다. 이곳은 플로브디프의 메인 교회 역할을 해 휴일엔 결혼식을 종종 볼 수 있다.

주소 Ул. Съборна(ul. Saborna) 2
위치 드주마야 모스크 뒤편의
     Съборна(Saborna) 길을 따라
     올라가다 오른편
운영 07:00~19:00

화가의 동상

로마 원형 극장

Античен театър (Roman Amphitheater)

관광
명소

플로브디프에 남아 있는 로마시대 유적들 중 가장 대표적인 곳이다. 트라야누스 황제 재위 기간인 98~117년에 건설된 것으로 알려져 있다. 1970년대 초반 일어난 산사태를 계기로 발굴됐으며, 로마 원형 극장의 복원 사업은 불가리아 복원 학교의 가장 큰 성과로 여겨진다. 극장엔 총 7,000여 석의 객석이 있고, 각 자리마다 새겨져 있는 도시의 이름이 일종의 기호 역할을 해 관객들이 자신의 자리를 찾아갈 수 있었다. 로도피 산과 신시가지를 향한 경사면에 지어져 시원한 조망을 즐길 수 있다. 로마 원형 극장은 워낙 정교하게 설계되어 마이크를 사용하지 않아도 모든 좌석에서 생생한 소리를 들을 수 있다고 한다. 지금도 다양한 콘서트, 오페라, 페스티벌 등 문화 공연장으로 사용되고 있으니 그 기술력이 참 놀랍다.

위치 성모 마리아 교회에서 도보 5분
운영 09:00~18:00
요금 일반 5LV, 학생 2LV

& 위로 갈수록 넓어지는 건물들

구시가지를 돌아다니다 보면 라마르틴 하우스를 비롯해 특이한 건물들을 마주치게 된다. 바로 1층보다 2층이 넓고, 2층보다 3층이 넓어 휘어진 지렛대 같은 기둥이 건물을 떠받치고 있는 구조의 집들이다. 이런 형태의 건물이 생긴 이유는 다름 아닌 세금 때문. 과거 플로브디프를 지배했던 오스만 제국은 땅의 면적을 기준으로 세금을 매겼다. 그래서 세금은 덜 내면서 건물은 넓게 쓰고 싶었던 사람들은 이러한 형태의 건물을 고안해냈고, 이는 플로브디프만의 독특한 풍경으로 남았다.

라마르틴 하우스
Ламартинова къща (Lamartine's House)

관광 명소

널찍한 내부를 원했던 부유한 상인들의 요구에 맞춘 불가리아 부흥기 시대의 건축양식으로 지어진 건물이다. 프랑스의 시인 · 여행가인 알퐁소 드 라마르틴이 1833년 사흘간 묵었다가 따뜻한 환대에 감동해 자신의 여행기에 글을 써 유명해졌다. 현재는 작가 연합의 소유로 내부엔 소규모 전시물이 있다.

주소 Ул. Княз Церетелев 19
  (Str. Prince Tseretelev 19)
위치 로마 원형 극장에서 도보 3분
운영 *유동적

옛 성문 히사르 카피아 Хисар Капия

민속 박물관
Етнографски музей (Ethnographic Museum)

관광 명소

불가리아 민속 박물관 중 두 번째로 큰 곳으로, 1917년 설립됐다. 직물, 전통 의상, 가구, 도자기, 악기 등 18~19세기의 전통 문화를 엿볼 수 있는 4만여 점의 전시물이 있으며, 장미유 증류기계가 있는 것이 특징이다. 여름철이면 아름다운 안뜰에서 음악회가 열리기도 한다.

주소 Ул. Д-р Стоян Чомаков 2
  (ul. Doctor Stoyan Chomakov 2)
위치 라마르틴 하우스에서 도보 5분
운영 **성수기** 화~일 09:00~18:00,
  비수기 화~일 09:00~17:00
  (월요일 휴무)
요금 일반 6LV, 학생 2LV
전화 625 654
홈피 www.ethnograph.info

네벳 테페 Небет тепе (Nebet Tepe)

관광 명소

BC 5세기 트라키아인의 정착지로 동유럽 최초의 도시들 중 한 곳이다. 궁전과 성채, 마리차 강 남쪽까지 이르는 비밀 계단과 출구 등의 흔적이 남아 있다. 현재는 허물어진 터만 남아 있으나 구시가지의 가장 높은 언덕에 있어 시내가 한눈에 내려다보이는 곳이므로 놓치지 말자.

위치 민속 박물관에서 도보 3분

헤밍웨이 Hemingway

레스토랑

이름처럼 헤밍웨이의 작품을 모티브 삼아 꾸며 놓은 레스토랑. 육류, 해산물 메뉴 등이 있으며 BBQ 요리가 특히 맛있다. 내부에 와인 바가 있어 다양한 와인을 즐길 수 있다. 요일마다 바뀌는 런치 메뉴도 추천. 인기가 좋은 곳이라 붐비는 시간엔 자리가 늦게 날 수도 있다.

주소 Ул. Гурко 10(Str. Gurko 10)
위치 시청 맞은편 골목
운영 12:00~24:00
요금 예산 €€
전화 89 449 0636
홈피 www.hemingway.bg

구스토 Gusto

레스토랑

이탈리안 레스토랑으로 모든 음식이 맛있다. 주문 즉시 화덕에 구워주는 피자, 면과 소스를 취향대로 선택할 수 있는 파스타를 추천한다. 아늑한 분위기에 서비스도 친절하며 크냐즈 알렉산다르 1세 거리 근처에 있어 찾아가기도 좋다. 포장할 경우 약간의 포장비를 받는다.

주소 Ул. Отец Паисий 26
(ul. Otets Paisiy 26)
위치 맥도날드 건너편 골목, Stay 호텔 맞은편
운영 09:00~23:00
요금 예산 €€
전화 623 711
홈피 www.gustobg.com

아이스크림 하우스 아프레또

Сладоледена къща Афредо
(Ice Cream House Afreddo)

디저트

젤라또 카페로 소피아의 비토샤 거리에도 지점이 있다. 적당한 가격에 다양한 맛의 젤라또를 즐길 수 있는 곳으

주소 Ул. Гладстон 2(ul. Gladston 2)
위치 시청 앞 광장
운영 09:00~22:00
요금 예산 €

로, 커피류와 달콤한 디저트 등 카페 메뉴도 판매한다. 직원들이 친절해 기분 좋게 쉬어갈 수 있는 곳이다.

Tip **플로브디프의 숙소**
크냐즈 알렉산다르 1세 거리와 구시가지에 숙소들이 모여 있는데, 구시가지 쪽은 돌길임을 감안해야 한다. 택시비가 저렴하니 처음 숙소에 찾아갈 때는 택시를 이용하는 것도 방법이다.

사보르나 25 게스트하우스
Saborna 25 Guest House

게스트
하우스

2~4인 개인실(일반 침대 또는 이층 침대 사용)로 운영하는 깔끔한 게스트하우스. 나무를 기반으로 각 방마다 테마가 다르게 꾸며져 있다. 냉난방 시설이 잘 갖춰져 있고 전기 주전자와 기본적인 어메니티를 제공한다. 방음이 완벽하지 않은 게 단점이다.

주소 ул. Съборна 25(ul. Saborna 25)
위치 성모 마리아 교회 옆
요금 예산 €€
전화 88 586 8696
홈피 www.25sabornastr.com

호스텔 올드 플로브디프
Hostel Old Plovdiv

호스텔

1868년에 지어진 구시가지의 건물을 개조한 호스텔이라 이름처럼 오래된 역사가 서려 있는 곳이다. 구시가지 특유의 전통가옥에서 묵을 수 있는 경험을 할 수 있다. 노란색 외관이 경쾌해 보이지만 내부는 고풍스럽다. 개인실과 5~8인실 도미토리로 운영한다.

주소 Ул. Chetvarti Януари(Chetvarti Yanuari) 3
위치 기차역 및 남 버스터미널(아프토가라 유그)에서 도보 35분
요금 예산 €   전화 88 863 6370
홈피 www.hosteloldplovdiv.com

호텔 오데온 Hotel Odeon

호텔

오데온 유적Roman Forum 근처에 있는 소규모 호텔. 번화가와 구시가지 모두 둘러보기 좋은 위치에 있다. 트윈, 더블베드 등 2인실로 운영하며, 가족이 머물기 좋은 투룸 아파트먼트도 있다. 널찍하고 깔끔한 방에, 꼭 필요한 시설들이 잘 구비돼 있다.

주소 Ул. Отец Паисий(Otets Paisiy) 40
위치 기차역 및 남 버스터미널(아프토가라 유그)에서 도보 25분
요금 예산 €€€
전화 622 065
홈피 www.hotelodeon.net

3 불가리아 제국의 영광이 살아 숨 쉬는 곳
벨리코 투르노보
Велико Търново (Veliko Tarnovo)

불가리아의 북쪽, 발칸 산맥 동부에 위치하고 있으며, 도시의 옛 명칭은 투르노보로 1965년 '위대한', '큰'이라는 의미의 형용사를 붙여 벨리코 투르노보라는 이름을 완성했다. 아직도 불가리아인에게는 투르노보라는 애칭으로 종종 불린다. 투르노보는 제2차 불가리아 제국(1185~1396)의 수도였고, 전성기였던 아센 2세의 시대에는 비잔틴 제국을 압도했으며, 슬라브 국가들의 정치, 경제, 문화적 중심지로 번영을 이뤘다. 또한 슬라브족 정교회의 중심지가 되어 제3의 로마라는 별칭을 얻기도 했다. 이곳에서 일어난 무장봉기가 민족부흥 및 반 오스만 저항 운동의 씨앗이 되어 불가리아는 500여 년 만에 독립을 이뤄냈고, 그 눈물겨운 선언은 투르노보에서 울려 퍼졌다. 투르노보는 제2차 세계대전 당시 반 파시즘 운동을 주도하는 등 여전히 불가리아 민족정신의 중심지 역할을 했다. 벨리코 투르노보가 지닌 역사와 의미에 걸맞게 도시의 풍광 또한 매우 아름답다. 언덕 위에 우뚝 서 있는 차르베츠 성채와 절벽을 따라 정연하게 들어서 있는 민가들, 그 아래를 조용히 가로지르는 얀트라 강의 자태는 한 폭의 조화로운 풍경화를 그려낸다. 많은 여행자들이 벨리코 투르노보를 끊임없이 찾고 감탄하는 이유다.

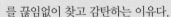

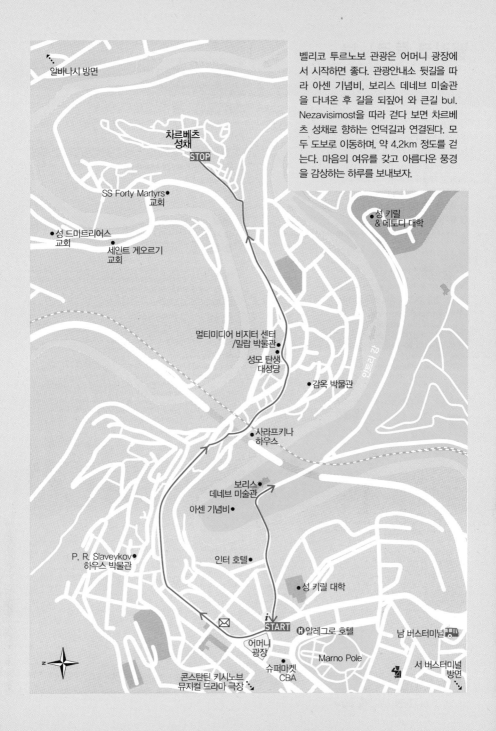

벨리코 투르노보 관광은 어머니 광장에서 시작하면 좋다. 관광안내소 뒷길을 따라 아셴 기념비, 보리스 데네브 미술관을 다녀온 후 길을 되짚어 와 큰길 bul. Nezavisimost을 따라 걷다 보면 차르베츠 성채로 향하는 언덕길과 연결된다. 모두 도보로 이동하며, 약 4.2km 정도를 걷는다. 마음의 여유를 갖고 아름다운 풍경을 감상하는 하루를 보내보자.

알바나시 방면

차르베츠
성채
STOP

SS Forty Martyrs•
교회

성 키릴
& 메토디 대학

•성 드미트리어스
교회

세인트 게오르기
교회

멀티미디어 비지터 센터
/밀랍 박물관

성모 탄생
대성당

• 감옥 박물관

사라프키나
하우스

보리스•
데네브 미술관

아셴 기념비•

P. R. Slaveykov•
하우스 박물관

인터 호텔•

성 키릴 대학

START

✉

어머니
광장

H 알레그로 호텔

남 버스터미널

콘스탄틴 키시노브
뮤지컬 드라마 극장

슈퍼마켓
CBA

Marno Pole

서 버스터미널
방면

벨리코 투르노보

관광명소

① 어머니 광장 Майка България
② 보리스 데네브 미술관
　 Галерия Борис Денев
③ 아센 기념비 Паметник Асеневци
④ 사라프키나 하우스 Сарафкина къща
⑤ 고고학 박물관 Археологически музей
⑥ 불가리아 부흥 박물관
　 Музей Възраждане и Учредително събрание

⑦ 성모 탄생 대성당
　 Катедралата Рождество Богородично
⑧ 멀티미디어 방문자 센터
　 Мултимедиен посетителски център
　 Царевград Търнов
⑨ 차르베츠 성채 Царевец
⑩ 알바나시 Арбанаси

레스토랑

① 쉬타스트리베차 Shtastlivetsa
② 에스노 Ethno
③ 에고 Ego

쇼핑

① 사모보드스카 차르샤 Самоводската чаршия
② 중앙시장 Централен пазар

숙소

① 호스텔 모스텔 Hostel Mostel
② 하이커스 호스텔 Hikers Hostel
③ 호텔 구르코 Hotel Gurko

& 관광안내소

지도를 판매하며, 브로슈어 및 행사
정보를 얻을 수 있다. 숙박 알선도 해준다.
주소　Ул. Христо Ботев 5
　　　(ul. Hristo Botev 5)
위치　어머니 광장에서 도보 1분
운영　월~금 09:00~18:00(토·일요일 휴무)
전화　88 765 9829
홈피　www.velikoturnovo.info

① ul. Tsar Kaloyan
② ul. Gotse Delchev
③ ul. Opalchenska

i 관광안내소　✉ 우체국　⚡ 경찰서

벨리코 투르노보 들어가기

불가리아 철도망이 전체적으로 낙후되어 있기 때문에 기차보다 빠르고 편리한 버스를 이용하는 것을 추천한다. 소피아에서 3시간 15분 정도 소요되며, 플로브디프에서는 3시간 20분 정도 소요된다. 국제선은 루마니아의 부쿠레슈티가 있다.

❖ 기차

소피아나 플로브디프에서 벨리코 투르노보까지는 고르나 오르호비차Горна Оряховица(Gorna Oryahovitsa)에서 환승한다. 벨리코 투르노보역까지 가지 않고 고르나 오르호비차역에서 버스나 택시를 이용해 바로 시내로 들어올 수도 있다.

위치 **벨리코 투르노보역** 왼편 정류장에서 5번 버스를 이용한다. 또는 ул. ВеликоТърново(ul. Veliko Tarnovo)를 따라 걷다 다리를 건너 쭉 올라가면 관광안내소다(약 20분 소요). **고르나 오르호비차역**에서는 큰길에서 10번 버스 (표는 차장에게 구입하며 1.5LV, 약 20분 소요)를 타면 된다.

❖ 버스

소피아에서 1~2시간마다 출발하며, 플로브디프에서는 하루 1번 운행한다. 터미널은 남 터미널인 아프토가라 유그 Автогара юг(South Bus Station), 서 터미널인 아프토가라 자파트 Автогара запад(West Bus Station) 두 군데다. 국선은 주로 남 터미널을 이용하고, Etap사의 버스는 중심가의 Etar 호텔 앞에 정차하기도 한다.

위치 **아프토가라 유그**(남 터미널)에서는 흐리스토 보테브Христо Ботев(Hristo Botev) 거리를 따라 도보 7~8분 정도면 어머니 광장에 도착한다. **아프토가라 자파트**(서 터미널)에서는 10·70·110번 버스가 어머니 광장까지 운행한다.

홈피 버스 검색 www.bgrazpisanie.com

 국제선 기차 예약

국제선 기차표(예: 루마니아의 부쿠레슈티행) 예매는 벨리코 투르노보역에서 할 수 없고, 더 큰 역인 고르나 오르호비차역까지 가야 한다. 하지만 벨리코 투르노보 시내에 티켓 사무소가 있어 이곳을 이용하면 편하다.

기차 티켓 센터 Railway Ticket Centre

주소 ул. Стефан Стамболов 19 (ul. Stefan Stambolov 19)

운영 월~금 08:00~12:00, 13:00~16:45 (토·일요일 휴무)

전화 062 622 042

시내교통 이용하기

기차역이나 버스터미널을 오갈 때 외엔 벨리코 투르노보 시내에서 대중교통을 이용할 일은 거의 없다. 대중교통 수단으로는 버스와 트롤리 버스가 있으며, 숙소가 구시가지에 있거나 짐이 많을 경우 택시를 이용하면 된다.

❖ 버스 & 트롤리 버스

시내를 오가는 버스는 탑승 후 차장에게 직접 표를 구입한다. 요금은 편도 1LV이며 운행시간은 약 07:00~21:00. 노선에 따라 20~60분 간격으로 운행한다.

❖ 택시

시내가 넓지 않아 저렴하게 이동할 수 있다. 기본 요금은 1.9LV, 주행요금은 1LV/km 선이며 야간에는 요금이 약간 더 비싸진다.

전화 **콜택시** Aleks OK Taxi 616 16

어머니 광장 Майка България
(Monument of Mother Bulgaria)

관광명소

불가리아 어머니 기념비가 있는 아담한 광장. 어머니 기념비는 1877~1878년의 러시아-오스만 전쟁, 1885년의 세르비아-불가리아 전쟁, 1912~1913년의 발칸 전쟁과 1915~1918년의 제1차 세계대전의 전사자들을 기리는 의미로 세워졌다.

주소 ул. Цар Тодор Светослав 1A
      (ul. Tsar Todor Svetoslav 1A)
위치 관광안내소에서 도보 2분

○ 오른손엔 깃발,
  왼손엔 월계수 가지를
  들고 있는 어머니 기념비

보리스 데네브 미술관
Галерия Борис Денев
(State Art Gallery Boris Denev)

미술관

얀트라 강이 에워싼 Assenevtsi 공원에 있는 미술관으로, 불가리아에서 가장 오래된 미술관 중 하나다. 1934년 개장해 총 5,530여 점의 불가리아 작품을 전시하고 있으며 회화, 그래픽, 조각 섹션으로 구분돼 있다. 2002년 재건 시 불가리아의 유명 화가인 보리스 데네브^{Boris Denev}의 이름을 붙였다. 불가리아 예술의 발전상을 감상할 수 있으며, 주변의 자연환경과 어우러져 아름다운 분위기를 자아낸다.

주소 ул. Александър Стамболийски
위치 관광안내소를 마주보고 오른쪽 길을 따라가다
      Александър Стамболийски
      (Alexander Stamboliyski)
      거리 끝에 나오는 다리를 건넌다.
      도보 약 10분 소요
운영 화~일 10:00~18:00(월요일 휴무)
요금 8LV(목요일 무료)
전화 62 638 961

아센 기념비 Паметник Асеневци
(Monument to the Asen Dynasty)

제2차 불가리아 제국을 지배했던 아센 왕조를 기리는 기념비로 보리스 데네브 미술관 옆에 있다. 불가리아 제국 독립 800주년인 1985년, 제2차 불가리아 제국의 수도였던 벨리코 투르노보에 세워졌다. 곧게 뻗은 오벨리스크를 말을 탄 동상이 호위하듯 둘러싼 모습이다.

사라프키나 하우스
Сарафкина къща (Sarafkina Kashta Museum)

고리대금업자였던 디모 사라프키나의 집을 1861년 민가 박물관으로 개조했다. 앞에서 볼 땐 2층이지만 절벽 쪽에서 보면 5층 건물인 독특한 구조다. 1·2층만 박물관으로 개방하는데, 1층엔 공예품, 미술품, 보석, 2층엔 화려한 옷과 가구, 사라프키나 가문의 초상화 등이 전시돼 있다.

주소 ул. Генерал Гурко 88
(ul. General Gurko 88)
위치 관광안내소 옆의 Хаджи Димитър
(Hadzhi Dimitar) 길을 따라 도보 15분
운영 4~10월 09:00~17:00,
11~3월 09:00~16:30(월요일 휴무)
요금 일반 6LV, 학생 2LV,
매월 마지막 목요일 무료
홈피 www.museumvt.com

고고학 박물관
Археологически музей
(Archaeological museum)

1985년 불가리아 제국 독립 800주년을 기념해 설립된 박물관. 선사시대부터 고대, 중세에 이르는 유물들의 관람이 가능하다. 1홀엔 선사시대의 황금 보물, 동굴에서 출토된 유물들 및 조각품들이 있다. 2홀엔 고대 그리스, 로마시대의 조각품, 음각 보석 등이, 3홀엔 중세시대 불가리아 왕실의 황금, 무기, 납 도장, 수입품 등의 유물들이 있다.

주소 ул. Силвестър Пенов
(ul. Silvestar Penov)
위치 사라프키나 하우스에서 도보 약 3분
운영 4~10월 09:00~17:00,
11~3월 09:00~16:30(월요일 오전 닫음)
요금 일반 6LV, 학생 2LV,
매월 마지막 목요일 무료
홈피 www.museumvt.com

불가리아 부흥 박물관

Музей Възраждане и Учредително събрание
(Museum of Revival and Constituent Assembly)

박물관

오스만 제국 통치 시절 당국의 저택을 1985년에 박물관으로 개조했다. 성화를 중심으로 한 기독교 미술의 발달과 지역 경제 발전을 엿볼 수 있는 전시물들, 식민 지배해방 투쟁 관련 문서와 유물들이 있다. 3층엔 1879년 제1차 불가리아 헌법 제정 시의 제헌의회를 복원해두었다.

위치 고고학 박물관 옆
운영 4~10월 09:00~17:00, 11~3월 09:00~16:30
　　*23년 5월 18일까지 내부 공사로 휴관
요금 일반 6LV, 학생 2LV, 매월 마지막 목요일 무료
홈피 www.museumvt.com

성모 탄생 대성당
관광명소

Катедралата Рождество Богородично
(Rozhdestvo Bogorodichno Cathedral)

불가리아 건축가 Kolio Ficheto가 설계한 성당으로 1844년 완공됐으며 기부금으로 지어졌다. 연갈색 벽면과 타원형의 창, 청록색 돔이 인상적이며, 내부는 벨리코 투르노보 역사와 관련된 장면의 프레스코화로 꾸며졌다. 성당 앞마당에서 내려다보는 경치가 일품이니 꼭 들러보자.

주소 Ул. Иван Вазов(ul. Ivan Vazov) 28
위치 불가리아 부흥 박물관에서 도보 약 1분
운영 08:00~19:00

멀티미디어 방문자 센터
관광명소

Мултимедиен посетителски център Царевград Търнов
(Multimedia Visitor Centre Tsarevgrad Tarnov)

2013년 개관한 밀랍인형 박물관으로, 제2차 불가리아 제국의 역사적인 인물과 사건들을 보여준다. 아센 2세 왕과 왕비, 성직자, 귀족, 군인, 장인 등 다양한 계층의 삶이 29개의 밀랍인형으로 재현되어 있으며, 멀티미디어 영상과 패널이 도시 역사에 관한 설명을 돕는다.

주소 ул. Никола Пиколо(Nikola Pikolo) 6
위치 차르베츠 성채 입구 앞
운영 4~9월 09:00~18:00, 10월 09:00~17:30,
　　11~3월 09:30~17:30(월요일 오전 닫음)
요금 일반 10LV, 학생 5LV, 사진촬영 5LV,
　　매월 마지막 목요일 무료
홈피 www.muse
　　umvt.com

차르베츠 성채 Царевец (Tsarevets)

제2차 불가리아 제국의 번영을 상징하는 유적으로 벨리코 투르노보 관광의 핵심이다. 차르베츠 언덕은 트라키아인과 로마인의 정착지였고, 비잔틴 시대인 5~7세기에 처음으로 요새가 지어졌다. 12세기에 재건을 거쳐 완벽한 요새로 거듭났는데, 요새를 에워싼 얀트라 강이 해자 역할을 해 성채 입구에 세워진 도개교를 들어 올리면 적의 침입을 원천 봉쇄할 수 있었다. 차르베츠 요새는 제2차 불가리아 제국의 번영기에 수도였던 벨리코 투르노보를 든든하게 지켜줬지만 1393년 오스만 제국의 끈질긴 공세에 함락된다. 이후 불가리아 건국 1,300주년을 기념해 1930년대에 성채 재건 사업이 시작됐고, 1981년 현재의 모습으로 완료되었다. 외벽의 둘레는 1,100m, 높이는 10m이며 벽의 두께는 3.4m에 육박한다. 차르베츠 요새엔 왕궁과 470여 채의 가옥, 23채의 사원, 4채의 수도원 등이 있었다고 하나 지금은 흐릿한 흔적만이 있을 뿐이고, 제대로 복원된 건물은 성령 승천 대성당과 볼드윈 탑 정도다. 성령 승천 대성당은 성채의 가장 높은 곳에 있어 성채 바깥 구시가지에서도 두드러지게 보이며, 벨리코 투르노보의 역사와 그 운명을 함께하다 1981년 재건되었다. 성당 내부는 종교적으로 중요한 장면들과 불가리아 제국 역사의 중요한 순간들을 그린 프레스코화로 장식돼 있으니 꼭 들러보자. 성채를 관람할 때는 정해진 동선대로 이동할 필요는 없고, 성채 안을 천천히 산책하듯 걸으면 된다. 얀트라 강 너머 구시가지의 풍경은 덤으로 따라온다.

위치 성모 탄생 대성당에서 도보 약 10분
운영 4~10월 08:00~20:00,
　　 11~3월 09:00~16:00
요금 일반 10LV, 학생 5LV,
　　 매월 마지막 목요일 무료
전화 638 841
홈피 www.museumvt.com

> ### Sound and Light
> 조명과 전통 음악, 종소리 등을 이용한 레이저 쇼로 불가리아 역사의 흥망성쇠를 표현한다. 25명 이상의 단체 관람객이 있을 때만 쇼가 열리기 때문에 운이 좋아야 볼 수 있는 것이 흠. 성수기나 국경일 등엔 쇼가 열릴 확률이 높으니 관광안내소나 매표소에 미리 문의를 해보자.

성령 승천 대성당

성채에서 바라본 풍경

알바나시 Арбанаси (Arbanasi)

권광명소

알바나시는 벨리코 투르노보 시내에서 4km 정도 떨어진 고원에 위치한 작은 마을이다. 마을 이름은 알바니아 및 마케도니아 지역 출신의 정착민들이 많아 알바니아어에서 따온 것으로 알려져 있다. 알바나시는 제2차 불가리아 제국 시대에 귀족들의 여름 거주지 역할을 하다가 이후 오스만 제국의 지배를 받던 16세기에 오스만 상인의 소유가 되었다. 마을 사람들은 주로 무역, 축산업 등에 종사했으며, 오스만 제국의 감세 혜택을 받게 되어 17세기 무렵엔 무역의 중심지로 떠오르게 된다. 넉넉한 경제력을 바탕으로 알바나시엔 17~18세기의 교회, 수도원, 불가리아 부흥기 시절의 건축물 등이 지어졌고, 이러한 문화유산이 현재까지 잘 보존된 상태로 남아 있다. 각 건물마다 고유번호와 영어 안내문이 적혀 있으니 참고하면 된다. 성 니콜라스 수도원The Monastery of St. Nicolas, 성 마이클 & 가브리엘 교회Church of Saints Archangels Michael and Gabriel, 콘스탄트 살리야타 민가 박물관Konstant Saliyata's House, 고고학 박물관Archeological Museum 등의 소박한 볼거리가 있다.

알바나시는 지역민들의 주말 관광지로 각광받는 곳이지만 크게 볼거리가 있는 곳은 아니다. 워낙 작은 마을이라 발길 닿는 대로 천천히 둘러보면 되며, 관광객들로 복잡한 시내를 벗어나 한두 시간쯤 한적한 여유를 갖고 싶은 사람에게 추천한다.

위치 벨리코 투르노보 시내에서 알바나시로 가는 버스가 있긴 하나 운행이 불규칙적이라 시간을 맞추기 힘드니 택시를 타는 것을 추천한다. 소요시간은 약 10분이며, 요금은 10LV 이내로 나온다.

홈피 www.arbanassi.org

Tip 벨리코 투르노보의 레스토랑 & 카페

메인 번화가인 스테판 스탐볼로브 거리Стефан Стамболов에 인기 있는 레스토랑들이 나란히 붙어 있다. 각 레스토랑의 메뉴도 크게 다르지 않고, 근거리에 분점이 있는 등 운영 시스템이 대부분 비슷하다.

쉬타스트리베차 Shtastlivetsa

가장 유명한 레스토랑으로 현지인과 관광객 모두에게 인기 있는 이탈리안 레스토랑. 파스타, 피자, 리소토 등 음식 맛이 모두 훌륭하다. 저녁이나 주말은 손님으로 넘치니 예약을 하는 것이 좋으며, 유명한 곳인 만큼 직원들이 그리 친절하지는 않은 게 흠이다.

레스토랑

주소 Ул. Стефан Стамболов 79
위치 관광안내소에서 도보 6분
운영 11:00~24:00
요금 예산 €€
전화 600 656
홈피 www.shtastliveca.com

에스노 Ethno

불가리아 전통 음식은 물론 이탈리안, 멕시칸, 스시 같은 일식까지 방대한 메뉴를 갖추고 있고, 주류 리스트도 다양하다. 직원들의 친절한 서비스를 받을 수 있으며, 아늑한 내부가 특징. 가까운 곳에 분점이 있다.

레스토랑

주소 Ул. Независимост 3
위치 관광안내소에서 도보 6분
운영 11:30~24:00
요금 예산 €€
전화 87 700 3266

에고 Ego

낮에는 비교적 조용한 편이지만 저녁에 가면 펍처럼 떠들썩한 분위기가 되는 레스토랑. 이탈리안, 불가리아 전통 음식을 중심으로 다양한 메뉴가 있으며, 음식 양이 많은 편이다. 100여m 거리에 분점이 있다.

레스토랑

주소 Ул. Стефан Стамболов 79
위치 관광안내소에서 도보 6분
운영 10:00~23:30
요금 예산 €€
전화 87 812 8307

→ 쉬타스트리베차

→ 에스노

→ 에고

사모보드스카 차르샤
Самоводската чаршия (Samovodska Bazaar)

쇼핑

벨리코 투르노보 시내를 관통하는 큰길인 스테판 스탐볼로브 거리Стефан Стамболов 뒤편에 있는 공예품 거리. 차르샤는 시장이라는 뜻으로, 아담한 골목인 ul. Georgi S. Rakovski를 따라 공예품 가게와 레스토랑, 호텔 등이 늘어서 있다. 예로부터 대장장이, 도공 등 다양한 분야의 장인들이 모여 작업과 거래를 하던 곳이며 현재까지 그 명맥이 이어지고 있다. 장인들이 작업하는 모습도 눈에 띄며, 액세서리나 그릇, 도자기, 성화 등 각종 공예품들은 질도 좋고 예뻐 구경하는 재미가 있다. 공장제가 아니라 하나하나 수작업을 거친 제품들이므로 불가리아 물가에 비해 비싼 가격은 감안해야 한다.

위치 차르베츠 성채에서 도보 약 15분
운영 10:00~18:00

중앙시장
Централен пазар (Central Market)

쇼핑

현지인들의 일상을 엿볼 수 있는 아담한 재래시장. 신선한 과일, 채소, 빵 등의 식료품을 싸게 구입할 수 있다. 안쪽으로 들어가면 약국, 옷가게, 장난감 가게, 슈퍼마켓 등도 있다.

주소 5000 Район Западен
위치 어머니 광장에서 Vasil Levsk 대로를 따라 도보 10분
운영 08:00~20:00

Tip **벨리코 투르노보의 숙소**
스테판 스탐볼로브 거리를 따라 호텔이 많고, 사모보드스카 차르샤 뒤쪽의 거주 지역에도 호텔들이 있다. 소규모 호텔들이 대부분이며 가격도 저렴한 편이다.

호스텔 모스텔 Hostel Mostel

소피아에도 지점이 있는 유명 호스텔로, 운영방식은 소피아 지점과 같다. 차르베츠 성채 근처에 있는데, 약간 외진 곳이라 처음엔 찾아가기 좀 어려울 수 있다. 픽업서비스를 이용하는 것을 추천한다.

주소 Ул. Йордан Инджето 10
위치 홈페이지 참고
요금 예산 €
전화 89 785 9359
홈피 www.hostelmostel.com

하이커스 호스텔 Hikers Hostel

사모보드스카 차르샤 근처의 조용한 거주 지역에 있는 호스텔. 일반 집을 개조한 곳으로, 작은 마당과 주방 겸 라운지, 널찍한 테라스 등이 아기자기하게 꾸며져 있다. 친절하고 유쾌한 주인을 만날 수 있는 곳.

주소 Ул. Резервоарска 91
위치 관광안내소에서 도보 20분
요금 예산 €
전화 89 681 6638

하이커스 호스텔

호텔 구르코

호텔 구르코 Hotel Gurko

차르베츠 성채로 가는 길목의 구르코 거리에 있는 작은 호텔. 불가리아 전통 가옥의 느낌을 살려 꾸몄으며, 얀트라 강의 탁 트인 전망을 즐길 수 있어 인기가 좋다. 1층엔 레스토랑도 운영한다.

주소 Ул. Гурко 33
위치 관광안내소에서 도보 5분
요금 예산 €€€
전화 88 785 8965

Step to
Eastern Europe

쉽고 빠르게 끝내는 여행 준비

Step 1. 여행의 시작, 여권과 유용한 증명카드 만들기

여권

해외여행을 하려면 반드시 필요한 신분증이다. 출국 시
여권 유효기간이 6개월 이상 남아 있어야 한다.

❶ 필요서류
여권용 사진 1매(6개월 이내 촬영), 신분증, 여권발급신청서(여권
신청장소에 비치 또는 홈페이지에서 다운로드 후 컬러 출력), 병
역 관계 서류(남성 해당자만. 단, 행정정보 공동이용망을 통해 확
인 가능한 경우 제출 생략), 여권 유효기간이 남아 있다면 지참(구
멍 뚫은 후 돌려받음) *미성년자는 기본증명서나 가족관계증명서
(행정전산망으로 확인 불가능 시)를 가져가면 친권자가 신청 가능

❷ 신청장소
- 구청, 시청, 도청 등
- 온라인(전자여권 발급 이력이 있는 성인-수령 시 본인 직접
  방문) **국내** 정부24 www.gov.kr **국외** 영사민원 consul.mofa.
  go.kr

❸ 소요시간 보통 3~5일

❹ 요금 성인 58면 53,000원, 26면 50,000원 **8~18세** 58면
45,000, 26면 42,000 **5~8세** 58면 33,000원, 26면 30,000
원 **5세 미만** 15,000원 *온라인 신청은 약간의 수수료 발생

❺ 홈피 www.passport.go.kr

Tip
여행증명서와 단수여권

여행 중 여권을 도난당하거나 분
실했을 때 바로 신청한다(p.599
참고).

여행증명서는 여권 대신 쓸 수 있
는 서류로, 기재된 1국가에 입국
할 때까지만 사용 가능하다. **단
수여권**은 복수여권보다 빨리 발
급돼 시간을 아낄 수 있다. 유효
기간 1년의 사진 부착식 비전자
여권이다.

필요서류 : 여권용 사진 1매(6개
월 이내 촬영), 여권발급신청서
(대사관에 비치), 신분증(여권 사
본 가능)

신청장소 : 가까운 한국대사관

가격 : 여행증명서 25,000($25)
단수여권 53,000원($53)

쉥겐 협약(Schengen Agreement) 이해하기

장기여행자는 쉥겐 협약을 반드시 알아두어야 한다. 쉥겐 협약 국가는 모두 합쳐(입국일과 출국일을 모두 합
산) 90일 체류가 가능하다. 비쉥겐 협약국으로 나갔다 오더라도 180일 내에는 누적되니 총 여행 기간은 최대
90일을 넘겨서는 안 된다. 여권의 유효기간은 최소 3개월 이상 남아 있어야 한다.

쉥겐 협약국(27개국, 총 90일 체류 가능)
그리스, 네덜란드, 노르웨이, 덴마크, 독일, 라트비아,
룩셈부르크, 리투아니아, 리히텐슈타인, 몰타, 벨기
에, 스웨덴, 스위스, 스페인, 슬로바키아, 슬로베니아,
아이슬란드, 에스토니아, 오스트리아, 이탈리아, 체
코, 포르투갈(180일 중 누적 90일까지), 폴란드, 프랑
스, 핀란드, 헝가리, 크로아티아(23년 3월 26일부터
본격 시행)

비쉥겐 협약국 체류 가능 일수
30일 바티칸 교황청, 벨라루스(러시아 경유 또는 육
로를 통한 출입국시 비자 필요), 우즈베키스탄, 카자
흐스탄 **60일** 러시아, 키르기스스탄 **90일** 루마니아,
마케도니아, 모나코, 몬테네그로, 몰도바, 보스니아
헤르체고비나, 불가리아, 사이프러스, 산마리노, 세르
비아, 아일랜드, 안도라, 알바니아, 우크라이나, 코소
보, 튀르키예 **180일** 아르메니아, 영국 **360일** 조지아

비자

각 나라를 방문할 때 비자(입국허가)가 필요하나 국가 간 협약으로 비자 없이 여행 가능한 경우가 있다. 대한민국 국민은 유럽 대부분의 국가에서 비자 없이 90일간 여행이 가능하다.

유용한 증명카드

❶ 국제학생증(ISIC)

전 세계에서 통용되는 학생증으로, 입장료, 유스호스텔, 투어, 교통수단 등에서 할인혜택을 받을 수 있다. 단, 동유럽에서는 일반적으로 만 26세 이하를 학생으로 규정하여 나이가 그 이상일 경우 국제학생증이 있어도 할인이 불가할 수 있다. 만 12세 이상의 학생에게 발급되며 하나 체크카드나 유스호스텔증을 결합한 상품도 있다.

발급방법 ISIC 제휴 학교 또는 ISIC 홈페이지에서 온라인 신청
필요서류 사진, **대학생** 재·휴학증명서(1개월 이내) *ISIC 제휴 학교 홈페이지 신청 시 불필요 **중고생** 학생증
요금 17,000원(1년), 34,000원(2년)　　　**홈피** www.isic.co.kr

ISIC 국제학생증

ITIC 국제교사증

❷ 국제교사증(ITIC)

해외에서 교사 신분을 인증하는 카드로, 입장료 할인혜택이 있으니 해당자라면 발급받는 게 좋다. 정부가 인정하는 정규 교육기관에 재직 중인 교사·교수 및 청소년지도자 자격증 소지자에게 발급된다.

발급방법 홈페이지 또는 일부 여행사
필요서류 사진, 재직증명서(1개월 이내) 또는 교사 공무원증 앞뒷면 중 택1
요금 17,000원(1년), 34,000원(2년)　　　**홈피** www.itic.co.kr

국제운전면허증

❸ 국제운전면허증

한국인이 해외에서 운전을 하려면 반드시 발급받아야 한다. 운전 시 국제운전면허증, 한국운전면허증, 여권을 같이 소지하고 있어야 무면허 운전으로 처벌받지 않는다. 영문 이름 및 서명은 여권과 동일해야 한다.

영문 운전면허증 뒷면

※2019년부터 국제운전면허증 기능이 추가된 영문운전면허증 발급을 시작했다. 그러나 동유럽에서는 크로아티아에서만 사용 가능하고 다른 나라에서는 기존의 국제운전면허증이 필요하다. **발급장소** 전국 운전면허시험장, 경찰서(일부), 인천·김해·제주공항 국제운전면허 발급센터, 지자체(일부), 온라인(등기배송 최대 7일 소요) *일부 지자체에서는 여권 발급 시 동시 신청 가능 **필요서류** 여권 또는 사본(행정정보공동이용 동의 시 생략 가능), 운전면허증, 여권용 사진 1매(6개월 이내 촬영) **요금** 8,500원(발급일로부터 1년) **홈피** www.safedriving.or.kr

 렌터카 여행

일행이 여러 명이라면 렌터카 이용이 더 편리할 수 있다. 렌터카로 이동하면 대중교통에 구애받지 않아 다양한 일정 설정 및 즉흥적인 조정이 가능하다. 또한 날씨의 영향을 덜 받고, 짐을 직접 들지 않으니 좀 더 좋은 컨디션으로 여행할 수 있다. 다만 성수기에는 차량 수배가 어렵거나 렌트 비용이 급격히 상승하고, 관광지 근처 주차장이 가득 차는 등의 단점이 있다.
동유럽은 나라가 다 붙어 있어 국가 간 차량 이동이 자유롭지만, 차량 반납을 제3국에 하는 게 어렵거나 비용이 상당하다. 입/출국 나라가 같으면 상관없으나 다르다면 이동에 제약이 생긴다. 그래서 항공권을 예매하기 전 렌터카 계획까지 확실히 세워야 한다. 일정 중 특정 국가에서만 렌터카를 이용하는 것도 방법이다. 동유럽 나라 중 오스트리아 서부, 크로아티아, 슬로베니아, 헝가리 등의 렌터카 이용이 활발한데, 모두 도로 사정이 좋은 편이다.
동유럽은 한국과 운전석 방향은 같지만, 각 나라의 교통 법규나 도로통행증(비넷), 차선, 주차 시스템이 약간씩 다르니 미리 관련 사항을 숙지하도록 하자.
예약방법 허츠Hertz, 유럽카Europcar, 식스트Sixt, 에이비스Avis, 버젯Budget 등의 대형 업체들이 있으며, 홈페이지나 앱에서 견적 산정 및 예약 가능. 항공권이나 숙소 등 여행 관련 예약 사이트에서도 예약을 받는다. 본인의 일정에 맞춰 금액과 조건을 여러 사이트에서 비교해보자(가격 비교 www.rentalcars.com).
필요서류 여권, 국제운전면허증(잔여기간 확인 필수), 국내운전면허증, 신용카드(운전자 명의), 예약확인서
유용한 앱 내비게이션 Sygic, Waze 주차장 Parkopedia

Tip 렌트 시 체크!

❶ 자동보다 수동 차량이 많으니 자동 차량 예약은 일찍 해야 한다. 보통 자동 차량이 더 비싸다.
❷ 풀커버 보험(사고 시 운전자가 부담하는 면책금이 없는 보험)을 드는 것이 일반적이다.
❸ 차량 인수 시 주유량과 차량 상태를 꼼꼼하게 확인하고 사진과 동영상 기록을 남긴다.
❹ 현장에서 동행한 사람에 한해 추가 운전자 등록이 가능하다. 대부분 무료지만 비용이 발생하는 업체도 있다.
❺ 가솔린, 디젤 차량을 구분해 주유 시 혼유 사고를 주의한다.
❻ 차량 전면 썬팅이 불법이므로 햇빛을 가릴 모자, 선글라스, 팔토시, 스카프 등을 준비한다.
❼ 내비게이션이 없는 차량이 많아 스마트폰 지도 이용과 관련된 시거 잭, 거치대 등이 필요하다.
❽ 사고 시 고객센터에 바로 연락하고, 다른 차량과 사고가 났다면 경찰을 불러 폴리스 리포트를 받아야 보험 처리가 된다.
❾ 주차 시 귀중품은 꼭 소지하고, 차내에 짐이 안 보이게 하자.
❿ 차량 반납 전 기름을 채우고 계기판 사진을 찍는다. 렌터카, 주유 영수증은 모두 챙긴다.
⓫ 숙소는 반드시 주차장이 있는 곳으로 잡는다.

Step 2. 동유럽 어떻게 이동할까?

한국⇔동유럽

출·도착 비행 일정이 결정돼야 여행 계획을 세울 수 있고, 항공권이 여행 경비의 큰 부분을 차지하기 때문에 항공권을 가장 먼저 구입해야 한다. 얼리버드 특가나 프로모션, 카드 할인 등을 이용하면 돈을 절약할 수 있다. 따라

→ 체코항공

서 항공사나 여행사 사이트를 미리미리 자주 확인해보는 것이 좋다. 특히 여름, 설·추석 연휴, 연말 등 성수기에 여행하려면 최대 6개월, 최소 2~3개월 전에는 항공권을 예매하는 게 좋다. 대개 여행 직전에 표를 구입하는 것이 가장 비싸지만 비수기에는 상대적으로 저렴한 땡처리 항공권 등을 이용할 수 있음을 알아두자.

* 7~10일 일정은 프라하, 빈, 부다페스트 직항으로 In/Out하는 것이 좋다. 2개국은 프라하와 빈 In/Out, 빈과 부다페스트 In/Out, 3개국은 프라하와 부다페스트 In/Out을 추천한다. 동유럽 전체를 여행한다면 쇼핑을 즐길 수 있고 프라하나 바르샤바 등으로 저렴한 저가항공을 타고 이동할 수 있는 파리 In/Out도 괜찮다.

대한항공

폴란드항공

직항 Vs 경유 동유럽으로 바로 가는 직항은 탑승시간이 짧고 편리하다는 게 장점이며, 국적기를 탈 경우 한국어가 통해 좋다. 하지만 경유 항공권에 비해 비싸고 출·도착 도시가 한정적인 것이 단점이다. 경유 비행기는 가격이 저렴하고 스톱오버를 통해 다른 나라를 함께 여행할 수 있다는 장점이 있다. 단 비행기를 갈아타야 하고 직항에 비해 시간이 오래 걸린다.

직항 인천공항에서 동유럽으로 가는 직항은 대한항공(체코 프라하, 오스트리아 빈, 헝가리 부다페스트)과 폴란드항공(폴란드 바르샤바, 헝가리 부다페스트)이 있다. 폴란드항공은 바르샤바에서

> ☑ 체크 리스트
> ─────────────
> ☐ 가격
> ☐ 마일리지 적립 여부
> ☐ 출·도착 시간
> ☐ 직항 또는 경유
> ☐ 경유 시간
> ☐ 스톱오버 가능 여부 및
>   추가요금 여부
> ☐ 수하물 연결 여부

환승 또는 스톱오버가 가능하며 바르샤바는 동유럽 여행의 첫
도시로도 유용하다.

경유 1회 경유 항공권은 출ㆍ도착의 폭이 넓다. 루프트한자, 핀에
어, 터키항공, 러시아 항공 등은 동유럽 국가들과 가까워 환승하
기 좋으며, 스톱오버로 해당 나라를 함께 여행할 수 있다는 장점
이 있다. 카타르 항공, 에티하드항공 등 중동항공사는 최상의 서
비스와 최신형 비행기가, 중국 국적기는 저렴한 가격이 매력이다.

항공권 검색 사이트 스카이스캐너

예매방법 항공사 또는 인터넷 항공권 사이트 검색 → 예약 및 개
인정보(영문명, 여권 번호 등) 입력 → 결제 → 이메일로 이 티켓
수령 → 출국일 공항에서 종이 탑승권(보딩패스Boarding Pass) 발
권 또는 미리 웹 체크인 후 모바일 탑승권 수령

* 항공사별로 출발 24~48시간 전부터 홈페이지나 스마트폰 앱
으로 웹 체크인 및 좌석 지정이 가능하다. 동유럽까지는 장거리
비행이기 때문에 복도석Aisle Seat 등 선호하는 좌석이 있다면 미
리 지정하는 것이 좋다.
항공기 좌석 배치도 및 리뷰 보기 www.seatguru.com

 레이오버(Lay Over)와 스톱오버(Stop Over)

경유 항공권 이용 시 경유지(대개 해당 항공사의 국적 도시, 예)루프트한자를 이용하면 프랑크푸르트나 뮌헨/
핀에어를 이용하면 헬싱키)에서 목적지 행 비행기를 갈아타게 된다. 이 때 공항 밖으로 나올 수 있다. 체류 시
간에 따라 레이 오버와 스톱오버로 나뉘는데, 이를 잘 활용하면 해당 도시나 나라를 여행할 수 있는 좋은 기회
가 된다. 해당 나라에 입국하는 것이기 때문에 미리 해당국 비자 여부를 확인해야 한다. 원래 비자가 필요하지
만 환승객에게는 공항에서 경유비자(무료)를 제공하는 경우도 있다.
예) 중국 국적기를 이용해 북경 및 상해 등 경유 시 144시간까지 경유비자 제공

레이오버 경유지에서 24시간 미만으로 체류하는 것.
입/출국 수속을 받으므로 여권 및 탑승권을 잘 챙겨
야 하며 수하물은 찾지 않아도 된다. 항공권 구입 시
따로 신청할 필요는 없으며, 시내까지 나가고 공항까
지 돌아오는 시간을 잘 계산해야 한다. 나라에 따라
무료 투어프로그램을 운영하기도 하니 참고하자.

스톱오버 경유지에서 24시간 이상 체류하는 것. 항
공권 결제 전 미리 신청해야 하고, 대부분 무료지만
약간의 수수료가 발생할 때도 있다. 수하물은 경유지
에서 찾았다가 최종목적지로 가는 날 공항에서 다시
부쳐야 한다.

동유럽 현지 이동

❶ 기차

헝가리 기차역

동유럽의 기차는 국가별로 편차가 크다. 가격은 오스트리아를 제외하면 서유럽에 비해 매우 저렴한 편이며, 유로존에 가까운 나라들은 기차 시설이 좋아 빠르고 편리하지만 유로존에서 멀어질수록 기차 시설이 노후화되고 공사가 잦아 느리고 불편하다. 학생할인이 가능한 나라도 있다.

❷ 버스

버스는 동유럽 전역에서 잘 발달되어 있는데, 저렴한 요금과 다양한 노선으로 이용이 빈번하다. 특히 발칸반도 근방은 기차의 상황이 좋지 않아 버스를 선호한다. 크로아티아의 버스는 짐값을 별도로 받는다.

예매방법 해당 나라 철도청 및 버스 회사 홈페이지에서 예매하거나 기차역, 버스터미널에서 현매하는 방법이 있다. 예매 방법과 가격 등은 나라마다 다르므로 각 나라 파트를 참고하자. 인기 구간들이나 성수기엔 매진될 수도 있으니 미리 예매해야 한다.

유로라인 버스

레지오젯 버스

오스트리아의 레일젯

기차 내부

여러 나라의 기차표

폴란드 기차표

신형기차는 창문 위쪽에 행선지가 뜬다.

❸ 저가항공 Low Cost Carrier

동유럽 내에서 기차나 버스로 시간이 너무 오래 걸리거나 여러 번 경유해야 할 때 저가항공을 이용하면 유용하다. 대표적인 저가항공으로는 라이언에어, 위즈에어, 유로윙스, 이지젯, 부엘링 등이 있다.

저가항공의 가장 큰 장점은 무엇보다 가격이다. 일찍 예매하면 10€ 안팎으로 표를 구할 수도 있고(대신 출발일이 임박할수록 가격이 큰 폭으로 오른다), 비인기 노선은 상대적으로 저렴한 편이다. 다만 종이 탑승권 발급, 좌석 지정, 위탁수하물, 우선탑승, 기내식, 음료 등 모든 서비스가 유료다. 게다가 수하물 무게 한도를 넘거나 미리 신청하지 않고 공항 카운터에서 수하물을 위탁 신청하면 훨씬 비싼 요금을 내야 한다. 3시간 이하의 단거리 비행이 대부분이니 경비를 아끼고 싶다면 항공권+부치는 수하물 정도만 구입하는 걸 추천한다. 기내엔 대개 가방 하나만 반입이 허용되곤 하는데, 사이즈는 항공사마다 다르니 확인이 필요하다.

또한, 비행편이 새벽 또는 늦은 시간이 많아 공항노숙을 해야 하거나 택시, 공항 호텔 이용 등의 추가 지출이 발생할 수 있다. 동유럽은 저가항공이라도 주로 메인공항에 취항하는 편이지만, 시내에서 거리가 먼 서브 공항을 이용하기도 하니 공항 위치를 잘 확인해봐야 한다.

예매방법 항공사 웹사이트나 스마트폰 앱에서 예매할 수 있으며 예매와 동시에 결제가 이루어진다. 가격 비교는 스카이스캐너를 이용하면 된다. 수하물을 부쳐야 한다면 항공권 예매 시 함께 결제하는 것이 여러모로 편하다. 일정 변경이 불가능하거나 수수료가 매우 비싸므로 예매 실수를 하지 않도록 주의하자.

항공사마다 조금씩 다르지만 대개 출발 24~48시간 전부터 웹 체크인이 가능하다. 웹 또는 앱으로 체크인을 하면 탑승권을 받을 수 있다. 스마트폰에 저장하거나 프린트하면 된다.

*라이언에어는 체크인하면 QR코드가 있는 보딩패스(그대로 사용), 바코드가 있는 보딩패스(출력 후 카운터에서 비자 체크), 공항 체크인 카운터로 와서 보딩패스를 받으라는 메시지(카운터에서 보딩패스 수령) 중 하나가 나온다. 안내를 잘 따라 하면 된다.

위즈에어

라이언에어

이지젯

Step 3. 동유럽 어디서 잘까?

여행 중에는 부지런하게 돌아다니는 만큼 편히 쉴 수 있는 숙소는 무엇보다 중요하다. 숙소의 종류는 호스텔, 한인민박, 호텔, 에어비앤비, 아파트먼트 등 다양하다. 본인의 성향과 예산을 고려하되, 여러 조건을 꼼꼼히 따져봐야 한다. 대부분의 시설은 예약사이트에 명시돼 있으며, 평점과 숙소 사진이 포함된 후기를 참고하면 큰 도움이 된다. 성수기엔 숙소가 매진되는 경우도 허다하니 반드시 미리 예약을 해야 한다. 비수기에도 예약해 내가 갈 것임을 알리는 것이 좋다.

숙소의 종류

❶ 호스텔

유럽 배낭여행 하면 가장 먼저 떠오르는 숙소다. 가격이 저렴하고, 전 세계에서 온 여행자들과 교류할 수 있기 때문이다. 2층 침대 여러 대가 놓인 도미토리(다인실)에서 공동화장실과 샤워실, 주방 등을 이용하는 것이 대표적인 형태이며, 혼성이 기본이지만 여성용/남성용 방으로 나눠진 곳도 있다. 여성용 방은 약간 더 비싸거나 빨리 매진되기도 한다. 1~4인실이 있는 호스텔은 경비를 아끼면서 사생활을 지키고 싶은 1인 여행자나 가족 여행자도 많이 찾는다. 여럿이 공동으로 이용하는 만큼 프라이버시 보장이 되지 않고, 소음이 발생하거나 도난의 가능성이 있다는 게 단점이다.
예약사이트 www.hostelworld.com | www.booking.com

❷ 한인민박

동유럽의 인기 도시에는 한인민박이 있다. 대개 도미토리와 개인실을 함께 운영하며, 한국식 식사 및 라면 등을 제공한다. 주인과 투숙객 대부분이 한국인이기 때문에 말이 잘 통하고, 풍부한 현지 정보를 얻을 수 있으며, 자체투어 프로그램을 진행하거나 예약대행을 해준다. 성수기에는 너무 많은 인원을 받거나 일방적인 예약 취소를 당할 수 있는 점, 화장실 부족, 도난 등이 문제로 지적되기도 한다. 합법으로 운영되는 체코, 크로아티아와 달리 불법으로 운영하는 일부 민박집은 피해를 당했을 때 보상받지 못할 수 있다.
예약사이트 민박다나와 www.theminda.com, 해당 민박 홈페이지 및 카페, 카카오톡 등

❸ 호텔

유로존 국가와 크로아티아의 두브로브니크를 제외하면 서유럽보다 요금이 훨씬 저렴하다. 따라서 일행이 있을 경우 호스텔 도미토리와 비슷한 가격으로 호텔에 묵을 수도 있다. 소규모 개인 호텔부터 익숙한 체인 호텔까지 선택의 폭이 넓으며, 가격대가 천차만별인 만큼 조건을 잘 확인해보고 결정하면 된다. 대개 호텔 예약 사이트에서 예약을 하게 되는데, 호텔 자체 사이트의 프로모션 요금이 더 저렴하게 나오기도 한다.

예약사이트 www.booking.com | www.agoda.com | www.hotels.com | www.trivago.co.kr | www.hotelscombined.co.kr

❹ 에어비앤비

남는 방을 여행자에게 빌려준다는 개념으로 시작한 숙소 플랫폼이다. 1~2인이라면 방 하나를 빌려 호스트와 함께 지낼 수도 있고, 일행이 많거나 가족여행자라면 아파트나 주택 전체를 빌릴 수도 있다. 평가와 후기가 좋은 슈퍼호스트의 집을 위주로 보면 된다. 현지인의 집에서 살아보는 경험을 할 수 있고, 집 안 시설을 쓸 수 있으며, 호텔보다 싸다는 게 큰 장점이다. 그러나 예약이 확정되기까지 기다려야 하고, 체크인/아웃 시간 및 짐 보관 가능 여부 등을 협의해야 하는 점,

일방 취소를 당할 수도 있는 점 등이 단점으로 꼽힌다. 최근 에어비앤비 숙소에서 도난 사건이 종종 발생해 소지품 관리와 문단속에 각별히 주의를 기울여야 한다.

예약사이트 www.airbnb.co.kr

❺ 아파트먼트

일행이 있거나 가족여행자라면 아파트를 빌리는 것도 추천한다. 원룸 형태부터 2~3개의 침실이 있는 아파트까지 다양하니 일행 수에 따라 선택하면 된다. 사생활이 보장되어 좋고, 주방이나 세탁기 등을 쓸 수 있어 아이가 있다면 더 유용하다. 체크인 시 주인과 연락해서 만나야 하는 점이나 짐 보관이 어려울 수 있는 점, 도난 가능성 등이 단점이다.

예약사이트 www.booking.com

예약 방법

❶ 숙소 예약사이트에서 검색

숙소 예약 인터넷 사이트나 스마트폰 앱에 들어가 내가 가려는 도시와 날짜, 인원을 넣고 검색한다. 숙소 유형, 가격, 평점, 위치 등의 필터를 적용하면 더 편리한데, 숙소 시설이나 조식 제공, 무료 취소 여부 등의 세부 필터도 적용할 수 있다. 똑같은 숙소라 할지라도 사이트에 따라 가격이 다른 경우가 있으니 2~3군데의 예약사이트와 숙소 자체 홈페이지를 비교해보자. 예약사이트에 따라 특가 할인을 하는 경우도 있다.

부킹닷컴

호스텔월드

❷ 예약 완료

가려는 숙소를 결정했다면 예약을 마쳐야 한다. 비회원으로도 예약이 가능하지만 회원 가입을 하면 예약 내역을 한 번에 알 수 있고, 회원 대상 프로모션 혜택 등을 받을 수 있다. 도시와 날짜를 꼼꼼히 확인한 뒤 영문 이름, 이메일 주소, 전화번호, 예상 도착 시간, 카드 번호 등을 입력하고 예약 버튼을 누르면 확정 이메일이 온다. 예약을 위해 신용/체크카드가 필요하며, 결제 시점은 사이트 정책이나 요금 조건에 따라 다른데, 본인이 선택할 수 있는 경우도 있다.

❸ 숙박

예약한 날짜에 맞춰 숙소로 찾아간다. 대부분의 숙소에서 체크인 시간 이전에 짐을 맡아주지만 에어비앤비나 아파트먼트 등은 사전협의가 필요하다. 24시간 리셉션을 운영하지 않는 숙소인데 밤늦게 도착하게 된다면 숙소에 미리 연락을 해두는 편이 좋다. 체크인 시 일행 모두의 여권이 필요하며, 사전에 결제를 마쳤다 하더라도 확인 차 예약 시 사용한 실물 카드를 제시하도록 요구하는 경우가 많다.

Tip 숙소 선정 시 체크 리스트

☐ 숙소 위치(역, 터미널, 관광지와의 거리)
☐ 청결(청소, 벌레 유무)
☐ 인터넷 WiFi 유무
☐ 보안(금고 및 개인 사물함, 열쇠)
☐ 가격
☐ 무료취소
☐ 조식 유무
☐ 숙박 전후 짐 보관
☐ 주방 이용
☐ 세탁 서비스
☐ 냉방 및 난방
☐ 엘리베이터
☐ 체크인/체크아웃 시간

Step 4. 동유럽 꿀 정보 모으기

여권을 만들고 항공권을 예매했다면 이미 여행의 반은 준비되었다 할 수 있다. 나머지 반은 방문할 식당 정하기, 상세한 루트 짜기 등으로, 출국 전까지 하나씩 준비하면 된다. 가이드북을 기본으로 다양한 매체를 이용해 여행을 풍요롭게 만들어보자.

❶ 가이드북 읽기
가이드북을 읽으며 대략적인 볼거리와 물가, 루트를 익히고, 꼭 여행하고 싶은 도시들을 체크해본다. 책의 앞부분에 추천한 루트들은 가장 효율적인 동선을 고려한 루트다. 그러나 이 루트는 정답이 아니며, 여행자의 취향과 로망에 따라 얼마든지 바뀔 수 있음을 잊지 말자.

❷ 여행프로그램 시청
〈짠내 투어〉, 〈세계테마기행〉, 〈걸어서 세계 속으로〉 등의 여행프로그램을 보고, 여행에 대한 폭을 넓히고 추가로 가고 싶은 장소나 식당 정보를 체크해둔다.

❸ 동유럽 관련 작품 찾아보기
여행지와 관련된 소설이나 영화, 드라마를 보는 것도 여행을 더욱 풍부하게 해준다. 좋아하는 장면과 관련된 장소는 여행의 즐거움을 배가시킨다.

❹ 여행카페 가입
네이버와 다음의 여행카페를 통해 다양한 실시간 정보를 얻을 수 있다. 나 홀로 여행자라면 동행이나 숙소를 같이 쓸 사람을 구할 수도 있다. 숙소, 레스토랑, 투어 프로그램이나 전문가 사진 촬영 등의 후기를 보고 여행 리스트에 넣기도 한다. 사적인 경험에 치우친 글이나 홍보성 글도 있으니 감안해서 읽기를 추천한다.

❺ 여행설명회&스터디 참석
여행시기가 다가오면 실질적인 정보를 얻을 수 있는 여행 설명회나 스터디가 도움이 된다. 궁금한 것들을 물어보고 곧바로 대답을 얻을 수 있으며 다양한 팁을 얻을 수 있다.

> **Tip** 작가와 함께하는 여행 스터디
>
> 한 달에 한 번 사전 신청자를 대상으로 소그룹 여행스터디를 진행하고 있다. 스터디 지역은 동유럽과 서유럽 등 다양하며 스터디 내용과 시기에 대한 정보는 인스타그램을 참고하자.
>
> ＊ 헤이 트래블러, 하이!
>
>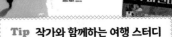
> www.instagram.com/hey_traveller_hi

Step 5. 돈과 시간을 아껴주는 동유럽 환전 정보

동유럽을 여행할 때에는 사전에 환전한 현금과 신용카드, 체크카드를 사용하게 된다. 유로화 사용 국가에서는 신용카드 결제 시 수수료가 없는 카드가 유리하며, 나머지 국가들은 수수료율이 낮은 카드를 사용하고 인출 시에도 수수료가 적은 카드를 사용해 현지 화폐를 인출하는 것이 절약 방법이다. 동유럽 국가 중 국내에서 환전 가능한 화폐는 유로화(오스트리아, 슬로베니아, 슬로바키아, 라트비아, 리투아니아, 몬테네그로, 에스토니아, 코소보)와 체코 화폐다.

어디서 환전할까?

직접 방문해 환전할 경우 추천 환전소는 서울역의 국민은행 환전센터로 영업시간은 월~금 09:30~17:30이다. 유로화 80% 수수료 우대를 해주며 신분증지참 시 한도 없이 환전 가능한 것이 장점이다. KB스타뱅킹 환전(90% 우대) 후 서울역점에서 찾는 것도 가능하다.

모바일로 환전할 경우 요즘은 각 은행에서 나온 모바일 앱(하나1Q, 신한 쏠, 위비뱅크, 카카오뱅크 등)을 이용하면 환전이 간편하고 환율도 가장 좋다. 앱으로 신청 후 본인이 지정한 지점에서 수령하며(공항에서 수령 가능), 수령일 전날 자정까지 신청할 수 있다. 1일 환전 한도는 100만 원이며, 유로화와 같은 주요 통화는 90%까지 수수료 우대를 받을 수 있다. 트래블월렛은 100% 수수료 우대를 받을 수 있어 가장 좋은 환율을 자랑한다.

신한은행

현지에서 ATM으로 인출하는 경우 수수료가 들더라도 편리성을 우선한다면 현지에서 현금카드를 이용해 ATM에서 인출하는 방법을 추천한다. 일반적인 현금카드의 인출 수수료는 '인출금액의 1%+인출 건당 수수료($200 미만 $3, $200~500인 경우 $3.25, $500 이상 $3.5)'가 든다. 이러한 수수료를 절감할 수 있는 현금인출 겸용 체크카드도 있는데 하나은행의 비바체크카드다.

Tip ATM기 사용법

❶ 현금카드를 넣는다.

❷ 화면에서 English(영어)를 선택한다.

❸ Please Enter your Pin Number (Code)(비밀번호를 입력)가 나오면 손으로 안전하게 가리고 비밀번호를 입력한 후 확인(초록색 버튼)을 누른다.

❹ 계좌 인출(Saving 또는 Withdrawal) 또는 신용 인출(Credit) 중 선택한다.

＊ 자신의 은행 계좌에서 돈을 뽑는 거라면 계좌 인출(Saving 또는 Withdrawal) 선택

❺ 화면에 € 100 등의 적은 액수가 나온다면 이때는 Other Amount를 눌러 원하는 액수를 입력한다.

❻ 돈이 나오면 잊지 말고 현금카드를 챙긴다.

Step 6. 동유럽 맞춤형 짐 꾸리기 노하우

출국 시 가방은 무조건 가볍게!

출국 시 여행 짐은 무조건 가볍게 싸는 것이 좋다. 배낭이든 캐리어든 나갈 때의 짐은 최소화하자. 그래야 캐리어를 끄느라 손바닥에 굳은살이 생기거나 배낭을 메고 다니느라 어깨 근육통에 시달리지 않고, 이동이 쉬워 현지에서 고생하지 않는다.

배낭가방 VS 캐리어

배낭가방

Good 👍

유럽의 구시가지 바닥은 울퉁불퉁하다. 이런 길에서 이동할 때는 캐리어보다 배낭이 좋다. 지하철에서 계단을 오르거나 긴급할 때의 기동력은 배낭가방을 따라갈 수가 없다.

Bad 👎

배낭여행자들은 캐리어 여행 때보다 짐을 더 줄여야 한다. 돌아오기 전 쇼핑을 많이 한다면 캐리어나 가방을 추가로 구매하면 된다.

VS

캐리어

Good 👍

인생사진을 찍을 다양한 패션 아이템을 챙겼거나 쇼핑으로 꽉꽉 채워올 예정이라면 캐리어 추천. 무거운 짐도 힘들지 않게 나를 수 있다.

Bad 👎

숙소 예약 시 엘레베이터가 있는지 반드시 체크할 것. 지하철에서도 계단을 오르락 내리락 해야 할 경우가 많다. 특히, 크로아티아에서는 숙소로 가는 길을 체크!

쇼핑에 대비하자!

짐을 꾸릴 때는 이후에 쇼핑으로 부피가 늘어날 것을 감안하는 것이 좋다. 특히 현지에서 입을 옷은 **부피가 작고, 구김이 안 가는 옷**으로 적당히 가져가자. 새 옷이 필요하면 언제든지 예쁜 옷을 사는 즐거움을 누릴 수 있기 때문이다. 특히, 여름과 겨울의 세일 시즌이라면 지갑을 닫고 있기란 정말 어렵다. 쇼핑을 할 때는 비행기 화물칸으로 부칠 수 있는 짐이 20kg(항공사마다 조금씩 차이가 난다), 기내 반입이 가능한 무게는 10kg이라는 것을 잊지 말자. 공항에서 짐 무게가 초과되면 국제 소포로 보내는 것이 나을 만큼, 초과 1kg당 4~5만 원의 비싼 추가 비용이 든다.

화장품과 욕실용품을 줄이자!

무게가 많이 나가는 화장품과 욕실용품을 최대한 줄이는 것이 중요하다. 이때는 모아둔 화장품, 바디용품 샘플을 가져가면 좋다. 여행 기간을 감안하는 것이 포인트다. 물론, 가져간 용품이 부족할 경우 데엠DM과 로스만Rossmann같은 드럭스토어에서 여행용 작은 사이즈를 구입해 사용할 수 있다. 호텔 이용자라면 칫솔과 치약, 헤어컨디셔너 정도만 챙겨 가면 된다.

여행옷 준비와 계절에 따른 옷차림

여행 기간이 짧다면 체류날짜만큼 입을 옷 세트를 맞춰 짐을 싸두면 편리하다. **여행 기간이 길다면** 빨래하며 돌려 입을 수 있는 5~7일 분량을 준비하면 된다. **봄이나 여름, 가을철**에는 가볍고 휴대성이 좋은 모자 달린 방수 바람막이 점퍼, 따뜻한 레깅스나 긴바지를 가져가면 유용하다. 여름철이라도 비가 흩뿌리거나 해가 나지 않으면 기온이 급속도로 떨어지기 때문에(날이 추워지면 순식간에 민소매에서 가을 옷차림으로 바뀐다) 위아래 긴 옷 한 벌은 꼭 챙겨가자.

자외선이 강하기 때문에 자외선 차단 지수 높은 선크림, 챙이 넓은 모자와 선글라스, 그리고 양산과 우산 겸용 3단 우산도 유용하게 쓰인다.

겨울 시즌에는 보온을 놓치지 말자!

가을부터 봄까지는 가벼우면서 보온성이 뛰어난 경량 오리털 점퍼와 장갑과 목도리, 모자가 필수다. 휴대용 핫팩이나 수면 양말, 여성이라면 좌훈 쑥 찜질 패드도 좋다. 겨울철 예쁜 모자는 현지에서 기념품으로 구입해도 좋다. 겨울옷 부피를 줄이기 위해서는 생활용품 매장에서 파는 압축 비닐 팩을 이용하면 큰 도움이 된다. 또한, 호텔이나 숙소의 난방은 우리나라처럼 온돌식이 아니라 라디에이터로 공기만 덥히는 방식이기 때문에 미니 전기매트를 가져가는 것도 유용하다.

안 가져가면 아쉬운 물품은 꼭!

없으면 아쉬운 물품으로는 손톱깎이, 면봉, 휴대용 반짇고리, 비닐팩, 물티슈, 휴대용 섬유 향수가 있다. 최근에는 석회수가 많은 물 때문에 휴대용 필터 샤워기도 각광받는다. 장기 여행이라면 휴대용 빨래걸이나 빨랫줄도 유용하다. 전자제품이 많다면 3구 멀티탭, 멀티 충전기를 챙기고 충전 케이블 여분도 꼭 준비하자. 다이소에서 파는 '스프링 고리'나 '클리어 릴홀더'는 휴대폰과 연결 가능하고 옷핀은 가방 지퍼를 고정할 수 있어 소매치기 방지에 도움이 된다.

배터리는 어떻게 할까?

모든 배터리의 위탁수하물은 불가하며 기내에 가지고 타야 한다. 노트북, 카메라, 휴대전화 등에 부착된 배터리 등은 100Wh 이하는 제한 없이 가능, 100Wh 초과~160Wh 이하의 배터리는 1인당 2개만 반입 가능하며, 160Wh 초과 제품은 반입 불가하다.

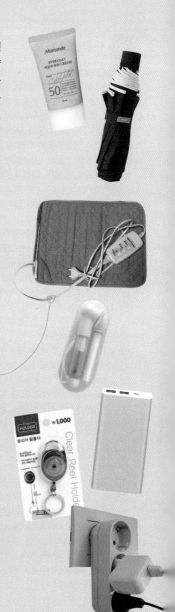

동유럽의 사계절

동유럽 날씨의 특징

동유럽 국가들은 대부분 내륙에 위치해 대륙성 기후를 띠고 있다. 오스트리아, 체코, 슬로바키아, 헝가리, 슬로베니아는 대륙성 기후로 우리나라와 대체로 비슷하나 여름은 우리나라보다 습도가 낮아 기온이 올라가더라도 그늘에서는 서늘함을 느낄 수 있고 겨울은 우리나라보다 온난하나 흐린 날이 많다. 알프스를 접하고 있는 티롤 지방과 산간 지방을 제외하면 눈을 보기 힘들다. 티롤 지방에 속한 오스트리아의 인스브루크는 한여름에도 산간이나 해가 진 이후에는 기온이 떨어지기 때문에 긴 바지와 점퍼를 준비해가는 것이 좋다. 발트 해를 접하고 있는 폴란드는 위도가 높아 여름에 서늘하고(7~8월 평균기온이 23도 정도다) 겨울에는 영하로 떨어지지 않는 온난한 기후다. 아드리아 해를 접하고 있는 크로아티아는 1년에 250일 이상 맑은 날이 지속되기 때문에 휴양지로 각광받는다. 아드리아 해를 따라 이어지는 달마티아 남부 해안 지역은 전형적인 지중해성 기후로 여름철에는 고온 다습하고 겨울에는 온화한 편이나 비바람이 많이 분다.

비수기 시즌(10~4월)

10~4월은 비나 눈이 내리거나 구름이 많이 낀 흐린 날이 지속된다. 우리나라보다 훨씬 따뜻하나 해가 비치는 시간이 짧고 비바람이 불기 때문에 체감 기온은 낮다. 내륙은 해안 쪽보다 눈이 많이 내리고 더 춥다. 가을은 9월 말부터 시작한다. 12월에는 빈, 잘츠부르크, 프라하, 바르샤바 등지에서 크리스마스 마켓이 열려 즐거운 볼거리를 선사한다.

성수기 시즌(5~9월)

5월부터 날씨가 점차 따뜻해진다. 가장 더운 8월에는 30도 이상 올라가기도 하나 우리나라보다는 습도가 낮아 강한 자외선에만 대처한다면 여행하기에 나쁘지 않다. 여름철에도 일교차가 커 아침저녁으로 서늘한 날도 있고, 비가 흩뿌리는 날도 있다. 단, 아드리아 해안(크로아티아, 슬로베니아)을 여행한다면, 숙소의 에어컨 유무를 꼭 확인하자. 특히 7~8월은 최성수기로 숙박요금이 오르고 자리도 없기 때문에 반드시 미리 숙소 예약을 해야 한다. 여행 일정을 자유롭게 정할 수 있다면 최성수기 기간 전후인 6월이나 9월 초에 여행을 계획하는 것도 좋다.

여행 준비물 체크 리스트

기내수하물	위탁수하물

기내수하물

☐ 여권

☐ 항공권 프린트

대체로 여권과 예약번호만으로도 가능하나 항공사에 따라 요구하기도 하니 일단 프린트해두자.

☐ 도착지의 숙소 바우처(또는 예약번호)

☐ 현금, 신용카드, 체크카드 등 귀중품

현금이나 신용카드를 종종 위탁수하물에 넣는 경우가 있다. 짐 분실이나 도착 지연 시 난감한 상황에 처할 수도 있으므로 현금과 카드는 반드시 소지해야 한다.

☐ 국제운전면허증, 국제학생증 등

☐ 노트북, 태블릿PC, 카메라, 휴대전화&충전기 등 전자제품과 보조배터리(반드시 기내에 반입해야 함)

보조배터리나 충전기, 충전용 케이블 선은 현지에서 구입할 경우 비싸다. 특히 충전용 케이블은 추가로 구입해 가는 것이 좋다.

☐ 유심과 유심핀

유심을 사전 구입했다면 여행지 도착 전 현지유심으로 갈아 끼우자. 유심핀도 확인할 것.

☐ 간단한 화장품

기내는 건조하기 때문에 스킨이나 수분크림, 립밤, 핸드크림을 가지고 타면 유용하다. 단, 액체류는 100ml로 반입이 제한되기 때문에 샘플을 가져가자. 기분전환을 위해 미니향수도 추천한다.

☐ 여행 가이드북

유럽까지 비행시간은 상당히 길다. 비행기 안에서 읽는 가이드북의 집중도는 최고.

☐ 볼펜&수첩 또는 일기장

☐ 목베개

부피가 크지만 장거리 여행 시 유용하다(기내담요나 겉옷을 말아 대체 가능).

☐ 여행용 키트

보통 장거리 항공인 경우 수면안대, 귀마개, 수면양말, 칫솔·치약을 제공한다. 제공이 안되는 경우도 있으니 미리 문의한 후 필요한 것을 준비하자.

☐ 코로나 감염 예방

손소독제, 마스크, 제균티슈, 자가진단키트 등

위탁수하물

☐ 옷(여행용 파우치에 분류)

외출복, 잠옷, 속옷, 양말

☐ 여분의 신발이나 샤워 시 쓸 슬리퍼

☐ 화장품, 빗, 머리끈, 거울, 고데기, 헤어왁스, 향수 등

☐ 햇볕차단용품

선크림, 선글라스, 모자, 휴대용 양산 겸용 우산

☐ 해변용품(여름)

수영복, 방수 팩, 물안경, 스노클링 용품, 튜브, 비치매트 등

☐ 방한용품(겨울)

방한모, 장갑, 목도리, 핫팩, 휴대용 찜질기, 압축팩

☐ 세면도구

칫솔·치약, 클렌징용품, 샴푸·린스, 바디샴푸·샤워타올, 세안용 헤어밴드, 면도기, 스포츠 타올(호스텔 이용자라면) 등
*석회수 때문에 요즘은 휴대용 필터 샤워기도 많이 가져간다.
*호텔 이용자라면 칫솔·치약과, 헤어컨디셔너 정도만 준비

☐ 셀카봉·휴대용 삼각대 등 카메라 관련 용품

☐ 비상식량

선호하는 라면, 튜브 고추장, 전투식량, 팩소주 등

☐ 건강보조식품

비타민, 홍삼제품, 먹는 링거 등

☐ 상비약

밴드, 두통약, 지사제, 해열제, 상처연고, 알레르기 약, 벌레 물린 데 바르는 액(여름철 기온이 높이 올라간 경우 숙소에서 진드기와 빈대가 출몰하기도 한다. 여행기간이 길다면 비오킬 추천), 파스, 여성용품 등

☐ 도난방지용품

번호 자물쇠, 멀티와이어, 스프링 고리(클리어 릴홀더), 옷핀 등

☐ 휴대 용기에 담은 세제

속옷이나 양말과 같은 간단한 세탁 시 유용. 휴대용 빨랫줄도 있다.

☐ 휴대 용기에 담은 양념

아파트먼트와 같은 숙소 이용 시 유용

☐ 지친 피부와 발을 위해 마스크팩, 휴족시간 등

☐ 숙소·기차·항공·액티비티 등 각종 예약 바우처 프린트

저녁 출국 비행기라면	긴급용품(현지 도착 후 큰 가방에 따로 보관)

저녁 출국 비행기라면

비행기 탑승 전 세안을 추천한다. 기내 화장실은 좁아 제대로 씻기가 힘들다. 한여름이라면 공항 내 24시간 샤워시설(코로나 19로 중단 중. 요금 3,000원/샴푸, 바디샴푸, 수건 포함)을 이용해 씻고 타는 것도 좋다.

긴급용품(현지 도착 후 큰 가방에 따로 보관)

1. 여권복사본과 여권용 사진 2장(여권 분실 시 필요)
2. 비상용 현금카드와 신용카드
3. 비상용 현금 €200~300
4. 여행자보험은 출국 전까지만 들 수 있으니 잊지 말자.

Step 7. 동유럽 여행을 위한 필수 앱 추천

동유럽의 숙소, 카페, 레스토랑, 공항, 맥도날드 등의 패스트푸드점 등 많은 곳에서 무료 WiFi를 제공한다. 알뜰한 여행자들은 무료 WiFi가 되는 곳에서만 인터넷을 이용하기도 하지만 요즘은 거의 모든 여행자가 유심을 구입하는 추세다. 유심은 현지 공항에서, 여행지에서, 국내에서 구입이 가능하다. 통신사는 보다폰Vodafone, 오투O2, 케이피엔KPN, 쓰리Three사 등이 대표적이며 1~20GB까지 선택할 수 있다. 코로나19 관련 상황이나 아플 때는 카카오톡 '소방청 응급의료 상담서비스'를 친구 추가해 문의하자. 여행 중 사건 사고 등의 문제 발생 시에는 '영사콜센터' 앱에서 도움을 청할 수 있다.

여행자에게 유용한 앱

❶ 길 찾기 & 루트 확인

'구글맵스Google Maps' 또는 '롬투리오Rome2rio'. 간단하게는 현재 위치에서 목적지까지 최단 도보 루트부터 도시 내, 도시 간, 국가 간의 버스 · 기차 · 항공 · 페리 · 사설교통 · 우버 등 최적의 루트를 찾아준다.

❷ 기차 정보

동유럽 전반에 걸친 기차정보는 '독일 철도청 DB(Deutsche Bahn)'을 통해 확인 가능하고 예매는 각 나라의 철도청에서 하면 된다. 요즘은 유럽 내 기차 · 버스 · 항공을 통합 예약할 수 있는 오미오Omio 앱도 많이 이용한다.

❸ 버스 정보

유럽 통합인 '유로라인Eurolines'과 독일에서 만들어져 동유럽 지역을 아우르는 '플릭스 버스Flix Bus'가 유용하다. 크로아티아에서는 '겟바이버스Getbybus'가 유용하다.

❹ 숙소 정보

'부킹닷컴', '익스피디아', '호텔스닷컴', '아고다', '호스텔월드', '에어비앤비' 등 다양한 앱이 있다. '호텔즈컴바인'과 '트리바고', '민박다나와'와 같은 호텔 가격비교 앱을 통해 저렴한 숙소를 예약하면 된다.

❺ 투어

'마이리얼트립'이나 '트립닷컴'에서는 한국어로 진행하는 워킹투어·근교투어, 패러글라이딩과 같은 액티비티, 쿠킹클래스, 기념품 만들기 등 다양한 투어를 신청할 수 있다.

❻ 전화 & 영상통화

가족과 친구들과의 의사소통은 보통 카카오톡을 이용한다. 무료 영상통화는 '카카오톡'을 많이 이용하나 인터넷 환경이 좋지 않을 때는 '스카이프'가 가볍고 통화품질도 더 좋다.

❼ 언어

영어나 독일어권에서는 뛰어난 번역 능력을 자랑하는 '파파고'를 추천한다. 이외의 지역에서는 '구글 번역' 앱이다. 현지어로 급하게 문의할 때, 메뉴판이나 안내문을 읽을 때 유용하다. 특히 식당에서 메뉴판 사진을 찍거나 비추면 영어나 한글로 번역되어 편리하다.

❽ 숙소 & 식당

숙소와 식당 정보는 '트립어드바이저'와 '구글맵스' 내의 평점을 참고하면 좋다. 트립어드바이저는 여행 전 순위를 참고하면 유용하고, 구글 평점은 현지에서 내 주변의 식당을 찾을 때 최고다.

❾ 데이터 저장

'네이버 클라우드', '구글포토', '아이클라우드'는 무료 WiFi존에서 휴대전화로 찍은 사진을 자동 업데이트해준다. 혹시나 모를 휴대전화 분실(?)에 대비해 사진만이라도 살려놓을 수 있는 유용한 앱이다. '구글포토'는 15GB까지 저장해준다.

❿ 공유 택시 & 밴

여행지에서 택시를 타면 바가지 쓸까 걱정했다면 그 고민은 더 이상 하지 않아도 좋다. 택시 요금의 3분의 1~2분의 1 수준의 요금으로 공유 택시를 이용해보자. 대표적으로 '우버Uber'가 있는데 '볼트Bolt'가 더 저렴하다. '고옵티GoOpti'는 공유 밴으로 버스보다는 비싸지만 택시보다는 저렴한 가격을 자랑한다. 현재 크로아티아, 슬로베니아 등 주요 동유럽 도시에서 운행하고 있다.

⓫ 화장실

화장실이 급할 때 근처의 공공 화장실을 찾을 수 있는 Where is Public Toilet 앱이 있다. 앱을 클릭해서 찾을 여유가 없을 정도로 급하다면 근처 카페나 식당으로 들어가 먼저 화장실을 쓰고 음료나 음식을 주문하면 된다.

⓬ 환율

동유럽의 여러 나라를 이용하다보면 환율을 봐야할 일이 잦다. '커런시Currency' 앱은 국내에서 찾기 어려운 국가의 환율까지 조회할 수 있다.

Step 8. 인천공항 출국에서 동유럽 도착까지

인천국제공항에서 출발

인천국제공항은 2004년에 문을 연 대한민국의 국제공항이다. 개항 이후 세계 공항 서비스평가에서 연속 1위 수상을 할 정도로 현대적인 각종 편의 공간, 빠른 수속 절차 등으로 명실공히 세계 최고의 공항이다.

❶ 여객터미널 확인하기

자신의 항공사가 제1여객터미널인지, 제2여객터미널인지 확인해야 한다. 최악의 경우 비행기를 놓칠 수도 있으니 공항으로 출발하기 전 자신의 터미널을 확인하자. 만약 다른 여객터미널에 도착했다면 공항철도로 이동하거나(6분 소요), 여객터미널 간 무료 셔틀버스(운행간격 5분, 소요시간 터미널1에서 15분, 터미널2에서 18분)를 타고 이동할 수 있다.

＊셔틀버스 첫차/막차 시간
제1여객터미널 05:54/22:25, 제2여객터미널 06:11/22:42

제1여객터미널 취항 항공사 (스타얼라이언스 항공동맹과 기타 항공사)	아시아나항공, 저가항공사, 기타 외국항공사
제2여객터미널 취항 항공사 (스카이팀 동맹항공사)	대한항공, 델타항공, 에어프랑스, KLM, 아에로멕시코, 알리탈리아, 중화항공, 가루다인도네시아, 샤먼항공, 체코항 공, 아에로플로트

❷ 체크인 카운터 찾기

공항에 도착하면 먼저 근처의 모니터나 전광판을 확인한다. 자신의 항공권에 적힌 항공편명(예) KE123)과 출발시각·목적지를 참고해 해당 체크인 카운터 번호(예) F123~135)를 확인한다. 모

니터에 Check In 표시가 깜빡이고 있으면 체크인 수속을 받을
수 있다.

❸ 체크인하기 ＊여권 필요
유아동반을 제외한 승객들은 셀프 체크인(웹, 모바일, 키오스크 중
선택)을 한 뒤에 탑승권을 발급받아 카운터로 가야한다. 키오스크
는 해당 카운터 근처에 있으며 직원들이 체크인을 도와줘서 편리
하다. 탑승권을 받은 후 체크인 카운터로 가서 짐을 부치면 된다.

❹ 짐 부치기 ＊여권 & 탑승권 필요
탑승권을 발권한 후 카운터에 가면 이코노미 클래스, 비즈니스
클래스, 퍼스트 클래스 줄 중에 해당하는 곳에 서면 된다. 체크
인 카운터에서 여권과 탑승권을 보여주면 짐을 부칠 수 있다. 수
하물은 위탁수하물과 기내수하물로 나뉘는데 위탁수하물의 무
게는 보통 20kg, 기내수하물은 10kg 정도이며 수하물의 최대
크기는 항공사마다 다르니 해당 항공사의 수하물 규정을 사전에
확인하고 짐을 싸는 것이 좋다.

기내 수하만 반입 가능	리튬배터리가 장착된 전자장비(노트북, 카메라, 휴대전화 등), 여분의 리튬이온 배터리(160Wh 이 하만 가능), 화폐, 보석 등 귀중품, 전자담배, 라이 터(1개만 가능)
제한적 기내수하 가능	물·음료·식품·화장품 등 액체류, 스프레 이·겔류(젤 또는 크림)로 된 물품은 100mL 이 하의 개별용기에 1인당 1L투명 비닐지퍼백 1개에 한해 반입이 가능하다. 남은 용량이 100mL 이하라도 용기가 100mL보 다 크면 반입이 불가능하니 주의하자. 유아식 및 의약품 등은 항공여정에 필요한 용량 에 한하여 반입 허용된다. 단, 의약품 등은 처방 전 등 증빙서류를 검색요원에게 제시해야 한다.

❺ 보안 검색하기 ＊여권 & 탑승권 필요
탑승게이트가 있는 면세구역으로 들어가기 위해서는 보안 검색
대를 통과해야 한다. 보통 30분 정도 소요되나 게이트가 멀거나
성수기인 경우 보안검색구역이 혼잡하니 최소 탑승시간 1시간
전에 여유 있게 들어가자. 보통 체크인 카운터에서 보안 검색 상

황을 안내해준다. 보안검색을 할 때는 두꺼운 겉옷은 벗
고, 노트북이나 태블릿PC 등은 별도로 꺼내 검색을 한다.

❻ 탑승게이트로 이동하기 ＊ 탑승권 필요
출국심사 후 면세구역에 들어오면 명품부터 식품까지 다
양한 면세품을 만날 수 있다. 인터넷으로 면세품을 산 고객
이라면 면세품 찾는 곳으로 가면 된다. 보딩 시간이 되면
탑승게이트로 이동한다.

인천공항 내

면세품 인도장

❼ 탑승하기
제1여객터미널
• 1~50 게이트 탑승객은 제1여객터미널에서 탑승
• 101~132 게이트 탑승객은 제1여객터미널에서 셔틀트
레인을 타고 이동(5분). 이동 후에는 돌아올 수 없다.
제2여객터미널
• 230~270번 게이트 탑승객은 제2여객터미널에서 탑
승한다.

> **Tip 자동출입국**
>
> 만 19세 이상 전자여권 소지 한국인이라면 사전등록 없이
> 자동출입국심사대를 이용할 수 있다. 여권과 지문, 안면
> 인식으로 출입국 심사를 통과할 수 있어 편리하다. 단, 개
> 명 등 인적사항 변경이 있거나 주민등록증 발급 후 30년
> 이 경과한 사람, 만 7세에서 만 18세 이하 한국인(부모 동
> 반 및 가족관계 확인 서류 지참)은 공항의 사무실에서 사
> 전 등록이 필요하다.
> **자동출입국심사 등록센터**
> **위치** 제1여객터미널 : 3층 H 체크인카운터 맞은편
> (4번 출국장 부근)
> 제2여객터미널 : 2층 정부종합행정센터
> 비즈니스센터 외부
> **운영** 07:00~18:00(연중무휴)
> **전화** 032-740-7400, 032-740-7367

동유럽 공항에 도착

❶ 비행기가 목적지에 도착하면 짐 찾는 곳Baggage Claim 또는 도착 Arrivals 간판을 따라가면 입국심사장에 도착한다.

❷ 입국장에서는 EU와 Non EU국가로 나뉘어 줄을 선다. 우리는 EU국가의 국민이 아니므로 Non EU 라인에 줄을 서고 입국심사를 받는다. 입국심사는 대체로 간단하게 진행되는데 바로 도장을 찍어주는 편이다. 여행의 목적, 체류일 수, 출국일, 숙소를 질문하기도 하는데 당황하지 않도록 대답을 준비해두면 편하다.

❸ 입국심사를 마치면 짐 찾는 곳Baggage Claim으로 갈 수 있다. 짐을 찾고 세관 신고할 품목이 없다면 초록색 라인인 Nothing to Declare 쪽을 통과한다.

❹ 공항의 무료 WiFi 또는 준비해온 유심을 이용해 숙소를 찾아간다.

---

more&more 항공기 내에서의 에티켓

1. 이착륙 시 의자와 탁자를 제자리에 놓고 창문 덮개는 연다. 전자기기는 끄는 것이 원칙이나 항공사에 따라 에어플레인 모드 설정 후 켜놓아도 된다.
2. 식사 시 뒷사람의 식사에 방해되지 않게 의자를 제자리로 세우는 것이 예의다.
3. 승무원을 부를 때는 손을 들며 눈을 맞추거나 자신의 좌석에 딸려 있는 버튼 중 사람표시 버튼을 누르면 된다. 승무원의 몸을 만지거나 크게 부르는 것은 무례한 행동이다.
4. 화장실은 Vacant(초록색) 표시일 때 사용 가능하다. 다른 사람이 사용 중인 경우 Occupied(빨간색) 표시등이 뜬다. 화장실 문은 가운데 부분을 누르면 열린다. 화장실에 들어간 후 문을 잠그지 않으면 밖에서 Vacant(초록색)로 표시되어 다른 사람이 문을 열 수 있으니 주의하자. 변기를 사용할 때 1회용 변기 시트를 사용하면 위생적이다. 기내 화장실이 너무 좁기에 세안 등은 탑승 전에 화장실에서 하는 것이 편리하다. 기내에서 흡연은 엄격하게 금지된다.
5. 식사 시간 외에 승무원을 통해 음료나 라면을 부탁해 먹을 수 있다. 라면을 요청할 때는 "Can I get a instant noodle soup?"라고 물어보면 된다.

6. 기본적으로 장거리 비행 구간인 경우 안대, 수면양말, 베개와 담요, 칫솔과 치약 등을 제공해 주는 항공사가 많다. 춥거나 베개가 필요하다면 승무원에게 요청하면 추가로 가져다준다. 이때 역시 "Can I get a pillow(베개, 담요인 경우 blanket)?"라고 물어보면 된다. 베개, 담요, 헤드폰은 항공사의 자산이므로 절대 가져가면 안 된다.
7. 기내에서 항상 "Please"와 "Thanks"를 항상 붙여 말하면 매너 있는 승객이 된다. 무언가를 달라고 할 때 Please만 붙이면 공손한 표현이 된다. 예를 들어, "Water Please(물 주세요)"라고 한다. 물 대신 주스, 커피 등 많은 응용이 가능하다. "Thanks"는 물건을 받은 뒤에 사용하면 된다.

Step 9. 동유럽의 도난·사건·사고 발생 유형과 대처법

유럽에서 가장 흔한 사건·사고는 소매치기에 의한 도난이다. 여행자들에게 인기 있는 관광지는 소매치기의 집결지다. 중요 물품이 든 휴대용 가방은 항상 몸에서 떼지 말고 대각선 앞쪽으로 메야 한다. 식당에서도 항상 무릎 위에 올려놓는 습관을 들이고, 만약의 상황을 대비해 가방 속 지갑에는 그 날 사용할 현금만 챙기자. 신용카드는 비상용 카드를 추가로 가져가되 비상용 카드(현금카드와 신용카드)는 숙소의 짐 속 깊은 곳이나 안전금고Safety Box에 두는 것이 좋다. 복대를 이용하는 것도 좋은 방법이다. 최악의 상황을 대비해 여권 복사본, 여분의 항공권 프린트, 신용카드의 분실신고 전화번호를 따로 적어두자.

동유럽의 도난·사건·사고 발생 유형

- 식당이나 카페, 호텔의 로비에서 가방이나 소지품을 두고 자리를 비우는 동안 도난
- 여러 명이 한 조를 이뤄 트램 등의 정류장에서 한 사람이 짐을 들어주며 호의를 보이는 동안 다른 사람이 소매치기하는 경우
- 거리에서 말을 걸거나 샴푸나 페인트 등의 오물을 묻힌 후 닦아주겠다며 신체 접촉을 시도해 주의를 분산시키고 소매치기하는 경우
- 사진 촬영을 위해 바닥에 내려둔 소지품을 가져가는 경우
- 같은 여행자라고 안심시킨 후 술집에 데려가 함께 술을 마시고 과다비용 청구
- 제복을 입고 경찰을 사칭하면서 금품을 요구하는 경우
- 길을 걷던 중 손에 들고 있는 휴대전화나 카메라 등을 강탈해가는 경우
- 길거리에서 좋은 환율로 환전해 주겠다며 접근해 구권이나 다른 나라의 가치가 떨어지는 화폐를 주는 경우
- 기차 안에서 선반 위에 짐을 두고 화장실을 가거나 잠든 사이 가방을 가져가는 경우
- 렌터카 이용자가 주차해놓은 차량 유리창을 깨고 가방이나 소지품을 가져가는 경우
- 거리나 공항, 기차역 등에서 휴대전화에 집중한 사이 귀중품을 가져가는 경우

> **Tip 대사관과 웨스턴 유니온을 이용한 긴급 송금**
>
> 신용카드와 현금을 모두 분실했을 경우 대사관 또는 웨스턴유니온을 통해 긴급 송금하는 방법이 있다. 현지 대사관에서 신청하면 국내의 연고자가 안내에 따라 입금하고($3,000 이하) 대사관에서 해당 금액을 찾는 서비스다. 가까운 곳에 대사관이 없을 때는 웨스턴 유니온Western Union이 유용하다. 연고자가 영문이름과 거주 국가만 알면 되고 가입된 서비스업체(은행, 상점 등) 어디서나 1시간 이내에 송금 받을 수 있다. 송금수수료는 대사관이 더 저렴하다. 최악의 분실상황에 대비해 여분의 신용카드와 현금카드를 큰 가방 안에 보관해 두는 것을 추천한다.
>
> **웨스튼 유니온** www.westernunion.com

동유럽의 도난·사건·사고 발생 시 대처법

❶ 여권 분실 시
대한민국 대사관에서 여권을 대신할 여행증명서를 발급받을 수 있다. 필요서류는 여권용 사진 2매(6개월 이내 촬영 사진), 여권복사본(또는 여권번호와 발행일, 발행장소), 주민등록증이나 운전면허증, 여권발급신청서(대사관에 비치)와 수수료($53 상당액)가 필요하다.

❷ 휴대전화의 분실 · 도난 시
두 경우 모두 찾을 방법이 희박하다. 휴대전화은 크기가 작고 고가인 데다 길에서 휴대전화를 손에 들고 다니는 한국인들의 특성상 소매치기의 표적이 되기 쉽다. 출국 전에 위치추적 모드를 켜 놓고 시리얼 번호를 적어두자. 여행자 보험에 가입하는 것도 추천한다. 소중한 여행사진까지 사라지는 것을 방지하기 위해 구글포토, 네이버 클라우드 등의 서비스에 가입하자. WiFi가 가능할 때 사진과 동영상이 자동 업로드된다.
도난당한 휴대전화의 범죄이용을 막기 위해 즉시 휴대전화 사용 정지를 요청해야 한다. 여행을 마친 후 보험 청구를 위해 번거롭더라도 경찰서에서 도난증명서Police Report를 발급받자.

* 분실 시 내 휴대전화 찾기
위치추적 기능으로 휴대전화를 찾을 수도 있다. 누군가 가져갔을 경우, 휴대전화를 도난품으로 신고할 수 있으며 이때 시리얼번호로 도난물품임이 증명된다.

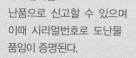

❸ 카메라 등 휴대품 분실 시

되찾을 방법은 희박하다. 고가의 휴대품을 가져간다면 출국 전에 반드시 여행자보험을 들어놓는 것을 추천한다. 보험회사와 보험금액에 따라 도난에 대한 보상 조건이 다양한데 휴대품 도난 보상 금액이 높은 것이 좋다. 인터넷을 검색하면 여행자보험 전문몰이 있는데 이곳에서 비교검색 후 자신에게 맞는 보험회사를 선택하면 된다. 현지 경찰서에서 도난증명서를 쓸 때는 현지 경찰에게 도난 사건의 상황을 설명하고 그에 해당하는 내용을 육하원칙(누가, 언제, 어디서, 무엇을, 어떻게, 왜)에 따라 영문으로 쓰게 된다. 이때 '분실Lost(자신의 잘못)'이 아닌 '도난Stolen'이라 써야 보상을 받을 수 있다.

❹ 유레일패스와 현금 분실 시
되찾을 방법은 없다. 유레일패스와 단위가 높은 현금은 복대에 보관하자.

❺ 아프거나 다쳤을 때
도시마다 24시간 약국이 운영되고 있으니 기억해두자. 유럽의 경우 여행자들이 진료받을 수 있는 병원이 한정되어 있으므로 숙소나 현지인에게 물어야 한다. 진료를 마치고 비용을 지불한 후 창구에서 '보험용 서류Paper for Insurance'를 받고, 한국으로 돌아와 보험사에 서류를 제출하면 된다. 출국 전 여행자보험을 들 때 코로나19와 관련해 보험 처리를 해주는지 미리 체크하자.

Step 10. 위드 코로나 시대의 인천공항 도착

여행자들은 인천국제공항 도착 전 기내에서 '건강상태질문서'
와 '휴대품신고서'를 받게 된다. 출국 전 공항에서 검역정보
사전입력시스템 Q-code에 들어가 정보를 입력하고 QR코드
를 다운받았다면 '건강상태질문서'는 쓸 필요가 없으며 '휴대
품신고서'만 작성하면 된다.

기내에서 받게 되는 '건강상태질문서'.
Q-code를 사전에 입력했다면 '휴대품신고서'만 작성하면 된다.

검역정보 사전입력시스템(Q-code)
대한민국 입국 시 소요되는 검역조사 시간을 단축하고 해외입국자의 편의를 도모하기 위
해 질병관리청이 구축한 시스템이다. 내국인과 외국인 모두 동일한 절차로 진행되며 검
역관에게 QR코드만 제시하면 되기 때문에 신속한 입국이 가능하다.

입력 시 준비사항

필수	유효한 여권, 유효한 이메일 주소, 유효한 항공권, 건강상태 정보

단계별 등록 절차

Step.1 약관동의	Step.2 이메일 입력	Step.3 여권정보 입력	Step.4 입국 및 체류 정보 입력
Step.5 검역정보 입력	Step.6 건강상태 입력	Step.7 입력 정보 확인	Step.8 QR코드 발급

1. 검역소
비행기에서 내린 후 발열 체크 카메라가 놓인 검역소를 통과하게 되는데 기내에서 작성
한 '건강상태질문서'를 제출하거나 또는 사전에 Q-code 입력 후 받은 QR코드를 검역
관리 직원에게 보여주면 된다.

> **발열 등의 증상이 있는 경우**
> 검역소를 통과할 때 발열이 있다면 유증상자로 분류되어 역학조사를 받게 된다. 증상을
> 통해 검사 대상으로 분류될 경우 검체 채취 및 결과가 나올 때까지 공항에서 대기해야
> 한다. 양성이 나오면 증상의 경중에 따라 자택 · 병원 · 치료센터로 이송된다.

2. 입국심사
간단한 입국심사의 과정이며 여권이 필요하다. 자동출입국심사 등록자
의 경우 자동출입국심사대로 가면 유인입국심사보다 좀 더 빠르게 통
과할 수 있다.

3. 수화물 찾기
수화물을 찾은 후 검역과 세관을 통과하게 된다. 일반적인 경우 휴대품
신고서를 내고 입국장으로 나가게 된다. 여행자의 휴대품 면세 범위는
US $600(약 €558)이며, 이와 별도인 면세 상품으로는 주류 1병(1L 이
하로 US $400 이하인 것), 담배 1보루 (200개비), 향수 60mL 미만을
구입해 갈 수 있다. 단, 미성년자(만 19세 미만)에게는 주류, 담배 면세
가 제외된다. 면세 범위를 초과했다면 자진신고 시 면세 범위 초과분에
한해 세금을 내면 된다. 만약 현품검사 후 휴대품신고서를 허위로 작성
하거나 반입 금지된 물건, 면세 초과된 상품이 나올 시 관세법 등 위반
혐의로 처벌(물품 몰수, 벌금형, 징역형)받을 수 있다.

4. 귀가 후 PCR 검사는 선택
입국 후 코로나19 의심 증상 발생 시 의료기관 등에서 검사하자(비용 자
부담).

Index

루마니아

전문가와 함께하는

프리미엄 여행

나만의 특별한 여행을 만들고
여행을 즐기는 가장 완벽한 방법, 상상투어!

📷 알차요   🔍 친절해요   🍽 맛있어요